silka YTONG

Allgemeines

Produkt-
informationen
Baustoffe

Lastannahmen

Baustatik

Tragfähigkeits-
tafeln
Faustformeln

Baubetrieb

Bauphysik

Normen

Literatur-
verzeichnis

Prof. Dipl.-Ing. Klaus-Jürgen Schneider
Dipl.-Ing. MSc (UK) Markus Heße
Dipl.-Ing. Torsten Schoch

Bauen in Weiß

Fakten
Formeln
Faustwerte

Bauwerk

Bibliografische Information Der Deutschen Bibliothek
Die Deutsche Bibliothek verzeichnet diese Publikation in der Deutschen Nationalbibliografie; detaillierte bibliografische Daten sind im Internet über http://dnb.ddb.de abrufbar.

Schneider / Heße / Schoch
Bauen in Weiß

1. Aufl. Berlin: Bauwerk, 2008
ISBN 978-3-89932-224-8

www.bauwerk-verlag.de
info@bauwerk-verlag.de

Druck und Bindung:
Appel & Klinger Druck und Medien GmbH, Kronach

Vorwort

„Bauen in Weiß – Fakten, Formeln und Faustwerte“ zeigt die vielfältigen Möglichkeiten für den Entwurf, die Berechnung und Ausführung von zeitgemäßen Mauerwerksbauten, insbesondere mit den Materialien Kalksandstein und Porenbeton. Die umfangreichen Informationen mit dem Fokus auf Kalksandsteinmauerwerk und Porenbetonmauerwerk lassen sich auch für andere Mauerwerksvarianten anwenden. Mit Hilfe der produkttechnischen, der baustofflichen und der bauphysikalischen Inhalte sowie der Faustwerte und der Tragfähigkeitstafeln können schnell und problemlos Mauerwerksbauten (einschließlich Decken- und Dachkonstruktionen) entworfen und die Querschnitte festgelegt werden. Auch für die detaillierte Konstruktion und für die „exakte“ baustatische Bemessung liegen die notwendigen Berechnungsunterlagen vor. Ausführungshinweise und baubetriebliche Informationen runden das Nachschlagewerk ab. Für spezielle Informationen zu den normativen Grundlagen des Mauerwerksbaus befinden sich am Ende des Buches die Originaltexte der Mauerwerksnormen DIN 1053-1 und DIN 1053-100.

Den Professoren Goris, Nebgen und Peters danken wir für die „Hinweise“ und Berechnungsbeispiele in den Fachgebieten Stahlbetonbau, Holzbau und Stahlbau. Unser Dank geht auch an den Bauwerk Verlag für die gute Zusammenarbeit und die zügige Bereitstellung von „Bauen in Weiß“.

Berlin/Duisburg im Oktober 2008

Markus Heße
Klaus-Jürgen Schneider
Torsten Schoch

Inhaltsverzeichnis

A Allgemeines

1 Allgemeine Zahlentafeln A.1

2 Mathematische Hinweise A.7

2.1 Flächen A.7

2.2 Körper A.8

B Produktinformationen/Baustoffe

B.1 Porenbeton – Herstellung und Produkte B.1

1 Herstellung von Porenbeton B.1

2 Normen und Zulassungen für die Herstellung und Anwendung von Porenbeton B.3

3 Unbewehrte Produkte B.4

4 Bewehrte Produkte B.6

5 Ergänzungsprodukte aus Porenbeton B.8

5.1 U-Steine und U-Schalen B.8

5.2 Deckenabstellsteine B.8

5.3 Deckenabstellelemente B.9

5.4 Höhenausgleichssteine B.9

5.5 Stufen für den Treppenbau B.9

5.6 Rollladenkästen B.9

B.2 Kalksandstein – Herstellung und Produkte B.11

1 Herstellung von Kalksandstein B.11

2 Normen und Zulassungen für die Herstellung und Anwendung von Kalksandstein B.13

3 Mauersteine B.14

4 Steinkennzeichnung B.17

5 Ergänzungsprodukte aus Kalksandstein B.18

5.1 U-Schalen B.18

5.2 Höhenausgleichssteine als KS-Kimmsteine B.19

5.3 Wärmedämmende Höhenausgleichssteine als wärmetechnisch optimierte Kimmsteine B.19

5.4 KS-Stürze B.19

5.4.1 KS-Fertigteilstürze B.19

5.4.2 KS-Flachstürze B.20

5.5 Gurtrollersteine aus Kalksandstein B.21

5.6 Kalksandsteine mit durchgehender Lochung als Installationskanäle B.21

6 Kalksandsteinmauerwerk als Sicht- und Verblendmauerwerk B.21

6.1 Kalksandstein Vormauersteine nach DIN V 106-2 .... B.22

6.2 Kalksandstein Verblender nach DIN V 106-2 .... B.22

6.3 Kalksandstein Fasensteine und Fasenelemente B.22

6.4 Kalksandstein Riemchen B.23
. B.3 Mörtel B.23
1 Mörtel als Bindeglied zwischen Mauersteinen B.23
2 Lieferformen und Mörtelarten B.24

C Lastannahmen

1 Eigenlasten von Baustoffen, Bauteilen und Lagerstoffen nach DIN 1055-1 (06.2002) C.1
1.1 Beton C.1
1.2 Mauerwerk und Putz C.1
1.2.1 Mauerwerk C.1
1.2.2 Mörtel und Putze C.3
1.3 Metalle C.3
1.4 Holz- und Holzwerkstoffe C.4
1.5 Dachdeckungen C.4
1.6 Fußboden- und Wandbeläge C.7
1.7 Sperr-, Dämm- und Füllstoffe C.7
1.8 Lagerstoffe – Wichten und Böschungswinkel C.8
1.8.1 Baustoffe als Lagerstoffe C.8
1.8.2 Gewerbliche und industrielle Lagerstoffe, einschließlich Flüssigkeiten und Brennstoffen C.9
1.8.3 Landwirtschaftliche Schütt- und Stapelgüter C.11

2 Nutzlasten für Hochbauten nach DIN 1055-3 (03.2006) C.14
2.1 Lotrechte Nutzlasten für Decken, Treppen und Balkone C.14
2.2 Lasten aus leichten Trennwänden C.17
2.3 Gleichmäßig verteilte Nutzlasten und Einzellasten für Dächer C.18
2.4 Gleichmäßig verteilte Nutzlasten für Parkhäuser und Flächen mit Fahrzeugverkehr C.18
2.5 Gleichmäßig verteilte Nutzlasten und Einzellasten bei nicht vorwiegend ruhenden Einwirkungen C.19
2.5.1 Schwingbeiwerte C.19
2.5.2 Flächen für Betrieb mit Gegengewichtsstaplern C.19
2.5.3 Flächen für Fahrzeugverkehr auf Hofkellerdecken und planmäßig befahrene Deckenflächen C.20
2.5.4 Flächen für Hubschrauberlandeplätze C.21
2.6 Horizontale Nutzlasten C.21
2.6.1 Horizontale Nutzlasten infolge von Personen auf Brüstungen, Geländern und anderen Konstruktionen, die als Absperrung dienen .. C.21
2.6.2 Horizontallasten zur Erzielung einer ausreichenden Längs- und Querfestigkeit C.22
2.6.3 Horizontallasten für Hubschrauberlandeplätze auf Dachdecken C.22
2.7 Anpralllasten C.22

3 Windlasten nach DIN 1055-4 (03.2005) C.23
3.1 Allgemeines C.23
3.2 Winddruck für nicht schwingungsanfällige Bauteile C.23
3.2.1 Geschwindigkeitsdruck C.23
3.2.2 Aerodynamische Beiwerte für den Außendruck C.24
3.2.3 Innendruck in geschlossenen Baukörpern C.31
3.3 Resultierende Windlast C.32

4 Schnee- und Eislasten nach DIN 1055-5 (07.2005) C.33
4.1 Charakteristische Werte der Schneelasten C.33
4.1.1 Schneelast auf dem Boden C.33
4.1.2 Schneelast auf dem Dach C.34
4.2 Schneeanhäufungen C.35
4.2.1 Höhensprünge an Dächern C.35
4.2.2 Schneeverwehungen an Aufbauten und Wänden C.36
4.2.3 Schneelasten auf Aufbauten von Dachflächen C.37
4.2.4 Schneeüberhang an der Traufe C.37
4.2.5 Eislasten C.38

D Baustatik

D.1 Statische Formeln D.1
1 Auflagergrößen und Schnittgrößen D.1
1.1 Einfeldträger D.1
1.2 Einfeldträger mit Kragarm D.3
1.3 Eingespannte Kragträger D.3
1.4 Eingespannte Einfeldträger D.4
1.5 Gelenkträger (Gerberträger) D.5
1.6 Zweifeldträger mit Gleichstreckenlast D.6
1.7 Durchlaufträger mit gleichen Stützweiten und Gleichstreckenlast D.7
2 Durchbiegungen – Baupraktische Formeln D.8
3 Durchbiegungen – Einfeldträger mit Kragarm D.9

D.2 Bemessung und Konstruktion von Mauerwerk nach DIN 1053-1 (11.1996) . D.10
1 Unterschied zwischen dem genaueren und dem vereinfachten Berechnungsverfahren D.10
2 Statisch-konstruktive Grundlagen D.11
2.1 Standsicherheit D.11
2.1.1 Standsicheres Konstruieren D.11
2.1.2 Windnachweis für Wind rechtwinklig zur Wandebene D.12
2.1.3 Lastfall „Lotabweichung" D.12
2.1.4 Beispiele für Decken mit und ohne Scheibenwirkung D.12
2.1.5 Ringbalken D.13

2.1.5.1 Allgemeines D.13
2.1.5.2 Bemessung von Ringbalken D.13
2.1.5.3 Bemessungsbeispiel für einen Ringbalken aus bewehrtem Mauerwerk D.14
2.1.6 Ringanker D.15
2.1.6.1 Aufgabe des Ringankers D.15
2.1.6.2 Erforderliche Anordnung von Ringankern D.16
2.1.6.3 Lage der Ringanker D.16
2.1.6.4 Konstruktion von Ringankern D.17
2.1.7 Anschluss der Wände an Decken und Dachstuhl D.18
2.1.8 Gewölbe, Bogen, gewölbte Kappen D.18
2.1.8.1 Allgemeines D.18
2.1.8.2 Gewölbte Kappen zwischen Trägern D.19
2.2 Wandarten und Mindestabmessungen D.21
2.2.1 Allgemeines D.21
2.2.2 Tragende Wände und Pfeiler D.21
2.2.2.1 Begriff D.21
2.2.2.2 Mindestdicken von tragenden Wänden D.21
2.2.2.3 Mindestabmessungen von tragenden Pfeilern D.21
2.2.3 Nichttragende Wände D.21
2.2.3.1 Begriff D.21
2.2.3.2 Nichttragende Außenwände D.22
2.2.3.3 Nichttragende innere Trennwände D.22
2.2.4 Zweischalige Außenwände D.25
2.2.4.1 Allgemeines D.25
2.2.4.2 Mindestdicken D.25
2.2.4.3 Auflagerung und Abfangung der Außenschalen D.25
2.2.4.4 Verankerung der Außenschale D.26
2.2.4.5 Überdeckung von Öffnungen D.27
2.3 Lastannahmen D.27
2.4 Lastermittlung/Auflagerkräfte D.28
2.4.1 Allgemeines D.28
2.4.2 Mauerwerkskörper rechtwinklig zu einachsig gespannten Deckenplatten D.30
2.4.3 Mauerwerkskörper parallel zu einachsig gespannten Decken . D.30
2.4.4 Zweiachsig gespannte Decken D.30
3 Vereinfachtes Berechnungsverfahren nach DIN 1053-1 .... D.30
3.1 Anwendungsgrenzen für das vereinfachte Berechnungsverfahren D.30
3.2 Knicklängen D.32
3.2.1 Allgemeines D.32
3.2.2 Zweiseitig gehaltene Wände D.32
3.2.3 Drei- und vierseitig gehaltene Wände D.32

3.2.4 Halterung zur Knickaussteifung bei Öffnungen D.33
3.3 Bemessung von Mauerwerkskonstruktionen nach dem vereinfachten Verfahren D.34
3.3.1 Allgemeines D.34
3.3.2 Grundprinzip der Bemessung nach dem vereinfachten Verfahren D.34
3.3.3 Spannungsnachweis bei zentrischer und exzentrischer Druckbeanspruchung D.35
3.3.4 Grundwerte der zulässigen Druckspannungen σ_0 .... D.36
3.3.5 Abminderungsfaktor k D.36
3.3.6 Zahlenbeispiele D.37
3.3.7 Längsdruck und Biegung/Klaffende Fuge D.38
3.3.8 Windbelastung von Wänden/Pfeilern rechtwinklig zur Wandebene („Plattenbeanspruchung“) D.39
3.3.9 Frei stehende Mauern D.40
3.3.10 Zusätzlicher Nachweis bei Scheibenbeanspruchung D.40
3.3.11 Zusätzlicher Nachweis bei dünnen, schmalen Wänden D.40
3.3.12 Lastverteilung D.40
3.3.13 Belastung durch Einzellasten in Richtung der Wandebene D.41
3.3.14 Belastung durch Einzellasten senkrecht zur Wandebene D.45
3.3.15 Nachweis bei Biegezugspannungen D.45
3.3.16 Schubnachweise D.46
4 Kelleraußenwände D.49
4.1 Statische Systeme D.49
4.2 Erforderliche Auflast nach DIN 1053-1 (Vereinfachtes Verfahren) D.49
4.3 Erforderliche Auflast nach DIN 1053-1 (Genaueres Verfahren), s. [Schubert u. a.] D.51
4.4 Horizontale Lastabtragung über Biegezugfestigkeit D.52
4.5 Horizontale Lastabtragung durch bewehrtes Mauerwerk D.54
4.6 Horizontale Lastabtragung über Gewölbewirkung, s. [Schubert u. a.] . D.55
4.7 Zweiachsige Lastabtragung D.55

D.3 Mauerwerksbemessung nach DIN 1053-100 (09.2007) D.56
1 Allgemeines D.56
2 Bemessung nach dem Vereinfachten Verfahren D.56
2.1 Nachweis nach dem neuen Sicherheitskonzept D.56
2.2 Bemessungswert der einwirkenden Normalkraft N_{Ed} D.56
2.3 Bemessungswert der aufnehmbaren Normalkraft N_{Rd} D.57
2.4 Abminderungsfaktoren Φ D.59
2.5 Knicklängen D.60
2.6 Zusätzlicher Nachweis bei schmalen und dünnen Wänden D.60
2.7 Knicksicherheitsnachweis bei größeren Exzentrizitäten D.60
2.8 Teilflächenpressung D.61

2.9 Zug- und Biegezug D.61
2.10 Schubbeanspruchung D.62
2.11 Zahlenbeispiele D.63
3 Genaueres Bemessungsverfahren s. [Schubert u. a.] D.65

D.4 Stahlbeton nach DIN 1045-1 (Hinweise) D.66

D.5 Holzbau (Hinweise) D.70

D.6 Stahlbau (Hinweise) D.76

D.7 Böschungen und Arbeitsräume bei Baugruben und Gräben nach DIN 4124 . D.80

D.8 Materialkennwerte D.82

E Tragfähigkeitstafeln

E.1 Tragfähigkeitstafeln E.1
1 Mauerwerksbau E.1
Tragfähigkeitstafeln für Mauerwerkswände E.1
2 Holzbau E.18
2.1 Einfeldbalken aus Nadelholz E.18
2.2 Holzbalkendecken für Wohnräume E.21
2.3 Pfettendächer E.22
2.4 Sparren- und Kehlbalkendächer E.24
2.5 Holzstützen E.26
3 Stahlbau E.28
3.1 Einfeldträger aus Stahl E.28
3.2 Stahlstützen E.39
4 Stahlbetonbau E.41
4.1 Stahlbetonplatten E.41
4.2 Stahlbetonbalken (frei aufliegend) E.42
4.3 Stahlbetonstützen (mittig belastet) E.43

E.2 Faustformeln für die Vorbemessung E.45
1 Dächer E.45
1.1 Lastannahmen E.45
1.2 Dachlatten E.45
1.3 Windrispen E.46
1.4 Sparrendach E.46
1.5 Kehlbalkendach E.47
1.6 Pfettendach E.48
1.7 Flachdächer E.49

2 Geschossdecken E.50
2.1 Allgemeines E.50
2.2 Stahlbetonplattendecken/Vollbetondecken E.50
2.3 Stahlbeton-Rippendecken E.52
2.4 Plattenbalkendecke/μ-Platten E.53
2.5 Kassettendecke E.54
2.6 Flach- und Pilzdecken E.54
2.7 Stahlträgerverbunddecke E.55
2.8 Holzbalkendecken E.55
3 Unterzüge/Überzüge E.56
3.1 Unterzüge aus Holz (unter Holzbalkendecken) E.56
3.2 Stahlbetonunterzüge/-überzüge E.56
3.3 Deckengleicher Unterzug E.57
4 Stützen E.57
4.1 Stahlbeton E.57
4.2 Stahl E.58
4.3 Holz E.58
5 Fundamente E.58
6 Vorbemessungsbeispiel E.50

F Baubetrieb

F.1 Arbeitsvorbereitung F.1
1 Allgemeines F.1
2 Phasen der Arbeitsvorbereitung F.2

F.2 Ausführung von Mauerwerk F.12
1 Allgemeines F.12
2 Steingeometrien und Steingewichte F.12
3 Ausführung von Stoß- und Lagerfugen mit unterschiedlichen Mörtelarten F.14
4 Ausführung von Verbänden F.18
5 Nachbehandlung von Mauerwerk F.22
5.1 Hintermauerwerk F.22
5.2 Vormauerschalen F.22
6 Ausführung unter besonderen Randbedingungen F.22
6.1 Mauerwerksarbeiten im Hochsommer F.22
6.2 Mauerwerksarbeiten in Wintermonaten F.23

F.3 Kalkulationsrichtwerte F.24
1 Allgemeines F.24
2 Beispiele für Kalkulationsrichtwerte F.28

G Bauphysik

G.1 Wärmeschutz G.1
1 Wärme und Feuchte G.1
1.1 Grundlagen G.1
1.2 Die Mindestanforderungen an den Wärmeschutz G.14
1.3 Luftdichtheit G.16
1.4 Die Energieeinsparverordnung G.17
1.5 Das Raumklima G.26
1.6 Der klimabedingte Feuchteschutz G.31
2 Die Energieeinsparverordnung 2009 ..... G.34
2.1 Einleitung G.34
2.2 Novelle des Energieeinsparungsgesetzes (EnEG) G.34
2.3 Überblick zu den Inhalten der EnEV 2009 ..... G.35
2.3.1 Einleitung G.35
2.3.2 Begriffe und Geltungsbereich der Verordnung G.36
2.3.3 Anforderungen an Wohngebäude G.37
2.3.4 Berechnung des Primärenergiebedarfs G.51
2.3.5 Beispielberechnung G.55

G.2 Schallschutz G.58
1 Allgemeines G.58
2 Allgemeine Anforderungen an den baulichen Schallschutz G.63
3 Einschalige Wände G.66
4 Zweischalige Wände G.74
5 Außenbauteile (Schutz gegen Außenlärm) G.80
6 Detaillösungen G.92
7 Verschiedenes G.97

G.3 Brandschutz G.100

H Normen

DIN 1053-1 Mauerwerk – Berechnung und Ausführung H.3

DIN 1053-100 Mauerwerk – Berechnung auf der Grundlage des semiprobabilistischen Sicherheitskonzepts H.43

I Stichwortverzeichnis I.1

A Allgemeines

1 Allgemeine Zahlentafeln

Formate

Format Kurz-Zeichen	Maße (mm) beschnitten (B)	Maße (mm) unbeschnitten (U)
A0*	841 × 1189	880 × 1230
A1*	594 × 841	625 × 880
A2*	420 × 594	450 × 625
A2.0	420 × 1189	450 × 1230
A2.1	420 × 841	450 × 880
A3*	297 × 420	330 × 450
A3.0	297 × 1189	330 × 1230
A3.1	297 × 841	330 × 880
A3.2	297 × 594	330 × 625
A4*	210 × 297	240 × 330

* Hauptreihe A ISO 5457 : 1981
Formate > A0 siehe DIN 476
Formate < A 4 entfallen (Sonderformate)

Aufbau des Formatsystems

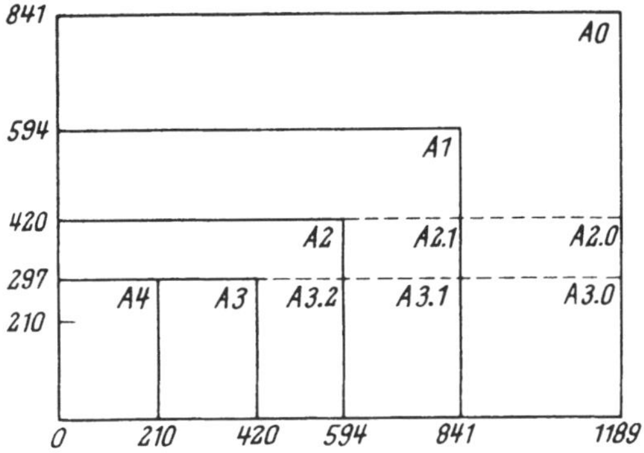

Bildung von Streifenformaten (A2.0, A2.1, A3.0, A3.1, A3.2) durch Kombination der Seiten zweier Formate.

Faltung auf Ablageformat A4 nach DIN 824

Blattgröße*)	Faltungsschema	Blattgröße*)	Faltungsschema
A 0 **841 × 1189** 1 m^2 (831 × 1179)	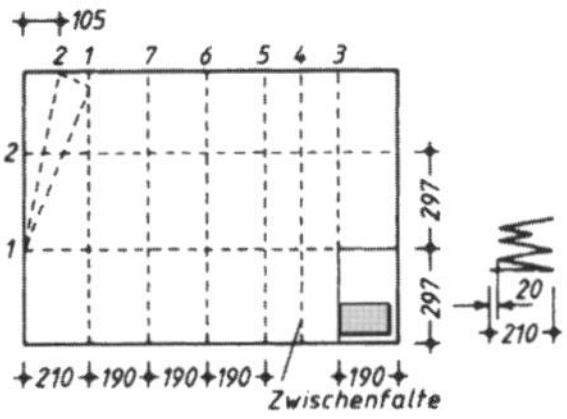	**A 2** **420 × 594** 0,25 m^2 (410 × 584)	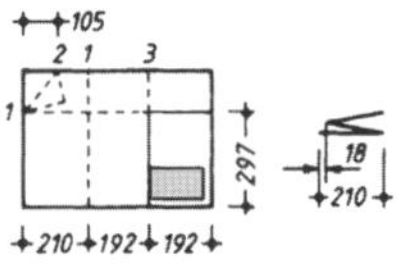
		A 3 **297 × 420** 0,125 m^2 (287 × 410)	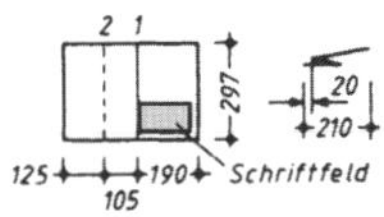
A 1 **594 × 841** 0,5 m^2 (584 × 831)	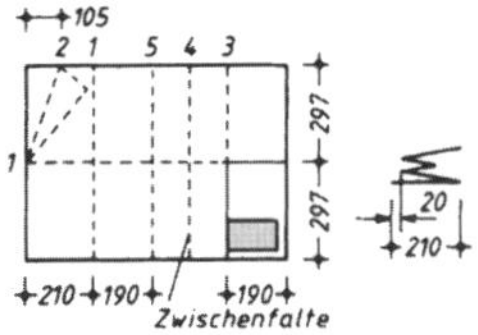	**A 4** **210 × 297** 0,062 m^2 (200 × 287)	*) ( ) Werte geben die Zeichenfläche an.

Römische Zahlen

I	=	1	VII	=	7	XL	=	40	IC	=	99	DC	=	600
II	=	2	VIII	=	8	L	=	50	C	=	100	DCC	=	700
III	=	3	IX	=	9	LX	=	60	CC	=	200	DCCC	=	800
IV	=	4	X	=	10	LXX	=	70	CCC	=	300	CM	=	900
V	=	5	XX	=	20	LXXX	=	80	CD	=	400	IM	=	999
VI	=	6	XXX	=	30	XC	=	90	D	=	500	M	=	1000

Griechisches Alphabet

Α α Alpha	*Β β* Beta	*Γ γ* Gamma	*Δ δ* Delta	*Ε ε* Epsilon	*Ζ ζ* Zeta	*Η η* Eta	*Θ ϑ* Theta
Ι ι Jota	*Κ κ* Kappa	*Λ λ* Lambda	*Μ μ* My	*Ν ν* Ny	*Ξ ξ* Xi	*Ο ο* Omikron	*Π π* Pi
Ρ ϱ Rho	*Σ σ* Sigma	*Τ τ* Tau	*Υ θ* Ypsilon	*Φ ϕ* Phi	*Χ χ* Chi	*Ψ ψ* Psi	*Ω ω* Omega

Deutsches Alphabet

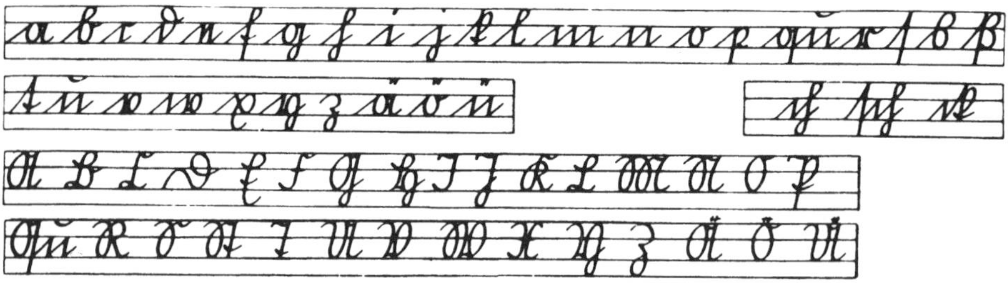

Blockschrift

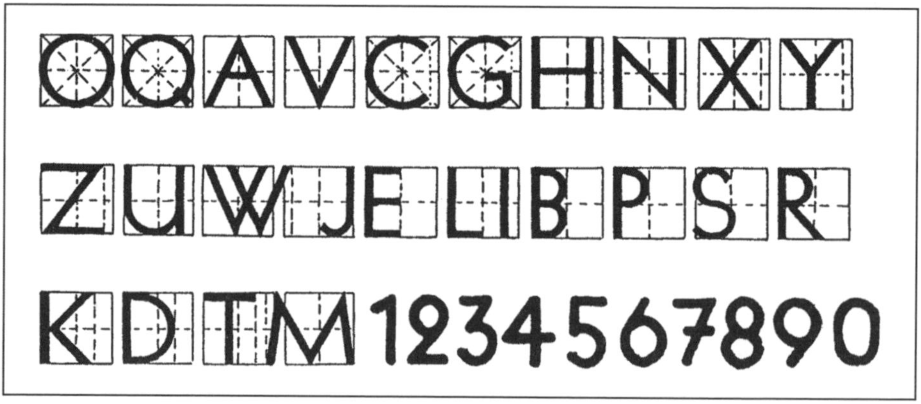

Umrechnungstafeln (kN, kg, Pa)

Einzellasten

	N	kN	MN
1 N =	1	10^{-3}	10^{-6}
1 kN =	10^{-3}	1	10^{3}
1 MN =	10^{6}	10^{3}	1

Masse (Gewicht)/Lasten

	g	kg	t	N	kN	MN
1 g =	1	10^{-3}	10^{-6}	10^{-2}	10^{-5}	10^{-9}
1 kg =	10^{3}	1	10^{3}	10	10^{2}	10^{5}
1 t =	10^{6}	10^{3}	1	10^{4}	10	10^{-2}

Flächenlasten und Spannungen

	$\frac{N}{mm^2}$	$\frac{N}{cm^2}$	$\frac{kN}{mm^2}$	$\frac{kN}{cm^2}$	$\frac{kN}{m^2}$	$\frac{MN}{cm^2}$	$\frac{MN}{m^2}$
1 N/mm^2 =	1	10^{2}	10^{-3}	10^{-1}	10^{3}	10^{-4}	1
1 N/cm^2 =	10^{-2}	1	10^{-5}	10^{-3}	10	10^{-6}	10^{-2}
1 kN/mm^2 =	10^{3}	10^{5}	1	10^{2}	10^{6}	10^{-1}	10^{3}
1 kN/cm^2 =	10	10^{3}	10^{-2}	1	10^{4}	10^{-3}	10
1 kN/m^2 =	10^{-3}	10^{-1}	10^{-6}	10^{-4}	1	10^{-4}	10^{-3}
1 MN/cm^2 =	10^{4}	10^{6}	10	10^{3}	10^{4}	1	10^{4}
1 MN/m^2 =	1	10^{2}	10^{-3}	10^{-1}	10^{3}	10^{-4}	1
1 kp/mm^2 =	10	10^{3}	10^{-2}	1	10^{4}	10^{3}	10
1 kp/cm^2 =	10^{-1}	10	10^{-4}	10^{-2}	10^{2}	10^{-5}	10^{-1}
1 Mp/cm^2 =	10^{2}	10^{4}	10^{-1}	10	10^{5}	10^{-2}	10^{2}
1 MP/m^2 =	10^{-2}	1	10^{-5}	10^{-3}	10	10^{-6}	10^{-2}

1 Pa = 1 N/m^2	1 kPa = 1 kN/m^2	1 MPa = 1 MN/m^2 = 1 N/mm^2

Einheitenbeispiele nach DIN 1080-1 (weitere Einheiten siehe DIN 1301)

	Einheiten				Größe
1	m[1]	mm	cm	μm	Länge
2	m^2	mm^2	cm^2		Fläche
3	m^3	mm^3	cm^3	l	Volumen
4	m^4	mm^4	cm^4	–	Flächenmoment 2. Grades (früher: Flächenträgheitsmoment)
5	°	′	″	rad gon	Winkel –1° = 60′ = 3600″; 1° = (μ/180) rad 1 gon = (μ/200) rad; 1 rad = 1 m/m
6	t	kg	g	mg	Masse, Gewicht (1 kg wirkt mit der Eigenlast 10 N)
7	t/m^3	g/cm^3	kg/m^3	g/l	Dichte (Masse/Volumen) $1\ t/m^3 = 1\ g/cm^3$; $1\ kg/m^3 = 1\ g/l$
8	s	min	h	d	Zeit (1 d = 24 h; 1 h = 60 min; 1 min = 60 s)
9	Hz				Frequenz (1 Hz = 1/s)
10	l/s				Kreisfrequenz, Winkelgeschwindigkeit
11	l/s	l/min			Drehzahl
12	m/s	km/h	m/min	cm/s	Geschwindigkeit
13	rad/s				Winkelgeschwindigkeit
14	m/s^2	cm/s^2			Beschleunigung
15	rad/s^2				Winkelbeschleunigung
16	m^3/s	L/s			Durchfluss; Volumenstrom
17	kN	MN	N[2]		Kraft; Einzellast; Schnittkraft ($1\ MN = 10^3\ kN = 10^6\ N$)
18	kN/m				Streckenlast
19	kN/m^2				Flächenlast; Bodenscherfestigkeit ($1\ kN/m^2 = 1\ kPa$)
20	MN/m^2	N/mm^2			Spannung; Festigkeit ($1\ MN/m^2 = 1\ N/mm^2 = 1\ MPa$)
21	kN/m^3				Wichte (= Eigenlast/Volumen)
22	MN/m^2	kN/m^2	MPa	kPa	Druck[3] ($1\ kN/m^2 = 1\ kPa = 10^3\ N/m^2$)
23	MPa	kPa	Pa	bar	Druck[3,4] ($1\ bar = 10^5\ N/m^2$)
24	kN m	MN m	N m		Moment
25	W s	kW h	J		Energie; Wärmemenge (1 J = 1 N m = 1 W s)
26	kN m	N m	J		Arbeit
27	N s				Impuls
28	kW	W			Leistung; Energiestrom; Wärmestrom (1 W = 1 N m/s)
29	°C	K			Temperatur (0 °C = 273,15 K)
30	K	°C[5]			Temperaturdifferenzen und -intervalle
31	$W/(m^2 \cdot K)$				Wärmeübergangskoeffizient; Wärmedurchlasskoeffizient; Wärmedurchgangskoeffizient
32	$W/(m \cdot K)$				Wärmeleitfähigkeit
33	dB[6]				Schallpegel

1) 1 m ist der vierzigmillionste Teil des über die Pole gemessenen Erdumfanges.
2) 1 N ist die Kraft, die einem Körper der Masse 1 kg die Beschleunigung $1\ m/s^2$ erteilt.
3) Bei Druckgrößen muss zusätzlich zur Einheit eindeutig angegeben werden, ob es sich um barometrischen Überdruck oder um Absolutdruck handelt (siehe auch DIN 1314 (02.77))
4) Bei Messungen mit Druckmessgerät (Manometer).
5) Empfohlen für die Angabe von Celsiustemperaturen mit zulässigen Abweichungen, z. B. (20 ± 2) °C.
6) Dezibel ist keine Einheit nach DIN 1301, sondern dient zur Kennzeichnung von logarithmierten Größenverhältnissen, siehe DIN 5493 (02.93).

Formelzeichen nach ISO 3898 (12.87) Lateinische Groß- und Kleinbuchstaben

Haupt-zeichen	Bedeutung
A	Area; Accidental action
a	Distance; Accelaeration
b	Width
D	Flexural rigidity of plates and shells
d	Diameter; Depth (for example foundation)
E	Longitudinal modulus of elasticity
e	Eccentricity
F	Action in general; Force in general
f	Strength (of a material); Frequency
G	Shear modulus; Permanent action (dead load)
g	Distributed permanent action (dead load); Acceleration due to gravity
H	Horizontal component of a force
h	Height; Thickness
I	Second moment of a plane area
i	Radius of gyration
J	. . . (Reserved for line printers and telex)
j	Number of days
K	Any quantity but with a proper dimension in the absence of a specific symbol
k	Coefficient
L	Can be used for span, length of a member
l	Span; Length of a member
M	Moment in general; Bending moment
m	Can be used as bending moment per unit of length or width; Mass; Average value of a sample
N	Normal force

Haupt-zeichen	Bedeutung
n	Can be used as normal force per unit of length or width
P	Prestressing force; Probability (or p)
p	Pressure; Probability (or P)
Q (or V)	Variable action (live load)
q (or v)	Distributed variable action
R	Resultant force; Reaction force
r	Radius
S	First moment of a plane area (static moment); Action-effect
S (or Sn)	Snow action (load) (Sn where there is a risk of confusion)
s	Standard deviation of a sample; Spacing; Distributed snow action
T	Torsional moment; Temperature; Period of time
t	Time in general; Thickness of thin members; Can be used as torsional moment per unit of length or width
u	Perimeter
u v w	Components of the displacement of a point
V (or Q)	Shear force
V	Volume; Vertical component of a force
v (or q)	Velocity; Speed; Can be used as shear force per unit of length or width
W	Wind action (load)
W (or Z)	Section modulus
w	Distributed wind action (load)

Nicht genormte Einheiten (Auswahl)

Längenmaß	m
britisches inch (Zoll ″)	0,0254
preußischer Zoll	0,0262
bayerischer Zoll	0,29186
brit. foot	0,30488
preußischer Fuß	0,314
preußische Elle	0,667
britisches yard	0,914

Längenmaß	km
russischer Werst	1,06678
brit. statute mile	1,60934
Welt-Seemeile	1,85201
franz. See-Linie	5,556
neue geograph. Meile	7,420
dänische und preußische Meile	7,532
schwedische Neumeile	10,000
Meridiangrad	111,120
Äquatorgrad	111,306
* Siehe auch Umrechnungstafel	

Flächenmaß	m^2
square foot	0,093
square yard	0,836
preußischer Quadratfuß	0,0986
preußische Quadratrute	14,185
preußischer Morgen	2553
bayerisches Tagwerk	3407
brit./amerik. acre	4046,7
sächsischer Acker	5534
österreichisches Joch	5755,4
square mile	2 588 881

Gewicht	
Karat	0,205 g
brit. ounce	28,350 g
Unze	31,100 g
brit. pound	454,000 g
Zentner	50 kg
brit. short ton	907 kg
brit. long ton	1016 kg

Raummaß	m^3
brit. quart	0,00145
Metzen	0,00344
brit. gallon	0,00455
cubic foot	0,02830
preußischer Scheffel	0,05496
Eimer	0,06870
amerikanischer barrel	0,15900
Oxhoft	0,20600
Tonne	0,21980
Ohm	0,30900
Klafter	0,33800
cubic yard	0,76400

Arbeit, Leistung, Energie, Wärme – Umrechnung

		kpm	kcal
Arbeit, Energie- oder Wärmemenge	Nm = J = Ws	0,102	$2{,}39 \cdot 10^{-4}$
	kNm = kJ = kWs	102	0,239
	kWh	$367 \cdot 10^3$	860
Leistung, Energie- oder Wärmestrom		kpm/s	kcal/h
	Nm/s = J/s = W	0,102	0,860
	kNm/s = kJ/s = kW	102	860
	kJ/h	0,0283	0,239

Vervielfachung von Einheiten

da	Deka	10^1	Zehn	M	Mega	10^6	Million
h	Hekto	10^2	Hundert	G	Giga	10^9	Milliarde
k	Kilo	10^3	Tausend	T	Tera	10^{12}	Billion

Teilung von Einheiten

d	Dezi	10^{-1}	Zehntel	μ	Mikro	10^{-6}	Millionstel
c	Zenti	10^{-2}	Hundertstel	n	Nano	10^{-9}	Milliardstel
m	Milli	10^{-3}	Tausendstel	p	Pico	10^{-12}	Billionstel

2 Mathematische Hinweise

2.1 Flächen

	Quadrat $A = a^2 \qquad d = a\sqrt{2}$
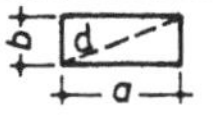	Rechteck $A = a \cdot b \qquad d = \sqrt{a^2 + b^2}$
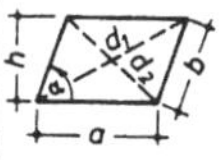	Parallelogramm $A = a \cdot h = a \cdot b \cdot \sin\alpha$ $d_1 = \sqrt{(a + h \cdot \cot\alpha)^2 + h^2}$ $d_2 = \sqrt{(a - h \cdot \cot\alpha)^2 + h^2}$
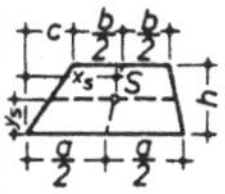	Trapez $\quad A = h \cdot (a+b)/2$ $x_S = \frac{1}{3}\left[a + b + c - b \cdot \frac{a-c}{a+b}\right]$ $y_S = \frac{h}{3} \cdot \frac{a + 2b}{a+b}$
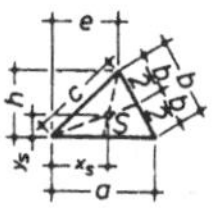	Dreieck $\quad A = a \cdot h/2$ $s = (a+b+c)/2$ $A = \sqrt{s(s-a)(s-b)(s-c)}$ $x_S = (a+e)/3$ $y_S = h/3$
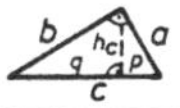	Rechtwinkliges Dreieck [1] $A = a \cdot b/2 = c \cdot h_c/2$
	Gleichseitiges Dreieck $A = 0{,}25 \cdot a^2 \cdot \sqrt{3}$ $h = 0{,}5 \cdot a \cdot \sqrt{3} \quad ; \quad U = 3 \cdot a$
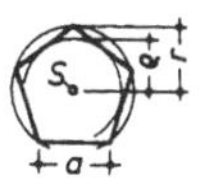	Regelmäßiges Fünfeck $A = 0{,}625 \cdot r^2 \cdot \sqrt{10 + 2 \cdot \sqrt{5}}/8$ $a = 0{,}500 \cdot r \cdot \sqrt{10 - 2 \cdot \sqrt{5}}/2$ $\rho = 0{,}250 \cdot r \cdot \sqrt{6 + 2 \cdot \sqrt{5}}/4$
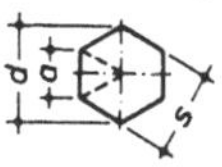	Regelmäßiges Sechseck $A = 1{,}5 \cdot a^2 \cdot \sqrt{3}$ $d = 2 \cdot a = 2 \cdot s/\sqrt{3}$ $s = 0{,}5 \cdot d \cdot \sqrt{3}$
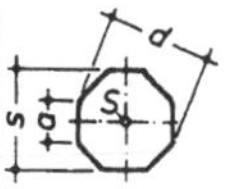	Regelmäßiges Achteck $A = 2 \cdot a \cdot s = 2 \cdot s \cdot \sqrt{d^2 - s^2}$ $a = s \cdot \tan 22{,}5°$ $s = d \cdot \cos 22{,}5°$ $d = s/\cos 22{,}5°$
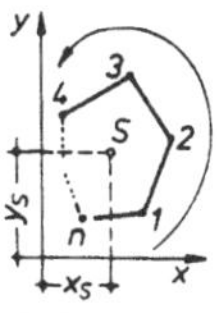	*n*-Eck (Punkt „*n* + 1“ = „1“) Mit $H_i = x_i \cdot y_{i+1} - x_{i+1} \cdot y_i$ $A = \sum H_i/2$ $s_x = \sum H_i(y_i + y_{i+1})/6$ $s_y = \sum H_i(x_i + x_{i+1})/6$ $(i = 1, 2 \ldots n)$ $x_S = s_y/A; \; y_S = s_x/A$

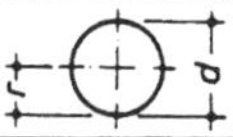	Kreis $A = \pi \cdot d^2/4 \quad = \quad \pi \cdot r^2$ $U = \pi \cdot d \quad = 2 \cdot \pi \cdot r$
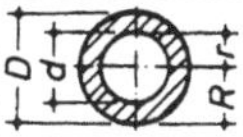	Kreisring $A = \pi \cdot (D^2 - d^2)/4$
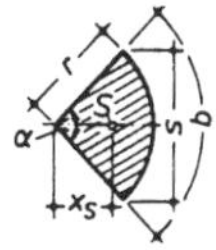	Kreisausschnitt $b = \pi \cdot r \cdot \alpha°/180°$ $s = 2 \cdot r \cdot \sin(\alpha/2)$ $A = b \cdot r/2$ $x_S = (2 \cdot r \cdot s)/(3 \cdot b)$ $= (r^2 \cdot s)/(3 \cdot a)$
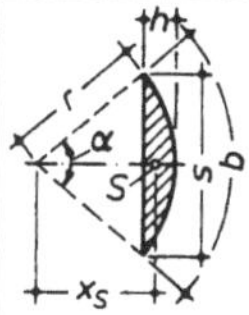	Kreisabschnitt $b = \pi \cdot r \cdot \alpha°/180°$ $s = 2\,r \sin\frac{\alpha}{2} \approx \sqrt{b^2 - \frac{16}{3}h^2}$ $h = 0{,}5\,s \tan\frac{\alpha}{4} = 2\,r \sin^2\frac{\alpha}{4}$ $A = 0{,}5\,r^2 \cdot (\pi \cdot \alpha°/180° - \sin\alpha)$ $x_S = s^3/(12 \cdot A)$
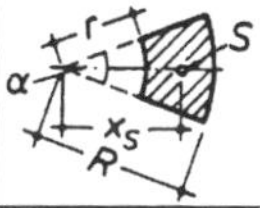	Kreisringstück $A = \pi \cdot \alpha° \cdot (R^2 - r^2)/360°$ $x_S = \frac{240}{\pi} \cdot \frac{R^3 - r^3}{R^2 - r^2} \cdot \frac{\sin(\alpha/2)}{\alpha°}$
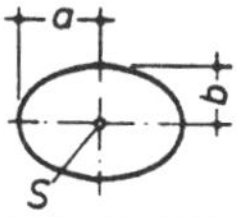	Ellipse $\quad A = \pi \cdot a \cdot b$ $\lambda = (a-b)/(a+b)$ $U = \pi \cdot (a+b) \cdot \left[1 + \frac{1}{4}\lambda^2 + \frac{1}{64}\lambda^4 + \frac{1}{256}\lambda^6 + \frac{25}{16384}\lambda^8 + \ldots\right]$
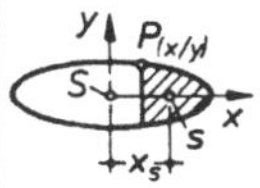	Ellipsenabschnitt $y = \frac{b}{a}\sqrt{a^2 - x^2}$ $A = a \cdot b \cdot \arccos\frac{x}{a} - x \cdot y$ $x_S = \frac{2 \cdot a^2 \cdot y^3}{3 \cdot b^2 \cdot A}$
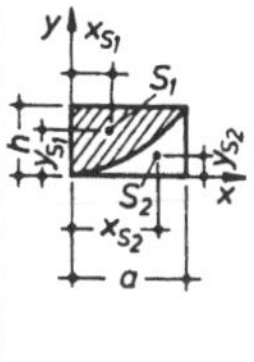	Parabel $\quad y = h \cdot (x/a)^2$ $A_1 = 2 \cdot a \cdot h/3 \; ; \; A_2 = a \cdot h/3$ $x_{S_1} = 3 \cdot a/8 \; ; \; x_{S_2} = 3 \cdot a/4$ $y_{S_1} = 3 \cdot h/5 \; ; \; y_{S_2} = 3 \cdot h/10$ Bogenlänge: mit $H = 2 \cdot h/a$ $b = 0{,}5 \cdot \left[\sqrt{a^2 + 4\,h^2} + a \cdot \ln\left(H + \sqrt{H^2 + 1}\right)/H\right]$
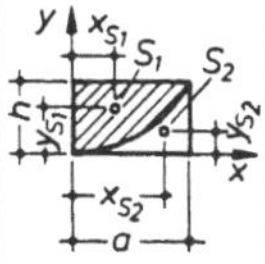	kubische Parabel $\quad y = h \cdot (x/a)^3$ $A_1 = 3 \cdot a \cdot h/4 \; ; \; A_2 = a \cdot h/4$ $x_{S_1} = 2 \cdot a/5 \; ; \; x_{S_2} = 4 \cdot a/5$ $y_{S_1} = 4 \cdot h/7 \; ; \; y_{S_2} = 2 \cdot h/7$

[1] Pythagoras: $a^2 + b^2 = c^2$ Euklid: $a^2 = c \cdot p$; $b^2 = cq$ *Höhensatz:* $h_c^2 = p \cdot q$

2.2 Körper

Es bedeuten: V Volumen; O Oberfläche; M Mantelfläche; G Grundfläche; D Deckfläche
$A(h)$ Querschnittsfläche in der Höhe h; h Höhe und u Umfang; s Mantellinie;
r, R Radius; a, b, c Seiten

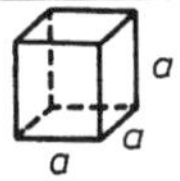	Würfel $V = a^3$	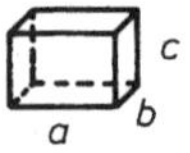	Quader $V = a\,b\,c$
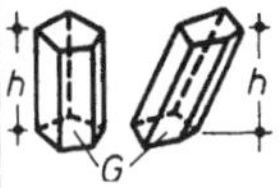	Prisma $V = G\,h$	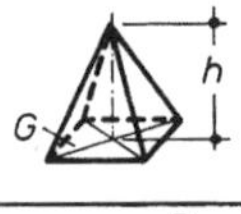	Pyramide $V = \frac{1}{3} G\,h$
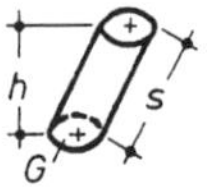	Zylinder $V = G\,h; \quad M = u\,s$	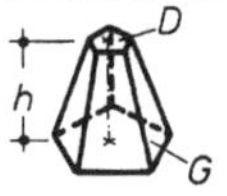	Pyramidenstumpf $V = \frac{1}{3}(G + \sqrt{G\,D} + D)\,h$
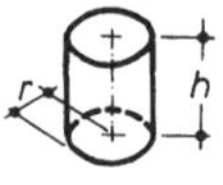	gerader Kreiszylinder $V = \pi\,r^2 h; \quad M = 2\pi\,r\,s$	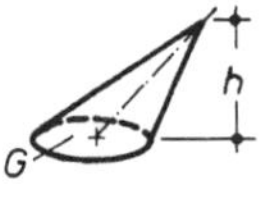	Kegel $V = \frac{1}{3} G\,h$
	gerader Kreiskegel $V = \frac{1}{3}\pi\,r^2 h; \quad M = \pi\,r\,s$	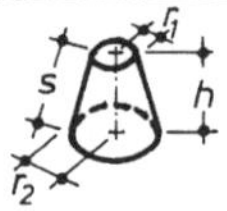	Kreiskegelstumpf $V = \frac{1}{3}\pi(r_1^2 + r_1\,r_2 + r_2^2)\,h$

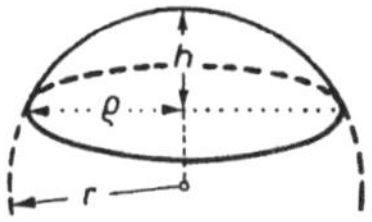	Kugel	$V = \frac{4}{3}\pi\,r^3; \quad O = 4\,\pi\,r^2$
	Kugelabschnitt	$V = \frac{1}{3}\pi\,h^2(3\,r - h)$ $M = 2\pi\,r\,h; \quad O = \pi\,h\,(4\,r - h)$ $\rho = \sqrt{h\,(2\,r - h)}$
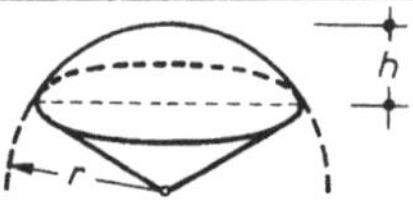	Kugelausschnitt	$V = \frac{2}{3}\pi\,r^2 h$ $O = \pi\,r\left(2\,h + \sqrt{h\,(2\,r - h)}\right)$
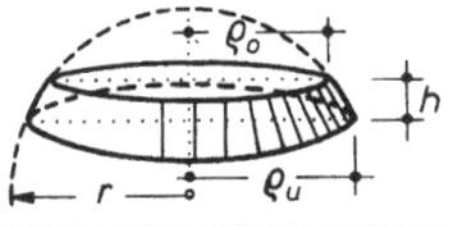	Kugelschicht	$V = \frac{1}{6}\pi\,h\left(3\rho_u^2 + 3\rho_o^2 + h^2\right)$ $M = 2\pi\,r\,h$
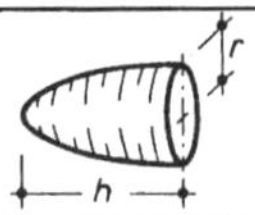	Rotationsparaboloid	$V = \frac{1}{2}\pi\,r^2 h$
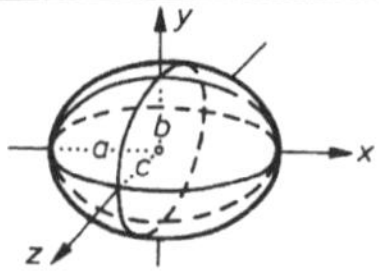	Ellipsoid	$V = \frac{4}{3}\pi\,a\,b\,c$ (a, b, c *Halbachsen*)

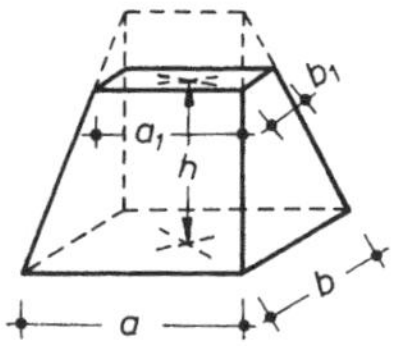

Obelisk

$V = \frac{1}{6}h\left[(2a + a_1)\,b + (2a_1 + a)\,b_1\right]$

$G = a\,b$; $D = a_1\,b_1$

Keil: $b_1 = 0$

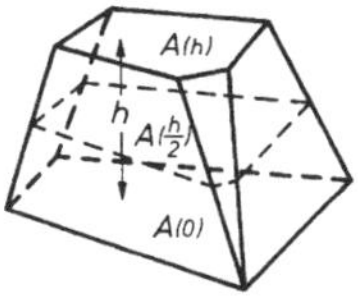

Prismatoid

$V = \frac{1}{6}h\left[A(0) + 4\,A(\frac{h}{2}) + A(h)\right]$

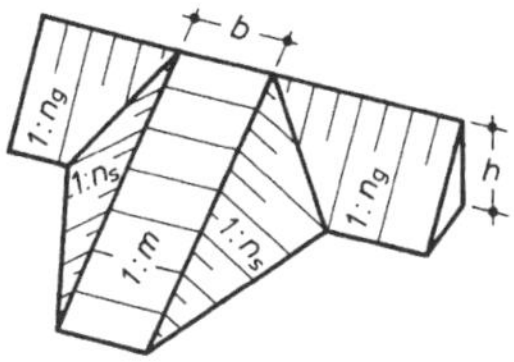

Rampe $V = \frac{1}{6}h^2(m - n_g)\left[3\,b + 2\,n_s\,h\frac{m - n_g}{m}\right]$

(b Rampenbreite,
$1:m$ Rampensteigung
$1:n_s$ Steigung der Rampenseitenböschung
$1:n_g$ Steigung der Gegenböschung; falls senkrecht: $n_g = 0$)

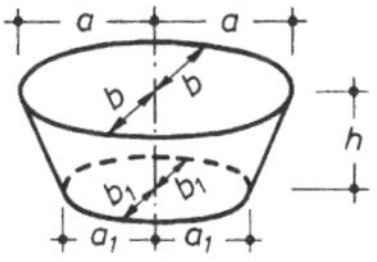

Elliptischer Kübel

$V = \frac{1}{6}\pi\,h\left[(2a + a_1)\,b + (2a_1 + a)\,b_1\right]$

$G = \pi\,a_1\,b_1$; $D = \pi\,a\,b$

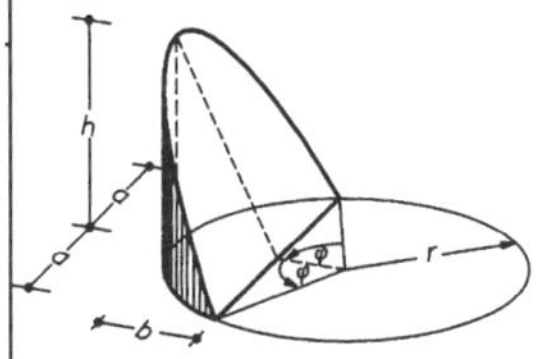

Zylinderabschnitt (Zylinderhuf)

$V = \frac{h}{3\,b}\left[a\,(3\,r^2 - a^2) + 3r^2(b - r)\cdot\hat{\varphi}\right]$

$M = \frac{2\,r\cdot h}{b}\left[(b - r)\cdot\hat{\varphi} + a\right]$

speziell für $a = b = r$: $V = \frac{2}{3}r^2\,h$; $M = 2\,r\cdot h$

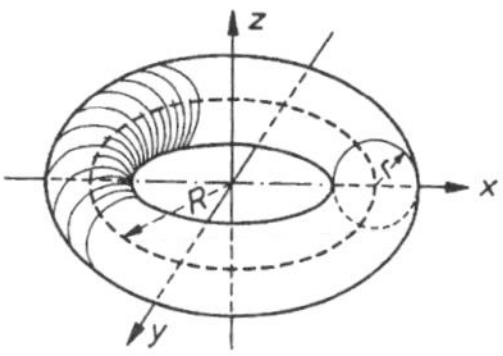

Torus (Kreisring)

$V = 2\,\pi^2 r^2 R$

$O = 4\,\pi^2 r\,R$

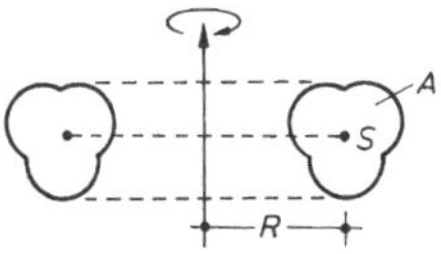

*Guldin*sche Regel

Das Volumen eines Rotationskörpers ist gleich dem Produkt aus dem Maß der erzeugenden Fläche und der Weglänge ihres Schwerpunktes.

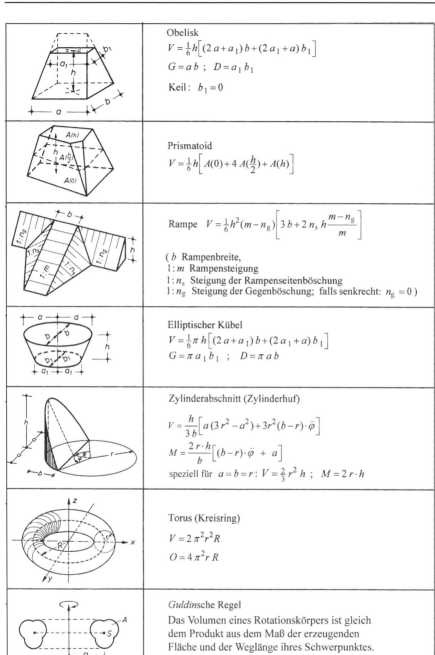

$V = 2\,\pi\cdot R\cdot A$

Toleranzen im Hochbau nach DIN 18 202 (10.2005)

Die Neuausgabe von DIN 18 202 fasst die bisherigen Normen DIN 18 201 und 18 202 zusammen und enthält sowohl die Grundlagen der Behandlung von Maßabweichungen am Bau als auch tabellierte maximal zugelassene Maßabweichungen – bisher Grenzabmaße, jetzt Grenzabweichungen genannt –, neben der folgenden Tabelle noch für Winkel- und Ebenheitsabweichungen sowie (neu) für Abweichungen von Stützenfluchten.

Daneben gilt die Normenreihe DIN 18 203-1 bis -3 mit Toleranzen für vorgefertigte Teile aus Beton und aus Stahl sowie für Holzbauteile weiter.

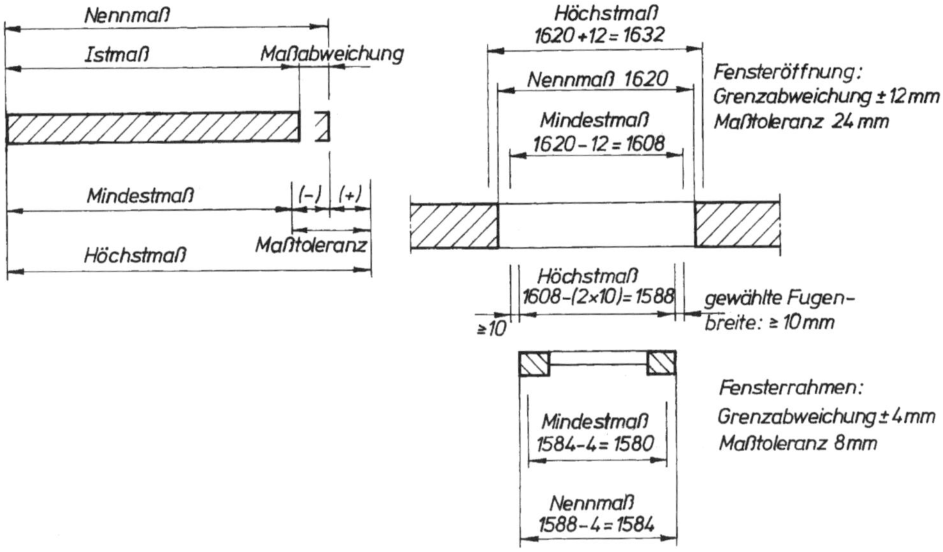

Das *Nennmaß* wird als Sollmaß in die Zeichnungen eingetragen. Das *Istmaß* wird durch Messung am fertigen Bauteil ermittelt.

Das *Höchstmaß* ist das größte, das Mindestmaß das kleinste zulässige Maß. Die Maße ergeben sich aus dem Nennmaß zuzüglich bzw. abzüglich der zulässigen *Grenzabweichung.*

Grenzabweichungen in mm für Maße am Bauwerk nach DIN 18 202, Tabelle 1
(Die kursiv gedruckten Werte für Nennmaße ≤ 1 m sind neu hinzugekommen.)

Zeile	Bezug zum Bauwerk	Nennmaße in mm					
		≤ 1	> 1 ≤ 3	> 3 ≤ 6	> 6 ≤ 15	> 15 ≤ 30	> 30
1	Maße im Grundriss, z. B. Längen, Breiten, Achsmaße	± 8	± 12	± 16	± 20	± 24	± 30
2	Maße im Aufriss, z. B. Geschoss- und Podesthöhen	± 10	± 16	± 16	± 20	± 30	± 30
3	Lichte Maße im Grundriss, z. B. zwischen Stützen	± 12	± 16	± 20	± 24	± 30	–
4	Lichte Maße im Aufriss, z. B. unter Decken und Unterzügen	± 16	± 20	± 20	± 30	–	–
5	Öffnungen mit nicht oberflächenfertigen Leibungen	± 8	± 12	± 16	–	–	–
6	Öffnungen mit oberflächenfertigen Leibungen	± 8	± 10	± 12	–	–	–

B Produktinformationen / Baustoffe

B.1 Porenbeton – Herstellung und Produkte

1 Herstellung von Porenbeton

Der Baustoff Porenbeton wurde gegen Ende des 19. Jahrhunderts schrittweise entwickelt. Verschiedene Erfinder haben mit Patenten die Grundlage für die heutige Herstellung von Porenbeton gelegt. In den 20er Jahren des letzten Jahrhunderts wurde in Schweden dann der Durchbruch für eine industrielle Produktion dieses Baustoffes gelegt. Als Vater des modernen Porenbetons gilt Axel Eriksson der 1924 hierfür ein Patent erhielt und in den nachfolgenden Jahren die Herstellung zur industriellen Fertigung gebracht hat. Vor dem damaligen Hintergrund der Energieknappheit sollte mit Porenbeton ein Baustoff entwickelt werden, der besonders ressourcenschonend herzustellen ist und dabei eine hohe Wärmedämmung aufweist. Diese damals übliche Bauweise mit Holz sollte durch diesen verottungsfesten, unbrennbaren und leicht zu bearbeitenden Baustoff ausgeglichen werden. Die damaligen Vorstellungen prägen auch noch heute das Bild von Porenbeton. Er ist besonders hoch wärmedämmend und wird in einem ressourcenschonenden Verfahren aus den Rohstoffen Sand, Kalk, Zement, Anhydrit bzw. Gips, Wasser und einem Porenbildner, in der Regel Aluminium, hergestellt. Abbildung B.1.1 zeigt den Herstellprozess als einfaches Schaubild mit den Ausgangsstoffen.

An die Rohstoffe werden klare Qualitätsanforderungen gestellt. Hochwertige Porenbetone verlangen einfach, dass die Ausgangstoffe die dafür notwendigen Qualitätsmerkmale sicher erfüllen. Dies wird in jedem Werk im Rahmen der Eigen- und Fremdüberwachung des Produktes gemacht. Mit den Ausgangstoffen lassen sich Porenbeton mit Trockenrohdichten zwischen 250 kg/m³ und 800 kg/m³ durch Variation der Rezepturen herstellen. Die dabei eingesetzten Rohstoffe ermöglichen es, aus etwa 1 m³ Ausgangsstoffe bis zu 5 m³ Porenbeton herzustellen. Durch den gezielten Einsatz des Porenbildners und dem Aufmahlen der Rohstoffe wird die porenförmige Struktur des Materials erzeugt, die durch die eingeschlossene Luft mit hohen Wärmedämmwerten positiv auftrumpft.

Der Herstellprozess von Porenbeton ermöglicht es, das Material im abgebundenen Zustand mit Drähten und Schabwerkzeugen in vielfältiger Weise zuzuschneiden und zu profilieren. Hierdurch ist es einfach möglich, Grifftaschen und Nut- und Federprofile in unterschiedlicher Formgebung zu erstellen. In diesem Prozessschritt lassen sich auch die unterschiedlichen Steinformate (Abmessungen) erstellen. Die dabei entstehenden Reststoffe werden wieder dem Herstellprozess zugeführt, so dass ein geschlossener Produktionskreislauf entsteht und keine Rohstoffe ungenutzt verloren geht.

Aus dem Schaubild ist auch zu erkennen, dass es möglich ist, mit Porenbeton bewehrte Bauteile herzustellen. Dabei wird die Bewehrung entweder vor dem Gießen eingebaut oder unmittelbar danach bevor der Abbindeprozess einsetzt. Bewehrte Produkte finden überall dort Einsatz, wo Anforderungen an eine erhöhte Tragfähigkeit zum Beispiel infolge von Biegebeanspruchung gestellt werden. Dies sind in der Regel Stürze oder Decken- und Dachbauteile. Aber auch durch Erddruck belastete Wände lassen sich damit als großformatige Fertigteile erstellen. Ein weiteres Anwendungsgebiet von bewehrten Porenbetonbauteilen sind Wandkonstruktionen aus selbsttragenden Wandelementen mit einer Länge von bis zu 8,00 m Länge die nur an den Endpunkten an eine vorhandene Tragkonstruktion befestigt werden.

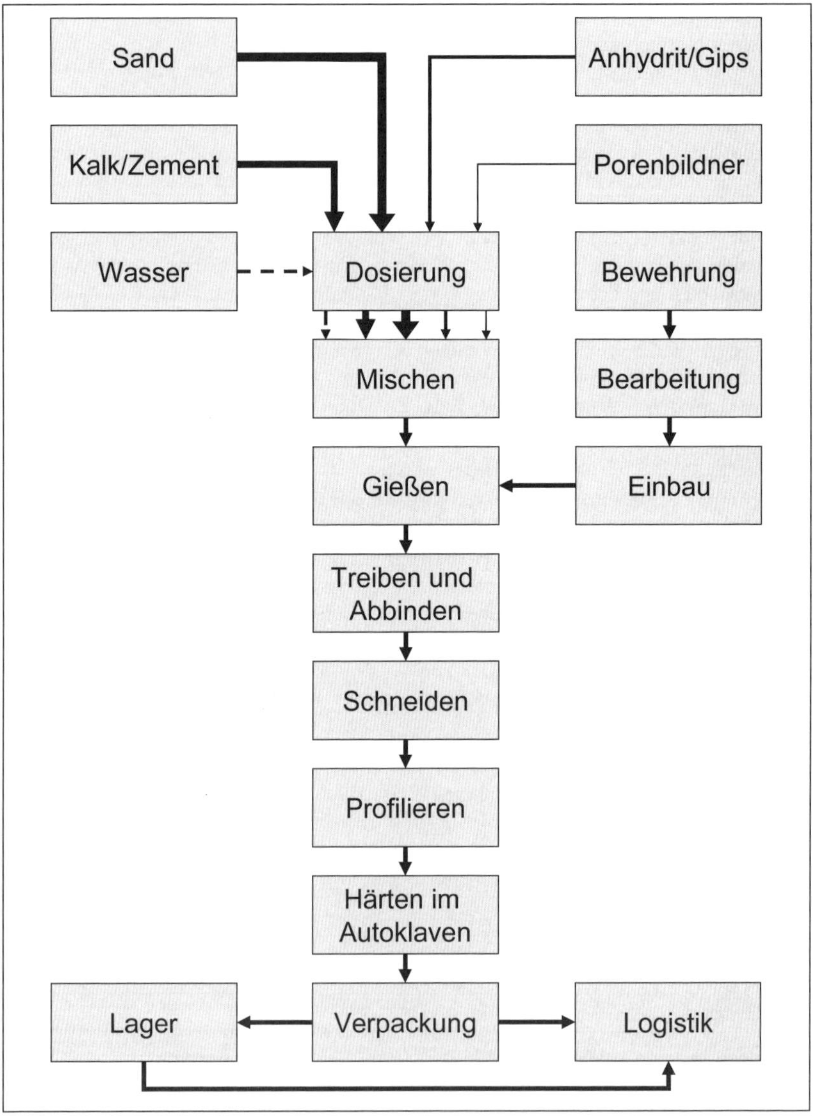

Abb. B.1.1 Herstellprozess Porenbeton

2 Normen und Zulassungen für die Herstellung und Anwendung von Porenbeton

Neben den nationalen und europäischen Produkt- und Anwendungsnormen kann Porenbeton auch nach Zulassungen hergestellt und angewendet werden. Die Bemessung und Ausführung sind in weiteren Normen und Zulassungen geregelt. In Tabelle B.1.1 ist eine Übersicht über die derzeit relevanten Regelungen (Berücksichtigung der jeweils aktuell gültigen Fassung ist zu beachten) für Porenbetonprodukte gegeben.

Tabelle B.1.1 Normen und Zulassungen für Porenbeton

<table>
<tr><th>Produktbereich</th><th>Herstellung</th><th>Grundlagen der Bemessung</th><th>Bemessung</th><th>Ausführung</th></tr>
<tr><td rowspan="2">Plansteine</td><td>DIN 4165-100
DIN EN 771-4
DIN V 20000-404</td><td>DIN 1055</td><td>DIN 1053-1
DIN 1053-100</td><td>DIN 1053-1</td></tr>
<tr><td colspan="4">Allgemeine bauaufsichtliche Zulassung</td></tr>
<tr><td rowspan="2">Planelemente</td><td>DIN 4165-100
DIN EN 771-4
DIN V 20000-404</td><td>DIN 1055</td><td>DIN 1053-1
DIN 1053-100</td><td>DIN 1053-1</td></tr>
<tr><td colspan="4">Allgemeine bauaufsichtliche Zulassung</td></tr>
<tr><td>Planbauplatten</td><td>DIN 4166</td><td>DIN 4103-1</td><td>DIN 4103-1</td><td>DIN 1053-1</td></tr>
<tr><td>Geschosshohe nichttragende Trennwand-elemente</td><td colspan="4">Allgemeine bauaufsichtliche Zulassung
Europäische Zulassung</td></tr>
<tr><td rowspan="2">Systemwand-elemente mit statisch nicht anrechenbarer Bewehrung</td><td>DIN 4223-1</td><td>DIN 4223-5
DIN 1055</td><td>DIN 4223-3</td><td>DIN 4223-4</td></tr>
<tr><td colspan="4">Allgemeine bauaufsichtliche Zulassung</td></tr>
<tr><td rowspan="2">Wandelemente mit statisch anrechen-barer Bewehrung</td><td>DIN 4223-1</td><td>DIN 4223-5
DIN 1055</td><td>DIN 4223-2</td><td>DIN 4223-4</td></tr>
<tr><td colspan="4">Allgemeine bauaufsichtliche Zulassung</td></tr>
<tr><td rowspan="2">Montagebauteile als Wand-, De-cken- Dachelement</td><td>DIN 4223-1</td><td>DIN 4223-5
DIN 1055</td><td>DIN 4223-2</td><td>DIN 4223-4</td></tr>
<tr><td colspan="4">Allgemeine bauaufsichtliche Zulassung</td></tr>
<tr><td>Mauertafeln</td><td colspan="4">Allgemeine bauaufsichtliche Zulassung</td></tr>
<tr><td rowspan="2">tragende Stürze als Flach- und Fertig-stürze</td><td>DIN 4223-1</td><td>DIN 4223-5
DIN 1055</td><td>DIN 4223-2</td><td>DIN 4223-4</td></tr>
<tr><td colspan="4">Allgemeine bauaufsichtliche Zulassung</td></tr>
</table>

Besondere Anforderungen aus bauphysikalischer Sicht (Schallschutz, Wärmeschutz und Brandschutz) und Erdbebenbeanspruchung (DIN 4149) können zu zusätzlichen Anforderungen an die Bemessung und die Ausführung führen und sind für den Einzelfall zu berücksichtigen.

3 Unbewehrte Produkte

Unbewehrte Produkte werden bei vorwiegender Druckbeanspruchung im Mauerwerksbau in vielfältiger Weise eingesetzt. Durch die flexible Herstellmöglichkeit lassen sich hier unterschiedliche Produktgrößen, Rohdichten und daraus resultierende Trag- und Dämmeigenschaften erreichen. Tabelle B.1.2 gibt einen Überblick der gängigen Produkte und deren Eigenschaften. Darüber hinaus werden herstellerspezifisch weitere Produkte mit abgeänderten Eigenschaften angeboten.

Tabelle B.1.2 Eigenschaftskennwerte unbewehrte Porenbetonprodukte

Produktbereich	Rohdichte			Rechnungsgewicht	Tragfähigkeit	Wärmedämmeigenschaft
	Klasse	Mindestwert	Maximalwert		Druckfestigkeitsklasse	Bemessungswert der Wärmeleitfähigkeit
	[-]	[kg/dm³]	[kg/dm³]	[kN/m³]	[-]	[W/mK]
Plansteine	0,30	0,25	0,30	4,0	1,6	0,08
	0,35	0,30	0,35	4,5	1,6	0,09
	0,35	0,30	0,35	4,5	2	0,09
	0,40	0,35	0,40	5,0	2	0,10
	0,45	0,40	0,45	5,5	2	0,12
	0,50	0,45	0,50	6,0	4	0,12
	0,55	0,50	0,55	6,5	4	0,14
	0,60	0,55	0,60	7,0	4	0,16
	0,60	0,55	0,60	7,0	6	0,16
	0,65	0,60	0,65	7,5	6	0,18
	0,70	0,65	0,70	8,0	6	0,21
Planelemente	0,35	0,30	0,35	4,5	2	0,09
	0,40	0,35	0,40	5,0	2	0,10
	0,45	0,40	0,45	5,5	2	0,12
	0,50	0,45	0,50	6,0	4	0,13
	0,55	0,50	0,55	6,5	4	0,14
	0,60	0,55	0,60	7,0	4	0,16
	0,60	0,55	0,60	7,0	6	0,16
	0,65	0,60	0,65	7,5	6	0,18
	0,70	0,65	0,70	8,0	6	0,21
Planbauplatten	0,50	0,45	0,50	6,0	-	-
	0,60	0,55	0,60	7,0	-	-
	0,70	0,65	0,70	8,0	-	-

B

Tabelle B.1.2 Eigenschaftskennwerte unbewehrte Porenbetonprodukte (Fortsetzung)

Produkt-bereich	Rohdichte			Rech-nungs-gewicht	Trag-fähigkeit	Wärmedämm-eigenschaft
	Klasse	Mindest-wert	Maximal-wert		Druck-festig-keitsklasse	Bemessungswert der Wärmeleit-fähigkeit
	[-]	[kg/dm³]	[kg/dm³]	[kN/m³]	[-]	[W/mK]
Mauertafeln	0,40	0,35	0,40	5,0	2	0,10
	0,45	0,40	0,45	5,5	2	0,12
	0,55	0,50	0,55	6,5	4	0,14
	0,60	0,55	0,60	7,0	4	0,16
	0,65	0,60	0,65	7,5	6	0,18
	0,70	0,65	0,70	8,0	6	0,21

Durch die einfache Möglichkeit, Porenbeton in unterschiedlichen Formaten zu erstellen, hat sich im Lauf der Jahre eine Vielzahl an Steinformaten ergeben. In den Herstellungsnormen und den Zulassungen werden diese mit dazugehörigen Grenzabmaßen geregelt. Tabelle B.1.3 zeigt für die einzelnen Produktebereiche eine Übersicht über die Bandbreite der Möglichkeiten. Lieferbare Produkte und deren genaue Abmessungen sind herstellerspezifisch und in vielen Fällen lassen sich, durch unterschiedliche Ausbildung der Stirnseiten, diese nicht in jedem Fall miteinander kombinieren. Ebenso sind bei den Abmessungen auch Regelungen aus den Zulassungen zu berücksichtigen.

Tabelle B.1.3 Produktmaße unbewehrte Porenbetonprodukte

Produktbereich	Abmessungen			Grenzabmaße		
	Länge	Breite	Höhe	Länge	Breite	Höhe
	[mm]	[mm]	[mm]	[mm]	[mm]	[mm]
Plansteine	249 – 624	115 - 500	124 - 249	± 1,5	± 1,5	± 1,0
Planelemente	499 – 1.499	115 - 500	374 - 624	± 1,5	± 1,5	± 1,0
Planelemente Lang	1.499 – 2.999	115 - 400	374 - 749	± 1,5	± 1,5	± 1,0
Planelemente HK	249 - 749	115 - 499	749 – 1.499	± 1,5	± 1,5	± 1,0
Planbauplatten	374 - 999	25 - 200	199 – 624	± 1,5	± 1,5	± 1,0
Mauertafeln	≤ 7.500	115 - 400	≤ 3.000	± 5	± 1,5	± 3

4 Bewehrte Produkte

Bei bewehrten Produkten wird zwischen einer statisch anrechenbarer und einer statisch nicht anrechenbarer Bewehrung unterschieden. Die statisch nicht anrechenbare Bewehrung ist im Regelfall eine reine Transportbewehrung, die Bauteile während der Logistik und des Einbaus vor Beschädigungen schützt. Im Bauwerk eingebaut übernimmt die Bewehrung dann keine Funktion in Sachen Tragfähigkeit und wird daher in der Bemessung auch nicht berücksichtigt. Sollen Bauteile in der Lage sein Zugkräfte infolge einer Biegebeanspruchung aufzunehmen, so sind diese mit einer statisch anrechenbarer Bewehrung ausgestattet. Die Bewehrungsführung und die konstruktive Ausbildung werden durch die Hersteller festgelegt und für den Planer bereitgestellt. In vielen Fällen übernehmen die Hersteller die Bemessung der Bauteile nach den Angaben der Belastung aus Eigengewicht, ständigen Lasten, Wind-, Schnee-, Verkehrs- und Einzellasten und legen die erforderlichen Bewehrungsquerschnitte fest.

Einen Überblick über die technischen Eigenschaften ist in Tabelle B.1.4 dargestellt.

Tabelle B.1.4 Eigenschaftskennwerte bewehrte Porenbetonprodukte

Bewehrung	Produktbereich	Festigkeitsklasse	Rohdichte Klasse	Rohdichte Mindestwert	Rohdichte Maximalwert	Rechnungsgewicht	Wärmedämmeigenschaft Bemessungswert der Wärmeleitfähigkeit
			[-]	[kg/dm³]	[kg/dm³]	[kN/m³]	[W/mK]
statisch nicht anrechenbar	Geschosshohe nichttragende Trennwandelemente	2	0,40	0,35	0,40	5,0	0,10
		4	0,55	0,50	0,55	6,5	0,14
		4	0,60	0,55	0,60	7,0	0,16
		6	0,70	0,65	0,70	8,0	0,21
	Systemwandelemente	2	0,40	0,35	0,40	5,0	0,10
		4	0,55	0,50	0,55	6,5	0,14
		4	0,60	0,55	0,60	7,0	0,16
		6	0,70	0,65	0,70	8,0	0,21
statisch anrechenbar	Montagebauteile	2.2	0,40	0,35	0,40	5,2	0,10
		2.2	0,45	0,40	0,45	5,7	0,12
		3.3	0,50	0,45	0,50	6,2	0,13
		3.3	0,60	0,55	0,60	7,2	0,16
		4.4	0,55	0,50	0,55	6,7	0,14
		4.4	0,60	0,55	0,60	7,2	0,16
	Stürze	4.4	0,55	0,50	0,55	6,7	0,14
		4.4	0,60	0,55	0,60	7,2	0,16

Wie auch bei den unbewehrten Produkten ist eine Vielzahl an herstellerspezifischen Abmessungen am Markt vorhanden. Tabelle B.1.5 zeigt exemplarisch die Bandbreite der Abmessungen für bewehrte Porenbetonbauteile nach DIN 4223-1 (für zulassungsgeregelte Produkte können die Grenzabmaße abweichen).

Tabelle B.1.5 Produktmaße bewehrte Porenbetonprodukte

Produktbereich	Abmessungen			Grenzabmaße		
	Länge	Breite	Dicke	Länge	Breite	Höhe
	[mm]	[mm]	[mm]	[mm]	[mm]	[mm]
Geschosshohe nichttragende Trennwandelemente	≤ 3.500	≥ 200	70 - 100	± 3	± 1,0	± 1,5
Systemwandelemente	≤ 3.500	≥ 200	≥ 100	± 3	± 1,0	± 1,5
Montagebauteile Dach und Decke	≤ 8.000	≥ 200	≥ 100	± 5	± 3	± 3
Montagebauteile Dach und Decke mit Dünnbettmörtel verklebt	≤ 7.000	≥ 200	≥ 200	± 5	± 1	± 1,5
Montagebauteile Wand	≤ 2.500	≥ 200	≥ 100	± 3	± 3	± 3
	> 2.500 - ≤ 8.000	≥ 200	≥ 100	± 5	± 3	± 3
Balken	-	≤ 2 * Dicke	-	± 5	± 1,5	± 1
Stürze tragend (nach Zulassung)	1.000 - 2.250	175 - 365	249	± 3	± 3	± 3
Flachstürze (nach Zulassung)	1.000 - 3.000	75 - 175	124	± 1,5	± 1,5	± 1,0

5 Ergänzungsprodukte aus Porenbeton

Neben den bereits vorgestellten, sogenannten, Hauptprodukten aus unbewehrtem und bewehrtem Porenbeton, werden von den Porenbetonherstellern noch eine Vielfalt an Ergänzungsprodukten (Tabelle B.1.6) angeboten. Diese Ergänzungen bilden dann in Summe komplettes Bausystem für den Wohnungs- und Nichtwohnbau. Die Ergänzungsprodukte haben den Sinn, die positiven Eigenschaften des Produktes Porenbeton in Sonderbereiche fortzuführen. Die Lieferfähigkeit der Produkte ist herstellerbezogen recht unterschiedlich und muss daher in der Planungsphase bereits berücksichtigt werden.

5.1 U-Steine und U-Schalen

Mit den U-Steine und U-Schalen werden rationell einsetzbare Schalungssteine bzw. Schalungselemente aus Porenbeton angeboten. Hierdurch entfallen Schalungsarbeiten auf der Baustelle und die Sichtflächen sind aus Porenbeton, welche für die nachfolgenden Gewerke (Putz) einen einheitlichen Untergrund bietet.

U-Steine haben in der Länge die gleichen Abmessungen wie Plansteine und werden bei Öffnungsüberdeckung auf eine temporäre Unterstützung aufgelegt. Als zusätzliche Wärmedämmung empfiehlt es sich, in Außenrichtung eine Mineralwolldämmung einzulegen. Der verbleibende Querschnitt ist so zu bemessen, dass der Betonquerschnitt mit ausreichender Betonüberdeckung bei dem gewählten statischen System ausgeführt werden kann. Der U-Stein eignet sich insbesondere auch für die Ausbildung von Ringankern, bei denen der Stein einfach auf das Mauerwerk mit Dünnbettmörtel versetzt wird und anschließend wie beschrieben ausgeführt wird. U-Steine können entweder aus werksseitig zusammengeklebten Planbauplatten bestehen oder aus einem Planstein werksseitig herausgefräst werden. Beide Typen sind gleich einzusetzen, die Hersteller bieten hier unterschiedliche Querschnitte an.

U-Schalen hingegen sind bewehrte Produkte die bis zu einer Länge von 6.000 mm angeboten werden. Kleinere Öffnungen bis 2.000 mm Breite können damit ohne unterstützende Maßnahmen überdeckt werden und in gleicher Form wie die U-Steine gedämmt und ausbetoniert werden. Bei größeren Öffnungen sollen punktuell im Abstand von 1.250 mm Stützen die Lasten bis zur Aushärtung des Tragsystems übernehmen. Bei U-Schalen ist der herstellerspezifische Querschnitt zur Ermittlung der maximalen Größe des einzubetonierenden Balkenquerschnitts zu beachten.

5.2 Deckenabstellsteine

Deckenabstellsteine, auch Deckenrandsteine genannt, sind Porenbetonergänzungssteine mit einer Höhe wie die geplante Decke. Deckenabstellsteine können auch für eine frei geplante Deckendicke durch einfaches Zuschneiden angepasst werden. Durch den Einsatz der Deckenabstellsteine entsteht ein einheitlicher Putzgrund der Fassade. Neben den einfachen Deckenabstellsteinen gibt es auch werksseitig mit Mineralwolle kaschierte Deckenabstellstein. Hierdurch werden rationell die Wärmebrücken im Deckenrandbereich minimiert und Spannungen aus der Verformung der Decken können im begrenzten Maße aufgenommen werden. Die Deckenabstellsteine werden mit Dünnbettmörtel auf das vorhandene Mauerwerk aufgesetzt und bieten somit, nach Aushärten des Mörtels, eine stabile Randschalung für den Beton der Decke oder des Ringankers.

5.3 Deckenabstellelemente

Wie bei den U-Steinen gibt es auch bei den Deckenabstellsteine Lösungen im Bereich von Elementen mit einer Länge von bis zum 3.000 mm. Hierbei handelt es sich um transportbewehrte Bauteile ohne statisch anrechenbare Bewehrung. In der Anwendung lassen sich in Kombination mit Deckenabstellsteinen hiermit besonders rationell Deckenrandschalungen erstellen Sofern nicht schon vorhanden sollte, jedoch auch hier baustellenseits ein Mineralwolldämmstreifen auf der Innenseite aufgebracht werden, um die Wärmebrücke zu minimieren und Zwangsspannungen aus Decken mit aufnehmen zu können.

5.4 Höhenausgleichssteine

Zur Vereinfachung des Bauablaufes und zum Ausgleich von dem Mauersteinmaß abweichenden Höhenmaßes werden Höhenausgleichssteine eingesetzt. Diese können sowohl am Fußpunkt einer Wand als auch am Wandkopf eingesetzt werden. Das notwendige Überbindemaß der Steine ist dabei zu beachten. Als Kimmstein in einem Normalmörtelbett eingesetzt, ist dies die ideale Grundlage für einen weiteren schnellen Bauablauf. In den Materialeigenschaften entspricht der Höhenausgleichsstein den Plansteinen, er ist lediglich dem geändertem Schichtmaß angepasst und wird daher als Porenbeton Ergänzungsstein aufgeführt. Neben den standardmäßig angebotenen Höhenausgleichsstein können weitere Höhen durch Zuschneiden der Höhenausgleichssteine oder von Plansteinen erreicht werden.

5.5 Stufen für den Treppenbau

Durch Nachbearbeitung von bewehrten Porenbetonmontagebauteilen können auch Blockstufen oder Segmentstufen hergestellt werden. Diese werden objektbezogen hergestellt und auf vorbereiteten mindestens 115 mm breiten Auflagern im Mauerwerksbau aufgelegt. Die Mindestauflagertiefe auf anderen Werkstoffen richtet sich nach den Angaben des Herstellers und beträgt aber mindestens 50 mm. Eine Treppe aus Porenbeton ist sofort begehbar und bietet damit Sicherheit auf der Baustelle. Die Oberfläche kann dann im späteren Bauablauf mit verschiedenen Materialien belegt werden

5.6 Rollladenkästen

Das Porenbeton-Bausystem wird durch den Einsatz von selbsttragenden Rollladenkästen abgerundet. Hierbei handelt es sich um transportbewehrte Bauteile die vom Prinzip einer umgedrehten U-Schale ähneln. In dem offenen Querschnitt wird dann durch das Nachfolgegewerk die Rollladentechnik eingebaut. Neben den Voll-Porenbeton-Rollladenkästen gibt ebenfalls auch Rollladenkästen die an der Außenseite mit einer dünnen Porenbetonschicht versehen sind.

Tabelle B.1.6 Abmessungen Ergänzungsprodukte

Produktbereich	Abmessungen			Grenzabmaße		
	Länge	Breite	Höhe	Länge	Breite	Höhe
	[mm]	[mm]	[mm]	[mm]	[mm]	[mm]
U-Stein	499 – 624	115 - 500	249	± 1,5	± 1,5	± 1,0
U-Schale	1.500 – 6.000	175 - 365	249	± 5,0	± 1,5	± 1,0
Decke-nabstell-steine	499 – 624	50 - 100	150 – 249	± 1,5	± 1,5	± 1,0
Decken-abstell-steine Kaschiert	499 – 624	50 – 100 + 50 mm Mineral-wolle	150 – 249	± 1,5	± 1,5	± 1,0
Decken-abstell-element	2.000 – 3.000	100	150 – 300	± 3	± 1,5	± 1,0
Höhenaus-gleichsstein	499 - 624	115 - 500	50 – 150	± 1,5	± 1,5	± 1,0
Treppen-stufen	Herstellerbezogen					
Rollladen-kästen	Herstellerbezogen					

B.2 Kalksandstein – Herstellung und Produkte

1 Herstellung von Kalksandstein

Kalksandstein wird seit über 100 Jahren aus den natürlichen Rohstoffen Kalk, Sand und Wasser hergestellt. Die überwiegend aus nahe gelegenen Abbaustätten gewonnenen Rohstoffe werden zu einem künstlichen Baustoff aus dem Bereich der Calcium-Silikat-Hydrate in einem ressourcenschonenden Prozess aufbereitet. Die einzelnen Ausgangsstoffe werden in Silos zwischengelagert und nach dem Dosieren ausreichend gemischt. Da hierbei Branntkalkprodukte als Bindemittel verwendet werden, müssen diese nach dem Mischen zu Kalkhydrat reagieren. Anschließend wird dem Gemenge nochmals ein wenig Wasser zugegeben, damit die Masse eien optimale Pressfeuchte hat. Die Formgebung der Steine erfolgt in hydraulischen Pressen bei denen mehrere Steine gleichzeitig ihre endgültige Form bekommen. Nach dem Ausdrücken aus den Pressen werden die Steine auf einen Härtewagen gestapelt und in den nächsten 4 bis 8 Stunden im Autoklaven gehärtet. Anschließend werden die Steine nach Anforderungen konfektioniert und gelagert oder direkt zur Baustelle gebracht. Abbildung 1 zeigt den Herstellprozess als einfaches Schaubild mit den Ausgangsstoffen.

Die angelieferten Rohstoffe werden im Rahmen der Eigen- und Fremdüberwachung nach Normen und Zulassungen auf ihre Qualität getestet. Damit wird eine gleichbleibend hohe Qualität der fertigen Kalksandsteinprodukte gesichert.

Der Härteprozess der Rohlinge erfolgt bei Temperaturen um 200° C und ist damit gegenüber gebrannten Baustoffen (bei Temperaturen von über 600° C) energieschonend und spiegelt einen Prozess wider, der auch in der Natur vorkommt. Bei den Temperaturen werden Kieselsäure von den quarzhaltigen Sanden angelöst und verbindet sich mit dem Kalkhydrat zu einem festen Gefüge. Durch diesen natürlichen Prozess und den Ausgangsstoffen hat Kalksandstein keine Schadstoffe und kann daher als allergiearmer Baustoffe betrachtet werden

Der Herstellprozess von Kalksandstein kann im Bereich großformatiger Planelemente (Länge bis 998 mm und Höhe bis 648 mm) noch durch zwei weitere Arbeitsschritte ergänzt werden. Von verschiedenen Herstellern werden konfektionierte Mauerwerksbausätze angeboten. Hierfür werden die einzelnen Wände mit Hilfe einer CAD-Anlage so elementiert, dass eine möglichst geringe Anzahl an so genannten Passsteinen benötigt wird. Diese werden dann nach den beiden unterschiedlichen Herstellverfahren objektbezogen hergestellt. In Abbildung 1 sind diese möglichen Prozessschritte als „Passsteinlogistik – Grünzustand" und „Passteinlogistik erhärtetes Zustand" zu erkennen.

Die eine Variante ist das Zuschneiden von frisch gepressten Kalksandsteinrohlingen im „grünen" Zustand, wo mit eine ausgefeilten Sägetechnik eine Vielzahl an unterschiedlichen Steinformen erstellt werden kann. Die Abfälle aus diesem Produktionsschritt werden wieder dem Produktionsprozess zugeführt und somit entsteht hier ein geschlossener Materialkreislauf. Das Härten der Passelemente erfolgt auf gesonderten Härtewagen und die Logistik achtet darauf, dass sowohl ganze Elemente als auch Passelemente ablaufgerecht auf die Baustelle kommen.

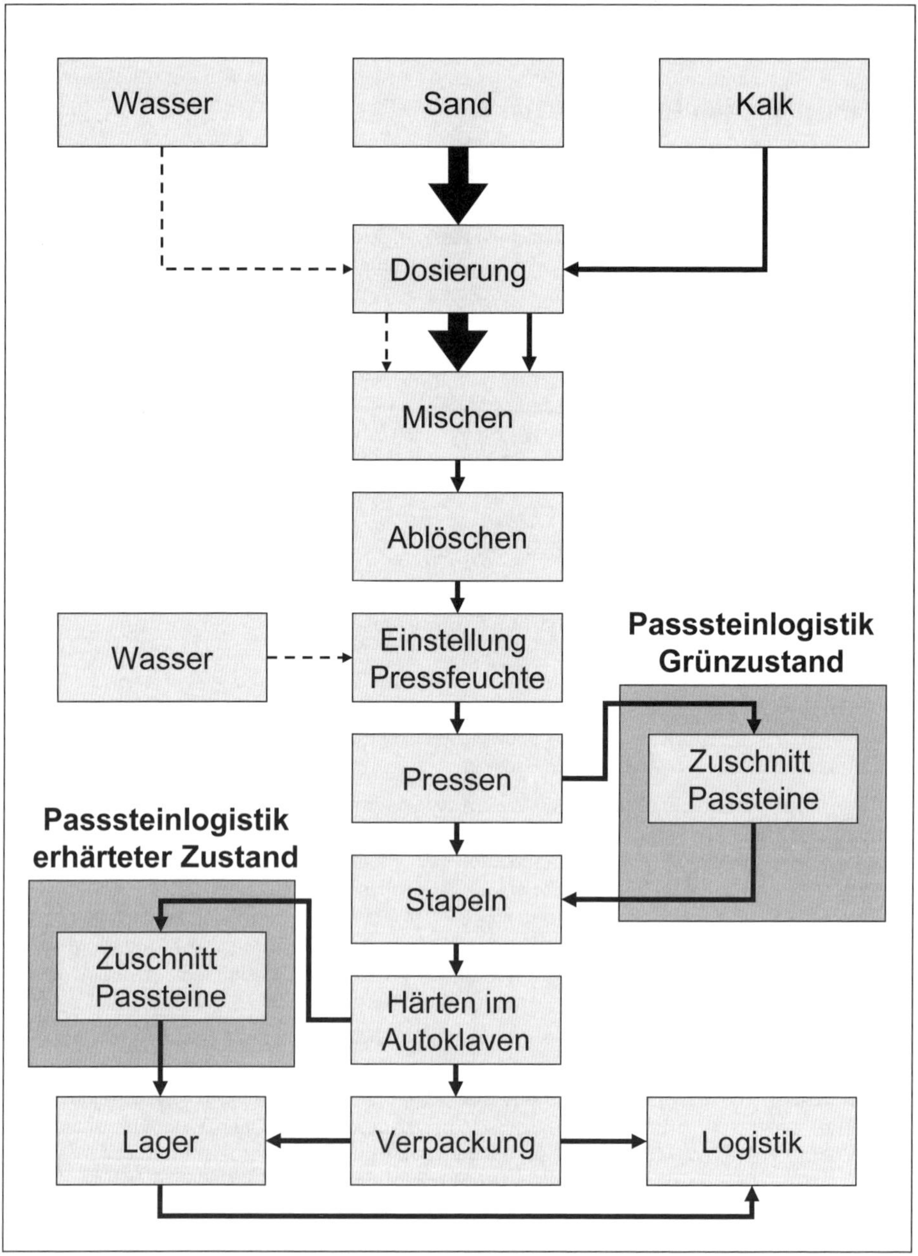

Abb. B.2.1 Herstellprozess Kalksandstein

Da es aber auch hierbei einige Steinformate gibt, die anlagenbedingt nicht in dieser Technologie geschnitten werden können, werden auch Kalksandsteine im erhärteten Zustand mit Nasschneidetechnik zugeschnitten. Durch eine, von der CAD vorgegebene Passsteinlogistik werden auch hier Abfälle auf ein Minimum reduziert und dem Recyclingkreislauf zugeführt.

2 Normen und Zulassungen für die Herstellung und Anwendung von Kalksandstein

Neben den nationalen und europäischen Produkt- und Anwendungsnormen wird Kalksandstein auch nach Zulassungen hergestellt und angewendet. Die Bemessung und Ausführung sind in weiteren Normen und Zulassungen geregelt. In Tabelle B.2.1 ist eine Übersicht über die derzeit relevanten Regelungen (Berücksichtigung der jeweils aktuell gültigen Fassung ist zu beachten) für Kalksandsteinprodukte gegeben. Besondere Anforderungen aus bauphysikalischer Sicht (Schallschutz, Wärmeschutz und Brandschutz) und Erdbebenbeanspruchung (DIN 4149) können zu zusätzlichen Anforderungen an die Bemessung und die Ausführung führen und sind für den Einzelfall zu berücksichtigen.

Tabelle B.2.1 Normen und Zulassungen für Kalksandstein

Produktbereich	Herstellung	Grundlagen der Bemessung	Bemessung	Ausführung
KS-Vollsteine KS-Lochsteine KS-Plansteine KS-Fasensteine	DIN V 106-1 DIN EN 771-2 DIN V 20000-402	DIN 1055	DIN 1053-1 DIN 1053-100	DIN 1053-1
	Allgemeine bauaufsichtliche Zulassung			
KS-Rasterelement KS Planelemente	DIN V106-1 DIN EN 771-2 DIN V 20000-402	DIN 1055	DIN 1053-1 DIN 1053-100	DIN 1053-1
	Allgemeine bauaufsichtliche Zulassung			
KS-E-Steine	DIN V 106-1 DIN EN 771-2 DIN V 20000-402	DIN 1055	DIN 1053-1 DIN 1053-100	DIN 1053-1
	Allgemeine bauaufsichtliche Zulassung			
KS-Bauplatten	DIN V 106-1	DIN 4103-1	DIN 4103-1	DIN 1053-1

Tabelle B.2.1 Normen und Zulassungen für Kalksandstein (Fortsetzung)

Produktbereich	Herstellung	Grundlagen der Bemessung	Bemessung	Ausführung
KS-Vormauersteine KS-Verblender	DIN V 106-2 DIN EN 771-2 DIN V 20000-402	DIN 1055	DIN 1053-1 DIN 1053-100	DIN 1053-1
	Allgemeine bauaufsichtliche Zulassung			
KS-Kimmsteine Wärmetechnisch optimierte Kalksandsteine	DIN V 106-1	DIN 1055	DIN 1053-1 DIN 1053-100	DIN 1053-1
	Allgemeine bauaufsichtliche Zulassung			
KS-U-Schalen	DIN V 106-1 DIN V 106-2	DIN 1055	DIN 1053-1 DIN 1053-100	DIN 1053-1
tragende Stürze als Flachstürze und Fertigstürze	Allgemeine bauaufsichtliche Zulassung			
Regionale KS-Ergänzungsprodukte	-	-	-	-

3 Mauersteine

Kalksandstein wird in einer breiten Bandbreite von Formaten von der Handvermauerung bis hin zu Wandtafeln angeboten. Neben den normativ geregelten Produkten werden auch Zulassungsprodukte und Ergänzungsprodukte angeboten. Das Steinformat wird in den meisten Fällen als ein Vielfaches vom Dünnformat (DF-Format) angegeben. Ein Dünnformat ist nach DIN 4172 genau festgelegt und entspricht den Abmessungen von Länge * Breite * Höhe von 240 mm * 115 mm * 52 mm. Aus diesem Volumen heraus ergibt sich die Maßbezeichnung für die meisten Steine.

Durch die Eigenschaften eignet sich Kalksandsteinmauerwerk besonders für hochfestes Mauerwerk mit tragenden Funktionen. Die Tragfähigkeit wird durch die Steindruckfestigkeitsklasse (SFK) beschrieben. Hinzu kommt dann noch die Festlegung der Rohdichteklasse (RDK). Diese wird volumenbezogen angegeben. Dabei werden für das Volumen die Griffhilfen und Lochungen übermessen auf die Trockenmasse bezogen. Tabelle B.2.2 und B.2.3 stellen die unterschiedlichen Klassen und die Bandbreiten der Werte dar. Herstellerspezifisch werden unterschiedliche Kombination der Steinfestigkeiten und Rohdichten angeboten.

Tabelle B.2.2 Steindruckfestigkeiten von Kalksandstein

Steindruck-festigkeitsklasse	[-]	10*)	12	16	20	28
Mittelwert der Druckfestigkeit	[N/mm²]	12,5	15,0	20,0	25,0	35,0

*) Nur auf Anfrage regional lieferbar

Tabelle B.2.3 Steinrohdichten von Kalksandstein

Steinrohdichte-klasse (RDK)		[-]	1,2*)	1,4	1,6	1,8	2,0	2,2
Bandbreite (Klassengrenzen)	Min	[kg/dm³]	1,01	1,21	1,41	1,61	1,81	2,01
	Max	[kg/dm³]	1,20	1,40	1,60	1,80	2,00	2,20

*) Nur auf Anfrage regional lieferbar

Durch die vorhandene Pressentechnologie ist es möglich, Kalksandstein in unterschiedlichen Formaten herzustellen. Dabei wird jedoch immer Bezug auf die Normen und Zulassungen genommen und die Steinformate sind hierdurch miteinander kompatibel. Eine durchgehende einheitliche Steinbezeichnung hat sich in Deutschland durchgesetzt und ermöglicht damit eine einfache und eindeutige Beschreibung für den Planer und den Ausführenden. Tabelle B.2.4 gibt einen Überblick über die handelsüblich lieferbaren Steinarten und Steinbezeichnungen. Die dazugehörigen Grenzabmaße sind ebenfalls mit aufgeführt. Lieferbare Produkte und deren genaue Abmessungen sind herstellerspezifisch und in vielen Fällen lassen sich, durch unterschiedliche Ausbildung der Stirnseiten, diese nicht in jedem Fall miteinander frei kombinieren.

Tabelle B.2.4 Produktbezeichnungen und Grenzmaße Kalksandsteinprodukte

Produkt-bezeichnung nach DIN 106	Kurz-bezeich-nung	Schich-tenhöhe	Loch-anteil	Grenzabmaße (oberer Wert: Mittelwert, unterer Wert: Einzelwert)			
				Länge	Breite	Höhe bei Steinen NF und DF	Höhe bei Steinen ≥ 2 DF
		[mm]	[%]	[mm]	[mm]	[mm]	[mm]
KS-Vollsteine	KS	≤ 125 mm	≤ 15				± 3,0
KS-Lochsteine	KS L		> 15				± 3,0
KS-R-Blocksteine	KS-R	> 125 mm ≤ 250 mm	≤ 15			± 2 ± 3	± 4,0
KS-R-Hohlblocksteine	KS L-R		> 15				± 4,0
KS-Plansteine KS-R-Plansteine	KS P	≤ 250 mm	≤ 15			-	± 1,0 ± 1,0
	KS-R P		≤ 15				
	KS L P		> 15	± 2 ± 3	± 2 ± 3		
	KS L-R P		> 15				
KS-Fasenstein	KS F	≤ 250 mm	≤ 15			± 1,0	± 1,0
KS XL-Rasterelemente	KS XL-RE	> 500 mm ≤ 625 mm	≤ 15			-	± 1,0 ± 1,0
KS XL-Planelemente	KS XL-PE	> 500 mm ≤ 650 mm	≤ 15				
KS-Vormauersteine	KS Vm	≤ 250 mm	≤ 15			± 2 ± 3	± 3 ± 4
	KS VmL		> 15				
KS-Verblender	KS Vb	≤ 250 mm	≤ 15	± 1	± 1	± 1	± 1
	KS VbL		> 15	± 2	± 2	± 2	± 2
System-ergänzungs-produkte	nach Herstellerangabe						

B

4 Steinkennzeichnung

In DIN V 106 wird aus den Kennwerten der Tabelle B.2.2 – B.2.4 die genaue Steinkennzeichnung festgelegt. Neben diesen Kenndaten werden zusätzlich die Formatangaben des Steines und bei Steinen ab dem Format 4 DF auch noch die Wanddicke angegeben. Großformate, Plansteine und Fasensteine werden abweichend hiervon mit den genauen Maßangaben Länge * Breite * Höhe gekennzeichnet. Abbildung B.2.2 stellt das System der Kennzeichnung in den beiden Formaten beispielhaft dar.

Kennzeichnung für KS, KS-L, KS-R, KS I-R, KS Vm, KS VmL, KS Vb und KS VbL

Steinsorte	Norm	Steinart	Druckfestigkeitsklasse	Rohdichteklasse	Format	Wanddicke
Kalksandstein	**DIN V 106 -**	**KS-R**	**20 -**	**2,0 -**	**10 DF**	**(300)**

Kennzeichnung für KS P, KS L P, KS-R P, KS L-R P, KS F, KS XL-RE, KS XL-PE

Steinsorte	Norm	Steinart	Druckfestigkeitsklasse	Rohdichteklasse	Länge	Breite	Höhe
Kalksandstein	**DIN V 106 -**	**KS-R P**	**20 -**	**2,0 -**	**498**	**175**	**248**

Abb. B.2.2 Kennzeichnung KS-Mauersteine

5 Ergänzungsprodukte aus Kalksandstein

Zur Vervollständigung als System bietet die Kalksandsteinindustrie die in Tabelle B.2.5 aufgeführten Ergänzungsprodukte an. In den Abmessungen und den funktionalen Eigenschaften sind diese Produkte auf die Systematik der übrigen Mauersteine angepasst.

Tabelle B.2.5 Ergänzungsprodukte aus Kalksandstein

Produktbereich	Abmessungen			Grenzabmaße (Mittelwert)		
	Länge	Breite	Höhe	Länge	Breite	Höhe
	[mm]	[mm]	[mm]	[mm]	[mm]	[mm]
KS-U-Schalen	115 – 240	115 - 365	240	± 1,5	± 1,5	± 1,0
KS-Kimmsteine	248 – 498	115 - 365	113*)	± 2	± 2	± 1,0
wärmetechnisch optimierte Kalksandsteine	248 – 498	115 – 365	113*)	± 2	± 2	± 1,0
KS-Zuggurte für Flachstürze	875 – 3.000	100 – 240 mm	113 + 123	± 2	± 2	± 1,0
KS-Fertigteilstürze	1.000 – 2.000	100 – 365	196 – 498	± 2	± 2	± 1,0
KS-Gurtrollersteine	125	175 - 240	498 – 623	± 2	± 2	± 1,0
KS-E-Steine	248 – 498	115 - 365	248 – 498	± 2	± 2	± 1,0

*) Andere Höhen sind regional auf Anfrage lieferbar

5.1 U-Schalen

Mit den U-Steinen werden rationell einsetzbare Schalungssteine aus Kalksandstein als Hintermauerwerk nach DIN V 106-1 und als Vormauerschalen nach DIN V 106-2 angeboten. Schwerpunktmäßig werden diese Formatsteine für Ringanker, Ringbalken und Sturzbauteile eingesetzt. Im Einzelfall können die U-Steine auch für Sichtstützen aus für Kalksandstein und Installationskanäle eingesetzt werden. An der Innenseite der Wandungen können die Steine profiliert sein, damit wird der Verbund zwischen dem Betonkern und dem Stein verbessert. Die statische Bemessung von Betonbauteilen erfolgt nach den dafür gültigen Normen und brandschutztechnische Nachweise lieben für ausbetonierte U-Schalen und KS-Flachstürze vor.

5.2 Höhenausgleichssteine als KS-Kimmsteine

Zur Vereinfachung des Bauablaufes und zum Ausgleich von dem Mauersteinmaß abweichenden Höhenmaßes werden Höhenausgleichssteine eingesetzt. Diese können sowohl am Fußpunkt einer Wand als auch am Wandkopf eingesetzt werden. Das notwendige Überbindemaß der Steine ist dabei zu beachten. Als Kimmstein am Wandfuß in einem Normalmörtelbett eingesetzt, ist dies die ideale Grundlage für einen weiteren schnellen Bauablauf mit Dünnbettmörtel. In den Materialeigenschaften entspricht der Höhenausgleichsstein den üblich Kalksandsteineigenschaften, er ist lediglich dem geändertem Schichtmaß angepasst und wird daher als Ergänzungsstein aufgeführt.

5.3 Wärmedämmende Höhenausgleichssteine als wärmetechnisch optimierte Kimmsteine

Durch gestiegene Anforderungen an energetische Bauweisen im Bereich des Wandfußes bei Außen- und Innenwänden über unbeheizten Räumen (Keller, Tiefgarage) und Fundamenten können durch den Einsatz von wärmetechnisch optimierten Kimmsteinen eine wärmetechnisch optimierte Lösung mit hohen Tragfähigkeiten angeboten werden. Diese Vollsteine erreichen eine deutlich geringere Wärmeleitfähigkeit von $\lambda_R \leq 0{,}33$ W/(mK) durch den Einsatz von Leichtzuschlägen und können in der Rezeptur nach Regelungen der DIN V 106-1 oder nach allgemeinen bauaufsichtlichen Zulassungen in unterschiedlichen Abmessungen gefertigt werden.

Aus baupraktischer Sicht empfiehlt es sich, dass wärmetechnisch optimierte Kimmsteine temporär nach dem Einbau mit mineralischen Dichtschlämmen an den freien Flanken vor eindringender Feuchtigkeit geschützt werden, damit starkes und auf Bodenplatten stehendes Niederschlagswasser nicht zu einem Anstieg des Feuchtgehaltes des Steines führt. Eine kurzzeitige Schlagregenbeanspruchung trocknet in kurzer Zeit wieder ab, die Empfehlung zum temporären Abdichten braucht hierbei nicht berücksichtigt werden.

5.4 KS-Stürze

Werksseitig können aus KS-U-Schalen auch bewehrten Stürze hergestellt werden. Hierbei kann zwischen tragenden Stürzen als Fertigteilsturz und Flachstürze bestehend aus Zuggurten und einer baustellenseitigen Übermauerung unterschieden werden.

5.4.1 KS-Fertigteilstürze

Regional werden KS-Fertigteilstürze in drei wesentlich unterschiedlichen Bauarten angeboten. Unterscheidungsmerkmal ist die Ausbildung des bewehrten Betonquerschnittes. Hierbei wird bei diesen zulassungsgeregelten Produkten wie folgt unterschieden:

Unterliegender, sichtbarer Betonkern

Kalksandsteine mit einer Ausnehmung an der Unterseite in Form eines umgedrehten U. Die einzelnen Steine werden nebeneinander mit Dünnbett-Mörtel verbunden und hierdurch entsteht eine durchgehender Verfüllkanal für die Bewehrung und dem passenden Beton. Der frei liegende Betonkern wird nach statischen Erfordernissen bewehrt, beim Brandschutz ist die reine Betonüberdeckung zu berücksichtigen oder die Unterseite des Sturzes ist gegen eine Brandbeanspruchung zu schützen.

Werksseitig zusammengesetzter Sturz mit werksseitiger Übermauerung

In hintereinander gelegten U-Schalen wird ein bewehrter Betonkern eingebaut. Nach Aushärten wird dann mit großformatigem Mauerwerk die statisch notwendige Druckzone in jedem Fall mit Stoßfugenvermörtelung erstellt. Die Höhe des Sturzes ist dabei auf die Baustellenbedingungen abgestimmt und hierdurch wird dann auch die Tragfähigkeit des Fertigsturzes bestimmt. Der Sturz kann unmittelbar nach dem Einbau belastet werden. Durch den Schutz des Betonkerns mit der Kalksandstein U-Schale wird der Brandschutz des Sturzes verbessert.

Kalksandsteinfertigsturz mit einem innenliegenden geschlossenen Betonquerschnitt

Bei diesen Stürzen ist in großformatigen Kalksandsteinelementen bereits ein ausreichend dimensioniertes Loch für einen Betonkern vorgesehen. Die Elemente werden untereinander in Längsrichtung mit Mörtel nach Zulassung verbunden und der dabei entstehende durchgängige Betonkern wird nach statischen Erfordernissen und den Regelungen der Zulassung bewehrt und vollständig mit Beton verfüllt. Die Stürze werden ausschließlich als Fertigteil auf die Baustelle geliefert und nach Herstellerangaben fachgerecht eingebaut.

5.4.2 KS-Flachstürze

Neben den werksseitig vorgefertigten Stürzen gibt es auch die Möglichkeit, Kalksandsteinstürze aus Zuggurten (Flachstürze) und einer baustellenseitigen Übermauerung mit KS-Steinen herzustellen. Hierbei wird zwischen den folgenden beiden Sturztypen unterschieden.

Kalksandsteinzugurte für den Einsatz als Stürze nach allgemeiner bauaufsichtlicher Zulassung

Nachdem Zuggurte aus Kalksandstein die letzten 30 Jahre nach der sogenannten Flachsturzrichtlinie bemessen worden sind, gibt es seit 2008 eine allgemeine bauaufsichtliche Zulassung, die in Zukunft maßgeblich für die Herstellung, Bemessung und Ausführung dieser Bauteile wird. Es handelt sich hierbei um Zuggurte mit einer Höhe von ≤ 125 mm Schichtenmaß, die aus Kalksandstein U-Schalen und einem innenliegenden bewehrten Betonkern bestehen. Der Bewehrungsgehalt ist herstellerbezogen geregelt und auch die Betongüte, die für die Korrosionsschutzeigenschaften wichtig ist, wird für den jeweiligen Einsatzzweck deklariert.

Anders als bei den werksseitig vorgefertigten Stürzen wird hier die Druckzone durch eine baustellenseitige Übermauerung oder einen darüberliegenden Betonquerschnitt gebildet. Daher sind hier zwingend ab einer Länge von über 1,25 m mindestens eine Unterstützung im Montagezustand notwendig. Bei der Ausführung der Druckzone aus Mauerwerk ist dieses in jedem Fall in den Stoßfugen zu vermörteln und das Überbindemaß der Steine ist zu beachten.

Kalksandsteinzuggurte für Kalksandsteinsichtmauerwerk

Wie bei den letztgenannten Stürze handelt es sich auch hier um werksseitig vorgefertigte Zuggurte aus Kalksandsteinsichtmauerwerk. Die Besonderheit ist hier, dass die Stürze in jedem Fall durch eine höhere Betongüte oder eine größere Betondeckung den Anforderungen der Expositionsklasse XC3 entsprechen. Für die Optik als Sichtmauerwerk sind die verwendeten U-Schalen aus Kalksandstein frostbeständig und werden auf Abstand untereinander eingebaut. Hierdurch wird ermöglicht, dass auf der Baustelle der Sturz nach dem Einbau und dem Aushärten des darüber liegenden Mauerwerks, welches die Druckzone des Sturzes bildet, mit dem gleichen Mörtel wie das umgebende Mauerwerk vermörtelt werden kann. Hinsichtlich des Einbaus gelten die gleichen Regeln wie bei den Zuggurten aus Kalksandstein als Hintermauerwerk.

5.5 Gurtrollersteine aus Kalksandstein

Durch die hohen Festigkeiten von Kalksandstein und beim Einsatz von Großformaten ist es empfehlenswert, bei mechanisch betriebenen Rollläden, die hierfür notwendigen Gurtwicklerkästen bereits in der Planung vorzusehen. Hierfür bietet die Kalksandsteinindustrie regional Gurtrollersteine an, die als erster Stein neben der Festerleibung eingesetzt werden. Hierdurch entsteht im Kalksandsteinbausystem somit ein optisch anspruchsvolles Mauerwerk und die Anforderungen an eine glatte Laibungsseite neben den Fenstern für die Herstellung eines luftdichten Anschlusses können hierdurch deutlich leichter erricht werden.

5.6 Kalksandsteine mit durchgehender Lochung als Installationskanäle

Bei großformatigem Mauerwerk aus Kalksandstein ist es möglich, Kalksandsteinen mit durchgehender Lochung Installationskanäle für Elektroleitungen oder aber auch für Wandheizungssysteme einzusetzen. Bei diesen Steinen sind in einem festen Abstand von 12,5 cm bzw. 25 cm vertikale Kanäle mit einem Durchmesser von ≤ 60 mm vorgesehen. Durch die Anordnung der Steine im Verband mit dem vorgegebenen Überbindemaß von 12,5 oder 25 cm entstehen hierdurch über die gesamte Wandhöhe durchgängige vertikale Kanäle. Diese können sowohl für die Elektroinstallation aber auch für ein neuartiges Wandheizungssystem genutzt werden. Bei frühzeitiger Abstimmung im Planungsprozess zwischen den beteiligten Gewerken und den Fachplanern können hierdurch Zeit- und Kostenvorteile bei den Ausbaugewerk Elektro erreicht werden. Ein weiterer Vorteil ist, dass aufwendige Schlitzarbeiten, die nach den allgemein anerkannten Regeln der Technik auszuführen sind, auf ein Minimum beschränkt werden und das fertige, optisch ansprechende Mauerwerk, hierdurch nicht gestört wird.

6 Kalksandsteinmauerwerk als Sicht- und Verblendmauerwerk

Neben den bewährten Kalksandsteinen für das Hintermauerwerk bietet die Kalksandsteinindustrie auch eine breite Bandbreite an Kalksandsteinen für Sicht- und Verblendmauerwerk an. Natürlich ist es auch möglich, mit den übrigen Kalksandsteinprodukten Sichtmauerflächen in untergeordneten Räumen zu erstellen, doch wird bei hochwertigen Ansichtsflächen der Einsatz von Kalksandstein Verblendern, Kalksandstein Vormauersteine und Kalksandfasensteinen nach Tabelle 6 empfohlen.

Sichtmauerwerk sollte stets mit dem Planer und Auftraggeber für das gewünschte Erscheinungsbild abgestimmt werden. Farbschwankungen sind trotz des ausgewählten Rohstoffeinsatzes nicht in jedem Fall zu vermeiden, daher sollte möglichst immer eine durchgehende Charge verwendet werden. Bei größeren Flächen bietet es sich auch an, aus mehreren Steinpaketen diese untereinander systemlos zu vermischen, um somit ein aufeinander abgestimmtes Erscheinungsbild zu erreichen. Musterflächen können hierbei helfen, im Vorfeld die auftraggeberseitig gewünschten Eigenschaften hinsichtlich des Erscheinungsbildes abzustimmen und vertraglich festzulegen.

6.1 Kalksandstein Vormauersteine nach DIN V 106-2

An Vormauersteine werden normativ höhere Anforderungen als an Hintermauersteine DIN V 106-2 gestellt. Hierfür werden von den Herstellern gegenüber normalen Kalksandsteinen angepasste Rezepturen verwendet, die insbesondere die Forstwiderstandsfähigkeit erhöhen. So werden die Vormauersteine im Prüfverfahren einem 25-fachen Frost-Tauwechsel unterzogen. Die Mindeststeindruckfestigkeitsklasse beträgt hier 10 was einem Mittelwert der Druckfestigkeit von 12,5 N/mm² entspricht. Von den Abmessungen her unterscheiden sich Vormauersteine nicht von den normalen KS-Steinen bis zu einer Höhenabmessung von 238 mm. Üblicherweise werden Vormauersteine mit einer glatten Oberfläche in Normalmörtel versetzt und die Stoßfugen ebenfalls vermörtelt.

6.2 Kalksandstein Verblender nach DIN V 106-2

KS-Verblender aus besonders ausgewählten Rohstoffen werden mit unterschiedlichen Oberflächen angeboten. Von der einfachen glatten über eine bruchrauhe bis hin zu einer bossierten Oberfläche reicht das Erscheinungsbild. Die eingesetzten Rohstoffe und das Herstellverfahren sind so angepasst, dass Gefügestörungen und Verfärbungen möglichst vermieden werden. Als Verblendauerwerk im Außenbereich kann die Oberfläche durch eine Imprägnierung gegen Witterungseinflüsse geschützt werden. Diese kann sowohl werksseitig als auch erst nach dem Einbau auf der Baustelle aufgebracht werden. Hierdurch werden Verschmutzungserscheinungen, insbesondere bei strukturierten Oberflächen verringert und die Fassade behält damit auf lange Zeit die besondere Ansicht. Wie der Tabelle B.2.5 entnommen werden kann, sind hier ebenso höhere Anforderungen an die Grenzmaße des Steins gestellt. Doch nicht nur dies unterscheidet beispielsweise einen glatten Verblender von einem Vormauerstein, ein weiteres wichtiges Merkmal ist die erhöhte Frost-Tau-Widerstandsfähigkeit. Hierbei werden Verblender 50 Wechselzyklen unterzogen und müssen damit einer doppelt so hohen Beanspruchung wie ein Vormauerstein widerstehen. Die Steinfestigkeitsklasse ist durch die DIN V 106-2 auf 16 festgelegt (entspricht einem Mittelwert der Druckfestigkeit von 20,0 N/mm²).

6.3 Kalksandstein Fasensteine und Fasenelemente

Für im Endzustand sichtbares Mauerwerk im Innen- und Außenbereich bietet die Kalksandsteinindustrie allgemein bauaufsichtlich zugelassene Fasensteine aus Kalksandstein an. In den Zulassungen werden die zugelassenen Steinformate und die unterschiedlichen Fasenausbildungen festgelegt. Für tragendes Mauerwerk muss in jedem Fall in Deutschland derzeit die vollflächig vermörtelte Aufstandsfläche von 115 mm eingehalten werden. Somit können Wände ab einer Dicke von 150 mm mit ein- oder beidseitiger Fase für tragendes Mauerwerk eingesetzt werden. Fasensteine werden in Dünnbettmörtel versetzt und knirsch aneinander gesetzt. Im Außenbereich und bei Witterungseinflüssen sind die Stoßfugen zusätzlich zu vermörteln. Beidseitig gefaste Steine eignen sich, bei sorgfältiger Verarbeitung, besonders für beidseitig sichtbares Mauerwerk, welches entweder gar nicht oder nur mit einem Wandanstrich versehen werden soll.

Durch die Fase entsteht ein lebendiges Mauerwerk. Die Größe der einzusetzenden Steine sollte im Vorfeld auf die sichtbaren Wandflächen abgestimmt werden. Kleinere Wandflächen sollten dabei mit kleinformatigen Steinen mit quadratischen Sichtabmessungen ausgeführt werden, große Wandflächen z.B. im Industriebau können auch besonders rationell mit Fasenplanelementen ausgeführt werden.

Zur optischen Vervollständigung werden in dem Bausystem mit Fasensteinen auch sichtbare Endsteine, Passsteine mit umlaufender Fase und U-Schalen für die Ausführung als Stürze angeboten. Regional sind auch bereits werksseitig vorgefertigte Zuggurte aus Fasensteine erhältlich, hier entfällt auf der Baustelle die Herstellung des Sturzes aus Beton in den Fasen-U-Schalen.

6.4 Kalksandstein Riemchen

Als Fassadenbekleidung werden auch Riemchen oder Sparverblender aus Kalksandstein angeboten. Dies Abmessungen dieser Steine beträgt zwischen 10 mm und 90 mm. Anders als Vormauerschalen werden Riemchen im Sinne der DIN 18515 als Außenwandbekleidung – angemörtelte Fliesen oder Platten – auf verschiedenen Untergründen betrachtet. Diese müssen ausreichend tragfähig sein. Erfüllt ist dieses Kriterium bei Wänden aus Stahlbeton oder aus Mauerwerk mit einer Steinfestigkeitsklasse 12. Bei anderen Untergründen ist ein bewehrter Putz notwendig. Dieser ist im Untergrund so zu verankern, dass die auftretenden Kräfte aus dem Material und den äußeren Beanspruchungen sicher abgetragen werden. Bei Unterkonstruktionen aus Wärmedämmstoffen sind Anforderungen der Dämmstoffhersteller und der DIN 18515 zu beachten.

B.3 Mörtel

1 Mörtel als Bindeglied zwischen Mauersteinen

Mauerwerksmaterialien werden bis auf ganz wenige Ausnahmen (Trockenmauerwerk) mit Mörtel dauerhaft untereinander verbunden. Mörtel besteht aus größenabgestimmten Gesteinskörnungen, Bindemitteln, Wasser und Zusatzstoffen zur Verbesserung der Verarbeitungs- und Mörteleigenschaften.

Fachgerecht aufgetragener Mörtel in Lagerfugen und bei einigen Steinformaten auch in den Stoßfugen sorgt dabei dann für eine kraftschlüssige Verbindung die es ermöglicht, dass das Mauerwerk vertikale Druckkräfte, Biegekräfte und Schubkräfte aufnehmen kann. Die Auswahl des geeigneten Mörtels ist auf die vorgesehenen Steinarten und auf bauphysikalische Anforderungen abzustimmen. Neben dem Mörtel für das Mauerwerk in Form von Normal-, Dünnbett- und Leichtmörtel gibt es für Sonderanwendungen weitere Mörtelsorten wie Mörtel für Verblendsteine oder Kimmschichten.

Seit dem 1.1.2005 gelten für Mörtel Anforderungen nach DIN EN 998-2, welche durch die CE-Deklaration dem Verwender angegeben werden. Mit dieser europäischen Norm wird der Einsatz von Mörteln in Deutschland als Produktnorm geregelt. Da aber die nationalen Norm für den Mauerwerksbau, die DIN 1053, darüber hinausgehende Anforderungen an Mörtel stellt, war es erforderlich, hier mit weiteren Normen den Lückenschluss zu erreichen. Am Beispiel der Druckfestigkeit (Tabelle B.3.1) sollen hier beispielsweise die unterschiedlichen Ansätze der beiden Normenkonzepte (europäisch und national) dargestellt werden. Aus diesem Grunde wird Mauerwerksmörtel zusätzlich durch die Restnorm DIN V 18580 (mit einer Ü-Kennzeichnung des Produktes) und die Anwendungsnorm DIN V 20000-412 geregelt.

Durch die Anwendungsnorm DIN V 20000-412 wird festgelegt, welche Bedingungen an einen Mörtel nach DIN EN 998-2 gestellt werden, um einen Einsatz im Mauerwerk nach DIN 1053 zu ermöglichen. Für den Planer wird es damit ermöglicht, europäisch gekennzeichnete Mörtel in

Deutschland einzusetzen. Die notwendigen Parameter werden vielfach von den Mörtelherstellern angegeben.

Anders sieht es hingegen bei der Restnorm DIN V 18580 aus. Hierin werden Mauermörtel mit besonderen Eigenschaften und den klassischen Baustellenmörtel genormt und damit der Einsatz in Mauerwerk nach DIN 1053 sichergestellt. Die Anforderungen aus dieser Norm sind ergänzend zu betrachten, das heißt, dass jeder Mörtel nach DIN V 18580 auch den Anforderungen der DIN EN 998-2 Genüge tun muss. Die gemachten Erweiterungen sind bei der werkseigenen Produktionskontrolle zu berücksichtigen und die Bestätigung der Einhaltung der Prüfkriterien wird für den Verwender durch die gleichzeitige Kennzeichnung des Produktes mit dem CE-Zeichen und dem Ü-Zeichen deutlich gemacht. Die Bezeichnung dieser Mörtel kann dann, neben der europäischen Deklaration, mit Hinweis auf die Restnorm direkt nach dem Mörtelgruppen nach DIN 1053 erfolgen.

Tabelle B.3.1 Vergleich Druckfestigkeiten

nach DIN 1053 Anhang A				entsprechend nach DIN EN 998-2	
Mörtelart	Mörtelgruppen	Mindestdruckfestigkeit in N/mm² im Alter von 28 Tagen (Mittelwerte)		Mörtelklassen	Druckfestigkeit in N/mm²
		Eignungsprüfungen	Güteprüfungen		
Normalmörtel	I	-	-	M 2,5	2,5
	II	3,5	2,5	M 5	5
	IIa	7	5	M 10	10
	III	14	10	M 15	15
	IIIa	25	20	M 30	30
Leichtmauermörtel	LM 21	7	5	M 10	10
	LM 36	7	5	M 10	10
Dünnbettmörtel	DM	14	10	M 15	15

2 Lieferformen und Mörtelarten

Im Zug der Rationalisierung auf Baustellen hat sich der Einsatz von Werkmörteln als Standardlösung in Deutschland durchgesetzt. Die beiden Hauptlieferformen von Mauermörtel sind entweder der Werk-Trockenmörtel oder der Werk-Frischmörtel. Beim Trockenmörtel, der in Säcken oder als Siloware ausgeliefert wird, braucht auf der Baustelle nur nach Herstellerangaben Wasser hinzugegeben werden. Der Frischmörtel hingegen wird vom Fahrmischer angeliefert und kann innerhalb einer Regelzeit von 36 Stunden verarbeitet werden. Abweichende Angaben zur Verarbeitungszeit und den Einsatzmöglichkeiten werden von den Herstellern vorgegeben.

Einen Einfluss auf die Lieferform hat auch der vorgesehene Einsatzbereich des Mörtels. Nach DIN 1053 wird in Deutschland zwischen den folgenden 3 Mörtelarten unterschieden:

Normalmauermörtel

Dieser wird in beiden Lieferformen angeboten und wird für Lagerfugen mit einer Solldicke von etwa 12 mm und für Stoßfugen eingesetzt. Die Auswahl des Mörtels mit einer Rohdichte von über 1.500 kg/m³ erfolgt über die Mindestdruckfestigkeiten in Abstimmung mit den statischen Anforderungen an das Mauerwerk. Dieser Mörtel wird auch bei der Ausführung von Vormauerschalen und Verblendmauerwert sowie zum nachträglichen Verfugen eingesetzt, hier sind jedoch in jedem Fall die Bestimmungen der DIN 1053-1 zu beachten.

Leichtmauermörtel

Durch Zugabe von wärmedämmenden Zuschlägen wird bei Leichtmauermörtel mit einer Rohdichte von unter 1.500 kg/m³ die Wärmeleitfähigkeit optimiert. Im Einsatz mit wärmedämmenden Steinen werden hier mit einem Fugenmaß von ca. 12 mm die Rechenwerte der Wärmeleitfähigkeit λ_R zwischen 0,21 und 0,36 W/(mK) erreicht. Leichtmauermörtel wird ebenfalls in den beiden unterschiedlichen Lieferformen als Trocken- und Frischmörtel angeboten

Dünnbettmörtel

Für Mauerwerk aus besonders maßhaltigen Steinen wird Dünnbettmörtel mit einer Lagerfugendicke zwischen 1 und 3 mm verwendet. Dieser wird, wegen des geringen Verbrauchs, im Regelfall als Sackware angeboten und nach Bedarf auf der Baustelle mit Wasser angerührt. Durch die geringe Mörtelschichtdicke sind normativ höhere Anforderungen an das Ausgangsmaterial gestellt. So darf das Größtkorn der Zuschläge nur maximal 1,0 mm betragen. Häufig wird der Dünnbettmörtel von den Steinherstellern nach deren Erfordernissen angeboten. Es können dabei herstellerspezifisch noch über die Norm hinausgehende Anforderungen an den Mörtel gestellt werden. Ein Austausch des vom Steinhersteller empfohlenen Mörtels mit anderen Dünnbettmörteln wird nicht empfohlen und sollte nur nach Rücksprache mit dem Steinhersteller vorgenommen werden. Der Einsatz von speziellem Dünnbettmörtel für Kalksandstein ist in Porenbetonmauerwerk nur nach Herstellerfreigabe möglich.

C Lastannahmen

1 Eigenlasten von Baustoffen, Bauteilen und Lagerstoffen nach DIN 1055-1 (06.2002)

In den folgenden Tabellen werden die charakteristischen Werte von Wichten und Flächenlasten angegeben.

1.1 Beton

Normalbeton	Wichte in kN/m^3	24
Stahlbeton	Wichte in kN/m^3	25
Schwerbeton	Wichte in kN/m^3	> 28

Leichtbeton (unbewehrt)		Stahlleichtbeton	
Rohdichteklasse	Wichte[1)] kN/m^3	Rohdichteklasse	Wichte kN/m^3
0,5	5,0	0,8	9,0
0,6	6,0	1,0	11,0
0,7	7,0	1,2	13,0
0,8	8,0	1,4	15,0
0,9	9,0	1,6	17,0
1,0	10,0	1,8	19,0
1,2	12,0	2,0	21,0
1,4	14,0		
1,6	16,0		
1,8	18,0		
2,0	20,0		

1) Bei Frischbeton sind die Werte um 1 kN/m^3 zu erhöhen.

1.2 Mauerwerk und Putz

1.2.1 Mauerwerk

Mauerwerk aus künstlichen Steinen (einschließlich Fugenmörtel und üblicher Feuchte)

<table>
<tr><td>Steinrohdichte in g/cm^3</td><td>0,4</td><td>0,5</td><td>0,6</td><td>0,7</td><td>0,8</td><td>0,9</td><td>1,0</td><td>1,2</td><td>1,4</td><td>1,6</td><td>1,8</td><td>2,0</td><td>2,2</td><td>2,4</td></tr>
<tr><td>Wichte in kN/m^3
bei Normalmörtel</td><td>6</td><td>7</td><td>8</td><td>9</td><td>10</td><td>11</td><td>12</td><td>14</td><td>16</td><td rowspan="2">16</td><td rowspan="2">18</td><td rowspan="2">20</td><td rowspan="2">22</td><td rowspan="2">24</td></tr>
<tr><td>Wichte in kN/m^3 bei
Leicht- und Dünnbettmörtel</td><td>5</td><td>6</td><td>7</td><td>8</td><td>9</td><td>10</td><td>11</td><td>13</td><td>15</td></tr>
</table>

Bei Zwischenwerten der Steinrohdichten dürfen die Rechenwerte geradlinig interpoliert werden.

Mauerwerk aus natürlichen Steinen

	Wichte in kN/m³		Wichte in kN/m³
Basalt, Diabas, Diorit, Gabbro	29	Amphibolit, Gneis	30
Melaphyr	30	Granulit	30
Granit, Porphyr, Syenit	28	Schiefer	28
Rhyolit, Trachyt	26	Quarzit, Serpentin	27
Grauwacke, Nagelfluh, Sandstein			27
Kalkstein (dicht), Dolomit, Marmor, Muschelkalk			28
Konglomerate, Travertin			26
Tuffstein			20

Bauplatten und Planbauplatten aus unbewehrtem Porenbeton nach DIN 4166

Rohdichteklasse	Wichte[1)] kN/m³
0,35	4,5
0,40	5,0
0,45	5,5
0,50	6,0
0,55	6,5
0,60	7,0
0,65	7,5
0,70	8,0
0,80	9,0

Dach-, Wand- und Deckenplatten aus bewehrtem Porenbeton nach DIN 4223

Rohdichteklasse	Wichte[1)] kN/m³
0,40	5,2
0,45	5,7
0,50	6,2
0,55	6,7
0,60	7,2
0,65	7,8
0,70	8,4
0,80	9,5

1) Die Werte schließen den Fugenmörtel und die übliche Feuchte ein. Bei Verwendung von Leicht- und Dünnbettmörtel dürfen die charakteristischen Werte um 0,5 kN/m³ vermindert werden.

Gips-Wandbauplatten nach DIN EN 12 859 und **Gipskartonplatten** nach DIN 18 180

Gegenstand	Rohdichteklasse	Flächenlast je cm Dicke kN/m²
Porengips-Wandbauplatten	0,7	0,07
Gips-Wandbauplatten	0,9	0,09
Gipskartonplatten	–	0,09

1.2.2 Mörtel und Putze

Gegestand	Flächenlast kN/m²
Drahtputz (Rabitzdecken und Verkleidungen), 30 mm Mörteldicke aus	
Gipsmörtel	0,50
Kalk-, Gipskalk- oder Gipssandmörtel	0,60
Zementmörtel	0,80
Gipskalkputz	
auf Putzträgern (z. B. Ziegeldrahtgewebe, Streckmetall) bei 30 mm Mörteldicke	0,50
auf Holzwolleleichtbauplatten mit einer Dicke von 15 mm und Mörtel mit einer Dicke von 20 mm	0,35
auf Holzwolleleichtbauplatten mit einer Dicke von 25 mm und Mörtel mit einer Dicke von 20 mm	0,45
Gipsputz, Dicke 15 mm	0,18
Kalk-, Kalkgips- und Gipssandmörtel, Dicke 20 mm	0,35
Kalkzementmörtel, Dicke 20 mm	0,40
Leichtputz nach DIN 18 550-4, Dicke 20 mm	0,30
Putz aus Putz- und Mauerbinder nach DIN 4211, Dicke 20 mm	0,40
Rohrdeckenputz (Gips), Dicke 20 mm	0,30
Wärmedämmputzsystern (WDPS) Dämmputz	
Dicke 20 mm	0,24
Dicke 60 mm	0,32
Dicke 100 mm	0,40
Wärmedämmbekleidung aus Kalkzementputz mit einer Dicke von 20 mm und Holzwolleleichtbauplatten	
Plattendicke 15 mm	0,49
Plattendicke 50 mm	0,60
Plattendicke 100 mm	0,80
Wärmedämmverbundsystem (WDVS) aus 15 mm dickem bewehrtem Oberputz und Schaumkunststoff nach DIN V 18 164-1 und DIN 18 164-2 oder Faserdämmstoff nach DIN V 18 165-1 und DIN 18 165-2	0,30
Zementmörtel, Dicke 20 mm	0,42

1.3 Metalle

Baustoff	Wichte in kN/m³	Baustoff	Wichte in kN/m³
Aluminium	27	Kupfer-Zinn-Legierung	85
Aluminiumlegierungen	28	Magnesium	18,5
Blei	114	Nickel	89
Gusseisen	72,5	Stahl	78,5
Kupfer	89	Zink (gewalzt)	72
Kupfer-Zink-Legierung	85	Zinn (gewalzt)	74

1.4 Holz und Holzwerkstoffe[1)]

Holz	Wichte in kN/m³	Holzwerkstoffe	Wichte in kN/m³
Nadelholz	5	Spanplatten nach DIN 68 763	6
Laubholz		Baufurniersperrholz	
D 30 bis D 40	7	nach DIN 68 705-3	6
D 60	9	nach DIN 68 705-5	8
D 70	11	Holzfaserplatten	
1) Die Wichte von Holz bezieht sich auf einen halbtrockenen Zustand. Zuschläge für kleine Stahlteile, Hartholzteile und Anstriche sind enthalten.		Typ HFM (DIN 68 754-1)	7
		Typ HFH (DIN 68 754-1)	10

1.5 Dachdeckungen

Die Flächenlasten gelten für 1 m² Dachfläche ohne Sparren, Pfetten und Dachbinder.

Deckungen aus Dachziegeln, Dachsteinen und Glasdeckstoffen[1)]

Gegestand	Flächenlast kN/m²
Dachsteine aus Beton mit mehrfacher Fußverrippung und hoch liegendem Längsfalz	
bis 10 Stück/m²	0,50
über 10 Stück/m²	0,55
Dachsteine aus Beton mit mehrfacher Fußverrippung und tief liegendem Längsfalz	
bis 10 Stück/m²	0,60
über 10 Stück/m²	0,65
Biberschwanzziegel 155 mm × 375 mm und 180 mm × 380 mm und ebene Dachsteine aus Beton im Biberformat	
Spließdach (einschließlich Schindeln)	0,60
Doppeldach und Kronendach	0,75
Falzziegel, Reformpfannen, Falzpfannen, Flachdachpfannen	0,55
Glasdeckstoffe	bei gleicher Dachdeckungsart wie in den Zeilen 1 bis 9
Großformatige Pfannen bis 10 Stück/m²	0,50
Kleinformatige Biberschwanzziegel und Sonderformate (Kirchen-, Turmbiber usw.)	0,95
Krempziegel, Hohlpfannen	0,45
Krempziegel, Hohlpfannen in Pappdocken verlegt	0,55
Mönch- und Nonnenziegel (mit Vermörtelung)	0,90
Strangfalzziegel	0,60

1) Die Flächenlasten gelten, soweit nicht anders angegeben, ohne Vermörtelung, aber einschließlich der Lattung. Bei einer Vermörtelung sind 0,1 kN/m² zuzuschlagen.

Schieferdeckung

Gegenstand	Flächenlasten kN/m^2
Altdeutsche Schieferdeckung und Schablonendeckung auf 24 mm Schalung, einschließlich Vordeckung und Schalung	
in Einfachdeckung	0,50
in Doppeldeckung	0,60
Schablonendeckung auf Lattung, einschließlich Lattung	0,45

C

Metalldeckungen

Gegenstand	Flächenlasten kN/m^2
Aluminiumblechdach (Aluminium 0,7 mm dick, einschließlich 24 mm Schalung)	0,25
Aluminiumblechdach aus Well-, Trapez- und Klemmrippenprofilen	0,05
Doppelstehfalzdach aus Titanzink oder Kupfer, 0,7 mm dick, einschließlich Vordeckung und 24 mm Schalung	0,35
Stahlpfannendach (verzinkte Pfannenbleche)	
einschließlich Lattung	0,15
einschließlich Vordeckung und 24 mm Schalung	0,30
Stahlblechdach aus Trapezprofilen	–[1]
Wellblechdach (verzinkte Stahlbleche, einschließlich Befestigungsmaterial)	0,25
[1] Nach Angabe des Herstellers.	

Faserzement-Dachplatten nach DIN EN 494

Gegenstand	Flächenlasten kN/m^2
Deutsche Deckung auf 24 mm Schalung, einschließlich Vordeckung und Schalung	0,40
Doppeldeckung auf Lattung, einschließlich Lattung	0,38[1]
Waagerechte Deckung auf Lattung, einschließlich Lattung	0,25[1]
[1] Bei Verlegung auf Schalung sind 0,1 kN/m^2 zu addieren.	

Faserzement-Wellplatten nach DIN EN 494

Gegenstand	Flächenlasten kN/m^2
Faserzement-Kurzwellplatten	0,24[1]
Faserzement-Wellplatten	0,24[1]
[1] Ohne Pfetten: jedoch einschließlich Befestigungsmaterial.	

Sonstige Deckungen

Gegenstand	Flächenlasten kN/m^2
Deckung mit Kunststoffwellplatten (Profilformen nach DIN EN 494), ohne Pfetten, einschließlich Befestigungsmaterial	
aus faserverstärkten Polyesterharzen (Rohdichte 1,4 g/cm^3), Plattendicke 1 mm	0,03
wie vor, jedoch mit Deckkappen	0,06
aus glasartigem Kunststoff (Rohdichte 1,2 g/cm^3), Plattendicke 3 mm	0,08
PVC-beschichtetes Polyestergewebe, ohne Tragwerk	
Typ I (Reißfestigkeit 3,0 kN/5 cm Breite)	0,0075
Typ II (Reißfestigkeit 4,7 kN/5 cm Breite)	0,0085
Typ III (Reißfestigkeit 6,0 kN/5 cm Breite)	0,01
Rohr- oder Strohdach, einschließlich Lattung	0,70
Schindeldach, einschließlich Lattung	0,25
Sprossenlose Verglasung	
Profilbauglas, einschalig	0,27
Profilbauglas, zweischalig	0,54
Zeltleinwand, ohne Tragwerk	0,03

Dach- und Bauwerksabdichtungen mit Bitumen- und Kunststoffbahnen sowie Elastomerbahnen

Gegenstand	Flächenlasten kN/m^2
Bahnen im Lieferzustand	
Bitumen- und Polymerbitumen-Dachdichtungsbahn nach DIN 52 130 und DIN 52 132	0,04
Bitumen- und Polymerbitumen-Schweißbahn nach DIN 52 131 und DIN 52 133	0,07
Bitumen-Dichtungsbahn mit Metallbandeinlage nach DIN 18 190-4	0,03
Nackte Bitumenbahn nach DIN 52 129	0,01
Glasvlies-Bitumen-Dachbahn nach DIN 52 143	0,03
Kunststoffbahnen, 1,5 mm Dicke	0,02
Bahnen in verlegtem Zustand	
Bitumen- und Polymerbitumen-Dachdichtungsbahn nach DIN 52 130 und DIN 52 132, einschließlich Klebemasse bzw. Bitumen- und Polymerbitumen-Schweißbahn nach DIN 52 131 und DIN 52133, je Lage	0,07
Bitumen-Dichtungsbahn nach DIN 18 190-4, einschließlich Klebemasse, je Lage	0,06
Nackte Bitumenbahn nach DIN 52 129, einschließlich Klebemasse, je Lage	0,04
Glasvlies-Bitumen-Dachbahn nach DIN 52 143, einschließlich Klebemasse, je Lage	0,05
Dampfsperre, einschließlich Klebemasse bzw. Schweißbahn, je Lage	0,07
Ausgleichsschicht, lose verlegt	0,03
Dachabdichtungen und Bauwerksabdichtungen aus Kunststoffbahnen, lose verlegt, je Lage	0,02
Schwerer Oberflächenschutz auf Dachabdichtungen	
Kiesschüttung, Dicke 5 cm	1,0

1.6 Fußboden- und Wandbeläge

Gegenstand	Flächenlast je cm Dicke kN/m²/cm
Asphaltbeton	0,24
Asphaltmastix	0,18
Gussasphalt	0,23
Betonwerksteinplatten, Terrazzo, kunstharzgebundene Werksteinplatten	0,24
Estrich	
Calciumsulfatestrich (Anhydritestrich, Natur-, Kunst- und REA[1]-Gipsestrich)	0,22
Gipsestrich	0,20
Gussasphaltestrich	0,23
Industrieestrich	0,24
Kunstharzestrich	0,22
Magnesiaestrich nach DIN 272 mit begehbarer Nutzschicht bei ein- oder mehrschichtiger Ausführung	0,22
Unterschicht bei mehrschichtiger Ausführung	0,12
Zementestrich	0,22
Glasscheiben	0,25
Gummi	0,15
Keramische Wandfliesen (Steingut einschließlich Verlegemörtel)	0,19
Keramische Bodenfliesen (Steinzeug und Spaltplatten, einschließlich Verlegemörtel)	0,22
Kunststoff-Fußbodenbelag	0,15
Linoleum	0,13
Natursteinplatten (einschließlich Verlegemörtel)	0,30
Teppichboden	0,03
[1] Rauchgasentschwefelungsanlage	

1.7 Sperr-, Dämm- und Füllstoffe

Lose Stoffe

Gegenstand	Flächenlast je cm Dicke kN/m²/cm
Bimskies, geschüttet	0,07
Blähglimmer, geschüttet	0,02
Blähperlit	0,01
Blähschiefer und Blähton, geschüttet	0,15
Faserdämmstoffe nach DIN V 18 165-1 und -2 (z. B. Glas- und Steinfaser)	0,01
Faserstoffe, bituminiert, als Schüttung	0,02
Gummischnitzel	0,03
Hanfscheben, bituminiert	0,02
Hochofenschaumschlacke (Hüttenbims), Steinkohlenschlacke, Koksasche	0,14
Hochofenschlackensand	0,10
Kieselgur	0,03
Korkschrot, geschüttet	0,02
Magnesia, gebrannt	0,10
Schaumkunststoffe	0,01

Platten, Matten und Bahnen

Gegenstand	Flächenlast je cm Dicke kN/m²/cm
Asphaltplatten	0,22
Holzwolle-Leichtbauplatten nach DIN 1101	
Plattendicke ≤ 100 mm	0,06
Plattendicke > 100 mm	0,04
Kieselgurplatten	0,03
Korkschrotplatten aus imprägniertem Kork nach DIN 18 161-1, bitumiert	0,02
Mehrschicht-Leichtbauplatten nach DIN 1102, unabhängig von der Dicke	
Zweischichtplatten	0,05
Dreischichtplatten	0,09
Korkschrotplatten aus Backkork nach DIN 18 161-1	0,01
Perliteplatten	0,02
Polyurethan-Ortschaum nach DIN 18 159-1	0,01
Schaumglas (Rohdichte 0,07 g/cm) in Dicken von 4 cm bis 6 cm mit Pappekaschierung und Verklebung	0,02
Schaumkunststoffplatten nach DIN V 18 164-1 und DIN 18 164-2	0,004

1.8 Lagerstoffe – Wichten und Böschungswinkel

1.8.1 Baustoffe als Lagerstoffe

Gegenstand	Wichte kN/m³	Böschungswinkel[1]
Bentonit		
lose	8,0	40°
gerüttelt	11,0	–
Blähton, Blähschiefer	15,0[2]	30°
Braunkohlenfilterasche	15,0	20°
Flugasche	10,0	25°
Gips, gemahlen	15,0	25°
Glas, in Tafeln	25,0	–
Drahtglas	26,0	–
Acrylglas	12,0	–
Hochofenstückschlacke (Körnungen und Mineralstoffgemische)	17,0	40°
Hochofenschlacke, granuliert (Hüttensand)	13,0	30°
Hüttenbims, Naturbims	9,0	35°
Kalk, gebrannt,		
in Stücken	13,0	45°
gemahlen	13,0	25°
gelöscht	6,0	25°

[1] Die Böschungswinkel gelten für lose Schüttung. Für Lagerung in Silos s. E DIN 1055-6 (Fußnote gilt auch für Seite C.9 und C.10 oben).
[2] Höchstwert, der in der Regel unterschritten wird.

Baustoffe als Lagerstoffe (Fortsetzung)

Gegenstand	Wichte kN/m³	Böschungswinkel[1)]
Kalksteinmehl	16,0	27°
Kesselasche	13,0	30°
Koksasche	7,5	25°
Kies und Sand, trocken oder erdfeucht; bei nasser Schüttung (nicht unter Wasser) Erhöhung um 2 kN/m³	18,0	35°
Kunststoffe; Polyethylen, Polystyrol als Granulat	6,5	30°
Polyvinylchlorid als Pulver	6,0	40°
Polyesterharze	12,0	–
Leimharze	13,0	–
Magnesit (kaustisch gebrannte Magnesia), gemahlen	12,0	25°
Stahlwerkschlacke (Körnungen und Mineralstoffgemische)	22,0	40°
Schaumlava, gebrochen, erdfeucht	10,0	35°
Trass, gemahlen, lose geschüttet	15,0	25°
Zement, gemahlen, lose geschüttet	16,0	28°
Zementklinker	18,0	26°
Ziegelsand, Ziegelsplitt und Ziegelschotter, erdfeucht	15,0	35°

1.8.2 Gewerbliche und industrielle Lagerstoffe, einschließlich Flüssigkeiten und Brennstoffen

Gewerbliche und industrielle Lagerstoffe

Gegenstand	Wichte kN/m³	Böschungswinkel[1)]
Aktenregale und -schränke, gefüllt	6,0	–
Akten und Bücher, geschichtet	8,5	–
Bitumen	14,0	–
Eis, in Stücken	9,0	–
Eisenerz		
Raseneisenerz	14,0	40°
Brasilerz	39,0	40°
Fasern, Zellulose, in Ballen gepresst	12,0	0°
Faulschlamm		
bis 30 % Volumenanteil an Wasser	12,5	20°
über 50 % Volumenanteil an Wasser	11,0	0°
Fischmehl	8,0	45°
Holzspäne, lose geschüttet	2,0	45°
Holzmehl		
in Säcken, trocken	3,0	–
lose, trocken	2,5	45°
lose, nass	5,0	45°
Holzwolle		
lose	1,5	45°
gepresst	4,5	–

Gewerbliche und industrielle Lagerstoffe (Fortsetzung)

Gegenstand	Wichte kN/m³	Böschungswinkel[1)]
Karbid in Stücken	9,0	30°
Kleider und Stoffe, gebündelt oder in Ballen	11,0	–
Kork, gepresst	3,0	–
Leder, Häute und Felle, geschichtet oder in Ballen	10,0	–
Linoleum nach DIN EN 548, in Rollen	13,0	–
Papier		
geschichtet	11,0	–
in Rollen	15,0	–
Porzellan oder Steingut, gestapelt	11,0	–
PVC-Beläge nach DIN EN 649, in Rollen	15,0	–
Soda		
geglüht	25,0	45°
kristallin	15,0	40°
Steinsalz		
gebrochen	22,0	45°
gemahlen	12,0	40°
Wolle, Baumwolle, gepresst, luftgetrocknet	13,0	–

Flüssigkeiten

Gegenstand	Wichte kN/m³
Alkohol und Ether	8,0
Anilin	10,0
Benzin	8,0
Benzol	9,0
Bier	10,0
Erdöl, Dieselöl, Heizöl	10,0
Faulschlamm mit über 50 % Volumenanteil an Wasser (siehe auch Tabelle S. C.9)	11,0
Glycerin	12,5
Milch	10,0
Öle, pflanzliche und tierische	10,0
Petroleum	8,0
Salpetersäure, 91 % Massenanteil	15,0
Salzsäure 40 % Massenanteil	12,0
Schwefelsäure	
30 % (Massenanteil)	14,0
rauchend	19,0
Wasser	10,0
Wein	10,0

Brennstoffe

Gegenstand	Wichte kN/m³	Böschungswinkel
Braunkohle		
trocken	8,0	35°
erdfeucht	10,0	40°
Braunkohlenbriketts		
geschüttet	8,0	40°
gestapelt	10,0	–
Braunkohlenstaub	5,5	40°
Braunkohlenfeinkoks	4,5	42°
Braunkohlenfeinstkoks	5,5	36°
Braunkohlenkoksstaub	5,5	40°
Brennholz	4,0	45°
Holzkohle		
lufterfüllt	4,0	–
luftfrei	15,0	–
Steinkohle		
Koks, je nach Sorte	4,2 bis 5,8	35° bis 45°
Steinkohle als Rohkohle, grubenfeucht	10,0	35°
Steinkohle als Staubkohle	6,0	45°
Eierbriketts und alle anderen Arten Steinkohle	8,5	35°
Mittelgut im Zechenbetrieb	12,5	35°
Waschberge im Zechenbetrieb	14,0	35°
Torf		
Schwarztorf, getrocknet		
fest gepackt	5,0	–
lose geschüttet	3,0	45°

1.8.3 Landwirtschaftliche Schütt- und Stapelgüter

Gegenstand	Wichte kN/m³	Böschungswinkel
Anwelksilage	5,5	0°
Feuchtsilage (Maiskörner)	16,0	0°
Flachs, gestapelt oder in Ballen gepresst	3,0	–
Grünfutter, lose gelagert	4,0	–
Halmfuttersilage, nass	11,0	0°
Heu		
lang und lose oder in niederdruckgepressten Ballen oder lang gehäckselt (über 11,5 cm)	0,9	–
wie vor, jedoch drahtgebunden	1,7	–
lang in hochdruckgepressten Ballen oder kurz gehäckselt	1,4	–

Landwirtschaftliche Schütt- und Stapelgüter (Fortsetzung)

Gegenstand	Wichte kN/m³	Böschungswinkel
Hopfen		
in Säcken	1,7	–
in zylindrischen Hopfenbüchsen	4,7	–
gepresst oder in Tuch eingenäht	2,9	–
Kartoffeln, Futter-, Mohr- und Zuckerrüben (lose geschüttet)	7,6	30°
Kartoffelsilage	10,0	0°
Körner		
Braugerste	8,0	30°
Hafer, Weizen, Roggen, Gerste	9,0	30°
Hanfsamen	5,0	30°
Hülsenfrüchte	8,5	25°
Mais	8,0	28°
Ölfrüchte, Lieschgras bespelzt	6,5	25°
Reis	8,0	33°
Zuckerrüben- und Grassamen	3,0	30°
Kraftfutter		
Getreide- und Malzschrot	4,0	45°
Grünfutterbriketts Durchmesser 50 mm bis 80 mm	4,5	50°
Grünfuttercops Durchmesser 15 mm bis 30 mm	6,0	45°
Grünmehlpellets Durchmesser 4 mm bis 8 mm	7,5	45°
Grünmehl- und Kartoffelflocken	1,5	45°
Kleie und Troblako	3,0	45°
Ölkuchen	10,0	–
Ölschrot und Kraftfuttergemische	5,5	45°
Malz	5,5	20°
Sojabohnen	8,0	23°
Spreu	1,0	–
Stroh		
lang und lose oder in Mähdrescherballen	0,7	–
in Niederdruckballen oder kurz gehäckselt (bis 5 cm)	0,8	–
in Hochdruckballen, garngebunden	1,1	–
in Hochdruckballen, drahtgebunden	2,7	–
Tabak, gebündelt oder in Ballen	5,0	–
Torf, lufttrocken		
geschüttet	1,0	–
eingerüttelt	1,5	–
gepresst, in Ballen	3,0	–
Zuckerrüben		
Nassschnitzel	10,0	0°
Trockenschnitzel	3,0	45°

Düngemittel

Gegenstand	Wichte kN/m³	Böschungswinkel
Gülle, Jauche, Schwemmmist	10,0	0°
Harnstoffe	8,0	24°
Kalimagnesia	13,0	20°
Kalisulfat	16,0	28°
Kaliumchlorid	12,0	28°
N-Einzeldünger	11,0	25°
NK-Dünger	10,0	28°
NP-Dünger	11,5	25°
NPK-Düngemittel	12,0	25°
P-Dünger (ohne Thomasphosphat)	14,0	25°
PK-Dünger	13,0	25°
Stapelmist	10,0	45°
Thomasphosphat	22,0	25°

2 Nutzlasten für Hochbauten nach DIN 1055-3 (03.2006)*)

2.1 Lotrechte Nutzlasten für Decken, Treppen und Balkone

Tafel C.2.1 Lotrechte Nutzlasten für Decken, Treppen und Balkone (charakteristische Werte)

Kategorie		Nutzung	Beispiele	q_k kN/m²	Q_k kN
A	A1	Spitzböden	Für Wohnzwecke nicht geeigneter, aber zugänglicher Dachraum bis 1,80 m lichter Höhe. Für Wohnzwecke nicht geeigneter, aber zugänglicher Dachraum bis 1,80 m lichter Höhe.	1.0	1,0
	A2	Wohn- und Aufenthaltsräume	Räume mit ausreichender Querverteilung der Lasten. Räume und Flure in Wohngebäuden, Bettenräume in Krankenhäusern, Hotelzimmer einschl. zugehöriger Küchen und Bäder.	1,5	–
	A3		wie A2, aber ohne ausreichende Querverteilung der Lasten.	2,0[c)]	1,0
B	B1	Büroflächen, Arbeitsflächen, Flure	Flure in Bürogebäuden, Büroflächen, Arztpraxen, Stationsräume, Aufenthaltsräume einschl. der Flure, Kleinviehställe.	2,0	2,0
	B2		Flure in Krankenhäusern, Hotels, Altenheimen, Internaten usw.; Küchen und Behandlungsräume einschl. Operationsräume ohne schweres Gerät.	3,0	3,0
	B3		wie B2, jedoch mit schwerem Gerät	5,0	4,0
C	C1	Räume, Versammlungsräume und Flächen, die der Ansammlung von Personen dienen können (mit Ausnahme von unter A, B, D und E festgelegten Kategorien)	Flächen mit Tischen; z. B. Schulräume, Cafes, Restaurants, Speisesäle, Lesesäle, Empfangsräume.	3,0	4,0
	C2		Flächen mit fester Bestuhlung; z. B. Flächen in Kirchen, Theatern oder Kinos, Kongresssäle, Hörsäle, Versammlungsräume, Wartesäle.	4,0	4,0
	C3		Frei begehbare Flächen; z. B, Museumsflächen, Ausstellungsflächen usw. und Eingangsbereiche in öffentlichen Gebäuden und Hotels, nicht befahrbare Hofkellerdecken. Flure von Schulen [NABau]	5,0	4,0
	C4		Sport- und Spielflächen; z. B. Tanzsäle, Sporthallen, Gymnastik- und Kraftsporträume, Bühnen.	5,0	7,0
	C5		Flächen für große Menschenansammlungen; z. B. in Gebäuden wie Konzertsäle, Terrassen und Eingangsbereiche sowie Tribünen mit fester Bestuhlung.	5,0	4,0

*) Die Auslegungen in [NABau] wurden eingearbeitet.

Tafel C.2.1 (Fortsetzung)

Kategorie		Nutzung	Beispiele	q_k kN/m²	Q_k kN
D	D1	Verkaufsräume	Flächen von Verkaufsräumen bis 50 m² Grundfläche in Wohn-, Büro- und vergleichbaren Gebäuden.	2,0	2,0
	D2		Flächen in Einzelhandelsgeschäften und Warenhäusern.	5,0	4,0
	D3		Fläche wie D2, jedoch mit erhöhten Einzellasten infolge hoher Lagerregale.	5,0	7,0
E	E1	Fabriken und Werkstätten, Ställe, Lagerräume und Zugänge, Flächen mit erheblichen Menschenansammlungen	Flächen in Fabriken[a] und Werkstätten[a] mit leichtem Betrieb und Flächen in Großviehställen.	5,0	4,0
	E2		Lagerflächen, einschließlich Bibliotheken.	6,0[b]	7,0
	E3		Flächen in Fabriken[a] und Werkstätten[a] mit mittlerem oder schwerem Betrieb, Flächen mit regelmäßiger Nutzung durch erhebliche Menschenansammlungen, Tribünen ohne feste Bestuhlung.	7,5[b]	10,0
T[d]	T1[e]	Treppen und Treppenpodeste	Treppen und Treppenpodeste der Kategorie A und B1 ohne nennenswerten Publikumsverkehr.	3,0	2,0
	T2		Treppen und Treppenpodeste der Kategorie B1 mit erheblichem Publikumsverkehr, B2 bis E sowie alle Treppen, die als Fluchtweg dienen.	5,0	2,0
	T3		Zugänge und Treppen von Tribünen ohne feste Sitzplätze, die als Fluchtweg dienen.	7,5	3,0
Z[d]		Zugänge, Balkone und Ähnliches	Dachterrassen, Laubengänge, Loggien usw., Balkone, Ausstiegspodeste.	4,0	2,0

[a] Nutzlasten in Fabriken und Werkstätten gelten als vorwiegend ruhend. Im Einzelfall sind sich häufig wiederholende Lasten je nach Gegebenheit als nicht vorwiegend ruhende Lasten nach Abschn. 2.5 einzuordnen.
[b] Bei diesen Werten handelt es sich um Mindestwerte. In Fällen, in denen höhere Lasten vorherrschen, sind die höheren Lasten anzusetzen.
[c] Für die Weiterleitung der Lasten in Räumen mit Decken ohne ausreichende Querverteilung auf stützende Bauteile darf der angegebene Wert um 0,5 kN/m² abgemindert werden.
[d] Hinsichtlich der Einwirkungskombinationen nach DIN 1055-100 sind die Einwirkungen der Nutzungskategorie des jeweiligen Gebäudes oder Gebäudeteiles zuzuordnen. Eine Überlagerung mit den Schneelasten ist nicht erforderlich [NABau].
[e] Gilt für Treppen und Podeste der Kategorie T1 auch dann, wenn sie Teil der Fluchtwege sind [NABau].

- Lasten in diesem Abschnitt gelten als vorwiegend ruhende Lasten. Tragwerke, die durch Menschen zu Schwingungen angeregt werden können, sind gegen die auftretenden Resonanzeffekte auszulegen.
- Für Haushaltskeller bzw. Kellerräume in Wohngebäuden gilt $q_k = 3{,}0$ kg/m^2 und $Q_k = 3{,}0$ kN [NABau].
- In Gebäuden und baulichen Anlagen, die in Kategorie E1 bis E3 eingeordnet werden, ist in jedem Raum die nach Tafel C.2.1 angenommene Nutzlast anzugeben.
- Falls der Nachweis der örtlichen Mindesttragfähigkeit erforderlich ist (z. B. bei Bauteilen ohne ausreichende Querverteilung der Lasten), so ist er mit den charakteristischen Werten für die Einzellast Q_k nach Tafel C.2.1 ohne Überlagerung mit der Flächenlast q_k zu führen. Die Aufstandsfläche für Q_k umfasst ein Quadrat mit einer Seitenlänge von 5 cm.
- Wenn konzentrierte Lasten aus Lagerregalen, Hubeinrichtungen, Tresoren usw. zu erwarten sind, muss die Einzellast für diesen Fall gesondert ermittelt und zusammen mit den gleichmäßig verteilten Nutzlasten beim Tragsicherheitsnachweis berücksichtigt werden.
- Für die Lastweiterleitung auf sekundäre Tragglieder (Unterzüge, Stützen, Wände, Gründungen usw.) dürfen die Nutzlasten nach der folgenden Gleichung abgemindert werden:

  $$q'_k = \alpha_A \cdot q_k$$

  mit

  q'_k abgeminderte Nutzlast
  q_k Nutzlast nach Tafel C.2.1 (der Trennwandzuschlag nach Abschn. 2.2 darf ebenfalls abgemindert werden)
  α_A Abminderungsbeiwert nach Tafel C.2.2
  A Einzugsfläche des sekundären Traggliedes in m^2
- Bei Decken, die von Personenfahrzeugen oder von Gabelstaplern befahren werden, ist an den Einfahrten der Räume die zulässige Gesamtlast nach Tafel C.2.6 bzw. Tafel C.2.7 anzugeben. Zusätzlich gilt für Kategorie G auch Abschn. 5, 1. und 2. Zeile.
- An den Zufahrten von Decken, die von schwereren Fahrzeugen (z. B. solche nach 2.5.3) befahren werden, ist die zulässige Gesamtlast des Fahrzeugs der entsprechenden Brückenklasse nach DIN 1072 anzugeben.

Tafel C.2.2 Abminderungsbeiwert α_A

Kategorien A, B, Z	Kategorien C bis E 1
$\alpha_A = 0{,}5 + \frac{10}{A} \le 1{,}0$	$\alpha_A = 0{,}7 + \frac{10}{A} \le 1{,}0$

Bei mehrfeldrigen statischen Systemen ist die Einzugsfläche für jedes Feld getrennt zu bestimmen. Näherungsweise darf der ungünstigste Abminderungsfaktor für alle Felder angesetzt werden (Abb. C.2.1).

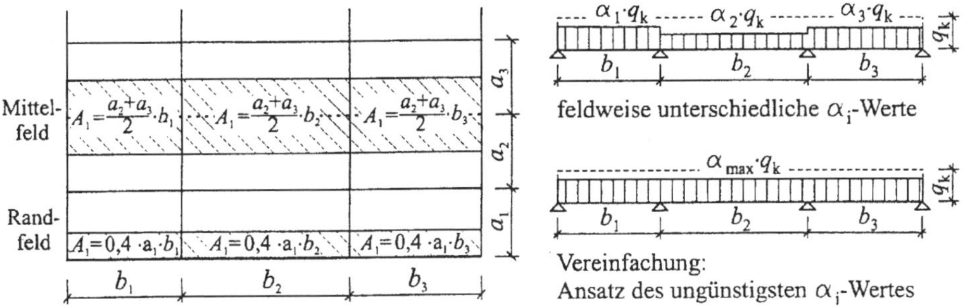

Abb. C.2.1 Einzugsflächen und Belastungen für sekundäre Tragglieder

Werden für die Bemessung der vertikalen Tragglieder Nutzlasten aus mehreren Stockwerken maßgebend, dürfen diese für Kategorien A bis E, T und Z mit einem Faktor α_n abgemindert werden. Wird jedoch bei der Lastkombination der charakteristische Wert der Nutzlast mit einem Kombinationsbeiwert ψ abgemindert, darf der Abminderungsbeiwert α_n nicht angesetzt werden. Weiterhin gilt, dass die Faktoren α_A und α_a nicht gleichzeitig angesetzt werden dürfen, es darf dann der günstigere der beiden Werte verwendet werden. In mehrgeschossigen Gebäuden ist die Nutzlast aller Geschosse bei der Ermittlung der Einwirkungskombination insgesamt als eine unabhängige veränderliche Einwirkung aufzufassen.

Tafel C.2.3 Abminderungsbeiwert α_n

Kategorien A bis D, Z	Kategorien E, T
$\alpha_n = 0{,}7 + \frac{0{,}6}{n}$	$\alpha_n = 1{,}0$
n Anzahl der Geschosse oberhalb des belasteten Bauteils (> 2)	

2.2 Lasten aus leichten Trennwänden

Die Lasten leichter unbelasteter Trennwände (Wandlast ≤ 5 kN/m Wandlänge) dürfen vereinfacht als gleichmäßig verteilter Zuschlag zur Nutzlast berücksichtigt werden. Davon ausgenommen sind Wände mit einer Last von mehr als 3 kN/m Wandlänge, die parallel zu den Balken von Decken ohne ausreichende Querverteilung stehen, sowie bewegliche Trennwände.

Tafel C.2.4 Trennwandzuschlag

Trennwandzuschlag für Wände (einschließlich Putz) mit einer Last von	≤ 3 kN/m Wandlänge	0,8 kN/m²
	> 3 kN/m Wandlänge ≤ 5 kN/m Wandlänge	1,2 kN/m²
Bei Nutzlasten von ≥ 5 kN/m² kann der Zuschlag entfallen.		

2.3 Gleichmäßig verteilte Nutzlasten und Einzellasten für Dächer

Die Lasten nach Abschnitt 3 gelten als vorwiegend ruhende Lasten.

Die charakteristischen Werte gleichmäßig verteilter Nutzlasten für Dächer sind in Tafel C.2.5 enthalten. Sie beziehen sich auf die Grundrissprojektion des Daches.

Falls der Nachweis der örtlichen Mindesttragfähigkeit erforderlich ist, so ist er mit den charakteristischen Werten für die Einzellast Q_k nach Tafel C.2.5 ohne Überlagerung mit der Flächenlast q_k zu führen. Die Aufstandsfläche für Q_k umfasst ein Quadrat mit einer Seitenlänge von 5 cm.

Für die Begehungsstege, die Teil eines Fluchtweges sind, ist eine Nutzlast von 3 kN/m^2 anzusetzen.

Befahrbare Dächer oder Dächer für Sonderbetrieb sind in 2.4 und 2.5 geregelt.

Tafel C.2.5 Nutzlasten für Dächer

Kategorie	Nutzung	Q_k in kN
H	Nicht begehbare Dächer, außer für übliche Erhaltungsmaßnahmen, Reparaturen	1,0

Eine Überlagerung der Einwirkungen nach Tafel C.2.5 mit den Schneelasten ist nicht erforderlich.

Bei Dachlatten sind zwei Einzellasten von je 0,5 kN in den äußeren Viertelpunkten der Stützweite anzunehmen. Für hölzerne Dachlatten mit Querschnittsabmessungen, die sich erfahrungsgemäß bewährt haben, ist bei Sparrenabständen bis etwa 1 m kein Nachweis erforderlich.

Leichte Sprossen dürfen mit einer Einzellast von 0,5 kN in ungünstigster Stellung berechnet werden, wenn die Dächer nur mit Hilfe von Bohlen und Leitern begehbar sind.

2.4 Gleichmäßig verteilte Nutzlasten für Parkhäuser und Flächen mit Fahrzeugverkehr

Die in Tafel C.2.6 angegebenen charakteristischen Werte der Nutzlasten für Parkhäuser und Flächen mit Fahrzeugverkehr dürfen als vorwiegend ruhende Lasten betrachtet werden. Beim Nachweis der örtlichen Mindesttragfähigkeit mit den charakteristischen Werten für die Einzellasten Q_k ist eine Überlagerung mit der Flächenlast q_k nicht erforderlich.

Zufahrten zu Flächen, die für die Kategorie F bemessen wurden, müssen durch entsprechende Vorrichtungen so abgegrenzt werden, dass die Durchfahrt von schweren Fahrzeugen verhindert wird.

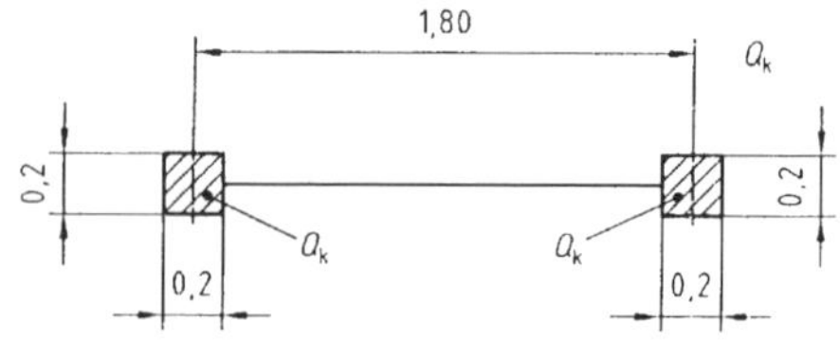

Abb. C.2.2 Aufstandsfläche für Q_k

Tafel C.2.6 Lotrechte Nutzlasten für Parkhäuser und Flächen mit Fahrzeugverkehr

Kategorie		Nutzung	A m²	q_k kN/m²		$2 \cdot Q_k$ in kN
F	F1	Verkehrs- und Parkfläche für leichte Fahrzeuge (Gesamtlast ≤ 25 kN)[1)]	≤ 20	3,5	oder	20
	F2		≤ 50	2,5		20[1)]
	F3		> 50	2,0		20[1)]
	F4	Zufahrtsrampen	≤ 20	5,0		20
	F5		> 20	3,5		20[1)]

[1)] In den Kategorien F2, F3 und F5 können die Achslast ($2 \cdot Q_k = 20$ kN) oder die Radlasten ($Q_k = 10$ kN) für den Nachweis örtlicher Beanspruchung (z. B. Querkraft am Auflager oder Durchstanzen unter einer Radlast) maßgebend werden.

C

2.5 Gleichmäßig verteilte Nutzlasten und Einzellasten bei nicht vorwiegend ruhenden Einwirkungen

- Die gleichmäßig verteilten Nutzlasten q_k nach 2.5.2 und 2.5.4 sind ohne Schwingbeiwert anzusetzen.
- Die Einzellasten Q_k nach 2.5.2 und 2.5.4 sind mit den Schwingbeiwerten ϕ zu vervielfachen.

2.5.1 Schwingbeiwerte

- Der Schwingbeiwert beträgt $\phi = 1{,}4$, sofern kein genauerer Nachweis geführt wird.
  Für überschüttete Bauwerke ist $\phi = 1{,}4 - 0{,}1 \cdot h_ü \geq 1{,}0$
  Dabei ist
  $h_ü$ die Überschüttungshöhe in m.
- Der Schwingbeiwert ϕ für Flächen nach 2.5.3 ist in DIN 1072 enthalten.

2.5.2 Flächen für Betrieb mit Gegengewichtsstaplern

- Decken in Werkstätten, Fabriken, Lagerräumen und unter Höfen, auf denen Gegengewichtsstapler eingesetzt werden, sind je nach den Betriebsverhältnissen für einen Gegengewichtsstapler in ungünstigster Stellung mit den in Betracht kommenden Einzellasten Q_k nach Tafel C.2.7 (Geometrie nach Abb. C.2.3) und ringsherum für eine gleichmäßig verteilte q_k Nutzlast nach Tafel C.2.7 zu bemessen.

Tafel C.2.7 Lotrechte Nutzlasten aus Betrieb mit Gegengewichtsstaplern (zulässige Gesamtlast > 25 kN)

Kategorie		Zulässige Gesamtlast[1] kN	Nenntragfähigkeit kN	Nutzlast	
				$2 \cdot Q_k$ kN	q_k kN/m^2
G	G1	31	10	26	12,5
	G2	46	15	40	15,0
	G3	69	25	63	17,5
	G4	100	40	90	20,0
	G5	150	60	140	20,0
	G6[2]	190	80	170	20,0

[1] Summe aus Nenntragfähigkeit und Eigenlast.
[2] Abweichend von DIN 1055-100 ist der Bereich der Kategorie G auf eine zulässige Gesamtlast von 190 kN erweitert.

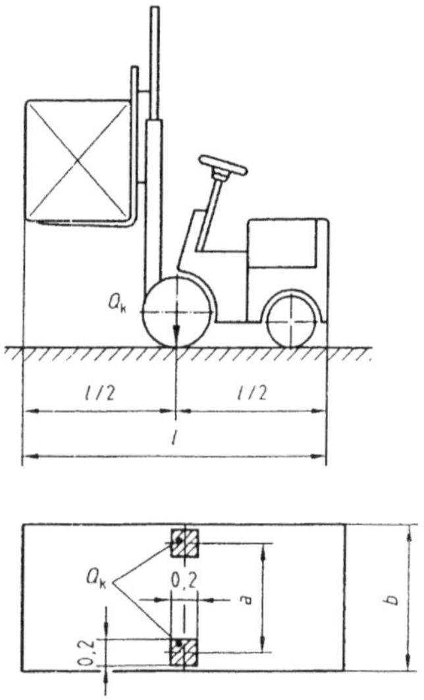

Abb. C.2.3 Gegengewichtsstapler

Maße a, b und l für Gegengewichtsstapler

Kategorie	a m	b m	l m
G1	0,85	1,00	2,60
G2	0,95	1,10	3,00
G3	1,00	1,20	3,30
G4	1,20	1,40	4,00
G5	1,50	1,90	4,60
G6	1,80	2,30	5,10

- Die Gleichlast q_k ist außerdem in ungünstiger Zusammenwirkung – feldweise veränderlich – anzusetzen, sofern die Nutzung als Lagerfläche nicht ungünstiger ist.
- Muss damit gerechnet werden, dass Decken sowohl von Gegengewichtsstaplern als auch von Fahrzeugen der Kategorie F oder von Fahrzeugen nach Abschn. 2.5.3 befahren werden, so ist die ungünstiger wirkende Nutzlast anzusetzen.

2.5.3 Flächen für Fahrzeugverkehr auf Hofkellerdecken und planmäßig befahrene Deckenflächen

- Hofkellerdecken und andere Decken, die planmäßig von Fahrzeugen befahren werden, sind für die Lasten der Brückenklasse 6/6 bis 30/30 nach DIN 1072 zu berechnen.
- Hofkellerdecken, die nur im Brandfall von Feuerwehrfahrzeugen befahren werden, sind für die Brückenklasse 16/16 nach DIN 1072, Tabelle 2 zu berechnen. Dabei ist jedoch nur ein Einzel-

fahrzeug in ungünstigster Stellung anzusetzen; auf den umliegenden Flächen ist die gleichmäßig verteilte Last der Hauptspur in Rechnung zu stellen. Der nach DIN 1072 geforderte Nachweis für eine einzelne Achslast von 110 kN darf entfallen. Die Nutzlast darf als vorwiegend ruhend eingestuft werden.

2.5.4 Flächen für Hubschrauberlandeplätze

- Für Hubschrauberlandeplätze auf Decken sind entsprechend den zulässigen Abfluggewichten der Hubschrauber die Regelbelastungen der Tafel C.2.8 zu entnehmen.
- Außerdem sind die Bauteile auch für eine gleichmäßig verteilte Nutzlast von 5 kN/m² mit Volllast der einzelnen Felder in ungünstigster Zusammenwirkung – feldweise veränderlich – zu berechnen. Der ungünstigste Wert ist maßgebend.

C

Tafel C.2.8 Hubschrauber-Regellasten

Kategorie		Zulässiges Abfluggewicht t	Hubschrauber Regellast Q_k kN	Seitenlängen einer quadratischen Aufstandsfläche cm
K[1]	K1	3	30	20
	K2	6	60	30
	K3	12	120	30

[1] Die Einwirkungen sind wie diejenigen der Kategorie G zu kombinieren.

2.6 Horizontale Nutzlasten

2.6.1 Horizontale Nutzlasten infolge von Personen auf Brüstungen, Geländern und anderen Konstruktionen, die als Absperrung dienen

- Die charakteristischen Werte gleichmäßig verteilter Nutzlasten, die in der Höhe des Handlaufs, aber nicht höher als 1,2 m wirken, sind in Tafel C.2.9 enthalten.

Tafel C.2.9 Horizontale Nutzlasten q_k infolge von Personen auf Brüstungen, Geländern und anderen Konstruktionen, die als Absperrung dienen

Belastete Fläche nach Kategorie	Horizontale Nutzlast q_k kN/m
A, B1 ohne nenneswertem Publikumsverkehr, H, F[1], T1, Z[2]	0,5
B1 mit nennenswertem Publikumsverkehr, B2, B3, C1 bis C4, D, E1 und E2, Z[2], G[1], K, T2[3]	1,0
C5, E3, T3	2,0

[1] Anprall wird durch kostruktive Maßnahmen ausgeschlossen.
[2] Kategorie T und Z entsprechend der Einstufung in die Gebäudekategorie.
[3] Soweit nicht Kategorie C5 und E3 zugeordnet [NABau].

- Die horizontalen Nutzlasten nach Tafel C.2.9 sind in Absturzrichtung in voller Höhe und in der Gegenrichtung mit 50 % (mindestens jedoch 0,5 kN/m) anzusetzen.
- Wind- und horizontale Nutzlasten brauchen nicht überlagert zu werden.

2.6.2 Horizontallasten zur Erzielung einer ausreichenden Längs- und Quersteifigkeit

Neben der vorgeschriebenen Windlast und etwaigen anderen waagerecht wirkenden Lasten sind zum Erzielen einer ausreichenden Längs- und Quersteifigkeit folgende beliebig gerichtete Horizontallasten zu berücksichtigen:

- Für Tribünenbauten und ähnliche Sitz- und Steheinrichtungen ist eine in Fußbodenhöhe angreifende Horizontallast von 1/20 der lotrechten Nutzlast anzusetzen.
- Bei Gerüsten ist eine in Schalungshöhe angreifende Horizontallast von 1/100 aller lotrechten Lasten anzusetzen.
- Zur Sicherung gegen Umkippen von Einbauten, die innerhalb von geschlossenen Bauwerken stehen und keiner Windbeanspruchung unterliegen, ist eine Horizontallast von 1/100 der Gesamtlast in Höhe des Schwerpunktes anzusetzen.

2.6.3 Horizontallasten für Hubschrauberlandeplätze auf Dachdecken

- In der Ebene der Start- und Landefläche und des umgebenden Sicherheitsstreifens ist eine horizontale Nutzlast q_k nach Tafel C.2.9 an der für den untersuchten Querschnitt eines Bauteils jeweils ungünstigsten Stelle anzunehmen.
- Für den mindestens 0,25 m hohen Überrollschutz ist am oberen Rand eine Horizontallast von 10 kN anzunehmen.

2.7 Anpralllasten

Für die Anpralllasten gilt DIN 1055-9.

3 Windlasten nach DIN 1055-4 (03.2005)*)

3.1 Allgemeines

Die in DIN 1055-4 (03.2005) angegebenen Verfahren zur Berechnung der Windlasten gelten für Hoch- und Ingenieurbauwerke mit einer Höhe bis zu 300 m, einschließlich deren einzelner Bauteile und Anbauten. Bauwerke mit besonderen Zuverlässigkeitsanforderungen und Brücken gehören dagegen nicht zum Geltungsbereich dieser Norm. Weiterhin können für die Windsogsicherung kleinformatiger, überlappend verlegter Bauteile (z. B. Dachziegel) abweichende Regelungen zu beachten sein.

Die nachfolgenden Angaben zur Ermittlung der Windlasten sind für ausreichend steife, nicht schwingungsanfällige Bauwerke bzw. Bauteile anwendbar. Dazu können in der Regel ohne weiteren Nachweis Wohn-, Büro- und Industriegebäude mit einer Höhe bis zu 25 m, sowie diesen in Form und Konstruktion ähnliche Gebäude gezählt werden. Für andere Fälle ist in DIN 1055-4 (03.2005) ein rechnerisches Abgrenzungskriterium zur Unterscheidung zwischen schwingungsanfälligen und nicht schwingungsanfälligen Konstruktionen enthalten.

C

3.2 Winddruck für nicht schwingungsanfällige Bauteile

3.2.1 Geschwindigkeitsdruck

Windlasten sind veränderliche, freie Einwirkungen entsprechend DIN 1055-100 (03.2001). Die auf der Grundlage der nachfolgenden Angaben ermittelten Winddrücke sind als charakteristische Werte mit einer jährlichen Überschreitungswahrscheinlichkeit von 2 % zu betrachten. Grundsätzlich wird zwischen dem an der Außenfläche und dem an der Innenfläche eines Bauwerks wirkenden Winddruck unterschieden:

- Winddruck auf der Außenfläche eines Bauwerks: $w_e = c_{pe} \cdot q(z_e)$
- Winddruck auf der Innenfläche eines Bauwerks: $w_i = c_{pi} \cdot q(z_i)$

Es bedeuten:

c_{pe}, c_{pi} Aerodynamischer Beiwert für den Außen- bzw. Innendruck nach den Abschnitten 3.2.2 bzw. 3.2.3

$q(z_e)$, $q(z_i)$ Geschwindigkeitsdruck nach DIN 1055-100 (03.2001), Abschnitt 10

Der Geschwindigkeitsdruck ist abhängig von der Windzone, der Geländekategorie und der Höhe über dem Gelände. Bei Bauwerken bis zu einer Höhe von 25 m über dem Gelände darf zur Vereinfachung ein über die gesamte Gebäudehöhe konstanter Geschwindigkeitsdruck nach Tafel C.3.1 angesetzt werden.

z_e, z_i Bezugshöhe; Höhe der Oberkante der betrachteten Fläche bzw. der Oberkante des betrachteten Abschnittes über der Gelände

Die Belastung infolge von Winddruck ergibt sich aus der Überlagerung von Außen- und Innendruck, siehe Abb. C.3.1. Wenn sich der Innendruck bei der Ermittlung einer Reaktionsgröße entlastend auswirkt, ist er zu null zu setzen.

*) Berichtigung 1 zu DIN 1055-4 wurde eingearbeitet.

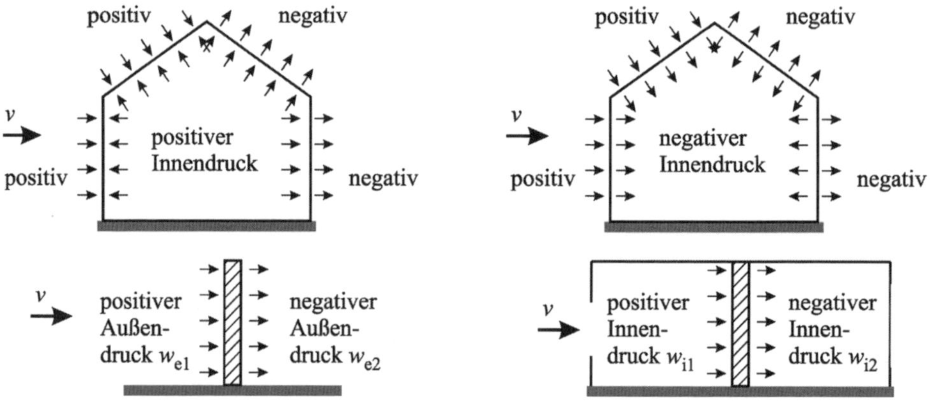

Abb. C.3.1: Beispiele für die Überlagerung von Außen- und Innendruck

3.2.2 Aerodynamische Beiwerte für den Außendruck

Einfluss der Lasteinzugsfläche

Die im Folgenden angegebenen Außendruckbeiwerte gelten für nicht hinterlüftete Wand- und Dachflächen.

Der maßgebende Außendruckbeiwert c_{pe} ist in Abhängigkeit von der Lasteinzugsfläche A zu bestimmen:

$$c_{pe} = \begin{cases} c_{pe,1} & \text{für } A \leq 1\ \text{m}^2 \\ c_{pe,1} + (c_{pe,10} - c_{pe,1}) \cdot \lg A & \text{für } 1\ \text{m}^2 < A \leq 10\ \text{m}^2 \\ c_{pe,10} & \text{für } A > 10\ \text{m}^2 \end{cases}$$

$c_{pe,1}$	Außendruckbeiwert für $A \leq 1\ \text{m}^2$
$c_{pe,10}$	Außendruckbeiwert für $A > 1\ \text{m}^2$
A	Lasteinzugsfläche

Die Außendruckbeiwerte für $A < 10\,\text{m}^2$ sind nur für den Nachweis der Verankerungen von unmittelbar durch Windeinwirkungen belasteten Bauteilen einschließlich deren Unterkonstruktion zu verwenden.

Vorzeichendefinition

Die allgemeine Bezeichnung „Winddruck“ steht sowohl für den Fall einer durch Windlasten auf einer Fläche verursachten Druckbeanspruchung, als auch für den Fall einer Sogbeanspruchung. Die Vorzeichenregelung bei der Angabe von aerodynamischen Beiwerten und damit auch von Winddrücken ist so geregelt, dass ein Druck auf eine Fläche positiv und ein Sog auf eine Fläche negativ ist.

Tafel C.3.1: Vereinfachte Geschwindigkeitsdrücke für Bauwerke bis zu einer Höhe von 25 m

Windzonenkarte

Windzone		Geschwindigkeitsdruck q in kN/m² für eine Gebäudehöhe h		
		$h \leq 10$ m	h { > 10 m ≤ 18 m	h { > 18 m ≤ 25 m
1	Binnenland	0,50	0,65	0,75
2	Binnenland	0,65	0,80	0,90
	Ostseeküste und -inseln[1)]	0,85	1,00	1,10
3	Binnenland	0,80	0,95	1,10
	Ostseeküste und -inseln[1)]	1,05	1,20	1,30
4	Binnenland	0,95	1,15	1,30
	Ostseeküste und -inseln, Nordseeküste	1,25	1,40	1,55
	Nordseeinseln	1,40	–[2)]	–[2)]

[1)] Zum Küstenbereich zählt ein entlang der Küste verlaufender, in landeinwärtiger Richtung 5 km breiter Streifen.

[2)] Auf Nordseeinseln ist der Ansatz der vereinfachten Geschwindigkeitsdrücke nur für Gebäude bis 10 m Höhe zugelassen.

Vertikale Wände von Gebäuden mit rechteckigem Grundriss

Die Wände sind entsprechend der Windanströmrichtung und der vorliegenden geometrischen Verhältnisse in die Wandbereiche A bis D einzuteilen, für die die aerodynamischen Beiwerte in Tafel C.3.2 abzulesen sind.

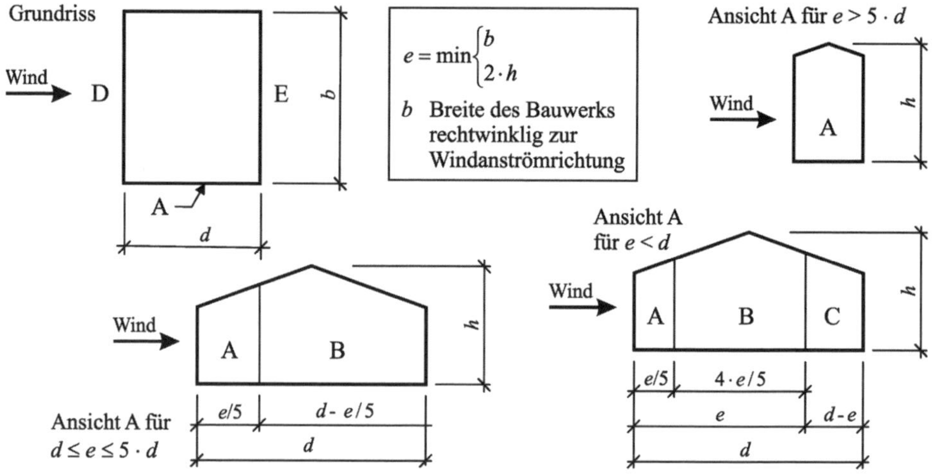

Abb. C.3.2: Einteilung der Wandflächen bei vertikalen Wänden

Tafel C.3.2: Aerodynamische Beiwerte für vertikale Wände

h/d	Wandbereich									
	A		B		C		D		E	
	$c_{pe,1}$	$c_{pe,10}$	$c_{pe,1}$	$c_{pe,10}$	$c_{pe,1}$	$c_{pe,10}$	$c_{pe,1}$	$c_{pe,10}$	$c_{pe,1}$	$c_{pe,10}$
≤ 5	–1,7	–1,4	–1,1	–0,8	–0,7	–0,5	+1,0	+0,8	–0,7	–0,5
1	–1,4	–1,2	–1,1	–0,8	–0,5		+1,0	+0,8	–0,5	
≤ 0,25	–1,4	–1,2	–1,1	–0,8	–0,5		+1,0	+0,7	–0,5	–0,3
Zwischenwerte dürfen linear interpoliert werden. Bei einzeln in offenem Gelände stehenden Gebäuden können im Sogbereich auch größere Werte auftreten. Für $h/d > 5$ ist die Gesamtwindkraft nach DIN 1055-4 (03.2005), Abschnitte 12.4 bis 12.6 und 12.7.1 zu ermitteln.										

Satteldächer (Dachneigung ≥ 5°)

Satteldächer sind getrennt nach der Luv- und Leeseite in die Dachbereiche F bis J entsprechend Abb. C.3.3 einzuteilen. Im Bereich von Dachüberständen darf für den Unterseitendruck der Wert der anschließenden Wandfläche, auf der Oberseite der Druck der anschließenden Dachfläche angesetzt werden.

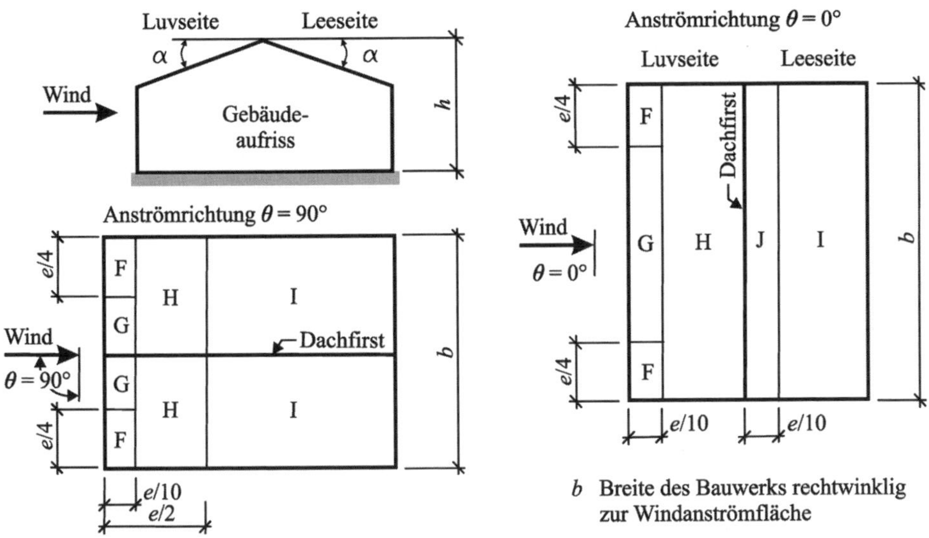

Abb. C.3.3: Einteilung der Dachfläche von Satteldächern

Tafel C.3.3: Aerodynamische Beiwerte für Satteldächer
(Siehe auch Fußnoten in der Fortsetzung dieser Tafel auf der Folgeseite)

Windanströmrichtung $\theta = 0°$										
Neigungswinkel a	Dachbereich									
	F		G		H		I		J	
	$c_{pe,1}$	$c_{pe,10}$	$c_{pe,1}$	$c_{pe,10}$	$c_{pe,1}$	$c_{pe,10}$	$c_{pe,1}$	$c_{pe,10}$	$c_{pe,1}$	$c_{pe,10}$
5°	–2,5	–1,7	–1,7	–1,0	–1,2	–0,6	+0,2/–0,6		+0,2/–0,6	
10°	–2,2	–1,3	–1,5	–0,8	–0,4		+0,2/–0,5		+0,2/–0,8	
15°	–2,0	–0,9	–0,8	–1,5	–0,3		–0,4		–1,5	–1,0
	+0,2		+0,2		+0,2					
30°	–1,5	–0,5	–1,5	–0,5	–0,2		–0,4		–0,5	
	+0,7		+0,7		+0,4					
45°	+0,7		+0,7		+0,6		–0,4		–0,5	
60°	+0,7		+0,7		+0,7		–0,4		–0,5	
75°	+0,8		+0,8		+0,8		–0,4		–0,5	

Tafel C.3.3: Aerodynamische Beiwerte für Satteldächer (Fortsetzung)

Windanströmrichtung $\theta = 0°$								
Neigungs-winkel α	Dachbereich							
	F		G		H		I	
	$c_{pe,1}$	$c_{pe,10}$	$c_{pe,1}$	$c_{pe,10}$	$c_{pe,1}$	$c_{pe,10}$	$c_{pe,1}$	$c_{pe,10}$
5°	–2,2	–1,6	–2,0	–1,3	–1,2	–0,7	+0,2/–0,6	
10°	–2,1	–1,4	–2,0	–1,3	–1,2	–0,6	+0,2/–0,6	
15°	–2,0	–1,3	–2,0	–1,3	–1,2	–0,6	–0,5	
30°	–1,5	–1,1	–2,0	–1,4	–1,2	–0,8	–0,5	
45°	–1,5	–1,1	–2,0	–1,4	–1,2	–0,9	–0,5	
60°	–1,5	–1,1	–2,0	–1,2	–1,0	–0,8	–0,5	
75°	–1,5	–1,1	–2,0	–1,2	–1,0	–0,8	–0,5	

Sind sowohl positive als auch negative aerodynamische Beiwerte angegeben, so ist der für die betrachtete Beanspruchungssituation ungünstigere Wert zu verwenden.
Für Dachneigungen zwischen den angegeben Werten darf linear interpoliert werden, sofern das Vorzeichen der Druckbeiwerte nicht wechselt.

Flachdächer (Dachneigung < 5°)

Dächer mit einer geringeren Neigung als ± 5° sind in die Dachbereiche F bis I einzuteilen. Der Dachflächenbereich F darf für sehr flache Baukörper mit $h/d < 0{,}1$ entfallen, in diesem Fall verläuft der Randbereich G über die gesamte Trauflänge.

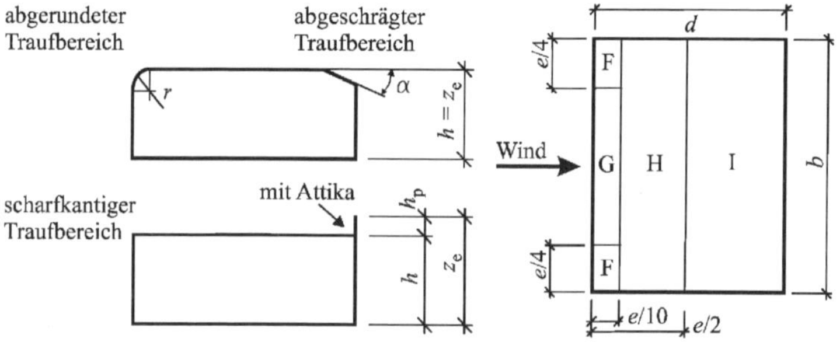

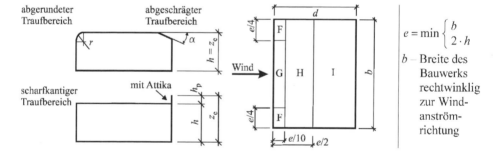

$$e = \min \begin{cases} b \\ 2 \cdot h \end{cases}$$

b – Breite des Bauwerks rechtwinklig zur Windanströmrichtung

Tafel C.3.4: Aerodynarnische Beiwerte für Flachdächer[1)]

		Dachbereich							
		F		G		H		I	
		$c_{pe,1}$	$c_{pe,10}$	$c_{pe,1}$	$c_{pe,10}$	$c_{pe,1}$	$c_{pe,10}$	$c_{pe,1}$	$c_{pe,10}$
scharfkantiger Traufbereich		–2,5	–1,8	–2,0	–1,2	–1,2	–0,7	+0,2/–0,6	
mit Attika	$h_p/h = 0{,}025$	–2,2	–1,6	–1,8	–1,1	–1,2	–0,7	+0,2/–0,6	
	$h_p/h = 0{,}05$	–2,0	–1,4	–1,6	–0,9	–1,2	–0,7	+0,2/–0,6	
	$h_p/h = 0{,}1$	–1,8	–1,2	–1,4	–0,8	–1,2	–0,7	+0,2/–0,6	
abgerundeter Traufbereich[2)]	$r/h = 0{,}05$	–1,5	–1,0	–1,8	–1,2	–0,4		± 0,2	
	$r/h = 0{,}1$	–1,2	–0,7	–1,4	–0,8	–0,3		± 0,2	
	$r/h = 0{,}2$	–0,8	–0,5	–0,8	–0,5	–0,3		± 0,2	
abgeschrägter Traufbereich[3)]	$a = 30°$	–1,5	–1,0	–1,5	–1,0	–0,3		± 0,2	
	$a = 45°$	–1,8	–1,2	–1,9	–1,3	–0,4		± 0,2	
	$a = 60°$	–1,9	–1,3	–1,9	–1,3	–0,5		± 0,2	

[1)] Zwischenwerte dürfen linear interpoliert werden.
[2)] Bei Flachdächern mit abgerundetem Traufbereich ist im unmittelbaren Bereich der Dachkrümmung ein linearer Übergang vom Außendruckbeiwert der Außenwand zu dem des Daches anzusetzen.
[3)] Bei Flachdächern mit abgeschrägtem Traufbereich ergeben sich die Druckbeiwerte für den unmittelbaren Bereich der Dachschräge für $a \leq 60°$ nach Tafel C.3.3 ($\theta = 0°$). Für a > 60° darf linear interpoliert werden zwischen den Satteldachwerten für $a = 60°$ und den Werten für den scharfkantigen Traufbereich.
[4)] Positive und negative Werte im Bereich 1 müssen gleichermaßen berücksichtigt werden.

Frei stehende Dächer

Für Dächer ohne durchgehende Wände, z. B. Tankstellendächer, sind die Druckbeiwerte in Tafel C.3.6 zusammengefasst. Die Bezugshöhe z_e ergibt sich aus dem höchsten Punkt der Dachkonstruktion. Im Bereich eines umlaufenden Streifens von 1 m Breite ist für den Tragsicherheitsnachweis der Dachhaut eine erhöhten Soglast anzusetzen, die mit dem Beiwert $c_{pe,res} = -2{,}5$ zu ermitteln ist.

Tafel C.3.6: Aerodynamische Druckbeiwerte für freistehende Dächer

Grundrisssituation [1)]

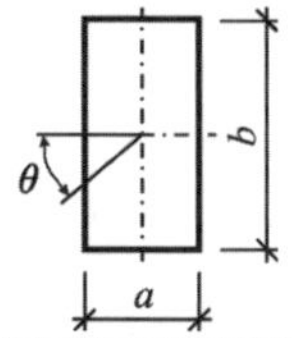

Abmessungen: $a \leq b \leq 5a$
$0{,}5 \leq h/a \leq 1$

Querschnittshöhe der Dachscheibe: $\leq 0{,}03\ a$

Lage und Form des Daches	Druckbeiwert c_p
Typ 1 [2)] 	$\theta = 0°$ 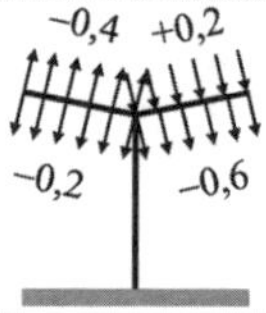
mit Versperrung 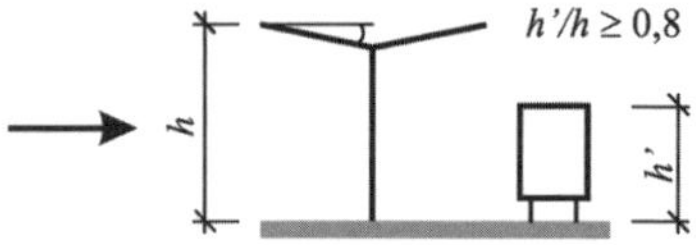	$\theta = 0°$ 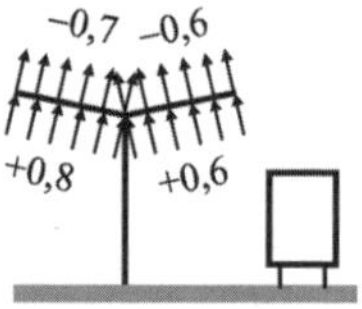 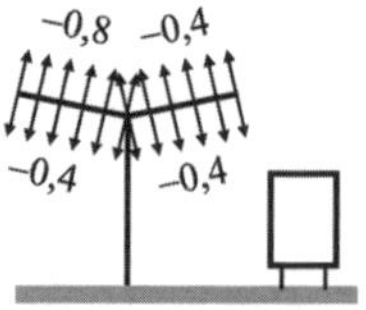
Typ 2 [2)] 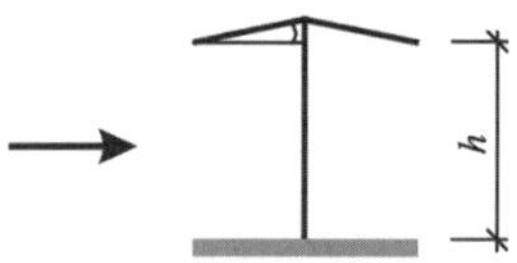	$\theta = 0°$ 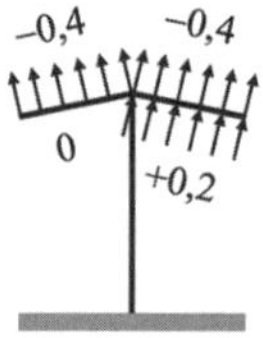
mit Versperrung: c_p entsprechend Typ 1	
Typ 3 [2)] 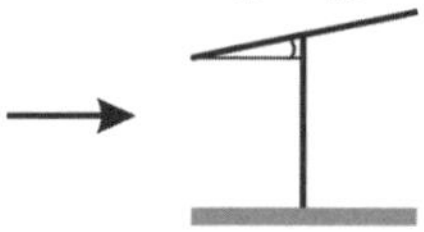	$\theta = 0°$ 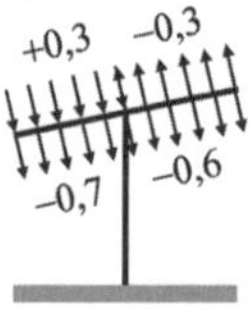 $\theta = 180°$ 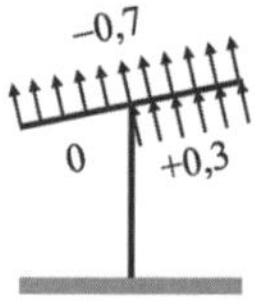
mit Versperrung: c_p entsprechend Typ 1	

1) Verläuft die Windanströmrichtung parallel zur Dachlängsachse können tangentiale Windkräfte von Bedeutung sein.

2) Zwischenwerte der Beiwerte c_p für Dachneigungen $-10° \leq \alpha \leq +10°$ dürfen linear interpoliert werden. Eine mögliche Versperrung in Höhe von bis zu 15 % der durchströmenden Fläche unterhalb des Daches wurde in den Beiwerten berücksichtigt.

3.2.3 Innendruck in geschlossenen Baukörpern

Wände mit einer offenen Außenfläche bis 30 % gelten als durchlässige Wand. Überschreitet die Außenfläche 30 gilt die betreffende Wand als offen.

Bei Räumen mit durchlässigen Wänden in Gebäuden mit nicht unterteiltem Grundriss (z. B. Hallen) ist es erforderlich den Innendruck zu berücksichtigen, sofern sich dieser ungünstig auswirkt. Der Innendruck wirkt auf alle Räume eines Innenraumes mit gleichem Vorzeichen und in gleicher Höhe. Innen- und Außendruck sind gleichzeitig wirkend anzunehmen. Bei üblichen Wohn- und Bürogebäuden kann auf den Ansatz des Innendrucks verzichtet werden.

Die Bestimmung des Innendrucks bei vollständig von Außenwänden umgebenen Räumen erfolgt in Abhängigkeit vom Flächenparameter μ mit den Druckbeiwerten nach Abb. C.3.4. Im Bereich $0{,}47 \leq \mu \leq 0{,}78$ können positive und negative Druckbeiwerte gleichzeitig auftreten, der ungünstigere Wert ist dann maßgebend.

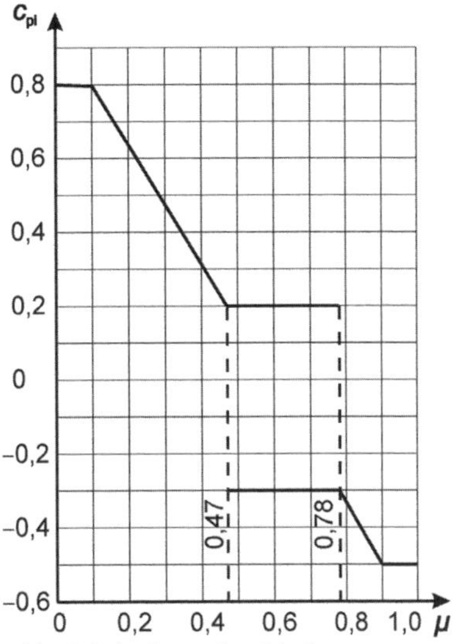

Abb. C.3.4: Innendruckbeiwerte c_{pi}; für durchlässige Wände

$$\mu = \frac{A_1}{A_2}$$

| A_1 – Gesamtfläche der Öffnungen in den leeseitigen und windparallelen Flächen
| A_2 – Gesamtfläche der Öffnungen aller Wände

Beispiel: Ermittlung des Winddruckes für einen allseitig geschlossenen Baukörper

Ermittlung des vereinfachten Geschwindigkeitsdruckes q nach Tafel C.3.1 (Binnenland, Windzone 1, h = 10,80 m):

$q = 0{,}65\ \text{kN/m}^2$ über die gesamte Gebäudehöhe

Wandbereiche:

$$\text{Einflussbreite } e = \min \begin{cases} b &= 10{,}00\ \text{m} \\ 2 \cdot h &= 21{,}60\ \text{m} \end{cases} \rightarrow e = 10{,}00\ \text{m}$$

$e/d = 10{,}00/9{,}00 = 1{,}11$

Breite der Fläche A: $b_A = e/5 = 10{,}00/5 = 2{,}00$ m

$$\rightarrow \frac{h}{d} = \frac{10{,}80}{9{,}00} = 1{,}20 \; (c_{pe,10} \text{ ggf. linear interpolieren})$$

$$\begin{aligned} w_e &= c_{pe} \cdot q \\ w_A &= -1{,}21 \cdot 0{,}65 = -0{,}79\ \text{kN/m}^2 \\ w_B &= -0{,}80 \cdot 0{,}65 = -0{,}52\ \text{kN/m}^2 \\ w_D &= +0{,}80 \cdot 0{,}65 = +0{,}52\ \text{kN/m}^2 \\ w_E &= -0{,}50 \cdot 0{,}65 = -0{,}33\ \text{kN/m}^2 \end{aligned}$$

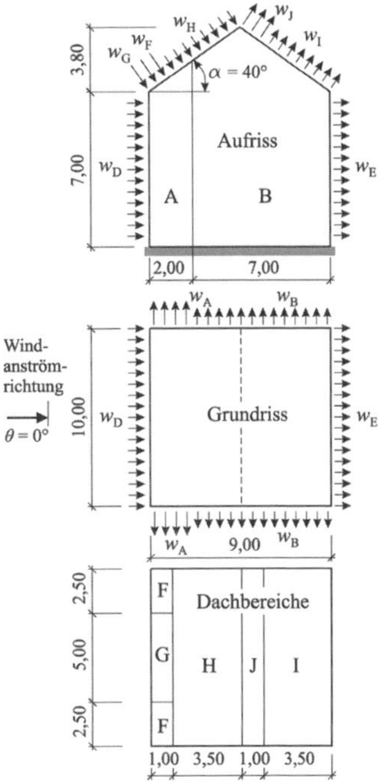

Dachbereiche:

Abmessung der Fläche F rechtwinklig zur Windanströmrichtung:

$b_F = e_4 = 10{,}00/4 = 2{,}50$ m

Abmessung der Flächen F und G parallel zur Windanströmrichtung:

$d_F = d_G = e/10 = 10{,}00/10 = 1{,}00$ m

$w_F = +0{,}70 \cdot 0{,}65 = +0{,}46$ kN/m²
$w_G = +0{,}70 \cdot 0{,}65 = +0{,}46$ kN/m²

$w_H = +0{,}53 \cdot 0{,}65 = +0{,}34$ kN/m²
$w_J = -0{,}5 \cdot 0{,}65 = -0{,}33$ kN/m²
$w_I = -0{,}4 \cdot 0{,}65 = -0{,}26$ kN/m²

Anmerkung: Für Lasteinzugsflächen $A < 10$ m² sind gegebenenfalls erhöhte Druckbeiwerte für die Berechnung von Ankerkräften zu berücksichtigen. Die Dachbereiche F und G haben eine geringere Fläche als 10 m², bei einer Dachneigung von 40° ergeben sich dafür jedoch keine höheren Druckbeiwerte ($c_{pe,1} = c_{pe,10}$).

Zusätzlich zur der in diesem Beispiel vorgenommenen Ermittlung der Winddrücke für die Windanströmrichtung $\delta = 0°$ ist auch die Windanströmrichtung $\delta = 90°$ zu untersuchen.

3.3 Resultierende Windkraft

Die auf ein Bauwerk oder ein Bauteil wirkende resultierende Windkraft F_w darf wie folgt ermittelt werden:

$F_w = c_T \cdot q(z_e) \cdot A_{ref}$

Dabei bedeuten:

q Staudruck (Geschwindigkeitsdruck) nach Abschnitt 3.2.1
z_e Bezugshöhe nach Abschnitt 3.2.1
c_f aerodynamischer Beiwert, Summe aus den Druckbeiwerten c_{pe} nach Abschnitt 3.2.2 und c_{pi} nach Abschnitt 3.2.3. Siehe auch Sammlung der Kraftbeiwerte in DIN 1055-4, Abschn. 12.
A_{ref} Bezugsfläche, auf welche der Kraftbeiwert bezogen ist

Für den Angriffspunkt der resultierenden Windkraft ist eine Ausmitte e zu berücksichtigen:

$e = b/10$ bzw. $e = d/10$ mit: b Breite des Baukörpers
d Tiefe des Baukörpers

4 Schnee- und Eislasten nach DIN 1055-5 (07.2005)

In DIN 1055-5 (07.2005) sind die Rechenwerte der Schnee- und Eislast angegeben, die bei der Bemessung baulicher Anlagen auf der Grundlage des Sicherheitskonzeptes mit Teilsicherheitsbeiwerten nach DIN 1055-100 (03.2001) anzusetzen sind.

4.1 Charakteristische Werte der Schneelasten

4.1.1 Schneelast auf dem Boden

Der charakteristische Wert der Schneelast auf dem Boden s_k ist abhängig von der geographischen Lage (Schneelastzone und Geländehöhe über dem Meeresspiegel) und kann nach Tafel C.4.1 berechnet werden. Für Orte mit einer Höhenlage > 1500 m über NN und bestimmte Regionen der Schneelastzone 3 (z. B. Oberharz, Hochlagen des Fichtelgebirges, Reit im Winkel, Obernach/Walchensee) können sich höhere Schneelasten ergeben, die von den örtlichen zuständigen Stellen festzulegen sind.

Tafel C.4.1: Charakteristischer Wert der Schneelast auf dem Boden s_k nach DIN 1055-5 (07.2005)

Schneezonenkarte	Zone	Charakteristischer Wert in kN/m²
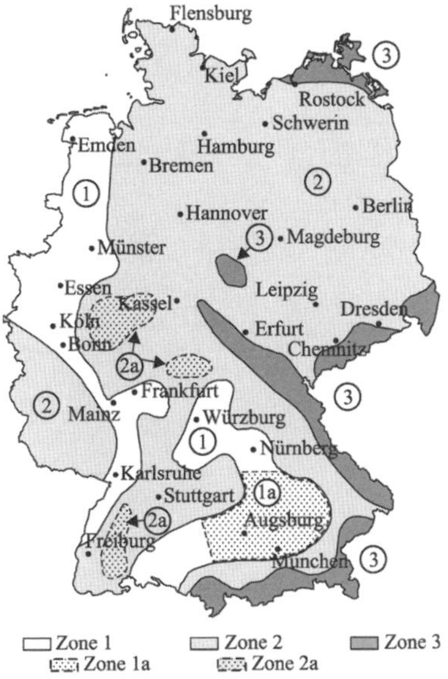	1[1)]	$s_k = \max \begin{cases} 0{,}65 \\ 0{,}19 + 0{,}91 \cdot \left(\frac{A + 140}{760}\right)^2 \end{cases}$
	2[1)]	$s_k = \max \begin{cases} 0{,}85 \\ 0{,}25 + 1{,}91 \cdot \left(\frac{A + 140}{760}\right)^2 \end{cases}$
	3	$s_k = \max \begin{cases} 1{,}10 \\ 0{,}31 + 2{,}91 \cdot \left(\frac{A + 140}{760}\right)^2 \end{cases}$
	s_k charakteristischer Wert der Schneelast auf dem Boden A Geländehöhe über dem Meeresspiegel in m	
	[1)] Für die Zonen 1a und 2a muss der charakteristische Wert der Zone 1 bzw. 2 mit dem Faktor 1,25 multipliziert werden.	

4.1.2 Schneelast auf dem Dach

Der charakteristische Wert der Schneelast auf dem Dach s_i ist abhängig von der Dachform und dem charakteristischen Wert der Schneelast auf dem Boden.

$s_i = \mu_i \cdot s_k$

s_i charakteristischer Wert der Schneelast auf dem Dach, auf die Grundrissprojektion der Dachfläche zu beziehen

μ_i Formbeiwert der Schneelast entsprechend der vorliegenden Dachform

s_k charakteristischer Wert der Schneelast auf dem Boden

Tafel C.4.2: Formbeiwerte μ_i der Schneelast für flache und geneigte Dächer

Dachneigung a	μ_1	μ_2
$0° \leq a \leq 30°$	0,8	$0{,}8 + 0{,}8 \cdot a/30°$
$30° < a \leq 60°$	$0{,}8 \cdot (60° - a)/30°$	1,6
$a > 60°$	0	1,6
Für Dächer mit Brüstungen, Schneefanggittern oder anderen Hindernissen an der Traufe ist der Formbeiwert mindestens mit $\mu_1 = 0{,}8$ anzusetzen.		

Sattel-, Flach- und Pultdächer

Bei Satteldächern sind 3 verschiedene Lastbilder zu untersuchen, von denen das ungünstigste maßgebend wird. Lastbild a stellt sich ohne Windeinwirkung ein, die Lastbilder b und c erfassen Verwehungs- und Abtaueinflüsse. Letztere werden allerdings nur bei Tragwerken maßgebend, die empfindlich gegenüber ungleichmäßig verteilten Lasten sind. Bei Flach- und Pultdächern ist im Allgemeinen der Ansatz einer auf der gesamten Dachfläche gleichmäßig verteilten Schneelast ausreichend.

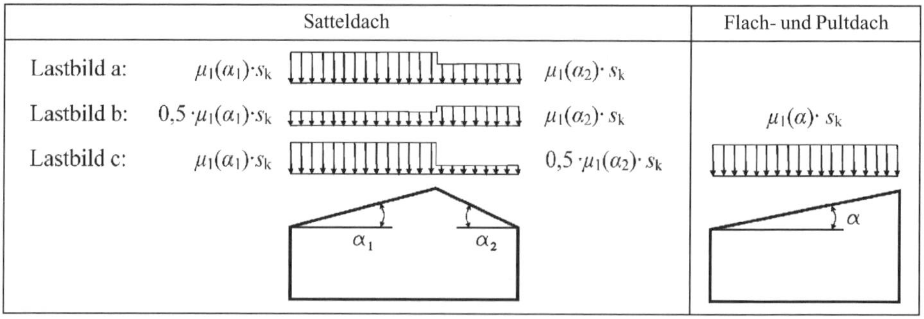

Aneinandergereihte Sattel- und Sheddächer

Bei der Berechnung von aneinandergereihten Sattel- und Sheddächern ist neben dem Schneelastfall ohne Windeinfluss (Lastbild a) auch der Verwehungslastfall (Lastbild b) zu betrachten.

Lastbild	Fensterband geneigt
a b[1]	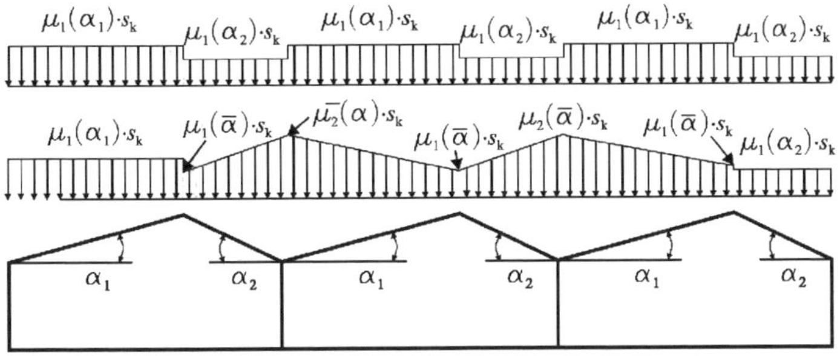
Lastbild	**Fensterband lotrecht**
a b[2]	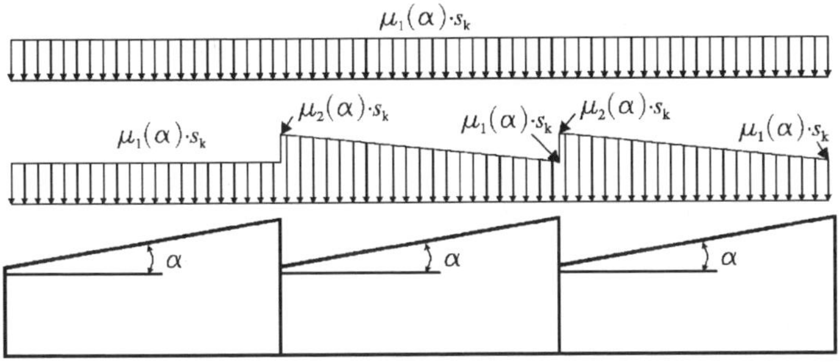

[1] $\bar{a} = 0{,}5 \cdot (a_1 + a_2)$ [2] μ_2 darf begrenzt werden auf $\mu_2 = [(\gamma \cdot h)/s_k] + \mu_1$ γ Wichte des Schnees, $\gamma = 2$ kN/m² h Höhenlage des Firstes über der Traufe in m	Anmerkung: Die Schneelast im Bereich von Dachaufbauten, und Schneefanggittern kann nach Abschnitt 4.2.3 ermittelt werden.

4.2 Schneeanhäufungen

4.2.1 Höhensprünge an Dächern

Ab einem Höhensprung von 50 cm muss die Anhäufung von Schnee im tiefer liegenden Dachbereich nach Abb. C.4.1 berücksichtigt werden. Das tiefer liegende Dach wird als Flachdach angenommen und erhält eine dreieckförmige Zusatzlast aus Schneeverwehung und abrutschendem Schnee des anschließenden, höher liegenden Daches. Diese Schneeanhäufung verteilt sich auf eine Länge l_s, welche vom Höhensprung zwischen den Dächern abhängig ist.

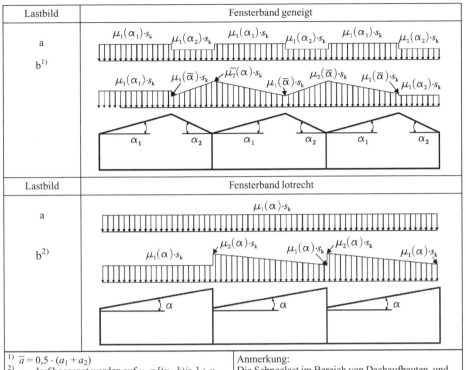

$\mu_1 = 0{,}8$

$l_s = 2 \cdot h \begin{cases} > 5\text{ m} \\ \leq 15\text{ m} \end{cases}$

$\mu_4 = \mu_w + \mu_s \begin{cases} \geq 0{,}8 \\ \leq 4{,}0 \end{cases}$

$$\mu_w = \min \begin{cases} \dfrac{b_1 + b_2}{2 \cdot h} \\ \dfrac{\gamma \cdot h}{s_k} - \mu_s \end{cases}$$

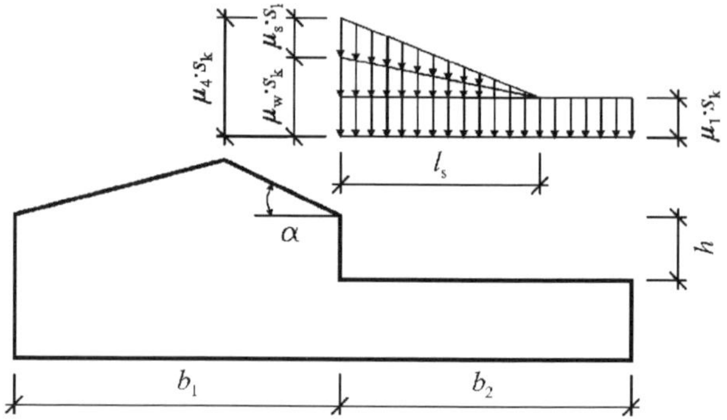

Abb. C.4.1: Lastbild der Schneelast an Höhensprüngen mit $h \geq 50$ cm

Dabei sind:

l_s Länge des Verwehungskeils, für $l_s > b_2$ sind die Lastordinaten am vom Höhensprung entfernten Dachrand abzuschneiden

μ_w Formbeiwert der Schneeverwehung

μ_s Formbeiwert des abrutschenden Schnees
- sofern beim höher liegenden Dach $\alpha \leq 15°$; $\mu_s = 0$
- sofern beim höher liegenden Dach $a > 15°$: Die Last aus Abrutschen des Schnees $\mu_s \cdot s_k$ ist aus der Hälfte der größten resultierenden Schneelast zu ermitteln, die auf der angrenzenden Seite des oberen Daches maßgebend ist. Diese Last ist auf der Länge l_s dreieckförmig zu verteilen.

γ Wichte des Schnees, $\gamma = 2$ kN/m^3

h Höhe des Dachsprunges in m

s_k charakteristischer Wert der Schneelast auf dem Boden

4.2.2 Schneeverwehungen an Aufbauten und Wänden

Schneeanhäufungen an Dachaufbauten sind bei einer Ansichtsfläche von ≥ 1 m^2 oder einer Höhe von ≥ 50 cm zu berücksichtigen. Die Schneelast verteilt sich dreieckförmig über die Länge l_s, wobei die Formbeiwerte wie folgt anzunehmen sind:

$\mu_1 = 0{,}8$

$\mu_4 = \mu_w + \mu_s \begin{cases} \geq 0{,}8 \\ \leq 4{,}0 \end{cases}$

$l_s = 2 \cdot h \begin{cases} > 5\text{ m} \\ \leq 15\text{ m} \end{cases}$

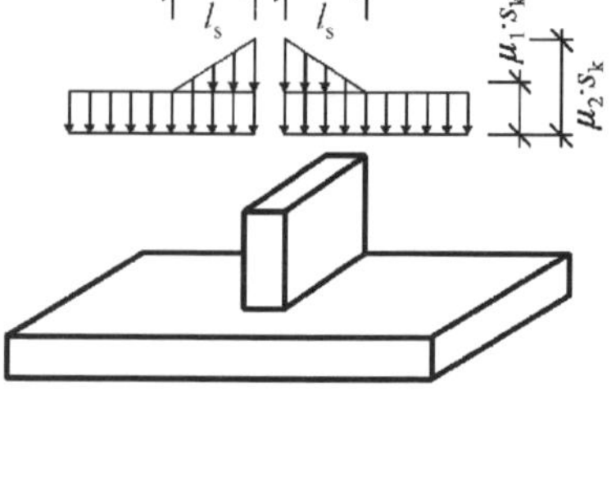

γ Wichte des Schnees, $\gamma = 2$ kN/m^3

h Höhe des Aufbaus in m

s_k charakteristischer Wert der Schneelast auf dem Boden

4.2.3 Schneelasten auf Aufbauten von Dachflächen

An Dachaufbauten, die abgleitende Schneemassen anstauen, entsteht eine linienförmige Schneelast F, Bei der Ermittlung dieser Linienlast ist die Reibung zwischen Dachfläche und Schnee zu vernachlässigen.

$F_s = \mu_1 \cdot b \cdot \sin a$

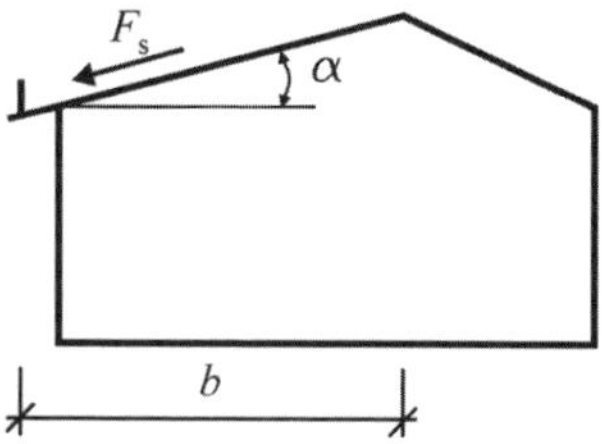

μ_1 größter Formbeiwert nach Tafel C.4.2 für die betrachtete Dachfläche

b Grundrissabstand zwischen Dachaufbau und einem höher liegendem Hindernis bzw. dem First in m

4.2.4 Schneeüberhang an der Traufe

An auskragenden Dachbereichen ist eine zusätzliche Linienlast S_e durch überhängenden Schnee anzusetzen. Diese Linienlast wirkt an der Traufline und ist wie folgt zu ermitteln:

$S_e = s_i^2/\gamma$

S_e Schneelast des Überhanges in kN je m Trauflänge

s_i Schneelast für das Dach nach Abschnitt 4.1.2

γ Wichte des Schnees, für diesen Nachweis gilt $\gamma = 3\ \text{kN/m}^3$

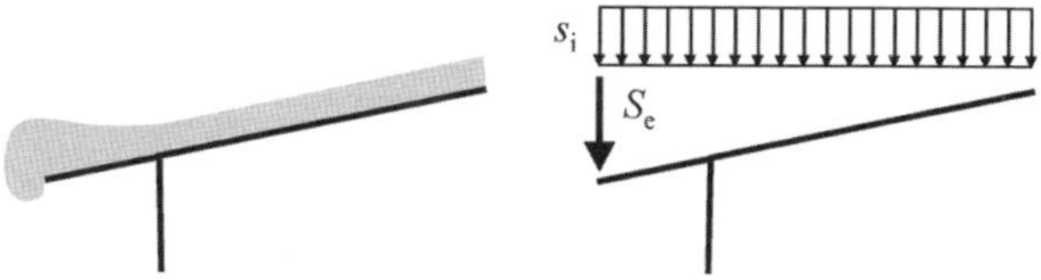

Beispiel: Ermittlung der Schneelast für ein Einfamilienhaus mit angebauter Garage

Ermittlung des charakteristischen Wertes der Schneelast s_k auf dem Boden und des Formbeiwertes $\gamma_i(\alpha)$ (Schneezone 2, $A = 50$ m ü.d.M.)

$$s_k = \max \begin{cases} 0{,}85\ \text{kN/m}^2 \\ 0{,}25 + 1{,}91 \cdot \left(\dfrac{50+140}{760}\right)^2 \end{cases}$$

$$s_k = \max \begin{cases} 0{,}85\ \text{kN/m}^2 \\ 0{,}37\ \text{kN/m}^2 \end{cases}$$

Hausdach:

$$\mu_1(\alpha = 37°) = 0{,}8 \cdot \frac{60° - 37°}{30°} = 0{,}61$$

$s_a = 0{,}61 \cdot 0{,}85 = 0{,}52\ \text{kN/m}^2$

$s_{b,1} = s_{c,2} = 0{,}5 \cdot 0{,}61 \cdot 0{,}85$
$= 0{,}26\ \text{kN/m}^2$

$s_{b,2} = s_{c,1} = 0{,}61 \cdot 0{,}85 = 0{,}52\ \text{kN/m}^2$

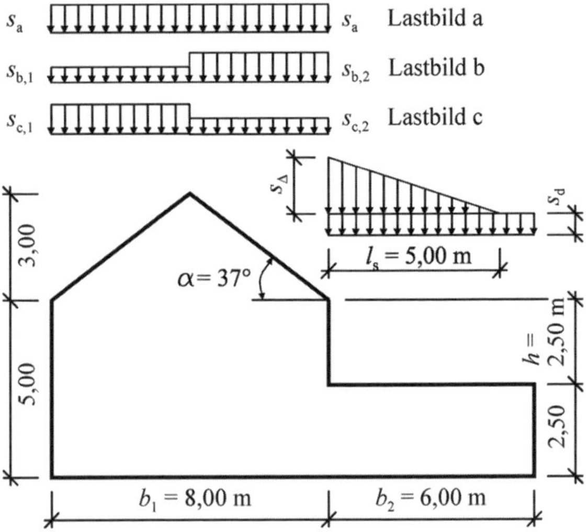

Garagendach:

$l_s = 2 \cdot 2{,}50 = \underline{5{,}00\ \text{m}} = \begin{cases} \geq 5{,}00\ \text{m} \\ \leq 15{,}00\ \text{m} \end{cases}$

$0{,}5 \cdot \mu_1 \cdot s_k \cdot b_1/2 = \mu_s \cdot s_k \cdot l_s/2$

$\rightarrow \mu_s = 0{,}5 \cdot \mu_1 \cdot b_1/l_s$
$= 0{,}5 \cdot 0{,}61 \cdot 8{,}00/5{,}00 = 0{,}49$

$$\mu_w = \min \begin{cases} \dfrac{b_1 + b_2}{2 \cdot h} = \dfrac{8{,}00 + 6{,}00}{2 \cdot 2{,}50} = \underline{2{,}80} \\[2ex] \dfrac{\gamma \cdot h}{s_k} - \mu_S = \dfrac{2{,}00 \cdot 2{,}50}{0{,}85} - 0{,}49 = 5{,}39 \end{cases}$$

$\mu_4 = \mu_S + \mu_W = 0{,}49 + 2{,}80 = \underline{3{,}29} \begin{cases} \geq 0{,}8 \\ \leq 4{,}0 \end{cases}$

$s_d = \mu_1 \cdot s_k\ (\text{mit}\ \mu_1 = 0{,}8)$

$s_d = 0{,}8 \cdot 0{,}85 = 0{,}68\ \text{kN/m}^2$

$s_\Delta = \mu_4 \cdot s_k - s_d$
$= 3{,}29 \cdot 0{,}85 - 0{,}68$
$= 2{,}12\ \text{kN/m}^2$

Sofern ein Dachüberstand an der Traufe vorhanden ist, muss eine zusätzliche Linienlast aus Schneeüberhang berücksichtigt werden:

$S_e = s_i^2/\gamma = 0{,}52^2/2{,}00 = 0{,}14\ \text{kN/m}$

4.2.5 Eislasten

Lasten zur Erfassung der Raueis-, Klareis- und Glatteisbildung sind in DIN 1055-5 (07.2005). Abschnitt 6 und Anhang A, angegeben.

Literatur

[NABau] Auslegungen zu DIN 1055-3, Stand Dez. 2007. Veröffentlicht unter www.nabau.din.de → Aktuelles → Auslegungen zu DIN-Normen

D Baustatik

D.1 Statische Formeln

1 Auflagergrößen und Schnittgrößen

1.1 Einfeldträger ($\alpha = a/l$, $\beta = b/l$)

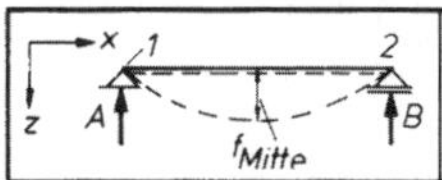		Auflagerkräfte A	Auflagerkräfte B	max M [an der Stelle x]	$EI\,f_{\text{Mitte}}$ [1]
1	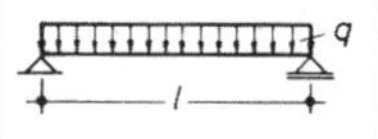	$\frac{ql}{2}$	$\frac{ql}{2}$	$\frac{ql^2}{8}$ [$x = l/2$]	$\frac{5}{384}\,ql^4$
2	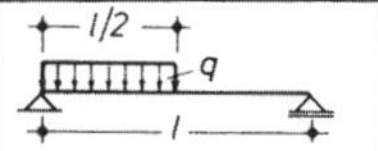	$\frac{3}{8}\,ql$	$\frac{1}{8}\,ql$	$\frac{9}{128}\,ql^2$ [$x = 3/8\,l$]	$\frac{5}{768}\,ql^4$
3	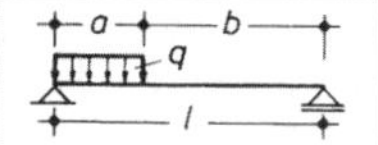	$\frac{qa}{l}\left(l - \frac{a}{2}\right)$	$\frac{qa^2}{2l}$	$\frac{A^2}{2q}$ [$x = A/q$]	$\frac{1}{48}\,qa^2l^2(1{,}5 - \alpha^2)$
4	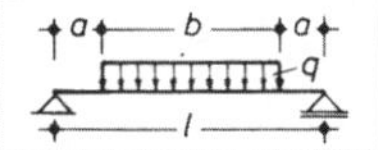	$\frac{1}{2}\,qb$	$\frac{1}{2}\,qb$	$\frac{qb}{8}\,(2l - b)$ [$x = l/2$]	$\frac{1}{384}\,ql^4(5 - 24\alpha^2 + 16\alpha^4)$
5	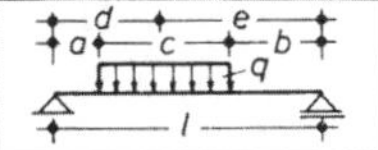	$\frac{qc\,(2b+c)}{2l}$	$\frac{qc\,(2a+c)}{2l}$	$\frac{A^2}{2q} + A \cdot a$ [$x = a + A/q$]	$\frac{1}{384}\,ql^4(5 - 12\alpha^2 + 8\alpha^4 - 12\beta^2 + 8\beta^4)$
6	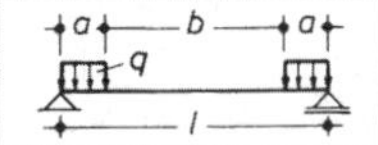	qa	qa	$\frac{1}{2}\,qa^2$ [$a \leqslant x \leqslant a + b$]	$\frac{q}{24}\,a^2l^2(1{,}5 - \alpha^2)$
7	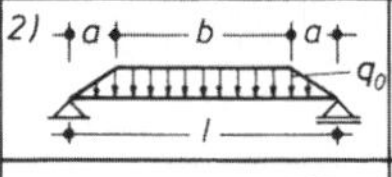 2)	$\frac{q_0}{2}\,(l - a)$	$\frac{q_0}{2}\,(l - a)$	$\frac{q_0}{24}\,(3l^2 - 4a^2)$ [$x = l/2$]	$\frac{1}{1920}\,q_0l^4(25 - 40\alpha^2 + 16\alpha^4)$
8	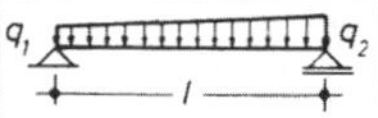	$(2q_1 + q_2)\,\frac{l}{6}$	$(q_1 + 2q_2)\,\frac{l}{6}$	$\approx 0{,}064\,(q_1 + q_2)l^2$ [$x \approx 0{,}55l$]	$\frac{5}{768}\,(q_1 + q_2)l^4$
9	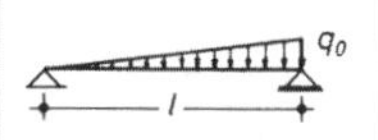	$\frac{1}{6}\,q_0l$	$\frac{1}{3}\,q_0l$	$\frac{1}{9\sqrt{3}}\,q_0l^2$ [$x = \frac{1}{\sqrt{3}}\,l$]	$\frac{5}{768}\,q_0l^4$
10	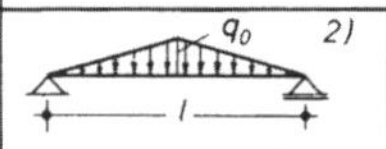 2)	$\frac{1}{4}\,q_0l$	$\frac{1}{4}\,q_0l$	$\frac{1}{12}\,q_0l^2$ [$x = l/2$]	$\frac{1}{120}\,q_0l^4$
11	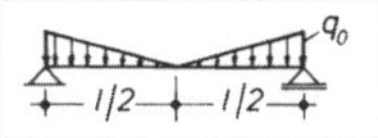	$\frac{1}{4}\,q_0l$	$\frac{1}{4}\,q_0l$	$\frac{1}{24}\,q_0l^2$ [$x = l/2$]	$\frac{3}{640}\,q_0l^4$
12	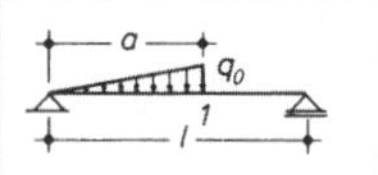	$\frac{q_0a}{6}\,(3 - 2\alpha)$	$\frac{q_0a^2}{3l}$	$\frac{q_0a^2}{3}\sqrt{\left(1 - \frac{2}{3}\,\alpha\right)^3}$ [$x = a\sqrt{1 - \frac{2}{3}\,\alpha}$]	$EIf_1 = \frac{q_0a^3}{45}\,(1 - \alpha)(5l - 4a)$
13	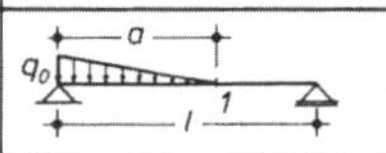	$\frac{q_0a}{6}\,(3 - \alpha)$	$\frac{q_0a^2}{6l}$	$\frac{q_0a^2}{6l}\left(l - a + \frac{2}{3}\,a\sqrt{\frac{\alpha}{3}}\right)$	$EIf_1 = \frac{q_0a^3}{360}\,(1 - \alpha)(20l - 13a)$

Einfeldträger (Fortsetzung)

Nr.	System	Auflagerkräfte A	Auflagerkräfte B	max M [an der Stelle x]	$EI\,f_{\text{Mitte}}$ [1]
	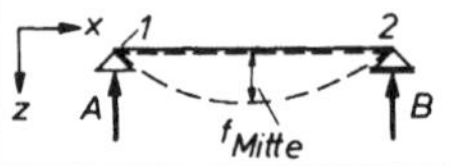				
14	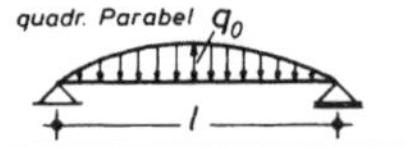	$\frac{q_0 l}{3}$	$\frac{q_0 l}{3}$	$\frac{5}{48}\,q_0 l^2$ [$x = l/2$]	$\frac{61\,q_0 l^4}{5760}$
15	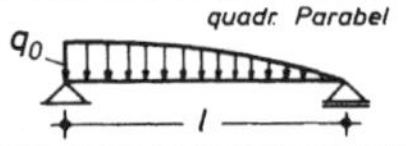	$\frac{q_0 l}{2{,}4}$	$\frac{q_0 l}{4}$	$\frac{1}{11{,}15}\,q_0 l^2$ [$x = 0{,}446l$]	$\frac{11\,q_0 l^4}{1200}$
16	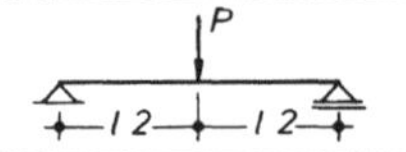	$\frac{P}{2}$	$\frac{P}{2}$	$\frac{Pl}{4}$ [$x = l/2$]	$\frac{1}{48}\,Pl^3$
17	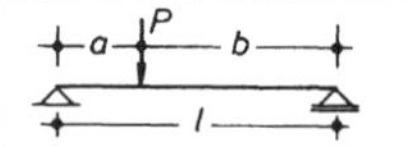	$\frac{Pb}{l}$	$\frac{Pa}{l}$	$\frac{Pab}{l}$ [$x = a$]	$\frac{1}{48}\,Pl^3(3\alpha - 4\alpha^3)$ für $a \leqslant b$
18	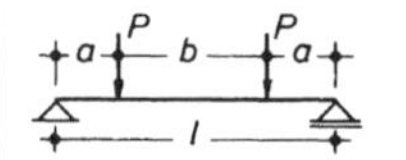	P	P	Pa [$a \leqslant x \leqslant a+b$]	$\frac{1}{24}\,Pl^3(3\alpha - 4\alpha^3)$
19	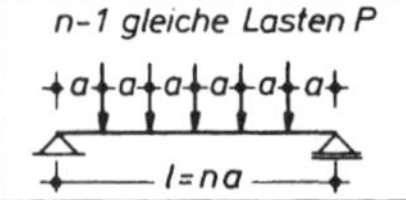	$\frac{P(n-1)}{2}$	$\frac{P(n-1)}{2}$	Pl/r	max Ml^2/s
20	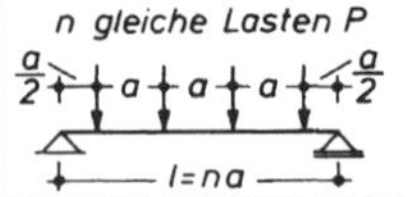	$\frac{Pn}{2}$	$\frac{Pn}{2}$	Pl/r	max Ml^2/s
21	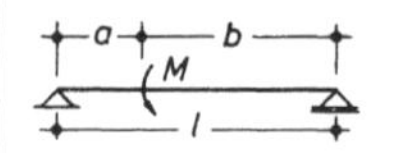	$\frac{M}{l}$	$-\frac{M}{l}$	$a \geqslant l/2$: $\frac{Ma}{l}$ $a \leqslant l/2$: $-\frac{Mb}{l}$	
22	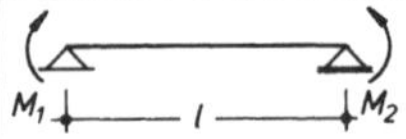	$\frac{M_2 - M_1}{l}$	$\frac{M_1 - M_2}{l}$		$\frac{1}{16}\,l^2(M_1 + M_2)$
23	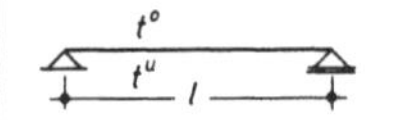	0	0	0	$\frac{l^2}{8} \cdot \frac{t^u - t^o}{h}\,\alpha_t\,EI$
24	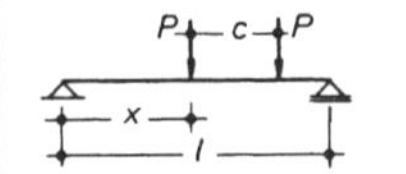	max $M = \frac{Pl}{8}\left(2 - \frac{c}{l}\right)^2$ für $x = \frac{l}{2} - \frac{c}{4}$ wenn $\frac{c}{l} > 0{,}586$, ist max $M = \frac{Pl}{4}$			h Querschnittshöhe α_t Temperaturdehnzahl
25	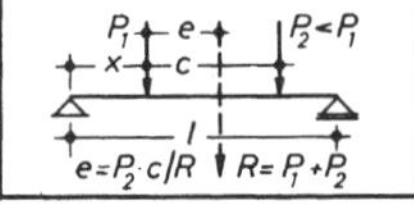	max $M = R\,\frac{(l-e)^2}{4l}$ für $x = \frac{l-e}{2}$ wenn $c \geqslant \frac{l}{2}$, kann P_1 $\frac{l}{4}$ maßgebend sein			

Nr.		n	2	3	4	5	6	7
19	Pl/r / max Ml^2/s	r	4	3	2	1,66	1,33	1,16
19		s	12	9,39	10,11	9,25	9,81	9,56
20	Pl/r / max Ml^2/s	r	4	2,4	2	1,54	1,33	1,12
20		s	8,73	10,19	9,37	9,82	9,49	9,72

[1] Bei symmetrischen Belastungen ist $f_{\text{Mitte}} = f_{\max}$, bei unsymmetrischen Belastungen ist $f_{\text{Mitte}} \approx f_{\max}$.

1.2 Einfeldträger mit Kragarm

(die Formeln für f gelten nur bei $EI = \text{const}$)

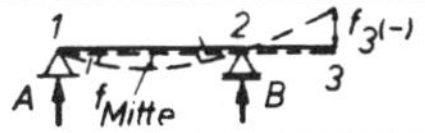		Auflagerkräfte A	B	max M_{Feld}	M_2	$EI\,f_{\text{Mitte}}$	$EI\,f_3$
1	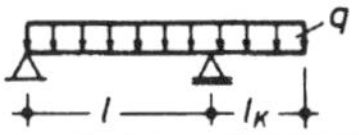	$\frac{q}{2}\left(l-\frac{l_K^2}{l}\right)$	$\frac{q}{2}\left(l+\frac{l_K^2}{l}+2l_K\right)$	$\frac{A^2}{2q}$	$-\frac{ql_K^2}{2}$	$\frac{ql^2}{32}\left(\frac{5}{12}l^2-l_K^2\right)$	$\frac{ql_K}{24}(3l_K^3+4ll_K^2-l^3)$
2	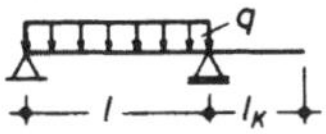	$\frac{ql}{2}$	$\frac{ql}{2}$	$\frac{ql^2}{8}$	0	$\frac{5}{384}\,ql^4$	$-\frac{1}{24}\,ql^3l_K$
3	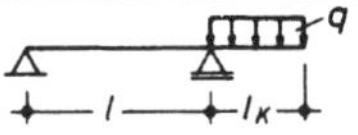	$-\frac{ql_K^2}{2l}$	$ql_K\left(1+\frac{l_K}{2l}\right)$		$-\frac{ql_K^2}{2}$	$-\frac{1}{32}\,ql^2\,l_K^2$	$\frac{ql_K^3}{24}(4l+3l_K)$
4	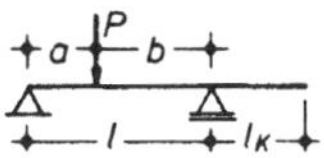	$\frac{Pb}{l}$	$\frac{Pa}{l}$	$\frac{Pab}{l}$	0	$\frac{Pl^3}{48}(3\alpha-4\alpha^3)$	$-\frac{Pabl_K}{6l}(l+a)$
5	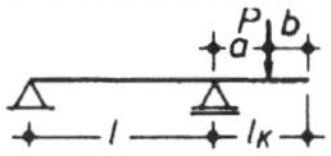	$-\frac{Pa}{l}$	$\frac{P(a+l)}{l}$		$-Pa$	$-\frac{1}{16}(Pl^2\,a)$	$\frac{1}{6}Pa(2ll_K+3l_Ka-a^2)$

1.3 Eingespannte Kragträger

(die Formeln für f und τ gelten nur bei $EI = \text{const}$)

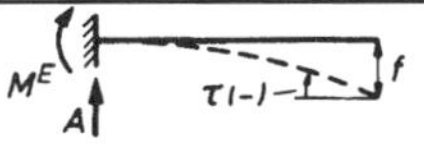		A	M^E	$EI\,f$	$EI\,\tau$
1	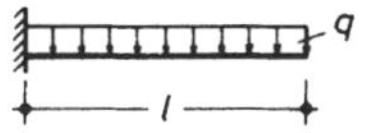	ql	$-\frac{ql^2}{2}$	$\frac{ql^4}{8}$	$-\frac{ql^3}{6}$
2		$\frac{q_0l}{2}$	$-\frac{q_0l^2}{6}$	$\frac{q_0l^4}{30}$	$-\frac{q_0l^3}{24}$
3		$\frac{q_0l}{2}$	$-\frac{q_0l^2}{3}$	$\frac{11q_0l^4}{120}$	$-\frac{q_0l^3}{8}$
4	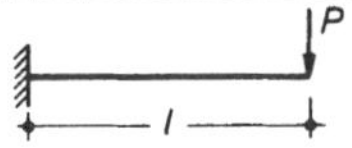	P	$-Pl$	$\frac{Pl^3}{3}$	$-\frac{Pl^2}{2}$
5	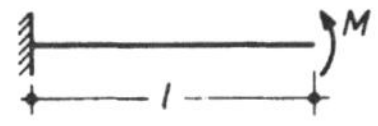	0	M	$-\frac{Ml^2}{2}$	Ml

D

1.4 Eingespannte Einfeldträger (EI = const)

1	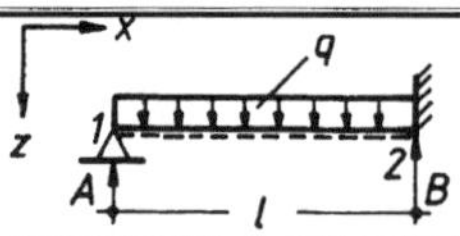	$A = \frac{3}{8}\,ql$ $B = \frac{5}{8}\,ql$	$M_2 = -\,ql^2/8$ max $M_{Feld} = 9\,ql^2/128$ bei $x = 0{,}375\,l$	max $f = \frac{2}{369} \cdot \frac{ql^4}{EI}$ bei $x = 0{,}4215\,l$
2	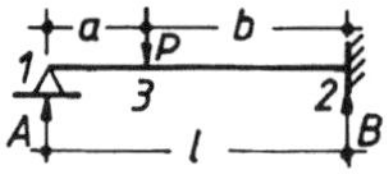	$A = \frac{Pb^2}{2l^3}\,(a+2l)$ $B = P - A$	$M_2 = -\frac{Pab}{2\,l}\left(1 + \frac{a}{l}\right)$ $M_3 = \frac{Pab^2}{2\,l^3}\,(3a+2b)$	$f_3 = \frac{Pa^2b^3}{12\,EI\,l^2}\left(3 + \frac{a}{l}\right)$
3	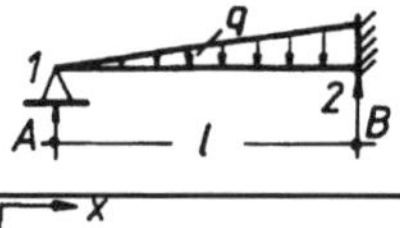	$A = \frac{1}{10}\,ql$ $B = \frac{2}{5}\,ql$	$M_2 = -\,ql^2/15$ max $M_{Feld} = ql^2/33{,}54$ bei $x = 0{,}447\,l$	max $f = \frac{ql^4}{419{,}3\,EI}$ bei $x = 0{,}447\,l$
4	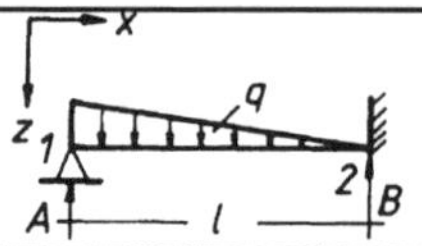	$A = \frac{11}{40}\,ql$ $B = \frac{9}{40}\,ql$	max $M_{Feld} = \frac{ql^2}{23{,}6}$ bei $x = 0{,}329\,l$	max $f = \frac{ql^4}{328{,}1\,EI}$ bei $x = 0{,}402\,l$
5	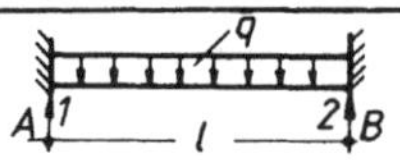	$A = B = \frac{ql}{2}$	max $M_{Feld} = \frac{ql^2}{24}$	max $f = \frac{1}{384} \cdot \frac{ql^4}{EI}$
6	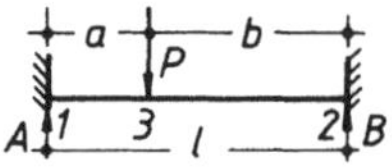	$A = \frac{Pb^2}{l^3}\,(l+2a)$ $B = P - A$	$M_3 = 2P\,\frac{a^2b^2}{l^3}$	$f_3 = \frac{Pa^3b^3}{3\,EI\,l^3}$
7	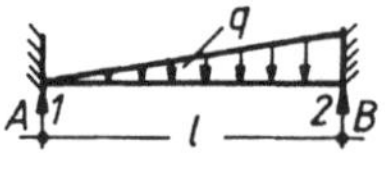	$A = \frac{3}{20}\,ql$ $B = \frac{7}{20}\,ql$	max $M_{Feld} = \frac{ql^2}{46{,}6}$ bei $x = 0{,}548\,l$	max $f = \frac{ql^4}{764\,EI}$ bei $x = 0{,}525\,l$
8	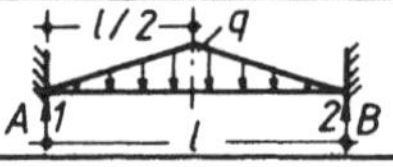	$A = B = \frac{ql}{4}$	max $M_{Feld} = \frac{ql^2}{32}$	max $f = \frac{7\,ql^4}{3840\,EI}$
9	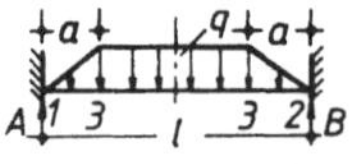	$A = B = \frac{q}{2}\,(l-a)$	max $M_{Feld} =$ $\frac{ql^2}{24} \cdot (1-2\,\alpha^3)$	max $f = \frac{ql^4}{1920\,EI}$ $(5 - 20\,\alpha^3 + 17\,\alpha^4)$

1.5 Gelenkträger (Gerberträger)[1] mit Streckenlast q

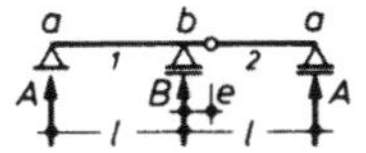	$e = 0{,}1716\,l$	$A = 0{,}414\,ql$ $B = 1{,}172\,ql$	$M_1 = 0{,}0858\,ql^2$ $M_2 = 0{,}0858\,ql^2$ $M_b = -0{,}0858\,ql^2$	$f_1 = \dfrac{ql^4}{130\,EI}$
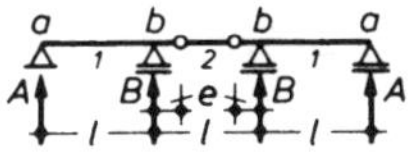	$e = 0{,}22\,l$	$A = 0{,}414\,ql$ $B = 1{,}086\,ql$	$M_1 = 0{,}0858\,ql^2$ $M_2 = 0{,}0392\,ql^2$ $M_b = -0{,}0858\,ql^2$	$f_1 = \dfrac{ql^4}{130\,EI}$
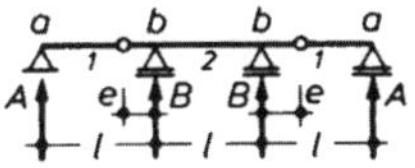	$e = 0{,}125\,l$	$A = 0{,}438\,ql$ $B = 1{,}063\,ql$	$M_1 = 0{,}0957\,ql^2$ $M_2 = 0{,}0625\,ql^2$ $M_b = -0{,}0625\,ql^2$	$f_1 = \dfrac{ql^4}{130\,EI}$
	$e = 0{,}1716\,l$	$A = 0{,}414\,ql$ $B = 1{,}086\,ql$	$M_1 = 0{,}0858\,ql^2$ $M_2 = 0{,}0392\,ql^2$ $M_b = -0{,}0858\,ql^2$	$f_1 = \dfrac{ql^4}{130\,EI}$
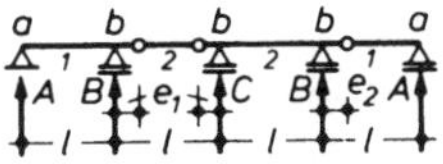	$e_1 = 0{,}1465\,l$ $e_2 = 0{,}1250\,l$	$A = 0{,}438\,ql$ $B = 1{,}063\,ql$ $C = 1{,}000\,ql$	$M_1 = 0{,}0957\,ql^2$ $M_2 = 0{,}0625\,ql^2$ $M_b = -0{,}0625\,ql^2$	$f_1 = \dfrac{ql^4}{110\,EI}$

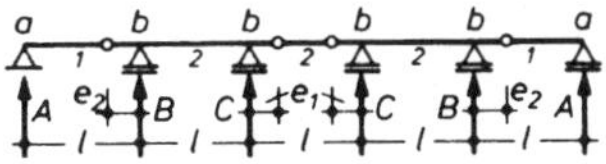

$e_1 = 0{,}1465\,l$

$e_2 = 0{,}1250\,l$

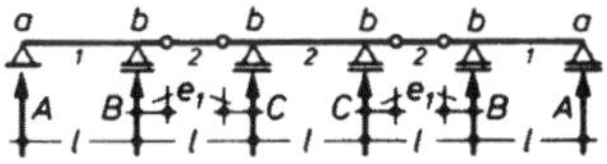

$A = 0{,}438\,ql$; $B = 1{,}063\,ql$; $C = ql$; $M_1 = 0{,}0957\,ql^2$;

$M_2 = -M_b = 0{,}0625\,ql^2$; $EI f_1 = 0{,}0091\,ql^4$

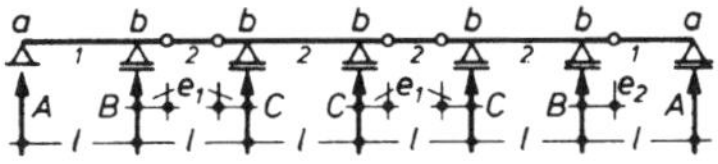

mehr als 5, gerade Felderzahl

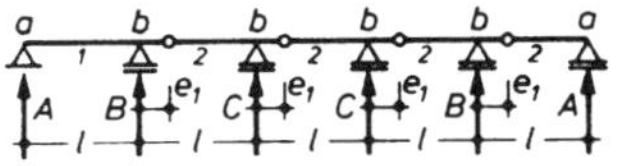

beliebige Felderzahl

[1] Die Formeln für die Durchbiegung f_1 gelten nur für $EI = \text{const.}$

D

1.6 Zweifeldträger mit Gleichstreckenlast (EI = const)

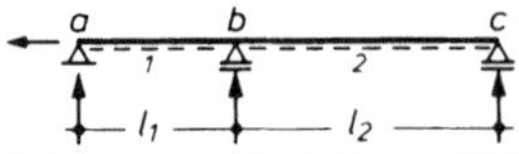

l_1 ist immer die *kleinere* Stützweite.

Momente $= \text{Tafelwert} \cdot q \cdot l_1^2$
Kräfte $= \text{Tafelwert} \cdot q \cdot l_1$

Für $I_1 \neq I_2$ gilt:

$$M_\text{b} = \frac{q_1\, l_1^3 + q_2\, l_2^3 j}{8\,(l_1 + l_2 j)} \quad ; \quad j = \frac{I_1}{I_2}$$

	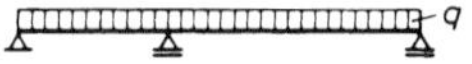											
$l_1 : l_2$	M_b	M_1	M_2	A	Q_bl	Q_br	C	M_b	M_1	A	Q_bl	Q_br
1:1,0	–0,125	0,070	0,070	0,375	–0,625	0,625	0,375	–0,063	0,096	0,438	–0,563	0,063
1,1	–0,139	0,065	0,090	0,361	–0,639	0,676	0,424	–0,060	0,097	0,441	–0,560	0,054
1,2	–0,155	0,060	0,111	0,345	–0,655	0,729	0,471	–0,057	0,098	0,443	–0,557	0,047
1,3	–0,174	0,053	0,133	0,326	–0,674	0,784	0,516	–0,054	0,099	0,446	–0,554	0,042
1,4	–0,195	0,047	0,157	0,305	–0,695	0,839	0,561	–0,052	0,100	0,448	–0,552	0,037
1:1,5	–0,219	0,040	0,183	0,281	–0,719	0,896	0,604	–0,050	0,101	0,450	–0,550	0,033
1,6	–0,245	0,033	0,209	0,255	–0,745	0,953	0,646	–0,048	0,102	0,452	–0,548	0,030
1,7	–0,274	0,026	0,237	0,226	–0,774	1,011	0,689	–0,046	0,103	0,454	–0,546	0,027
1,8	–0,305	0,019	0,267	0,195	–0,805	1,069	0,731	–0,045	0,104	0,455	–0,545	0,025
1,9	–0,339	0,013	0,298	0,161	–0,839	1,128	0,772	–0,043	0,104	0,457	–0,543	0,023
1:2,0	–0,375	0,008	0,330	0,125	–0,875	1,188	0,813	–0,042	0,105	0,458	–0,542	0,021
2,1	–0,414	0,004	0,364	0,086	–0,914	1,247	0,853	–0,040	0,106	0,460	–0,540	0,019
2,2	–0,455	0,001	0,399	0,045	–0,955	1,307	0,893	–0,039	0,106	0,461	–0,539	0,018
2,3	–0,499	0,000	0,435	0,001	–0,999	1,367	0,933	–0,038	0,107	0,462	–0,538	0,017
2,4	–0,545	negat.	0,473	–0,045	–1,045	1,427	0,973	–0,037	0,107	0,463	–0,537	0,015
1:2,5	–0,594	negat.	0,513	–0,094	–1,094	1,488	1,013	–0,036	0,108	0,464	–0,536	0,014
M_1 und M_2 sind die größten Feldmomente in dem jeweiligen Feld.												$B = \lvert Q_\text{bl} \rvert + \lvert Q_\text{br} \rvert$

$l_1 : l_2$	M_b	M_2	Q_bl	Q_br	C
1:1,0	–0,063	0,096	–0,063	0,563	0,438
1,1	–0,079	0,114	–0,079	0,622	0,478
1,2	–0,098	0,134	–0,098	0,682	0,518
1,3	–0,119	0,156	–0,119	0,742	0,558
1,4	–0,143	0,179	–0,143	0,802	0,598
1:1,5	–0,169	0,203	–0,169	0,863	0,638
1,6	–0,197	0,229	–0,197	0,923	0,677
1,7	–0,228	0,257	–0,228	0,984	0,716
1,8	–0,260	0,285	–0,260	1,045	0,755
1,9	–0,296	0,316	–0,296	1,106	0,794
1:2,0	–0,333	0,347	–0,333	1,167	0,833
2,1	–0,373	0,380	–0,373	1,228	0,872
2,2	–0,416	0,415	–0,416	1,289	0,911
2,3	–0,461	0,451	–0,461	1,350	0,950
2,4	–0,508	0,488	–0,508	1,412	0,988
1:2,5	–0,558	0,527	–0,558	1,473	1,027

Beispiel 1

$l_1 = 4{,}1$ m $l_2 = 5{,}3$ m $l_1 : l_2 \approx 1 : 1{,}3$

$g = 5{,}8$ kN/m $p = 3{,}5$ kN/m

① 

$\max M_1 = 0{,}053 \cdot 5{,}8 \cdot 4{,}1^2 + 0{,}099 \cdot 3{,}5 \cdot 4{,}1^2 = 11{,}0$ kNm

$\max A = (0{,}326 \cdot 5{,}8 + 0{,}446 \cdot 3{,}5) \cdot 4{,}1 = 14{,}2$ kN

$M_\text{b} = (-0{,}174 \cdot 5{,}8 - 0{,}054 \cdot 3{,}5) \cdot 4{,}1^2 = -20{,}1$ kNm

② 

$\max M_2 = 0{,}133 \cdot 5{,}8 \cdot 4{,}1^2 + 0{,}156 \cdot 3{,}5 \cdot 4{,}1^2 = 22{,}2$ kNm

$\max C = (0{,}516 \cdot 5{,}8 + 0{,}558 \cdot 3{,}5) \cdot 4{,}1 = 20{,}3$ kN

$M_\text{b} = (-0{,}174 \cdot 5{,}8 - 0{,}119 \cdot 3{,}5) \cdot 4{,}1^2 = -24{,}0$ kNm

③ 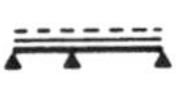

$\min M_\text{b} = -0{,}174 \cdot 9{,}3 \cdot 4{,}1^2 = -27{,}2$ kNm

$\min Q_\text{bl} = -0{,}647 \cdot 9{,}3 \cdot 4{,}1 = -25{,}7$ kN

$\max Q_\text{br} = 0{,}784 \cdot 9{,}3 \cdot 4{,}1 = 30{,}0$ kN

$\max B = 25{,}7 + 30{,}0 = 55{,}7$ kN

1.7 Durchlaufträger mit gleichen Stützweiten und Gleichstreckenlast ($EI = \text{const}$)

Größtwerte der Biegemomente, Auflager- und Querkräfte unter Berücksichtigung der ungünstigsten Laststellungen

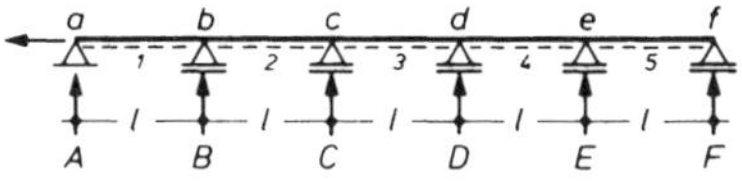

$g = \text{const}$

$p = \text{const}$

$q = g + p$

Momente = Tafelwert · ql^2

Kräfte = Tafelwert · ql

Felder	Kraftgrößen	$p:q$										
		0,0 nur g	0,1	0,2	0,3	0,4	0,5	0,6	0,7	0,8	0,9	1,0
2	M_1	0,070	0,073	0,075	0,078	0,080	0,083	0,085	0,088	0,090	0,093	0,096
	M_b	–0,125	–0,125	–0,125	–0,125	–0,125	–0,125	–0,125	–0,125	–0,125	–0,125	–0,125
	A	0,375	0,382	0,388	0,394	0,400	0,407	0,413	0,418	0,426	0,431	0,437
	B	1,250	1,250	1,250	1,250	1,250	1,250	1,250	1,250	1,250	1,250	1,250
	Q_{bl}	–0,625	–0,625	–0,625	–0,625	–0,625	–0,625	–0,625	–0,625	–0,625	–0,625	–0,625
3	M_1	0,080	0,082	0,084	0,086	0,088	0,090	0,092	0,095	0,097	0,099	0,101
	M_2	0,025	0,030	0,035	0,040	0,045	0,050	0,055	0,060	0,065	0,070	0,075
	M_b	–0,100	–0,102	–0,103	–0,105	–0,107	–0,108	–0,110	–0,112	–0,113	–0,115	–0,117
	A	0,400	0,405	0,410	0,415	0,420	0,426	0,429	0,435	0,441	0,444	0,450
	B	1,099	1,110	1,117	1,132	1,141	1,151	1,159	1,172	1,181	1,188	1,202
	Q_{bl}	–0,599	–0,602	–0,602	–0,606	–0,606	–0,610	–0,610	–0,613	–0,613	–0,613	–0,617
	Q_{br}	0,500	0,508	0,515	0,526	0,535	0,541	0,549	0,559	0,568	0,575	0,585
4	M_1	0,077	0,079	0,081	0,084	0,086	0,088	0,090	0,093	0,095	0,097	0,100
	M_2	0,036	0,041	0,045	0,050	0,054	0,058	0,063	0,067	0,072	0,076	0,081
	M_b	–0,107	–0,108	–0,110	–0,111	–0,113	–0,114	–0,115	–0,117	–0,118	–0,119	–0,121
	M_c	–0,071	–0,075	–0,079	–0,082	–0,086	–0,089	–0,093	–0,096	–0,100	–0,104	–0,107
	A	0,392	0,398	0,403	0,408	0,415	0,420	0,426	0,431	0,435	0,441	0,446
	B	1,141	1,153	1,159	1,166	1,175	1,181	1,188	1,198	1,205	1,216	1,223
	C	0,930	0,948	0,970	0,996	1,016	1,036	1,058	1,082	1,098	1,124	1,142
	Q_{bl}	–0,606	–0,610	–0,610	–0,613	–0,613	–0,613	–0,613	–0,617	–0,617	–0,621	–0,621
	Q_{br}	0,535	0,544	0,549	0,556	0,562	0,568	0,575	0,581	0,588	0,595	0,602
	Q_{cl}	–0,465	–0,474	–0,485	–0,498	–0,508	–0,518	–0,529	–0,541	–0,549	–0,562	–0,571
5	M_1	0,078	0,080	0,082	0,084	0,086	0,089	0,091	0,093	0,095	0,098	0,100
	M_2	0,033	0,038	0,042	0,047	0,052	0,056	0,061	0,065	0,070	0,075	0,079
	M_3	0,046	0,050	0,054	0,058	0,062	0,066	0,070	0,074	0,078	0,082	0,086
	M_b	–0,105	–0,107	–0,108	–0,110	–0,111	–0,112	–0,114	–0,115	–0,117	–0,118	–0,120
	M_c	–0,079	–0,082	–0,085	–0,089	–0,092	–0,095	–0,098	–0,102	–0,105	–0,108	–0,111
	A	0,395	0,400	0,405	0,410	0,415	0,422	0,426	0,431	0,437	0,442	0,447
	B	1,132	1,141	1,151	1,156	1,166	1,175	1,181	1,191	1,202	1,209	1,220
	C	0,974	0,993	1,013	1,031	1,053	1,072	1,091	1,111	1,127	1,146	1,170
	Q_{bl}	–0,606	–0,606	–0,610	–0,610	–0,610	–0,613	–0,613	–0,613	–0,617	–0,617	–0,621
	Q_{br}	0,526	0,535	0,541	0,546	0,556	0,562	0,568	0,578	0,585	0,592	0,599
	Q_{cl}	–0,474	–0,483	–0,495	–0,505	–0,515	–0,526	–0,535	–0,546	–0,556	–0,565	–0,578
	Q_{cr}	0,500	0,510	0,518	0,526	0,538	0,546	0,556	0,565	0,571	0,581	0,592

Beispiel 2

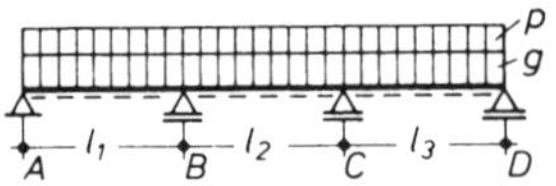

$l_1 = l_2 = l_3 = 5{,}0$ m;

$g = 6{,}0$ kN/m; $p = 1{,}5$ kN/m

$q = 7{,}5$ kN/m; $p/q = 0{,}2$

$\max M_1 = \max M_3 = 0{,}084 \cdot 7{,}5 \cdot 5{,}0^2 = 15{,}8$ kNm

$\max M_2 = 0{,}035 \cdot 7{,}5 \cdot 5{,}0^2 = 6{,}6$ kNm

$\min M_b = \min M_c = -0{,}103 \cdot 7{,}5 \cdot 5{,}0^2 = -19{,}3$ kNm

$\max A = \max D = 0{,}410 \cdot 7{,}5 \cdot 5{,}0 = 15{,}4$ kN

$\max B = \max C = 1{,}117 \cdot 7{,}5 \cdot 5{,}0 = 41{,}9$ kN

$\min Q_{bl} = -\max Q_{cr} = -0{,}602 \cdot 7{,}5 \cdot 5{,}0 = -22{,}6$ kN

$\max Q_{br} = -\min Q_{cl} = 0{,}515 \cdot 7{,}5 \cdot 5{,}0 = 19{,}3$ kN

2 Durchbiegungen – Baupraktische Formeln

(der obere Wert gilt für Stahl, $E = 210\,000$ N/mm²)

*(der untere Wert gilt für Holz, $E_{||} = 10\,000$ N/mm² bzw. $E_{0,\text{mean}} = 10\,000$ N/mm²)**)*

Belastungsfall	*a* für zul *f* = $\frac{l}{200}$	$\frac{l}{300}$	*c*	*n*	Belastungsfall	*a* für zul *f* = $\frac{l}{200}$	$\frac{l}{300}$	*c*	*n*
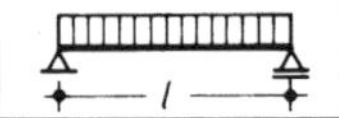	9,91 *208*	14,9 *313*	101 *4,80*	4,96 *104*	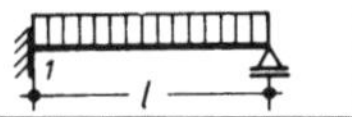	4,12 ***86,5***	6,19 *130*	243 *11,6*	2,06 *43,3*
	9,71 *204*	14,6 *306*	103 *4,89*	4,84 *102*	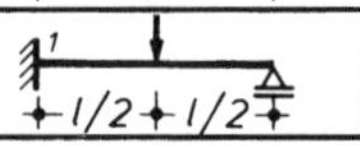	4,73 *99,4*	7,10 *149*	211 *10,1*	2,37 *49,7*
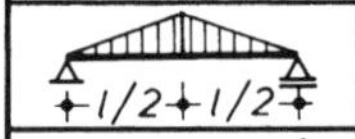	9,52 *200*	14,3 *300*	105 *5,00*	4,76 *100*	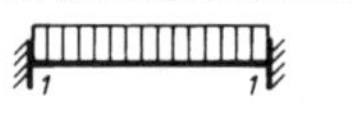	2,98 *62,5*	4,47 *93,8*	336 *16,0*	1,49 *31,3*
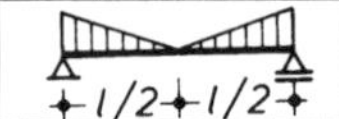	10,7 *225*	16,1 *338*	93,2 *4,44*	5,36 *113*	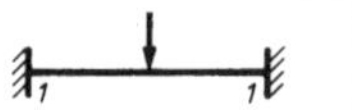	3,97 *83,3*	5,95 *125*	252 *12,0*	1,98 *41,7*
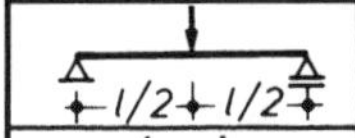	7,95 *167*	11,9 *250*	126 *6,00*	3,97 *83,3*	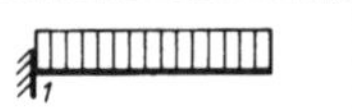	23,8 *500*	35,7 *750*	42 *2,0*	11,9 *250*
	10,1 *213*	15,2 *320*	98,7 *4,70*	5,07 *107*		19,1 *400*	28,6 *600*	52,2 *2,5*	9,52 *200*
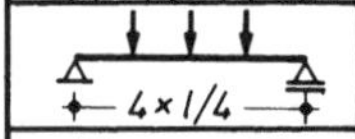	9,43 *198*	14,1 *297*	106 *5,05*	4,71 *98,9*		31,8 *667*	47,6 *1000*	31,5 *1,5*	15,9 *333*
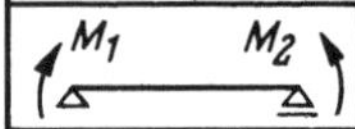	5,95* *125**	8,93* *188**	168* *8,00**	2,98* *62,5**	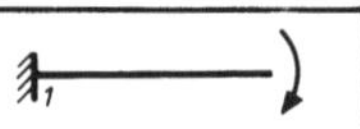	47,6 *1000*	71,4 *1500*	21 *1*	23,8 *500*

Hinweis: Wirken M_1 und M_2 gleichzeitig, so ist in den folgenden Formeln max M durch $(M_1 + M_2)$ zu ersetzen.

erf I [cm⁴] = $a \cdot \max M$ [kNm] $\cdot\, l$ [m]	erf I [cm⁴] = $a \cdot \max M$ [kNm] $\cdot\, l$ [m]
max f [cm] = $n \cdot \max M$ [kNm] $\cdot\, l^2$ [m]/I [cm⁴]	max f [cm] = $n \cdot M_1$ [kNm] $\cdot\, l^2$ [m]/I [cm⁴]

Für symmetrische Querschnitte (symmetrisch zur Biegeachse) gilt:

$$\max f\ [\text{cm}] = \frac{l^2\,[\text{m}^2] \cdot \max \sigma\,[\text{N/mm}^2]}{h\,[\text{cm}] \cdot c} \qquad \max f\ [\text{cm}] = \frac{l^2\,[\text{m}^2] \cdot \sigma_1\,[\text{N/mm}^2]}{h\,[\text{cm}] \cdot c}$$

3 Durchbiegungen – Einfeldträger mit Kragarm

Kragarm

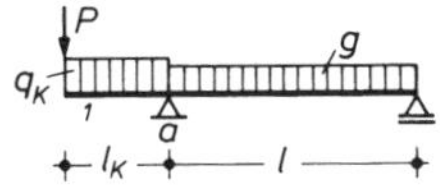

Feld

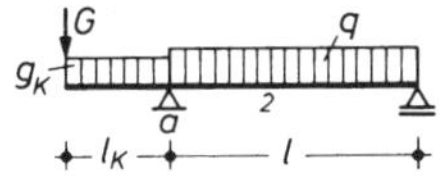

$$\max f_1 = T_1 \cdot l_K\,[l_K\,(M_a - M_{0K}) + l\,(M_a - M_{0F})]/I$$

$$\text{erf}\, I = T_2 \cdot [l_K\,(M_a - M_{0K}) + l\,(M_a - M_{0F})]$$

$$M_{0K} = q_K\, l_K^2/8;\; M_a = P l_K + q_K l_K^2/2;\; M_{0F} = g l^2/8$$

$$\max f_2 \approx f_{\text{Mitte}} = T_3 \cdot l^2\,(M_{0F} - 0{,}6\, M_a)/I$$

$$\text{erf}\, I \approx T_4 \cdot l\,(M_{0F} - 0{,}6\, M_a)$$

l in m
M in kNm
I in cm^4
f in cm

Stahl				Nadelholz**)				
	$l_K/200$		$l/300$		$l_K/150$		$l/200$	$l/300$
T_1	T_2	T_3	T_4	T_1	T_2	T_3	T_4	T_4
15,9	31,8	4,96	14,9	333	500	104	208	313

$M_{0F} = q l^2/8$
$M_a = G l_K + g_K l_K^2/2$

**) Bei Brettschichtholz sind die ermittelten Ergebnisse durch $E_{||} \cdot 10^{-4}$ zu dividieren. Bei Holz mit anderen $E_{0,\text{mean}}$-Werten sind die ermittelten Ergebnisse durch $E_{0,\text{mean}} \cdot 10^{-4}$ zu dividieren.

D.2 Berechnung und Konstruktion von Mauerwerk nach DIN 1053-1 (11.1996)

1 Unterschied zwischen dem genaueren und dem vereinfachten Berechnungsverfahren

Für die Berechnung von unbewehrtem Mauerwerk nach DIN 1053-1 gibt es zwei Möglichkeiten:

- Berechnung nach dem *vereinfachten Verfahren* oder
- Berechnung nach dem *genaueren Verfahren.*

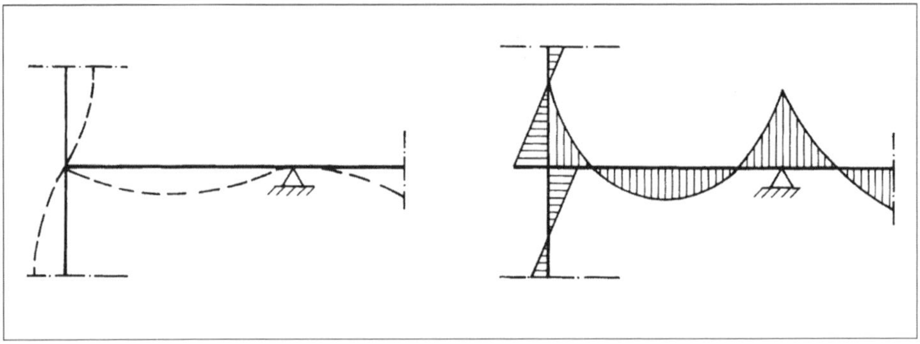

Abb. D.1.1 Rahmenwirkung von Mauerwerkswänden (Stiele) und Decken (Riegel)

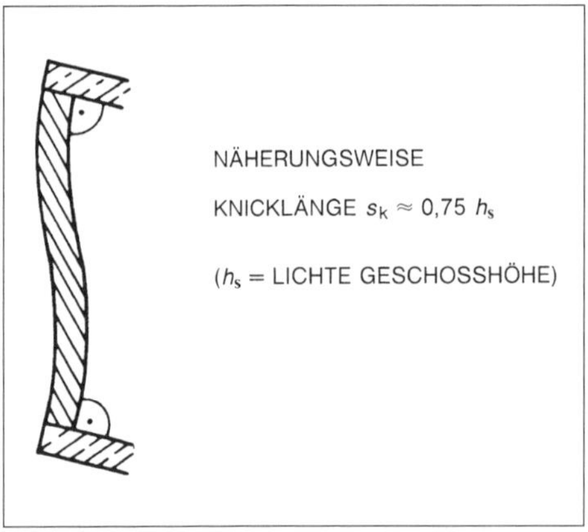

Abb. D.1.2 Elastische Einspannung der Wand

Im Abschnitt D.3 wird das vereinfachte Berechnungsverfahren ausführlich erläutert. Außerdem werden statisch-konstruktive Hinweise zu speziellen Mauerwerkskonstruktionen gegeben. Das genauere Berechnungsverfahren wird in [Schubert u. a.] behandelt.

Vorab wird der grundsätzliche Unterschied der beiden Berechnungsverfahren kurz dargestellt.

Statisches Konzept des genaueren Verfahrens

Durch Anwendung dieses Verfahrens werden die statischen Verhältnisse bei Mauerwerksbauten wirklichkeitsnäher erfasst als beim vereinfachten Verfahren. Insbesondere erfolgt eine genauere Berücksichtigung der Rahmenwirkung zwischen Wand und Decke (Wand-Decken-Knoten) sowie des Knickproblems.

Hier soll nur folgender Hinweis gegeben werden: Bei der Berücksichtigung einer Rahmenwirkung zwischen Decke und Wand (Wand-Decken-Knoten) gibt es für die Bemessung der Wand einen „negativen“ und einen „positiven“ Einfluss:

- „Belastend“ wirken sich die Biegemomente aus Rahmenwirkung aus (**Abb. D.1.1**).
- „Entlastend“ wirkt sich die Reduzierung der Knicklänge infolge der elastischen Einspannung der Wand in die Decke aus (**Abb. D.1.2**).

Statisches Konzept des vereinfachten Verfahrens

Im Gegensatz zum genaueren Berechnungsverfahren werden hier z. B. die Einflüsse „Wand-Decken-Knoten“ und „Knicken“ vereinfachend durch Abminderung der Grundwerte der zul. Spannung σ_0 berücksichtigt (vgl. Abschn. D.3.3.5). Wegen dieser groben Näherung darf das *vereinfachte Berechnungsverfahren* nur angewendet werden, wenn bestimmte Anwendungsgrenzen eingehalten sind (vgl. Abschn. D.3.1). Anderenfalls muss das genauere Berechnungsverfahren angewendet werden.

2 Statisch-konstruktive Grundlagen

2.1 Standsicherheit

2.1.1 Standsicheres Konstruieren

Jedes Bauwerk muss so konstruiert werden, dass alle auftretenden vertikalen *und* horizontalen Lasten einwandfrei in den Baugrund abgeleitet werden können und dass somit eine ausreichende Standsicherheit vorhanden ist. Im Mauerwerksbau wird dies in der Regel durch Wände und Deckenscheiben erreicht. In Sonderfällen kann die Standsicherheit auch durch andere Maßnahmen (z. B. Rahmenkonstruktionen, Ringbalken) gewährleistet werden.

Auf einen Nachweis der räumlichen Steifigkeit kann verzichtet werden, wenn folgende Bedingungen erfüllt sind:

- Die Decken sind als steife Scheiben ausgebildet, oder es sind stattdessen statisch nachgewiesene Ringbalken (ausreichend steif) vorhanden.
- In Längs- und Querrichtung des Bauwerkes ist eine offensichtlich ausreichende Anzahl von aussteifenden Wänden vorhanden.
  Diese müssen ohne größere Schwächungen und Versprünge bis auf die Fundamente gehen.

Die Norm DIN 1053-1 enthält keine Angaben darüber, was „offensichtlich ausreichend“ bedeutet. Dies lässt sich in kurzer Form in einer Norm auch nicht darstellen. Hier muss also der Ingenieur im Einzelfall entscheiden. Als Anhalt könnte die Tabelle 3 der alten Norm DIN 1053 (11.1972), die allerdings inzwischen zurückgezogen worden ist, hilfreich sein. Die Konstruktionsregel dieser Norm, dass bei Mauerwerksbauten bis zu sechs Geschossen kein Windnachweis geführt werden muss, wenn die Bedingungen der Tafel D.2.1 in etwa erfüllt sind, könnte auch heute als Definitionshilfe für „offensichtlich ausreichend“ herangezogen werden. Diese Konstruktionsregel der alten Norm DIN 1053 hat sich jahrzehntelang bewährt. Im Zweifelsfall muss jedoch ein Nachweis geführt werden. In einfachen Fällen kann dies nach dem *vereinfachten Verfahren* geschehen. In der Regel erscheint es jedoch sinnvoll, das genauere *Nachweisverfahren zu* wählen.

Bei dem Standsicherheitsnachweis einzelner Wände unterscheidet man in DIN 1053-1 *(vereinfachtes Verfahren)* zwischen:

- zweiseitig
- dreiseitig oder
- vierseitig

gehaltenen Wänden. Frei stehende (einseitig gehaltene) Wände sind nach dem *genaueren Verfahren* zu berechnen.

2.1.2 Windnachweis für Wind rechtwinklig zur Wandebene

Ein Nachweis für Windlasten rechtwinklig zur Wand ist in der Regel nicht erforderlich. Voraussetzung ist jedoch, dass die Wände durch Deckenscheiben oder statisch nachgewiesene Ringbalken oben und unten einwandfrei gehalten sind. Bei kleinen Wandstücken und Pfeilern mit anschließenden großen Fensteröffnungen ist jedoch ein Nachweis ratsam, insbesondere in Dachgeschossen mit geringen Auflasten vgl. auch [Schneider/Schoch].

In jedem Fall ist unabhängig davon die räumliche Steifigkeit des Gesamtgebäudes sicherzustellen (vgl. Abschnitt D.2.1.1).

Tafel D.2.1 Dicken und Abstände aussteifender Wände *(Tab. 3, DIN 1053 alt)*

<table>
<tr><th rowspan="2">Zeile</th><th colspan="2" rowspan="2">Dicke der auszusteifenden belasteten Wand
in cm</th><th rowspan="2">Geschosshöhe
in m</th><th colspan="3">Aussteifende Wand</th></tr>
<tr><th>im 1. bis 4. Vollgeschoss von oben</th><th>im 5. u. 6. Vollgeschoss von oben</th><th>Mittenabstand in m</th></tr>
<tr><td>1</td><td>≥ 11,5</td><td>< 17,5</td><td rowspan="2">≤ 3,25</td><td rowspan="4">≤ 11,5 cm</td><td rowspan="4">≤ 17,5 cm</td><td>≤ 4,50</td></tr>
<tr><td>2</td><td>≥ 17,5</td><td>< 24</td><td>≤ 6,00</td></tr>
<tr><td>3</td><td>≥ 24</td><td>< 30</td><td>≤ 3,50</td><td rowspan="2">≤ 8,00</td></tr>
<tr><td>4</td><td>≥ 30</td><td></td><td>≤ 5,00</td></tr>
</table>

2.1.3 Lastfall „Lotabweichung“

Bei Mauerwerksbauten, bei denen ein rechnerischer Windnachweis erforderlich ist, muss am unverformten System zusätzlich der Lastfall „Lotabweichung“ berücksichtigt werden. Hierdurch werden die an jedem Bauwerk auftretenden ungewollten Lastausmitten infolge Herstellungsungenauigkeiten näherungsweise berücksichtigt. Wie auch im Stahlbetonbau gemäß DIN 1045 sind bei Mauerwerkskonstruktionen horizontale Lasten infolge Schrägstellung des Gebäudes um den Winkel $\varphi = \pm 1/(100 \cdot \sqrt{h_G})$ anzusetzen (φ im Bogenmaß, h_G = Gebäudehöhe in m über OK Fundament).

2.1.4 Beispiele für Decken mit und ohne Scheibenwirkung

Für die Beurteilung der Standsicherheit eines Bauwerkes ist es wichtig zu wissen, ob die Deckenkonstruktionen als Scheiben anzusehen sind.

Als Decken *mit Scheibenwirkung* und damit als horizontal ausreichend aussteifende Konstruktionsteile gelten z. B.:

- Stahlbetonplatten und Stahlbetonrippendecken aus Ortbeton
- Decken aus Stahlbetonfertigteilen, wenn sie die Bedingungen nach DIN 1045 (07.1988), 19.7.4 erfüllen
- Ziegeldecken mit entsprechenden konstr. Maßnahmen.

Decken *ohne Scheibenwirkung* sind z. B.:

- Fertigteildecken aus Stahlbeton, die nicht den Bedingungen nach DIN 1045, 19.7.4 genügen
- Holzbalkendecken, wenn sie nicht den Bedingungen nach DIN 1052-1 (04.1988), 10.3 genügen.

2.1.5 Ringbalken

2.1.5.1 Allgemeines

Ringbalken sind in der Wandebene liegende horizontale Balken, die Biegemomente infolge von *rechtwinklig* zur Wandebene wirkenden Lasten (z. B. Wind) aufnehmen können. Ringbalken können auch Ringankerfunktionen übernehmen, wenn sie als „geschlossener Ring“ um das ganze Gebäude herumgeführt werden (vgl. Abschn. D.2.1.6).

Die in Windrichtung liegenden Balken geben die Lasten über Reibungskräfte und Haftscherkräfte an die Wandscheiben ab.

Wenn bei einem Mauerwerksbau

- keine Decken mit Scheibenwirkung vorhanden sind oder
- unter der Dachdecke eine Gleitschicht angeordnet wird,

muss die horizontale Aussteifung der Wände durch einen *Ringbalken oder* andere statisch gleichwertige Maßnahmen (z. B. horizontale Fachwerkverbände) sichergestellt werden.

Ausführung von Ringbalken: Bewehrtes Mauerwerk, Stahlbeton, Stahl, Holz[1)]

2.1.5.2 Bemessung von Ringbalken

Ein Ringbalken muss folgende horizontale Lasten aufnehmen:

- Windlasten unter Berücksichtigung der Einflusshöhen
- 1/100 der maximalen senkrechten Belastung der Wände.

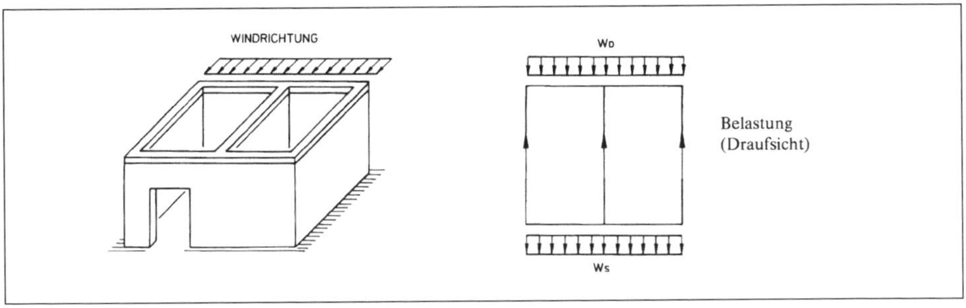

Abb. D.2.1 Belastung und Lastabgabe eines Ringbalkens

[1)] Konstruktive Vorschläge für Ausführung aus Holz siehe [Milbrandt].

Bei der Bemessung von Ringbalken unter Gleitschichten sollten außerdem die Zugkräfte berücksichtigt werden, die sich aus den verbleibenden Reibungskräften ergeben.

Die vom Ringbalken aufzunehmenden Kräfte sind bis zur Aufnahme durch die Fundamente (rechnerisch) zu verfolgen. Ein Ringbalken braucht grundsätzlich nur bis zu dem Bauelement geführt zu werden, in das die horizontalen Kräfte weitergeleitet werden sollen, es sei denn, der Ringbalken ist auch gleichzeitig Ringanker (vgl. Abschn. D.2.1.6). Die Krafteinleitung von der horizontal auszusteifenden Wand in den Ringbalken und vom Ringbalken in ein vertikales Aussteifungselement muss nachgewiesen werden, es sei denn, die Haftfestigkeit ist offensichtlich ausreichend.

Ringbalken sollten möglichst steif ausgebildet werden, damit die Formänderung gering ist und im horizontal auszusteifenden Mauerwerk keine Schäden entstehen.

Im folgenden Zahlenbeispiel wird das Prinzip der Bemessung eines Ringbalkens gezeigt. Das häufig verwendete Material *Stahlbeton* sollte nach Möglichkeit durch bewehrtes Mauerwerk ersetzt werden. Bewehrtes Mauerwerk hat bauphysikalische Vorteile (keine Wärmebrücke). Außerdem wird ein sinnvolles Konstruktionsprinzip, möglichst kein Materialwechsel (dadurch keine unterschiedlichen Schwind- und Temperaturdehnzahlen), eingehalten.

2.1.5.3 Bemessungsbeispiel für einen Ringbalken aus bewehrtem Mauerwerk

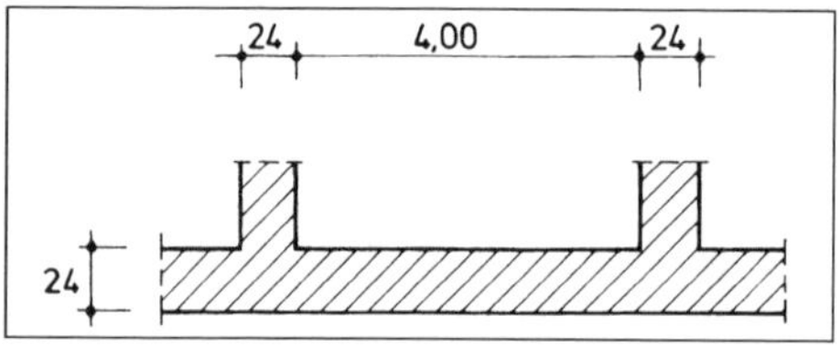

Grundriss Außenwand

Der Ringbalken soll auch die Ringankerfunktion übernehmen. Daher ist als Belastung zusätzlich eine Zugkraft $N = 30$ kN anzusetzen (Abschn. D.2.1.6.4).

N = 30 kN
H = 3,00 m (Einflusshöhe des Windes)
l = 4,00 + 2 · 0,24/2 = 4,24 m (Stützweite)
d = 24 cm
h = 20 cm (statische Höhe)
b = 1,00 m (Mauerwerkshöhe für Bemessung)

Vertikale Belastung von oben 40 kN

Windlast nach DIN 1055-4 (03.2005):

c_p = 0,8 (Wandbereich D)
q = 0,8 (Windzone 2, Binnenland)

Horizontale Belastung des Ringbalkens:

aus Wind	0,64 · 3,00 = 1,92 kN/m
aus Last von oben	40/100 = 0,40 kN/m
	q = 2,32 kN/m

Schnittgrößen:
$A = B = 2{,}32 \cdot 4{,}24/2 = 4{,}92$ kN
$\max M = 2{,}32 \cdot 4{,}24^2/8 = 5{,}21$ kNm

Bemessungsmoment:
$M_s = 5{,}21 - 30 \cdot (0{,}20 - 0{,}24/2) = 2{,}81$ kN m
$k_h = 20/\sqrt{2{,}81/1{,}00} = 11{,}93$

gew. Steinfestigkeitsklasse:
12/III Mit $\beta_R = 4{,}81$ MN/m^2
da Lochsteine: $\beta_R/2 = 4{,}81/2 = 2{,}40$ mN/m^2
aus k_h-Tafeln (siehe [Schubert u. a.])
$k_s = 3{,}72$ $k_z = 0{,}94$
erf $A_s = 3{,}72 \cdot 2{,}81/20 + 30/28{,}6 = 1{,}57$ cm^2/m
4 Ø 7 mm $A_s = 1{,}54$ cm^2

Hinweis:
Der Nachweis wurde nach der alten DIN 1045 (04.1988) geführt. Ein Nachweis nach der neuen Norm 1045-1 führt in etwa zu gleichen Ergebnissen.

Schubnachweis:
$\tau_0 = 4{,}92/(100 \cdot 0{,}94 \cdot 20) = 0{,}03$ MN/m^2
zul $\tau_0 = 0{,}015 \cdot \beta_R = 0{,}015 \cdot 4{,}81 = 0{,}072$ MN/m^2 $>$ 0,03 MN/m^2

2.1.6 Ringanker

2.1.6.1 Aufgabe des Ringankers

Der Ringanker hat eine Teilfunktion bei der Aufgabe, die Gesamtstabilität eines Bauwerks zu gewährleisten. Er erfüllt im Wesentlichen drei Aufgaben:

a) Scheibenbewehrung in den vertikalen Mauerwerksscheiben

b) Teil der Scheibenbewehrung der Deckenscheiben

c) umlaufender Ring zum „Zusammenhalten" der Wände.

Zu a) Zum Beispiel können durch unterschiedliche Setzungen des Bauwerks in den vertikalen Mauerwerksscheiben Zugspannungen auftreten, die von der Ringankerbewehrung aufgenommen werden.

Zu b) Insbesondere bei Deckenscheiben aus Fertigteilen erfüllt der Ringanker die Zugbandfunktion (vgl. **Abb. D.2.2**).

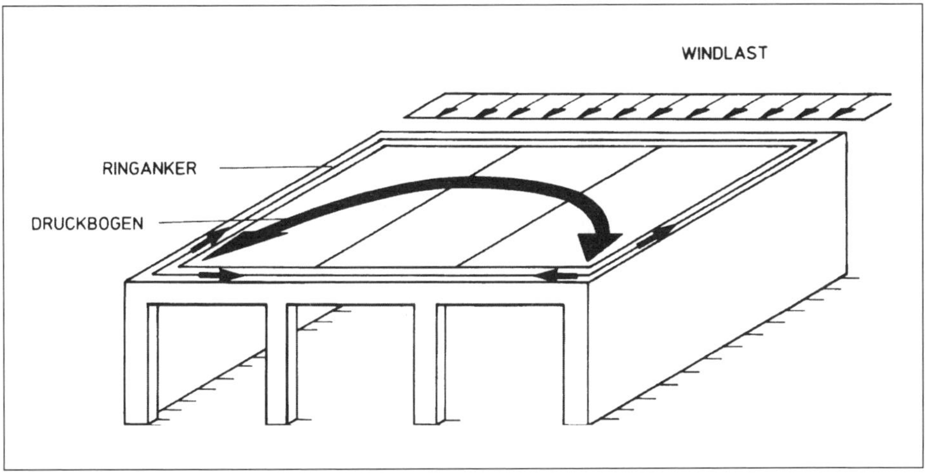

Abb. D.2.2 Ringanker als „Zugband" eines Druckbogens innerhalb einer Deckenscheibe

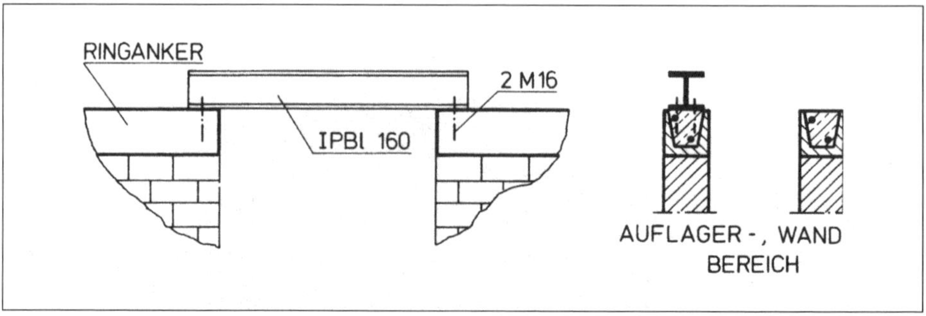

Abb. D.2.3 Unterbrechung von Ringankern

Zu c) Der Ringanker soll als umlaufender Ring die Wände des Bauwerks zusammenhalten, und er erhält somit (z. B. durch Verformungsunterschiede des Bauwerks in Richtung des Ringankers) Zugspannungen. Der Ringanker wirkt also im Gegensatz zum Ringbalken (vgl. Abschnitt D.2.1.5) nicht als Biegebalken, sondern als Zugglied. Während ein Ringbalken auch Ringankerfunktion übernehmen kann, ist ein Ringanker wegen der geringeren Querschnittsabmessungen und der geringeren Bewehrung in der Regel nicht in der Lage, eine Ringbalkenfunktion zu übernehmen.

2.1.6.2 Erforderliche Anordnung von Ringankern

Ringanker sind auf allen Außenwänden anzuordnen und auf den lotrechten Scheiben (Innenwänden), die der Abtragung von horizontalen Lasten (z. B. Wind) dienen. Ringanker sind in folgenden Fällen erforderlich:

a) bei Bauten, die insgesamt mehr als zwei Vollgeschosse haben oder länger als 18 m sind,

b) bei Wänden mit vielen oder besonders großen Öffnungen, besonders dann, wenn die Summe der Öffnungsbreiten 60 % der Wandlänge oder bei Fensterbreiten von mehr als 2/3 der Geschosshöhe 40 % der Wandlänge übersteigt,

c) wenn die Baugrundverhältnisse es erfordern.

Ringanker können bereits unter der in Punkt a) genannten Grenze erforderlich sein, wenn die Punkte b) oder/und c) maßgebend sind. Die Rissempfindlichkeit von Wänden hängt von sehr vielen Faktoren ab, so dass im Zweifelsfall von Fachleuten entschieden werden muss, ob ein Ringanker im Fall b) die Rissgefahr vermindert. Im Fall c) kann die Entscheidung ebenfalls nur am konkreten Bauwerk erfolgen, wobei die Hinzuziehung eines Baugrundfachmannes in jedem Fall sinnvoll ist.

2.1.6.3 Lage der Ringanker

Die Ringanker sind in jeder Deckenlage oder unmittelbar darunter anzubringen. Sie können mit Stahlbetondecken oder Fensterstürzen aus Stahlbeton vereinigt werden. Eine Einbeziehung von Fensterstürzen ist natürlich nur möglich, wenn die Ringankerwirkung (Zugglied) dadurch nicht unterbrochen wird. Ist eine Unterbrechung des Ringankers, der üblicherweise als Stahlbetonbalken ausgeführt wird, nicht zu umgehen, so muss die zu übertragende Ringankerkraft von anderen Konstruktionsteilen (z. B. Stahlträger, vgl. **Abb. D.2.3**) übernommen oder „umgeleitet“ werden.

2.1.6.4 Konstruktion von Ringankern

Die beste Ringankerkonstruktion aus bauphysikalischen und materialtechnischen Gründen ist ein Ringanker aus bewehrtem Mauerwerk (vgl. **Abb. D.2.4**). Häufig wird auch eine U-Schale aus Mauerwerk ausgeführt (**Abb. D.2.4**). Grundsätzlich sind jedoch auch andere Konstruktionen möglich, wenn sie in der Lage sind, die entsprechenden Zugkräfte zu übertragen (z. B. Ringanker aus Holz, Stahl).

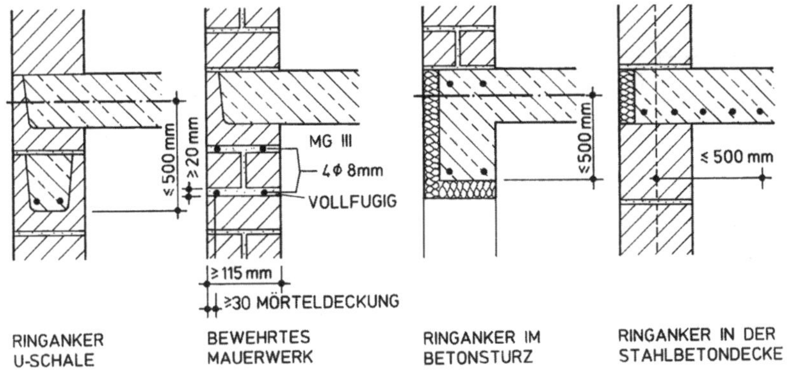

Abb. D.2.4 Verschiedene Möglichkeiten der Ausbildung von Ringankern

Ringanker aus bewehrtem Mauerwerk bzw. aus Stahlbeton sind mit durchlaufenden Rundstäben zu bewehren, die im Gebrauchszustand eine Zugkraft von 30 kN aufnehmen können. Die zulässigen Spannungen zur Ermittlung der erforderlichen Ringankerbewehrung sind der folgenden Zusammenstellung zu entnehmen. Die „Klammerwerte“ geben jeweils die erforderliche Mindestbewehrung an.

1. *Ringanker aus Mauerwerk:*
   BSt 420 S; zul $\sigma = 240$ MN/m^2
   (mindestens 3 Ø 8 III S)
   BSt 500 S; zul $\sigma = 286$ MN/m^2
   (mindestens 4 Ø 6 IV S)

2. *Ringanker aus Stahlbeton:*
   BSt 420 S; zul $\sigma = 240$ MN/m^2
   (mindestens 2 Ø 10 III S)
   BSt 500 S; zul $\sigma = 286$ MN/m^2
   (mindestens 2 Ø 10 IV S)

Auf die erforderliche Ringankerbewehrung dürfen dazu parallel liegende, durchlaufende Bewehrungen mit vollem Querschnitt angerechnet werden, wenn sie in Decken oder in Fensterstürzen im Abstand von 50 cm von der Mittelebene der Wand bzw. der Decke liegen (**Abb. D.2.4**). Bei Anrechnung dieser Bewehrung auf die Ringankerbewehrung sollten jedoch die zwei folgenden Bedingungen erfüllt sein:

- Die Haupt- und Querbewehrung der Stahlbetondecke muss mindestens bis zur halben Wanddicke an die Außenseite der Außenwände geführt werden, und das aufgehende Mauerwerk muss auf der Stahlbetonplatte aufliegen.
- Die anrechenbaren Bewehrungsstäbe müssen die ihnen zugeordnete Ringankerkraft ohne Überschreitung der zul. Stahlspannung aufnehmen können. Anderenfalls ist eine zusätzliche Bewehrung (z. B. im Sturzbereich) anzuordnen.

Die Stöße der Ringankerbewehrung sind bei Stahlbetonringankern nach DIN 1045, und bei Ringankern aus bewehrtem Mauerwerk nach DIN 1053-3 ebenfalls gemäß DIN 1045 auszuführen,

2.1.7 Anschluss der Wände an Decken und Dachstuhl

Umfassungswände müssen an die Decken durch Zuganker oder über Haftung und Reibung angeschlossen werden.

- Zuganker müssen in belasteten Wandbereichen (nicht in Brüstungen) angeordnet werden. Bei fehlender Auflast sind zusätzlich Ringanker anzuordnen. Abstand der Zuganker (bei Holzbalkendecken mit Splinten): 2 m bis 3 m. Bei parallel spannenden Decken müssen die Anker mindestens einen 1 m breiten Deckenstreifen erfassen (bei Holzbalkendecken mindestens 3 Balken). Balken, die mit Außenwänden verankert und über der Innenwand gestoßen sind, müssen untereinander zugfest verbunden sein.
- Giebelwände sind durch Querwände auszusteifen oder mit dem Dachstuhl kraftschlüssig zu verbinden. Bei sehr hohen Giebelwänden können die Flächen zwischen den horizontalen Halterungen (Verankerung mit der Dachkonstruktion), den vertikalen Halterungen (Querwände oder Mauerwerksvorlagen) und den Dachschrägen in flächengleiche Rechtecke umgewandelt werden. Die erforderliche Giebelwanddicke ergibt sich dann in Anlehnung an Tafel D.2.2. Auch bewehrtes Mauerwerk bzw. eine konstruktive Fugenbewehrung könnte in Erwägung gezogen werden.
- Haftung und Reibung dürfen bei Massivdecken angesetzt werden, wenn die Decke mindestens 10 cm aufliegt.

2.1.8 Gewölbe, Bogen, gewölbte Kappen

2.1.8.1 Allgemeines

Gemauerte Gewölbe, Bogen und gewölbte Kappen kommen heute als Neuentwurf relativ selten vor, jedoch trifft man auf derartige Konstruktionen bei der Sicherung und Sanierung historischer Bauten (vgl. z. B. [Pieper], [Böttcher]). Gewölbe und Bogen sollen möglichst nach der Stützlinie geformt sein. Wichtig ist die einwandfreie Aufnahme des Horizontalschubs. Gewölbe und Bogen mit günstigen Stichverhältnissen ($f/l > 1/10$) und größerer Überschüttungshöhe können nach dem Stützlinienverfahren berechnet werden. Dies ist allerdings nur möglich, wenn der Anteil der ständigen Lasten erheblich größer ist als der Anteil der Verkehrslasten. Gewölbe und Bogen mit kleineren Stützweiten können in jedem Fall nach dem Stützlinienverfahren berechnet werden. Bei größeren Stützweiten und stark wechselnden Lasten ist eine Berechnung nach der Elastizitätstheorie durchzuführen.

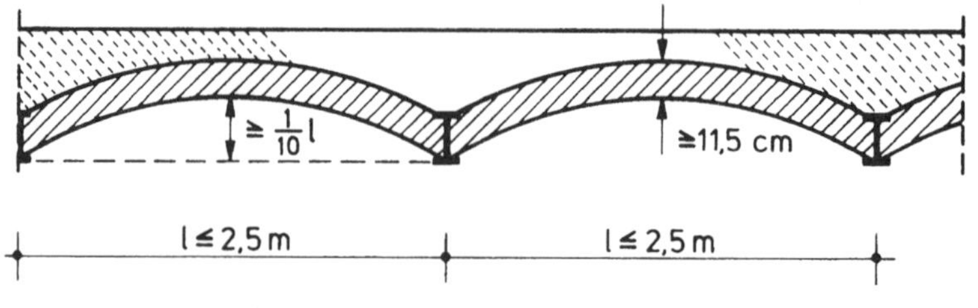

Abb. D.2.5 Gewölbte Kappen

2.1.8.2 Gewölbte Kappen zwischen Trägern

Für gewölbte Kappen zwischen Trägern (**Abb. D.2.5**), die durch vorwiegend ruhende Belastung nach DIN 1055-3 belastet sind, ist i. Allg. kein statischer Nachweis erforderlich, da die vorhandene Kappendicke erfahrungsgemäß ausreicht.

Für die Konstruktion von gewölbten Kappen sind die folgenden Punkte zu beachten:

- Die Mindestdicke der Kappen beträgt 11,5 cm. Die Kappen sind im Verband zu mauern (Kuff oder Schwalbenschwanz) (**Abb. D.2.6**).

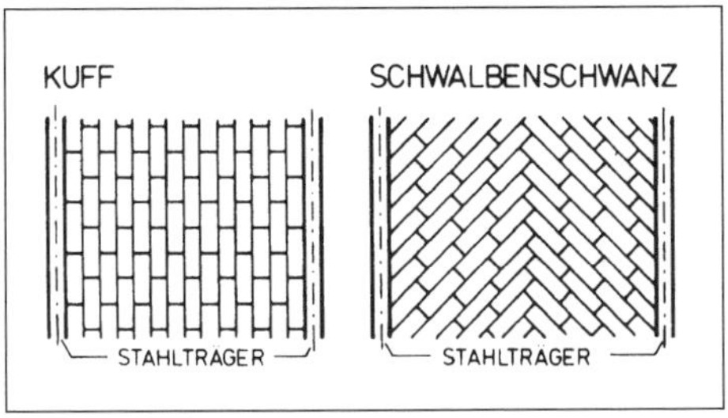

Abb. D.2.6
Mauerwerksverbände bei gewölbten Kappen

- Die Stichhöhe *f* muss mindestens 1/10 der Kappenstützweite betragen.
- Die auftretenden Horizontalschübe müssen über die Endfelder einwandfrei auf die seitlichen Wandscheiben (parallel zur Spannrichtung der Kappen) übertragen werden. Hierzu sind in den Endfeldern zwischen den Stahlträgern Zuganker anzuordnen, und zwar mindestens in den Drittelpunkten und an den Trägerenden. Die „Endscheiben mit Zugankern" müssen mindestens so breit sein wie 1/3 ihrer Länge (**Abb. D.2.7**). Es kann also bei schmalen Endfeldern u. U. erforderlich sein, die Zuganker über mehrere Felder zu führen.

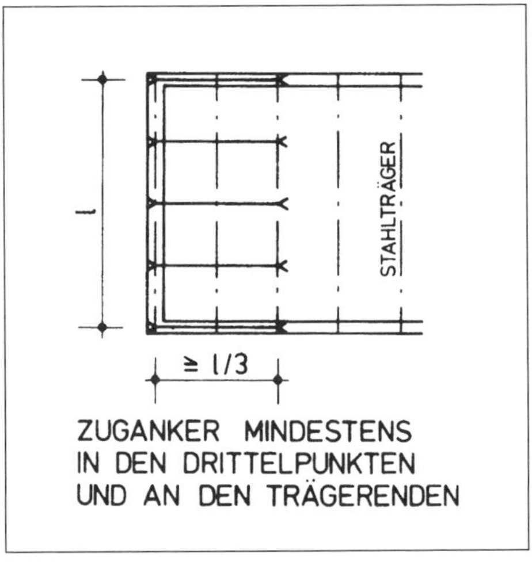

Abb. D.2.7 Zuganker bei gewölbten Kappen

- Bei Kellerdecken in Wohngebäuden und Decken in einfachen Stallgebäuden mit einer Kappenstützweite bis zu 1,30 m gilt die Aufnahme des Horizontalschubes unter folgenden Voraussetzungen als gewährleistet: Es müssen mindestens 2 m lange und 24 cm dicke Querwände (ohne Öffnungen) im Abstand ≤ 6 m vorhanden sein. Die Wände müssen mit der Endauflagerwand (meistens Außenwand) im Verband hochgemauert oder – bei Loch- bzw. stehender Verzahnung – kraftschlüssig verbunden werden.

Statische Hinweise

Für die Ermittlung der vertikalen und horizontalen Auflagerkräfte wählt man zweckmäßigerweise einen Dreigelenkbogen als statisches System (**Abb. D.2.8**). Die vertikalen Auflagerkräfte A und B ergeben sich wie bei einem Träger auf zwei Stützen (**Abb. D.2.8**). Der Horizontalschub ist $H = M_g/f$ (**Abb. D.2.8**). Hierbei ist f der Bogenstich und M_g das Moment an der Stelle g (Trägermitte) des „Trägers auf zwei Stützen" (**Abb. D.2.8**).

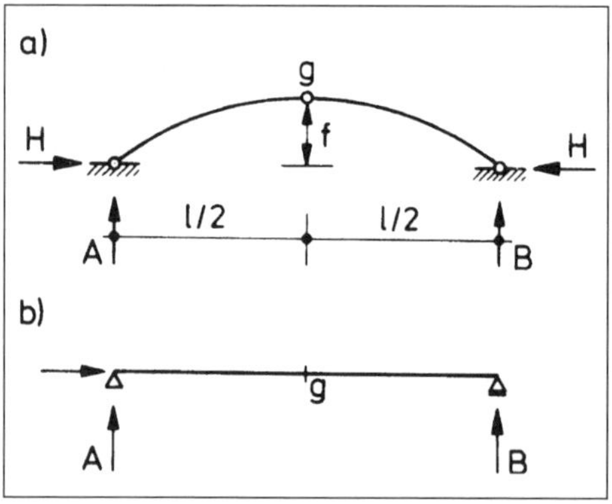

Abb. D.2.8 Statisches System für gewölbte Kappen

Beispiel

Belastung: Gleichstreckenlast q; $M_g = q \cdot l^2/8$

Auflagerkräfte des Dreigelenkbogens: $A = B = q \cdot l/2$; $H = M_g/f = q \cdot l^2/(8 \cdot f)$

Um näherungsweise die Beanspruchung des Mauerwerks im Bereich der Kappen zu ermitteln, kann man von einer Stützlinie ausgehen, die durch den Kernrand des Querschnitts geht (vgl. [Schubert u. a.]). Damit ergibt sich die maximale Randspannung: $\sigma = 2 \cdot H/(b \cdot d)$.

2.2 Wandarten und Mindestabmessungen

2.2.1 Allgemeines

Grundsätzlich muss die statisch erforderliche Dicke jeder Wand nachgewiesen werden. Ist jedoch eine gewählte Wanddicke offensichtlich ausreichend (Erfahrungswerte!), so darf ein statischer Nachweis entfallen (vgl. DIN 1053-1, 8.1.1). In keinem Fall dürfen jedoch die in der Norm DIN 1053-1 angegebenen Mindestwanddicken unterschritten werden. Bei der Wahl der Wanddicke sind neben statischen Gesichtspunkten auch bauphysikalische Aspekte zu beachten.

Innerhalb eines Geschosses sollte der Wechsel von Steinarten und Mörtelgruppen möglichst eingeschränkt werden, um Bauüberwachung und Ausführung zu vereinfachen.

Steine, die unmittelbar der Witterung ausgesetzt sind, müssen frostwiderstandsfähig sein. Gibt es in bestimmten Stoffnormen bezüglich der Frostwiderstandsfähigkeit verschiedene Klassen, so sind für folgende Konstruktionsarten Steine mit der höchsten Frostwiderstandsklasse zu verwenden:

- Schornsteinköpfe
- Kellereingangs-, Stütz- und Gartenmauern
- stark strukturiertes Mauerwerk.

Horizontale und leicht geneigte Sichtmauerflächen sind vor eindringendem Wasser zu schützen (z. B. durch Abdeckungen).

2.2.2 Tragende Wände und Pfeiler

2.2.2.1 Begriff

Wände und Pfeiler gelten als tragend, wenn sie

a) vertikale Lasten (z. B. aus Decken, Dachstielen) und/oder

b) horizontale Lasten (z. B. aus Wind) aufnehmen und/oder

c) zur Knickaussteifung von tragenden Wänden dienen.

Tragende Wände und Pfeiler sollen unmittelbar auf Fundamente gegründet werden. Ist dies in Sonderfällen nicht möglich, so sind die Abfangekonstruktionen ausreichend steif auszubilden, damit keine größeren Verformungen auftreten.

2.2.2.2 Mindestdicken von tragenden Wänden

Die Mindestdicke von tragenden Innen- und Außenwänden beträgt $d = 11{,}5$ cm, sofern aus statischen oder bauphysikalischen Gründen nicht größere Dicken erforderlich sind.

2.2.2.3 Mindestabmessungen von tragenden Pfeilern

Die Mindestabmessungen von tragenden Pfeilern betragen 11,5 cm × 36,5 cm bzw. 17,5 cm × 24 cm. Pfeiler mit $A < 400\ \text{cm}^2$ (Nettoquerschnitt bei eventuellen Schlitzen) sind unzulässig.

2.2.3 Nichttragende Wände

2.2.3.1 Begriff

Wände, die überwiegend nur durch ihre Eigenlast belastet sind und nicht zur Knickaussteifung tragender Wände dienen, werden als *nichttragende Wände bezeichnet*. Sie müssen jedoch in der Lage sein, rechtwinklig auf die Wand wirkende Lasten (z. B. aus Wind) auf tragende Bauteile (z. B. Wand- oder Deckenscheiben) abzutragen. Nichttragende Wände übernehmen keine statische

Funktion innerhalb eines Gebäudes. Es ist daher auch möglich, sie wieder zu entfernen, ohne dass dies statische Konsequenzen für die anderen Bauteile hat.

2.2.3.2 Nichttragende Außenwände

Nichttragende Außenwände können ohne statischen Nachweis ausgeführt werden, wenn sie vierseitig gehalten sind (z. B. durch Verzahnung, Versatz oder Anker), den Bedingungen der Tafel D.2.2 genügen und Normalmörtel mit mindestens der Mörtelgruppe IIa verwendet wird.

Tafel D.2.2 Zulässige Größtwerte der Ausfachungsfläche von nichttragenden Außenwänden ohne rechnerischen Nachweis

Wanddicke in cm	Zulässiger Größtwert[1] der Ausfachungsfläche in m^2 bei einer Höhe über Gelände von:																	
	bis 8,0 m ε						8 bis 20 m ε						20 bis 100 m ε					
	= 1,0	= 1,2	= 1,4	= 1,6	= 1,8	≥ 2,0	= 1,0	= 1,2	= 1,4	= 1,6	= 1,8	≥ 2,0	= 1,0	= 1,2	= 1,4	= 1,6	= 1,8	≥ 2,0
11,5[2]	12,0	11,2	10,4	9,6	8,8	8,0	8,0	7,4	6,8	6,2	5,6	5,0	6,0	5,6	5,2	4,8	4,4	4,0
17,5	20,0	18,8	17,6	16,4	15,2	14,0	13,0	12,2	11,4	10,6	9,8	9,0	9,0	8,8	8,6	8,4	8,2	8,0
24	36,0	33,8	31,6	29,4	27,2	25,0	23,0	21,6	20,2	18,8	17,4	16,0	16,0	15,2	14,4	13,6	12,8	12,0
≥ 30	50,0	46,6	43,2	39,8	36,4	33,0	35,0	32,6	30,2	27,8	25,4	23,0	25,0	23,4	21,8	20,2	18,6	17,0

[1] Zwischenwerte dürfen geradlinig eingeschaltet werden. ε ist das Verhältnis der größeren zur kleineren Seite der Ausfachungsfläche.
[2] Bei Verwendung von Steinen der Festigkeitsklassen ≥ 12 dürfen die Werte dieser Zeile um 33 % vergrößert werden.

Werden Steine der Festigkeitsklassen ≥ 20 verwendet und ist $\varepsilon = h/l \geq 2$ (h = Höhe und l = Breite der Ausfachungsfläche), so dürfen die entsprechenden Tabellenwerte (Tafel D.2.2) verdoppelt werden.

2.2.3.3 Nichttragende innere Trennwände

Für nichttragende innere Trennwände, die nicht rechtwinklig zur Wandfläche durch Wind beansprucht werden, ist DIN 4103-1 (07.1984) maßgebend.

Abhängig vom Einbauort werden nach DIN 4103-1 zwei unterschiedliche Einbaubereiche unterschieden.

Einbaubereich I:

Bereiche mit geringer Menschenansammlung, wie sie z. B. in Wohnungen, Hotel-, Büro- und Krankenräumen sowie ähnlich genutzten Räumen einschließlich der Flure vorausgesetzt werden können.

Einbaubereich II:

Bereiche mit großen Menschenansammlungen, wie sie z. B. in größeren Versammlungs- und Schulräumen, Hörsälen, Ausstellungs- und Verkaufsräumen und ähnlich genutzten Räumen vorausgesetzt werden müssen.

Für die Versuchsdurchführung sind das statische System und die Belastung nach **Abb. D.2.9** maßgebend.

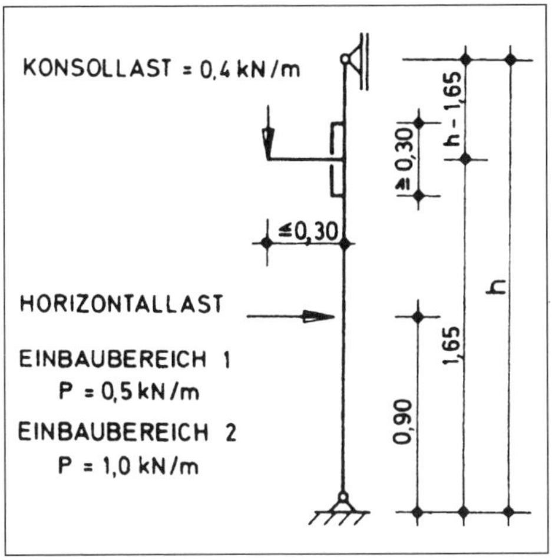

Abb. D.2.9 Einbaubereiche

Aufgrund neuer Forschungsergebnisse hat die DGfM (Deutsche Gesellschaft für Mauerwerksbau e.V.) ein Merkblatt über „Nichttragende innere Trennwände aus Mauerwerk“ herausgegeben. Die folgenden Tafeln basieren auf diesem Merkblatt.

Tafel D.2.3 Grenzabmessungen für vierseitig[1] gehaltene Wände ohne Auflast[2]

d cm	max. Wandlänge in m (Tabellenwerte) im Einbaubereich I (oberer Wert)/Einbaubereich II (unterer Wert) bei einer Wandhöhe in m					
	2,5	3,0	3,5	4,0	4,5	≤ 6,0
5,0	3,0 1,5	3,5 2,0	4,0 2,5	– –	– –	– –
6,0	4,0 2,5	4,5 3,0	5,0 3,5	5,5 –	– –	– –
7,0	5,0 3,0	5,5 3,5	6,0 4,0	6,5 4,5	7,0 5,0	– –
9,0	6,0 3,5	6,5 4,0	7,0 4,5	7,5 5,0	8,0 5,5	– –
10,0	7,0 5,0	7,5 5,5	8,0 6,0	8,5 6,5	9,0 7,0	– –
11,5	10,0 6,0	10,0 6,5	10,0 7,0	10,0 7,5	10,0 8,0	– –
17,5	12,0 12,0	12,0 12,0	12,0 12,0	12,0 12,0	12,0 12,0	12,0 12,0

Fußnoten siehe Seite D.25

Tafel D.2.4 Grenzabmessungen für vierseitig[1)] gehaltene Wände mit Auflast[3)4)]

d cm	max. Wandlänge in m (Tabellenwerte) im Einbaubereich I (oberer Wert)/Einbaubereich II (unterer Wert) bei einer Wandhöhe in m					
	2,5	3,0	3,5	4,0	4,5	56,0
5,0	5,5 2,5	6,0 3,0	6,9 3,5	– –	– –	– –
6,0	6,0 4,0	6,5 4,5	7,0 5,0	– –	– –	– –
7,0	8,0 5,5	8,5 6,0	9,0 6,5	9,5 7,0	– 7,5	– –
9,0	12,0 7,0	12,0 7,5	12,0 8,0	12,0 8,5	12,0 9,0	– –
10,0	12,0 8,0	12,0 8,5	12,0 9,0	12,0 9,5	12,0 10,0	– –
11,5	12,0 12,0	12,0 12,0	12,0 12,0	12,0 12,0	12,0 12,0	– –
17,5	12,0 12,0	12,0 12,0	12,0 12,0	12,0 12,0	12,0 12,0	12,0 12,0
24,0	12,0 12,0	12,0 12,0	12,0 12,0	12,0 12,0	12,0 12,0	12,0 12,0

Hinweis: Die Stoßfugen sind zu vermörteln. Ausnahmen s. Merkblatt DGfM, Abschnitt 9.

Tafel D.2.5 Grenzabmessungen für dreiseitig gehaltene Wände (der obere Rand ist frei) mit Auflast[3)5)]

d cm	max. Wandlänge in m (Tabellenwerte) im Einbaubereich I (oberer Wert)/Einbaubereich II (unterer Wert) bei einer Wandhöhe in m							
	2,0	2,25	2,5	3,0	3,5	4,0	4,5	≤6,0
5,0	3,0 1,5	3,5 2,0	4,0 2,5	5,0 –	6,0 –	–	– –	– –
6,0	5,0 2,5	5,5 3,0	6,0 3,5	7,0 4,0	8,0 4,5	9,0 –	– –	– –
7,0	7,0 3,5	7,5 3,5	8,0 4,0	9,0 4,5	10,0 5,0	10,0 6,0	10,0 7,0	– –
9,0	8,0 4,0	8,5 4,0	9,0 5,0	10,0 6,0	10,0 7,0	12,0 8,0	12,0 9,0	– –
10,0	8,0 5,0	9,0 5,0	10,0 6,0	12,0 7,0	12,0 8,0	12,0 9,0	12,0 10,0	– –
11,5	8,0 6,0	9,0 6,0	10,0 7,0	12,0 8,0	12,0 9,0	12,0 10,0	12,0 10,0	– –
17,5	12,0 8,0	12,0 9,0	12,0 10,0	12,0 12,0	12,0 12,0	12,0 12,0	12,0 12,0	12,0 12,0
24,0	12,0 8,0	12,0 9,0	12,0 10,0	12,0 12,0	12,0 12,0	12,0 12,0	12,0 12,0	12,0 12,0

Hinweis: Die Stoßfugen sind zu vermörteln.

2.2.4 Zweischalige Außenwände

2.2.4.1 Allgemeines

Nach dem Wandaufbau wird unterschieden zwischen zweischaligen Außenwänden

- mit Luftschicht
- mit Luftschicht und Wärmedämmung
- mit Kerndämmung
- mit Putzschicht.

Bei der Bemessung ist als Wanddicke nur die Dicke der tragenden Innenschale anzusetzen.

2.2.4.2 Mindestdicken

Die Mindestdicke von tragenden Innenschalen beträgt 11,5 cm. Bei der Anwendung des vereinfachten Berechnungsverfahrens ist Abschnitt D.3.1 zu beachten.

Die Mindestdicke der Außenschale beträgt 9 cm. Dünnere Außenschalen sind Bekleidungen, deren Ausführung in DIN 18 515 geregelt ist. Pfeiler in der Außenschale müssen eine Mindestlänge von 24 cm haben.

D

2.2.4.3 Auflagerung und Abfangung der Außenschalen

- Die Außenschale soll über ihre ganze Länge und vollflächig aufgelagert sein. Bei unterbrochener Auflagerung (z. B. auf Konsolen) müssen in der Abfangebene alle Steine beidseitig aufgelagert sein.
- Außenschalen von 11,5 cm Dicke sollen in Höhenabständen von etwa 12 m abgefangen werden. Ist die 11,5 cm dicke Außenschale nicht höher als zwei Geschosse oder wird sie alle zwei Geschosse abgefangen, dann darf sie bis zu einem Drittel ihrer Dicke über ihr Auflager vorstehen.
- Außenschalen von weniger als 11,5 cm Dicke dürfen nicht höher als 20 m über Gelände geführt werden und sind in Höhenabständen von etwa 6 m abzufangen. Bei Gebäuden bis zwei Vollgeschossen darf ein Giebeldreieck bis 4 m Höhe ohne zusätzliche Abfangung ausgeführt werden. Diese Außenschalen dürfen maximal 15 mm über ihr Auflager vorstehen. Die Fugen der Sichtflächen von diesen Verblendschalen sollen in Glattstrich ausgeführt werden.

Fußnoten zu Seiten D.23 und D.24

---

[1] Bei dreiseitiger Halterung (ein freier, vertikaler Rand) sind die max. Wandlängen zu halbieren.

[2] Für Porenbeton gelten die angegebenen Werte bei Verwendung von Normalmörtel der MG III oder Dünnbettmörtel. Bei Wanddicken < 17,5 cm und Verwendung der MG II oder IIa sind die Werte für die max. Wandlängen zu halbieren.

[3] Für Kalksandsteine gelten die angegebenen Werte bei Verwendung von Normalmörtel der Mörtelgruppe III (trockene Kalksandsteine sind vorzunässen) oder Dünnbettmörtel bei Wanddicken < 11,5 cm. Bei Wanddicken ≥ 11,5 ist Normalmörtel mindestens der Mörtelgruppe IIa oder Dünnbettmörtel zu verwenden (trockene Kalksandsteine sind vorzunässen).

[4] Für Porenbeton gelten die angegebenen Werte bei Verwendung von Normalmörtel der MG III oder Dünnbettmörtel. Bei Wanddicken ≥ 11,5 cm ist auch Normalmörtel min. der MG II zulässig. Werden Wanddicken ≥ 10 cm mit Normalmörtel der MG II und IIa ausgeführt, so sind die Werte für die max. Wandlängen zu halbieren.

[5] Für Porenbeton gelten die angegebenen Werte bei Verwendung von Normalmörtel der Mörtelgruppe III oder Dünnbettmörtel. Bei Verwendung der Mörtelgruppen II und IIa sind die Werte wie folgt abzumindern:
a) bei 5, 6 und 7 cm dicken Wänden auf 40 %
b) bei 9 und 10 cm dicken Wänden auf 50 %
c) bei 11,5 cm dicken Wänden im Einbaubereich II auf 50 % (keine Abminderung im Einbaubereich I). Die Reduzierung der Wandlängen ist nicht erforderlich bei Verwendung von Dünnbettmörteln oder Mörteln der Gruppe III. Bei Verwendung der Mörtelgruppe III sind die Steine vorzunässen.

2.2.4.4 Verankerung der Außenschale

- Die Mauerwerksschalen sind durch Drahtanker aus nichtrostendem Stahl nach DIN 17 440, Werkstoff-Nr. 1.4401 oder 1.4571, zu verbinden (siehe Tafel D.2.6). Die Drahtanker müssen in Form und Maßen der **Abb. D.2.10** entsprechen. Der vertikale Abstand der Drahtanker soll höchstens 500 mm, der horizontale Abstand höchstens 750 mm betragen. Werden die Drahtanker in Leichtmörtel verlegt, so ist LM 36 erforderlich. Drahtanker in Leichtmörtel LM 21 bedürfen einer anderen Verankerungsart, die im Einzelfall statisch nachzuweisen ist.
- An allen freien Rändern (von Öffnungen, an Gebäudeecken, entlang von Dehnungsfugen und an den oberen Enden der Außenschalen) sind zusätzlich zu den Angaben in Tafel D.2.6 drei Drahtanker je m Randlänge anzuordnen.

Tafel D.2.6 Mindestanzahl und Durchmesser von Drahtankern je m² Wandfläche

	Drahtanker	
	Mindestanzahl	Durchmesser in mm
Mindestens, sofern nicht die beiden folgenden Zeilen maßgebend sind	5	3
Wandbereich höher als 12 m über Gelände oder Abstand der Mauerwerksschalen über 70 bis 120 mm	5	4
Abstand der Mauerwerksschalen über 120 bis 150 mm	7 oder 5	4 5
Bei zweischaligen Außenwänden mit Putzschicht genügt grundsätzlich eine Drahtankerdicke von 3 mm.		

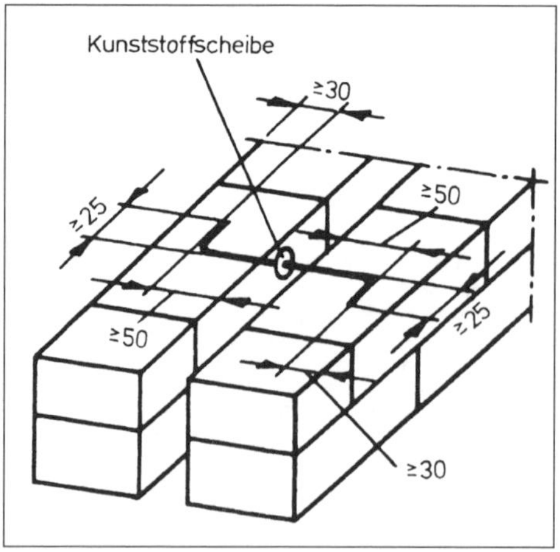

Abb. D.2.10 Drahtanker für zweischaliges Mauerwerk für Außenwände

- Andere Verankerungsarten der Drahtanker sind zulässig, wenn durch Prüfzeugnis nachgewiesen wird, dass diese Verankerungsart eine Zug- und Druckkraft von mindestens 1 kN bei 1,0 mm Schlupf je Drahtanker aufnehmen kann. Wird einer dieser Werte nicht erreicht, so ist die Anzahl der Drahtanker entsprechend zu erhöhen.

Die Drahtanker sind unter Beachtung ihrer statischen Wirksamkeit so auszuführen, dass sie keine Feuchte von der Außen- zur Innenschale leiten können (z. B. Aufschieben einer Kunststoffscheibe, siehe **Abb. D.2.10**).

Andere Ankerformen (z. B. Flachstahlanker) und Dübel im Mauerwerk sind zulässig, wenn deren Brauchbarkeit nach den bauaufsichtlichen Vorschriften nachgewiesen ist, z. B. durch eine allgemeine bauaufsichtliche Zulassung.

Bei nichtflächiger Verankerung der Außenschale, z. B. linienförmig oder nur in Höhe der Decken, ist ihre Standsicherheit nachzuweisen.

Hierbei kann es hilfreich sein, die Tafel D.2.2 mit einzubeziehen.

Bei gekrümmten Mauerwerksschalen sind Art, Anordnung und Anzahl der Anker unter Berücksichtigung der Verformung festzulegen.

2.2.4.5 Überdeckung von Öffnungen

Tür- und Fensterstürze sind in der Regel nachzuweisen. Bei lichten Weiten bis zu ca. 1,2 m kann auf den Nachweis verzichtet werden, wenn ein scheitrechter Bogen mit einem Gewölbestich von 1/50 der Lichtweite ausgeführt wird. Diese Konstruktion ist jedoch nur möglich, wenn seitlich des Sturzes genügend Mauerwerk zur Aufnahme des Horizontalschubs vorhanden ist. Richtwerte hierfür findet man im Abschnitt D.2.3.

Für Stützweiten bis zu 3 m kann man die Öffnungen mit „Flachstürzen“ überdecken. Hierbei wird Zuggurt aus Stahlbeton mit Schalen aus Leichtbeton, Kalksandstein, Ziegeln und dergleichen als Fertigteil hergestellt und beim Einbau zum Zusammenwirken mit einer „Druckzone“ aus Mauerwerk gebracht. Maßgebend dafür sind die Richtlinien für die Bemessung und Ausführung von „Flachstürzen“ (vgl. auch Abschnitt F.7). Nicht alle Werke, die Mauersteine herstellen, fertigen auch Flachstürze. Daher sollte man schon bei der Auswahl der Steine auf die Möglichkeit achten, auch Flachstürze mit der gleichen Oberfläche und Farbe geliefert zu bekommen. Bei größeren Stützweiten sind bis zur ausreichenden Erhärtung des Mauerwerks Montagestützen anzuordnen.

Eine Überdeckung von größeren Öffnungen ist auch problemlos durch Stürze aus bewehrtem Mauerwerk gemäß DIN 1053-3 möglich. Allerdings muss als Bewehrung korrosionsgeschützter Stahl verwendet werden. Es gibt inzwischen folgende Zulassungen: MURFOR-Bewehrungselemente (Bekaert Deutschland, Dietrich-Bonhoeffer-Str. 4, 61350 Bad Homburg); ELMCO-Ripp-Bewehrungssystem (Elmenhorst), Osterbrooksweg 85, 22869 Schenefeld); MOSO-Lochband (Modersohn, Eggeweg 2a, 32139 Spenge).

Gelegentlich werden auch nicht rostende Winkelstahlprofile als Sturzträger verwendet. Da der vertikale Schenkel an der Rückseite der Außenschale liegt, sind sie kaum sichtbar. Der Nachteil dieser Konstruktion liegt darin, dass die Lastebene nicht durch den Schubmittelpunkt geht. Dadurch tritt eine Verdrehung des Winkelprofils auf. Es kann daher infolge Verkantung des Winkels zu Rissen in der unteren Mauerwerksfuge kommen.

2.3 Lastannahmen

Bei Hoch- und Ingenieurbauten gilt für die Aufstellung der Lastannahmen die Norm DIN 1055, soweit bei Ingenieurbauten keine Sondervorschriften maßgebend oder besondere Lasten berücksichtigt werden müssen.

Der „Lastfall“ Temperatur erzeugt bei statisch bestimmten Konstruktionen keine Schnittgrößen, aber Verformungen. Um daraus resultierende Schäden zu vermeiden, sind gegebenenfalls konstruktive Maßnahmen (z. B. Dehnungsfugen) erforderlich. Bei statisch unbestimmten Konstruktionen ergeben sich aus dem „Lastfall“ Temperatur zusätzliche Schnittgrößen, die bei größeren Gewölben und Bogen berücksichtigt werden sollten.

Nicht nur infolge Temperatur, sondern auch durch Schwinden und Kriechen können durch die starre Verbindung von Baustoffen mit unterschiedlichem Verformungsverhalten erhebliche Zwängungen auftreten. Hierdurch entstehen zusätzliche Spannungen und Verformungen, die zu Schäden im Mauerwerk führen können. Bei größeren zu erwartenden Zwängungen kann eine konstruktive Bewehrung sinnvoll sein, um einer Rissbildung im Mauerwerk entgegenzuwirken (vgl. [Schubert u. a.]). Weitere Empfehlungen über konstruktive Maßnahmen zur Vermeidung von Schäden sind [Schubert u. a.] zu entnehmen.

Bei Sturz- und Abfangeträgern brauchen nur die Lasten gemäß **Abb. D.2.11a bis c** angesetzt zu werden.

Deckenlasten oberhalb des Belastungsdreiecks brauchen nicht berücksichtigt zu werden. Gleichmäßig verteilte Deckenlasten[1)] innerhalb des Dreiecks brauchen nur mit dem Teil als Belastung angesetzt zu werden, der sich im Belastungsdreieck befindet (**Abb. D.2.11b**).

Im Falle der **Abb. D.2.11c** ist Folgendes zu beachten: Für Einzellasten, die innerhalb oder in der Nähe des Belastungsdreiecks liegen, darf eine Lastverteilung von 60° angenommen werden. Liegen Einzellasten außerhalb des Belastungsdreiecks, so brauchen sie nur berücksichtigt zu werden, wenn sie noch innerhalb der Stützweite des Trägers und unterhalb einer Waagerechten angreifen, die 25 cm über der Dreiecksspitze liegt. Solchen Einzellasten ist die Eigenlast des waagerecht schraffierten Mauerwerks zuzuschlagen.

Voraussetzung für die verminderten Lastannahmen entsprechend den **Abbn. D.2.11a bis c** ist, dass sich oberhalb und neben dem Träger und der Belastungsfläche ein Gewölbe ausbilden kann. Es dürfen also keine störenden Öffnungen vorhanden sein, und der Gewölbeschub muss vom angrenzenden Mauerwerk aufgenommen werden können. Eine grobe Abschätzung für die hierzu erforderlichen Abmessungen des ungestörten Mauerwerks neben und über der Öffnung findet man in der Vorschrift 158 (Ausgabe 1985) der Staatlichen Bauaufsicht (ehemals DDR); siehe **Abb. D.2.12** und Tabelle.

Grundsätzlich ist es auch möglich, den Gewölbeschub durch ein „Zugband“ aufzunehmen (z. B. Stahlbetonplatte mit zusätzlicher Zugbewehrung). Hierbei muss jedoch gewährleistet sein, dass der Gewölbeschub durch Reibung und Haftung auf einer ausreichend langen Strecke in das „Zugband“ eingeleitet werden kann.

2.4 Lastermittlung/Auflagerkräfte

2.4.1 Allgemeines

Die Gesamtbelastung einer Wand oder eines Pfeilers setzt sich aus folgenden Anteilen zusammen:

- Eigenlast der Wand bzw. des Pfeilers
- Eigenlast aller die Wand (den Pfeiler) belastenden Bauteile (z. B. Decken, Unterzüge, Wände oder Pfeiler oberhalb der betrachteten Wand, Dachtragwerke)
- Nutzlast aller die Wand (den Pfeiler) belastenden Bauteile. Hierzu gehören auch „Unbelastete leichte Trennwände“ nach DIN 1055-3,
- horizontale Lasten (z. B. aus Wind, Erddruck, Wasserdruck).

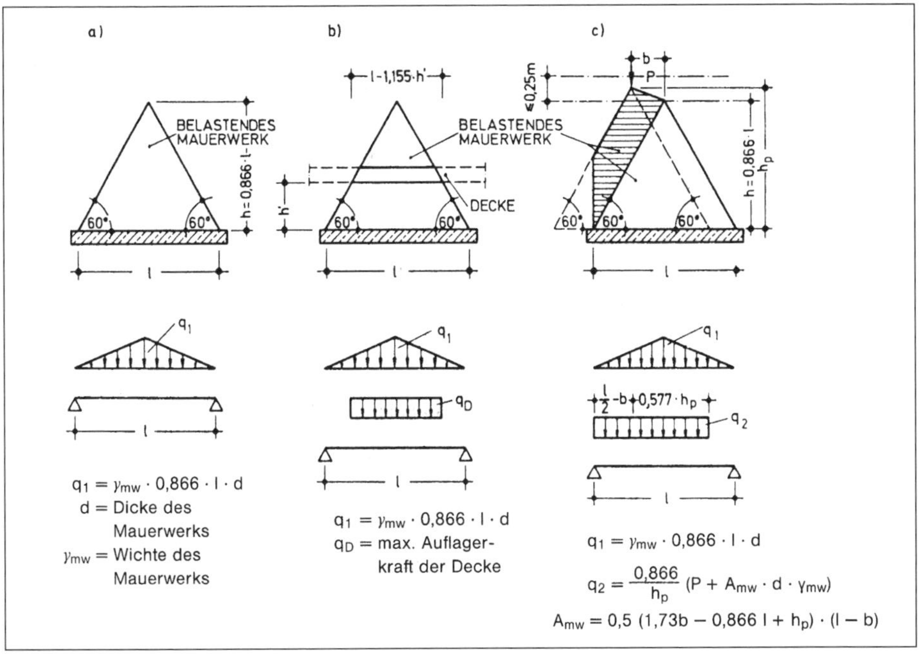

Abb. D.2.11 Gewölbewirkung bei Mauerwerksöffnungen

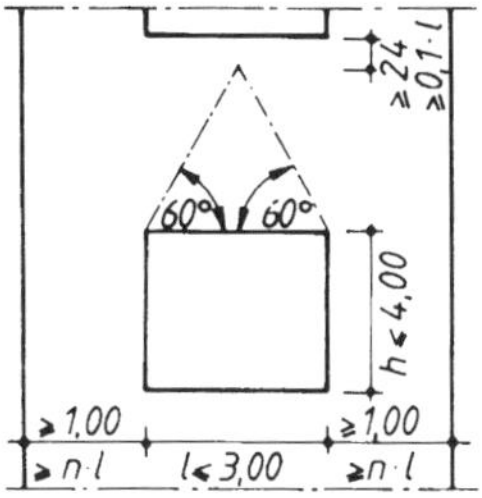

h/l	n
0,85	0,4
1,2	0,5
1,6	0,6
2,0	0,7
2,5	0,8
3,0	0,9
3,6	1,0

Abb. D.2.12 Mindestwandflächen bei Gewölbebewirkung

D

2.4.2 Mauerwerkskörper rechtwinklig zu einachsig gespannten Decken

Die Auflagerkräfte von einachsig gespannten Platten oder Balken werden in der Regel nach Verfahren ermittelt, die auf der Elastizitätstheorie beruhen (z. B. Kraftgrößen-Verfahren, Cross, Kani, Tabellen). Die Auflagerkräfte dürfen jedoch näherungsweise auch so berechnet werden, als ob die Tragwerke über den Innenstützen gestoßen und frei drehbar gelagert sind (Gelenke). Bei der ersten Innenstütze muss jedoch die Durchlaufwirkung immer und bei den übrigen Innenstützen dann berücksichtigt werden, wenn das Verhältnis benachbarter Felder kleiner als 0,7 ist.

2.4.3 Mauerwerkskörper parallel zu einachsig gespannten Decken

In Wandbereichen, die parallel zur Deckenspannrichtung verlaufen, sind ungewollte Deckenlasten als Wandbelastung anzusetzen. Es ist i. Allg. ausreichend, je Wandseite einen 1 m breiten Deckenstreifen (Eigenlast und Nutzlast) in Rechnung zu stellen.

2.4.4 Zweiachsig gespannte Decken

Bei zweiachsig gespannten Stahlbetonplatten, die durch eine gleichmäßig verteilte Last belastet sind, können die Auflagerkräfte aus den Lastanteilen ermittelt werden, die sich aus der Zerlegung der Grundrissfläche in Dreiecke und Trapeze ergeben. Stoßen an einer Ecke zwei Plattenränder mit gleichartiger Stützung zusammen, so beträgt der Zerlegungswinkel 45°. Stößt ein voll eingespannter mit einem frei aufliegenden Rand zusammen, so beträgt der Zerlegungswinkel auf der Seite der Einspannung 60° (vgl. **Abb. D.2.13**). Bei teilweiser Einspannung dürfen die Winkel zwischen 45° und 60° angenommen werden (DIN 1045, 20.1.5). In [Schneider 06], [Holschemacher 07] sind die anzunehmenden Ersatzlastbilder zusammengestellt. Häufig ist es baupraktisch sinnvoll, die dreieck- bzw. trapezförmigen Lastbilder in „auf der sicheren Seite liegende" rechteckförmige Lastbilder umzuwandeln.

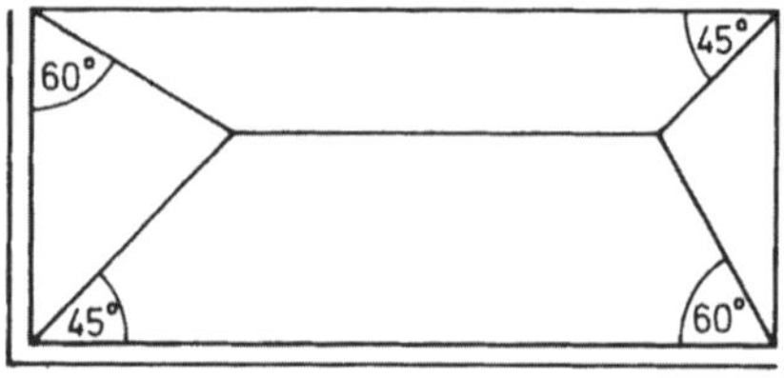

Abb. D.2.13 Auflagerkräfte bei zweiachsig gespannten Platten

3 Vereinfachtes*) Berechnungsverfahren nach DIN 1053-1

3.1 Anwendungsgrenzen für das vereinfachte Berechnungsverfahren

Alle Bauwerke, die innerhalb der im Folgenden zusammengestellten Anwendungsgrenzen liegen, dürfen mit dem *vereinfachten Verfahren* berechnet werden. Es ist selbstverständlich auch eine Berechnung nach dem *genaueren Verfahren* (vgl. [Schubert u. a.]) möglich. Befindet sich das

*) Die in diesem Kapitel neben den Bemessungsgrundlagen dargestellten allgemeinen statischen Grundlagen (z. B. „klaffende Fugen", Lastverteilung) gelten selbstverständlich auch bei der Anwendung des „genaueren Verfahrens".

Mauerwerk außerhalb der Anwendungsgrenzen, *muss* es nach dem genaueren Verfahren gerechnet werden. Im Einzelnen müssen für die Anwendung des *vereinfachten Berechnungsverfahrens* die folgenden Voraussetzungen erfüllt sein:

- Gebäudehöhe < 20 m über Gelände
  (Bei geneigten Dächern darf die Mitte zwischen First- und Traufhöhe zugrunde gelegt werden.)
- Verkehrslast $p \leq 5{,}0$ kN/m²
- Deckenstützweiten $l \leq 6{,}0$ m[1)]
  (Bei zweiachsig gespannten Decken gilt für l die kleinere Stützweite.)
- Innenwände
  Wanddicke 11,5 cm $\leq d <$ 24 cm: lichte Geschosshöhe $h_s \leq 2{,}75$ m
  $d \geq$ 24 cm: h_s ohne Einschränkung
- Einschalige Außenwände
  Wanddicke 17,5 cm[2)] $\leq d <$ 24 cm: lichte Geschosshöhe h_s 2,75 m
  Wanddicke $d \geq$ 24 cm: $h_s \leq 12\,d$
- Zweischalige Außenwände und Haustrennwände
  Tragschale 11,5 cm $\leq d <$ 24 cm: lichte Geschosshöhe $h_s \leq 2{,}75$ m
  Tragschale $d \geq$ 24 cm: lichte Geschosshöhe $h_s \leq 12\,d$

  Zusätzliche Bedingung, wenn $d = 11{,}5$ cm:

  a) maximal 2 Vollgeschosse zuzüglich ausgebautem Dachgeschoss
  b) Verkehrslast einschließlich Zuschlag für unbelastete Trennwände $q \leq 3$ kN/m²
  c) Abstand der aussteifenden Querwände
     $e \leq 4{,}50$ m bzw. Randabstand $\leq 2{,}0$ m
- Als horizontale Lasten dürfen nur Wind oder Erddruck angreifen.
- Es dürfen keine größeren planmäßigen Exzentrizitäten eingeleitet werden.[3)]

Tafel D.3.1 β-Werte für drei- und vierseitig gehaltene Wände

b' in m	0,65	0,75	0,85	0,95	1,05	1,15	1,25	1,40	1,60	1,85	2,20	2,80
β	0,35	0,40	0,45	0,50	0,55	0,60	0,65	0,70	0,75	0,80	0,85	0,90
b in m	2,00	2,25	2,50	2,80	3,10	3,40	3,80	4,30	4,80	5,60	6,60	8,40

1) Es dürfen auch Stützweiten $l > 6$ m vorhanden sein, wenn die Deckenauflagerkraft durch Zentrierung mittig eingeleitet wird (Verringerung des Einflusses des Deckendrehwinkels).

2) Bei eingeschossigen Garagen und vergleichbaren Bauwerken, die nicht zum dauernden Aufenthalt von Menschen dienen, ist auch $d = 11{,}5$ cm zulässig.
Anmerkungen des Autors: Da es sich bei dieser Einschränkung nicht um statische Gründe handeln kann (auch Garagen oder Ställe müssen standsicher sein), sondern um feuchtigkeitstechnische (z. B. Schlagregenschutz), bestehen nach Auffassung des Autors keine Bedenken, einschalige Außenwände mit $d = 11{,}5$ cm auszuführen, wenn die bauphysikalischen Anforderungen erfüllt sind.

3) *Anmerkungen des Autors:* Was sind *größere* planmäßige Exzentrizitäten? Diese Frage wird in der Norm nicht eindeutig beantwortet. In vielen Diskussionen unter Fachleuten hat sich folgende baupraktisch sinnvolle Regelung herauskristallisiert: Lässt sich eine exzentrisch beanspruchte Mauerwerkskonstruktion rechnerisch für das vereinfachte Verfahren nachweisen (Nachweis der Auflagerpressung und Nachweis in halber Geschosshöhe bei einseitiger Lastverteilung unter 60°), so handelt es sich um keine *größere* Exzentrizität. Vgl. auch Abschn. D.3.3.13, Zahlenbeispiel 2.

3.2 Knicklängen

3.2.1 Allgemeines

Für die Berechnung einzelner Mauerwerkskörper (Wände, Wandstücke, Pfeiler) ist es nicht entscheidend, ob diese „ausgesteift" oder „nicht ausgesteift" sind. Es ist lediglich festzustellen, ob die Mauerwerkskörper zweiseitig, dreiseitig oder vierseitig gehalten sind.

Die Knicklängen sind gemäß den folgenden Abschnitten zu ermitteln. Sollte sich im Einzelfall bei einer dreiseitig gehaltenen Wand eine größere Knicklänge ergeben als mit den Formeln für zweiseitig gehaltene Wände, so darf mit der kleineren Knicklänge weiter gerechnet werden.

Die Formeln für die Ermittlung der Knicklänge ergeben sich aus Vereinfachungen der Formeln im genaueren Verfahren. Für zweiseitig gehaltene Baukörper wurde die Wirkung einer elastischen Einspannung berücksichtigt, während bei drei- und vierseitig gehaltenen Wänden immer gelenkige Halterungen zugrunde gelegt werden. Hier gibt es über den Einfluss von elastisch eingespannten Halterungen noch keine gesicherten wissenschaftlichen Erkenntnisse.

Tafel D.3.2 Grenzwerte für b' und b in m

Wanddicke in cm	11,5	17,5	24	30
max $b' = 15\,d$	1,75	2,60	3,60	–
max $b = 30\,d$	3,45	5,25	7,20	9,00

3.2.2 Zweiseitig gehaltene Wände

- Allgemein: $h_k = h_s$
- Bei Einspannung der Wand in flächig aufgelagerten Massivdecken: $h_k = \beta \cdot h_s$

für β gilt:

β	Wanddicke d in mm
0,75	≤ 175
0,90	$175 < d < 250$
1,00	> 250

- Abminderung der Knicklänge nur zulässig, wenn als horizontale Last nur Wind vorhanden ist und folgende Mindestauflagertiefen gegeben sind:

Wanddicke d in mm	Auflagertiefe a in mm
$= 240$	≤ 175
< 240	$= d$

3.2.3 Drei- und vierseitig gehaltene Wände

- Für die Knicklänge gilt: $h_K = \beta \cdot h_s$
  - wenn $h_s \leq 3{,}50$ m, β nach Tafel D.3.1

- wenn $b > 30\,d$ bzw. $b' > 15\,d$, Wände wie zweiseitig gehalten berechnen
- ein Faktor β größer als bei zweiseitiger Halterung braucht nicht angesetzt zu werden.

- Schwächung der Wände durch Schlitze oder Nischen:
  a) vertikal in Höhe des mittleren Drittels: d = Restwanddicke oder freien Rand annehmen
  b) unabhängig von der Lage eines vertikalen Schlitzes oder einer Nische Wandöffnung annehmen, wenn Restwanddicke $d < 1/2$ Wanddicke oder < 115 mm ist.

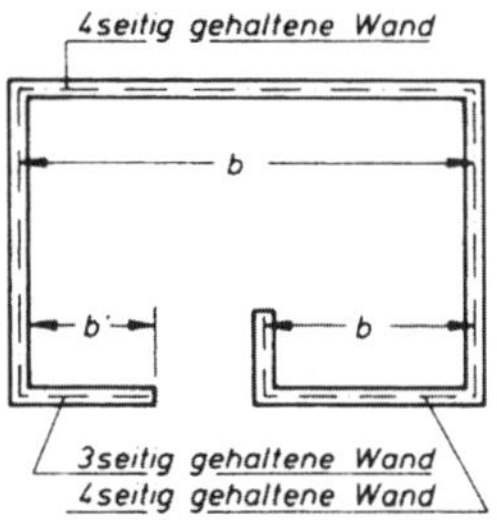

- Öffnungen in Wänden
  Bei Wänden, deren Öffnungen
  - in ihrer lichten Höhe > 1/4 der Geschosshöhe oder
  - in ihrer lichten Breite > 1/4 der Wandbreite
    oder
  - in ihrer Gesamtfläche > 1/10 der Wandfläche sind, gelten die Wandteile
    - zwischen der Wandöffnung und der aussteifenden Wand als dreiseitig
    - zwischen den Wandöffnungen als zweiseitig gehalten.

3.2.4 Halterung zur Knickaussteifung bei Öffnungen

Als unverschiebliche Halterungen für belastete Wände dürfen Deckenscheiben und aussteifende Querwände oder andere ausreichend steife Bauteile angesehen werden.

Bei einseitig angeordneten Querwänden darf unverschiebliche Halterung der belasteten Wand nur angenommen werden, wenn Wand und Querwand aus Baustoffen annähernd gleichen Verformungsverhaltens gleichzeitig im Verband hochgeführt werden und wenn ein Abreißen der Wände infolge stark unterschiedlicher Verformung nicht zu erwarten ist oder wenn die zug- und druckfeste Verbindung durch andere Maßnahmen gesichert ist. Beidseitig angeordnete Querwände, deren Mittelebenen gegeneinander um mehr als die dreifache Dicke der auszusteifenden Wand versetzt sind, sind wie einseitig angeordnete Querwände zu behandeln.

Aussteifende Wände müssen mindestens eine wirksame Länge von 1/5 der lichten Geschosshöhe und eine Dicke von 1/3 der Dicke der belasteten Wand, jedoch mindestens 11,5 cm haben.

Befinden sich in der aussteifenden Wand Öffnungen, so muss die Länge des im Bereich der zu haltenden (belasteten) Wand verbleibenden Wandteils ohne Öffnungen so groß wie nach **Abb. D.3.1** sein. Bei Fenstern gilt die jeweilige lichte Höhe als h_1 und h_2.

Bei beidseitig angeordneten, nicht versetzbaren Querwänden darf auf das gleichzeitige Hochführen der beiden Wände im Verband verzichtet werden, wenn jede der beiden Querwände den vorstehend genannten Bedingungen für aussteifende Wände genügt. Auf Konsequenzen aus unterschiedlichen Verformungen und aus bauphysikalischen Anforderungen ist in diesem Fall besonders zu achten.

Werden Halterungen als Knickaussteifung von belasteten Wänden statt von Querwänden durch andere aussteifende Bauteile (z. B. Aussteifungsstützen) gebildet, so ist auf Folgendes zu achten: Stahlbeton- oder Stahlstützen müssen oben und unten unverschieblich gehalten sein. Die Biegesteifigkeit *EI* der Stützen sollte in etwa der Biegesteifigkeit einer Mauerwerksvorlage (Breite = $h_s/5$) entsprechen. Bei einer Wandhöhe von 2,7 m würde z. B. eine Stahlstütze IPBv 120 ausreichen.

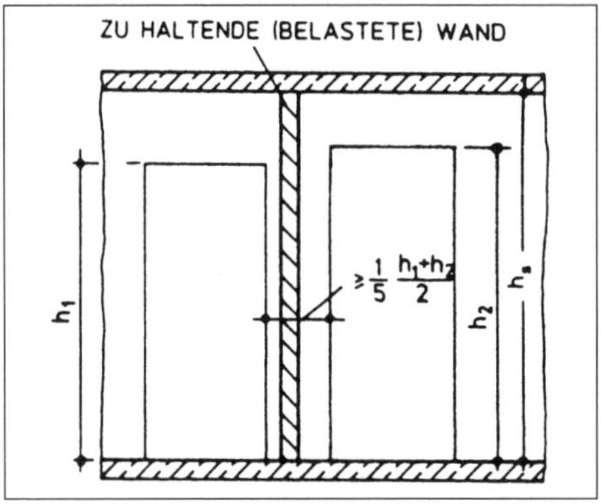

Abb. D.3.1 Mindestlänge einer knickaussteifenden Wand bei Öffnungen

3.3 Bemessung von Mauerwerkskonstruktionen nach dem vereinfachten Verfahren

3.3.1 Allgemeines

Die Anwendungsgrenzen für das *vereinfachte Verfahren* sind dem Abschnitt D.3.1 zu entnehmen.

Hier wird nochmal auf den letzten Punkt eingegangen:

„Es dürfen keine Lasten mit größeren planmäßigen Exzentrizitäten eingeleitet werden." Sind Wandachsen infolge von Änderungen der Wanddicken versetzt, so gilt dies nicht als „größere Exzentrizität", wenn der Querschnitt der dickeren Wand den Querschnitt der dünneren Wand umschreibt. Ebenso handelt es sich nicht um eine „größere Exzentrizität", wenn bei einer exzentrisch angreifenden Last und einer Lastverteilung von 60° in der Mitte des Mauerwerkskörpers ein Spannungsnachweis geführt werden kann.

3.3.2 Grundprinzip der Bemessung nach dem vereinfachten Verfahren

Beim *vereinfachten Verfahren* brauchen Einflüsse aus Beanspruchungen wie Biegemomente infolge Deckeneinspannungen, ungewollte Exzentrizitäten, Knicken oder Wind auf Außenwände (vgl. jedoch Abschnitt D.2.1.2) bei der Spannungsermittlung nicht berücksichtigt zu werden.

Diese Einflüsse sind durch den Sicherheitsabstand des Grundwertes der zulässigen Spannungen σ_0 (vgl. Abschnitt D.3.3.4), durch den Abminderungsfaktor k (vgl. Abschnitt D.3.3.5) sowie durch konstruktive Regeln und Grenzen (vgl. Abschnitt D.3.1) abgedeckt.

Es gilt in der Regel das einfache Bemessungsprinzip:

$$\sigma = \frac{F}{A} \leq \text{zul}\,\sigma$$

Greifen jedoch größere Horizontallasten an oder werden Vertikallasten mit größerer planmäßiger Exzentrizität eingeleitet, so ist der Spannungsnachweis nach dem *genaueren Verfahren* zu führen.

3.3.3 Spannungsnachweis bei zentrischer und exzentrischer Druckbeanspruchung

Auf der Grundlage einer linearen Spannungsverteilung ist der Spannungsnachweis unter Ausschluss von Zugspannungen zu führen (klaffende Fugen maximal bis zur Schwerpunktmitte des Querschnitts zulässig, vgl. auch Abschnitt D.3.3.7). Es ist nachzuweisen, dass die folgenden zulässigen Druckspannungen nicht überschritten werden:

$$\text{zul}\,\sigma = k \cdot \sigma_0$$

σ_0 Grundwerte der zulässigen Druckspannungen nach Tafel D.3.3
k Abminderungsfaktor nach Abschnitt D.3.3.5

Tafel D.3.3 Grundwerte der zulässigen Druckspannungen σ_0 in MN/m² für Rezeptmauerwerk

Steinfestigkeitsklasse	Normalmörtel mit Mörtelgruppe					Dünnbettmörtel[2)]	Leichtmörtel	
	I	II	IIa	III	IIIa		LM 21	LM 36
2	0,3	0,5	0,5[1)]	–	–	0,6	0,5[3)]	0,5[3)4)]
4	0,4	0,7	0,8	0,9	–	1,1	0,7[5)]	0,8[6)]
6	0,5	0,9	1,0	1,2	–	1,5	0,7	0,9
8	0,6	1,0	12	1,4	–	2,0	0,8	1,0
12	0,8	1,2	1,6	1,8	1,9	2,2	0,9	1,1
20	1,0	1,6	1,9	2,4	3,0	3,2	0,9	1,1
28	–	1,8	2,3	3,0	3,5	3,7	0,9	1,1
36	–	–	–	3,5	4,0	–	–	–
48	–	–	–	4,0	4,5	–	–	–
60	–	–	–	4,5	5,0	–	–	–

1) $\sigma_0 = 0{,}6$ MN/m² bei Außenwänden mit Dicken ≥ 300 mm. Diese Erhöhung gilt jedoch nicht für den Nachweis der Auflagerpressung nach Abschnitt D.3.3.13 und D.3.3.14.
2) Verwendung nur bei Porenbeton-Plansteinen nach DIN 4165 und bei Kalksand-Plansteinen. Die Werte gelten für Vollsteine. Für Kalksand-Lochsteine und Kalksand-Hohlblocksteine nach DIN 106-1 gelten die entsprechenden Werte bei Mörtelgruppe III bis Steinfestigkeitsklasse 20.
3) Für Mauerwerk mit Mauerziegeln nach DIN 105-1 bis 4 gilt $\sigma_0 = 0{,}4$ MN/m².
4) $\sigma_0 = 0{,}6$ MN/m² bei Außenwänden mit Dicken ≥ 300 mm. Diese Erhöhung gilt jedoch nicht für den Nachweis der Auflagerpressung und nicht für den Fall der Fußnote 3.
5) Für Kalksandsteine nach DIN 106-1 der Rohdichteklasse ≥ 0,9 und für Mauerziegel nach DIN 105-1 bis 4 gilt $\sigma_0 = 0{,}5$ MN/m².
6) Für Mauerwerk mit den in Fußnote 5) genannten Mauersteinen gilt $\sigma_0 = 0{,}7$ MN/m².

3.3.4 Grundwerte der zulässigen Druckspannungen σ_0

In der Tafel D.3.3 sind die Grundwerte der zulässigen Druckspannungen für Mauerwerk mit Normal-, Dünnbett- und Leichtmörtel zusammengestellt, in Tafel D.3.4 diejenigen für Mauerwerk nach Eignungsprüfung.

3.3.5 Abminderungsfaktor k

Der Abminderungsfaktor k, der zur Ermittlung der zulässigen Spannung benötigt wird (zul $\sigma = k \cdot \sigma_0$), berücksichtigt folgende Einflüsse:

- Pfeiler/Wand → k_1
- Knicken → k_2
- Deckendrehwinkel (Wandmomente) → k_3

Tafel D.3.4 Grundwerte der zulässigen Druckspannungen σ_0 für Mauerwerk nach Eignungsprüfung

Nennfestigkeit β_M in MN/m²	1,0 bis 9,0	11,0 und 13,0	16,0 bis 25,0
σ_0 in MN/m²	0,35 β_M	0,32 β_M	0,30 β_M
	Abrunden auf 0,01 MN/m²		

Es sind zwei Fälle zu unterscheiden:

- **Wände bzw. Pfeiler als Zwischenauflager**

$$k = k_1 \cdot k_2$$

Als Zwischenauflager zählen:

- Innenauflager von Durchlaufdecken
- beidseitige Endauflager von Decken

- **Wände als einseitiges Endauflager**

$$k = k_1 \cdot k_2 \quad \textit{oder} \quad k = k_1 \cdot k_3$$

Der kleinere Wert ist maßgebend.

Eine Kombination von k_2 und k_3 ist nicht erforderlich, da der Einfluss des Knickens im mittleren Drittel der Wand und der Einfluss des Deckendrehwinkels im oberen bzw. unteren Wandbereich wirksam sind.

- **Ermittlung der einzelnen k_2-Faktoren**[1)]

a) Pfeiler/Wand

Ein Pfeiler im Sinne der Norm liegt vor, wenn $A < 1000$ cm² ist. Pfeiler mit einer Fläche $A < 400$ cm² (Nettofläche) sind unzulässig.

[1)] Die Zahlenwerte bzw. Formeln für die k_i-Faktoren wurden auf der Basis der theoretischen Grundlagen des genaueren Verfahrens ermittelt, vgl. [Schubert u. a.].

1. Wände sowie Pfeiler, die aus einem oder mehreren ungetrennten Steinen bestehen oder aus getrennten Steinen mit einem Lochanteil von < 35 %: $k_1 = 1$
2. Alle anderen *Pfeiler*: $k_1 = 0{,}8$

b) Knicken (h_K = Knicklänge)

$h_K/d \leq 10$	$k_2 = 1{,}0$
$10 < h_K/d < 25$	$k_2 = \dfrac{25 - h_K/d}{15}$

c) Deckendrehwinkel (nur bei Endauflagern)

– Geschossdecken

$l \leq 4{,}20\,\text{m}$	$k_3 = 1{,}0$
$4{,}20\,\text{m} < l \leq 6{,}00\,\text{m}$	$k_3 = 1{,}7 - l/6$

Bei zweiachsig gespannten Platten ist l die kleinere Stützweite.

– *Dackdecken* (oberstes Geschoss)

Für alle l: $k_3 = 0{,}5$

– Bei mittiger Auflagerkrafteinleitung (z. B. Zentrierung): $k_3 = 1$

3.3.6 Zahlenbeispiele

Beispiel 1

Gegeben:

Innenwand: $d = 11{,}5$ cm
lichte Geschosshöhe: $h_s = 2{,}75$ m
Belastung UK Wand: $R = 49{,}6$ kN/m
Stahlbetondecke

Knicklänge: $h_K = \beta \cdot h_s = 0{,}75 \cdot 2{,}75 = 2{,}06$ m

a) $k_1 = 1$ (Wand)

b) $h_K/d = 206/11{,}5 = 17{,}9 > 10$

$$k_2 = \frac{25 - h_K/d}{15} = \frac{25 - 17{,}9}{15} = 0{,}47$$

Ermittlung des Abminderungsfaktors *k*

$k = k_1 \cdot k_2 = 1 \cdot 0{,}47 = \mathbf{0{,}47}$

Spannungsnachweis

$$\sigma = \frac{49{,}6}{100 \cdot 11{,}5} = 0{,}043\ \text{kN/cm}^2 = 0{,}43\ \text{MN/m}^2$$

gew. HLz 12/II

$\sigma_0 = 1{,}2$ MN/m² (aus Tafel D.3.2)

zul $\sigma = k \cdot \sigma_0 = 0{,}47 \cdot 1{,}2 = 0{,}56\ \text{MN/m}^2 > 0{,}43$

Beispiel 2

Gegeben:

Außenwandpfeiler: $b/d = 49/17{,}5$ cm
lichte Geschosshöhe: $h_s = 2{,}75$ m
Stützweite Decke: $l = 4{,}80$ m
Belastung UK Pfeiler: $R = 68$ kN
Stahlbetondecke

Knicklänge: $h_K = \beta \cdot h_s = 0{,}75 \cdot 2{,}75 = 2{,}06$ m

a) $k_1 = 0{,}8$ (Pfeiler, da $A < 1000\ \text{cm}^2$)

b) $h_K/d = 206/17{,}5 = 11{,}8 > 10$

$$k_2 = \frac{25 - h_K/d}{15} = \frac{25 - 11{,}8}{15} = 0{,}88$$

c) $k_3 = 1{,}7 - l/6 = 1{,}7 - 4{,}8/6 = 0{,}9$

Ermittlung des Abminderungsfaktors *k*

$k = k_1 \cdot k_2 = 0{,}8 \cdot 0{,}88 = \mathbf{0{,}70}$
bzw.
$k = k_1 \cdot k_3 = 0{,}8 \cdot 0{,}9 = 0{,}72$

Spannungsnachweis

$$\sigma = \frac{68}{49 \cdot 17{,}5} = 0{,}079\ \text{kN/cm}^2 = 0{,}79\ \text{MN/m}^2$$

gew. KSL 12/II

$\sigma_0 = 1{,}2$ MN/m² (aus Tafel D.3.2)

zul $\sigma = k \cdot \sigma_0 = 0{,}70 \cdot 1{,}2 = 0{,}84\ \text{MN/m}^2 > 0{,}79$

3.3.7 Längsdruck und Biegung/Klaffende Fuge

Bei ausmittiger Druckbeanspruchung oder bei Beanspruchung eines Querschnittes durch Längsdruck *und* ein Biegemoment (Längsdruck mit Biegung) treten bei großer Ausmittigkeit der Druckkraft bzw. bei großem Biegemoment im Mauerwerksquerschnitt Biegezugspannungen auf. Die (geringe) Zugfestigkeit des Mauerwerks darf jedoch in der Regel beim Spannungsnachweis nicht in Rechnung gestellt werden. Daher wird ein Teil des Querschnitts „aufreißen" (klaffende Fuge) und sich somit der Spannungsübertragung entziehen. Nach DIN 1053-1 ist es erlaubt, mit „klaffender Fuge" zu rechnen, wobei sich die Fugen jedoch höchstens bis zur Schwerachse öffnen dürfen.

Rechteckquerschnitte

Für einen Rechteckquerschnitt ergibt sich damit eine zulässige Ausmittigkeit von $e = d/3$ (d = Bauteildicke in Richtung der Ausmittigkeit), vgl. Tafel D.3.4, Zeile 5.

Tafel D.3.5 Randspannungen bei einachsiger Ausmittigkeit für Rechteckquerschnitte (Baustoff ohne rechnerische Zugfestigkeit)

	BELASTUNGS- UND SPANNUNGSSCHEMA	LAGE DER RESULTIERENDEN KRAFT	RANDSPANNUNGEN
1	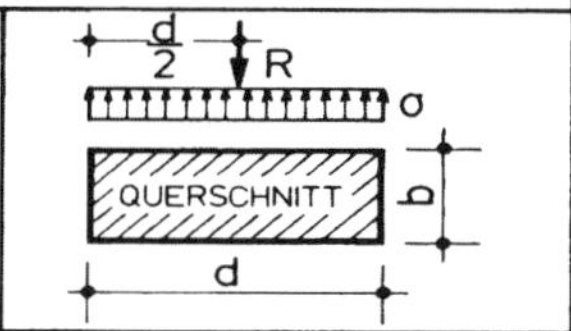	$e = 0$ (R IN DER MITTE)	$\sigma = \frac{R}{bd}$
2	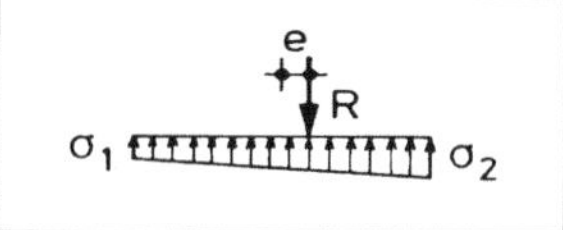	$e < \frac{d}{6}$ (R INNERHALB DES KERNS)	$\sigma_1 = \frac{R}{bd}\left(1 - \frac{6e}{d}\right)$ $\sigma_2 = \frac{R}{bd}\left(1 + \frac{6e}{d}\right)$
3	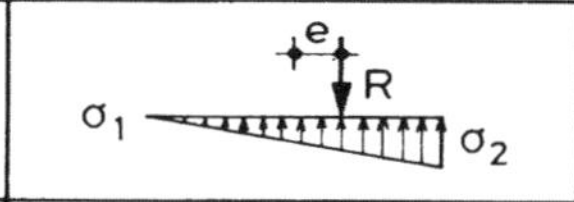	$e = \frac{d}{6}$ (R AUF DEM KERNRAND)	$\sigma_1 = 0$ $\sigma_2 = \frac{2R}{bd}$
4	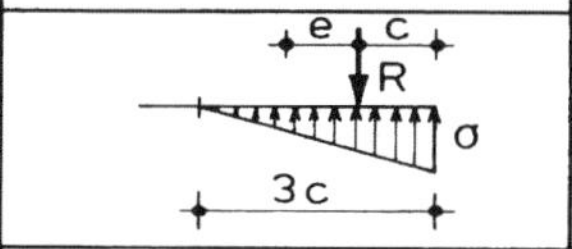	$\frac{d}{6} < e < \frac{d}{3}$ (R AUSSERHALB DES KERNS)	$\sigma = \frac{2R}{3cb}$ $c = \frac{d}{2} - e$
5	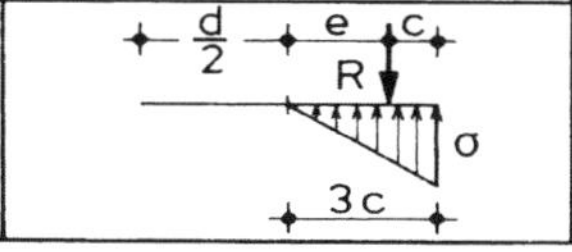	$e = \frac{d}{3}$ (KLAFFUNG BIS ZUR SCHWERACHSE)	$\sigma = \frac{4R}{bd}$

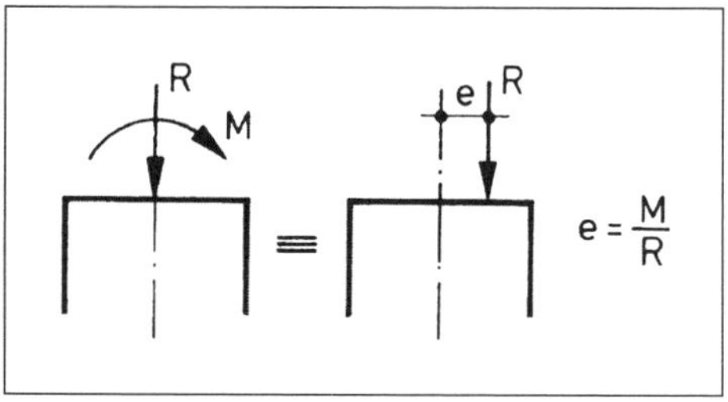

Abb. D.3.2 Umrechnung eines Moments *M* und einer mittigen Längsbelastung *R* in eine ausmittige Längsbelastung *R*

3.3.8 Windbelastung von Wänden/Pfeilern rechtwinklig zur Wandebene („Plattenbeanspruchung“), vgl. [Schubert u. a.]

3.3.9 Frei stehende Mauern, vgl. [Schubert u. a]

3.3.10 Zusätzlicher Nachweis bei Scheibenbeanspruchung

Sind Wandscheiben infolge Windbeanspruchung rechnerisch nachzuweisen, so ist bei klaffender Fuge außer dem Spannungsnachweis ein Nachweis der Randdehnung

$e_R \leq 10^{-4}$

zu führen. Der Elastizitätsmodul für Mauerwerk darf mit zul $E = 3000\,\sigma_0$ angenommen werden.

$\varepsilon_D = \sigma_D/E$, wobei σ_D die rechnerische Kantenpressung im maßgebenden Gebrauchs-Lastfall ist (**Abb. D.3.3**).

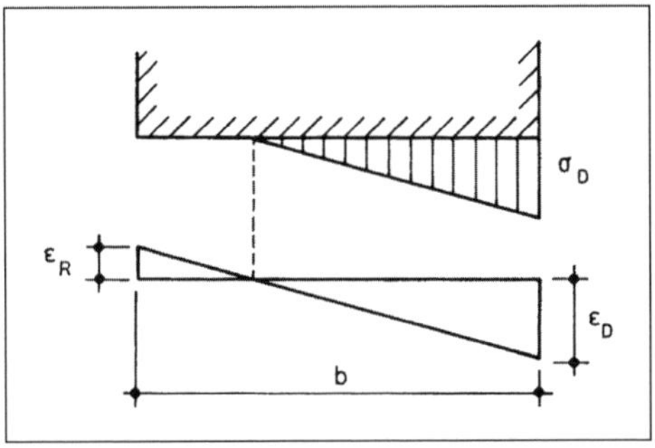

Abb. D.3.3 Zulässige rechnerische Randdehnung bei Scheiben: $\varepsilon_R \leq 10^{-4}$

3.3.11 Zusätzlicher Nachweis bei dünnen, schmalen Wänden

Bei zweiseitig gehaltenen Wänden mit $d < 17$ cm und mit Schlankheiten $\frac{h_k}{d} > 12$ und Wandbreiten $< 2{,}0$ m ist der Einfluss einer ungewollten horizontalen Einzellast $H = 0{,}5$ kN in halber Geschosshöhe zu berücksichtigen. H darf über die Wandbreite gleichmäßig verteilt werden. Zul σ darf hierbei um 33 % erhöht werden.

3.3.12 Lastverteilung

Bei Mauerwerksscheiben kann entsprechend dem Verlauf der Spannungstrajektorien eine Lastverteilung unter 60° angesetzt werden.

Aus der Darstellung der Spannungstrajektorien in **Abb. D.3.4** ist ersichtlich, dass die Ausstrahlung der Druckkräfte gleichzeitig Querzugkräfte zur Folge hat. Während diese sog. Spaltzugkräfte im Stahlbetonbau durch zusätzliche Bewehrung aufgenommen werden, müssen sie bei Mauerwerkskonstruktionen vom Mauerwerk selbst aufgenommen werden. Auf eine besonders sorgfaltige Ausführung eines Mauerwerksverbandes ist daher zu achten.

Auch eine einseitige Lastverteilung unter 60° darf rechnerisch angesetzt werden, wenn der dadurch auftretende Horizontalschub aufgenommen werden kann. Für eine vereinfachte Darstellung des Kräftespiels bei einseitiger Lastverteilung kann das „Pendelstab-Modell" hilfreich sein (**Abb. D.3.5**). Man sieht bei diesem Modell deutlich, dass bei einseitiger Lastverteilung aus Gleichgewichtsgründen Horizontalkräfte H auftreten, deren Aufnahme gewährleistet sein muss (z. B. durch Deckenscheiben). Bei der Einleitung von größeren Einzellasten in Mauerwerkskon-

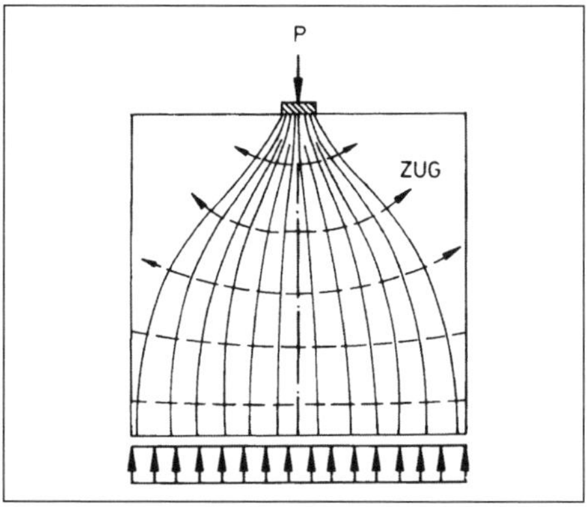

Abb. D.3.4 Spannungstrajektorien

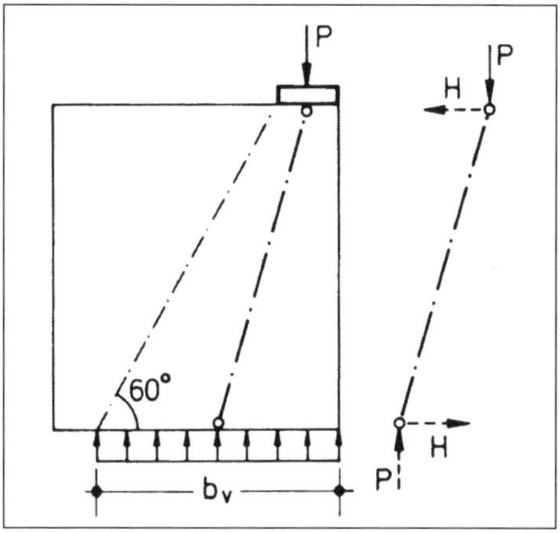

Abb. D.3.5 Einseitige Lastverteilung

struktionen (z. B. Auflager von Abfangungen, Sturzauflager, Einzellasten durch Stützen) sind häufig Untermauerungen in höherer Mauerwerksfestigkeit oder sogar Stahlbetonschwellen notwendig.

Bei der Wahl des Materials bei Untermauerungen sind jedoch besonders die Ausführungen in DIN 1053-1, Abschnitt 6.5 („Zwängungen") zu beachten.

Bei einer Lastverteilung unter 60° ergeben sich die mathematischen Beziehungen zwischen der Verteilungsbreite b_v und der Höhe h des höherwertigen Mauerwerks aus den **Abb. D.3.6** und **D.3.7**.

Näherungsformeln für b_v

Bei Vernachlässigung der (geringen) Eigenlast des Mauerwerks im Bereich der Lastausbreitung erhält man zur Ermittlung von b_v folgende Näherungsformel (**Abb. D.3.6** und **D.3.7**):

$$\text{erf}\, b_v = \frac{P}{d \cdot \sigma_0 - q}$$

d Wanddicke

3.3.13 Belastung durch Einzellasten in Richtung der Wandebene

Unter Einzellasten (z. B. unter Balken, Stützen usw.) darf eine gleichmäßig verteilte zulässige Auflagerpressung von $1{,}3 \cdot \sigma_0$ angesetzt werden (σ_0 aus Tafel D.3.3). Zusätzlich muss jedoch nachgewiesen werden, dass in Wandmitte (Lastverteilung unter 60°) die vorhandene Spannung den Wert zul σ nach Abschnitt 3.3.3 nicht überschreitet.

Zahlenbeispiel 1

Ermittlung der Abmessungen und der Güte der Untermauerung in der Mauerwerksscheibe gemäß **Abb. D.3.8**. Außerdem ist nachzuweisen, dass die Spannung in Wandmitte zul σ nicht überschreitet.

Die lichte Geschosshöhe betrage $h_s = 2{,}88$ m.

Die Stützweite der Decke (Endauflager) betrage $l = 5{,}80$ m.

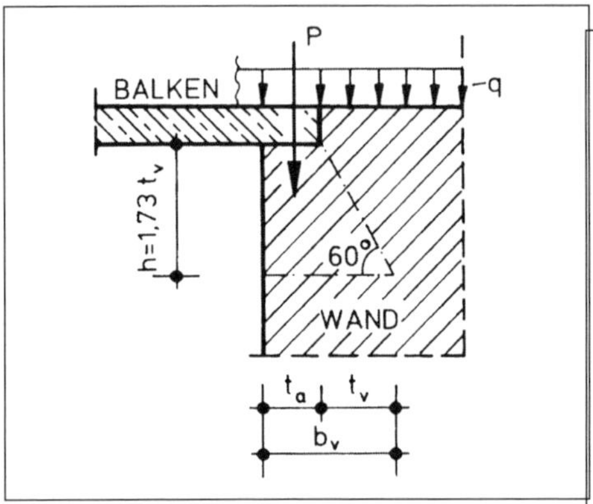

Abb. D.3.6 Lastverteilungsbreite bei einseitiger Lastverteilung

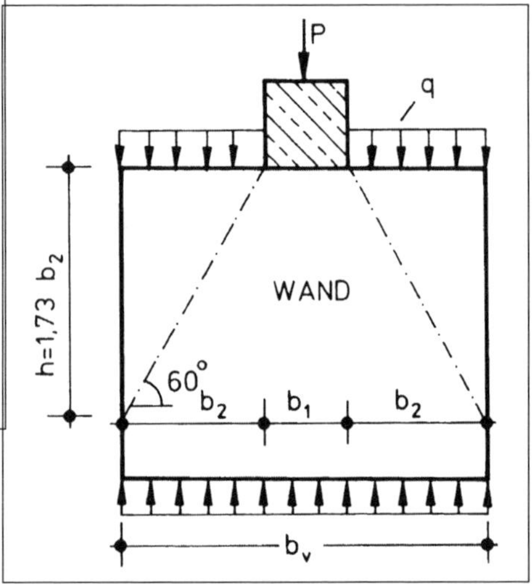

Abb. D.3.7 Lastverteilungsbreite

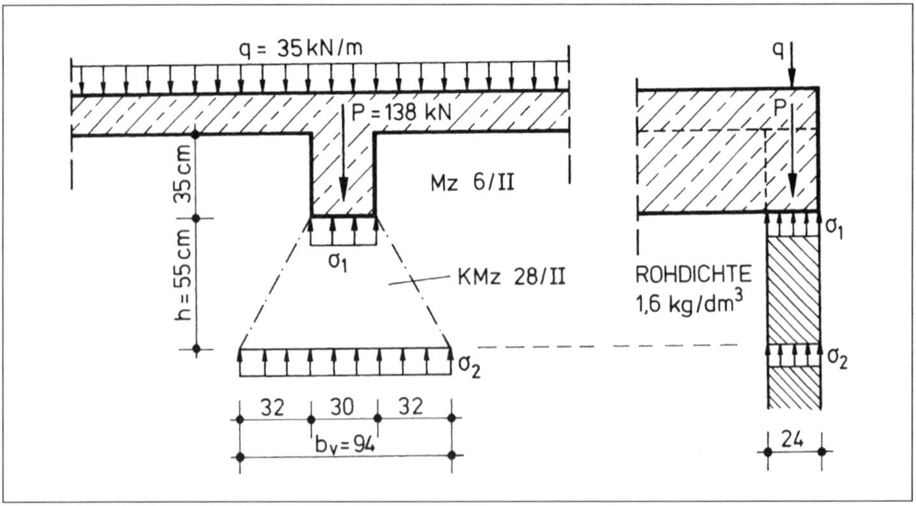

Abb. D.3.8 Lastverteilung unter Auflagern (zu Zahlenbeispiel 1)

Pressung unter Stahlbetonbalken:

Gesamtlast $138 + 35 \cdot 0{,}3 = 149$ kN
$\sigma = 149/(30 \cdot 24) = 0{,}207$ kN/cm^2 $= 2{,}07$ MN/m^2 $<$ zul $\sigma = 1{,}3\ \sigma_0 = 1{,}3 \cdot 1{,}8 = 2{,}34$ MN/m^2

Pressung unter höherwertigem Mauerwerk:

gewählt: $b_v = 94$ cm; $h = 1{,}73 \cdot 32 = 55$ cm

Eigenlast des Mauerwerks im Bereich der Untermauerung (Rohdichte = 1,6 kg/dm^3)

$G_M = 0{,}94 \cdot 0{,}90 \cdot 4{,}63 = 3{,}9$ kN

Gesamtlast: $138 + 35 \cdot 0{,}94 + 3{,}9 = 175$ kN
$\sigma = 175/(94 \cdot 24) = 0{,}078$ kN/cm^2 $= 0{,}78$ MN/m^2 $<$ zul $\sigma = 0{,}9$ MN/m^2 $= \sigma_0$ (Tafel D.3.2)

Hier wird mit σ_0 als zulässiger Pressung gerechnet, da gegenüber der Stelle unmittelbar unter dem Stahlbetonbalken ein Knickeinfluss möglich ist.

Spannungsnachweis in Wandmitte:

Lastverteilungsbreite in Wandmitte:
$h = 288/2 - 35 = 109$ cm (vgl. **Abb. D.3.8**)
$b_2 = h/1{,}73 = 109/1{,}73 = 63$ cm (vgl. **Abb. D.3.8**)
$b_v = 2 \cdot 63 + 30 = 156$ cm

Eigenlast des Mauerwerks
(Rohdichte = 1,6 kg/dm^3)
$G_M = 1{,}56 \cdot 1{,}44 \cdot 4{,}63 = 10{,}4$ kN
Gesamtlast: $138 + 35 \cdot 1{,}56 + 10{,}4 = 203$ kN

Ermittlung der k_i-Werte (Abschnitt D.3.3.5)
$k_1 = 1{,}0$ (Wand)
$h_K = 0{,}9 \cdot 2{,}88 = 2{,}59$ m (Abschnitt D.3.2.2)
$h_K/d = 259/24 = 10{,}8$

$$k_2 = \frac{25 - k_K/d}{15} = \frac{25 - 10{,}8}{15} = 0{,}95$$

$k_3 = 1{,}7 - l/6 = 1{,}7 - 5{,}8/6 = 0{,}73$

min $k = k_1 \cdot k_3 =$ **0,73**
zul $\sigma = k \cdot \sigma_0 = 0{,}73 \cdot 0{,}9 = 0{,}66$ MN/m^2
vorh $\sigma = 203/(156 \cdot 24) = 0{,}054$ kN/cm^2
$= 0{,}54$ MN/m^2 $< 0{,}66$

D

Zahlenbeispiel 2

Exzentrisch angreifende Einzellast infolge eines Unterzuges (Abb. D.3.9)

Lässt sich die örtliche Auflagerpressung und die Tragfähigkeit in Wandmitte bei einer Lastverteilung von 60° problemlos nachweisen, so bestehen keine Bedenken, nach dem vereinfachten Verfahren zu rechnen (vgl. auch Fußnote [3]) zu Abschnitt 3.1). Voraussetzung ist allerdings, dass der Mauerwerkskörper oben und unten durch eine horizontale Scheibe oder eine statisch gleichwertige Konstruktion gehalten ist.

a) Nachweis der Auflagerpressung

Belastung: aus Unterzug	150 kN
aus Decke 20 · 0,30	6 kN
	156 kN

$$\sigma_A = \frac{156}{30 \cdot 24} = 0{,}214\ \text{kN/cm}^2 = 2{,}17\ \text{MN/m}^2$$

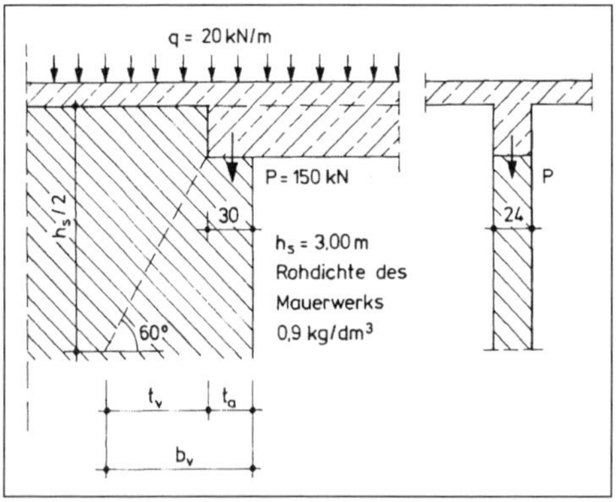

Abb D.3.9 (Zu Zahlenbeispiel 2)

Untermauerung: HLz 12/III
$\sigma_0 = 1{,}8\ \text{MN/m}^2$

zul $\sigma = 1{,}3 \cdot 1{,}8 = 2{,}34\ \text{MN/m}^2 > 2{,}17$

b) Nachweis unter höherwertigem Mauerwerk

gew. $b_v = 0{,}85$ m
$h = (0{,}85 - 0{,}30) \cdot 1{,}72 = 0{,}95$ m

Eigenlast Mauerwerk: $G_M = 0{,}85 \cdot 0{,}95 \cdot 3{,}19 = 2{,}6$ kN
Gesamtlast: $150 + 20 \cdot 0{,}75 + 2{,}6 = 167{,}6$ kN

$\sigma = 167{,}6/(85 \cdot 24) = 0{,}082\ \text{kN/cm}^2 = 0{,}82\ \text{MN/m}^2$
vorh. HLz 6/II mit $\sigma_0 = 0{,}9\ \text{MN/m}^2 = \text{zul}\ \sigma > 0{,}82$

c) Nachweis in halber Wandhöhe

Ermittlung der k-Werte

$k_1 = 1$ (Wand)

$h_K = 0{,}9\, h_s = 0{,}9 \cdot 3{,}0 = 2{,}70$ m

$$\frac{h_K}{d} = \frac{270}{24} = 11{,}25$$

$$k_2 = \frac{25 - h_K/d}{15} = \frac{25 - 11{,}25}{15} = 0{,}92$$

$k = k_1 \cdot k_2 = 1{,}0 \cdot 0{,}92 = 0{,}92$

Ermittlung der Verteitungsbreite:

$$b_v = t_a + t_v = 0{,}30 + \text{ca. } \frac{3{,}0}{2} \cdot \frac{1}{\tan 60°} = 1{,}17 \text{ m}$$

Belastung in Wandmitte:

aus Unterzug 150/1,17	= 128,0 kN/m
aus Decke	= 20,0 kN/m
aus Mauerwerk 3,19 · 1,5	= 4,8 kN/m
	152,8 kN/m

$\sigma = 152{,}8/100 \cdot 24 = 0{,}064$ kN/cm^2
$= 0{,}64$ MN/m^2

vorh. HLz 6/II mit $\sigma_0 = 0{,}9$ MN/m^2

zul $\sigma = k \cdot \sigma_0 = 0{,}92 \cdot 0{,}9 = 0{,}83$ MN/m$^2 > 0{,}64$

3.3.14 Belastung durch Einzellasten senkrecht zur Wandebene

Bei Teilflächenpressung rechtwinklig zur Wandebene darf zul $\sigma = 1{,}3\, \sigma_0$ angenommen werden. Bei Einzellasten ≥ 3 kN ist zusätzlich ein Schubnachweis in den Lagerfugen der belasteten Steine gemäß Abschnitt 3.3.16 zu führen.

Bei Loch- und Kammersteinen muss die Last mindestens über zwei Stege eingeleitet werden (Unterlagsplatten).

Man beachte jedoch, dass der Knicknachweis für Mauerwerkskonstruktionen, die durch größere Einzellasten rechtwinklig zur Wandebene belastet sind, nach dem genaueren Verfahren geführt werden muss (vgl. [Schubert u. a.] bzw. DIN 1053-1; 7).

3.3.15 Nachweis bei Biegezugspannungen

Zulässig sind nur Biegezugspannungen parallel zur Lagerfuge in Wandrichtung, Es gilt:

$$\boxed{\text{zul } \sigma_Z = 0{,}4\, \sigma_{0HS} + 0{,}12\, \sigma_D \leq \max \sigma_Z} \quad (1)$$

D

zul σ_Z zulässige Biegezugspannung parallel zur Lagerfuge
σ_D zugehörige Druckspannung rechtwinklig zur Lagerfuge
σ_{0HS} zulässige abgeminderte Haftscherfestigkeit nach Tafel D.3.6
max σ_Z Maximalwert der zulässigen Biegezugspannung nach Tafel D.3.7

Gleichung (1) ergibt sich aus der Kombination der folgenden beiden Gleichungen nach dem genaueren Verfahren:

$$\text{zul}\ \sigma_Z \leq \frac{1}{\gamma}\ (\beta_{RHS} + \mu \cdot \sigma_D)\ ü/h \qquad \text{(Versagen der Fugen)}$$

$$\text{zul}\ \sigma_Z \leq \beta_{RHS}/2\gamma \qquad \text{(Versagen der Steinzugfestigkeit)}$$

Kombiniert man die beiden Gleichungen und setzt ein:

$\gamma = 2$; $ü/h = 0{,}4$; $\mu = 0{,}6$; $\beta_{RK}/\gamma = \sigma_{0HS}$

dann folgt die oben angegebene Gleichung (1).

Tafel D.3.6 Zul. abgeminderte Haftscherfestigkeit σ_{0HS}[1)]

Mörtelgruppe	I	II	IIa	III	IIIa	LM 21	LM 36	DM[2)]
σ_{0HS} in MN/m²	0,01	0,04	0,09	0,11	0,13	0,09	0,09	0,11

[1)] Bei unvermörtelten Stoßfugen (weniger als die halbe Wanddicke ist vermörtelt) sind die σ_{0HS}-Werte zu halbieren.
[2)] DM = Dünnbettmörtel

Tafel D.3.7 Maximale Werte der zul. Biegezugspannungen max σ_Z

Steinfestigkeitsklasse	2	4	6	8	12	20	≥ 28
max σ_Z in MN/m²	0,01	0,02	0,04	0,05	0,10	0,15	0,20

3.3.16 Schubnachweise

● **Scheibenschub**

Ein Schubnachweis ist in der Regel nicht erforderlich, wenn eine ausreichende räumliche Steifigkeit eines Bauwerkes offensichtlich gegeben ist. Ist jedoch im Einzelfall ein Schubnachweis zu führen, so kann dies für Rechteckquerschnitte nach dem vereinfachten Verfahren mit Hilfe der Gleichungen (1) und (2) erfolgen[1)]:

$$\boxed{\text{zul}\ \tau = \sigma_{0HS} + 0{,}20\ \sigma_D \leq \max \tau} \qquad (1)$$

Es ist nachzuweisen:

$$\boxed{\tau = \frac{c\,Q}{A} \leq \text{zul}\ \tau} \qquad (2)$$

[1)] Es ist jedoch in der Regel sinnvoller, den Schubnachweis nach dem genaueren Verfahren durchzuführen.

c Formbeiwert

$\frac{h}{l} \geq 2 \rightarrow c = 1{,}5$

$\frac{h}{l} \leq 1 \rightarrow c = 1{,}0$

(h = Höhe der Mauerwerksscheibe)
(l = Länge der Mauerwerksscheibe)
Zwischenwerte für c sind linear zu interpolieren.

A überdrückte Querschnittsfläche
σ_{0HS} aus Tafel D.3.6
σ_{Dm} mittlere zugehörige Druckspannung rechtwinklig zur Lagerfuge im ungerissenen Querschnitt A
$\max \tau$ $= n \cdot \beta_{Nst}$
n = 0,010 bei Hohlblocksteinen
n = 0,012 bei Hochlochsteinen und Steinen mit Grifföffnungen oder -löchern
n = 0,014 bei Vollsteinen ohne Grifföffnungen oder -löcher
β_{Nst} Steindruckfestigkeitsklasse (Nennwert der Steindruckfestigkeit)

D

Die obige Gl. (1) folgt aus der Kombination und Vereinfachung der Gln. (3) und (4) des genaueren Verfahrens:

$$\gamma \cdot \tau \leq \beta_{RHS} + \mu \cdot \sigma_{Dm} \quad (3)$$

$$\leq 0{,}45 \cdot \beta_{RZ} \sqrt{1 + \sigma/\beta_{RZ}} \quad (4)$$

indem man den Reibungskoeffizienten $\mu = 0{,}4$ und $\beta_{RHS}/\gamma = \sigma_{0HS}$ setzt.

Zahlenbeispiel

Gegeben:

Wandscheibe mit Rechteckquerschnitt
(**Abb. D.3.10**)

Vertikale Belastung $R = 350$ kN
Horizontale Last $H = 60$ kN
Nachweis der Randdehnung siehe Abschn. D.3.3.10.

Biegespannung

Der Nachweis wird in der unteren Fuge I-I geführt.

$M = H \cdot 2{,}625 = 60\ 2{,}625 = 157{,}5$ kNm
$e = M/R = 157{,}5/350 = 0{,}45 \text{ m} < d/3 = 2{,}49/3 = 0{,}83$ m

$c = d/2 - e = 2{,}49/2 - 0{,}45 = 0{,}795$ m
$3c = 2{,}385$ m

Tafel D.3.4, Zeile 4: $\max \sigma = 2 \cdot 350/(238{,}5 \cdot 24) = 0{,}122 \text{ kN/cm}^2 = 1{,}22 \text{ MN/m}^2$

Schubspannung

$\alpha \approx 1$

$\tau \approx Q/A = 60/238{,}5 \cdot 24 = 0{,}01 \text{ kN/cm}^2 = 0{,}1 \text{ MN/m}^2$

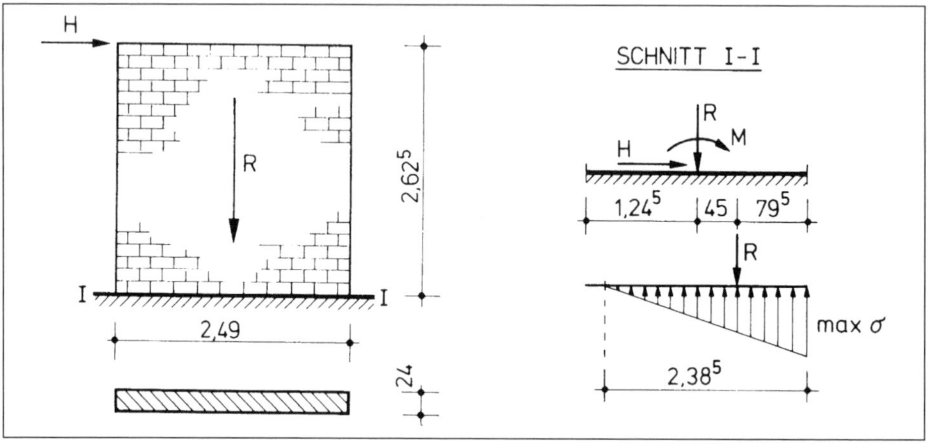

Abb D.3.10 Wandscheibe mit Rechteckquerschnitt

Zulässige Schubspannung

Ermittlung nach Gleichung (1):
gew. KS 12/II (Vollsteine)
$\sigma_{0HS} = 0{,}04\ \text{MN/m}^2$ (Tafel D.3.6)
$\sigma_{Dm} = 1{,}22/2 = 0{,}61\ \text{MN/m}^2$
$\max \tau = n \cdot \beta_{Nst} = 0{,}014 \cdot 12 = 0{,}17\ \text{MN/m}^2$
$\text{zul}\ \tau = 0{,}04 + 0{,}20 \cdot 0{,}61 = 0{,}16\ \text{MN/m}^2$

Schubnachweis

$\tau = 0{,}10\ \text{MN/m}^2 < 0{,}16\ \text{MN/m}^2 = \text{zul}\ \tau$

● **Plattenschub**

$$\text{zul}\ \tau = \sigma_{0HS} + 0{,}30\ \sigma_D \qquad (5)$$

Nachweis für einen Rechteckquerschnitt:

$$\tau = \frac{1{,}5\ Q}{A} \leq \text{zul}\ \tau \qquad (6)$$

A	überdrückte Querschnittsfläche
σ_{0HS}	aus Tafel D.3.6
σ_D	Druckspannung rechtwinklig zur Lagerfuge

4 Kelleraußenwände

4.1 Statische Systeme

Es gibt mehrere Möglichkeiten für die Wahl von Tragmodellen bei durch Erddruck belasteten Kellerwänden:

1. Vertikale Lastabtragung (Träger auf 2 Stützen, klaffende Fuge).

2. Horizontale Lastabtragung (Träger auf 2 Stützen)
   a) Ausnutzung der Biegezugfestigkeit parallel zur Lagerfuge,
   b) bewehrtes Mauerwerk.

3. Vertikale und horizontale Lastabtragung (zweiachsig gespannte Platte): Kombination der statischen Systeme aus 1 und 2.

4. Bei allen Varianten 1 bis 3 kann als statisches System ein Stützlinienbogen gewählt werden. Hierbei muss jedoch in jedem Fall die Aufnahme des Horizontalschubs gewährleistet sein.

zu 1: In DIN 1053-1 (s. Abschnitt D.4.2) sind Formeln für die erforderliche Auflast von Kellermauerwerk angegeben. Die hier geforderten Auflasten liegen auf der sicheren Seite und führen häufig zu unwirtschaftlichen Wanddicken. Im Abschnitt D.4.4 sind Tabellen für geringere erf. Auflasten angegeben, die sich durch die Annahme eines günstigeren Tragmodells ergeben.

zu 2: Diese Konstruktionsvariante empfiehlt sich für Bereiche mit größerem Erddruck und wenig Auflast (z. B. unter großen Fensterbereichen). Vgl. Beispiele in den Abschnitten D.4.5 und D.4.6.

zu 4: Vgl. Hinweis zu Abschnitt D.4.7.

D

4.2 Erforderliche Auflast nach DIN 1053-1 (Vereinfachtes Verfahren)

Auf einen rechnerischen Erddrucknachweis kann verzichtet werden, wenn folgende Bedingungen erfüllt sind:

a) Lichte Wandhöne $h_s \leq 2{,}60$ m und Wanddicke $d \geq 240$ mm

b) Die Kellerdecke wirkt als Scheibe, die die aus dem Erddruck entstehenden Kräfte aufnimmt.

c) Im Einflussbereich Erddruck/Kellerwand ist die Verkehrslast auf der Geländeoberfläche ≤ 5 kN/m^2.

d) Die Geländeoberfläche steigt nicht an, und Anschütthöhe $h_e \leq$ lichte Wandhöhe h_s.

e) Die Auflast N_0 der Kellerwand unterhalb der Kellerdecke liegt innerhalb folgender Grenzen:

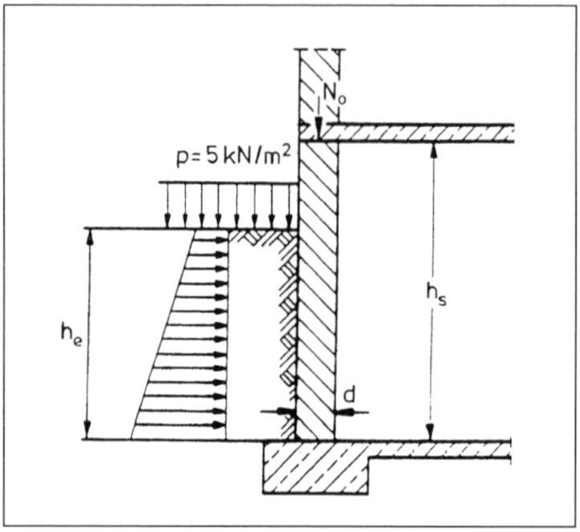

- **Kellerwand ohne Querwände (nur oben und unten gehalten)**

zul $N_0 > N_0 > \min N_0$ mit zul $N_0 = 0{,}45 \cdot d \cdot \sigma_0$

σ_0 siehe Tafel D.3.3

$\min N_0$ siehe folgende Tafel

min N_0 für Kellerwände ohne rechnerischen Nachweis

Wanddicke d mm	min N_0 in kN/m bei einer Anschütthöhe h_e			
	1,0 m	1,5 m	2,0 m	2,5 m
240	6	20	45	75
300	3	15	30	50
365	0	10	25	40
490	0	5	15	30
Zwischenwerte sind geradlinig zu interpolieren.				

- **Kellerwand mit Querwänden**

Ist die durch Erddruck belastete Kellerwand durch Querwände oder statisch nachgewiesene Bauteile im Abstand b ausgesteift, so gelten für N_0 folgende Mindestwerte:

$b \leq h_s$	$N_0 \geq 0{,}5 \min N_0$
$b \geq 2\,h_s$	$N_0 \geq \min N_0$

Zwischenwerte dürfen geradlinig interpoliert werden.

4.3 Erforderliche Auflast nach DIN 1053-1 (Genaueres Verfahren) Vgl. auch [Schubert u. a.]

Der Nachweis kann für mindestens 24 cm dickes Mauerwerk aus Steinen der Festigkeitsklasse ≥ 4 entfallen, wenn

a) die lichte Höhe der Kellerwand $h_s \leq 2{,}6$ m ist,

b) die Kellerdecke als Scheibe wirkt und die aus dem Erddruck entstehenden Kräfte aufnimmt,

c) die Verkehrslast im Einflussbereich des Erddrucks auf die Kellerwand 5 kN/m² nicht übersteigt, die Geländeoberfläche nicht ansteigt und $h_e \leq h_s$ ist,

d) N_1 aus ständiger Last in halber Höhe der Anschüttung innerhalb folgender Grenzen liegt:

● **Kellerwand ohne Querwände (nur oben und unten gehalten)**

$$\frac{d \cdot \beta_R}{3\,\gamma} \geq N_1 \geq \min N \qquad \text{mit} \qquad \min N = \frac{\rho_e \cdot h_s \cdot h_e^2}{20\,d} \qquad (*)$$

β_R und γ gemäß DIN 1053-1, 8.1.2.3

ρ_e = Rohdichte der Anschüttung

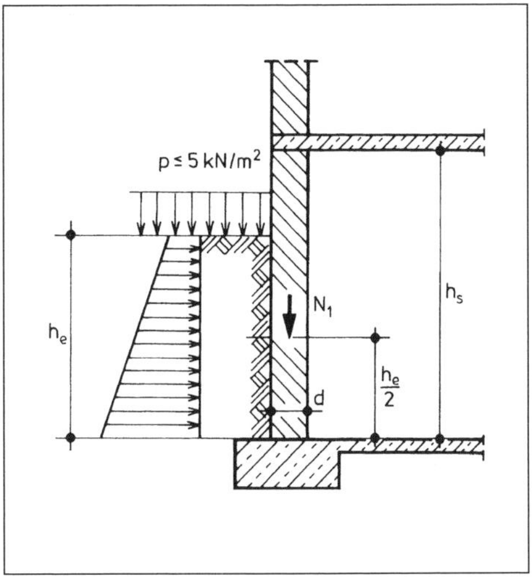

● **Kellerwand mit Querwänden**

Ist die durch Erddruck beanspruchte Kellerwand durch Querwände oder andere statisch nachgewiesene Bauteile im Abstand b ausgesteift, so ist eine zweiachsige Lastabtragung möglich. In diesem Fall darf N_1 abgemindert werden.

$b \leq h_s$	$N_1 \geq 0{,}5 \cdot \min N$
$b \geq 2\,h_s$	$N_1 \geq \min N$

Zwischenwerte sind geradlinig einzusetzen. Die obigen Gleichungen gehen von rechnerisch klaffenden Fugen aus.

Zahlenbeispiel

Bei einer auf Erddruck beanspruchten 30 cm dicken Kellerwand sind die Bedingungen a) bis c) erfüllt. Es soll nachgewiesen werden, dass auch die Bedingung d) erfüllt ist.

Gegeben: Rezeptmauerwerk der Steinfestigkeitsklasse 12 und Mörtelgruppe IIa,
$\beta_R = 2{,}67 \cdot \sigma_0 = 2{,}67 \cdot 1{,}6 = 4{,}3\ \text{MN/m}^2$

Sicherheitsbeiwert $\gamma = 2{,}0$

$h_s = 2{,}25$ m; $h_e = 2{,}05$ m; $\rho_e = 19\ \text{kN/m}^3$

Längskraft aus ständiger Last
$N_1 = 40$ kN/m

Es ist nachzuweisen, dass die Gleichung (*) erfüllt ist:

$$\frac{30 \cdot 4{,}3}{3 \cdot 2{,}0} = 0{,}215\ \text{MN/m} = 215\ \text{kN/m} \qquad > N_1 = 40\ \text{kN/m}$$

$$\min N = \frac{19 \cdot 2{,}25 \cdot 2{,}05^2}{20 \cdot 0{,}30} = 29{,}9\ \text{kN/m} \qquad < N_1 = 40\ \text{kN/m}$$

Die Bedingungen der Gleichung (*) sind erfüllt. Die Wand kann ohne weiteren Nachweis so ausgeführt werden.

Hinweis:

Die Gleichung (*) wurde unter der Voraussetzung aufgestellt, dass die betrachtete Kellerwand in voller Höhe aus vermörteltem Mauerwerk besteht. In der Regel befinden sich im Kellermauerwerk jedoch horizontale Sperrschichten zum Schutz gegen aufsteigende Bodenfeuchtigkeit. Um Rissschäden zu vermeiden, ist daher im Einzelfall eine Überprüfung ratsam, ob die Horizontalkräfte (Querkräfte) aus Erddruck in den Fugenbereichen mit Trennschicht durch Reibung einwandfrei übertragen werden können.

4.4 Horizontale Lastabtragung über Biegezugfestigkeit

Zahlenbeispiel

In einem Kellerbereich soll der Erddruck über horizontale Lastabtragung in der Außenwand in das Bauwerk eingeleitet werden.

Gegehen: Bodenkennwerte $\gamma = 18\ \text{kN/m}^3$;
$K_{ah} = 0{,}25$ (Annahme). Eine genaue Erddruckermittlung s. Beispiel im Abschn. D.4.6;
Verkehrslast neben der Kellerwand
$p = 5\ \text{kN/m}^2$; $\sigma_d = 1{,}15\ \text{MN/m}^2$

Die Erddruckordinaten ergeben sich zu:

$e_1 = p \cdot K_{ah} = 5 \cdot 0{,}25 = 1{,}3\ \text{kN/m}^2$

$e_2 = p \cdot K_{ah} + \gamma \cdot h \cdot K_{ah} = 1{,}3 + 18 \cdot 1{,}2 \cdot 0{,}25$
$= 6{,}7\ \text{kN/m}^2$

$e_3 = 1{,}3 + 18 \cdot 2{,}2 \cdot 0{,}25 = 11{,}2\ \text{kN/m}^2$

Die Berechnung erfolgt für den unteren, 1 m breiten Mauerwerksstreifen. Es wird mit einem mittleren Erddruck von $e_m = (e_2 + e_3)/2$ gerechnet:

$e_m = (6{,}7 + 11{,}2)/2 = 9{,}0\ \text{kN/m}$

$\max M = 9{,}0 \cdot 2{,}63^2/8 = 7{,}8\ \text{kNm}$

$\max Q = 9{,}0 \cdot 2{,}63/2 = 11{,}8\ \text{kN}$

Widerstandsmoment
$W = b \cdot d^2/6 = 100 \cdot 49^2/6 = 40\,016\ \text{cm}^3$

Biegezugspannung $\max \sigma = \max M/W = 780/40\,016 = 0{,}019\ \text{kN/cm}^2 = 0{,}19\ \text{MN/m}^2$
gewählt: Mz 20/IIIa

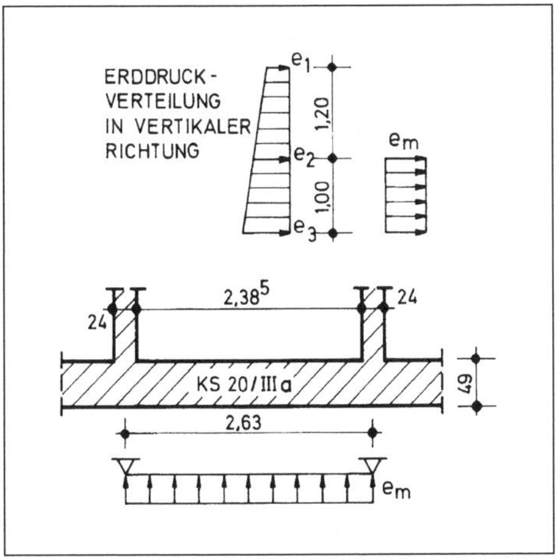

Zulässige Biegezugspannung (Abschn. D.3.3.15)

$\gamma = 2{,}0$; $\beta_{RHS}\ 2 \cdot 0{,}13 = 0{,}26$; $\mu = 0{,}6$
$\beta_{RZ} = 0{,}04 \cdot 20 = 0{,}80\ \text{MN/m}^2$; $ü/h = 0{,}4$

Nach Gleichung (42a):

$$\text{zul}\ \sigma_z = \frac{1}{2} \cdot (0{,}26 + 0{,}6 \cdot 1{,}15)\ 0{,}4 = 0{,}19\ \text{MN/m}^2$$

Nach Gleichung (42b): zul $\sigma_z = 0{,}80/2 \cdot 2 = 0{,}20\ \text{MN/m}^2$

Maßgebend:
zul $\sigma_z = 0{,}19\ \text{MN/m}^2$ = vorh $\sigma = 0{,}19\ \text{MN/m}^2$

Schubnachweis (Abschn. D.3.3.16)

$$\tau = 1{,}5 \ \frac{11{,}8}{100 \cdot 49} = 0{,}0036 \text{ kN/m}^2 = 0{,}036 \text{ MN/m}^2$$

Nach Gleichung (43c):

$$2 \cdot 0{,}036 < 0{,}25 + 0{,}6 \cdot 1{,}15$$
$$0{,}072 < 0{,}94$$

4.5 Horizontale Lastabtragung durch bewehrtes Mauerwerk

Zahlenbeispiel

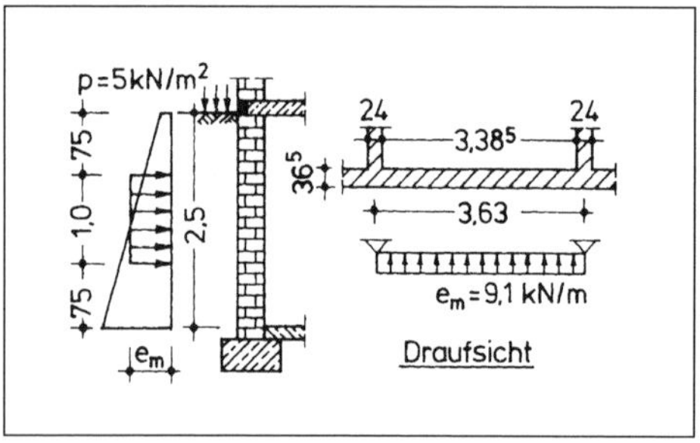

Bodenkennwerte:

$\gamma = 18 \text{ kN/m}^3$; $\varphi = 35°$

Nach DIN 4085 (2007) wird für Kellerwände der folgende erhöhte Erdruckansatz empfohlen:

$E'_{ah} \ = \ 0{,}5\,(E_{ah} + E_{0h})$
(E_{ah} = aktiver horizontaler Erddruck,
E_{0h} = horizontaler Erdruhedruck)

Für $\alpha = \ \beta = \delta = 0$ folgt:

$$K_{ah} = \frac{1 - \sin\varphi}{1 - \sin\varphi} = \frac{1 - 0{,}574}{1 + 0{,}574} = 0{,}27$$

$K_{0h} = 1 - \sin\ \varphi = 1 - 0{,}574 = 0{,}43$

$K'_{ah} = (0{,}27 + 0{,}43)/2 = 0{,}35$

$e' = e'_{ah} + e'_{ah,p} = \gamma \cdot h \cdot K'_{ah} + p \cdot K'_{ah}$

0,75 m von OK Erdreich:
$e = 18 \cdot 0{,}75 \cdot 0{,}35 + 5 \cdot 0{,}35 = 6{,}5 \text{ kN/m}^2$

1,75 m von OK Erdreich:
$e = 18 \cdot 1{,}75 \cdot 0{,}35 + 5 \cdot 0{,}35 = 12{,}8 \text{ kN/m}^2$

Berechnung des mittleren 1-m-Streifens:
$e_m = (6{,}5 + 12{,}8)/2 = 9{,}7 \text{ kN/m}$

Da die Wand als dreiseitig gelagerte Platte trägt und die elastische Einspannung nicht angesetzt wird, ist diese Vereinfachung vertretbar.

max $M = 9{,}7 \cdot 3{,}63^2/8 \cdot 16{,}0$ kNm
max $Q = 9{,}7 \cdot 3{,}63/2 = 17{,}6$ kN

Biegebemessung (vgl. [Schubert u. a.])
$d = 36{,}5$ cm; $h = 33$ cm; $b = 1{,}0$ m
Steinfestigkeitsklasse 12 (Lochsteine);
MG III; BSt 500 (IV)
$\sigma_0 = 1{,}8$ MN/m²; $\beta_R = 2{,}67 \cdot 1{,}8 = 4{,}8$ MN/m²;
da Lochsteine: $\beta_R = 2{,}4$ MN/m²

$k_h = 33/\sqrt{17{,}6/1{,}0} = 8{,}25 \rightarrow k_s = 3{,}8$
$a_s = 3{,}8 \cdot 15/33 = 1{,}73$ cm²/m

innen und außen je 1 Ø 6 IV

Bei einer Steinhöhe von 11,5 cm (8 Fugen je m) ergibt sich:
vorh $a_s = 8 \cdot 0{,}28 = 2{,}24$ cm²/m > 1,73

Schubnachweis:

$\tau = Q/b \cdot z = Q/b \cdot h \cdot k_z = 17{,}6/100 \cdot 33 \cdot 0{,}92 = 0{,}0058$ kN/cm² $= 0{,}058$ MN/m²

zul $\tau = 0{,}015\, \beta_R = 0{,}015 \cdot 4{,}8 = 0{,}072$ MN/m² $> 0{,}058$

4.6 Horizontale Lastabtragung über Gewölbewirkung

Vgl [Schubert u. a.]

4.7 Zweiachsige Lastabtragung

Bei vorhandenen Querwänden im Kellerbereich wird sich eine zweiachsige Lastabtragung einstellen. Es kann eine Kombination von verschiedenen Tragmodellen vorgenommen werden (vgl. auch Abschnitt D.4.1). Die Erddrucklast kann näherungsweise gemäß Abschnitt D.4.2 aufgeteilt werden.

D.3 Mauerwerksbemessung nach DIN 1053-100 (09.2007)

1 Allgemeines

Als Ergänzung zur Standardnorm für den Mauerwerksbau DIN 1053-1 ist im August 2007 DIN 1053-100 erschienen. DIN 1053-100 enthält die Bemessung von Mauerwerk nach dem neuen Sicherheitskonzept mit Teilsicherheitsbeiwerten. Die Konstruktion ist wie bisher in DIN 1053-1 geregelt.

2 Bemessung nach dem Vereinfachten Verfahren

Die Anwendungsgrenzen für das Vereinfachte Verfahren sind in Abschn. D.2, 3.1 dargestellt.

2.1 Nachweis nach dem neuen Sicherheitskonzept

Es ist folgender Nachweis zu führen:

$$\boxed{N_{Ed} \leq N_{Rd}}$$

N_{Ed} Bemessungswert der einwirkenden Normalkraft

N_{Rd} Bemessungswert der aufnehmbaren Normalkraft

2.2 Bemessungswert der einwirkenden Normalkraft N_{Ed}

$$\boxed{N_{Ed} = 1{,}35\, N_{Gk} + 1{,}50\, N_{Qk}}$$

N_{Gk} Charakteristischer Wert der einwirkenden Normalkraft infolge von Eigenlast

N_{Qk} Charakteristischer Wert der einwirkenden Normalkraft infolge von Nutzlast

1,35 und 1,50 sind Sicherheitsbeiwerte.

Vereinfachung beim Sonderfall:

Bei Hochbauten mit Decken aus Stahlbeton und charakteristischen Nutzlasten von maximal 2,5 kN/m^2 darf vereinfachend angesetzt werden:

$$\boxed{N_{Ed} = 1{,}4\,(N_{Gk} + N_{Qk})}$$

N_{Gk} und N_{Qk} siehe oben.

Hinweis:

Bei größeren Biegemomenten (z. B. bei Windscheiben) ist auch ein Nachweis für max M + min N zu führen. Hierbei gilt:

min $N_{Ed} = 1{,}0\, N_{Gk}$

2.3 Bemessungswert der aufnehmbaren Normalkraft N_{Rd}

$$N_{Rd} = A \cdot f_d \cdot \Phi$$

A Querschnittsfläche (abzüglich eventueller Schlitze und Aussparungen)
$A < 400\ cm^2$ ist unzulässig.

$f_d = \eta f_k / \gamma_M$ Bemessungswert der Druckfestigkeit des Mauerwerks

η Abminderungsbeiwert zur Berücksichtigung von Langzeitwirkung und weiterer Einflüsse.
Allgemein $\eta = 0{,}85$.
Kurzzeitbelastung: $0{,}85 < \eta \leq 1$.
Außergewöhnliche Einwirkungen: $\eta = 1$

f_k Charakteristische Druckfestigkeit des Mauerwerks nach den Tafeln D.3.1 und D.3.2

γ_M Teilsicherheitsbeiwert nach Tafel D.3.3

Φ Abminderungsfaktor zur Berücksichtigung des Knickens und von Lastexzentrizitäten (vgl. Abschn. 2.4)

D

Tafel D.3.1 Charakteristische Werte f_k der Druckfestigkeit von Mauerwerk mit Normalmörtel

Steinfestigkeitsklasse	Mörtelgruppe				
	I N/mm^2	II N/mm^2	IIa N/mm^2	III N/mm^2	IIIa N/mm^2
2	0,9	1,5	1,5[1)]	–	–
4	1,2	2,2	2,5	2,8	–
6	1,5	2,8	3,1	3,7	–
8	1,8	3,1	3,7	4,4	–
10	2,2	3,4	4,4	5,0	–
12	2,5	3,7	5,0	5,6	6,0
16	2,8	4,4	5,5	6,6	7,7
20	3,1	5,0	6,0	7,5	9,4
28	–	5,6	7,2	9,4	11,0
36	–	–	–	11,0	12,5
48	–	–	–	12,5[2)]	14,0[2)]
60	–	–	–	14,0[2)]	15,5[2)]

1) $f_k = 1{,}8\ N/mm^2$ bei Außenwänden mit Dicken ≥ 300 mm. Diese Erhöhung gilt jedoch nicht für den Nachweis der Auflagerpressung nach Abschn. 2.8.
2) Die Werte $f_k \geq 11{,}0\ N/mm^2$ enthalten einen zusätzlichen Sicherheitsbeiwert zwischen 1,0 und 1,17 wegen Gefahr von Sprödbruch.

Tafel D.3.2 Charakteristische Werte f_k der Druckfestigkeit von Mauerwerk mit Dünnbett- und Leichtmörtel

Steinfestigkeitsklasse	Dünnbettmörtel[1) N/mm^2	Leichtmörtel LM 21 N/mm^2	Leichtmörtel LM 36 N/mm^2
2	1,8	1,5 (1,2)[2)]	1,5 (1,2)[2)] (1,8)[3)]
4	3,4	2,2 (1,5)[4)]	2,5 (2,2)[5)]
6	4,7	2,2	2,8
8	6,2	2,5	3,1
10	6,6	2,7	3,3
12	6,9	2,8	3,4
16	8,5	2,8	3,4
20	10,0	2,8	3,4
28	11,6	2,8	3,4

[1)] Anwendung nur bei Porenbeton-Plansteinen und bei Kalksand-Plansteinen. Die Werte gelten für Vollsteine. Für Kalksand-Lochsteine und Kalksand-Hohlblocksteine gelten die entsprechenden Werte der Tafel D.3.1 bei Mörtelgruppe III bis Steinfestigkeitsklasse 20.
[2)] Für Mauerwerk mit Mauerziegeln gilt $f_k = 1{,}2$ N/mm^2.
[3)] $f_k = 1{,}8$ N/mm^2 bei Außenwänden mit Dicken ≥ 300 mm. Diese Erhöhung gilt jedoch nicht für den Fall der Fußnote [2)] und nicht für den Nachweis der Auflagerpressung nach 2.8.
[4)] Für Kalksandsteine der Rohdichteklasse $\geq 0{,}9$ und Mauerziegel gilt $f_k = 1{,}5$ N/mm^2.
[5)] Für Mauerwerk mit den in Fußnote [4)] genannten Mauersteinen gilt $f_k = 2{,}2$ N/mm^2.

Tafel D.3.3 Teilsicherheitsbeiwerte γ_M für Baustoffeigenschaften

Konstruktionsarten	γ_M Normale Einwirkungen	γ_M Außergewöhnliche Einwirkungen
Mauerwerk	$1{,}5 \cdot k_0$	$1{,}3 \cdot k_0$
Verbund-, Zug- und Druckwiderstand von Wandankern und Bändern	2,5	2,5

In der Tafel gilt:

$k_0 = 1$ bei Wänden und Pfeilern ($1000 > A \geq 400$ cm^2), wenn letztere aus ungeteilten Steinen oder aus geteilten Steinen mit einem Lochanteil < 35 % bestehen

$k_0 = 1{,}25$ bei allen anderen Pfeilern.

2.4 Abminderungsfaktoren Φ

Abminderungsfaktor Φ_2 bei Knickgefahr von geschosshohen Wänden

$$\Phi = \Phi_2 = 0{,}85 - 0{,}0011 \cdot (h_k/d)^2$$

h_k Knicklänge nach Abschnitt D.2, 3.2

d Dicke des Querschnitts

Schlankheiten $h_k/d > 25$ sind unzulässig.

Abminderungsfaktor Φ_3 bei geschosshohen Wänden („Deckendrehwinkel“)

Φ_3 berücksichtigt die exzentrische Beanspruchung von Wänden infolge „Deckendrehwinkel“. Es sind die folgenden Abminderungsfaktoren einzusetzen:

Bei Endauflagern von Außen- und Innenwänden und folgenden Stützweiten:

$l \leq 4{,}20\,\text{m} \rightarrow$ $\Phi = \Phi_3 = 0{,}9$

$4{,}20 < l \leq 6\,\text{m} \rightarrow$ $\Phi = \Phi_3 = 1{,}6 - l/6 \leq 0{,}9$ für $f_k \geq 1{,}8\,\text{N/mm}^2$

bzw.

$\Phi = \Phi_3 = 1{,}6 - l/5 \leq 0{,}9$ für $f_k < 1{,}8\,\text{N/mm}^2$

Sonderfall: Decken über dem obersten Geschoss, insbesondere Dachdecken

Für alle $l \rightarrow \Phi = \Phi_3 = 0{,}33$

Wird ein „Deckendrehwinkel“ durch konstruktive Maßnahmen verhindert (z. B. Zentrierleisten), so darf unabhängig von der Deckenstützweite

$\Phi = \Phi_3 = 1{,}0$ gesetzt werden.

Abminderungsfaktor Φ_1 bei vorwiegender Biegebeanspruchung

Bei vorwiegender Biegebeanspruchung, z. B. bei Windscheiben, ist

$$\Phi = \Phi_1 = 1 - 2\,e/b$$

$e = M_{Ed}/N_{Ed}$ Exzentrizität der Last, zum Lastfall max M + min N

$M_{Ed} = \gamma_F \cdot M_{Ek}$ Bemessungswert des Biegemoments; bei Windscheiben gilt $M_{Ed} = 1{,}5 \cdot H_{Wk} \cdot h_W$; eventuell vorhandene Exzentrizitäten der Normalkraft sind zusätzlich zu berücksichtigen.

H_{Wk} charakteristischer Wert der resultierenden Windlast bezogen auf den nachzuweisenden Querschnitt

h_W Hebelarm von H_{Wk} bezogen auf den nachzuweisenden Querschnitt

N_{Ed} Bemessungswert der Normalkraft im nachzuweisenden Querschnitt nach Abschnitt 2.2

D

Bei Exzentrizitäten $e > b'$ bzw. $e > d'$ sind rechnerisch klaffende Fugen vorausgesetzt. Bei Windscheiben mit $e > b'$ ist zusätzlich nachzuweisen, dass die rechnerische Randdehnung aus der Scheibenbeanspruchung auf der Seite der Klaffung $\varepsilon_R = \varepsilon_D \cdot a/c$ unter charakteristischen Lasten den Wert $\varepsilon_R = 10^{-4}$ nicht überschreitet. Dies gilt für seltene Bemessungssituationen nach DIN 1055-100, 10.4, (1)a.

Der Nachweis darf auch für häufige Bemessungssituationen geführt werden (DIN 1055-100, 10.4, (1)b), wenn auf den Ansatz der Haftscherfestigkeit f_{vk0} beim Schubnachweis verzichtet wird. Der Elastizitätsmodul für Mauerwerk darf hierfür zu $E = 1000\,f_k$ angenommen werden.

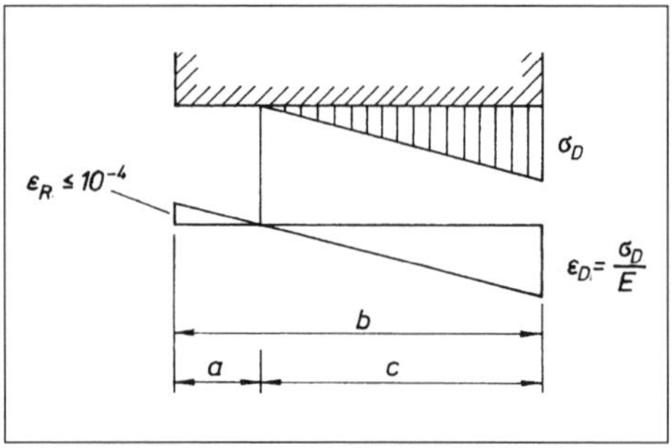

Legende

- b Länge der Windscheibe
- σ_D Kantenpressung auf Basis eines linear-elastischen Stoffgesetzes
- ε_D rechnerische Randstauchung
- ε_R rechnerische Randdehnung

2.5 Knicklängen

Für die Ermittlung der Knicklängen gilt Abschn. D.2, 3.2.

2.6 Zusätzlicher Nachweis bei schmalen und dünnen Wänden

Bei zweiseitig gehaltenen Wänden mit Wanddicken $d < 175$ mm und mit Schlankheiten $h_k/d > 12$ und mit Wandbreiten $< 2{,}0$ m ist der Einfluss einer ungewollten horizontalen Einzellast $H = 0{,}5$ kN, die als außergewöhnliche Einwirkung A_d in halber Geschosshöhe angreift, nachzuweisen. Sie darf als Linienlast über die Wandbreite gleichmäßig verteilt werden. Der Nachweis ist nach DIN 1053-100 Anhang A, Gleichung (A.3) zu führen. Er darf entfallen, wenn die folgende Gleichung erfüllt ist:

$h_k/d \leq 20 - 1000 \cdot H/(A \cdot f_k)$

A Wandquerschnitt $b \cdot d$

2.7 Knicksicherheitsnachweis bei größeren Exzentrizitäten

Der Faktor Φ_2 nach 2.4 berücksichtigt die ungewollte Ausmitte und die Verformung nach Theorie II. Ordnung. Dabei ist vorausgesetzt, dass in halber Geschosshöhe nur Biegemomente aus Knotenmomenten und aus Windlasten auftreten. Greifen größere horizontale Lasten an oder werden vertikale Lasten mit größerer planmäßiger Exzentrizität eingeleitet, so ist der Knicksicherheitsnachweis nach dem „Genaueren Berechnungsverfahren“ zu führen. Ein Versatz der Wandachsen infolge einer Änderung der Wanddicken gilt dann nicht als größere Exzentrizität, wenn der Querschnitt der dickeren tragenden Wand den Querschnitt der dünneren tragenden Wand umschreibt.

2.8 Teilflächenpressung

Bei mittiger oder ausmittiger Belastung einer Mauerwerkskonstruktion durch eine Einzellast F_d (z. B. durch eine Stütze) darf im Bereich der Teilfläche A_1 folgende Pressung auftreten:

$$\sigma_{1d} = F_d / A_1 \leq \alpha \cdot \eta \cdot f_k / \gamma_M$$

$\alpha = 1$ im Allgemeinen

$\alpha = 1{,}3$, wenn folgende Voraussetzungen erfüllt sind:

- Teilfläche $A_1 \leq 2\,d^2$
- $e < d/6$ sowie
- $a_1 > 3\,l_1$

η siehe Abschn. D.3, 2.3

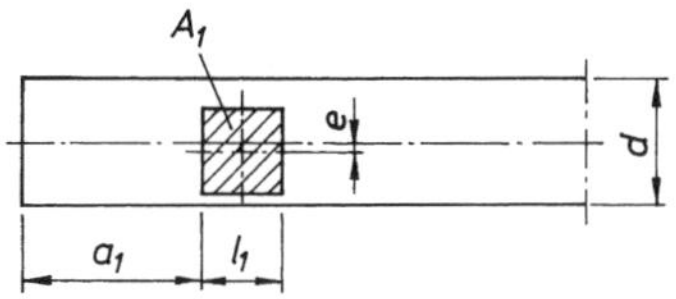

Teilflächenpressung rechtwinklig zur Wandebene

Für diesen Fall beträgt die zulässige Teilflächenpressung:

$$\sigma_{1d} = 1{,}3 \cdot \eta \cdot f_k / \gamma_M$$

Bei horizontalen Lasten $F_d \geq 4{,}0$ kN muss zusätzlich ein Schubspannungsnachweis für die Lagerfugen der belasteten Steine geführt werden. Bei Loch- und Kammersteinen ist z. B. durch Unterlagsplatten sicherzustellen, dass die Druckkraft auf mindestens zwei Stege übertragen wird.

2.9 Zug- und Biegezug

Zug- und Biegezugspannungen rechtwinklig zu Lagerfugen dürfen in tragendem Mauerwerk nicht in Rechnung gestellt werden.

Nachweis für Zugbeanspruchung parallel zu Lagerfugen:

$$n_{Ed} \leq n_{Rd} = d \cdot f_{x2} / \gamma_M$$

Nachweis für Biegezugbeanspruchung parallel zu Lagerfugen:

$$m_{Ed} \leq m_{Rd} = d^2 \cdot f_{x2} / 6\,\gamma_M$$

n_{Ed} bzw. m_{Ed}	Bemessungswert der wirkenden Zugkraft bzw. des Biegemoments (je Längeneinheit)
n_{Rd} bzw. m_{Rd}	Bemessungswert der aufnehmbaren Zugkraft bzw. des Biegemoments
γ_M	Teilsicherheitsbeiwert nach Tafel D.3.3

D

$f_{x2} = 0{,}4\, f_{vk0} + 0{,}24\, \sigma_{Dd} \leq \max f_{x2}$

σ_{Dd} Bemessungswert der zugehörigen Druckspannung rechtwinklig zur Lagerfuge. In der Regel ist der geringste Wert einzusetzen.

Tafel D.3.4 Abgeminderte Haftscherfestigkeit f_{vk0} in N/mm²

Mörtelart, Mörtelgruppe	NM I	NM II	NM IIa LM 21 LM 36	NM III DM	NM IIIa
f_{vk0} [1)]	0,02	0,08	0,18	0,22	0,26

1) Für Mauerwerk mit unvermörtelten Stoßfugen sind die Werte f_{vk0} zu halbieren. Als vermörtelt in diesem Sinn gilt eine Stoßfuge, bei der etwa die halbe Wanddicke oder mehr vermörtelt ist.

Tafel D.3.5 Höchstwerte der Zugfestigkeit $\max f_{x2}$ parallel zur Lagerfuge in N/mm²

Steinfestigkeitsklasse	2	4	6	8	12	20	≥ 28
$\max f_{x2}$	0,02	0,04	0,08	0,10	0,20	0,30	0,40

2.10 Schubbeanspruchung

Es ist zwischen Scheibenschub (Kräfte wirken parallel zur Wandebene) und Plattenschub (Kräfte wirken senkrecht zur Wandebene) zu unterscheiden.

Ist kein Nachweis der räumlichen Steifigkeit erforderlich (Bauwerk ist offensichtlich ausreichend ausgesteift!), kann der Schubnachweis für die aussteifenden Wände entfallen.

Querschnittsbereiche, in denen die Fugen rechnerisch klaffen, dürfen beim Schubnachweis nicht mit angesetzt werden. Es darf nur die überdrückte Fläche mit der Länge l_c in Ansatz gebracht werden.

Im Grenzzustand der Tragfähigkeit ist nachzuweisen:

$$V_{Ed} \leq V_{Rd}$$

V_{Ed} Bemessungswert der Querkraft

V_{Rd} Bemessungswert des Bauteilwiderstandes bei Querkraftbeanspruchung

Für Rechteckquerschnitte gilt bei Scheibenschub:

$V_{Rd} = \alpha_s \cdot f_{vd} \cdot d / c$

Dabei ist

$f_{vd} = f_{vk}/\gamma_M$ Bemessungswert der Schubfestigkeit mit f_{vk}: siehe unten

γ_M Teilsicherheitsbeiwert nach Tafel D.3.3

α_s Schubträgerfähigkeitsbeiwert. Für den Nachweis von Wandscheiben unter Windbeanspruchung gilt $\alpha_s = 1{,}125\, l$ bzw. $\alpha_s = 1{,}333\, l_c$, wobei der kleinere der beiden Werte maßgebend ist. In allen anderen Fällen gilt $\alpha_s = l$ bzw. $\alpha_s = l_c$.

d Dicke der nachzuweisenden Wand

l Länge der nachzuweisenden Wand

l_c Länge des überdrückten Wandquerschnitts; $l_c = 1{,}5 \cdot (l - 2e) \leq l$

c Faktor zur Berücksichtigung der Verteilung der Schubspannungen über den Querschnitt. Für hohe Wände $h_w / l \geq 2$ gilt $c = 1{,}5$; für Wände mit $h_w / l \leq 1$ gilt $c = 1{,}0$; dazwischen darf linear interpoliert werden. h_w bedeutet die Gesamthöhe, l die Länge der Wand. Bei Plattenschub gilt stets $c = 1{,}5$.

Bei Plattenschub ist analog zu verfahren.

Schubfestigkeit

Für die charakteristische Schubfestigkeit gilt:

Scheibenschub:

$f_{vk} = f_{vk0} + 0{,}4 \cdot \sigma_{Db}$ bzw. $f_{vk} = \max f_{vk}$

Der kleinere Wert ist maßgebend.

$\max f_{vk}$ der Höchstwert der Schubfestigkeit nach Tafel D.3.6, abhängig vom Rissverhalten

D

Plattenschub:

$f_{vk} = f_{vk0} + 0{,}6 \cdot \sigma_{Dd}$

f_{vk0} abgeminderte Haftscherfestigkeit nach Tafel D.3.6

σ_{Dd} Bemessungswert der zugehörigen Druckspannung im untersuchten Lastfall an der Stelle der maximalen Schubspannung. Für Rechteckquerschnitte gilt $\sigma_{Dd} = N_{Ed} / A$, dabei ist A der überdrückte Querschnitt. Im Regelfall ist die minimale Einwirkung $N_{Ed} = 1{,}0\, N_G$ maßgebend.

Tafel D.3.6 Höchstwerte der Schubfestigkeit $\max f_{vk}$ im vereinfachten Nachweisverfahren

Steinart	$\max f_{vk}$
Hohlblocksteine	$0{,}012 \cdot f_{bk}$
Hochlochsteine und Steine mit Grifflöchern oder mit Grifföffnungen	$0{,}016 \cdot f_{bk}$
Vollsteine ohne Grifflöcher und ohne Grifföffnungen	$0{,}020 \cdot f_{bk}$
f_{bk} ist der charakteristische Wert der Steindruckfestigkeit (Steindruckfestigkeitsklasse)	

2.11 Zahlenbeispiele

Zahlenbeispiel 1

Gegeben:

Innenwand $d = 11{,}5$ cm

Lichte Geschosshöhe $h_s = 2{,}75$ m

Belastung UK Wand $R_k = 49{,}6$ kN/m

(Nutzlast der Stahlbetondecke $q_k = 2{,}25$ kN/m^2)

Knicklänge $h_k = 0{,}75\, h_s = 0{,}75 \cdot 2{,}75 = 2{,}06$ m

$N_{Ed} = 1{,}4 \cdot (N_{Gk} + N_{Qk})$

$N_{Ed} = 1{,}4 \cdot 49{,}6 = 69{,}4$ kN/m

$N_{Rd} = A \cdot f_d \cdot \Phi = A \cdot (0{,}85 \cdot f_k / \gamma_M) \cdot \Phi$

$\gamma_M = 1{,}5 \cdot k_0 \qquad k_0 = 1$ (Wand)

$\gamma_M = 1{,}5$

Da keine „vorwiegende Biegebeanspruchung“ vorliegt, spielt Φ_1 keine Rolle.

$$\Phi_2 = 0{,}85 - 0{,}0011 \cdot (h_k/d)^2$$
$$= 0{,}85 - 0{,}0011 \cdot (2{,}06/0{,}115)^2 = 0{,}50$$

$\Phi_3 = 1$ (Innenwand kein „Deckendrehwinkel“)

gew. 6/II $\rightarrow f_k = 2{,}8$ N/mm^2 = 0,28 kN/cm^2

$\Phi = \Phi_2 = 0{,}5$

(Der kleinste Φ-Wert ist maßgebend.)

$N_{Rd} = 11{,}5 \cdot 100 \cdot (0{,}85 \cdot 0{,}28/1{,}5) \cdot 0{,}5$

$N_{Rd} = 91{,}2$ kN/m

Nachweis:

$N_{Ed} = 69{,}4$ kN/m $< N_{Rd} = 91{,}2$ kN/m

Zahlenbeispiel 2

Gegeben:

Außenwandpfeiler $b/d = 49/17{,}5$ (geteilte Steine mit Lochanteil > 35 %)

Lichte Geschosshöhe $h_s = 2{,}75$ m

Stützweite der Stahlbetondecke $l = 4{,}80$ m

Nutzlast der Stahlbetondecke $q_k = 2{,}25$ kN/m^2

Belastung UK Pfeiler $R_k = 68$ kN

Knicklänge $h_k = 0{,}75 \cdot 2{,}75 = 2{,}06$ m

$$N_{Ed} = 1{,}4\,(N_{Gk} + N_{Qk})$$
$$= 1{,}4 \cdot 68 = 95{,}2 \text{ kN}$$

$N_{Rd} = A \cdot f_d \cdot \Phi = A \cdot (0{,}85 \cdot f_k / \gamma_M) \cdot \Phi$

$\gamma_M = 1{,}5 \cdot k_0 \qquad k_0 = 1{,}25$

$\gamma_M = 1{,}5 \cdot 1{,}25 = 1{,}875$

Da keine „vorwiegende Biegebeanspruchung“ vorliegt, spielt Φ_1 keine Rolle.

$$\Phi_2 = 0{,}85 - 0{,}0011 \cdot (h_k/d)^2$$
$$= 0{,}85 - 0{,}0011 \cdot (2{,}06/0{,}175)^2 = 0{,}70$$

$\Phi_3 = 1{,}6 - l' = 1{,}6 - 4{,}8' = 0{,}80$

Maßgebend: $\Phi = \Phi_2 = 0{,}70$

gew. 12/II $\rightarrow f_k = 0{,}37$ kN/cm^2

$$N_{Rd} = 49 \cdot 17{,}5 \cdot (0{,}85 \cdot 0{,}37/1{,}875) \cdot 0{,}70$$
$$= 100{,}7\ \text{kN}$$

Nachweis:

$N_{Ed} = 95{,}2\ \text{kN} < N_{Rd} = 100{,}7\ \text{kN}$

3 Genaueres Bemessungsverfahren

s. [Schubert u.a.] bzw. DIN 1053-1; 7.

Literatur

[Böttcher]	Böttcher, D.: Sanierung von Holz- und Steinkonstruktionen, 2008, Bauwerk Verlag, Berlin.
[Kirschbaum]	Kirschbaum, P.: Ausmittig belastete T-förmige Fundamente, Die Bautechnick 6/1970.
[Milbrandt]	Milbrandt, E.: Aussteifende Holzbalkendecken im Mauerwerksbau, „Informationsdienst Holz", Düsseldorf.
[Schubert u.a.]	Schubert, P.; Schneider, K.-J.; Schoch, T.: Mauerwerksbau-Praxis, 2007, Bauwerk Verlag, Berlin.

D

D.4 Stahlbeton nach DIN 1045-1 (08.2008) – Hinweise

1 Grenzzustände und Dauerhaftigkeit

Grenzzustände der Tragfähigkeit

Der Bemessungswert der Beanspruchung E_d darf den der Beanspruchbarkeit R_d nicht überschreiten:

$$\boldsymbol{E_d \leq R_d}$$

$$E_d = E[\sum_{j\geq 1} \gamma_{G,j} \cdot G_{k,j} \oplus \gamma_{Q,1} \cdot Q_{k,1} \oplus \sum_{i>1} \gamma_{Q,i} \cdot \psi_{0,i} \cdot Q_{k,i}]$$

$$R_d = R[\alpha f_{ck}/\gamma_c;\ f_{yk}/\gamma_s]$$

Teilsicherheitsbeiwerte γ_F

Einwirkung	ständig γ_G	veränderlich γ_Q
günstig / ungünstig	1,00 / 1,35	0,00 / 1,50

Teilsicherheitsbeiwert γ_M

Kombination	Beton ≤ C50/60 (γ_c)		Betonstahl (γ_s)
	bewehrt	unbewehrt	
Grundkombination	1,50	1,80	1,15

Grenzzustände der Gebrauchstauglichkeit

Für die Einwirkungskombination (charakteristische Werte der Eigenlasten G_k und einem Anteil der veränderlichen Last $\psi_i \cdot Q_k$) ist nachzuweisen, dass der Nennwert einer Bauteileigenschaft (zulässige Durchbiegung, Rissbreite o. Ä.) nicht überschritten wird.

Einwirkungskombinationen

selten $\quad E_{d,rare} = E[\sum_{j\geq 1} G_{k,j} \oplus Q_{k,1} \oplus \sum_{i>1} \psi_{0,i} \cdot Q_{k,i}]$

häufig $\quad E_{d,frequ} = E[\sum_{j\geq 1} G_{k,j} \oplus \psi_{1,1} \cdot Q_{k,1} \oplus \sum_{i>1} \psi_{2,i} \cdot Q_{k,i}]$

quasi-ständig $\quad E_{d,perm} = E[\sum_{j\geq 1} G_{k,j} \oplus \sum_{i\geq 1} \psi_{2,i} \cdot Q_{k,i}]$

Dauerhaftigkeit

Die Dauerhaftigkeit wird in Abhängigkeit von den Umgebungsbedingungen durch geeignete Baustoffe und eine entsprechende bauliche Durchbildung (Betondeckung etc.) nachgewiesen.

2 Baustoffe

Beton

Betonklassen C mit den charakt. Druckfestigkeiten f_{ck} nach folgender Tafel (ohne hochfesten Beton und Leichtbeton).

Beton C	12/15	16/20	20/25	25/30	30/37	35/45	40/50	45/55	50/60
f_{ck} [MN/m²]	12	16	20	25	30	35	40	45	50

Betonstahl

Charak. Wert der Streckgrenze für BSt 500: $\quad f_{yk} = 500$ MN/m²

3 Bemessung für Biegung mit Längskraft

3.1 Grenzzustand der Tragfähigkeit

Bemessung z. B. mit k_d-Tafeln:

$$k_d = \frac{d\,[\text{cm}]}{\sqrt{M_{Eds}\,[\text{kNm}] / b\,[\text{m}]}}$$

$$M_{Eds} = M_{Ed} - N_{Ed} \cdot z_{s1}$$

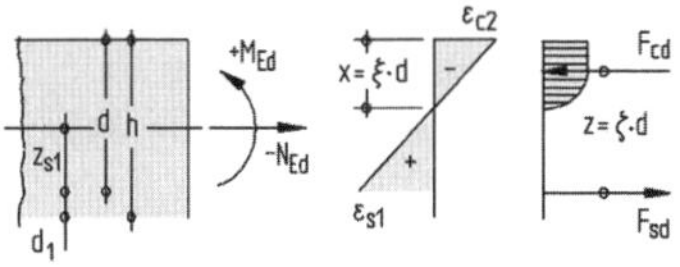

k_d für Beton mit f_{ck} ...									k_s	ξ	ζ	ε_{c2}	ε_{s1}
12	16	20	25	30	35	40	45	50				[‰]	[‰]
6,66	5,77	5,16	4,62	4,21	3,90	3,65	3,44	3,26	2,35	0,06	0,98	-1,56	25,0
4,39	3,80	3,40	3,04	2,77	2,57	2,40	2,27	2,15	2,40	0,10	0,96	-2,89	25,0
3,63	3,14	2,81	2,51	2,29	2,12	1,99	1,87	1,78	2,45	0,15	0,94	-3,50	20,3
3,20	2,77	2,48	2,22	2,03	1,88	1,76	1,65	1,57	2,50	0,19	0,92	-3,50	14,7
2,92	2,53	2,26	2,03	1,85	1,71	1,60	1,51	1,43	2,55	0,24	0,90	-3,50	11,4
2,72	2,36	2,11	1,89	1,72	1,59	1,49	1,41	1,33	2,60	0,28	0,89	-3,50	9,1
2,57	2,22	1,99	1,78	1,62	1,50	1,41	1,33	1,26	2,65	0,32	0,87	-3,50	7,5
2,45	2,12	1,90	1,70	1,55	1,43	1,34	1,26	1,20	2,70	0,36	0,85	-3,50	6,3
2,35	2,03	1,82	1,63	1,49	1,38	1,29	1,21	1,15	2,75	0,39	0,84	-3,50	5,4
2,27	1,97	1,76	1,57	1,44	1,33	1,24	1,17	1,11	2,80	0,43	0,82	-3,50	4,7
2,20	1,91	1,71	1,53	1,39	1,29	1,21	1,14	1,08	2,85	0,46	0,81	-3,50	4,0
2,15	1,86	1,66	1,49	1,36	1,26	1,18	1,11	1,05	2,90	0,50	0,79	-3,50	3,5
2,10	1,82	1,62	1,45	1,33	1,23	1,15	1,08	1,03	2,95	0,53	0,78	-3,50	3,1
2,06	1,78	1,59	1,42	1,30	1,20	1,13	1,06	1,01	3,00	0,56	0,77	-3,50	2,7
2,02	1,75	1,56	1,40	1,28	1,18	1,11	1,04	0,99	3,05	0,59	0,75	-3,50	2,4
1,99	1,72	1,54	1,38	1,26	1,17	1,09	1,03	0,98	3,09	0,62	0,74	-3,50	2,2

$$A_{s1}\,[\text{cm}^2] = k_s \cdot \frac{M_{Eds}\,[\text{kNm}]}{d\,[\text{cm}]} + \frac{N_{Ed}\,[\text{kN}]}{43{,}5\,[\text{kN/cm}^2]}$$

Beispiel: Einachsig gespannte Platte

Abmessungen: $l_x = 4{,}25$ m; $h/d = 20{,}0/17{,}5$ cm

Baustoffe: Beton C20/25, Betonstahl BSt 500

Belastung: Eigenlasten (incl. Ausbau): $g_k = 6{,}25$ kN/m²
Veränderliche Lasten: $q_k = 5{,}00$ kN/m²

Bemessung

$$M_{Ed} = 0{,}125 \cdot (\gamma_G \cdot g_k + \gamma_G \cdot q_k) \cdot l^2$$
$$= 0{,}125 \cdot (1{,}35 \cdot 6{,}25 + 1{,}5 \cdot 5{,}0) \cdot 4{,}25^2 = 35{,}98 \text{ kNm}$$
$$M_{Eds} = M_{Ed} = 35{,}98 \text{ kNm} \quad (\text{wegen } N_{Ed} = 0)$$
$$k_d = d / \sqrt{(M_{Eds} / b)} = 17{,}5 / \sqrt{(35{,}98 / 1{,}0)} = 2{,}91$$
$$\Rightarrow k_s = 2{,}45$$
$$A_s = k_s \cdot M_{Eds} / d = 2{,}45 \cdot 35{,}98 / 17{,}5 = 5{,}04 \text{ cm}^2/\text{m} \quad (N_{Ed} = 0)$$

gew.: BStM R 524

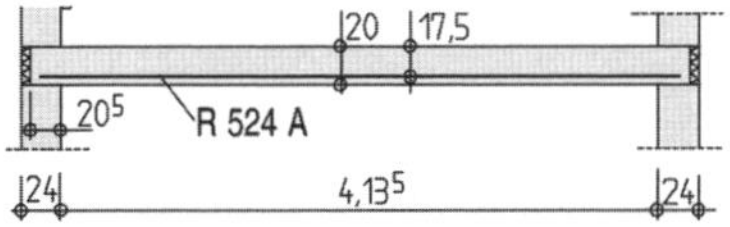

Anmerkung:
Ausführung ohne Querkraftbewehrung zulässig (Regelfall bei Platten); hier ohne Nachweis.

3.2 Grenzzustand der Gebrauchstauglichkeit

Begrenzung der Rissbreiten

Der Nachweis wird durch Anordnung einer Mindestbewehrung und durch Wahl eines Stabdurchmessers (ggf. Stababstandes) geführt.

Verformungsbegrenzung

Begrenzung der Biegeschlankheit für *Platten des üblichen Hochbaus* aus Normalbeton:

$$l_i/d \le \begin{cases} 35 & \text{allgemein} \\ 150/l_i & \text{Bauteile mit erhöhten Anforderungen } (l_i \text{ in m}) \end{cases}$$

mit $l_i = \alpha \cdot l$; der Beiwert α beträgt für *regelmäßige* Systeme (d. h. Stützweitenverhältnis benachbarter Felder min $l \geq 0,8$ max l)

- Einfeldplatte: $\alpha = 1,0$
- End-/Innenfeld von Durchlaufplatten $\alpha = 0,8 / \alpha = 0,6$
  (Bei Flachdecken mit Beton < C30/37 $\alpha = 0,9 / \alpha = 0,7$)
- Kragplatten $\alpha = 2,4$

(Wegen bestehender Unsicherheiten wird auf erweiterte Verfahren verwiesen; vgl. *Goris, Stahlbetonbau-Praxis nach DIN 1045 neu.*)

Beispiel: Einachsig gespannte Platte

Abmessungen $l_x = 4,25$ m; $h/d = 20,0/17,5$ cm

$$l_i/d = \begin{cases} 1,0 \cdot 4,25 / 0,175 = 24,3 < 35 \\ 1,0 \cdot 4,25 / 0,175 = 24,3 < 150 / 4,25 = 35,3 \end{cases}$$

Es sind damit auch erhöhte Anforderungen erfüllt.

4 Bemessung für Querkraft; weitere Nachweise

Weitere Nachweise sind hier nicht dargestellt. Es wird auf die ausführlichen Erläuterungen in *Goris, Stahlbetonbau-Praxis nach DIN 1045 neu, 3. Auflage* (Bd. 1 und 2) verwiesen.

5 Querschnittswerte

Querschnitte von Flächenbewehrungen a_s in cm²/m

Abstand	Durchmesser d_s in mm								
s[cm]	6	8	10	12	14	16	20	25	28
7,0	4,04	7,18	11,22	16,16	21,99	28,72	44,88	70,12	87,96
8,0	3,53	6,28	9,82	14,14	19,24	25,13	39,27	61,36	76,97
9,0	3,14	5,59	8,73	12,57	17,10	22,34	34,91	54,54	68,42
10,0	2,83	5,03	7,85	11,31	15,39	20,11	31,42	49,09	61,58
11,0	2,57	4,57	7,14	10,28	13,99	18,28	28,56	44,62	55,98
12,0	2,36	4,19	6,54	9,42	12,83	16,76	26,18	40,91	51,31
13,0	2,17	3,87	6,04	8,70	11,84	15,47	24,17	37,76	47,37
14,0	2,02	3,59	5,61	8,08	11,00	14,36	22,44	35,06	43,98
15,0	1,88	3,35	5,24	7,54	10,26	13,40	20,94	32,72	41,05
16,0	1,77	3,14	4,91	7,07	9,62	12,57	19,63	30,68	38,48
17,0	1,66	2,96	4,62	6,65	9,06	11,83	18,48	28,87	36,22
18,0	1,57	2,79	4,36	6,28	8,55	11,17	17,45	27,27	34,21
19,0	1,49	2,65	4,13	5,95	8,10	10,58	16,53	25,84	32,41
20,0	1,41	2,51	3,93	5,65	7,70	10,05	15,71	24,54	30,79

Querschnitte von Balkenbewehrungen A_s in cm²

d_s [mm]	Anzahl der Stäbe 1	2	3	4	5	6	7	8	9	10
6	0,28	0,57	0,85	1,13	1,41	1,70	1,98	2,26	2,54	2,83
8	0,50	1,01	1,51	2,01	2,51	3,02	3,52	4,02	4,52	5,03
10	0,79	1,57	2,36	3,14	3,93	4,71	5,50	6,28	7,07	7,85
12	1,13	2,26	3,39	4,52	5,65	6,79	7,92	9,05	10,18	11,31
14	1,54	3,08	4,62	6,16	7,70	9,24	10,78	12,32	13,85	15,39
16	2,01	4,02	6,03	8,04	10,05	12,06	14,07	16,09	18,10	20,11
20	3,14	6,28	9,42	12,57	15,71	18,85	21,99	25,13	28,27	31,42
25	4,91	9,82	14,73	19,64	24,54	29,45	34,36	39,27	44,18	49,09
28	6,16	12,32	18,47	24,63	30,79	36,95	43,10	49,26	55,42	61,58

Lagermatten Lieferprogramm

Länge / Breite m	Randeinsparung (Längsrichtung)	Mattenbezeichnung	Mattenaufbau längs / quer: Stababst. [mm] · Stabdurchmesser Innenber. / Randber. – Anzahl Längsrandstäbe li. / re.	Querschnitte längs / quer cm²/m	Gewicht je Matte kg	Gewicht je m² kg
6,00 / 2,30	ohne	**Q188 A**	150 · 6,0 150 · 6,0	1,88 1,88	41,7	3,02
		Q257 A	150 · 7,0 150 · 7,0	2,57 2,57	56,8	4,12
		Q335 A	150 · 8,0 150 · 8,0	3,35 3,35	74,3	5,38
	mit	**Q424 A**	150 · 9,0 / 7,0 – 4 / 4 150 · 9,0	4,24 4,24	84,4	6,12
		Q524 A	150 · 10,0/7,0 – 4 / 4 150 · 10,0	5,24 5,24	100,9	7,31
6,00 / 2,35		**Q636 A**	100 · 9,0 / 7,0 – 4 / 4 125 · 10,0	6,36 6,28	132,0	9,36
6,00 / 2,30	ohne	**R188 A**	150 · 6,0 250 · 6,0	1,88 1,13	33,6	2,43
		R257 A	150 · 7,0 250 · 6,0	2,57 1,13	41,2	2,99
		R335 A	150 · 8,0 250 · 6,0	3,35 1,13	50,2	3,64
	mit	**R424 A**	150 · 9,0 / 8,0 – 2 / 2 250 · 8,0	4,24 2,01	67,2	4,87
		R524 A	150 · 10,0/ 8,0 – 2 /2 250 · 8,0	5,24 2,01	75,7	5,49

D

D.5 Holzbau (Hinweise)

Holzbau – Druckstäbe

Ermittlung der Ersatzstablänge l_{ef}

$l_{ef} = \beta \cdot l$ mit dem Knicklängenbeiwert β und der Stablänge l

Die Ersatzstablängen l_{ef} gelten für Knicken in der dargestellten Tragwerksebene.

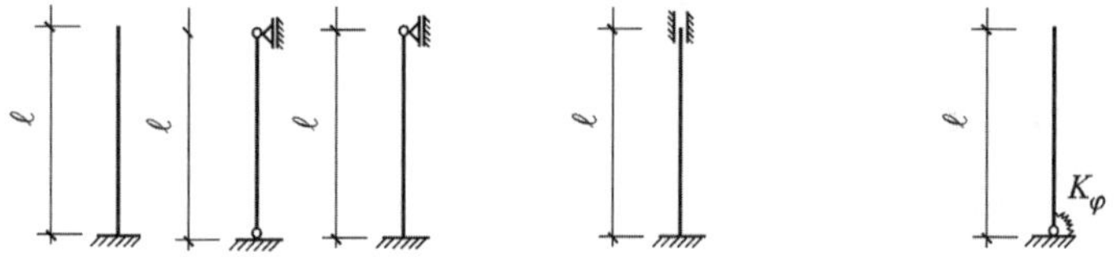

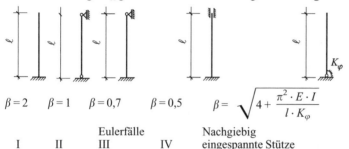

$\beta = 2$ $\beta = 1$ $\beta = 0{,}7$ $\beta = 0{,}5$ $\beta = \sqrt{4 + \dfrac{\pi^2 \cdot E \cdot I}{l \cdot K_\varphi}}$

I	II	III	IV	Nachgiebig eingespannte Stütze
		Eulerfälle		

Knicklängenbeiwerte für die Eulerfälle und die nachgiebig eingespannte Stütze

Querschnitts- und Baustoffwahl

Querschnitte und Querschnittswerte siehe Seite 5 bis 7.

Baustoffe und Baustoffeigenschaften siehe z. B. Fachliteratur auf S. 2 oder *Schneider:* Bautabellen.

Abschätzung der Querschnittsfläche einer Vollholzstütze mit quadratischem Querschnitt, wenn die Krafteinleitung nicht maßgebend ist:

$$A_{req} \approx 40 \cdot N_d \cdot \left(1 + \sqrt{1 + 150 \cdot \frac{l_{ef}^2}{N_d}}\right) \quad \text{in mm}^2$$

N_d zentrische Druckkraft in kN

l_{ef} Ersatzstablänge in m

Der Abschätzgleichung liegt VH C 24 mit $k_{mod} = 0{,}8$ und der Bereich $50 < \lambda < 150$ zugrunde.

Ermittlung des Schlankheitsgrades λ

$\lambda = l_{ef} / i$

$l_{ef} = \beta \cdot l$ *Ersatzstablänge*

$i = \sqrt{I/A}$ Trägheitsradius

I Flächenmoment 2. Grades

A Querschnittsfläche

für Kreisquerschnitt mit Durchmesser d

$i = d/4$

für Rechteckquerschnitt b/h

$i_y = 0{,}289 \cdot h$

$i_z = 0{,}289 \cdot b$

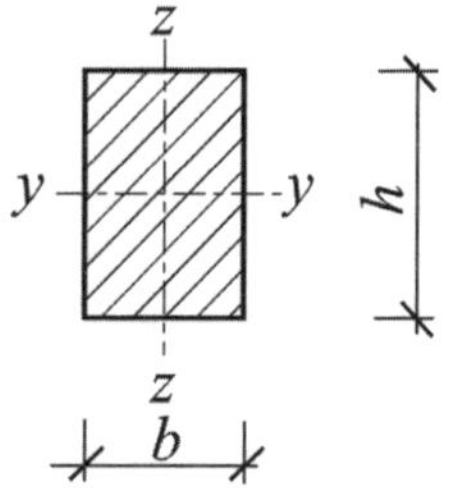

Knickbeiwerte k_c

Aus der folgenden Tabelle ist in Abhängigkeit von λ und vom gewählten Material des Stabes der Knickbeiwert zu entnehmen. Zwischenwerte dürfen linear interpoliert werden. Die Zusammenfassung von Festigkeitsklassen in der Tabelle ergibt Abweichungen von ≤ 3,5 % zur sicheren Seite.

Knickbeiwerte k_c für Vollholz

λ	C 24-C 40	λ	C 24-C 40
15	1,00	135	0,172
20	0,991	140	0,161
25	0,970	145	0,150
30	0,946	150	0,141
35	0,918	155	0,132
40	0,884	160	0,124
45	0,842	165	0,117
50	0,792	170	0,111
55	0,733	175	0,105
60	0,670	180	0,099
65	0,607	185	0,094
70	0,547	190	0,089
75	0,492	195	0,085
80	0,443	200	0,081
85	0,400	205	0,077
90	0,363	210	0,073
95	0,330	215	0,070
100	0,301	220	0,067
105	0,275	225	0,064
110	0,252	230	0,062
115	0,232	235	0,059
120	0,215	240	0,057
125	0,199	245	0,054
130	0,185	250	0,052

D

Berechnung des Bemessungswertes der Druckspannung

Befinden sich im mittleren Drittel des Ersatzstabes Querschnittsschwächungen, die eine Weiterleitung der Druckspannungen unterbrechen, ist die Druckspannung $\sigma_{c,0,d}$ mit der Nettofläche A_n zu ermitteln.

Knicknachweis

Vergleich des Bemessungswertes der Druckspannung mit dem k_c-fachen Bemessungswert der Druckfestigkeit:

$$\frac{N_d/A}{k_c \cdot f_{c,0,d}} \leq 1 \text{ mit}$$

A Querschnittsfläche k_c Knickbeiwert

$f_{c,0,d}$ Bemessungswert der Druckfestigkeit des Baustoffs

Beispiel: Dachpfosten

NKL 1/2 $l_{ef} = l = 4{,}5$ m Baustoff NH C 24
Quadratischer Querschnitt

$N_d = 35{,}0$ kN KLED kurz $k_{mod} = 0{,}9$

$f_{c,0,d} = k_{mod} \cdot f_{c,0,k}/\gamma_M = 0{,}9 \cdot 21{,}0/1{,}3 = 14{,}5\ \text{N/mm}^2$

Gewählt 120 × 120 mm NH C 24

Knicknachweis: $\sigma_{c,0,d} = 35000/120^2 = 2{,}43\ \text{N/mm}^2$

$\lambda = 4500/34{,}6 = 130 \rightarrow k_c = 0{,}185$

Nachweis: $\dfrac{\sigma_{c,0,d}}{k_c \cdot f_{c,0,d}} = \dfrac{2{,}43}{0{,}185 \cdot 14{,}5} = 0{,}91 < 1$

Querschnittswerte

Kanthölzer

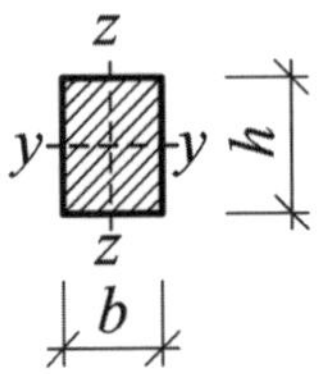

nach DIN 4070-2 (Auswahl)

■ Konstruktionsvollholz (KVH)
▲ auch als KVH erhältlich

Zahlenwerte gelten zum Zeitpunkt des Einschnitts bei ca. 20 % Holzfeuchte (ausgenommen KVH mit der Holzfeuchte 15 % + 3 %).

b/*h* mm/mm	*A* 10^2 mm²	*g* kN/m	W_y 10^3 mm³	I_y 10^4 mm⁴	W_z 10^3 mm³	I_z 10^4 mm⁴	i_y cm	i_z cm
▲ 60/60	36	0,022	36	108	36	108	1,73	1,73
▲ 60/80	48	0,029	64	256	48	144	2,31	1,73
▲ 60/100	60	0,036	100	500	60	180	2,89	1,73
■ 60/120	72	0,043	144	864	72	216	3,46	1,73
■ 60/140	84	0,050	196	1372	84	252	4,04	1,73
■ 60/160	96	0,058	256	2048	96	288	4,62	1,73
■ 60/180	108	0,065	324	2916	108	324	5,20	1,73
■ 60/200	120	0,072	400	4000	120	360	5,77	1,73
▲ 60/220	132	0,079	484	5324	132	396	6,36	1,73
■ 60/240	144	0,086	576	6910	144	432	6,94	1,73
▲ 80/80	64	0,038	85	341	85	341	2,31	2,31
▲ 80/100	80	0,048	133	667	107	427	2,89	2,31
■ 80/120	96	0,058	192	1152	128	512	3,46	2,31
■ 80/140	112	0,067	261	1829	149	597	4,04	2,31
■ 80/160	128	0,077	341	2731	171	683	4,62	2,31
▲ 80/180	144	0,086	432	3888	192	768	5,20	2,31
■ 80/200	160	0,096	533	5333	213	853	5,77	2,31
▲ 80/220	176	0,106	645	7099	235	939	6,35	2,31
■ 80/240	192	0,115	768	9216	256	1024	6,94	2,31
▲ 100/100	100	0,060	167	833	167	833	2,89	2,89
■ 100/120	120	0,072	240	1440	200	1000	3,46	2,89
▲ 100/140	140	0,084	327	2287	233	1167	4,04	2,89
▲ 100/160	160	0,096	427	3413	267	1333	4,62	2,89

b/*h* mm/mm	*A* 10^2 mm²	*g* kN/m	W_y 10^3 mm³	I_y 10^4 mm⁴	W_z 10^3 mm³	I_z 10^4 mm⁴	i_y cm	i_z cm
▲ 100/180	180	0,108	540	4860	300	1500	5,20	2,89
■ 100/200	200	0,120	667	6667	333	1667	5,77	2,89
■ 100/220	220	0,132	807	8873	367	1833	6,35	2,89
▲ 100/240	240	0,144	960	11 520	400	2000	6,93	2,89
■ 120/120	144	0,086	288	1728	288	1728	3,46	3,46
120/140	168	0,101	392	2744	336	2016	4,04	3,46
▲ 120/160	192	0,115	512	4096	384	2304	4,62	3,46
■ 120/200	240	0,144	800	8000	480	2880	5,77	3,46
■ 120/240	288	0,173	1152	13 824	576	3456	6,93	3,46
▲ 140/140	196	0,118	457	3201	457	3201	4,04	4,04
140/160	224	0,134	597	4779	523	3659	4,62	4,04
▲ 140/200	280	0,168	933	9333	652	4573	5,77	4,04
▲ 140/240	336	0,202	1344	16128	784	5488	6,93	4,04
160/160	256	0,154	683	5461	683	5461	4,62	4,62
160/180	288	0,173	864	7776	768	6144	5,20	4,62
160/200	320	0,192	1067	10 667	853	6827	5,77	4,62
180/180	324	0,194	972	8748	972	8748	5,20	5,20
180/220	396	0,238	1452	15 972	1188	10 692	6,35	5,20
200/200	400	0,240	1333	13 333	1333	13 333	5,77	5,77
200/240	480	0,288	1920	23 040	1600	16 000	6,93	5,77
220/220	484	0,290	1775	19 520	1775	19 520	6,35	6,35
240/240	576	0,346	2304	27 648	2304	27 648	6,93	6,93

Bemessung von Holzbalken nach DIN 1052 (08.2004)

1. System, Einwirkungen und Schnittkräfte

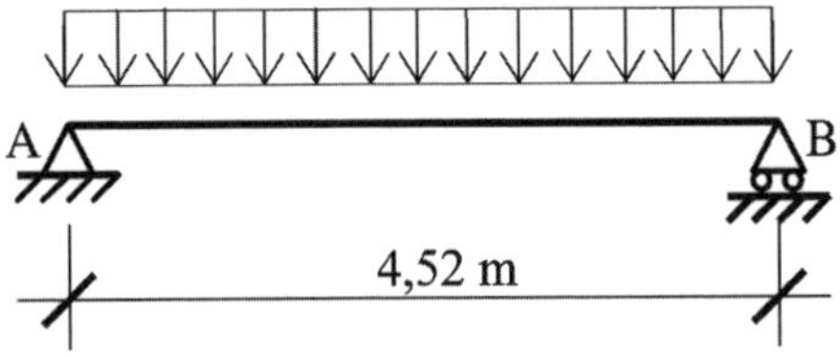

Balkenabstand: $e = 1{,}13$ m
Nutzungsklasse (NKL): 1
Maßgebende Klasse der Lasteinwirkungsdauer (KLED): mittel

Ständige Einwirkungen

$g_k = 1{,}78$ kN/m²

Veränderliche Einwirkung einschließlich Trennwandzuschlag

$q_k = 2{,}80$ kN/m²

pro Balken $g'_k = 1{,}78 \cdot 1{,}13 = 2{,}01$ kN/m

$q'_k = 2{,}80 \cdot 1{,}13 = 3{,}16$ kN/m

Teilsicherheitsbeiwerte

$\gamma_G = 1{,}35$ (bei nur einer Veränderlichen) $\gamma_Q = 1{,}50$

Bemessungswerte

$g'_d = 2{,}01 \cdot 1{,}35 = 2{,}71$ kN/m

$q'_d = 3{,}16 \cdot 1{,}50 = 4{,}74$ kN/m

nach DIN 1052, 5.2 $g'_d + q'_d = 2{,}71 + 4{,}74 = 7{,}45$ kN/m

Auflagerkräfte und Schnittgrößen

$$A_{g,k} = B_{g,k} = V_{g,k} = \frac{2{,}01 \cdot 4{,}52}{2} = 4{,}54 \text{ kN}$$

$$A_{q,k} = B_{q,k} = V_{q,k} = \frac{3{,}16 \cdot 4{,}52}{2} = 7{,}14 \text{ kN}$$

$$M_{g,k} = \frac{2{,}01 \cdot 4{,}52^2}{8} = 5{,}13 \text{ kNm}$$

$$M_{q,k} = \frac{3{,}16 \cdot 4{,}52^2}{8} = 8{,}07 \text{ kNm}$$

$$A_d = B_d = V_d = \frac{7{,}45 \cdot 4{,}52}{2} = 16{,}84 \text{ kN}$$

$$M_d = \frac{7{,}45 \cdot 4{,}52}{8} = 19{,}03 \text{ kNm} = 1.903 \text{ kNcm}$$

2. Bemessung für den Grenzzustand der Tragfähigkeit

gewählt: Brettschichtholz 120/280 GL24h (Vorzugsquerschnitt)

$A = 336\ \text{cm}^2\ W = 1.568\ \text{cm}^3\ I = 21.952\ \text{cm}^4$

$E_{0,\text{mean}} = 1.160\ \text{kN/cm}^2$

nach DIN 1052, Tab. F1 $K_{\text{mod}} = 0{,}8$

$$\sigma_{m,d} = \frac{1.903}{1.568} = 1{,}21\ \text{kN/cm}^2$$

$$f_{m,d} = \frac{k_{\text{mod}} \cdot f_{m,k}}{\gamma_m} = \frac{0{,}8 \cdot 2{,}4}{1.3} = 1{,}48\ \text{kN/cm}^2 \qquad f_{m,d} = \frac{k_{\text{mod}} \cdot f_{v,k}}{\gamma_m} = \frac{0{,}8 \cdot 0{,}25}{1{,}3} = 0{,}15\ \text{kN/cm}^2$$

$$\boxed{\frac{\sigma_{m,d}}{f_{m,d}} = \frac{1{,}21}{1{,}48} = ß{,}82 < 1} \qquad \boxed{\frac{\sigma_d}{f_{v,d}} = \frac{0{,}075}{0{,}15} = 0{,}50 < 1}$$

$$\sigma_d = 1{,}5 \cdot \frac{16{,}84}{336} = 0{,}075\ \text{kn/cm}^2$$

3. Bemessung für den Grenzzustand der Gebrauchstauglichkeit

nach DIN 1052, Tab. F2 $K_{\text{def}} = 0{,}6$

nach DIN 1055-100, Tab. A2 $\psi_2 = 0{,}3$

Durchbiegung

$$w_{g,\text{inst}} = \frac{5 \cdot g_d \cdot l^4}{384 \cdot E_{0,\text{mean}} \cdot l} = \frac{5 \cdot 0{,}0201 \cdot 4520^4}{384 \cdot 1.160 \cdot 21.952} = 4{,}3\ \text{mm}$$

$$w_{q,\text{inst}} = \frac{5 \cdot q_d \cdot l^4}{384 \cdot E_{0,\text{mean}} \cdot l} = \frac{5 \cdot 0{,}0316 \cdot 4520^4}{384 \cdot 1.160 \cdot 21.952} = 6{,}7\ \text{mm}$$

Für die quasi-ständige Bemessungssituation

$$\begin{aligned} w_{\text{fin}} &= w_{g,\text{inst}} \cdot (l + k_{\text{def}}) + \psi_2 \cdot w_{q,\text{inst}} \cdot (l + k_{\text{def}}) \\ &= 4{,}3 \cdot (1 + 0{,}6) + 0{,}3 \cdot 6{,}7 \cdot (1 + 0{,}6) = 10{,}1\ \text{mm} \end{aligned}$$

in DIN 1052, 9.2 (4) wird empfohlen, die Durchbiegung zu begrenzen. Die Entscheidung darüber liegt Ermessen des Tragwerksplaners.

$$w_{\text{fin}} - w_0 \leq \frac{l}{200}$$

$$w_{\text{req}} = \frac{l}{200} = \frac{4520}{200} = 22{,}6\ \text{mm}$$

$$w_{\text{fin}} - w_0 = 12{,}6 - 0 = 12{,}6\ \text{mm}$$

$$\frac{w_{\text{fin}} - w_0}{w_{\text{req}}} = \frac{10{,}1}{22{,}6} = 0{,}45 < 1$$

D.6 Stahlbau (Hinweise)

Bemessung eines Stahlträgers nach DIN 18 800 (11.1990)

Dieser Norm liegt ein Sicherheitskonzept unter Verwendung von Teilsicherheitsbeiwerten γ zugrunde:

Die Beanspruchung S_d (Einwirkungen) muss kleiner oder gleich der Beanspruchbarkeit R_d (Widerstand) sein:

$$\boxed{S_d / R_d \leq 1}$$

Die Einwirkungen werden mit Sicherheitsbeiwerten multipliziert und die Materialfestigkeiten werden durch einen Sicherheitsbeiwert dividiert. Man muss zwischen sog. *charakteristischen Werten* (sie erhalten einen Index „k) und *Bemessungswerten* (sie erhalten den Index „d) unterscheiden. Weitere Einzelheiten können dem folgenden Zahlenbeispiel entnommen werden.

Zahlenbeispiel

$l = 1{,}55\ \text{m}$

Der Stahlträger hat die Funktion eines Sturzes über einer Türöffnung in der Mittelwand. Er wird durch eine Zweifelddecke mit den Stützweiten $l_1 = 2{,}82$ m und $l_2 = 3{,}01$ m belastet. Die Deckenlast beträgt:

$g_k = 5{,}25\ \text{kN/m}^2$ (Eigenlast)
$q_k = 2{,}75\ \text{kN/m}^2$ (Nutzlast)

Die Bemessungwerte der Einwirkungen ergeben sich, indem die charakteristischen Werte mit Teilsicherheitsbeiwerten multipliziert werden:

$g_d = \gamma_G \cdot g_k$
$q_d = \gamma_Q \cdot q_k$

Es ist anzusetzen:

$\gamma_G = 1{,}35$
$\gamma_Q = 1{,}5$ (bei *einer* veränderlichen Einwirkung)

Damit folgt:

$g_d = 1{,}35 \cdot 5{,}25 = 7{,}09\ \text{kN/m}^2$
$q_d = 1{,}5 \cdot 2{,}75 = 4{,}13\ \text{kN/m}^2$

Die Auflagerkraft als Belastung für den Stahlträger ergibt sich näherungsweise zu:

$\max B_d = 1{,}2\,(7{,}09 + 4{,}13) \cdot (2{,}82 + 3{,}01)/2 = 39{,}2\ \text{kN/m}$

Belastung des Stahlträgers:

aus $B_d = 39{,}2$ kN/m
Stahlträger $\approx 0{,}3$ kN/m
$r_d = 39{,}5$ kN/m

$\max M_d = 39{,}5 \cdot 1{,}55^2/8 = 11{,}9\ \text{kNm}$
$\max V_d = 39{,}5 \cdot 1{,}55/2 = 30{,}6\ \text{kN}$

Nachweisverfahren: *Elastisch-Elastisch*

gew. HE 100A	$W_y = 72{,}8\ cm^3$
	$A_{Steg} = 4{,}4\ cm^2$
$f_{y,k} = 24\ kN/cm^2$ (S 235)	$\gamma_M = 1{,}1$

Normalspannungsnachweis[1)]

$\sigma_d / \sigma_{R,d} \leq 1$

Grenznormalspannung:

$\sigma_{R,d} = f_{y,k}/\gamma_M = 24/1{,}1 = 21{,}8\ kN/cm^2$

Normalspannung:

$\sigma_d = M_d/W_y = 1190/72{,}8 = 16{,}3\ kN/cm^2$
$\sigma_d/\sigma_{R,d} = 16{,}3/21{,}8 = 0{,}75 < 1$

Schubspannungsnachweis

$\tau_d/\tau_{R,d} \leq 1$

Grenzschubspannung:

$\tau_{R,d} = f_{y,k}/(\sqrt{3} \cdot \gamma_M) = 24/(\sqrt{3} \cdot 1{,}1) = 12{,}6\ kN/cm^2$

Schubspannung:

$\tau_d = V_d/A_{Steg}$ (mittlere Schubspannung)[2)]

$\tau_d = 30{,}6/4{,}4 = 7{,}0\ kN/cm^2$

$\tau_d/\tau_{R,d} = 7{,}0/12{,}6 = 0{,}56 < 1$

Vergleichspannungsnachweis

Nicht maßgebend bei Einfeldträgern mit Gleichstreckenlast.

Breite I Träger: HE-A (IPBl)

IPBl Reihe, Leichte Ausführung, DIN 1025-3, warmgewalzt

---

1) Biegedrillknicken nicht maßgebend.
2) Vereinfachung ist zulässig, wenn $\frac{A_{Steg}}{A_{Gurt}} \geq 0{,}6$ ist.

D

Kurzzeichen	Maße						Flächen			
	h	b	s	t	r	h_1	A	A_{Steg}	G	U
HE-A	mm	mm	mm	mm	mm	mm	cm²	cm²	kN/m	m²/m
100	96	100	5	8	12	56	21,2	4,40	0,167	0,561
120	114	120	5	8	12	74	25,3	5,30	0,199	0,677
140	133	140	5,5	8,5	12	92	31,4	6,85	0,247	0,794
160	152	160	6	9	15	104	38,8	8,58	0,304	0,906
180	171	180	6	9,5	15	122	45,3	9,69	0,355	1,02
200	190	200	6,5	10	18	134	53,8	11,7	0,423	1,14
220	210	220	7	11	18	152	64,3	13,9	0,505	1,26
240	230	240	7,5	12	21	164	76,8	16,4	0,603	1,37
260	250	260	7,5	12,5	24	177	86,8	17,8	0,682	1,48
280	270	280	8	13	24	196	97,3	20,6	0,764	1,60
300	290	300	8,5	14	27	208	112	23,5	0,883	1,72
320	310	300	9	15,5	27	225	124	26,5	0,976	1,76
340	330	300	9,5	16,5	27	243	133	29,8	1,048	1,79
360	350	300	10	17,5	27	261	143	33,3	1,121	1,83
400	390	300	11	19	27	298	159	40,8	1,248	1,91
450	440	300	11,5	21	27	344	178	48,2	1,398	2,01
500	490	300	12	23	27	390	198	56,0	1,551	2,11
550	540	300	12,5	24	27	438	212	64,5	1,662	2,21
600	590	300	13	25	27	486	226	73,5	1,778	2,31
650	640	300	13,5	26	27	534	242	82,9	1,897	2,41
700	690	300	14,5	27	27	582	260	96,1	2,045	2,50
800	790	300	15	28	30	674	286	114	2,244	2,70
900	890	300	16	30	30	770	320	138	2,516	2,90
1000	990	300	16,5	31	30	868	347	158	2,723	3,10

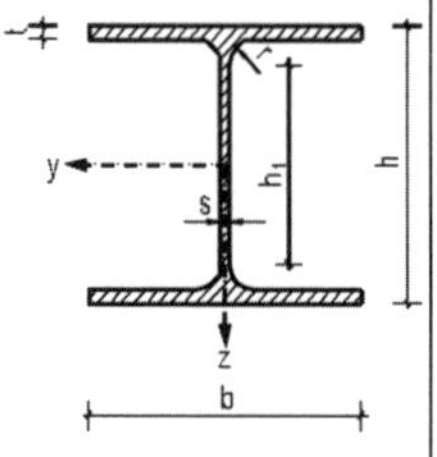

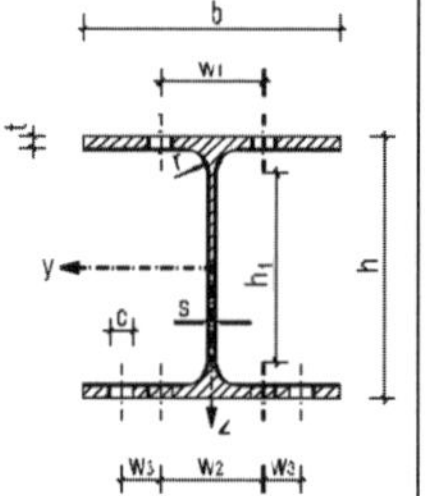

Kurzzeichen	Statische Werte											Lochmaße		
	I_y	W_y	i_y	I_z	W_z	i_z	S_y	S_z	$i_{z,g}$	I_T	I_ω	d	w_1, w_2	w_3
HE-A	cm⁴	cm³	cm	cm⁴	cm³	cm	cm³	cm³	cm	cm⁴	cm⁶	mm	mm	mm
100	349	72,8	4,06	134	26,8	2,51	41,5	20,6	2,65	5,26	2.581	13	56	–
120	606	106	4,89	231	38,5	3,02	59,7	29,4	3,21	6,02	6.472	17	66	–
140	1.030	155	5,73	389	55,6	3,52	86,7	42,4	3,75	8,16	15.060	21	76	–
160	1.670	220	6,57	616	76,9	3,98	123	58,8	4,26	12,3	31.410	23	86	–
180	2.510	294	7,45	925	103	4,52	162	78,2	4,82	14,9	60.210	25	100	–
200	3.690	389	8,28	1.340	134	4,98	215	102	5,32	21,1	108.000	25	110	–
220	5.410	515	9,17	1.950	178	5,51	284	135	5,88	28,6	193.300	25	120	–
240	7.760	675	10,1	2.770	231	6,00	372	176	6,40	41,7	328.500	25	94	35
260	10.450	836	11,0	3.670	282	6,50	460	215	6,91	52,6	516.400	25	100	40
280	13.670	1.010	11,9	4.760	340	7,00	556	259	7,46	62,4	785.400	25	110	45
300	18.260	1.260	12,7	6.310	421	7,49	692	321	7,97	85,6	1.200.000	28	120	45
320	22.930	1.480	13,6	6.990	466	7,49	814	355	7,99	108	1.512.000	28	120	45
340	27.690	1.680	14,4	7.440	496	7,46	925	378	7,99	128	1.824.000	28	120	45
360	33.090	1.890	15,2	7.890	526	7,43	1.040	401	7,98	149	2.177.000	28	120	45
400	45.070	2.310	16,8	8.560	571	7,34	1.280	436	7,94	190	2.942.000	28	120	45
450	63.720	2.900	18,9	9.470	631	7,29	1.610	483	7,93	245	4.146.000	28	120	45
500	86.970	3.550	21,0	10.370	691	7,24	1.970	529	7,91	310	5.643.000	28	120	45
550	111.900	4.150	23,0	10.820	721	7,15	2.310	553	7,86	353	7.189.000	28	120	45
600	141.200	4.790	25,0	11.270	751	7,05	2.680	578	7,82	399	8.978.000	28	120	45
650	175.200	5.470	26,9	11.720	782	6,97	3.070	602	7,77	450	11.027.000	28	120	45
700	215.300	6.240	28,8	12.180	812	6,84	3.520	628	7,70	515	13.352.000	28	120	45
800	303.400	7.680	32,6	12.640	843	6,65	4.350	656	7,58	599	18.290.000	28	130	40
900	422.100	9.480	36,3	13.550	903	6,50	5.410	707	7,49	739	24.962.000	28	130	40
1000	553.800	11.190	40,0	14.000	934	6,35	6.410	735	7,41	825	32.074.000	28	130	40

Mittelbreite I-Träger: IPE

nach DIN 1025-5, warmgewalzt

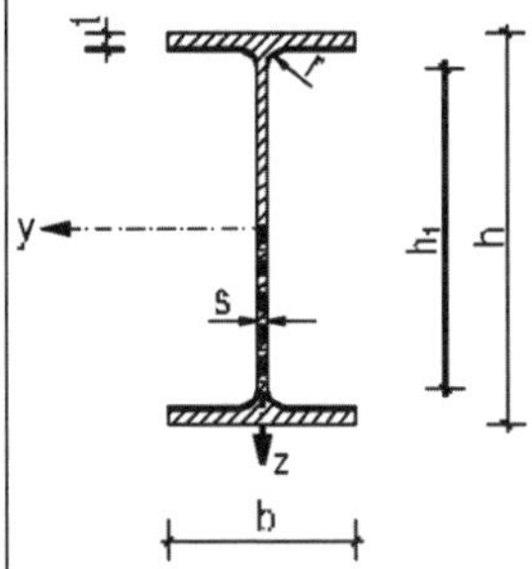

Kurzzeichen	Maße						Flächen			
	h	b	s	t	r	h_1	A	A_{Steg}	G	U
IPE	mm	mm	mm	mm	mm	mm	cm²	cm²	kN/m	m²/m
80	80	46	3,8	5,2	5	59	7,64	2,84	0,060	0,328
100	100	55	4,1	5,7	7	74	10,3	3,87	0,081	0,400
120	120	64	4,4	6,3	7	93	13,2	5,00	0,104	0,475
140	140	73	4,7	6,9	7	112	16,4	6,26	0,129	0,551
160	160	82	5,0	7,4	9	127	20,1	7,63	0,158	0,623
180	180	91	5,3	8,0	9	146	23,9	9,12	0,188	0,698
200	200	100	5,6	8,5	12	159	28,5	10,7	0,224	0,768
220	220	110	5,9	9,2	12	177	33,4	12,4	0,262	0,848
240	240	120	6,2	9,8	15	190	39,1	14,3	0,307	0,922
270	270	135	6,6	10,2	15	219	45,9	17,1	0,361	1,04
300	300	150	7,1	10,7	15	248	53,8	20,5	0,422	1,16
330	330	160	7,5	11,5	18	271	62,6	23,9	0,491	1,25
360	360	170	8,0	12,7	18	298	72,7	27,8	0,571	1,35
400	400	180	8,6	13,5	21	331	84,5	33,2	0,663	1,47
450	450	190	9,4	14,6	21	378	98,8	40,9	0,776	1,61
500	500	200	10,2	16,0	21	426	116	49,4	0,907	1,74
550	550	210	11,1	17,2	24	467	134	59,1	1,06	1,88
600	600	220	12,0	19,0	24	514	156	69,7	1,22	2,01

Kurzzeichen	Statische Werte										Lochmaße	
	I_y	W_y	i_y	I_z	W_z	i_z	S_y	$i_{z,g}$	I_T	I_ω	d	w_1
IPE	cm⁴	cm³	cm	cm⁴	cm³	cm	cm³	cm	cm⁴	cm⁶	mm	mm
80	80,1	20,0	3,24	8,49	3,69	1,05	11,6	1,18	0,70	118	6,4	26
100	171	34,2	4,07	15,9	5,79	1,24	19,7	1,40	1,21	351	8,4	30
120	318	53,0	4,90	27,7	38,65	1,45	30,4	1,63	1,74	890	8,4	36
140	541	77,3	5,74	44,9	12,3	1,65	44,2	1,87	2,45	1.980	11	40
160	869	109	6,58	68,3	16,7	1,84	61,9	2,08	3,62	3.960	13	44
180	1.320	146	7,42	101	22,2	2,05	83,2	2,32	4,80	7.430	13	50
200	1.940	194	8,26	142	28,5	2,24	110	2,52	7,02	12.990	13	56
220	2.770	252	9,11	205	37,3	2,48	143	2,79	9,10	22.670	17	60
240	3.890	324	9,97	284	47,3	2,69	183	3,03	12,9	37.390	17	68
270	5.790	429	11,2	420	62,2	3,02	242	3,41	16,0	70.580	21/17	72
300	8.360	557	12,5	604	80,5	3,35	314	3,79	20,2	125.900	23	80
330	11.770	713	13,7	788	98,5	3,55	402	4,02	28,3	199.100	25/23	86
360	16.270	904	15,0	1.040	123	3,79	510	4,25	37,5	313.600	25	90
400	23.130	1.160	16,5	1.320	146	3,95	654	4,49	51,4	490.000	28/25	96
450	33.740	1.500	18,5	1.680	176	4,12	851	4,72	67,1	791.000	28	106
500	48.200	1.930	20,4	2.140	214	4,31	1.100	4,96	89,7	1.249.000	28	110
550	67.120	2.440	22,3	2.670	254	4,45	1.390	5,15	124	1.884.000	28	120
600	92.080	3.070	24,3	3.390	308	4,66	1.760	5,41	166	2.846.000	28	120

D.7 Böschungen und Arbeitsräume bei Baugruben und Gräben nach DIN 4124 (10.2002)

Böschungen dürfen bei nicht verbauten Baugruben und Gräben höchstens bis zu 1,25 m Tiefe entfallen. In steifen, halbfesten oder festen Böden sowie in Fels darf bis zu 1,75 mTiefe nach den folgenden Abbildungen a) und b) aus DIN 4124 verfahren werden. Tiefere Baugruben und Gräben sind auf ganzer Höhe zu verbauen oder in Abhängigkeit vom Korngrößenanteil $\leq$ 0,06 mm und der Zustandsform des Bodens mindestens mit den folgenden Böschungswinkeln auszuführen:

- bei nichtbindigen oder weichen bindigen Böden mit $\beta = 45°$
- bei mindestens steifen bindigen Böden mit $\beta = 60°$
- bei Fels mit $\beta = 80°$

Die Standsicherheit der Böschungen ist nachzuweisen für über 5 m tiefe Baugruben und Gräben, bei Unterschreitung der Regelabstände zwischen Böschungskante und Straßen- oder Baufahrzeugen oder wenn besondere Einflüsse die Standsicherheit gefährden. Bei Ausschachtungen neben bestehenden Gebäuden gilt DIN 4123.

Arbeitsräume, die betreten werden, müssen in Baugruben mind. 0,50 m breit sein. Das gilt auch für Schachtbaugruben. Die für den Einzelfall maßgebende Arbeitsraumbreite b_A ergibt sich aus Abb. c). Werden Fundamente und Sohlplatten gegen Erde betoniert (siehe linke Seite der Abb.), so darf der Gründungskörper nicht in die Verlängerung der Böschungsfläche einschneiden.

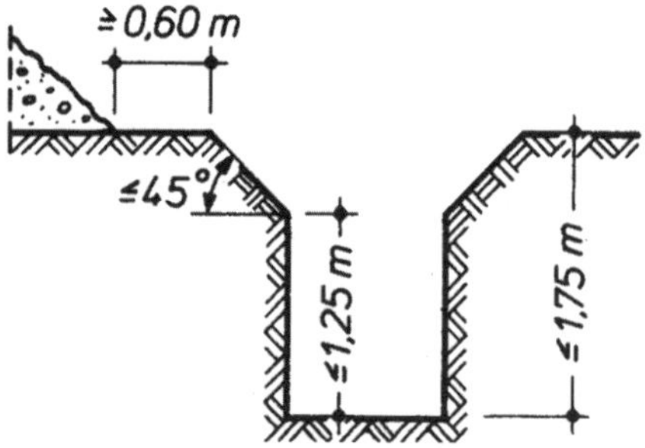

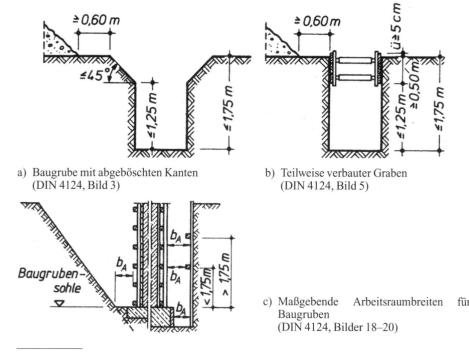

a) Baugrube mit abgeböschten Kanten (DIN 4124, Bild 3)

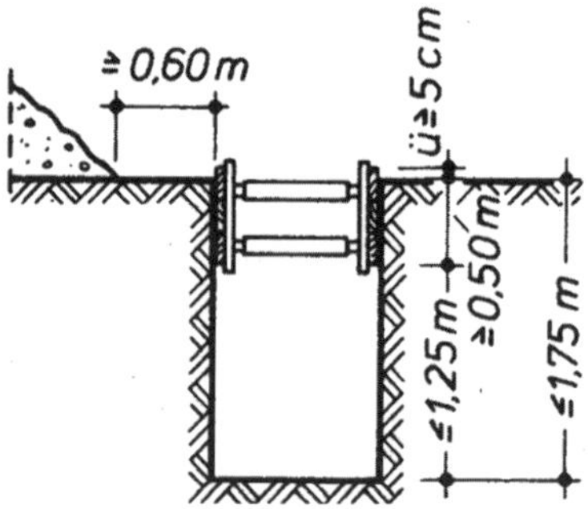

b) Teilweise verbauter Graben (DIN 4124, Bild 5)

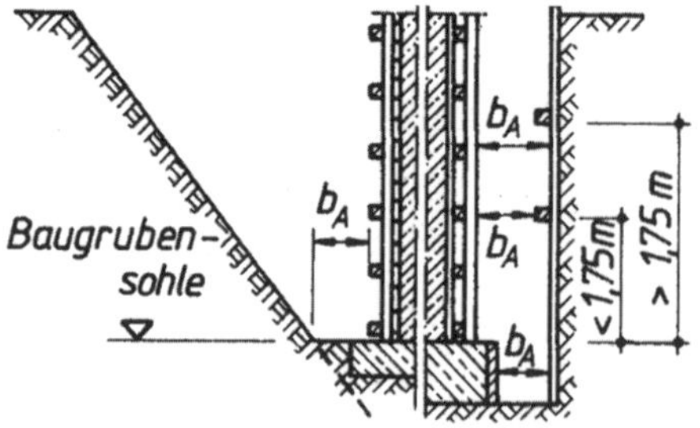

c) Maßgebende Arbeitsraumbreiten für Baugruben (DIN 4124, Bilder 18–20)

---

1) Für die Abrechnung des Aushubs gelten nach DIN 18 300 teilweise andere Böschungswinkel, nämlich $\beta = 40°$ bei Bodenklasse 3 und 4, $\beta = 60°$ bei Bodenklasse 5, $\beta = 80°$ bei Bodenklasse 6 und 7.

Leitungsgräben, die keinen Arbeitsraum zum Verlegen oder Prüfen von Leitungen benötigen, z. B. Erdkabel- oder Drängräben, aber *keine* Gräben für Abwasserleitungen, müssen gemäß DIN 4124 nach der folgenden Tafel ausgeführt werden.

Mindestbreiten für Gräben bis 1,25 m Tiefe ohne Arbeitsraum

Verlegetiefe t in m	$t \leq 0,70$	$0,70 < t \leq 0,90$	$0,90 < t \leq 1,00$	$1,00 < t \leq 1,25$
Mindestbreite in m	0,30	0,40	0,50	0,60

Die Mindestbreiten von Gräben für *Abwasserleitungen,* die in der Regel betreten werden müssen, sind inzwischen in DIN EN 1610 „Verlegung und Prüfung von Abwasserleitungen und -kanälen" festgelegt, die im Oktober 1997 als Ersatz für DIN 4033 erschienen ist. Gräben für andere Leitungen müssen bis auf weiteres nach DIN 4124 bemessen werden, weshalb in den folgenden Tafeln die Breiten nach DIN EN 1610 und DIN 4124 gegenübergestellt sind. Gemäß DIN EN 1610 ist immer die größere Breite zu wählen, während nach DIN 4124 die von der Grabentiefe abhängigen Werte nur für senkrechte Grabenwände gelten.

Mindestgrabenbreiten, abhängig von der Nennweite DN nach DIN EN 1610 und vom äußeren Rohrdurchmesser OD (bisher *d*) nach DIN 4124

Nennweite DN in mm nach DIN EN 1610	Mindestgrabenbreite[1)] in m			Äußerer Durchmesser OD in mm nach DIN 4124
	verbauter Graben	unverbauter Graben $\beta > 60°$	unverbauter Graben $\beta \leq 60°$	
≤ 225	OD + 0,40	OD + 0,40	OD + 0,40	
> 225 bis ≤ 350	OD + *0,50*	OD + *0,50*	OD + 0,40	
	OD + 0,40[2)]	OD + 0,40	OD + 0,40	≤ 400
> 350 bis ≤ 700	OD + 0,70	OD + 0,70	OD + 0,40	> 400 bis ≤ 800
> 700 bis ≤ 1200	OD + 0,85	OD + 0,85	OD + 0,40	
	OD + 0,85	OD + 0,70	OD + 0,40	> 800 bis ≤ 1400
> 1200	OD + *1,00*	OD + 1, 00	OD + 0,40	
	OD+1,00	OD + 0,70	OD + 0,40 > 1400	> 1400

Mindestgrabenbreiten, abhängig von der Grabentiefe

Nach DIN EN 1610		Nach DIN 4124	
Grabentiefe in m	Mindestgrabenbreite in m		Grabentiefe in m
$< 1,00$ m	keine Angabe	–	–
$\geq 1,00$ bis $\leq 1,75$	*0,80*	0,70[3)]	$\leq 1,75$
$> 1,75$ bis $\leq 4,00$	*0,90*	0,80	$> 1,75$ bis $\leq 4,00$
$> 4,00$	1,00	1,00	$\leq 4,00$

---

1) Bei geböschten Gräben gemessen in Höhe UK Rohrschaft; bei waagerechtem Verbau = lichter Abstand der Holzbohlen bzw. der Brusthölzer, wenn diese dichter als 1,50 m stehen; bei senkrechtem Verbau = lichter Abstand der Bohlen bzw. der waagerechten Gattungen, wenn deren Unterkante bei OD ≥ 600 weniger als 1,75 m über Grabensohle, bei OD ≥ 300 weniger als 0,50 m über OK Rohr liegt.

2) Sind planmäßige Umsteifungen für das Herablassen langer Rohre erforderlich, dann muss die Grabenbreite OD + 0,70 betragen.

3) Bei Gräben nach den Abbildungen a) und b) genügen 0,60 mBreite.

D.8 Materialkennwerte

1 Reibungsbeiwerte

1. Grenzwerte für den Gleitsicherheitsnachweis bei Traggerüsten[1)]

Holz/Holz (Reibfläche parallel oder quer zur Faser)	0,4–1,0	Holz/Stahl	0,5–1,2
		Holz/Beton (Mörtelbett)	0,8–1,0
Holz/Holz (mindestens eine Reibfläche zur Faser [Hirnholz])	0,6–1,0	Stahl/Stahl	0,2–0,8
		Beton/Beton	0,5–1,0
		Beton/Stahl	0,2–0,4

[1)] Ergebnisse eines Forschungsauftrags, durchgeführt vom Lehrstuhl für Ingenieurholzbau und Baukonstruktion der Universität Karlsruhe, abgeschlossen 1977.

2. Näherungswerte *(Zusammenstellung aus älterer Literatur)*

Beton auf Sand und Kies	0,6 0,35	Hirnholz auf Langholz, in Faserrichtung des Langholzes	0,43
Beton auf Lehm und Ton	0,35 0,25	Stahl auf Stein und Kies	0,45
Beton auf Stahl	0,45–0,30	Stahl auf Sand	0,48
Mauerwerk (rauh) auf Sand/Kies	0,60	Stahl auf Stahl, wenig fettig	0,13
Mauerwerk (glatt) auf Sand/Kies	0,30	Stahl auf Stahl, trocken	0,15
Mauerwerk (rauh) auf nassem Ton	0,30	Stahl auf Gusseisen	0,33
Mauerwerk (glatt) auf nassem Ton	0,20	Gummi auf Stahl, trockennass	0,35/0,15
Mauerwerk auf Beton	0,76	Faserpressstoff auf Stahl, trocken	0,25–0,35
Holz auf Metall	0,60	PVC auf Stahl, trocken/nass	0,40/0,25
Holz auf Stein	0,60	Polyurethan auf Stahl, trocken/nass	0,45/0,35
Holz auf Holz	0,50	Keramik auf Stahl, trocken/nass	0,45/0,35

2 Temperaturdehnzahlen (Rechenwerte)

Die Temperaturdehnzahl α_1 (Wärmeausdehnungszahl) ist gleich der Änderung der Längeneinheit eines Körpers bei einer Temperaturänderung von 1 °C. Die Gesamtlängenänderung eines Körpers der Länge l bei einer Temperaturänderung von t °C ist $\Delta l = \alpha_1 \cdot l \cdot t$.

Baustoff	α_1 (1/°C)	nach
Beton und Stahlbeton	$10^{-5} = 0{,}000010$	DIN 1045
Baustahl	$1{,}2 \cdot 10^{-5} = 0{,}000012$	DIN 18 800-1
Grauguss	$10^{-5} = 0{,}000010$	DIN 18 800-1
Aluminium	$2{,}3 \cdot 10^{-5} = 0{,}000023$ bis $2{,}4 \cdot 10^{-5} = 0{,}000024$	
Mauerziegel	$6 \cdot 10^{-6} = 0{,}000006$	DIN 1053-1
Kalksandsteine und Porenbetonsteine	$8 \cdot 10^{-6} = 0{,}000008$	DIN 1053-1
Leichtbetonsteine[1)]	$10^{-5} = 0{,}000010$	DIN 1053-1
Holz in Faserrichtung	$4 \cdot 10^{-6} = 0{,}000004$ bis $6 \cdot 10^{-6} = 0{,}000006$	Erläuterungen zu DIN 1052

[1)] Leichtbeton mit Überwiegend Blähton als Zuschlag: $\alpha_1 = 8 \cdot 10^{-6}$.

E.1 Tragfähigkeitstafeln

1 Mauerwerksbau

Tragfähigkeitstafeln für Mauerwerkswände

Die Tragfähigkeiten wurden nach dem vereinfachten Berechnungsverfahren (DIN 1053-1, Abschnitt 6) ermittelt. Legende: h_s = lichte Geschosshöhe

Übersicht über die Tragfähigkeitstafeln für Mauerwerkswände

Wanddicke	Wandart	Tafel	Seite
11,5 cm	Mittelwände und Außenwände mit Deckenendfeldstützweite $l \leq 6{,}00$m	E.1	E.4
17,5 cm	Mittelwände und Außenwände mit Deckenendfeldstützweite $l \leq 4{,}20$m	E.2	E.5
	Außenwände mit Deckenendfeldstützweite $l = 4{,}50$ m	E.5	E.8
	Außenwände mit Deckenendfeldstützweite $l = 5{,}00$ m	E.8	E.11
	Außenwände mit Deckenendfeldstützweite $l = 5{,}50$ m	E.10	E.13
	Außenwände mit Deckenendfeldstützweite $l = 6{,}00$ m	E.12	E.15
	Außenwände unter Dachdecken	E.14	E.17
24 cm	Mittelwände und Außenwände mit Deckenendfeldstützweite $l \leq 4{,}20$m	E.3	E.6
	Außenwände mit Deckenendfeldstützweite $l = 4{,}50$ m	E.6	E.9
	Außenwände mit Deckenendfeldstützweite $l = 5{,}00$ m	E.9	E.12
	Außenwände mit Deckenendfeldstützweite $l = 5{,}50$ m	E.11	E.14
	Außenwände mit Deckenendfeldstützweite $l = 6{,}00$ m	E.13	E.16
	Außenwände unter Dachdecken	E.14	E.17
30 cm	Mittelwände und Außenwände mit Deckenendfeldstützweite $l \leq 4{,}20$ m	E.4	E.7
	Außenwände mit Deckenendfeldstützweite $l = 4{,}50$ m	E.7	E.10
	Außenwände mit Deckenendfeldstützweite $l = 5{,}00$ m	E.9	E.12
	Außenwände mit Deckenendfeldstützweite $l = 5{,}50$ m	E.11	E.14
	Außenwände mit Deckenendfeldstützweite $l = 6{,}00$ m	E.13	E.16
	Außenwände unter Dachdecken	E.14	E.17
36,5 cm	Mittelwände und Außenwände mit Deckenendfeldstützweite $l \leq 4{,}20$m	E.4	E.7
	Außenwände mit Deckenendfeldstützweite $l = 4{,}50$ m	E.7	E.10
	Außenwände mit Deckenendfeldstützweite $l = 5{,}00$ m	E.9	E.12
	Außenwände mit Deckenendfeldstützweite $l = 5{,}50$ m	E.11	E.14
	Außenwände mit Deckenendfeldstützweite $l = 6{,}00$ m	E.13	E.16
	Außenwände unter Dachdecken	E.14	E.17

E

Hinweise zur Anwendung der folgenden Tafeln

In den folgenden Tragfähigkeitstafeln für Mauerwerkswände wird unterschieden, ob die Wand oben und unten *elastisch eingespannt* oder *gelenkig gelagert* ist.

Elastische Einspannung

Nach DIN 1053-1, kann eine elastische Einspannung der Wände angenommen werden, wenn als Deckenkonstruktion Stahlbetonplatten oder andere flächig aufgelagerte Massivplatten vorhanden sind (vgl. Abb.).

Gelenkige Lagerung

ist in allen anderen Fällen anzunehmen.

Anwendungsbeispiel

Außenwand

Lichte Geschosshöhe $h_s = 2{,}70$ m

Deckenstützweite $l = 4{,}10$ m

Decken: Stahlbetonplatten, d.h. die Wände sind elastisch eingespannt

Mauerwerk mit $\sigma_0 = 0{,}6$ MN/m², $d = 36{,}5$ cm

Belastung in der UK Außenwand: vorh $N = 127$ kN/m

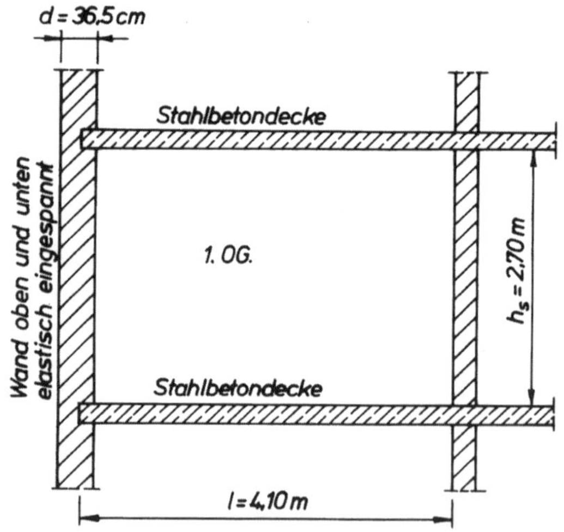

Ermittlung der Tragfähigkeit der Außenwand:

Aus Tafel E.7 folgt: zul $N = 219$ kN/m

Nachweis: vorh $N \leq$ zul N

127 kN/m < 219 kN/m

Anwendung der Tragfähigkeitstafeln für Pfeiler

Es sind nach DIN 1053-1, zwei Arten von Pfeilern zu unterscheiden.

Fall A

1. Die Pfeiler bestehen aus Steinen mit einem Lochanteil ≤ 30 %.
2. Sie bestehen aus einem oder mehreren ungeteilten Steinen.
3. Sie sind nicht durch Schlitze oder Aussparungen geschwächt.

In diesem Fall dürfen die Tafelwerte für Mauerwerkswände direkt verwendet werden.

Fall B

Ein oder mehrere der Punkte 1 bis 3 (Fall A) sind nicht erfüllt.
In diesem Fall müssen die Tafelwerte um 20 % abgemindert werden.

Achtung:

Pfeiler mit einer Querschnittsfläche < 400 cm² sind unzulässig.

Zahlenbeispiel

Mittelwandpfeiler im Keller, Pfeilerdicke d = 24 cm, Pfeilerbreite b = 49 cm, σ_0 = 1,2 MN/m², h_s = 2,60 m, Holzbalkendecken (d.h. keine elastische Einspannung des Pfeilers), Pfeiler besteht aus ungeteilten Steinen, es sind keine Aussparungen oder Schlitze vorhanden, Lochanteil der Steine < 30 %. Es liegt also Fall A vor.

Pfeilerbelastung: vorh N = 105,7 kN

Aus Tafel E.6: zul N = 272 · 0,49 = 133,3 kN

Nachweis: vorh $N \leq$ zul N
105,7 kN ≤ 133,3 kN

E

Tafel E.1 Mittelwände und Außenwände zwischen Geschossdecken

Deckenendfeldstützweite $l \leq 6{,}00$ m

zweiseitig gehalten, elastisch eingespannt

zweiseitig gehalten, gelenkig (*kursiv*)

$d = 11{,}5$ cm

Tafelwerte: zul N in kN/m

h_s (m) → ↓ σ_0 (MN/m²)	2,40	2,50	2,60	2,70	2,80	2,90
0,4	28,7 *12,7*	26,7 *10,0*	24,7 *7,3*	22,7 *4,7*	20,7 *2,0*	18,7 –
0,5	35,8 *15,8*	33,3 *12,5*	30,8 *9,2*	28,3 *5,8*	25,8 *2,5*	23,3 –
0,6	43,0 *19,0*	40,0 *15,0*	37,0 *11,0*	34,0 *7,0*	31,0 *3,0*	28,0 –
0,7	50,2 *22,2*	46,7 *17,5*	43,2 *12,8*	39,7 *8,2*	36,2 *3,5*	32,7 –
0,8	57,3 *25,3*	53,3 *20,0*	49,3 *14,7*	45,3 *9,3*	41,3 *4,0*	37,3 –
0,9	64,5 *28,5*	60,0 *22,5*	55,5 *16,5*	51,0 *10,5*	46,5 *4,5*	42,0 –
1,0	71,7 *31,7*	66,7 *25,0*	61,7 *18,3*	56,7 *11,7*	51,7 *5,0*	46,7 –
1,1	78,8 *34,8*	73,3 *27,5*	67,8 *20,2*	62,3 *12,8*	56,8 *5,5*	51,3 –
1,2	86,0 *38,0*	80,0 *30,0*	74,0 *22,0*	68,0 *14,0*	62,0 *6,0*	56,0 –
1,4	100,3 *44,3*	93,3 *35,0*	86,3 *25,7*	79,3 *16,3*	72,3 *7,0*	65,3 –
1,5	107,5 *47,5*	100,0 *37,5*	92,5 *27,5*	85,0 *17,5*	77,5 *7,5*	70,0 –
1,6	114,7 *50,7*	106,7 *40,0*	98,7 *29,3*	90,7 *18,7*	82,7 *8,0*	74,7 –
1,8	129,0 *57,0*	120,0 *45,0*	111,0 *33,0*	102,0 *21,0*	93,0 *9,0*	84,0 –
2,0	143,3 *63,3*	133,3 *50,0*	123,3 *36,7*	113,3 *23,3*	103,3 *10,0*	93,3 –
2,2	157,7 *69,7*	146,7 *55,0*	135,7 *40,3*	124,7 *25,7*	113,7 *11,0*	102,7 –
2,3	164,8 *72,8*	153,3 *57,5*	141,8 *42,2*	130,3 *26,8*	118,8 *11,5*	107,3 –
2,4	172,0 *76,0*	160,0 *60,0*	148,0 *44,0*	136,0 *28,0*	124,0 *12,0*	112,0 –
3,0	215,0 *95,0*	200,0 *75,0*	185,0 *55,0*	170,0 *35,0*	155,0 *15,0*	140,0 –
3,2	229,3 *103,3*	213,3 *80,0*	197,3 *58,7*	181,3 *37,3*	165,3 *16,0*	149,3 –
3,5	250,8 *110,8*	233,3 *87,5*	215,8 *64,2*	198,3 *40,8*	180,8 *17,5*	163,3 –
3,7	265,2 *117,2*	246,7 *92,5*	228,2 *67,8*	209,7 *43,2*	191,2 *18,5*	172,7 –

Tafel E.2 Mittelwände und Außenwände zwischen Geschossdecken

Deckenendfeldstützweite $l \leq 4{,}20$ m

zweiseitig gehalten, elastisch eingespannt

zweiseitig gehalten, gelenkig (*kursiv*)

d = 17,5 cm

Tafelwerte: zul N in kN/m

h_s (m) → ↓ σ_0 (MN/m²)	2,40	2,50	2,60	2,70	2,80	2,90
0,4	68,7 *52,7*	66,7 *50,0*	64,7 *47,3*	62,7 *44,7*	60,7 *42,0*	58,7 *39,3*
0,5	85,9 *65,8*	83,3 *62,5*	80,8 *59,2*	78,3 *55,8*	75,8 *52,5*	73,3 *49,2*
0,6	103,0 *79,0*	100,0 *75,0*	97,0 *71,0*	94,0 *67,0*	91,0 *63,0*	88,0 *59,0*
0,7	120,2 *92,2*	116,7 *87,5*	113,2 *82,8*	109,7 *78,2*	106,2 *73,5*	102,7 *68,8*
0,8	137,3 *105,3*	133,3 *100,0*	129,3 *94,7*	125,3 *89,3*	121,3 *84,0*	117,3 *78,7*
0,9	154,5 *118,5*	150,0 *112,5*	145,5 *106,5*	141,0 *100,5*	136,5 *94,5*	132,0 *88,5*
1,0	171,7 *131,7*	166,7 *125,0*	161,7 *118,3*	156,7 *111,7*	151,7 *105,0*	146,7 *98,3*
1,1	188,8 *144,8*	183,3 *137,5*	177,8 *130,2*	172,3 *122,8*	166,8 *115,5*	161,3 *108,2*
1,2	206,0 *158,0*	200,0 *150,0*	194,0 *142,0*	188,0 *134,0*	182,0 *126,0*	176,0 *118,0*
1,4	240,3 *184,3*	233,3 *175,0*	226,3 *165,7*	219,3 *156,3*	212,3 *147,0*	205,3 *137,7*
1,5	257,5 *197,5*	250,0 *187,5*	242,5 *177,5*	235,0 *167,5*	227,5 *157,5*	220,0 *147,5*
1,6	274,7 *210,7*	266,7 *200,0*	258,7 *189,3*	250,7 *178,7*	242,7 *168,0*	234,7 *157,3*
1,8	309,0 *237,0*	300,0 *225,0*	291,0 *213,0*	282,0 *201,0*	273,0 *189,0*	264,0 *177,0*
2,0	343,3 *263,3*	333,3 *250,0*	323,3 *236,7*	313,3 *223,3*	303,3 *210,0*	293,3 *196,7*
2,2	377,7 *289,7*	366,7 *275,0*	355,7 *260,3*	344,7 *245,7*	333,7 *231,0*	322,7 *216,3*
2,3	394,8 *302,8*	383,3 *287,5*	371,8 *272,2*	360,3 *256,8*	348,8 *241,5*	337,3 *226,2*
2,4	412,0 *316,0*	400,0 *300,0*	388,0 *284,0*	376,0 *268,0*	364,0 *252,0*	352,0 *236,0*
3,0	515,0 *395,0*	500,0 *375,0*	485,0 *355,0*	470,0 *335,0*	455,0 *315,0*	440,0 *295,0*
3,2	549,3 *421,3*	533,3 *400,0*	517,3 *378,7*	501,3 *357,3*	484,3 *336,0*	467,3 *314,7*
3,5	600,8 *460,8*	583,3 *437,5*	565,8 *414,2*	548,3 *390,8*	530,8 *367,5*	513,3 *344,2*
3,7	635,2 *487,2*	616,7 *462,5*	598,2 *437,8*	579,7 *413,2*	561,2 *388,5*	542,7 *363,8*

Tafel E.3 Mittelwände und Außenwände zwischen Geschossdecken

Deckenendfeldstützweite $l \leq 4{,}20$ m

zweiseitig gehalten, elastisch eingespannt

zweiseitig gehalten, gelenkig (*kursiv*)

d = 24 cm

Tafelwerte: zul N in kN/m

h_s (m) → ↓ σ_0 (MN/m^2)	2,40	2,50	2,60	2,70	2,80	2,90
0,4	96,0	96,0	96,0	95,2	92,8	90,4
	96,0	*93,3*	*90,7*	*88,0*	*85,3*	*82,7*
0,5	120,0	120,0	120,0	119,0	116,0	113,0
	120,0	*116,7*	*113,3*	*110,0*	*106,7*	*103,3*
0,6	144,0	144,0	144,0	142,8	139,2	135,6
	144,0	*140,0*	*136,0*	*132,0*	*128,0*	*124,0*
0,7	168,0	168,0	168,0	166,6	162,4	158,2
	168,0	*163,3*	*158,7*	*154,0*	*149,3*	*144,7*
0,8	192,0	192,0	192,0	190,4	185,6	180,8
	192,0	*186,7*	*181,3*	*176,0*	*170,7*	*165,3*
0,9	216,0	216,0	216,0	214,2	208,8	203,4
	216,0	*210,0*	*204,0*	*198,0*	*192,0*	*186,0*
1,0	240,0	240,0	240,0	238,0	232,0	226,0
	240,0	*233,3*	*226,7*	*220,0*	*213,3*	*206,7*
1,1	264,0	264,0	264,0	261,8	255,2	248,6
	264,0	*256,7*	*249,3*	*242,0*	*234,7*	*227,3*
1,2	288,0	288,0	288,0	285,6	278,4	271,2
	288,0	*280,0*	*272,0*	*264,0*	*256,0*	*248,0*
1,4	336,0	336,0	336,0	333,2	324,8	316,4
	336,0	*326,7*	*317,3*	*308,0*	*298,7*	*289,3*
1,5	360,0	360,0	360,0	357,0	348,0	339,0
	360,0	*350,0*	*340,0*	*330,0*	*320,0*	*310,0*
1,6	384,0	384,0	384,0	380,8	371,2	361,6
	384,0	*373,3*	*362,7*	*352,0*	*341,3*	*330,7*
1,8	432,0	432,0	432,0	428,4	417,6	406,8
	432,0	*420,0*	*408,0*	*396,0*	*384,0*	*372,0*
2,0	480,0	480,0	480,0	476,0	464,0	452,0
	480,0	*466,7*	*453,3*	*440,0*	*426,7*	*413,3*
2,2	528,0	528,0	528,0	523,6	510,4	497,2
	528,0	*513,3*	*498,7*	*484,0*	*469,3*	*454,7*
2,3	552,0	552,0	552,0	547,4	533,6	519,8
	552,0	*536,7*	*521,3*	*506,0*	*490,7*	*475,3*
2,4	576,0	576,0	576,0	571,2	556,8	542,4
	576,0	*560,0*	*544,0*	*528,0*	*512,0*	*496,0*
3,0	720,0	720,0	720,0	714,0	696,0	678,0
	720,0	*700,0*	*680,0*	*660,0*	*640,0*	*620,0*
3,2	768,0	768,0	768,0	761,6	742,4	723,2
	768,0	*746,7*	*725,3*	*704,0*	*682,7*	*661,3*
3,5	840,0	840,0	840,0	833,0	812,0	791,0
	840,0	*816,7*	*793,3*	*770,0*	*746,7*	*723,3*
3,7	888,0	888,0	888,0	880,6	858,4	836,2
	888,0	*863,3*	*838,7*	*814,0*	*789,3*	*764,7*

Tafel E.4 Mittelwände und Außenwände zwischen Geschossdecken

Deckenendfeldstützweite $l \leq 4{,}20$ m
zweiseitig gehalten
(elastisch eingespannt oder gelenkig)

d = 30 cm
d = 36,5 cm

Tafelwerte: zul N in kN/m

σ_0 (MN/m²)	$d = 30$ cm $h_s \leq 3{,}0$ m	$d = 36{,}5$ cm $h_s \leq 3{,}65$ m
0,4	120,0	146,0
0,5	150,0	182,5
0,6	180,0	219,0
0,7	210,0	255,5
0,8	240,0	292,0
0,9	270,0	328,5
1,0	300,0	365,0
1,1	330,0	401,5
1,2	360,0	438,0
1,4	410,0	511,0
1,5	450,0	547,5
1,6	480,0	584,0
1,8	540,0	657,0
2,0	600,0	730,0
2,2	660,0	803,0
2,3	690,0	839,5
2,4	720,0	876,0
3,0	900,0	1095,0
3,2	960,0	1168,0
3,5	1050,0	1277,5
3,7	1110,0	1350,5

E

Tafel E.5 Außenwände zwischen Geschossdecken

Deckenendfeldstützweite $l \leq 4{,}50$ m

zweiseitig gehalten, elastisch eingespannt

zweiseitig gehalten, gelenkig (*kursiv*)

d = 17,5 cm

Tafelwerte: zul N in kN/m

h_s (m) → ↓ σ_0 (MN/m²)	2,40	2,50	2,60	2,70	2,80	2,90
0,4	66,5 *52,7*	66,5 *50,0*	64,7 *47,3*	62,7 *44,7*	60,7 *42,0*	58,7 *39,3*
0,5	83,1 *65,8*	83,1 *62,5*	80,8 *59,2*	78,3 *55,8*	75,8 *52,5*	73,3 *49,2*
0,6	99,8 *79,0*	99,8 *75,0*	97,0 *71,0*	94,0 *67,0*	91,0 *63,0*	88,0 *59,0*
0,7	116,4 *92,2*	116,4 *87,5*	113,2 *82,8*	109,7 *78,2*	106,2 *73,5*	102,7 *68,8*
0,8	133,0 *105,3*	133,0 *100,0*	129,3 *94,7*	125,3 *89,3*	121,3 *84,0*	117,3 *78,7*
0,9	149,6 *118,5*	149,6 *112,5*	145,5 *106,5*	141,0 *100,5*	136,5 *94,5*	132,0 *88,5*
1,0	166,3 *131,7*	166,3 *125,0*	161,7 *118,3*	156,7 *111,7*	151,7 *105,0*	146,7 *98,3*
1,1	182,9 *144,8*	182,9 *137,5*	177,8 *130,2*	172,3 *122,8*	166,8 *115,5*	161,3 *108,2*
1,2	199,5 *158,0*	199,5 *150,0*	194,0 *142,0*	188,0 *134,0*	182,0 *126,0*	176,0 *118,0*
1,4	232,8 *184,3*	232,8 *175,0*	226,3 *165,7*	219,3 *156,3*	212,3 *147,0*	205,3 *137,7*
1,5	249,4 *197,5*	249,4 *187,5*	242,5 *177,5*	235,0 *167,5*	227,5 *157,5*	220,0 *147,5*
1,6	266,0 *210,7*	266,0 *200,0*	258,7 *189,3*	250,7 *178,7*	242,7 *168,0*	234,7 *157,3*
1,8	299,3 *237,0*	299,3 *225,0*	291,0 *213,0*	282,0 *201,0*	273,0 *189,0*	264,0 *177,0*
2,0	332,5 *263,3*	332,5 *250,0*	323,3 *236,7*	313,3 *223,3*	303,3 *210,0*	293,3 *196,7*
2,2	365,8 *289,7*	365,8 *275,0*	355,7 *260,3*	344,7 *245,7*	333,7 *231,0*	322,7 *216,3*
2,3	382,4 *302,8*	382,4 *287,5*	371,8 *272,2*	360,3 *256,8*	348,8 *241,5*	337,3 *226,2*
2,4	399,0 *316,0*	399,0 *300,0*	388,0 *284,0*	376,0 *268,0*	364,0 *252,0*	352,0 *236,0*
3,0	498,8 *395,0*	498,8 *375,0*	485,0 *355,0*	470,0 *335,0*	455,0 *315,0*	440,0 *295,0*
3,2	532,0 *421,0*	532,0 *400,0*	517,3 *378,7*	501,3 *357,3*	484,3 *336,0*	467,3 *314,7*
3,5	581,9 *460,8*	581,9 *437,5*	565,8 *414,2*	548,3 *390,8*	530,8 *367,5*	513,3 *344,2*
3,7	615,1 *487,2*	615,1 *462,5*	598,2 *437,8*	579,7 *413,2*	561,2 *388,5*	542,7 *363,8*

Tafel E.6 Außenwände zwischen Geschossdecken

Deckenendfeldstützweite $l \leq 4{,}50$ m

zweiseitig gehalten, elastisch eingespannt

zweiseitig gehalten, gelenkig (*kursiv*)

d = 24 cm

Tafelwerte: zul N in kN/m

h_s (m) → ↓ σ_0 (MN/m^2)	2,40	2,50	2,60	2,70	2,80	2,90
0,4	91,2 *91,2*	91,2 *91,2*	91,2 *90,7*	91,2 *88,0*	91,2 *85,3*	90,4 *82,7*
0,5	114,0 *114,0*	114,0 *114,0*	114,0 *113,3*	114,0 *110,0*	114,0 *106,7*	113,0 *103,3*
0,6	136,8 *136,8*	136,8 *136,8*	136,8 *136,0*	136,8 *132,0*	136,8 *128,0*	135,6 *124,0*
0,7	159,6 *159,6*	159,6 *159,6*	159,6 *158,7*	159,6 *154,0*	159,6 *149,3*	158,2 *144,7*
0,8	182,4 *182,4*	182,4 *182,4*	182,4 *181,3*	182,4 *176,0*	182,4 *170,7*	180,8 *165,3*
0,9	205,2 *205,2*	205,2 *205,2*	205,2 *204,0*	205,2 *198,0*	205,2 *192,0*	203,4 *186,0*
1,0	228,0 *228,0*	228,0 *228,0*	228,0 *226,7*	228,0 *220,0*	228,0 *213,3*	226,0 *206,7*
1,1	250,8 *250,8*	250,8 *250,8*	250,8 *249,3*	250,8 *242,0*	250,8 *234,7*	248,6 *227,3*
1,2	273,6 *273,6*	273,6 *273,6*	273,6 *272,0*	273,6 *264,0*	273,6 *256,0*	271,2 *248,0*
1,4	319,2 *319,2*	319,2 *319,2*	319,2 *317,3*	319,2 *308,0*	319,2 *298,7*	316,4 *289,3*
1,5	342,0 *342,0*	342,0 *342,0*	342,0 *340,0*	342,0 *330,0*	342,0 *320,0*	339,0 *310,0*
1,6	364,8 *364,8*	364,8 *364,8*	364,8 *362,7*	364,8 *352,0*	364,8 *341,3*	361,6 *330,7*
1,8	410,4 *410,4*	410,4 *410,4*	410,4 *408,0*	410,4 *396,0*	410,4 *384,0*	406,8 *372,0*
2,0	456,0 *456,0*	456,0 *456,0*	456,0 *453,3*	456,0 *440,0*	456,0 *426,7*	452,0 *413,3*
2,2	501,6 *501,6*	501,6 *501,6*	501,6 *498,7*	501,6 *484,0*	501,6 *469,3*	497,2 *454,7*
2,3	524,4 *524,4*	524,4 *524,4*	524,4 *521,3*	524,4 *506,0*	524,4 *490,7*	519,8 *475,3*
2,4	547,2 *547,2*	547,2 *547,2*	547,2 *544,0*	547,2 *528,0*	547,2 *512,0*	542,4 *496,0*
3,0	684,0 *684,0*	684,0 *684,0*	684,0 *680,0*	684,0 *660,0*	684,0 *640,0*	678,0 *620,0*
3,2	729,6 *729,6*	729,6 *729,6*	729,6 *725,3*	729,6 *704,0*	729,6 *682,7*	723,2 *661,3*
3,5	798,0 *798,0*	798,0 *798,0*	798,0 *793,3*	798,0 *770,0*	798,0 *746,7*	791,0 *723,3*
3,7	843,6 *843,6*	843,6 *843,6*	843,6 *838,7*	843,6 *814,0*	843,6 *789,3*	836,2 *764,7*

Tafel E.7 Mittelwände und Außenwände zwischen Geschossdecken

Deckenendfeldstützweite $l \leq 4{,}50$ m

zweiseitig gehalten

(elastisch eingespannt oder gelenkig)

d = 30 cm
d = 36,5 cm

Tafelwerte: zul N in kN/m

σ_0 (MN/m²)	$d = 30$ cm $h_s \leq 3{,}20$ m	$d = 36{,}5$ cm $h_s \leq 3{,}90$ m
0,4	114,0	138,7
0,5	142,5	173,4
0,6	171,0	208,1
0,7	199,5	242,7
0,8	228,0	277,7
0,9	256,5	312,1
1,0	285,0	346,8
1,1	313,5	381,4
1,2	342,0	416,1
1,4	399,0	485,5
1,5	427,5	520,1
1,6	456,0	554,8
1,8	513,0	624,2
2,0	570,0	693,5
2,2	627,0	762,9
2,3	655,5	797,5
2,4	684,0	832,2
3,0	855,0	1040,3
3,2	912,0	1109,6
3,5	977,5	1213,6
3,7	1054,5	1283,0

Tafel E.8 Außenwände zwischen Geschossdecken

Deckenendfeldstützweite $l \leq 5{,}00$ m

zweiseitig gehalten, elastisch eingespannt

zweiseitig gehalten, gelenkig (*kursiv*)

d = 17,5 cm

Tafelwerte: zul N in kN/m

h_s (m) → ↓ σ_0 (MN/m²)	2,40	2,50	2,60	2,70	2,80	2,90
0,4	60,7 *52,7*	60,7 *50,0*	60,7 *47,3*	60,7 *44,7*	60,7 *42,0*	58,7 *39,3*
0,5	75,8 *65,8*	75,8 *62,5*	75,8 *59,2*	75,8 *55,8*	75,8 *52,5*	73,3 *49,2*
0,6	91,0 *79,0*	91,0 *75,0*	91,0 *71,0*	91,0 *67,0*	91,0 *63,0*	88,0 *59,0*
0,7	106,2 *92,2*	106,2 *87,5*	106,2 *82,8*	106,2 *78,2*	106,2 *73,5*	102,7 *68,8*
0,8	121,3 *105,3*	121,3 *100,0*	121,3 *94,7*	121,3 *89,3*	121,3 *84,0*	117,3 *78,7*
0,9	136,5 *118,5*	136,5 *112,5*	136,5 *106,5*	136,5 *100,5*	136,5 *94,5*	132,0 *88,5*
1,0	151,7 *131,7*	151,7 *125,0*	151,7 *118,3*	151,7 *111,7*	151,7 *105,0*	146,7 *98,3*
1,1	166,8 *144,8*	166,8 *137,5*	166,8 *130,2*	166,8 *122,8*	166,8 *115,5*	161,3 *108,2*
1,2	182,0 *158,0*	182,0 *150,0*	182,0 *142,0*	182,0 *134,0*	182,0 *126,0*	176,0 *118,0*
1,4	212,3 *184,3*	212,3 *175,0*	212,3 *165,7*	212,3 *156,3*	212,3 *147,0*	205,3 *137,7*
1,5	227,5 *197,5*	227,5 *187,5*	227,5 *177,5*	227,5 *167,5*	227,5 *157,5*	220,0 *147,5*
1,6	242,7 *210,7*	242,7 *200,2*	242,7 *189,3*	242,7 *178,7*	242,7 *168,0*	234,7 *157,3*
1,8	273,0 *237,0*	273,0 *225,0*	273,0 *213,0*	273,0 *201,0*	273,0 *189,0*	264,0 *177,0*
2,0	303,3 *263,3*	303,3 *250,0*	303,3 *236,7*	303,3 *223,3*	303,3 *210,0*	293,3 *196,7*
2,2	333,7 *289,7*	333,7 *275,0*	333,7 *260,3*	333,7 *245,7*	333,7 *231,0*	322,7 *216,3*
2,3	348,8 *302,8*	348,8 *287,5*	348,8 *272,2*	348,8 *256,8*	348,8 *241,5*	337,3 *226,2*
2,4	364,0 *316,0*	364,0 *300,0*	364,0 *284,0*	364,0 *268,0*	364,0 *252,0*	352,0 *236,0*
3,0	455,0 *395,0*	455,0 *375,0*	455,0 *355,0*	455,0 *335,0*	455,0 *315,0*	440,0 *295,0*
3,2	485,3 *421,3*	485,3 *400,0*	485,3 *378,7*	485,3 *357,3*	485,3 *336,0*	467,3 *314,7*
3,5	530,8 *460,8*	530,8 *437,5*	530,8 *414,2*	530,8 *390,8*	530,8 *367,5*	513,3 *344,2*
3,7	561,2 *487,2*	561,2 *462,5*	561,2 *437,8*	561,2 *413,2*	561,2 *388,5*	542,7 *363,8*

Tafel E.9 Außenwände zwischen Geschossdecken

Deckenendfeldstützweite $l \leq 5{,}00$ m

zweiseitig gehalten

(elastisch eingespannt oder gelenkig)

d = 24 cm
d = 30 cm
d = 36,5 cm

Tafelwerte: zul N in kN/m

σ_0 (MN/m²)	d = 24 cm $h_s \leq 2{,}90$ m	d = 30 cm $h_s \leq 3{,}60$ m	d = 36,5 cm $h_s \leq 4{,}30$ m
0,4	83,2	104,0	126,5
0,5	104,0	130,0	158,2
0,6	124,8	156,0	189,8
0,7	145,6	182,0	221,4
0,8	166,4	208,0	253,1
0,9	187,2	234,0	284,7
1,0	208,0	260,0	316,3
1,1	228,8	286,0	348,0
1,2	249,6	312,0	379,6
1,4	291,2	364,0	442,9
1,5	312,0	390,0	474,5
1,6	332,8	416,0	506,1
1,8	374,4	468,0	569,4
2,0	416,0	520,0	632,7
2,2	457,6	572,0	695,9
2,3	478,4	598,0	727,6
2,4	499,2	624,0	759,2
3,0	664,0	780,0	949,0
3,2	665,6	832,0	1012,3
3,5	728,0	910,0	1107,2
3,7	769,6	962,0	1170,4

Tafel E.10 Außenwände zwischen Geschossdecken

Deckenendfeldstützweite $l \leq 5{,}50$ m

zweiseitig gehalten, elastisch eingespannt

zweiseitig gehalten, gelenkig (*kursiv*)

d = 17,5 cm

Tafelwerte: zul N in kN/m

h_s (m) → ↓ σ_0 (MN/m²)	2,40	2,50	2,60	2,70	2,80	2,90
0,4	54,8 *52,7*	54,8 *50,0*	54,8 *47,3*	54,8 *44,7*	54,8 *42,0*	54,8 *39,3*
0,5	68,5 *65,8*	68,5 *62,5*	68,5 *59,2*	68,5 *55,8*	68,5 *52,5*	68,5 *49,2*
0,6	82,2 *79,0*	82,2 *75,0*	82,2 *71,0*	82,2 *67,0*	82,2 *63,0*	82,2 *59,0*
0,7	96,0 *92,2*	96,0 *87,5*	96,0 *82,8*	96,0 *78,2*	96,0 *73,5*	96,0 *68,8*
0,8	109,7 *105,3*	109,7 *100,0*	109,7 *94,7*	109,7 *89,3*	109,7 *84,0*	109,7 *78,7*
0,9	123,4 *118,5*	123,4 *112,5*	123,4 *106,5*	123,4 *100,5*	123,4 *94,5*	123,4 *88,5*
1,0	137,1 *131,7*	137,1 *125,0*	137,1 *118,3*	137,1 *111,7*	137,1 *105,0*	137,1 *98,3*
1,1	150,8 *144,8*	150,8 *137,5*	150,8 *130,2*	150,8 *122,8*	150,8 *115,5*	150,8 *108,2*
1,2	164,5 *158,0*	164,5 *150,0*	164,5 *142,0*	164,5 *134,0*	164,5 *126,0*	164,5 *118,0*
1,4	191,1 *184,3*	191,1 *175,0*	191,1 *165,7*	191,1 *156,3*	191,1 *147,0*	191,1 *137,7*
1,5	205,6 *197,5*	205,6 *187,5*	205,6 *177,5*	205,6 *167,5*	205,6 *157,5*	205,6 *147,5*
1,6	219,3 *210,7*	219,3 *200,0*	219,3 *189,3*	219,3 *178,7*	219,3 *168,0*	219,3 *157,3*
1,8	246,7 *237,0*	246,7 *225,0*	246,7 *213,0*	246,7 *201,0*	246,7 *189,0*	246,7 *177,0*
2,0	274,2 *263,3*	274,2 *250,0*	274,2 *236,7*	274,2 *223,3*	274,2 *210,0*	274,2 *196,7*
2,2	301,6 *289,7*	301,6 *275,0*	301,6 *260,3*	301,6 *245,7*	301,6 *231,0*	301,6 *216,3*
2,3	315,3 *302,8*	315,3 *287,5*	315,3 *272,2*	315,3 *256,8*	315,3 *241,5*	315,3 *226,2*
2,4	329,0 *316,0*	329,0 *300,0*	329,0 *284,0*	329,0 *268,0*	329,0 *252,0*	329,0 *236,0*
3,0	411,2 *395,0*	411,2 *375,0*	411,2 *355,0*	411,2 *335,0*	411,2 *315,0*	411,2 *295,0*
3,2	438,7 *421,3*	438,7 *400,0*	438,7 *378,7*	438,7 *357,3*	438,7 *336,0*	438,7 *314,7*
3,5	479,8 *460,8*	479,8 *437,5*	479,8 *414,2*	479,8 *390,8*	479,8 *367,5*	479,8 *344,2*
3,7	507,2 *487,2*	507,2 *462,5*	507,2 *437,8*	507,2 *413,2*	507,2 *388,5*	507,2 *363,8*

Tafel E.11 Außenwände zwischen Geschossdecken

Deckenendfeldstützweite $l \leq 5{,}50$ m

zweiseitig gehalten

(elastisch eingespannt oder gelenkig)

d = 24 cm d = 30 cm d = 36,5 cm

Tafelwerte: zul N in kN/m

σ_0 (MN/m²)	d = 24 cm $h_s \leq 3{,}10$ m	d = 30 cm $h_s \leq 3{,}90$ m	d = 36,5 cm $h_s \leq 4{,}80$ m
0,4	75,2	94,0	114,4
0,5	94,0	117,5	143,0
0,6	112,8	141,0	171,6
0,7	131,6	164,5	200,1
0,8	150,4	188,0	228,7
0,9	169,2	211,5	257,3
1,0	188,0	235,0	285,9
1,1	206,8	258,5	314,5
1,2	225,6	282,0	343,1
1,4	263,2	229,0	400,3
1,5	282,0	352,5	428,9
1,6	300,8	376,0	457,5
1,8	338,4	423,0	514,7
2,0	376,0	470,0	571,8
2,2	413,6	517,0	629,0
2,3	432,4	540,5	657,6
2,4	451,2	564,0	686,2
3,0	564,0	705,0	857,8
3,2	601,6	752,0	914,9
3,5	658,0	822,5	1000,7
3,7	695,6	869,5	1057,9

Tafel E.12 Außenwände zwischen Geschossdecken

Deckenendfeldstützweite $l \leq 6{,}00$ m

zweiseitig gehalten, elastisch eingespannt

zweiseitig gehalten, gelenkig (*kursiv*)

d = 17,5 cm

Tafelwerte: zul N in kN/m

h_s (m) → ↓ σ_0 (MN/m²)	2,40	2,50	2,60	2,70	2,80	2,90
0,4	49,0 *49,0*	49,0 *49,0*	49,0 *47,3*	49,0 *44,7*	49,0 *42,0*	49,0 *39,3*
0,5	61,3 *61,3*	61,3 *61,3*	61,3 *59,2*	61,3 *55,8*	61,3 *52,5*	61,3 *49,2*
73,5	73,5 *73,5*	73,5 *73,5*	73,5 *71,0*	73,5 *67,0*	73,5 *63,0*	73,5 *59,0*
0,7	85,8 *85,8*	85,8 *85,8*	85,8 *82,8*	85,8 *78,2*	85,8 *73,5*	85,8 *68,8*
0,8	98,0 *98,0*	98,0 *98,0*	98,0 *94,7*	98,0 *89,3*	98,0 *84,0*	98,0 *78,7*
0,9	110,3 *110,3*	110,3 *110,3*	110,3 *106,5*	110,3 *100,5*	110,3 *94,5*	110,3 *88,5*
1,0	122,5 *122,5*	122,5 *122,5*	122,5 *118,3*	122,5 *111,7*	122,5 *105,0*	122,5 *98,3*
1,1	134,8 *134,8*	134,8 *134,8*	134,8 *130,2*	134,8 *122,8*	134,8 *115,5*	134,8 *108,2*
1,2	147,0 *147,0*	147,0 *147,0*	147,0 *142,0*	147,0 *134,0*	147,0 *126,0*	147,0 *118,0*
1,4	171,5 *171,5*	171,5 *171,5*	171,5 *165,7*	171,5 *156,3*	171,5 *147,0*	171,5 *137,7*
1,5	183,8 *183,8*	183,8 *183,8*	183,8 *177,5*	183,8 *167,5*	183,8 *157,5*	183,8 *147,5*
1,6	196,0 *196,0*	196,0 *196,0*	196,0 *189,3*	196,0 *178,7*	196,0 *168,0*	196,0 *157,3*
1,8	220,5 *220,5*	220,5 *220,5*	220,5 *213,0*	220,5 *201,0*	220,5 *189,0*	220,5 *177,0*
2,0	245,0 *245,0*	245,0 *245,0*	245,0 *236,7*	245,0 *223,3*	245,0 *210,0*	245,0 *196,7*
2,2	269,5 *269,5*	269,5 *269,5*	269,5 *260,3*	269,5 *245,7*	269,5 *231,0*	269,5 *216,3*
2,3	281,8 *281,8*	281,8 *281,8*	281,8 *272,2*	281,8 *256,8*	281,8 *241,5*	281,8 *226,2*
2,4	294,0 *294,0*	294,0 *294,0*	294,0 *284,0*	294,0 *268,0*	294,0 *252,0*	294,0 *236,0*
3,0	367,5 *367,5*	367,5 *367,5*	367,5 *355,0*	367,5 *335,0*	367,5 *315,0*	367,5 *295,0*
3,2	392,0 *392,0*	392,0 *392,0*	392,0 *378,7*	392,0 *357,3*	392,0 *336,0*	392,0 *314,7*
3,5	428,8 *428,8*	428,8 *428,8*	428,8 *414,2*	428,8 *390,8*	428,8 *367,5*	428,8 *344,2*
3,7	453,3 *453,3*	453,3 *453,3*	453,3 *437,8*	453,3 *413,2*	453,3 *388,5*	453,3 *363,8*

E

Tafel E.13 Außenwände zwischen Geschossdecken

Deckenendfeldstützweite $l \leq 6{,}00$ m

zweiseitig gehalten

(elastisch eingespannt oder gelenkig)

d = 24 cm
d = 30 cm
d = 36,5 cm

Tafelwerte: zul N in kN/m

σ_0 (MN/m²)	d = 24 cm $h_s \leq 3{,}40$ m	d = 30 cm $h_s \leq 4{,}30$ m	d = 36,5 cm $h_s \leq 5{,}30$ m
0,4	67,2	84,0	102,2
0,5	84,0	105,0	127,8
0,6	100,8	126,0	153,3
0,7	117,6	147,0	178,9
0,8	134,4	168,0	204,4
0,9	151,2	189,0	230,0
1,0	168,0	210,0	255,5
1,1	184,8	231,0	281,1
1,2	201,6	252,0	306,6
1,4	235,2	294,0	357,7
1,5	252,0	315,0	383,3
1,6	268,8	336,0	408,8
1,8	302,4	378,0	459,9
2,0	336,0	420,0	511,0
2,2	369,6	462,0	562,1
2,3	386,4	483,0	587,7
2,4	403,2	504,0	613,2
3,0	504,0	630,0	766,5
3,2	537,6	672,0	817,6
3,5	588,0	735,0	894,3
3,7	621,6	777,0	945,4

Tafel E.14 Außenwände unter Dachdecken

zweiseitig gehalten

(elastisch eingespannt oder gelenkig)

d = 17,5 cm
d = 24 cm
d = 30 cm
d = 36,5 cm

Tafelwerte: zul N in kN/m

σ_0 (MN/m²)	d = 17,5 cm $h_s \leq 3{,}00$ m	d = 24 cm $h_s \leq 4{,}20$ m	d = 30 cm $h_s \leq 5{,}20$ m	d = 36,5 cm $h_s \leq 6{,}30$ m
0,4	35,0	48,0	60,0	73,0
0,5	43,7	60,0	75,0	91,2
0,6	52,5	72,0	90,0	109,5
0,7	61,2	84,0	105,0	127,7
0,8	70,0	96,0	120,0	146,0
0,9	78,7	108,0	135,0	164,2
1,0	87,4	120,0	150,0	182,5
1,1	96,2	132,0	165,0	200,7
1,2	105,0	144,0	180,0	219,0
1,4	122,5	168,0	210,0	255,5
1,5	131,2	180,0	225,0	273,7
1,6	140,0	192,0	240,0	292,0
1,8	157,5	216,0	270,0	328,5
2,0	175,0	240,0	300,0	365,0
2,2	192,5	264,0	330,0	401,5
2,3	201,2	276,0	345,0	419,7
2,4	210,0	288,0	360,0	438,0
3,0	262,5	360,0	450,0	547,5
3,2	280,0	384,0	480,0	584,0
3,5	306,2	420,0	525,0	638,7
3,7	323,7	444,0	555,0	675,2

2 Holzbau*)

2.1 Einfeldbalken aus Nadelholz

Die folgenden Tafeln wurden unter Berücksichtigung von zul $\sigma = 10\ \mathrm{N/mm^2}$, zul $\tau = 0{,}9\ \mathrm{N/mm^2}$ sowie der zulässigen Durchbiegung 1/200 bzw. 1/300 gemäß DIN 1052 aufgestellt. Der jeweils ungünstigste Wert wurde angegeben.

Entnommen aus: *Schneider/Volz:* Entwurfshilfen, Bauwerk Verlag, Berlin 2004.

Legende für die folgenden zwei Tafeln

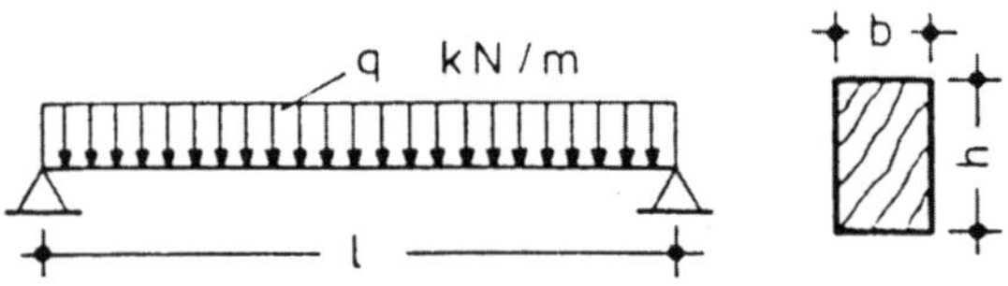

Nadelholz der Gkl. II
Lastfall H

Zulässige Stützweiten *l* in m für Einfeldbalken

Belastung *q* in kN/m

Durchbiegung *f*

(Die Tafeln befinden sich auf den beiden folgenden Seiten)

Anwendungsbeispiel

vorh. $q = 3{,}8$ kN/m

Ein Holzquerschnitt 10/18 cm darf bei einer zul. Durchbiegung zul $f = l/300$ eine max. Stützweite von 3,19 m haben.

---

*) Die folgenden Tafelwerte dürfen nur zur Vordimensionierung verwendet werden.

Tragfähigkeit von Holzbalken – Zulässige Stützweiten *l* in m für Einfeldbalken, *q* in kN/m

b/h	6/12		6/14		6/16		8/14		8/16		8/18		8/20		8/22		10/16		10/18		10/20		10/22	
q \ *f*	$\frac{l}{200}$	$\frac{l}{300}$	$\frac{l}{200}$	$\frac{l}{300}$	$\frac{l}{200}$	$\frac{l}{300}$	$\frac{l}{200}$	$\frac{l}{300}$	$\frac{l}{200}$	$\frac{l}{300}$	$\frac{l}{200}$	$\frac{l}{300}$	$\frac{l}{200}$	$\frac{l}{300}$	$\frac{l}{200}$	$\frac{l}{300}$	$\frac{l}{200}$	$\frac{l}{300}$	$\frac{l}{200}$	$\frac{l}{300}$	$\frac{l}{200}$	$\frac{l}{300}$	$\frac{l}{200}$	$\frac{l}{300}$
1,0	3,21	2,80	3,74	3,27	4,28	3,73	4,12	3,60	4,71	4,11	5,30	4,63	5,89	5,14	6,48	5,66	5,07	4,43	5,71	4,99	6,34	5,54	6,98	6,10
1,2	3,02	2,64	3,52	3,08	4,02	3,51	3,88	3,39	4,43	3,87	4,99	4,36	5,54	4,84	6,10	5,32	4,77	4,17	5,37	4,69	5,97	5,21	6,57	5,74
1,4	2,86	2,50	3,34	2,92	3,82	3,34	3,68	3,22	4,21	3,68	4,74	4,14	5,26	4,60	5,79	5,06	4,54	3,96	5,10	4,46	5,67	4,95	6,24	5,45
1,6	2,68	2,39	3,13	2,79	3,57	3,19	3,52	3,08	4,03	3,52	4,53	3,96	5,03	4,40	5,54	4,84	4,34	3,79	4,88	4,26	5,42	4,74	5,97	5,21
1,8	2,52	2,30	2,95	2,69	3,37	3,07	3,39	2,96	3,87	3,38	4,36	3,80	4,84	4,23	5,32	4,65	4,17	3,64	4,69	4,10	5,21	4,55	5,74	5,01
2,0	2,40	2,22	2,80	2,59	3,20	2,96	3,23	2,86	3,69	3,26	4,15	3,67	4,61	4,08	5,07	4,49	4,03	3,52	4,53	3,96	5,03	4,40	5,54	4,84
2,2	2,28	2,15	2,66	2,51	3,05	2,87	3,08	2,77	3,52	3,16	3,96	3,56	4,40	3,95	4,84	4,35	3,90	3,41	4,39	3,83	4,88	4,26	5,36	4,69
2,4	2,19	2,09	2,55	2,44	2,92	2,79	2,94	2,69	3,37	3,07	3,79	3,46	4,21	3,84	4,63	4,23	3,77	3,31	4,24	3,72	4,71	4,14	5,18	4,55
2,6	2,10	2,04	2,45	2,38	2,80	2,71	2,83	2,62	3,23	2,99	3,64	3,37	4,04	3,74	4,45	4,11	3,62	3,22	4,07	3,63	4,53	4,03	4,98	4,43
2,8	2,02	1,99	2,36	2,32	2,70	2,65	2,73	2,55	3,12	2,92	3,51	3,28	3,90	3,65	4,69	4,01	3,49	3,14	3,92	3,54	4,36	3,93	4,80	4,32
3,0	1,95	1,94	2,28	2,27	2,61	2,59	2,63	2,49	3,01	2,85	3,39	3,21	3,77	3,56	4,14	3,92	3,37	3,07	3,79	3,46	4,21	3,84	4,63	4,23
3,2	1,89	1,89	2,21	2,21	2,52	2,52	2,55	2,44	2,91	2,79	3,28	3,14	3,65	3,49	4,01	3,84	3,26	3,01	3,67	3,38	4,08	3,76	4,49	4,14
3,4	1,84	1,84	2,14	2,14	2,45	2,45	2,47	2,39	2,83	2,73	3,18	3,08	3,54	3,42	3,89	3,76	3,16	2,95	3,56	3,31	3,96	3,68	4,35	4,05
3,6	1,78	1,78	2,08	2,08	2,38	2,38	2,40	2,35	2,75	2,68	3,09	3,02	3,44	3,35	3,78	3,69	3,08	2,89	3,46	3,25	3,84	3,61	4,23	3,98
3,8	1,74	1,74	2,03	2,03	2,32	2,32	2,34	2,30	2,67	2,63	3,01	2,96	3,34	3,29	3,68	3,62	2,99	2,84	3,37	3,19	3,74	3,55	4,12	3,90
4,0	1,69	1,69	1,97	1,97	2,26	2,26	2,28	2,27	2,61	2,59	2,93	2,91	3,26	3,24	3,59	3,56	2,92	2,79	3,28	3,14	3,65	3,49	4,01	3,84
4,2	1,65	1,65	1,93	1,93	2,20	2,20	2,22	2,22	2,54	2,54	2,86	2,86	3,18	3,18	3,50	3,50	2,85	2,75	3,20	3,09	3,56	6,43	3,92	3,78
4,4	1,61	1,61	1,88	1,88	2,15	2,15	2,17	2,17	2,48	2,48	2,80	2,80	3,11	3,11	3,42	3,42	2,78	2,70	3,13	3,04	3,48	3,38	3,83	3,72
4,6	1,58	1,58	1,84	1,84	2,11	2,11	2,13	2,13	2,43	2,43	2,74	2,74	3,04	3,04	3,34	3,34	2,72	2,66	3,06	3,00	3,40	3,33	3,74	3,66
4,8	1,54	1,54	1,80	1,80	2,06	2,06	2,08	2,08	2,38	2,38	2,68	2,68	2,98	2,98	3,27	3,27	2,66	2,63	3,00	2,95	3,33	3,28	3,66	3,61
5,0	1,51	1,51	1,77	1,77	2,02	2,02	2,04	2,04	2,33	2,33	2,62	2,62	2,92	2,92	3,21	3,21	2,61	2,59	2,93	2,91	3,26	3,24	3,59	3,56
5,2	1,48	1,48	1,73	1,73	1,98	1,98	2,00	2,00	2,29	2,29	2,57	2,57	2,86	2,86	3,15	3,15	2,56	2,56	2,88	2,88	3,20	3,20	3,52	3,52
5,4	1,46	1,46	1,70	1,70	1,94	1,94	1,96	1,96	2,24	2,24	2,52	2,52	2,81	2,81	3,09	3,09	2,51	2,51	2,82	2,82	3,14	3,14	3,45	3,45
5,6	1,43	1,43	1,67	1,67	1,91	1,91	1,93	1,93	2,20	2,20	2,48	2,48	2,75	2,75	3,03	3,03	2,46	2,46	2,77	2,77	3,08	3,08	3,39	3,39
5,8	1,40	1,40	1,64	1,64	1,87	1,87	1,89	1,89	2,16	2,16	2,44	2,44	2,71	2,71	2,98	2,98	2,42	2,42	2,72	2,72	3,03	3,03	3,33	3,33
6,0	1,38	1,38	1,61	1,61	1,84	1,84	1,86	1,86	2,13	2,13	2,40	2,40	2,66	2,66	2,93	2,93	2,38	2,38	2,68	2,68	2,98	2,98	3,28	3,28
6,2	1,36	1,36	1,59	1,59	1,81	1,81	1,83	1,83	2,09	2,09	2,36	2,36	2,62	2,62	2,88	2,88	2,34	2,34	2,63	2,63	2,93	2,93	3,22	3,22
6,4	1,34	1,34	1,56	1,56	1,78	1,78	1,80	1,80	2,06	2,06	3,32	3,32	2,58	2,58	2,83	2,83	2,31	2,31	2,59	2,59	2,88	2,88	3,17	3,17
6,6	1,30	1,30	1,52	1,52	1,74	1,74	1,77	1,77	2,03	2,03	2,28	2,28	2,54	2,54	2,79	2,79	2,27	2,27	2,55	2,55	2,84	2,84	3,12	3,12
6,8	1,27	1,27	1,48	1,48	1,69	1,69	1,75	1,75	2,00	2,00	2,25	2,25	2,50	2,50	2,75	2,75	2,24	2,24	2,52	2,52	2,80	2,80	3,08	3,08
7,0	1,23	1,23	1,44	1,44	1,64	1,64	1,72	1,72	1,97	1,97	2,22	2,22	2,46	2,46	2,71	2,71	2,20	2,20	2,48	2,48	2,76	2,76	3,03	3,03
7,2	1,20	1,20	1,40	1,40	1,60	1,60	1,70	1,70	1,94	1,94	2,19	2,19	2,43	2,43	2,67	2,67	2,17	2,17	2,44	2,44	2,72	2,72	2,99	2,99
7,4	1,16	1,16	1,36	1,36	1,55	1,55	1,67	1,67	1,92	1,92	2,16	2,16	2,40	2,40	2,64	2,64	2,14	2,14	2,41	2,41	2,68	2,68	2,95	2,95
7,6	1,13	1,13	1,32	1,32	1,51	1,51	1,65	1,65	1,89	1,89	2,13	2,13	2,36	2,36	2,60	2,60	2,12	2,12	2,38	2,38	2,64	2,64	2,91	2,91
7,8	1,10	1,10	1,29	1,29	1,47	1,47	1,63	1,63	1,87	1,87	2,10	2,10	2,33	2,33	2,57	2,57	2,09	2,09	2,35	2,35	2,61	2,61	2,87	2,87
8,0	1,08	1,08	1,26	1,26	1,44	1,44	1,61	1,61	1,84	1,84	2,07	2,07	2,30	2,30	2,53	2,53	2,06	2,06	2,32	2,32	2,58	2,58	2,84	2,84

Tragfähigkeit von Holzbalken – Zulässige Stützweiten *l* in m für Einfeldbalken, *q* in kN/m *(Fortsetzung)*

b/h	10/24		12/16		12/18		12/20		12/22		12/24		14/24		14/26		14/28		16/26		16/28	
q \ f	$\frac{l}{200}$	$\frac{l}{300}$	$\frac{l}{200}$	$\frac{l}{300}$	$\frac{l}{200}$	$\frac{l}{300}$	$\frac{l}{200}$	$\frac{l}{300}$	$\frac{l}{200}$	$\frac{l}{300}$	$\frac{l}{200}$	$\frac{l}{300}$	$\frac{l}{200}$	$\frac{l}{300}$	$\frac{l}{200}$	$\frac{l}{300}$	$\frac{l}{200}$	$\frac{l}{300}$	$\frac{l}{200}$	$\frac{l}{300}$	$\frac{l}{200}$	$\frac{l}{300}$
1,0	7,61	6,65	5,39	4,71	6,07	5,30	6,74	5,89	7,42	6,48	8,09	7,07	8,52	7,44	9,23	8,06	9,94	8,68	9,65	8,43	10,39	9,08
1,2	7,16	6,26	5,07	4,43	5,71	4,99	6,34	5,54	6,98	6,10	7,61	6,65	8,02	7,00	8,68	7,58	9,35	8,17	9,08	7,93	9,78	8,54
1,4	6,81	5,94	4,82	4,21	5,42	4,74	6,03	5,26	6,63	5,79	7,23	6,32	7,61	6,65	8,25	7,20	8,88	7,76	8,62	7,53	9,29	8,11
1,6	6,51	5,69	4,61	4,03	5,19	4,53	5,76	5,03	6,34	5,54	6,92	6,04	7,28	6,36	7,89	6,89	8,50	7,42	8,25	7,20	8,88	7,76
1,8	6,26	5,47	4,43	3,87	4,99	4,36	5,54	4,84	6,10	5,32	6,65	5,81	7,00	6,12	7,59	6,63	8,17	7,14	7,93	6,93	8,54	7,46
2,0	6,04	5,28	4,28	3,74	4,81	4,21	5,35	4,67	5,89	5,14	6,42	5,61	6,76	5,90	7,32	6,40	7,89	6,89	7,66	6,69	8,25	7,20
2,2	5,85	5,11	4,15	3,62	4,66	4,07	5,18	4,53	5,70	4,98	6,22	5,43	6,55	5,72	7,09	6,20	7,64	6,67	7,42	6,48	7,99	6,98
2,4	5,65	4,97	4,03	3,52	4,53	3,96	5,03	4,40	5,54	4,84	6,04	5,28	6,36	5,56	6,89	6,02	7,42	6,48	7,21	6,29	7,76	6,78
2,6	5,43	4,84	3,92	3,42	4,41	3,85	4,90	4,28	5,39	4,71	5,88	5,14	6,19	5,41	6,71	5,86	7,23	6,31	7,02	6,13	7,56	6,60
2,8	5,23	4,72	3,82	3,34	4,30	3,76	4,78	4,18	5,25	4,59	5,73	5,01	6,04	5,28	6,55	5,72	7,05	6,16	6,84	5,98	7,37	6,44
3,0	5,05	4,61	3,69	3,26	4,15	3,67	4,61	4,08	5,08	4,49	5,54	4,90	5,90	5,16	6,40	5,59	6,89	6,02	6,69	5,84	7,20	6,29
3,2	4,89	4,51	3,57	3,19	4,02	3,59	4,47	3,99	4,91	4,39	5,36	4,79	5,78	5,05	6,26	5,47	6,74	5,89	6,55	5,72	7,05	6,16
3,4	4,75	4,42	3,47	3,13	3,90	3,52	4,33	3,91	4,77	4,31	5,20	4,70	5,62	4,95	6,09	5,36	6,56	5,77	6,41	5,60	6,91	6,03
3,6	4,61	4,34	3,37	3,07	3,79	3,46	4,21	3,84	4,63	4,23	5,05	4,61	5,46	4,85	5,91	5,26	6,37	5,66	6,29	5,50	6,78	5,92
3,8	4,49	4,26	3,28	3,02	3,69	3,39	4,10	3,77	4,51	4,15	4,92	4,53	5,31	4,77	5,76	5,16	6,20	5,56	6,16	5,40	6,63	5,81
4,0	4,38	4,19	3,20	2,97	3,60	3,34	4,00	3,71	4,40	4,08	4,80	4,45	5,18	4,69	5,61	5,08	6,04	5,47	6,00	5,31	6,46	5,72
4,2	4,27	4,12	3,12	2,92	3,51	3,28	3,90	3,65	4,29	4,01	4,68	4,38	5,05	4,61	5,48	4,99	5,90	5,38	5,86	5,22	6,31	5,62
4,4	4,17	4,06	3,05	2,87	4,43	3,23	3,81	3,59	4,19	3,95	4,57	4,31	4,94	4,54	5,35	4,92	5,76	5,30	5,72	5,14	6,16	5,54
4,6	4,08	4,00	2,98	2,83	3,35	3,18	3,73	3,54	4,10	3,89	4,47	4,25	4,83	4,47	5,23	4,84	5,63	5,22	5,59	5,07	6,03	5,46
4,8	4,00	3,94	2,92	2,79	3,28	3,14	3,65	3,49	4,01	3,84	4,38	4,19	4,73	4,41	5,12	4,78	5,52	5,14	5,48	4,99	5,90	5,38
5,0	3,91	3,89	2,86	2,75	3,21	3,10	3,57	3,44	3,93	3,79	4,29	4,13	4,63	4,35	5,02	4,71	5,40	5,07	5,37	4,93	5,78	5,31
5,2	3,84	3,84	2,80	2,72	3,15	3,06	3,50	3,40	3,85	3,74	4,20	4,08	4,54	4,29	4,92	4,65	5,30	5,01	5,26	4,86	5,67	5,24
5,4	3,77	3,77	2,75	2,68	3,09	3,02	3,44	3,35	3,78	3,69	4,13	4,03	4,46	4,24	4,83	4,59	5,20	4,95	5,16	4,80	5,56	5,17
5,6	3,70	3,70	2,70	2,65	3,04	2,98	3,38	3,31	3,71	3,65	4,05	3,98	4,38	4,19	4,74	4,54	5,11	4,89	5,07	4,74	5,46	5,11
5,8	3,63	3,63	2,65	2,62	2,98	2,95	3,32	3,28	3,65	3,60	3,98	3,93	4,30	4,14	4,66	4,48	5,02	4,83	4,98	4,69	5,37	5,05
6,0	3,57	3,57	2,61	2,59	2,93	2,91	3,26	3,24	3,59	3,56	3,91	3,89	4,23	4,09	4,58	4,43	4,93	4,78	4,90	4,64	5,28	4,99
6,2	3,51	3,51	2,57	2,56	2,89	2,88	3,21	3,20	3,53	3,52	3,85	3,84	4,16	4,05	4,51	4,39	4,85	4,72	4,82	4,59	5,19	4,94
6,4	3,46	3,46	2,52	2,52	2,84	2,84	3,16	3,16	3,47	3,47	3,79	3,79	4,09	4,01	4,43	4,34	4,78	4,67	4,74	4,54	5,11	4,89
6,6	3,41	3,41	2,49	2,49	2,80	2,80	3,11	3,11	3,42	3,42	3,73	3,73	4,03	3,96	4,37	4,30	4,70	4,63	4,67	4,49	5,03	4,84
6,8	3,36	3,36	2,45	2,45	2,76	2,76	3,06	3,06	3,37	3,37	3,68	3,68	3,97	3,93	4,30	4,25	4,63	4,58	4,60	4,45	4,95	4,79
7,0	3,31	3,31	2,41	2,41	2,72	2,72	3,02	3,02	3,32	3,32	3,62	3,62	3,91	3,89	4,24	4,21	4,57	4,54	4,53	4,40	4,88	4,74
7,2	3,26	3,26	2,38	2,38	2,68	2,68	2,98	2,98	3,27	3,27	3,57	3,57	3,86	3,85	4,18	4,17	4,50	4,49	4,47	4,36	4,81	4,70
7,4	3,22	3,22	2,35	2,35	2,64	2,64	2,94	2,94	3,23	3,23	3,52	3,52	3,81	3,81	4,12	4,12	4,44	4,44	4,41	4,32	4,75	4,66
7,6	3,17	3,17	2,32	2,32	2,61	2,61	2,90	2,90	3,19	3,19	3,48	3,48	3,76	3,76	4,07	4,07	4,38	4,38	4,35	4,28	4,69	4,61
7,8	3,13	3,13	2,29	2,29	2,57	2,57	2,86	2,86	3,15	3,15	3,43	3,43	3,71	3,71	4,02	4,02	4,33	4,33	4,30	4,25	4,63	4,57
8,0	3,09	3,09	2,26	2,26	2,54	2,54	2,82	2,82	3,11	3,11	3,39	3,39	3,66	3,66	3,97	3,97	4,27	4,27	4,24	4,21	4,57	4,54

2.2 Holzbalkendecke für Wohnzimmer

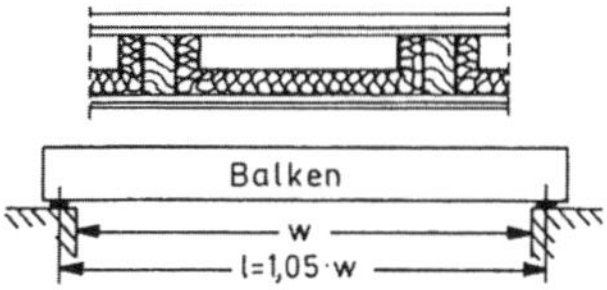

Nadelholz Gkl. II

Ständige Last	$g = 1{,}50\ \mathrm{kN/m^2}$
Verkehrslast	$p = 2{,}00\ \mathrm{kN/m^2}$
	$q = 3{,}50\ \mathrm{kN/m^2}$
Leichte Trennwände	$p' = 0{,}75\ \mathrm{kN/m^2}$
	$q = 4{,}25\ \mathrm{kN/m^2}$

l (m)	Last *q* (kN/m²)	Balkenquerschnitt bei einem Balkenabstand *e* in cm 60	65	70	75	80	85	90	95	100
3,0	3,50	7/16	8/16	8/16	6/18	7/18	7/18	7/18	8/18	8/18
	4,25	8/16	6/18	7/18	7/18	8/18	8/18	9/18	9/18	10/18
3,2	3,50	8/16	6/18	7/18	7/18	8/18	8/18	9/18	9/18	10/18
	4,25	7/18	8/18	8/18	9/18	9/18	10/18	8/20	8/20	9/20
3,4	3,50	7/18	8/18	8/18	9/18	9/18	10/18	8/20	8/20	9/20
	4,25	9/18	9/18	10/18	8/20	8/20	9/20	9/20	10/20	10/20
3,6	3,50	8/18	9/18	10/18	10/18	8/20	9/20	9/20	10/20	10/20
	4,25	10/18	8/20	9/20	9/20	10/20	10/20	11/20	12/20	12/20
3,8	3,50	10/18	8/20	8/20	9/20	9/20	10/20	11/20	11/20	12/20
	4,25	9/20	9/20	10/20	11/20	11/20	12/20	10/22	10/22	11/22
4,0	3,50	8/20	9/20	10/20	10/20	11/20	12/20	12/20	10/22	10/22
	4,25	10/20	11/20	12/20	12/20	10/22	11/22	11/22	12/22	12/22
4,2	3,50	10/20	10/20	11/20	12/20	10/22	10/22	11/22	11/22	12/22
	4,25	12/20	12/20	10/22	11/22	12/22	12/22	13/22	14/22	14/22
4,4	3,50	11/20	12/20	10/22	10/22	11/22	12/22	12/22	13/22	14/22
	4,25	10/22	11/22	12/22	12/22	13/22	14/22	12/24	12/24	13/24
4,6	3,50	12/20	10/22	11/22	12/22	12/22	13/22	14/22	11/24	12/24
	4,25	11/22	12/22	13/22	14/22	12/24	12/24	13/24	14/24	15/24
4,8	3,50	11/22	12/22	12/22	13/22	11/24	12/24	12/24	13/24	14/24
	4,25	13/22	14/22	12/24	12/24	13/24	14/24	15/24	16/24	16/24
5,0	3,50	12/22	13/22	14/22	12/24	12/24	13/24	14/24	15/24	15/24
	4,25	11/24	12/24	13/24	14/24	15/24	16/24	13/26	14/26	15/26
5,2	3,50	13/22	11/24	12/24	13/24	14/24	15/24	16/24	13/26	14/26
	4,25	16/22	14/24	15/24	16/24	13/26	14/26	15/26	16/26	16/26
5,4	3,50	12/24	13/24	14/24	15/24	15/24	16/24	14/26	14/26	15/26
	4,25	14/24	15/24	16/24	14/26	15/26	16/26	17/26	17/26	18/26
5,6	3,50	13/24	14/24	15/24	16/24	14/26	14/26	15/26	16/26	17/26
	4,25	16/24	13/26	14/26	15/26	16/26	17/26	18/26	16/28	16/28
5,8	3,50	14/24	16/24	13/26	14/26	15/26	16/26	17/26	18/26	15/28
	4,25	14/26	15/26	16/26	17/26	18/26	16/28	16/28	17/28	18/28
6,0	3,50	16/24	14/26	15/26	16/26	17/26	18/26	15/28	16/28	17/28
	4,25	15/26	16/26	18/26	15/28	16/28	17/28	18/28	19/28	16/30

In der Tafel wurde eine zulässige Durchbiegung von *l*/300 berücksichtigt.

2.3 Pfettendächer

Sparren von Pfettendächern (ohne Durchlaufwirkung)

Nadelholz Gkl. II
$g + s = 1{,}75$ kN/m² Gfl.
Staudruck (Wind) $q_W = 0{,}80$ kN/m²

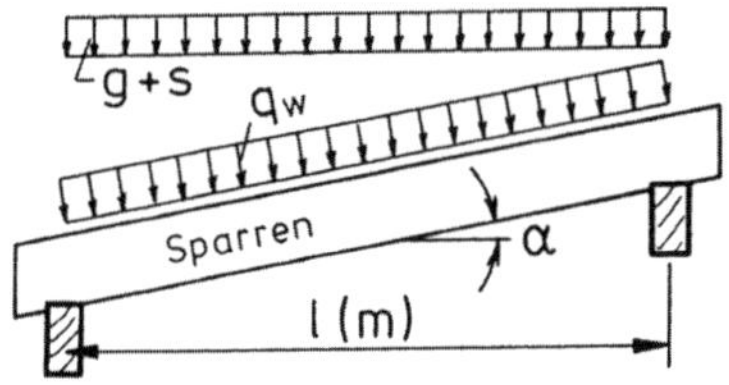

mögliche Lastkombinationen:

Wellplatten	0,25 kN/m² Dfl.
Sparren	0,10 kN/m² Dfl.
Ausbau	0,40 kN/m² Dfl.
	0,75 kN/m²
0,75 : cos 25° =	0,83 kN/m² Gfl.
Schnee	0,92 kN/m² Gfl.
$g + s$	= 1,75 kN/m² Gfl.
Falzziegel	0,55 kN/m² Dfl.
Sparren	0,08 kN/m² Dfl.
Ausbau	0,35 kN/m² Dfl.
	0,98 kN/m²
0,98 : cos 12° =	1,00 kN/m² Gfl.
Schnee	0,75 kN/m² Gfl.
$g + s$	= 1,75 kN/m² Gfl.

l (m)	Sparren-abstand (m)	Sparrenquerschnitt in cm/cm (Tafelwerte) bei einer Dachneigung von 5°	10°	15°	20°	25°	30°	35°	40°	45°	50°
2,5	1,0	6/12	6/12	6/12	6/13	6/13	6/14	6/14	6/15	6/16	6/17
	0,9	6/12	6/12	6/12	6/12	6/12	6/13	6/13	6/14	6/15	6/16
	0,8	6/12	6/12	6/12	6/12	6/12	6/12	6/13	6/14	6/15	6/16
	0,7	6/11	6/11	6/11	6/11	6/12	6/12	6/12	6/13	6/14	6/15
3,0	1,0	6/15	6/15	6/15	6/15	6/16	6/16	6/17	6/18	7/18	7/19
	0,9	6/14	6/14	6/14	6/14	6/15	6/15	6/16	6/17	6/18	7/19
	0,8	6/13	6/13	6/13	6/14	6/14	6/15	6/15	6/16	6/17	7/18
	0,7	6/13	6/13	6/13	6/13	6/14	6/14	6/15	6/15	6/17	6/18
3,5	1,0	6/17	6/17	6/17	6/17	6/18	7/17	7/18	7/19	7/21	8/21
	0,9	6/16	6/16	6/16	6/16	6/17	6/18	6/18	7/19	7/20	8/21
	0,8	6/15	6/15	6/15	6/16	6/16	6/17	6/18	7/18	7/19	7/21
	0,7	6/15	6/15	6/15	6/15	6/16	6/16	6/17	6/18	7/18	7/20
4,0	1,0	7/18	7/18	7/18	7/18	7/19	7/20	7/21	8/21	8/23	8/24
	0,9	6/18	6/18	6/18	7/18	7/18	7/19	7/20	7/21	8/22	8/24
	0,8	6/17	6/17	6/18	6/18	7/18	7/18	7/19	7/20	8/21	8/23
	0,7	6/17	6/17	6/17	6/17	6/18	7/18	7/18	7/19	7/21	8/22
4,5	1,0	7/20	7/20	7/20	7/20	8/20	8/21	8/22	8/23	9/24	9/26
	0,9	7/19	7/19	7/19	7/20	7/21	7/21	8/21	8/23	8/24	9/25
	0,8	7/18	7/19	7/19	7/19	7/20	7/21	7/21	8/22	8/24	9/24
	0,7	7/18	7/18	7/18	7/18	7/19	7/20	7/20	8/21	8/23	8/24
5,0	1,0	8/21	8/21	8/21	8/22	8/23	8/24	8/24	9/25	9/27	10/28
	0,9	7/21	7/21	8/21	8/21	8/22	8/23	8/24	9/24	9/26	10/27
	0,8	7/20	7/21	7/21	7/21	8/21	8/22	8/23	8/24	9/25	9/27
	0,7	7/20	7/20	7/20	7/20	7/21	8/21	8/22	8/23	9/24	9/26

Pfetten (frei aufliegend)

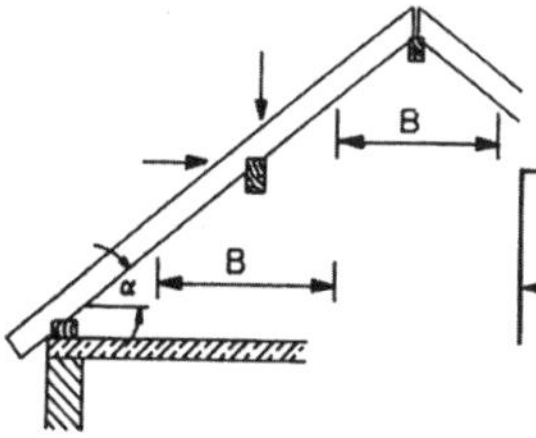

Pfette

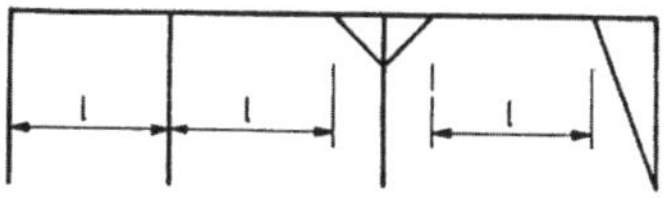

Nadelholz Gkl. II

$g + s = 1{,}75$ kN/m² (einschl. Pfette)

Staudruck $q_W = 0{,}8$ kN/m²

Belastungs-breite B (m)	Stützweite l (m)	Pfettenquerschnitt in cm/cm (Tafelwerte) bei einer Dachneigung von				
		15°	22,5°	30°	37,5°	45°
2,5	2,0	10/12	10/13	10/14	10/16	10/18
	2,5	10/16	10/17	10/18	10/20	12/20
	3,0	10/18	10/20	12/20	12/22	14/22
	3,5	12/20	12/22	14/22	14/24	14/26
	4,0	12/22	12/24	14/24	14/26	14/28
3,0	2,0	10/14	10/15	10/16	10/18	12/18
	2,5	10/18	12/18	12/18	12/20	12/22
	3,0	12/18	12/20	12/22	12/24	14/24
	3,5	12/22	12/24	14/24	14/26	16/26
	4,0	14/22	14/24	14/26	14/28	16/28
3,5	2,0	10/16	10/17	10/18	12/18	12/18
	2,5	10/18	10/20	12/20	12/22	14/22
	3,0	12/20	12/22	14/22	14/24	14/26
	3,5	14/22	14/24	14/26	14/28	16/28
	4,0	14/24	14/26	14/28	14/30	16/30
4,0	2,0	10/16	10/17	10/18	10/20	12/20
	2,5	12/18	12/20	12/22	14/22	14/22
	3,0	12/22	12/24	14/24	14/26	16/26
	3,5	14/24	14/26	16/26	16/28	16/30
	4,0	14/26	16/26	16/28	16/30	18/30
4,5	2,0	10/16	12/16	12/16	12/20	12/22
	2,5	12/20	12/22	12/22	12/24	14/24
	3,0	12/22	12/24	14/24	16/26	16/28
	3,5	14/24	14/26	16/26	18/28	18/30
	4,0	14/26	16/28	18/28	18/30	20/30
5,0	2,0	10/18	12/18	12/18	12/20	12/22
	2,5	12/20	12/22	14/22	14/24	14/26
	3,0	14/22	14/24	14/26	14/28	16/28
	3,5	14/26	14/28	16/28	16/30	20/30
	4,0	16/28	16/30	18/30	20/30	24/30

E

2.4 Sparren- und Kehlbalkendächer

Sparrendächer (Sparrenquerschnitt *b/d*)

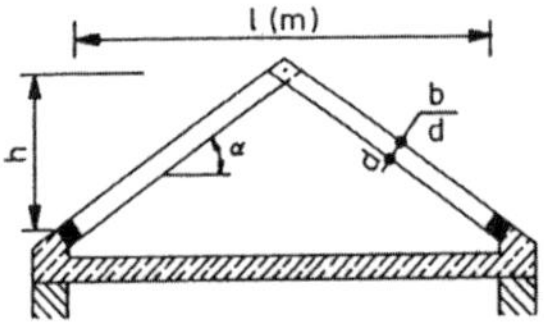

Nadelholz Gkl. II

Eigenlast $g = 0{,}70$ kN/m² Dfl.
Schneelast $s = 0{,}75$ kN/m² Gfl.
Staudruck (Wind) $q_W = 0{,}80$ kN/m² Dfl.

l (m)	α	*h* (m)	*e** (m)	*b/d* (cm/cm)
7,0	30°	2,02	1,0 0,9 0,8 0,7	6/18 6/18 6/17 6/16
7,0	35°	2,45	1,0 0,9 0,8 0,7	7/17 7/16 6/16 6/16
7,0	40°	2,94	1,0 0,9 0,8 0,7	7/18 7/18 7/17 7/16
7,0	45°	3,50	1,0 0,9 0,8 0,7	7/20 7/19 7/18 7/17
10	30°	2,89	1,0 0,9 0,8 0,7	8/22 8/21 8/20 7/20
10	35°	3,50	1,0 0,9 0,8 0,7	8/22 8/21 8/21 7/20
10	40°	4,20	1,0 0,9 0,8 0,7	9/23 8/23 8/22 8/21
10	45°	5,00	1,0 0,9 0,8 0,7	9/24 9/23 8/23 8/22

l (m)	α	*h* (m)	*e** (m)	*b/d* (cm/cm)
8,0	30°	2,31	1,0 0,9 0,8 0,7	7/18 7/18 6/18 6/17
8,0	35°	2,80	1,0 0,9 0,8 0,7	7/19 7/18 6/18 6/17
8,0	40°	3,36	1,0 0,9 0,8 0,7	7/20 7/19 7/18 7/18
8,0	45°	4,00	1,0 0,9 0,8 0,7	7/21 7/20 7/20 7/19
11	30°	3,18	1,0 0,9 0,8 0,7	8/24 8/23 8/22 8/21
11	35°	3,85	1,0 0,9 0,8 0,7	9/24 8/24 8/23 8/22
11	40°	4,62	1,0 0,9 0,8 0,7	9/25 9/24 9/23 9/23
11	45°	5,50	1,0 0,9 0,8 0,7	10/26 9/26 9/25 9/24

l (m)	α	*h* (m)	*e** (m)	*b/d* (cm/cm)
9,0	30°	2,60	1,0 0,9 0,8 0,7	7/20 7/20 7/19 7/18
9,0	35°	3,15	1,0 0,9 0,8 0,7	7/21 7/20 7/20 7/19
9,0	40°	3,78	1,0 0,9 0,8 0,7	8/21 8/21 7/21 7/20
9,0	45°	4,50	1,0 0,9 0,8 0,7	8/23 8/22 8/21 8/20
12	30°	3,46	1,0 0,9 0,8 0,7	9/25 9/24 8/24 8/23
12	35°	4,20	1,0 0,9 0,8 0,7	9/26 9/25 9/24 9/23
12	40°	5,04	1,0 0,9 0,8 0,7	9/27 9/26 9/25 9/24
12	45°	6,00	1,0 0,9 0,8 0,7	10/28 10/27 9/27 9/26

* *e* = Sparrenabstand

Entnommen aus: Hempel, Sparren- und Kehlbalkendächer, 3. Aufl., Bruder-Verlag.

Kehlbalkendächer (Querschnittswerte)

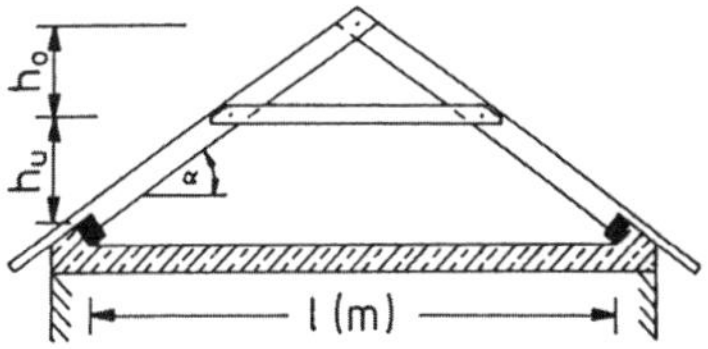

Nadelholz Gkl. II
$g = 0,55 + 0,15$ = 0,70 kN/m² Dfl.
Ausbau g_a = 0,40 kN/m² Gfl.
Verkehrslast p_K = 1,00 kN/m² Gfl.
Schneelast s = 0,75 kN/m² Gfl.
Staudruck (Wind) q_W = 0,80 kN/m² Dfl.

e = Sparrenabstand

l (m)	α	h_o (m)	h_u (m)	e (m)	Sparren (cm/cm)	Kehlb. (cm/cm)
9,0	30°	0,80	1,8	1,0	9/16	2 · 4,5/14
				0,9	8/16	2 · 4/14
				0,8	7/16	2 · 3,5/14
				0,7	6/16	2 · 3/14
9,0	40°	1,58	2,2	1,0	9/17	2 · 4,5/15
				0,9	8/17	2 · 4/15
				0,8	7/17	2 · 3,5/15
				0,7	6/17	2 · 3/15
10	30°	0,89	2,0	1,0	9/18	2 · 4,5/15
				0,9	8/18	2 · 4/15
				0,8	7/18	2 · 3,5/15
				0,7	6/18	2 · 3/15
10	40°	1,80	2,4	1,0	9/19	2 · 4,5/17
				0,9	8/19	2 · 4/17
				0,8	7/19	2 · 3,5/17
				0,7	6/19	2 · 3/17
11	30°	0,98	2,2	1,0	9/20	2 · 4,5/16
				0,9	8/20	2 · 4/16
				0,8	7/20	2 · 3,5/16
				0,7	6/20	2 · 3/16
11	40°	2,02	2,6	1,0	9/21	2 · 4,5/19
				0,9	8/21	2 · 4/19
				0,8	7/21	2 · 3,5/19
				0,7	6/21	2 · 3/19
12	30°	1,06	2,4	1,0	9/21	2 · 4,5/17
				0,9	8/21	2 · 4/17
				0,8	7/21	2 · 3,5/17
				0,7	6/21	2 · 3/17
12	40°	2,24	2,8	1,0	9/23	2 · 4,5/21
				0,9	8/23	2 · 4/21
				0,8	7/23	2 · 3,5/21
				0,7	6/23	2 · 3/21

l (m)	α	h_o (m)	h_u (m)	e (m)	Sparren (cm/cm)	Kehlb. (cm/cm)
9,0	35°	1,15	2,0	1,0	9/17	2 · 4,5/14
				0,9	8/17	2 · 4/14
				0,8	7/17	2 · 3,5/14
				0,7	6/17	2 · 3/14
9,0	45°	2,10	2,4	1,0	9/18	2 · 4,5/17
				0,9	8/18	2 · 4/17
				0,8	7/18	2 · 3,5/17
				0,7	6/18	2 · 3/17
10	35°	1,30	2,2	1,0	9/18	2 · 4,5/16
				0,9	8/18	2 · 4/16
				0,8	7/18	2 · 3,5/16
				0,7	6/18	2 · 3/16
10	45°	2,40	2,6	1,0	9/20	2 · 4,5/19
				0,9	8/20	2 · 4/19
				0,8	7/20	2 · 3,5/19
				0,7	6/20	2 · 3/19
11	35°	1,45	2,4	1,0	9/20	2 · 4,5/17
				0,9	8/20	2 · 4/17
				0,8	7/20	2 · 3,5/17
				0,7	6/20	2 · 3/17
11	45°	2,70	2,8	1,0	9/22	2 · 4,5/21
				0,9	8/22	2 · 4/21
				0,8	7/22	2 · 3,5/21
				0,7	6/22	2 · 3/21
12	35°	1,60	2,6	1,0	9/22	2 · 4,5/19
				0,9	8/22	2 · 4/19
				0,8	7/22	2 · 3,5/19
				0,7	6/22	2 · 3/19
12	45°	3,00	3,0	1,0	9/24	2 · 4,5/23
				0,9	8/24	2 · 4/23
				0,8	7/24	2 · 3,5/23
				0,7	6/24	2 · 3/23

Entnommen aus: Hempel, Sparren- und Kehlbalkendächer, 3. Aufl., Bruder-Verlag.

E

2.5 Holzstützen

Tragfähigkeit einteiliger Holzstützen aus NH II für Lastfall H

$$\max N = \frac{A}{\omega} \cdot \text{zul}\ \sigma_{D\parallel}$$

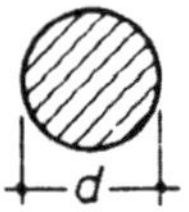

Rundholz mit ungeschwächter Randzone Trägheitsradius $i = d/4$

zul $\sigma_{D\parallel} = 1{,}2 \cdot 8{,}5 = 10{,}2$ N/mm²

d [cm]	*A* [cm²]	max *N* in kN (Tafelwerte) bei einer Knicklänge in m von:										
		2,00	2,50	3,00	3,50	4,00	4,50	5,00	5,50	6,00	6,50	7,00
10	78,5	36,3	26,6	18,5	13,6	10,4	8,24	6,66	5,51	4,63	–	–
12	113	64,3	49,6	38,4	28,2	21,6	17,0	13,8	11,4	9,60	8,14	7,06
14	154	101	81,7	65,1	52,3	40,2	31,6	25,6	21,2	17,9	15,1	13,1
16	201	144	122	101	82,5	68,3	54,0	43,8	36,1	30,4	25,8	22,3
18	255	196	169	145	122	102	86,3	69,7	57,7	48,5	41,3	35,6
20	314	254	226	198	170	146	124	107	88,1	74,1	63,2	54,4
22	380	320	289	256	226	198	171	148	129	109	92,3	79,4
24	452	391	358	324	290	257	227	199	174	154	131	113
26	531	466	436	401	361	326	291	258	228	203	180	155
28	616	551	519	483	442	402	365	327	292	260	234	209
30	707	637	610	572	530	483	445	402	364	328	294	266

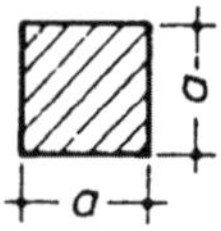

Quadratholz zul $\sigma_{D\parallel} = 8{,}5$ N/mm²

Trägheitsradius $i = 0{,}289 \cdot a$

d [cm]	*A* [cm²]	max *N* in kN (Tafelwerte) bei einer Knicklänge in m von:										
		2,00	2,50	3,00	3,50	4,00	4,50	5,00	5,50	6,00	6,50	7,00
10	100	45,7	34,8	26,2	19,3	14,8	11,7	9,44	7,80	6,55	5,58	4,81
12	144	78,0	62,8	50,0	39,9	30,6	24,1	19,6	16,2	13,6	11,6	9,97
14	196	118	100	83,0	68,3	56,5	44,7	36,2	30,0	25,2	21,4	18,5
16	256	167	145	125	106	89,2	75,3	62,2	51,2	43,0	36,7	31,6
18	324	222	200	175	152	131	113	97,3	82,0	68,8	58,7	50,5
20	400	284	260	233	209	184	160	139	122	105	89,4	77,0
22	484	353	329	302	270	243	216	192	168	149	131	113
24	576	429	405	377	342	312	281	252	226	201	179	160
26	676	510	487	460	422	388	355	321	292	262	235	212
28	784	600	575	546	513	473	436	401	366	333	301	273
30	900	695	671	638	607	567	524	484	448	411	376	343

—— $l > 150$ - - - - - $\lambda > 200$ – $\lambda > 250$

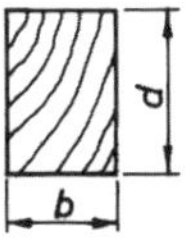

Rechteckholz zul $\sigma_{D\parallel} = 8{,}5\ \text{N/mm}^2$

Trägheitsradius $i_{min} = 0{,}289 \cdot b_{min}$

b/d cm/cm	max *N* in kN (Tafelwerte) bei einer Knicklänge in m von:									
	2,00	2,50	3,00	3,50	4,00	4,50	5,00	5,50	6,00	6,50
10/12	54,8	41,8	31,5	23,2	17,7					
10/14	64,0	48,8	36,7	27,0	20,7					
10/16	73,1	55,7	42,0	30,9	23,6			$\lambda > 150$		
12/14	90,4	73,6	58,8	46,7	35,7	28,2	22,8			
12/16	103,3	84,1	67,2	53,3	40,8	32,3	26,1			
12/18	116,2	94,6	75,6	60,6	45,9	36,3	29,4			
14/16	135,0	114,0	95,2	78,0	64,5	51,2	41,4	34,2	28,8	
14/18	151,9	128,3	107,1	87,8	72,6	57,6	46,6	38,5	32,4	
14/20	168,8	142,5	119,0	97,5	80,7	64,0	51,7	42,8	36,0	
16/18	188,3	163,2	140,7	119,4	100,3	87,7	69,5	57,6	48,4	41,1
16/20	209,2	181,3	156,3	132,7	111,5	94,1	77,3	64,0	53,8	45,7
16/22	230,1	199,5	172,0	146,0	122,6	103,5	85,0	70,4	59,1	50,3

Durch Verringerung der Knicklänge in der „weicheren" Richtung lässt sich die Tragfähigkeit steigern.

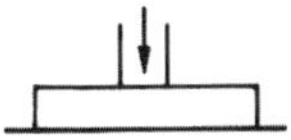

Bei Ausbildung des Stützenfußes mit Schwelle ist die Druckspannung senkrecht zur Faser nachzuweisen (wenn $\omega < 4{,}25$).

3 Stahlbau

Die folgenden Tafeln sind nur als **Näherungswerte (Vorbemessung)** zu betrachten, da sie auf der Basis der alten Stahlbaunormen DIN 18 800 (03.1981) und DIN 4114 (07.1952) ermittelt wurden. Maßgebend für die Berechnung von Stahlbauten sind ausschließlich die Vorschriften DIN 18 800 neu (11.1990) und DIN V ENV 1993 (EC 3).

3.1 Einfeldträger aus Stahl

Zul. Stützweiten in m für Einfeldträger unter Gleichstreckenlast [1)]

Voraussetzung für die Anwendung der Tafeln:

Ein seitliches Ausweichen des gedrückten Gurtes ist durch konstruktive Maßnahmen zu verhindern.

q	IPBl (HEA)										
kN/m	100	120	140	160	180	200	220	240	260	280	300
1	5,7	6,8	8,2	9,6	11,0	12,5	14,2	16,0	17,7	19,4	21,4
2	5,0	5,4	6,5	7,6	8,7	9,9	11,3	12,7	14,1	15,4	16,9
3	5,0	5,0	5,6	6,6	7,6	8,7	9,8	11,1	12,3	13,4	14,8
4	4,8	5,0	5,0	6,0	6,9	7,9	8,9	10,1	11,1	12,2	13,4
5	4,3	5,0	5,0	5,6	6,4	7,3	8,3	9,4	10,3	11,3	12,5
6	3,9	4,7	5,0	5,3	6,0	6,9	7,8	8,8	9,7	10,6	11,7
7	3,6	4,4	5,0	5,0	5,7	6,5	7,4	8,4	9,2	10,1	11,1
8	3,4	4,1	4,9	5,0	5,5	6,2	7,1	8,0	8,8	9,7	10,7
9	3,2	3,8	4,6	5,0	5,3	6,0	6,8	7,7	8,5	9,3	10,2
10	3,0	3,6	4,4	5,0	5,1	5,8	6,6	7,4	8,2	9,0	9,9
12	2,7	3,3	4,0	4,8	5,0	5,4	6,2	7,0	7,7	8,4	9,3
14	2,5	3,1	3,7	4,4	5,0	5,2	5,9	6,6	7,3	8,0	8,8
16	2,4	2,9	3,5	4,1	4,8	5,0	5,6	6,3	7,0	7,7	8,4
18	2,2	2,7	3,3	3,9	4,5	5,0	5,4	6,1	6,7	7,4	8,1
20	2,1	2,6	3,1	3,7	4,3	4,9	5,2	5,9	6,5	7,1	7,8
22	2,0	2,4	3,0	3,5	4,1	4,7	5,0	5,7	6,3	6,9	7,6
24	1,9	2,3	2,8	3,4	3,9	4,5	5,0	5,5	6,1	6,7	7,4
26	1,8	2,2	2,7	3,2	3,8	4,3	5,0	5,4	5,9	6,5	7,2
28	1,8	2,2	2,6	3,1	3,6	4,2	4,8	5,2	5,8	6,3	7,0
30	1,7	2,1	2,5	3,0	3,5	4,0	4,6	5,1	5,7	6,2	6,8
32	1,7	2,0	2,4	2,9	3,4	3,9	4,5	5,0	5,5	6,1	6,7
35	1,6	1,9	2,3	2,8	3,2	3,7	4,3	4,9	5,4	5,9	6,5
40	1,5	1,8	2,2	2,6	3,0	3,5	4,0	4,6	5,1	5,6	6,2
45	1,4	1,7	2,0	2,5	2,8	3,3	3,8	4,3	4,8	5,3	5,9
50	1,3	1,6	1,9	2,3	2,7	3,1	3,6	4,1	4,6	5,0	5,6
55	1,3	1,5	1,8	2,2	2,6	3,0	3,4	3,9	4,4	4,8	5,4
60	1,2	1,4	1,8	2,1	2,5	2,8	3,3	3,7	4,2	4,6	5,1
65	1,1	1,3	1,7	2,0	2,4	2,7	3,1	3,6	4,0	4,4	4,9
70	1,0	1,2	1,6	2,0	2,3	2,6	3,0	3,5	3,9	4,2	4,7
75	0,9	1,1	1,5	1,9	2,1	2,5	2,9	3,3	3,7	4,1	4,6
80	0,9	1,1	1,4	1,8	2,0	2,4	2,8	3,2	3,6	4,0	4,4
85	0,8	1,0	1,3	1,7	1,9	2,3	2,7	3,1	3,5	3,8	4,3
90	0,8	0,9	1,2	1,6	1,8	2,2	2,6	3,0	3,3	3,7	4,2

1) Die folgenden Tafeln wurden unter Berücksichtigung von zul σ = 160 N/mm², zul τ = 90 N/mm², zul σ_V = 180 N/mm² sowie einer zul. Durchbiegung von l/300 bei Stützweiten über 5 m aufgestellt. Der jeweils ungünstigste Wert wurde angegeben.

Zul. Stützweiten in m für Einfeldträger unter Gleichstreckenlast[1)]

Voraussetzung für die Anwendung der Tafeln:

Ein seitliches Ausweichen des gedrückten Gurtes ist durch konstruktive Maßnahmen zu verhindern.

q	IPB (HEB)										
kN/m	100	120	140	160	180	200	220	240	260	280	300
1	6,2	7,7	9,3	11,0	12,7	14,5	16,3	18,2	20,0	21,7	23,8
2	5,0	6,1	7,4	8,7	10,0	11,5	12,9	14,4	15,8	17,2	18,9
3	5,0	5,3	6,4	7,6	8,8	10,0	11,3	12,6	13,8	15,1	16,5
4	5,0	5,0	5,8	6,9	8,0	9,1	10,2	11,4	12,6	13,7	15,0
5	4,7	5,0	5,4	6,4	7,4	8,4	9,5	10,6	11,7	12,7	13,9
6	4,3	5,0	5,1	6,0	6,9	7,9	8,9	10,0	11,0	11,9	13,1
7	4,0	5,0	5,0	5,7	6,6	7,5	8,5	9,5	10,4	11,3	12,4
8	3,7	4,7	5,0	5,5	6,3	7,2	8,1	9,1	10,0	10,8	11,9
9	3,5	4,5	5,0	5,2	6,1	6,9	7,8	8,7	9,6	10,4	11,4
10	3,3	4,2	5,0	5,1	5,9	6,7	7,5	8,4	9,2	10,1	11,0
12	3,0	3,9	4,7	5,0	5,5	6,3	7,1	7,9	8,7	9,5	10,4
14	2,8	3,6	4,4	5,0	5,2	6,0	6,7	7,5	8,3	9,0	9,8
16	2,6	3,3	4,1	4,9	5,0	5,7	6,4	7,2	7,9	8,6	9,4
18	2,5	3,1	3,9	4,7	5,0	5,5	6,2	6,9	7,6	8,3	9,0
20	2,3	3,0	3,7	4,4	5,0	5,3	6,0	6,7	7,3	8,0	8,7
22	2,2	2,8	3,5	4,2	4,9	5,1	5,8	6,5	7,1	7,7	8,4
24	2,1	2,7	3,3	4,0	4,7	5,0	5,6	6,3	6,9	7,5	8,2
26	2,1	2,6	3,2	3,9	4,5	5,0	5,5	6,1	6,7	7,3	8,0
28	2,0	2,5	3,1	3,7	4,4	5,0	5,3	5,9	6,5	7,1	7,8
30	1,9	2,4	3,0	3,6	4,2	4,9	5,2	5,8	6,4	7,0	7,6
32	1,8	2,3	2,9	3,5	4,1	4,7	5,1	5,7	6,3	6,8	7,5
35	1,8	2,2	2,8	3,3	3,9	4,5	4,9	5,5	6,1	6,6	7,2
40	1,6	2,1	2,6	3,1	3,6	4,2	4,8	5,3	5,8	6,3	6,9
45	1,5	2,0	2,4	2,9	3,4	4,0	4,5	5,1	5,6	6,1	6,6
50	1,5	1,9	2,3	2,8	3,3	3,8	4,3	4,8	5,4	5,9	6,4
55	1,4	1,8	2,2	2,6	3,1	3,6	4,1	4,6	5,1	5,6	6,2
60	1,3	1,7	2,1	2,5	3,0	3,4	3,9	4,4	4,9	5,4	5,9
65	1,3	1,6	2,0	2,4	2,8	3,3	3,8	4,2	4,7	5,2	5,7
70	1,2	1,6	1,9	2,3	2,7	3,2	3,6	4,1	4,5	5,0	5,5
75	1,1	1,5	1,8	2,3	2,6	3,1	3,5	3,9	4,4	4,8	5,3
80	1,0	1,4	1,8	2,2	2,6	3,0	3,4	3,8	4,2	4,6	5,1
85	1,0	1,3	1,7	2,1	2,5	2,9	3,3	3,7	4,1	4,5	5,0
90	0,9	1,2	1,6	2,1	2,4	2,8	3,2	3,6	4,0	4,4	4,8

[1)] Die folgenden Tafeln wurden unter Berücksichtigung von zul σ = 160 N/mm², zul τ = 90 N/mm², zul σ_V = 180 N/mm² sowie einer zul. Durchbiegung von l/300 bei Stützweiten über 5 m aufgestellt. Der jeweils ungünstigste Wert wurde angegeben.

Zul. Stützweiten in m für Einfeldträger unter Gleichstreckenlast[1)]

Voraussetzung für die Anwendung der Tafeln:

Ein seitliches Ausweichen des gedrückten Gurtes ist durch konstruktive Maßnahmen zu verhindern.

q	IPBv (HEM)										
kN/m	100	120	140	160	180	200	220	240	260	280	300
1	8,4	10,2	12,0	13,9	15,8	17,8	19,8	23,5	25,6	27,6	31,6
2	6,7	8,1	9,5	11,1	12,6	14,1	15,7	18,6	20,3	21,9	25,1
3	5,8	7,1	8,3	9,6	11,0	12,3	13,7	16,3	17,7	19,1	21,9
4	5,3	6,4	7,6	8,8	10,0	11,2	12,5	14,8	16,1	17,4	19,9
5	5,0	6,0	7,0	8,1	9,2	10,4	11,6	13,7	14,9	16,1	18,5
6	5,0	5,6	6,6	7,6	8,7	9,8	10,9	12,9	14,0	15,2	17,4
7	5,0	5,3	6,3	7,3	8,3	9,3	10,3	12,3	13,3	14,4	16,5
8	5,0	5,1	6,0	6,9	7,9	8,9	9,9	11,7	12,8	13,8	15,8
9	5,0	5,0	5,8	6,7	7,6	8,5	9,5	11,3	12,3	13,3	15,2
10	4,9	5,0	5,6	6,4	7,3	8,2	9,2	10,9	11,8	12,8	14,7
12	4,5	5,0	5,2	6,1	6,9	7,8	8,6	10,2	11,1	12,0	13,8
14	4,1	5,0	5,0	5,8	6,5	7,4	8,2	9,7	10,6	11,4	13,1
16	3,8	4,7	5,0	5,5	6,3	7,0	7,8	9,3	10,1	11,9	12,5
18	3,6	4,5	5,0	5,3	6,0	6,8	7,5	8,9	9,7	10,5	12,0
20	3,4	4,2	5,0	5,1	5,8	6,5	7,3	8,6	9,4	10,2	11,6
22	3,3	4,0	4,8	5,0	5,6	6,3	7,0	8,3	9,1	9,8	11,3
24	3,1	3,9	4,6	5,0	5,5	6,1	6,8	8,1	8,8	9,5	10,9
26	3,0	3,7	4,4	5,0	5,3	6,0	6,7	7,9	8,6	9,3	10,6
28	2,9	3,6	4,3	5,0	5,2	5,8	6,5	7,7	8,4	9,1	10,4
30	2,8	3,5	4,1	4,9	5,1	5,7	6,3	7,5	8,2	8,9	10,1
32	2,7	3,3	4,0	4,7	5,0	5,6	6,2	7,4	8,0	8,7	9,9
35	2,6	3,2	3,8	4,5	5,0	5,4	6,0	7,1	7,8	8,4	9,6
40	2,4	3,0	3,6	4,2	4,8	5,2	5,8	6,8	7,4	8,0	9,2
45	2,3	2,8	3,4	4,0	4,6	5,0	5,5	6,6	7,2	7,7	8,9
50	2,2	2,7	3,2	3,8	4,3	4,9	5,3	6,3	6,9	7,5	8,5
55	2,1	2,5	3,0	3,6	4,1	4,7	5,2	6,1	6,7	7,2	8,3
60	2,0	2,4	2,9	3,4	3,9	4,5	5,0	6,0	6,5	7,0	8,0
65	1,9	2,3	2,8	3,3	3,8	4,3	4,8	5,8	6,3	6,8	7,8
70	1,8	2,2	2,7	3,2	3,6	4,2	4,7	5,7	6,2	6,7	7,6
75	1,8	2,2	2,6	3,1	3,5	4,0	4,5	5,5	6,0	6,5	7,5
80	1,7	2,1	2,5	3,0	3,4	3,9	4,4	5,3	5,8	6,3	7,3
85	1,6	2,0	2,4	2,9	3,3	3,8	4,2	5,2	5,7	6,1	7,2
90	1,6	2,0	2,4	2,8	3,2	3,7	4,1	5,0	5,5	6,0	7,0

[1)] Die folgenden Tafeln wurden unter Berücksichtigung von zul σ = 160 N/mm², zul τ = 90 N/mm², zul σ_V = 180 N/mm² sowie einer zul. Durchbiegung von l/300 bei Stützweiten über 5 m aufgestellt. Der jeweils ungünstigste Wert wurde angegeben.

Zul. Belastung in kN/m für Einfeldträger mit Gleichstreckenlast unter Berücksichtigung der erf. Kippsicherheit* nach DIN 4114[1)]

l	IPE									
m	80	100	120	140	160	180	200	220	240	270
1,50	9,9	17,0	26,4	38,3	54,2	72,6	96,5	125,4	161,2	198,0
1,75	7,1	12,2	19,0	27,9	39,5	53,4	70,9	92,1	118,5	156,9
2,00	5,3	9,1	14,1	20,8	29,6	40,4	54,0	70,5	90,7	120,1
2,25	4,0	6,9	10,8	15,9	22,8	31,2	41,9	55,1	71,6	94,9
2,50	3,0	5,3	8,3	12,3	17,9	24,6	33,2	43,8	57,2	76,3
2,75	2,2	4,0	6,3	9,5	14,1	19,6	26,87	35,4	46,5	62,2
3,00	1,7	3,1	4,9	7,3	11,0	15,6	21,7	29,0	38,3	51,4
3,25	1,4	2,4	3,8	5,8	8,7	12,2	17,6	23,8	31,8	42,9
3,50	1,1	2,0	3,1	4,6	6,9	9,8	14,12	19,5	26,6	36,1
3,75	0,9	1,6	2,5	3,7	5,6	7,9	11,4	15,8	22,2	30,4
4,00	0,7	1,3	2,1	3,1	4,6	6,5	9,3	12,9	18,3	25,5
4,25		1,1	1,7	2,6	3,9	5,4	7,8	10,7	15,1	21,1
4,50		0,9	1,4	2,2	3,3	4,6	6,5	9,0	12,7	17,6
4,75		0,8	1,2	1,8	2,8	3,9	5,5	7,6	10,7	14,9
5,00		0,7	1,1	1,0	2,4	3,3	4,8	6,5	9,2	12,6
5,25		0,6	0,9	1,4	2,1	2,9	4,1	5,6	7,9	10,9
5,50		0,5	0,8	1,2	1,8	2,5	3,6	4,9	6,9	9,4
5,75			0,7	1,0	1,6	2,2	3,1	4,3	6,0	8,2
6,00			0,6	0,9	1,4	1,9	2,8	3,8	5,3	7,2
6,25			0,5	0,8	1,2	1,7	2,4	3,3	4,7	6,3
6,50			0,5	0,7	1,1	1,5	2,2	3,0	4,2	5,6
6,75				0,6	1,0	1,3	1,9	2,6	3,7	5,0
7,00				0,6	0,9	1,2	1,7	2,4	3,3	4,5
7,25				0,5	0,8	1,1	1,6	2,1	3,0	4,1
7,50				0,5	0,7	1,0	1,4	1,9	2,7	3,7
7,75					0,6	0,9	1,3	1,7	2,5	3,3
8,00					0,6	0,8	1,2	1,6	2,2	3,0
8,25					0,5	0,7	1,1	1,4	2,0	2,7
8,50					0,5	0,7	1,0	1,3	1,9	2,5
8,75						0,6	0,9	1,2	1,7	2,3
9,00						0,5	0,8	1,1	1,6	2,1
9,25						0,5	0,7	1,0	1,4	1,9
9,50						0,5	0,7	0,9	1,3	1,8
9,75							0,6	0,9	1,2	1,7
10,00							0,6	0,8	1,1	1,5
10,25							0,5	0,8	1,1	1,4
10,50							0,5	0,7	1,0	1,3
10,75							0,5	0,6	0,9	1,2
11,00								0,6	0,9	1,2
11,25								0,6	0,8	1,1
11,50								0,5	0,7	1,0
11,75								0,5	0,7	0,9
12,00								0,5	0,7	0,9

1) Die Tafel wurde unter Berücksichtigung der erf. Kippsicherheit nach DIN 4114, Ri 15 ($\beta = \beta_0 = 1$, Lastangriff am Oberflansch), der zul. Spannungen zul $\sigma = 140$ N/mm², zul $\tau = 90$ N/mm², zul $\sigma_v = 180$ N/mm² und einer zul. Durchbiegung von $l/300$ bei Stützweiten über 5,0 m aufgestellt. Der jeweils ungünstigste Wert wurde angegeben.

*) Neue Bezeichnung: Sicherheit gegen Biegedrillknicken.

E

Zul. Belastung in kN/m für Einfeldträger mit Gleichstreckenlast unter Berücksichtigung der erf. Kippsicherheit[1] (Fortsetzung)

l m	IPE 300	IPE 330	IPE 360	IPE 400	IPE 450	IPE 500	IPE 550	IPE 600
1,50	237,6	276,0	321,6	385,2	475,2	572,4	686,4	808,8
1,75	203,6	236,5	275,6	330,1	407,3	490,6	588,3	693,2
2,00	155,9	199,6	241,2	288,9	356,4	429,3	514,8	606,6
2,25	123,2	157,7	200,0	258,6	316,8	381,6	457,6	539,2
2,50	99,8	127,7	162,0	207,8	268,8	343,4	411,8	485,3
2,75	81,7	105,2	133,9	171,8	222,1	285,8	361,3	441,1
3,00	67,7	87,4	111,7	143,4	186,5	240,1	303,6	382,0
3,25	56,7	73,4	94,1	121,0	157,5	203,4	258,7	325,5
3,50	48,0	62,3	80,0	103,1	134,3	173,7	221,3	279,5
3,75	40,8	53,3	68,6	88,5	115,5	149,6	190,8	241,4
4,00	34,8	45,7	59,2	76,6	100,0	129,8	165,8	210,0
4,25	29,5	39,3	51,2	66,5	87,0	113,2	144,9	183,9
4,50	24,7	33,6	44,3	57,9	76,0	99,1	127,2	161,9
4,75	20,7	28,4	38,2	50,4	66,4	87,0	112,0	143,0
5,00	17,5	24,0	32,5	43,6	57,8	76,2	98,8	126,7
5,25	15,0	20,5	27,7	37,2	49,7	66,5	87,0	112,3
5,50	12,9	17,7	23,8	31,9	42,5	57,2	76,1	99,4
5,75	11,3	15,4	20,7	27,6	36,7	49,2	65,7	87,4
6,00	9,9	13,4	18,0	24,1	31,9	42,7	56,9	75,9
6,25	8,7	11,8	15,8	21,1	28,0	37,3	49,7	66,1
6,50	7,7	10,5	14,0	18,8	24,6	32,8	43,6	58,0
6,75	6,8	9,3	12,4	16,5	21,3	29,0	38,5	51,1
7,00	6,1	8,3	11,1	14,7	19,4	25,7	34,2	45,3
7,25	5,5	7,5	9,9	13,2	17,3	23,0	30,5	40,4
7,50	4,9	6,7	9,0	11,9	15,5	20,6	27,3	36,2
7,75	4,5	6,1	8,1	10,7	14,0	18,6	24,6	32,5
8,00	4,1	5,5	7,3	9,7	12,7	16,8	22,2	29,3
8,25	3,7	5,0	6,7	8,8	11,5	15,2	20,2	26,6
8,50	3,4	5,5	6,1	8,1	10,5	13,9	18,3	24,2
8,75	3,1	4,2	5,6	7,4	9,6	12,7	16,7	22,0
9,00	2,8	3,9	5,1	6,8	8,8	11,6	15,3	20,1
9,25	2,6	3,6	4,7	6,2	8,1	10,6	14,1	18,5
9,50	2,4	3,3	4,3	5,7	7,5	9,8	12,9	17,0
9,75	2,2	3,0	4,0	5,3	6,9	9,0	11,9	15,7
10,00	2,1	2,8	3,7	4,9	6,4	8,4	11,0	14,5
10,25	1,9	2,6	3,5	4,6	5,9	7,7	10,2	13,4
10,50	1,8	2,4	3,2	4,2	5,5	7,2	9,5	12,4
10,75	1,7	2,3	3,0	3,9	5,1	6,7	8,8	11,6
11,00	1,6	2,1	2,8	3,7	4,8	6,2	8,2	10,8
11,25	1,5	2,0	2,6	3,4	4,5	5,8	7,7	10,1
11,50	1,4	1,8	2,4	3,2	4,2	5,4	7,2	9,4
11,75	1,3	1,7	2,3	3,0	3,9	5,1	6,7	8,8
12,00	1,2	1,6	2,1	2,8	3,7	4,3	6,3	8,2

[1] Fußnote siehe S. E.32

Zul. Belastung in kN/m für Einfeldträger mit Gleichstreckenlast unter Berücksichtigung der erf. Kippsicherheit[1)]

l	IPBl (HEA)										
m	100	120	140	160	180	200	220	240	260	280	300
1,50	36,2	52,7	76,5	96,5	109,4	133,2	158,4	186,0	202,8	234,0	267,6
1,75	26,6	38,7	56,7	80,4	93,8	114,1	135,7	159,4	173,8	200,5	229,3
2,00	20,4	29,6	43,3	61,6	32,0	99,9	118,8	139,5	152,1	175,5	200,7
2,25	16,1	23,4	34,3	48,6	65,0	86,0	105,6	124,0	135,2	156,0	178,4
2,50	13,0	19,0	27,7	39,4	52,7	69,7	92,3	111,6	121,7	140,4	160,5
2,75	10,8	15,7	22,9	32,6	43,5	57,6	76,2	99,9	110,6	127,6	145,9
3,00	9,0	13,2	19,2	27,3	36,6	48,4	64,1	84,0	101,4	117,0	133,8
3,25	7,7	11,2	16,4	23,3	31,1	41,2	54,6	71,5	88,6	107,1	123,5
3,50	6,6	9,7	14,1	20,1	26,9	35,5	47,1	61,7	76,4	92,3	114,7
3,75	5,8	8,4	12,3	17,5	23,4	31,0	41,0	53,7	66,6	80,4	100,3
4,00	5,1	7,4	10,8	15,4	20,5	27,2	36,0	47,2	58,5	70,7	88,2
4,25	4,5	6,5	9,6	13,6	18,2	24,1	31,9	41,8	51,8	62,6	78,1
4,50	4,0	5,8	8,5	12,1	16,2	21,5	28,5	37,3	46,2	55,8	69,7
4,75	3,6	5,2	7,6	10,9	14,5	19,3	25,5	33,5	41,5	50,1	62,5
5,00	3,2	4,6	6,8	9,7	13,0	17,4	23,0	30,2	37,4	45,2	56,4
5,25	1,3	2,2	3,8	6,2	9,3	13,7	20,0	27,4	33,9	41,0	51,2
5,50	1,1	1,9	3,3	5,4	8,1	11,9	17,4	25,0	30,9	37,4	46,6
5,75	1,0	1,7	2,9	4,7	7,1	10,4	15,2	21,9	28,3	34,2	42,7
6,00	0,8	1,5	2,5	4,1	6,2	9,1	13,4	19,3	25,9	31,4	39,2
6,25	0,7	1,3	2,2	3,6	5,5	8,1	11,9	17,0	23,0	28,9	36,1
6,50	0,7	1,1	2,0	3,2	4,9	7,2	10,5	15,1	20,4	26,7	33,4
6,75	0,6	1,0	1,8	2,9	4,4	6,4	9,4	13,5	18,2	23,8	30,9
7,00	0,5	0,9	1,6	2,6	3,9	5,7	8,4	12,1	16,3	21,4	28,6
7,25	0,5	0,8	1,4	2,3	3,5	5,2	7,6	10,9	14,7	19,5	25,7
7,50		0,7	1,3	2,1	3,2	4,7	6,9	9,8	13,3	17,4	23,2
7,75		0,7	1,2	1,9	2,8	4,2	6,2	8,9	12,0	15,7	21,0
8,00		0,6	1,1	1,7	2,6	3,8	5,6	8,1	10,9	14,3	19,1
8,25		0,5	1,0	1,6	2,4	3,5	5,1	7,4	10,0	13,0	17,4
8,50		0,5	0,9	1,4	2,2	3,2	4,7	6,8	9,1	11,9	15,9
8,75		0,5	0,8	1,3	2,0	2,9	4,3	6,2	8,3	10,9	14,6
9,00			0,7	1,2	1,8	2,7	4,0	5,7	7,7	10,0	13,4
9,25			0,7	1,1	1,7	2,5	3,6	5,2	7,1	9,2	12,4
9,50			0,6	1,0	1,5	2,3	3,4	4,8	6,5	8,5	11,4
9,75			0,6	0,9	1,4	2,1	3,1	4,5	6,0	7,9	10,5
10,00			0,5	0,9	1,3	2,0	2,9	4,1	5,6	7,3	9,8
10,25			0,5	0,8	1,2	1,8	2,7	3,8	5,2	6,8	9,1
10,50				0,7	1,1	1,7	2,5	3,6	4,8	6,3	8,4
10,75				0,7	1,1	1,6	2,3	3,3	4,5	5,9	7,9
11,00				0,6	1,0	1,5	2,2	3,1	4,2	5,5	7,3
11,25				0,6	0,9	1,4	2,0	2,9	3,9	5,1	6,9
11,50				0,6	0,9	1,3	1,9	2,7	3,7	4,9	6,4
11,75				0,5	0,8	1,2	1,8	2,5	3,4	4,5	6,0
12,00				0,5	0,7	1,1	1,7	2,4	3,2	4,2	5,6

[1)] Fußnote siehe S. E.32

Zul. Belastung in kN/m für Einfeldträger mit Gleichstreckenlast unter Berücksichtigung der erf. Kippsicherheit[1] (Fortsetzung)

l	IPB (HEB)								
m	320	340	360	400	450	500	550	600	650
1,50	385,2	427,2	472,8	570,0	668,4	772,8	885,6	1004,4	1129,2
1,75	330,1	366,1	405,2	488,5	572,9	662,4	759,0	860,9	967,9
2,00	288,9	320,4	354,6	427,5	501,3	579,6	664,2	753,3	846,9
2,25	256,8	284,8	315,2	380,0	445,6	515,2	590,4	669,6	752,8
2,50	231,1	256,3	283,7	342,0	401,0	463,6	531,3	602,6	677,5
2,75	210,1	233,0	257,9	310,9	364,6	421,5	483,0	547,8	615,9
3,00	192,6	213,6	236,4	295,0	334,2	386,4	442,8	502,2	564,6
3,25	177,8	197,1	218,2	263,0	308,4	356,6	408,7	463,5	521,1
3,50	165,1	183,1	202,6	244,3	286,4	331,2	379,5	430,4	483,9
3,75	153,7	170,9	169,1	228,0	267,3	309,1	354,2	401,7	451,7
4,00	135,1	151,1	168,0	201,6	248,5	289,8	332,1	376,6	423,4
4,25	119,6	133,9	148,8	178,5	220,1	266,0	309,1	353,4	398,5
4,50	106,7	119,4	132,7	159,3	196,3	237,2	274,9	315,2	358,4
4,75	95,8	107,2	119,1	142,9	176,2	212,9	246,7	282,9	321,6
5,00	86,4	96,7	107,5	129,0	159,0	192,2	222,6	255,3	290,3
5,25	78,4	87,7	97,5	117,0	144,2	174,3	201,9	231,6	263,3
5,50	71,4	79,9	68,8	106,6	131,4	158,8	184,0	211,0	239,9
5,75	65,3	73,1	61,3	97,5	120,2	145,3	168,3	193,1	219,5
6,00	60,0	67,2	74,6	89,6	110,4	133,4	154,6	177,3	201,6
6,25	55,3	61,9	68,8	82,5	101,8	123,0	142,5	163,4	185,2
6,50	51,1	57,2	63,6	76,3	94,1	113,7	131,7	150,8	170,3
6,75	47,4	53,1	59,0	70,8	87,2	105,4	122,1	139,1	156,9
7,00	44,1	49,3	54,8	65,8	81,1	98,0	113,1	128,6	145,0
7,25	41,1	46,0	51,1	61,3	75,6	91,4	104,9	119,2	134,3
7,50	38,4	43,0	47,8	57,3	70,7	85,1	97,5	110,7	124,6
7,75	35,5	40,2	44,7	53,7	66,1	79,3	90,8	103,0	115,8
8,00	32,3	37,8	42,0	50,4	61,8	74,0	84,7	96,9	107,7
8,25	29,4	35,0	39,5	47,4	57,8	69,2	79,1	89,5	100,4
8,50	26,9	32,0	37,2	44,5	54,2	64,9	74,1	83,7	93,6
8,75	24,7	29,4	34,6	41,8	50,9	60,9	69,4	78,2	87,4
9,00	22,7	27,0	31,8	39,3	47,8	57,2	65,1	73,3	81,6
9,25	20,9	24,8	29,3	37,0	45,0	53,8	61,1	68,6	76,2
9,50	19,3	22,9	27,0	34,9	42,5	50,6	57,4	64,3	71,2
9,75	17,8	21,2	25,0	33,0	40,1	47,7	54,0	60,3	66,4
10,00	16,5	19,7	23,2	30,9	37,8	45,0	50,8	56,5	62,0
10,25	15,3	18,2	21,5	28,7	35,8	42,5	47,8	52,9	57,5
10,50	14,3	17,0	20,0	26,7	33,8	40,1	45,0	49,5	53,4
10,75	13,3	15,8	18,6	24,9	32,0	37,9	42,3	46,2	49,6
11,00	12,4	14,8	17,4	23,2	30,3	35,8	39,8	43,0	46,2
11,25	11,6	13,8	16,3	21,7	28,7	33,8	37,4	40,2	43,1
11,50	10,9	12,9	15,2	20,3	27,2	32,0	34,9	37,6	40,3
11,75	10,2	12,1	14,2	19,1	25,9	30,2	32,7	35,2	37,7
12,00	5,5	11,4	13,4	17,9	24,4	28,5	30,7	33,0	35,4

[1] Fußnote siehe S. E.32

Zul. Belastung in kN/m für Einfeldträger mit Gleichstreckenlast unter Berücksichtigung der erf. Kippsicherheit[1)]

l	IPB (HEB)										
m	100	120	140	160	180	200	220	240	260	280	300
1,50	44,7	71,6	97,4	128,4	154,8	183,6	214,9	247,2	270,0	307,2	345,6
1,75	32,8	52,6	79,0	110,0	132,7	157,3	184,1	211,9	231,4	263,3	296,2
2,00	25,1	40,3	60,4	87,0	116,1	137,7	161,1	185,4	202,5	230,4	259,2
2,25	19,9	31,8	47,8	68,8	94,2	122,4	143,2	164,8	180,0	204,8	230,4
2,50	16,1	25,8	38,7	55,7	76,3	102,1	128,9	148,3	162,0	184,3	207,3
2,75	13,3	21,3	32,0	46,0	63,1	84,4	109,0	134,8	147,2	167,5	188,5
3,00	11,2	17,9	26,9	38,7	53,0	70,9	91,6	116,7	135,0	153,6	172,8
3,25	9,5	15,2	22,9	32,9	45,1	60,4	78,0	99,4	121,9	141,8	159,5
3,50	8,2	13,1	19,7	28,4	38,9	52,1	67,3	85,7	105,1	126,1	148,1
3,75	7,1	11,4	17,2	24,7	33,9	45,4	58,6	74,7	91,5	109,9	133,8
4,00	6,3	10,0	15,1	21,7	29,8	39,9	51,5	65,6	80,5	96,6	117,6
4,25	5,5	8,9	13,4	19,3	26,4	35,3	45,6	58,1	71,3	85,5	104,1
4,50	5,0	7,9	11,9	17,2	23,5	31,5	40,7	51,8	63,6	76,3	92,9
4,75	4,4	7,1	10,7	15,4	21,1	28,3	36,5	46,5	57,1	68,5	83,3
5,00	4,0	6,4	9,7	13,9	19,1	25,5	32,9	42,0	51,5	61,8	75,2
5,25	1,6	3,2	5,6	9,2	14,2	21,1	29,9	38,1	46,7	56,0	68,2
5,50	1,4	2,8	4,9	8,0	12,3	18,4	26,1	34,7	42,5	51,1	62,2
5,75	1,2	2,4	4,2	7,0	10,8	16,1	22,8	31,7	38,9	46,7	56,9
6,00	1,1	2,1	3,7	6,2	9,5	14,1	20,1	28,0	35,7	42,9	52,2
6,25	1,0	1,9	3,3	5,4	8,4	12,5	17,8	24,7	32,8	39,5	48,1
6,50	0,9	1,7	2,9	4,8	7,4	11,1	15,8	22,0	29,1	36,6	44,5
6,75	0,8	1,5	2,6	4,3	6,7	9,9	14,1	19,6	26,0	33,6	41,3
7,00	0,7	1,3	2,3	4,0	6,0	8,9	12,6	17,6	23,3	30,1	38,4
7,25	0,6	1,2	2,1	3,5	5,4	8,0	11,4	15,8	21,0	27,1	35,4
7,50	0,6	1,1	1,9	3,1	4,8	7,2	10,2	14,3	19,0	24,5	32,0
7,75	0,5	1,0	1,7	2,9	4,4	6,5	9,3	13,0	17,2	22,2	29,0
8,00		0,9	1,6	2,6	4,0	5,9	8,5	11,8	15,6	20,2	26,4
8,25		0,8	1,4	2,4	3,6	5,4	7,7	10,7	14,2	18,4	24,0
8,50		0,7	1,3	2,1	3,3	5,0	7,0	9,8	13,0	16,8	22,0
8,75		0,7	1,2	2,0	3,0	4,5	6,5	9,0	11,9	15,4	20,1
9,00		0,6	1,1	1,9	2,8	4,2	5,9	8,3	11,0	14,2	18,5
9,25		0,6	1,0	1,7	2,6	3,8	5,5	7,6	10,1	13,0	17,0
9,50		0,5	0,9	1,5	2,4	3,5	5,0	7,0	9,3	12,0	15,7
9,75		0,5	0,8	1,4	2,1	3,3	4,7	6,5	8,6	11,1	14,6
10,00			0,8	1,3	2,0	3,0	4,3	6,0	8,0	10,3	13,5
10,25			0,7	1,2	1,9	2,8	4,0	5,6	7,4	9,6	12,5
10,50			0,7	1,1	1,7	2,6	3,7	5,2	6,9	8,9	11,6
10,75			0,6	1,0	1,6	2,4	3,5	4,8	6,4	8,3	10,8
11,00			0,6	1,0	1,5	2,3	3,2	4,5	6,0	7,7	10,1
11,25			0,5	0,9	1,4	2,1	3,0	4,2	5,6	7,2	9,5
11,50			0,5	0,8	1,3	2,0	2,8	3,9	5,2	6,8	8,9
11,75			0,5	0,8	1,2	1,9	2,6	3,7	4,9	6,3	8,3
12,00				0,7	1,2	1,7	2,5	3,5	4,6	6,0	7,8

1) Fußnote siehe S. E.32

E

Zul. Belastung in kN/m für Einfeldträger mit Gleichstreckenlast unter Berücksichtigung der erf. Kippsicherheit[1] (Fortsetzung)

l	IPB (HEB)								
m	320	340	360	400	450	500	550	600	650
1,50	385,2	427,2	472,8	570,0	668,4	772,8	885,6	1004,4	1129,2
1,75	330,1	366,1	405,2	488,5	572,9	662,4	759,0	860,9	967,9
2,00	288,9	320,4	354,6	427,5	501,3	579,6	664,2	753,3	846,9
2,25	256,8	284,8	315,2	380,0	445,6	515,2	590,4	669,6	752,8
2,50	231,1	256,3	283,7	342,0	401,0	463,6	531,3	602,6	677,5
2,75	210,1	233,0	257,9	310,9	364,6	421,5	483,0	547,8	615,9
3,00	192,6	213,6	236,4	295,0	334,2	386,4	442,8	502,2	564,6
3,25	177,8	197,1	218,2	263,0	308,4	356,6	408,7	463,5	521,1
3,50	165,1	183,1	202,6	244,3	286,4	331,2	379,5	430,4	483,9
3,75	153,7	170,9	169,1	228,0	267,3	309,1	354,2	401,7	451,7
4,00	135,1	151,1	168,0	201,6	248,5	289,8	332,1	376,6	423,4
4,25	119,6	133,9	148,8	178,5	220,1	266,0	309,1	353,4	398,5
4,50	106,7	119,4	132,7	159,3	196,3	237,2	274,9	315,2	358,4
4,75	95,8	107,2	119,1	142,9	176,2	212,9	246,7	282,9	321,6
5,00	86,4	96,7	107,5	129,0	159,0	192,2	222,6	255,3	290,3
5,25	78,4	87,7	97,5	117,0	144,2	174,3	201,9	231,6	263,3
5,50	71,4	79,9	68,8	106,6	131,4	158,8	184,0	211,0	239,9
5,75	65,3	73,1	61,3	97,5	120,2	145,3	168,3	193,1	219,5
6,00	60,0	67,2	74,6	89,6	110,4	133,4	154,6	177,3	201,6
6,25	55,3	61,9	68,8	82,5	101,8	123,0	142,5	163,4	185,2
6,50	51,1	57,2	63,6	76,3	94,1	113,7	131,7	150,8	170,3
6,75	47,4	53,1	59,0	70,8	87,2	105,4	122,1	139,1	156,9
7,00	44,1	49,3	54,8	65,8	81,1	98,0	113,1	128,6	145,0
7,25	41,1	46,0	51,1	61,3	75,6	91,4	104,9	119,2	134,3
7,50	38,4	43,0	47,8	57,3	70,7	85,1	97,5	110,7	124,6
7,75	35,5	40,2	44,7	53,7	66,1	79,3	90,8	103,0	115,8
8,00	32,3	37,8	42,0	50,4	61,8	74,0	84,7	96,9	107,7
8,25	29,4	35,0	39,5	47,4	57,8	69,2	79,1	89,5	100,4
8,50	26,9	32,0	37,2	44,5	54,2	64,9	74,1	83,7	93,6
8,75	24,7	29,4	34,6	41,8	50,9	60,9	69,4	78,2	87,4
9,00	22,7	27,0	31,8	39,3	47,8	57,2	65,1	73,3	81,6
9,25	20,9	24,8	29,3	37,0	45,0	53,8	61,1	68,6	76,2
9,50	19,3	22,9	27,0	34,9	42,5	50,6	57,4	64,3	71,2
9,75	17,8	21,2	25,0	33,0	40,1	47,7	54,0	60,3	66,4
10,00	16,5	19,7	23,2	30,9	37,8	45,0	50,8	56,5	62,0
10,25	15,3	18,2	21,5	28,7	35,8	42,5	47,8	52,9	57,5
10,50	14,3	17,0	20,0	26,7	33,8	40,1	45,0	49,5	53,4
10,75	13,3	15,8	18,6	24,9	32,0	37,9	42,3	46,2	49,6
11,00	12,4	14,8	17,4	23,2	30,3	35,8	39,8	43,0	46,2
11,25	11,6	13,8	16,3	21,7	28,7	33,8	37,4	40,2	43,1
11,50	10,9	12,9	15,2	20,3	27,2	32,0	34,9	37,6	40,3
11,75	10,2	12,1	14,2	19,1	25,9	30,2	32,7	35,2	37,7
12,00	5,5	11,4	13,4	17,9	24,4	28,5	30,7	33,0	35,4

[1] Fußnote siehe S. E.32

Zul. Belastung in kN/m für Einfeldträger mit Gleichstreckenlast unter Berücksichtigung der erf. Kippsicherheit[1)]

l	IPBv (HEM)										
m	100	120	140	160	180	200	220	240	260	280	300
1,50	94,5	143,3	181,2	225,6	264,0	306,0	349,2	445,2	486,0	541,2	660,7
1,75	69,5	103,3	150,3	193,3	226,2	262,2	299,3	381,6	416,5	463,9	565,7
2,00	53,2	80,6	115,0	158,4	198,0	229,5	261,9	333,9	364,5	405,9	495,0
2,25	42,0	63,7	90,9	125,2	165,5	204,0	323,8	296,8	324,0	360,8	440,0
2,50	34,0	51,6	73,6	101,4	134,0	173,2	209,5	267,1	291,6	324,7	396,0
2,75	28,1	42,6	60,8	83,8	110,7	143,2	180,7	242,8	265,1	295,2	360,0
3,00	23,6	35,8	51,1	70,4	93,0	120,3	151,8	222,6	243,0	270,6	330,0
3,25	20,1	30,5	43,6	60,0	79,3	102,5	129,3	190,8	224,3	249,8	304,6
3,50	17,3	26,3	37,5	51,7	68,3	88,4	111,5	164,5	197,4	231,9	282,8
3,75	15,1	22,9	32,7	45,0	59,5	77,0	97,1	143,3	172,0	203,1	364,0
4,00	13,3	20,1	28,7	39,6	52,7	67,7	85,4	126,0	151,2	178,5	243,6
4,25	11,8	17,8	25,5	35,1	46,3	59,9	75,6	111,6	133,9	158,1	215,7
4,50	10,5	15,9	22,7	31,3	41,3	53,4	67,4	99,5	119,4	141,0	192,4
4,75	9,4	14,3	20,4	28,1	37,1	48,0	60,5	89,3	107,2	126,6	172,7
5,00	8,5	12,9	18,4	25,3	33,5	43,3	54,6	80,6	96,7	114,2	155,9
5,25	4,2	7,5	12,2	18,9	27,7	39,2	49,5	73,1	87,7	103,6	141,4
5,50	3,6	6,5	10,6	16,4	24,1	34,3	45,1	66,6	79,9	94,4	128,8
5,75	3,2	5,7	9,3	14,4	21,1	30,0	41,2	60,9	73,1	86,4	117,9
6,00	2,8	5,0	8,1	12,6	18,6	26,4	36,3	56,0	67,2	79,3	108,2
6,25	2,5	4,4	7,2	11,2	16,4	23,3	32,1	51,6	61,9	73,1	99,7
6,50	2,2	3,9	6,4	9,9	14,6	20,8	28,5	47,4	57,2	67,6	92,2
6,75	2,0	3,5	5,7	8,9	13,0	18,5	25,5	42,4	53,1	62,7	85,5
7,00	1,8	3,1	5,1	8,0	11,7	16,6	22,8	38,0	49,0	58,3	79,5
7,25	1,6	2,8	4,6	7,2	10,5	15,0	20,5	34,2	44,1	54,3	74,1
7,50	1,4	2,5	4,2	6,5	9,5	13,58	18,6	30,9	39,8	50,3	69,3
7,75	1,3	2,3	3,8	5,9	8,6	12,2	16,8	28,0	36,1	45,6	64,9
8,00	1,2	2,1	3,4	5,3	7,8	11,1	15,3	25,4	32,8	41,4	60,9
8,25	1,1	1,9	3,1	4,8	7,1	10,1	13,9	23,2	29,9	37,8	56,6
8,50	1,0	1,7	2,8	4,4	6,5	9,3	12,7	21,2	27,3	34,5	51,7
8,75	0,9	1,6	2,6	4,1	6,0	8,5	11,7	19,4	25,1	31,7	47,4
9,00	0,8	1,5	2,4	3,7	5,5	7,8	10,7	17,9	23,0	29,1	43,6
9,25	0,7	1,3	2,2	3,4	5,0	7,2	9,9	16,4	21,2	26,8	40,1
9,50	0,7	1,2	2,0	3,2	4,7	6,6	9,1	15,2	19,6	24,7	37,0
9,75	0,6	1,1	1,9	2,9	4,3	5,7	8,4	14,0	18,1	22,9	34,3
10,00	0,6	1,1	1,7	2,7	4,0	5,7	7,8	13,0	16,8	21,2	31,8
10,25	0,5	1,0	1,6	2,5	3,7	5,3	7,2	12,1	15,6	19,7	29,2
10,50	0,5	0,9	1,5	2,3	3,4	4,9	6,7	11,2	14,5	18,6	27,4
10,75	0,5	0,8	1,4	2,2	3,2	4,5	6,3	10,5	13,5	17,1	25,6
11,00		0,8	1,3	2,0	3,0	4,2	5,9	9,8	12,6	15,9	23,9
11,25		0,7	1,2	1,9	2,8	4,0	5,5	9,1	11,8	14,9	22,3
11,50		0,7	1,1	1,8	2,6	3,7	5,1	8,5	11,0	13,9	21,0
11,75		0,6	1,1	1,7	2,4	3,5	4,8	8,0	10,3	13,1	19,6
12,00		0,6	1,0	1,7	2,3	3,3	4,5	7,5	9,7	12,3	18,4

1) Fußnote siehe S. E.32

E

Zul. Belastung in kN/m für Einfeldträger mit Gleichstreckenlast unter Berücksichtigung der erf. Kippsicherheit[1] (Fortsetzung)

l	IPBv (HEM)									
m	305[2]	320	340	360	400	450	500	550	600	650
1,50	502	703	748	794	686	1003	1113	1236	1356	1476
1,75	430	602	641	680	760	859	958	1059	1162	1265
2,00	377	527	561	595	665	752	838	927	1017	1107
2,25	335	468	499	529	591	668	745	824	904	984
2,50	301	421	449	475	532	601	671	741	813	885
2,75	274	383	408	433	483	547	610	674	739	805
3,00	251	351	374	397	443	501	559	618	678	738
3,25	232	324	345	366	409	463	516	570	625	681
3,50	215	301	320	340	380	429	479	523	581	632
3,75	201	281	299	317	354	401	447	494	542	590
4,00	179	263	280	297	332	376	419	463	508	553
4,25	158	235	251	266	298	341	383	429	474	520
4,50	141	210	224	237	266	304	341	382	423	466
4,75	127	188	201	213	239	273	306	343	380	418
5,00	114	170	181	192	215	246	276	310	343	377
5,25	104	154	164	174	195	223	251	281	311	342
5,50	94	140	149	159	178	203	228	256	283	312
5,75	86	128	137	145	163	186	209	234	259	285
6,00	79	118	126	133	149	171	192	215	238	262
6,25	73	108	116	123	138	157	177	198	219	241
6,50	67	100	107	113	127	145	163	183	203	223
6,75	62	93	99	105	118	135	151	170	188	207
7,00	58	86	92	98	110	125	141	158	175	192
7,25	54	80	86	91	102	117	131	147	163	179
7,50	50	75	80	85	95	109	123	137	152	167
7,75	47	70	75	80	89	102	115	129	142	157
8,00	42	66	70	75	84	96	108	121	134	147
8,25	39	62	66	70	79	90	101	113	126	137
8,50	35	58	62	66	74	85	95	107	118	129
8,75	32	54	59	62	70	80	90	101	112	121
9,00	30	50	55	59	66	76	85	95	105	114
9,25	27	46	51	56	63	71	80	90	99	107
9,50	25	42	47	53	59	68	76	85	93	101
9,75	23	39	44	49	56	64	72	81	88	95
10,00	21	36	41	45	53	61	69	77	83	90
10,25	20	33	38	42	51	58	65	73	79	85
10,50	18	31	35	39	48	55	62	69	75	80
10,75	17	29	33	36	44	53	59	66	71	76
11,00	16	27	30	34	41	50	57	63	67	72
11,25	15	25	28	32	39	48	54	60	64	68
11,50	14	24	26	29	36	46	52	57	61	65
11,75	13	22	25	28	34	43	50	54	58	61
12,00	12	21	23	26	32	40	47	52	55	58

[1] Fußnote siehe S. E.32
[2] Nach EURONORM 53-62 (HE-C)

3.2 Stahlstützen

Druckstäbe aus St 37 **max *N* in kN (Tafelwerte)** **s_K in m**

zul σ_D = 140 N/mm²

s_K		3,00	3,50	4,00	4,50	5,00	5,50	6,00	6,50	7,00	7,50	8,00
D	*t*	**Geschweißte Stahlrohre** nach DIN 2458 (Auswahl)										
48,3	2,3	8,13	5,95	4,58	–	–	–	–	–	–	–	–
54	2,3	11,5	8,50	6,46	5,12	–	–	–	–	–	–	–
60,3	2,3	16,3	11,9	9,14	7,18	5,84	–	–	–	–	–	–
70	2,6	28,8	21,1	16,2	12,8	10,4	8,56	–	–	–	–	–
76,1	2,6	37,7	27,3	21,0	16,6	13,5	11,1	9,32	7,96	–	–	–
88,9	2,9	65,3	49,2	37,3	29,7	24,2	19,8	16,8	14,2	12,3	10,7	–
108	2,9	95,8	84,4	68,1	54,3	44,3	36,2	30,6	25,9	22,5	19,5	17,2
127	3,2	138	125	113	97,0	78,9	64,8	54,8	46,9	40,2	35,1	30,7
139,7	3,6	180	165	152	136	118	98,0	81,9	70,0	59,9	52,5	46,4
159	4	237	224	208	194	177	161	136	114	98,6	86,1	75,8
177,8	4,5	309	293	279	262	243	224	207	181	156	137	118
219,1	4,5	396	386	372	359	342	326	310	289	272	253	227
273	5	567	561	546	536	517	504	487	464	447	430	409
355,6	5,6	854	845	829	821	806	791	777	763	743	725	701
406,4	6,3	1109	1089	1087	1066	1056	1046	1027	1008	990	973	948
D	*t*	**Nahtlose Stahlrohre** nach DIN 2448 (Auswahl)										
51	2,6	10,7	7,79	5,98	–	–	–	–	–	–	–	–
57	2,9	16,8	12,3	9,44	7,46	–	–	–	–	–	–	–
63,5	2,9	23,3	17,0	13,1	10,4	8,35	–	–	–	–	–	–
73	2,9	36,2	26,6	20,4	16,2	13,0	10,8	9,05	–	–	–	–
82,5	3,2	57,5	42,3	32,7	25,8	20,9	17,2	14,4	12,4	10,7	–	–
101,6	3,6	106	89,8	69,7	54,5	44,4	36,4	30,8	26,3	22,6	19,7	17,2
114,3	3,6	130	116	99,4	78,5	63,2	52,9	44,3	37,6	32,3	28,4	24,9
133	4	183	168	151	135	111	91,8	77,1	65,7	56,7	50,0	43,9
152,4	4,5	250	234	218	199	180	156	131	113	96,6	84,8	74,1
168,3	4,5	287	273	256	239	221	202	177	153	131	114	101
193,7	5,6	425	406	389	368	348	326	303	279	248	215	191
244,5	6,3	628	611	594	578	559	536	511	488	464	437	410
323,9	7,1	970	961	943	925	908	892	861	846	818	792	767
406,4	8,8	1540	1525	1510	1481	1467	1453	1426	1400	1375	1351	1316

s_K	3,00	3,50	4,00	4,50	5,00	5,50	6,00	6,50	7,00	7,50	8,00
IPE nach DIN 1025-5											
100	14,6	–	–	–	–	–	–	–	–	–	–
120	25,5	18,8	–	–	–	–	–	–	–	–	–
140	41,1	30,3	23,2	–	–	–	–	–	–	–	–
160	62,7	46,1	35,4	27,8	–	–	–	–	–	–	–
180	92,9	67,7	52,1	41,0	33,3	–	–	–	–	–	–
200	132	97,1	73,8	58,5	47,5	39,0	–	–	–	–	–
220	189	139	107	84,6	67,9	56,2	47,3	–	–	–	–
240	253	192	146	116	93,7	77,9	65,2	55,3	–	–	–
270	342	283	219	171	138	115	96,1	82,3	70,7	61,8	–
300	440	380	315	249	201	166	139	118	102	88,9	78,1
330	541	466	402	322	261	216	182	155	134	117	103
360	665	585	504	426	346	287	241	204	176	154	135
400	794	700	616	535	435	363	303	257	224	194	170
450	954	854	752	662	560	463	384	328	283	247	217
500	1150	1040	923	820	715	586	498	422	367	318	278
550	1370	1230	1100	977	869	722	609	521	451	389	343
600	1630	1480	1330	1190	1070	929	777	670	575	499	437

s_K	3,00	3,50	4,00	4,50	5,00	5,50	6,00	6,50	7,00	7,50	8,00
IPBl (HE-A) nach DIN 1025-3											
100	122	91,0	69,5	54,9	44,4	36,6	30,8	–	–	–	–
120	188	156	120	94,5	76,2	63,4	52,9	45,4	39,0	34,1	–
140	271	234	199	159	129	107	90,1	76,1	65,7	57,4	50,5
160	367	323	283	249	203	169	141	121	104	91,0	79,6
180	466	423	378	334	296	253	212	181	156	136	120
200	579	534	486	440	396	357	310	260	224	196	172
220	726	672	621	570	520	474	431	383	331	289	254
240	889	840	785	726	676	618	566	519	465	407	360
260	1030	980	921	868	810	750	698	640	587	545	477
280	1170	1130	1070	1020	959	890	831	774	717	664	616
300	1390	1330	1290	1220	1150	1090	1020	953	899	833	772
320	1520	1460	1410	1340	1270	1200	1120	1050	986	914	847
340	1630	1560	1500	1430	1360	1280	1200	1120	1050	970	908
360	1760	1680	1610	1530	1460	1370	1280	1210	1120	1040	967
400	1950	1870	1800	1700	1600	1500	1410	1320	1240	1150	1070
450	2190	2090	1990	1890	1780	1680	1580	1470	1370	1270	1180
500	2430	2330	2220	2100	1980	1860	1740	1620	1510	1400	1310
550	2580	2470	2360	2230	2100	1980	1840	1720	1600	1480	1370
600	2730	2610	2490	2360	2230	2080	1950	1820	1680	1570	1450
IPBl (HE-B) nach DIN 1025-2											
100	152	113	86,3	68,0	55,0	45,8	38,4	–	–	–	–
120	256	215	164	130	106	87,0	73,3	62,7	53,7	46,9	–
140	374	324	279	225	182	151	126	108	92,8	81,6	71,7
160	521	464	404	355	298	244	205	176	151	132	115
180	672	609	544	492	437	376	315	268	231	201	177
200	848	781	715	647	582	528	465	395	340	296	259
220	1030	958	885	817	754	685	621	561	483	420	369
240	1240	1160	1090	1020	939	868	789	724	665	582	505
260	1400	1340	1260	1190	1110	1030	955	879	818	748	658
280	1590	1530	1460	1380	1290	1210	1130	1050	976	908	841
300	1830	1770	1700	1620	1530	1440	1360	1270	1200	1110	1030
320	1980	1910	1830	1750	1660	1550	1470	1370	1300	1200	1120
340	2100	2030	1950	1840	1760	1650	1540	1460	1360	1260	1190
360	2220	2130	2060	1950	1850	1750	1630	1530	1440	1330	1240
400	2430	2330	2240	2120	1990	1900	1780	1650	1540	1440	1340
450	2680	2560	2440	2330	2200	2060	1930	1810	1700	1570	1460
500	2940	2810	2680	2530	2390	2250	2100	1980	1840	1710	1590
550	3090	2960	2820	2670	2520	2370	2210	2060	1910	1780	1650
600	3290	3150	3000	2820	2660	2490	2330	2170	2010	1870	1730
IPBv (HE-M) nach DIN 1025-4											
100	356	269	207	164	133	109	92,0	78,5	–	–	–
120	534	449	365	289	232	193	161	138	119	103	91,0
140	728	641	559	472	377	313	264	226	193	169	149
160	964	860	764	673	588	484	405	344	299	260	228
180	1190	1090	983	889	791	709	590	507	433	380	332
200	1440	1350	1230	1130	1020	926	830	719	613	538	470
220	1700	1600	1490	1370	1270	1160	1050	966	845	732	648
240	2350	2240	2110	1990	1840	1710	1570	1440	1330	1210	1060
260	2660	2520	2410	2280	2140	1990	1860	1730	1600	1470	1360
280	2950	2820	2710	2560	2420	2300	2150	2000	1870	1750	1620
300	3750	3660	3510	3370	3190	3030	2870	2720	2530	2380	2230
320	3870	3770	3610	3440	3280	3120	2950	2760	2600	2450	2280
340	3920	3810	3630	3480	3330	3140	2970	2800	2620	2460	2300
360	3950	3820	3660	3520	3330	3170	2980	2810	2640	2450	2300
400	4040	3900	3710	3570	3380	3210	3000	2830	2640	2480	2310
450	4110	3970	3810	3640	3450	3260	3070	2860	2700	2490	2350
500	4220	4050	3880	3700	3520	3300	3110	2900	2710	2510	2350

4 Stahlbetonbau*)

4.1 Stahlbetonplatten

a) Erforderliche Deckendicken (infolge vorgeschriebener Durchbiegungsbeschränkung)

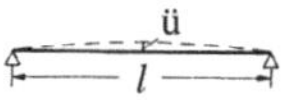

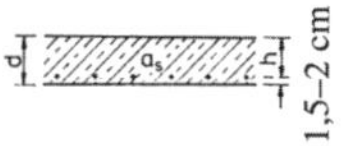

Decken ohne Trennwände

$h \geq \frac{l_i}{35}$

z.B. l_i = 6,3 m: 6,3/35 = 0,18 m
+ 0,02 m
d = 0,20 m

Decken mit Trennwänden

$h \geq \frac{l_i}{35}$ bzw. $h \geq \frac{l_i^2}{150}$

z.B. l_i = 5,2 m: $5{,}2^2/150$ = 0,18 m
+ 0,02 m
d = 0,20 m

Deckendicken über 20 cm sind unwirtschaftlich, weil der Einfluss der Eigenlast zu groß wird.

Durchlaufträger sind günstiger 

Kragträger sind ungünstiger 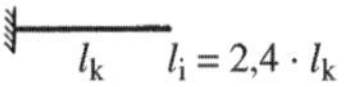

		Zulässige Stützweite in m			
		Deckendicke in cm			
		14	16	18	20
frei aufliegend ohne Wände		4,20	4,90	5,60	6,30
durchlaufend ohne Wände		5,20	6,10	7,00	7,00
frei aufliegend mit Wänden	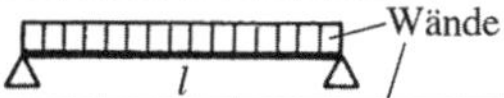	4,20	4,60	4,90	5,20
durchlaufend mit Wänden	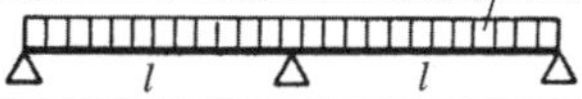	5,20	5,70	6,10	6,50

b) Biegemomente *M* und Bewehrung a_s
(Stahlbetonplatten aus B 25 und BSt IV M)

Erste Zeile: M in kNm
Zweite Zeile: a_s in cm²/m

Decken ohne Trennwände					
Last in kN/m²		6,5	7,0	7,5	8,0
d in cm		14	16	18	20
h in cm		12,5	14,5	16,5	18,5
Stützweite in m: 3,00	M	7,31	7,88	8,44	9,00
	a_s	2,16	2,01	1,89	1,80
3,50	M	9,95	10,77	11,48	12,25
	a_s	3,02	2,74	2,57	2,45
4,00	M	13,00	14,00	15,00	16,00
	a_s	3,95	3,67	3,36	3,20
4,20	M	14,33	15,43	16,54	17,60
	a_s	4,36	4,04	3,81	3,52
4,90	M		21,01	22,51	24,01
	a_s		5,50	5,18	4,93
5,60	M			29,40	31,36
	a_s			6,77	6,44
6,30	M				39,69
	a_s				8,15

Decken ohne Trennwände					
Last in kN/m²		7,75	8,25	8,75	9,25
d in cm		14	16	18	20
h in cm		12,5	14,5	16,5	18,5
Stützweite in m: 3,00	M	8,72	9,28	9,84	10,41
	a_s	2,58	2,37	2,21	2,08
3,50	M	11,87	12,63	13,40	14,16
	a_s	3,60	3,22	3,00	2,83
4,00	M	15,50	16,50	17,50	18,50
	a_s	4,71	4,32	4,03	3,70
4,20	M	17,09	18,19	19,29	20,40
	a_s	5,20	4,77	4,44	4,19
4,60	M		21,82	23,14	24,47
	a_s		5,72	5,33	5,03
4,90	M			26,26	27,76
	a_s			6,05	5,70
5,20	M				31,27
	a_s				6,42

***) Die folgenden Tafelwerte dürfen nur zur Vordimensionierung verwendet werden.**

4.2 Stahlbetonbalken (frei aufliegend)

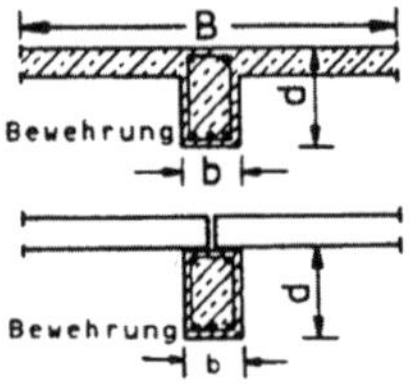

(Anhaltswerte für die Bemessung)

$d = \frac{1}{8} \dots \frac{1}{14}$	$b = \frac{d}{3} \dots \frac{2d}{3}$
geringer bei eingespannten und durchlaufenden Trägern (ca. 80 %)	

Baustoffe:
B 25
BSt 420 S

Beispiel:

Belag und Putz	ca. 1,50 kN/m²
20 cm Stahlbetondecke 0,25 · 20	= 5,00 kN/m²
Eigenlast des Stahlbetonbalkens	ca. 0,75 kN/m²
Verkehrslast (Wohnraum)	= 1,50 kN/m²
Zuschlag für leichte Trennwände	= 1,25 kN/m²
Gesamtlast	10,00 kN/m²

Bei einer Belastungsbreite B = 5 m folgt: Balkenlast q = 10 · 5 = 50 kN/m
Angenommene Stützweite l = 6,0 m

günstig: d = 6,0/8,5 = 0,7 m gew. b/d = 30/70 cm, erforderliche Bewehrung: 15,5 cm²
ungünstig: d = 6,0/12 = 0,5 m gew. b/d = 30/50 cm, erforderliche Bewehrung: 24,5 cm²
Ergebnis: 29 % weniger Betonhöhe bedeuten 60 % mehr Stahlverbrauch!

b/d in cm	Bewehrung in cm²	Stützweiten in m (Tabellenwerte) bei einer Balkenlast in kN/m									
		5,0	10	20	30	40	50	60	70	80	100
20/30	4,5 8,0	6,5 8,4	4,6 5,9	3,3 4,2	2,7 3,4	2,4 3,0	2,1 2,7	1,9 2,4	1,8 2,3		
20/50	8,0 14,0	11,5 14,8	8,1 10,5	5,8 7,5	4,7 6,1	4,1 5,3	3,7 4,7	3,3 4,3	3,4 4,0		
30/50	12,0 24,5		9,9 13,4	7,0 9,5	5,7 7,8	5,0 6,7	4,4 6,0	4,1 5,5	3,8 5,1		
30/70	15,5 32,0		13,4 18,3	9,5 13,0	7,8 10,6	6,7 9,2	6,0 8,2	5,5 7,5	5,1 7,0	 6,5	
40/60	20,0 37,0			10,0 12,8	8,2 10,4	7,1 9,0	6,4 8,0	5,8 7,3	5,4 6,8	 6,5	
40/80	25,0 55,5			13,0 18,2	10,6 14,9	9,2 12,9	8,2 11,5	7,5 10,5	7,0 9,8	6,5 9,0	
40/100	30,5 64,5				13,2 18,2	11,4 15,8	10,2 14,1	9,3 12,8	8,6 11,9	8,1 11,1	
50/80	30,5 61,0				11,4 15,8	9,9 13,7	8,9 12,3	8,1 11,2	7,5 10,4	7,2 9,7	6,4 8,7
50/100	39,5 80,5				14,9 20,2	12,9 17,5	11,5 15,7	10,5 14,3	9,8 13,3	9,0 12,4	8,1 11,1
50/120	49,5 102,0				18,2 25,1	15,8 21,7	14,1 19,4	12,8 17,7	11,9 16,4	11,1 15,4	10,0 13,7

4.3 Stahlbetonstützen (mittig belastet) aus B 25 und Baustahl BSt 420 S (III)

Tafelwerte: Erforderliche Bewehrungsquerschnitte je Stütze in cm²
(Die Bewehrung ist gleichmäßig auf die Ecken zu verteilen.)

b/d = 24/24 cm

Tafelwerte oberhalb der Treppenlinie = Mindestbewehrung

s_K cm	Belastung in kN 400	425	450	475	500	525	550	600	650	700	750
250	4,5	4,5	4,5	4,5	4,7	6,2	7,7	10,7	13,6	16,6	19,5
275	4,5	4,5	4,5	4,5	5,6	7,1	8,7	11,7	14,7	17,8	20,8
300	4,5	4,5	4,5	4,9	6,5	8,0	9,6	12,7	15,9	19,0	22,2
325	4,5	4,5	4,5	5,7	7,0	8,9	10,6	13,8	17,0	20,3	23,5
350	4,5	4,5	4,9	6,5	8,2	9,8	11,5	14,8	18,2	21,5	24,8
375	4,5	4,6	5,8	7,5	9,0	10,9	12,6	15,9	19,3	22,7	26,2
400	4,5	5,1	6,8	8,5	10,2	12,0	13,7	17,2	20,6	24,1	27,6
425	4,6	5,9	7,7	9,5	11,3	13,0	14,8	18,4	21,9	25,6	29,1
450	5,0	6,8	8,6	10,5	12,3	14,1	15,9	19,6	23,2	26,9	30,6
475	5,8	7,7	9,5	11,4	13,3	15,2	17,0	20,8	24,5	28,3	32,1

b/d = 30/30 cm

s_K cm	Belastung in kN 400	450	500	550	600	650	700	750	800	850	900
250	4,5	4,5	4,5	4,8	5,3	5,7	6,1	6,5	7,0	8,6	11,3
300	4,5	4,5	4,6	5,0	5,5	6,0	6,4	6,9	8,0	10,9	13,8
350	4,5	4,5	4,8	5,3	5,8	6,2	6,7	7,2	10,2	13,2	16,3
400	4,5	4,5	5,0	5,5	6,0	6,5	7,0	9,1	12,4	15,6	18,8
450	4,5	4,8	5,2	5,8	6,3	6,8	8,0	11,3	14,6	18,0	21,3
500	4,5	5,0	5,6	6,1	6,6	7,3	10,4	13,8	17,3	20,7	24,2
550	4,7	5,3	5,9	6,5	7,0	9,1	12,7	16,3	19,9	23,5	27,1
600	4,8	5,4	6,1	6,7	7,6	11,2	15,0	18,7	22,5	26,3	30,0

b/d = 30/30 cm

s_K cm	Belastung in kN 950	1000	1050	1100	1150	1200	1250	1300	1350	1400	1500
250	14,1	16,9	19,6	22,4	25,1	27,8	30,9	33,3	36,1	38,8	44,3
300	16,7	19,6	22,6	25,5	28,4	31,3	34,2	37,1	40,0	42,9	48,6
350	19,4	22,4	25,5	28,6	31,6	34,7	37,7	40,8	43,8	46,9	53,0
400	22,0	25,3	28,5	31,7	34,9	38,1	41,3	44,5	47,7	50,9	57,3
450	24,7	28,1	31,4	34,8	38,2	41,5	44,9	48,2	51,6	54,9	61,6
500	27,7	31,0	34,6	38,1	41,6	45,1	48,5	52,0	55,5	59,0	66,0
550	30,8	34,4	38,0	41,6	45,3	48,9	52,5	56,2	59,8	63,4	70,7
600	33,8	37,6	41,4	45,1	48,9	52,7	56,5	60,3	64,1	67,9	75,4

Hinweis: Innenstützen unter Unterzügen gelten als mittig belastet ($M = 0$), wenn alle horizontalen Kräfte von aussteifenden Scheiben aufgenommen werden. Bei Randstützen ist i.Allg. $M \neq 0$.

E

Stahlbetonstützen (Fortsetzung)

b/*d* = 35/35 cm

s_K cm	Belastung in kN 400	450	500	550	600	650	700	750	800	850	900
250	4,5	4,5	4,5	4,6	5,1	5,5	5,9	6,3	6,8	7,2	7,6
300	4,5	4,5	4,5	4,8	5,3	5,7	6,2	6,6	7,1	7,5	7,9
350	4,5	4,5	4,6	5,0	5,5	6,0	6,4	6,9	7,3	7,8	8,3
400	4,5	4,5	4,6	5,2	5,7	6,2	6,7	7,1	7,6	8,1	8,6
450	4,5	4,5	4,9	5,4	5,9	6,4	6,9	7,4	7,9	8,4	8,9
500	4,5	4,6	5,2	5,7	6,2	6,7	7,2	7,7	8,3	8,7	9,3
550	4,5	4,9	5,4	6,0	6,5	7,1	7,6	8,2	8,7	9,1	9,7
600	4,5	5,1	5,6	6,2	6,7	7,3	7,9	8,5	9,0	9,6	11,3
650	4,7	5,3	5,9	6,5	7,1	7,6	8,2	8,9	9,3	10,3	13,9
700	4,9	5,5	6,1	6,7	7,3	8,0	8,5	9,2	9,8	12,7	16,4

b/*d* = 35/35 cm

s_K cm	Belastung in kN 1000	1100	1200	1300	1400	1500	1600	1700	1800	1900	2000
250	8,4	9,3	11,7	17,0	22,3	27,5	32,8	38,1	43,3	48,6	53,8
300	8,8	9,7	14,5	20,1	25,6	31,2	36,7	42,3	47,8	53,3	58,8
350	9,2	11,5	17,4	23,2	29,0	34,8	40,6	46,4	52,2	58,0	63,8
400	9,5	14,1	20,2	26,3	32,4	38,4	44,5	50,6	56,6	62,7	68,7
450	10,3	16,7	23,1	29,4	35,7	42,1	48,4	54,7	61,1	67,4	73,7
500	12,7	19,3	25,9	32,5	39,1	45,7	52,3	58,9	65,5	72,1	78,6
550	15,5	22,2	29,0	35,7	42,5	49,4	56,2	63,1	69,9	76,7	83,6
600	18,3	25,3	32,3	39,4	46,4	53,4	60,5	67,5	74,6	81,6	88,7
650	21,1	28,4	35,7	43,0	50,3	57,6	64,9	72,2	79,5	86,8	94,1
700	23,9	31,5	39,0	46,5	54,1	61,7	69,2	76,8	84,4	91,9	99,5

E.2 Faustformeln für die Vorbemessung*)

Überschlagswerte zur Vordimensionierung der tragenden Konstruktionen (Abschätzen der Bauteilabmessungen)

1 Dächer

1.1 Lastannahmen

Dachtragelemente in der Regel für späteren Dachausbau auslegen.
Die durchschnittliche Gesamtdachlast für überschlägige Lastenermittlung beträgt etwa:

2,0 kN/m² ($\alpha < 60$) bis 2,5 kN/m² ($\alpha \geq 60$)

Bei nichtausgebauten Dächern jeweils ca. 0,5 kN/m² weniger.

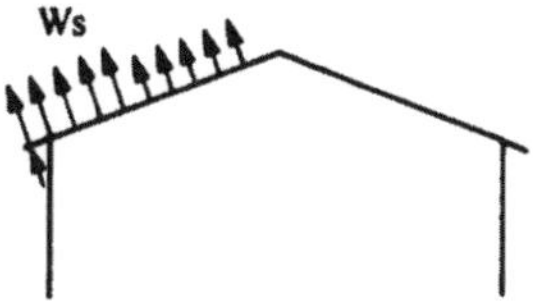

- **Zusatzlasten**

bei Begrünung: extensiv: ca. 1,00 kN/m²
intensiv: ca. 2 bis 5 kN/m²

- **Sogsicherung:**

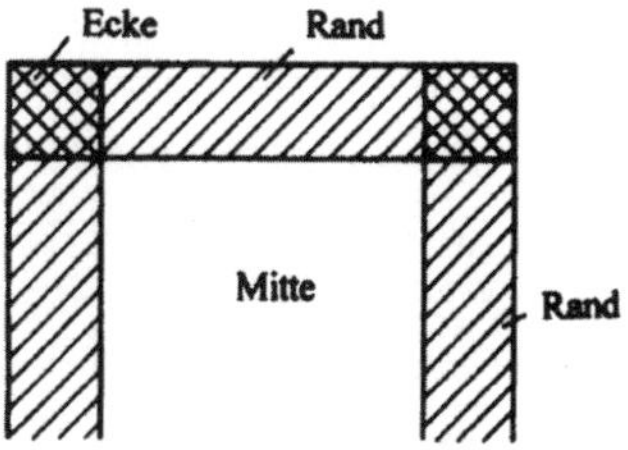

- ist bei flachen und leichten Dächern ($\alpha < 25°$) wichtig,
- insbesondere an den Rändern und Ecken
- Verankerung in Decken und Wänden
- Im Regelfall gilt:

  Für Gebäudehöhen **bis 8 m** über OKG:
  Staudruck $q = 0{,}5$ kN/m²
  (≙ ca. 100 km/h Windgeschwindigkeit)
  z. B. Sog im Eckbereich und $\alpha < 25°$:
  $w_s = c_p \cdot q = 3{,}2 \cdot 0{,}5 = 1{,}6$ kN/m²

  Für Gebäudehöhen **über 8 m bis 20 m** über OKG:
  Staudruck $q = 0{,}8$ kN/m²
  (≙ ca. 130 km/h Windgeschwindigkeit)

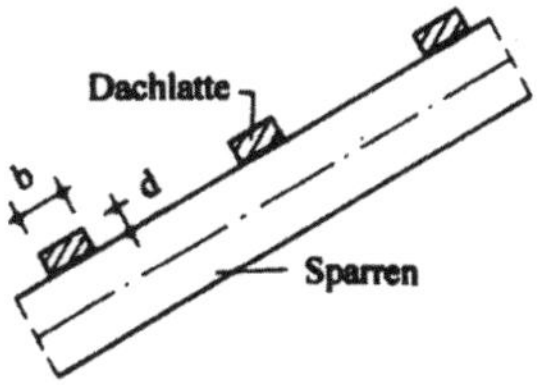

1.2 Dachlatten

Mindestabmessungen

Sparrenabstand e cm	d/b mm
< 70	24/48
< 80	30/50
< 90	35/50
< 100	40/60

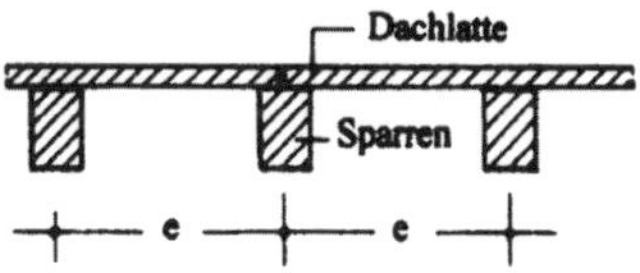

*) Entnommen aus: Schneider/Volz: Entwurfshilfen, Bauwerk Verlag, Berlin 2004

1.3 Windrispen (Abmessungen in mm)

- Holz 40/100 an Unterseite Sparren

oder

- Stahl (Windrispenband) 2/40 auf Oberseite Sparren mit Anschluss über Knagge zwischen den Sparren
- Endanschluss mit > 12 Sondernägeln 4 × 40
- Zwischenbefestigung 2 Nägel je Sparren
- Rispenband spannen!

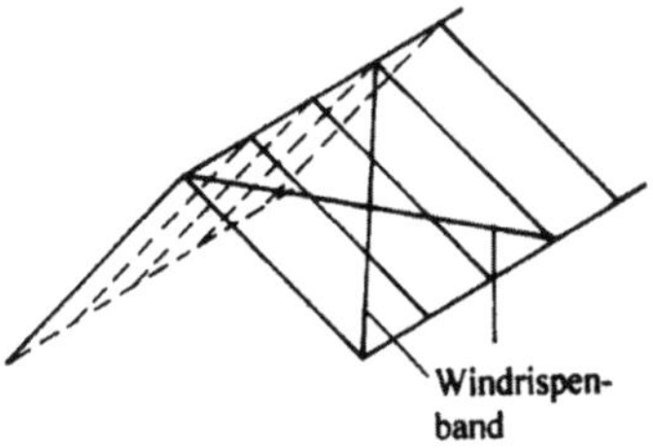

1.4 Sparrendach

● **Anwendungsbereich**

- Dachneigung > 20°
- Hausbreite:
  bei $L < 10$ m mit Vollholz möglich
  bei $L > 10$ m Sonderkonstruktion wählen; z. B. DSB (Empfehlung: KVH)[*])

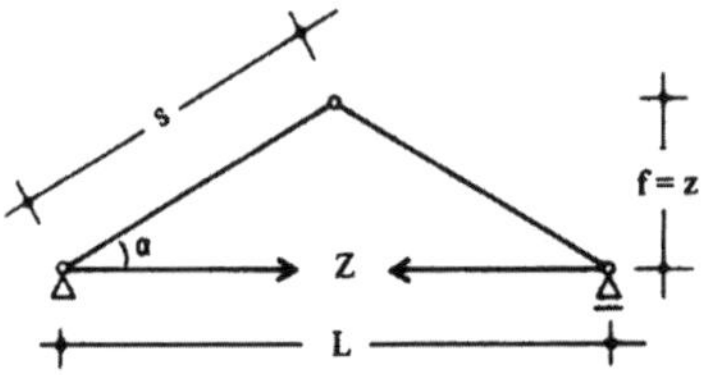

● **statisch-konstruktive Hinweise**

- keine großen Öffnungen im Dach und/oder Decke anordnen (wegen Dachschub/Zugband)
- Decke muss Zugbandfunktion erfüllen
- Drempel mit biegesteifer Verbindung zur Decke oder oben durch Ringbalken gehalten

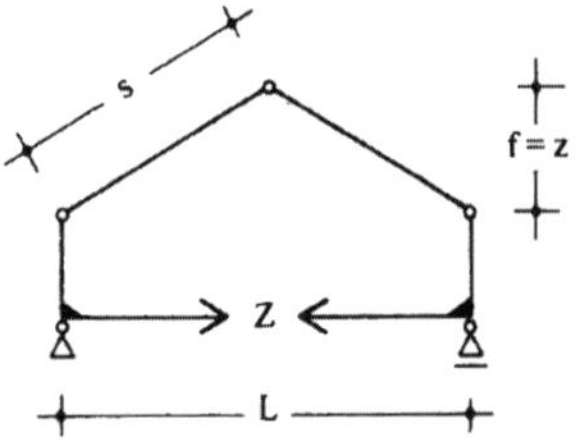

● **Sparren**

Alle Werte für Dächer mit Dachausbau

Sparrenhöhe $d \approx \frac{s}{24} + 2$ (cm)

(s = Sparrenlänge)

d muss aber auch ggf. ausreichend für Dämmung zwischen den Sparren sein.

Sparrenbreite $b \approx e/10 \geq 8$ cm

(e = Sparrenabstand)

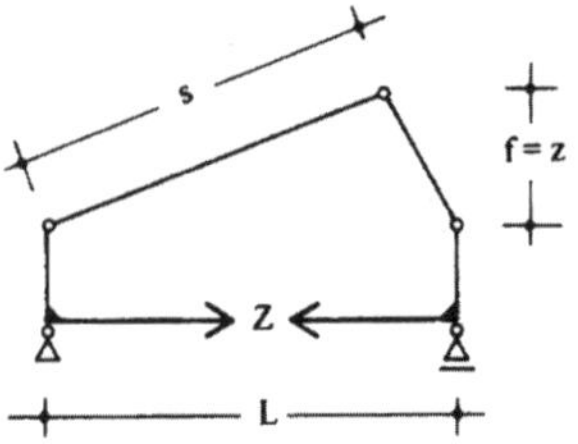

Horizontalschub $H = \frac{q\,L^2}{8f} \approx \frac{qL}{4 \tan \alpha}$

≈ 10 bis 15 kN/m Trauflänge

hier: q = Gesamtlast aus Eigenlast, Ausbau, Schnee und Wind

---

[1] KVH = Konstruktionsvollholz

1.5 Kehlbalkendach

(Dachraum ausgebaut)

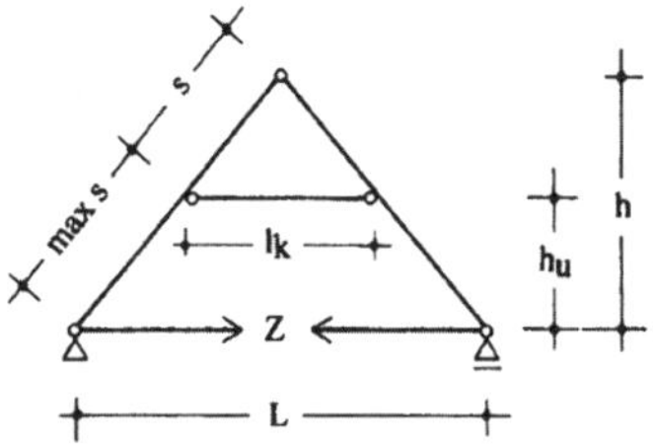

- **Anwendungsbereich**

– Dachneigung > 20°

– Hausbreite L < 14 m mit Vollholz möglich
  > 14 m Sonderelemente nötig

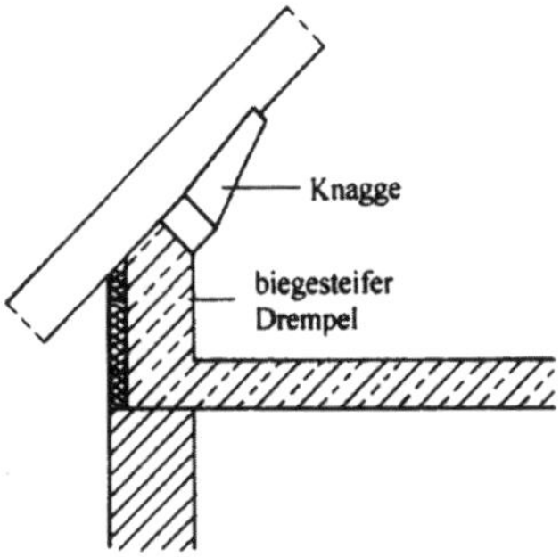

- **statisch-konstruktive Hinweise**

– keine großen Öffnungen in Dach und/oder Decke (wegen Dachschub/Zugband)

– Decke muss Zugbandfunktion erfüllen

– Drempel mit biegesteifer Verbindung zur Decke oder obere Halterung durch Ringbalken

- **Empfehlung für Höhenlage der Kehlbalken**

$h_u : h \approx 0{,}6$ bis $0{,}8$

- **Sparren**

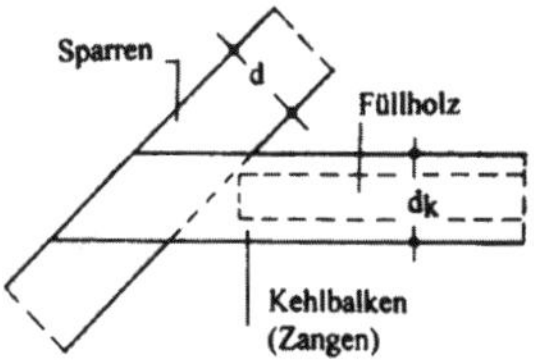

Sparrenhöhe $d \approx \frac{\max s}{24} + 4$ in cm

($\max s$ = max. Sparrenlänge zwischen den Unterstützungen)

d sollte ggf. ausreichend hoch für die Dämmung **zwischen** den Sparren sein

Sparrenbreite $b \approx \frac{e}{8} \geq 8$ cm

(e = Sparrenabstand)

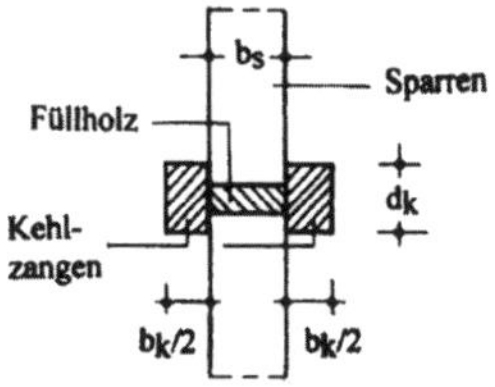

Kehlbalkenhöhe $d_K \approx \frac{l_K}{20}$ (mit Spitzbodenlast)

Kehlbalkenbreite $b_K \approx \frac{e}{8}$ (einteilig)

bzw. $\approx 2 \cdot \frac{e}{16}$ (zweiteilig, Zangen)

Sonderfall:

Bei **großen Öffnungen** im Dach oder in der Decke kann der Störbereich z. B. mit **beidseitigen** Pfetten ausgewechselt werden.

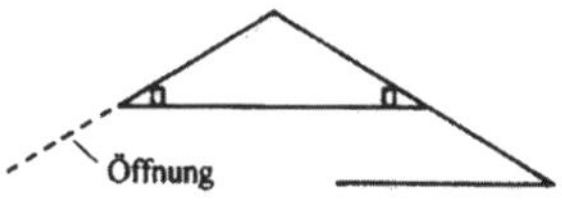

Hinweis: Keinen H-Schub aus V-Lasten am unteren Sparrenauflager einleiten (unteres Sparrenauflager wie Auflager beim Pfettendach ausbilden).

1.6 Pfettendach

(Pultdach = Pfettendachhälfte)

● Anwendungsbereich

- bei geringer Dachneigung
- bei großen Öffnungen im Dach und/oder in der darunter liegenden Decke
- die Spannrichtung der darunter liegenden Decke ist beliebig
- große Dachüberstände an Traufe und Giebel sind möglich

● Sparren

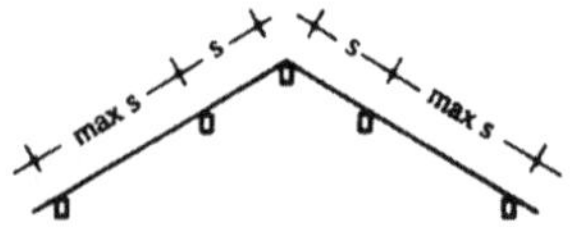

Sparrenhöhe $d \approx \frac{\max s}{24}$

d sollte ggf. ausreichend hoch für die Dämmung **zwischen** den Sparren sein

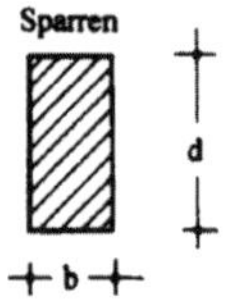

Sparrenbreite $b \approx \frac{e}{10} \geq 8$ cm

(e = Sparrenabstand)

$b/d = 1/2$ günstige Querschnittsform

● Grat- oder Kehlsparren

$d \approx 1{,}5\ d_{\text{Normalsparren}}$

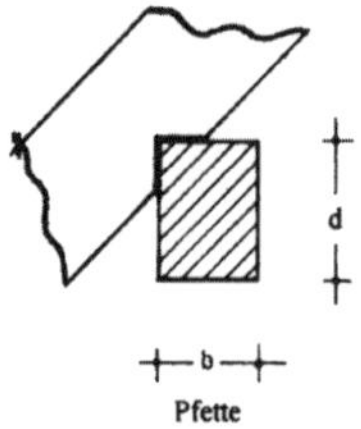

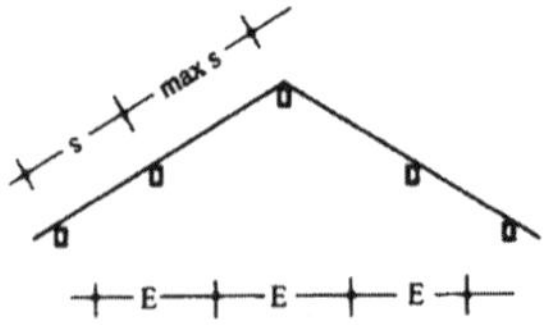

● Pfetten

Last nur aus Dach

Pfettenhöhe $d \approx \frac{L}{24} + \frac{E}{30 \text{ bis } 50}$

Wert 30 für $\alpha \approx 45°$
Wert 50 für $\alpha \approx 15°$

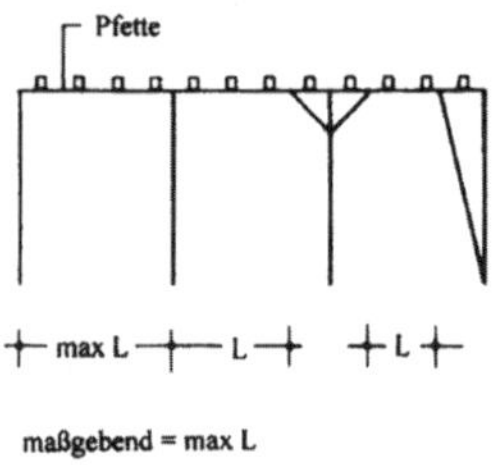

Pfettenbreite $b \approx \frac{L}{40} + \frac{E}{50}$

bzw. $b \approx 0{,}5\ d$ bis $0{,}7\ d$

Last aus Dach und ausgebautem Spitzboden

Pfettenhöhe $d \approx \frac{L}{24} + \frac{E_1 + E_2}{30}$

Pfettenbreite $b \approx \frac{L}{40} + \frac{E_1 + E_2}{50}$

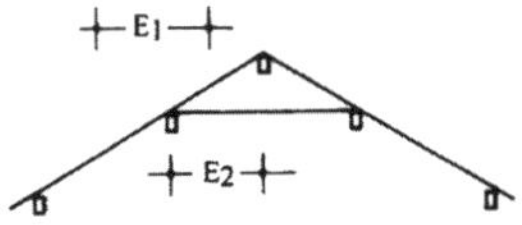

Hinweis:

Nicht abgestrebtes Pfettendach
= Horizontale Festhaltung am Sparrenfuß: Mittelpfetten rechteckig, hochkant

Nicht abgestrebtes Pfettendach

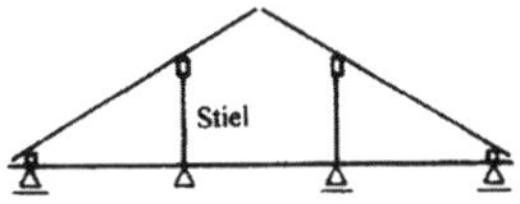

Abgestrebtes Pfettendach
= Horizontale Festhaltung durch seitliche Halterung der Pfetten (seitlich abgestrebte Stiele): Mittelpfetten in etwa quadratisch

Abgestrebtes Pfettendach

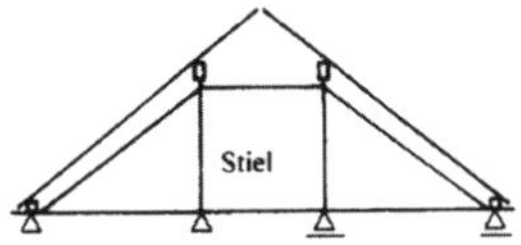

- **Stiele** (= Stützen unter den Pfetten)

Stiellast $N \approx$ Durchschnittslast · Einzugsfläche

$N \approx (2{,}5 \text{ bis } 3{,}0 \text{ kN/m}^2) \cdot (E_1 + E_2) \cdot L_N \text{ (m)}$

(L_N = Mittelwert der an den Stiel angrenzenden Nachbarspannweiten der Pfette)

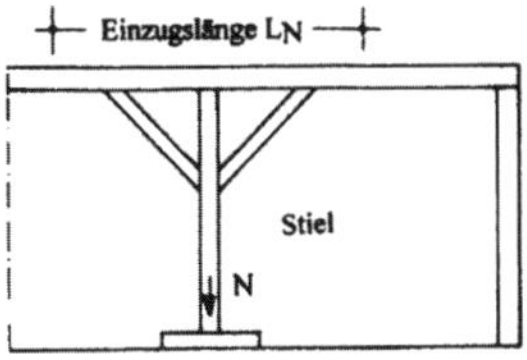

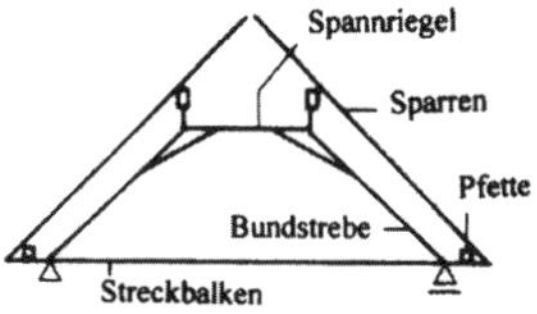

1.7 Flachdächer

- **Allgemein**

- Gesamtlasten (Eigenlast + Schnee + Wind)

leicht	mittel	schwer
1,5 kN/m²	2,5 kN/m²	4,0 kN/m²
(Kiespressdach)	(Kiesschüttung)	(extensiv begrünt)

- Sog an den Dachrändern und besonders an den Gebäudeecken beachten (flache Dächer $\alpha < 25°$ und Dachüberstände sind besonders gefährdet)
- Gefälle beachten: mind. 3 % Dachneigung (Wassersackbildung)

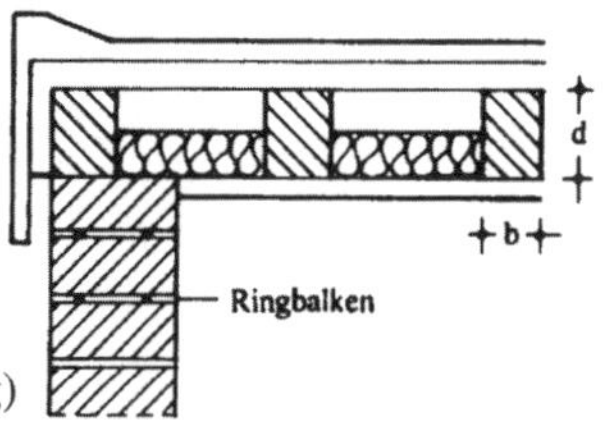

● **Holzbalkenflachdach**

Anwendungsbereich

$l < 5$ m (Vollholz), Empfehlung: KVH
$l > 5$ m (BSH)

Balken (Vollholz oder BSH)

Dachlast:

	leicht	mittel	schwer
$d \approx$	$l/24$	$l/20$	$l/16$

(e = Balkenabstand ≈ 0,7 m bis 1,0 m bzw. $l/4$)

$b > 0{,}5\,d$

● **Dreieck-Streben-Binder o. Ä.**

$l \approx 5$ m bis 10 m $\qquad d \leq 75$ cm

$d \approx l/20$ bis $l/15$

Trägerabstand $e \approx 0{,}80$ m bis 1,25 m

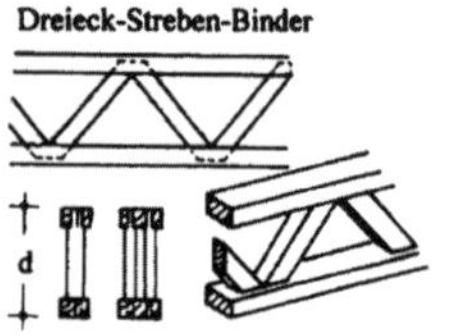

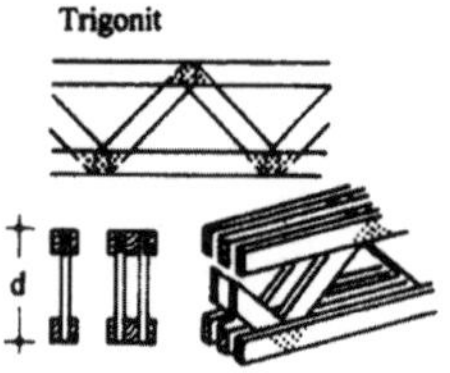

2 Geschossdecken

2.1 Allgemeines

- Werte gültig für Verkehrslast $p \leq 5$ kN/m²
- Wohnungsbau: $p = 1{,}5$ kN/m² (*mit* ausreichender Fähigkeit zur Querverteilung von Einzel- und Streckenlasten)
- Wohnungsbau: $p = 2{,}0$ kN/m² (*ohne* ausreichende Fähigkeit zur Querverteilung von Lasten, z. B. Holzbalkendecke)
- Berücksichtigung unbelasteter leichter Trennwände durch Zuschlag zur Verkehrslast: $\Delta p = 1{,}25$ kN/m² für Wandgewicht ≤ 150 kg/m²
- Deckengesamtlast 5 (Holz) bis 10 (Stahlbeton) kN/m²

Empfehlung:

Immer Trennwandzuschlag berücksichtigen, damit Umbauten möglich sind.

2.2 Stahlbetonplattendecken/Vollbetondecken

Maßgebend für die Wahl der Deckendicke ist die ideelle Stützweite $l_i = \alpha \cdot l$ (≈ Abstand der Momentennullpunkte)

l = tatsächliche Stützweite

Einfeldträger:
$l_i = l$

Kragarm: $l_i = 2{,}4\,l$

Mehrfeldträger:
Endfeld: $l_i = 0{,}8$ bis $0{,}9\,l$
Mittelfelder: $l_i = 0{,}6\,l$

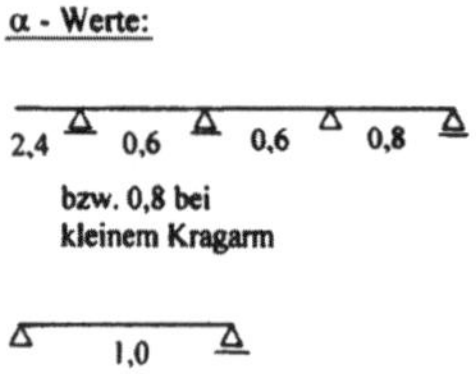

● einachsig gespannte Platten

Beton B 25, BSt 500 M oder S

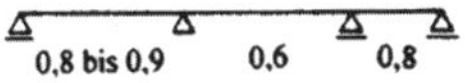

- **Anwendungsbereich**
  $l_i < 6$ m (wirtschaftlich)

- **Deckendicke**

  $d \approx \frac{l_i}{30}$ bzw. genauer: $d\,(\mathrm{m}) \geq \frac{l_i\,(\mathrm{m})}{35} + 0{,}02$ m

  Bei Decken mit leichten Trennwänden und bei $l_i > 4{,}3$ m:

  $d\,(\mathrm{m}) \geq \frac{l_i^2\,(\mathrm{m})}{150} + 0{,}02$ m

Ortbetondecke

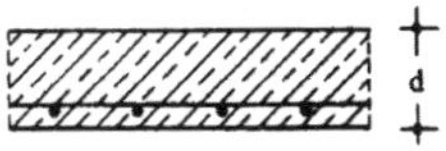

- **Bewehrung für Verkehrslst p = 2,75 kN/m²** (Wohnungsbau)

  B 25, BSt 500

Nachfolgende Werte sind nur gültig für Verkehrslast „Wohnungsbau" und Plattendicken in der Nähe der o. g. Entwurfswerte ($d \approx l_i/30$). Bei Abweichungen der Stützweiten benachbarter Felder > 30 % sollte l_i der jeweils großen Felder reichlich gewählt werden.

***Feld*bewehrung** (unten):

a_s (in cm²/m) $\approx \frac{l_i^2\,(\mathrm{m})}{4}$

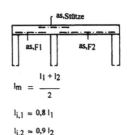

***Stütz*bewehrung** (oben):

a_s (in cm²/m) $\approx \frac{l_m^2\,(\mathrm{m})}{4}$

l_i = ideelle Stützweite

l_m = jeweiliger Mittelwert der benachbarten Stützweiten für die betreffende Stützung

$= \frac{l_{links} + l_{rechts}}{2}$

Beispiel Zweifeldträger:

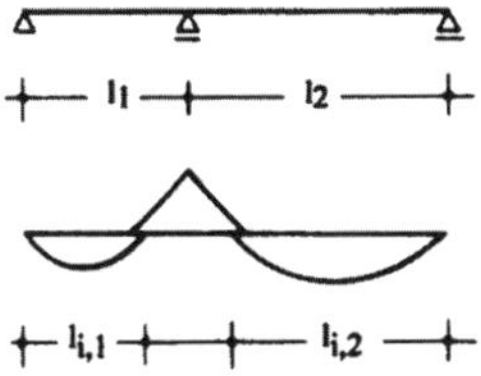

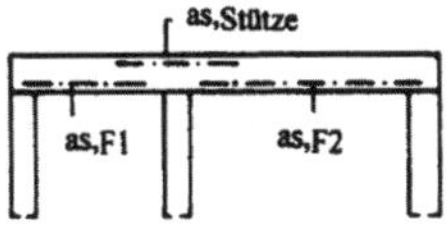

$l_m = \frac{l_1 + l_2}{2}$

$l_{i,1} \approx 0{,}8\, l_1$

$l_{i,2} \approx 0{,}9\, l_2$

- **Stahlbedarf** (einachsig gespannt)

  Einfeldsystem:
  (einachsig gespannt): g_{Stahl} (kg/m² Decke) $\approx 1{,}3\, a_s$ (cm²/m)

  Durchlaufsystem:
  (einachsig gespannt): g_{Stahl} (kg/m² Decke) $\approx 1{,}7\, a_s$ (cm²/m)

  a_s = Bewehrungsquerschnitt im Feld in Haupttragrichtung

E

- **zweiachsig gespannte Platten**

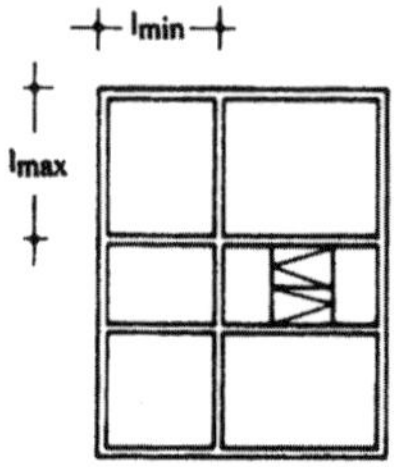

- **Anwendungsbereich:** $l \leq 7$ m

  wirtschaftlich für $\varepsilon = \dfrac{l_{max}}{l_{min}} < 1{,}4$

  Nur bedingt zu empfehlen bei Halbfertigteilkonstruktionen (z. B. Elementdecke) wegen der reduzierten statischen Höhe. Außerdem muss die Querbewehrung einzeln eingefädelt werden!

- **Deckendicke**

  Maßgebend für die Dimensionierung ist die kleinere der beiden Spannweiten l_i.

  Bei mehreren zusammenhängenden Deckenfeldern mit einer einheitlichen Deckendicke ist die maßgebende Spannweite die größte der jeweils kleinen Spannweiten.

  $d\,(\mathrm{m}) > \dfrac{l_i\,(\mathrm{m})}{30}$ bzw. $\dfrac{l_i^2\,(\mathrm{m})}{150} + 0{,}03\ \mathrm{m}$*)

  Zur Vermeidung von Rissen in den Mauerwerkswänden im Bereich der freien Ecken muss eine Abhebesicherung (Verankerung/Auflast/Randversteifung/Unter- bzw. Überzug) eingebaut werden, oder die Decke darf im Eckbereich nicht auflagern! (Kein Abheben, siehe nebenstehende Abbildungen, keine Kältebrücke, geringere obere Drillbewehrung, aber größeres Feldmoment.)

Schnitt in die Deckenebene

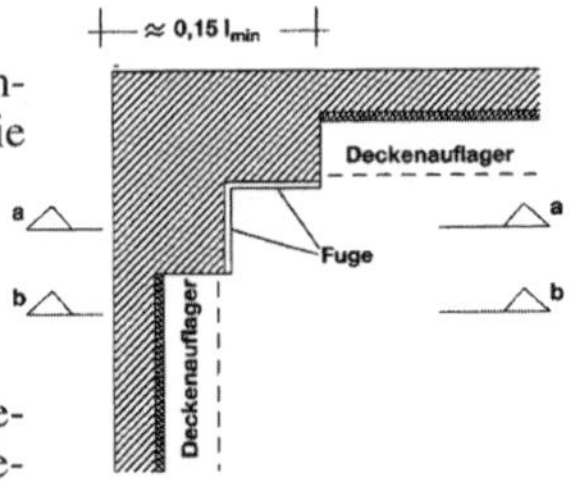

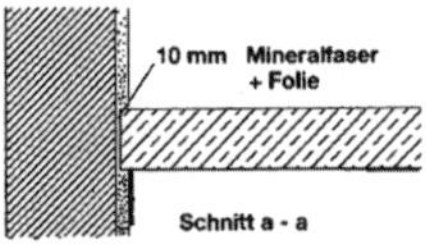

Schnitt a - a

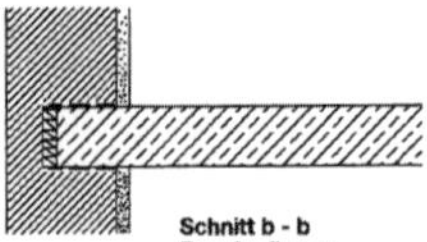

Schnitt b - b
Regelauflager

*) Maßgebend bei Decken mit leichten Trennwänden und $l_i > 4{,}30$ m.

2.3 Stahlbeton-Rippendecken

- **Anwendungsbreich**

- $l >$ 6 m
  $<$ 12 m
- Verkehrslast ≤ 5 kN/m²
- lichter Rippenabstand $a_L \leq 70$ cm
- gute Führungsmöglichkeit von Installationen zwischen den Rippen

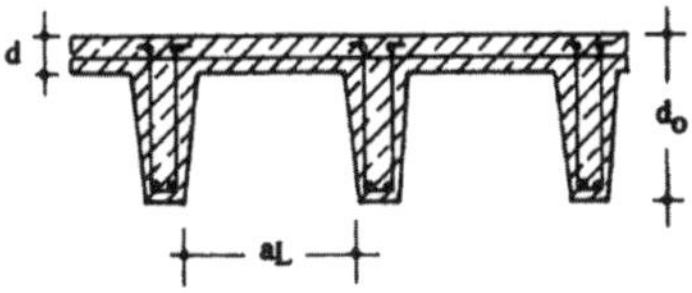

- **Dimensionierung**

$d \geq 5$ cm bzw. $> a_L/10$

$$d_0 \approx \frac{l}{15} \text{ bis } \frac{l}{20}$$

Nur einlagige Querbewehrung in der Druckplatte!

Bei Decken mit leichten Trennwänden:

$$d_0\,(\text{m}) > \frac{l_i^2\,(\text{m})}{150} + 0{,}035 \text{ m}$$

- **Voll- und Halbmassivstreifen**

Erforderlich bei durchlaufenden Systemen im Bereich der Innenstützungen (Aufnahme der Biegedruckkräfte)

Empfehlung:

Deckendurchbrüche möglichst im Bereich der Druckplatte neben den Rippen und nicht in Unterzugsachsen anbringen.

Bei großen Spannweiten sind Querrippen erforderlich.

E

2.4 Plattenbalkendecke/μ-Platten

- **Anwendungsbereich**

- wie Rippendecke, jedoch:
- Verkehrslast > 5 kN/m²
- lichter Rippenabstand > 70 cm $\approx l_{Rippe}/4$
- Druckplatte mit oberer und unterer Querbewehrung

π-Platte

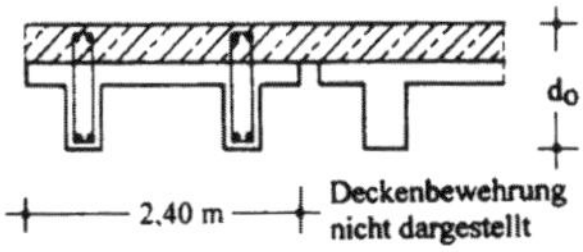

- **Dimensionierung**

$d_0 \approx l/15$ bis $l/20$

Empfehlung für π-Platten:

Aufbeton zur einfachen Erzielung einer Deckenscheibenwirkung und zum Ausgleich von eventuell vorhandenen Höhendifferenzen.

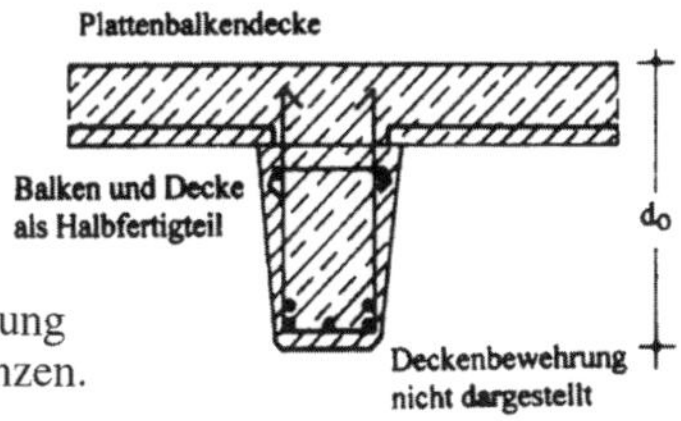

2.5 Kassettendecken

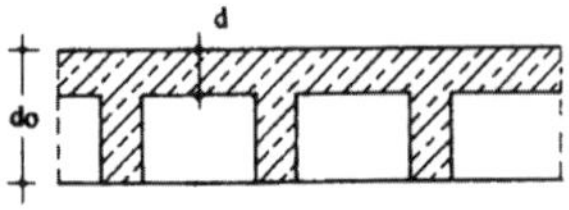

- **Anwendungsbereich**

statisch sinnvoll nur bei

$\varepsilon = \frac{l_y}{l_x} > 0{,}9$ bis 1,1

- **Dimensionierung**

$d_0 \approx l/20$

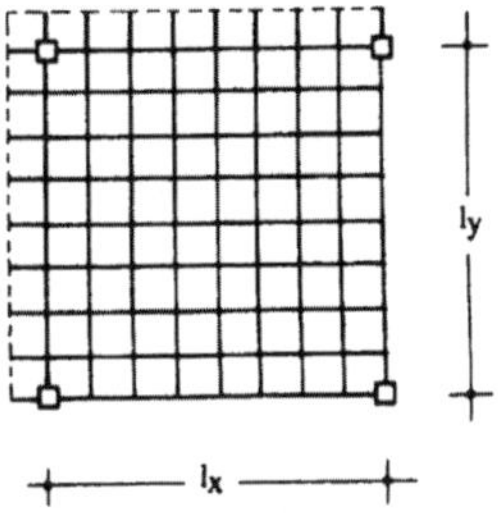

2.6 Flach- und Pilzdecken

Unterzugslose, punktgestützte Stahlbetonplattendecke auf quadratischem, rechteckigem oder dreiecksförmigem Stützenraster.

Pilzdecke – wenn Verstärkung im Bereich der Stützen (Pilzkopf)

Flachdecke – ohne Verstärkung im Bereich der Stützen

- **Anwendungsbereich**

- bei niedriger Gesamtkonstruktionshöhe
- freie Installationsführung möglich
- ausgedehnte Bereiche ohne Fugen ausführbar
- $\varepsilon = \frac{l_y}{l_x} > 2/3$ bis 3/2

- **Dimensionierung**

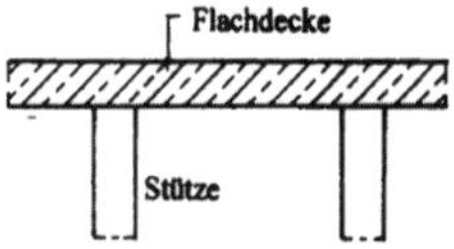

Flachdecke: $d_{\text{Platte}} \approx l/25$ bis $l/20$
> 15 cm
$d_{\text{Stütze}} \approx 1{,}1\ d_{\text{Platte}}$

Pilzdecke: $d_{\text{Platte}} \approx 0{,}8\ d_{\text{Platte}}$ (Flachdecke)

Achtung:

- möglichst keine Deckendurchbrüche neben den Stützen
- große Öffnungen besser im Innenbereich und nicht in den Stützenfluchten
- Deckendurchbiegungen ca. 30 % größer als bei analogen Decken mit Unterzügen (Schalung überhöhen!)

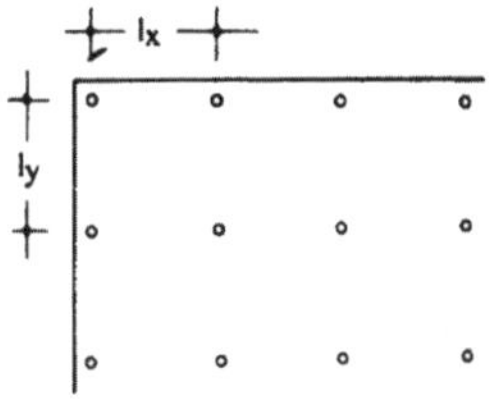

2.7 Stahlträgerverbunddecken

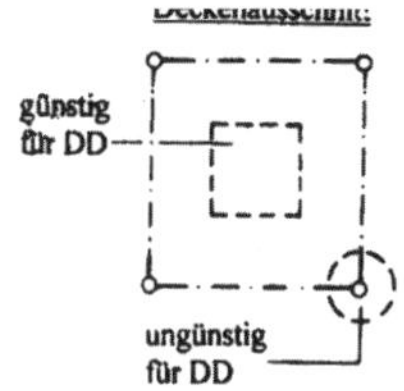

● **Anwendungsbereich**

Verkehrslast ≥ 5 kN/m²

● **Dimensionierung**

- Deckenraster = 1,20; 2,40; 3,60 m
- Spannweite Deckenträger
  ≤ 3 bis 4faches Deckenraster ≤ 14,40 m
- d_{Platte} ≈ Deckenraster/30 (i. Allg. 12 bis 20 cm)
- Gesamthöhe $h \approx l/17$ (bei St 37)

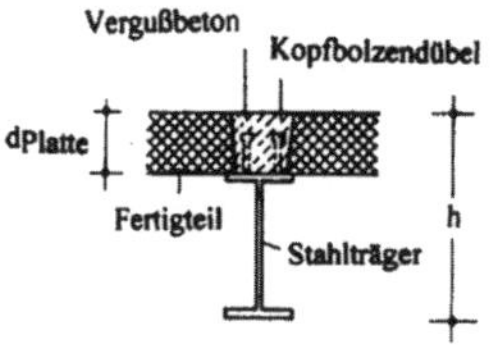

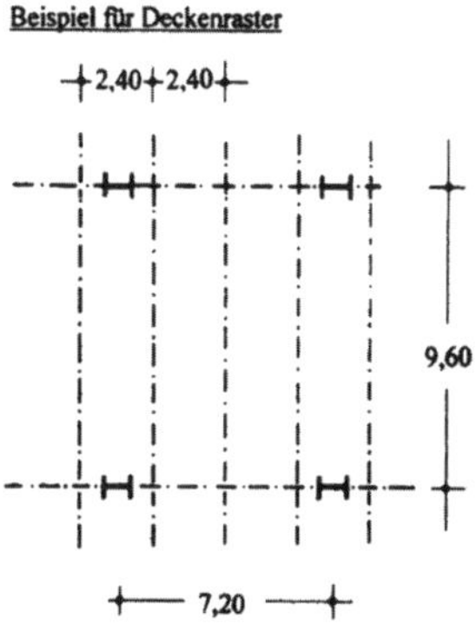

2.8 Holzbalkendecken

Eigenlast: ca. 2 kN/m²
Verkehrslast: = 2 kN/m²

● **Balken**

$$d \approx \frac{l}{20}$$

$b \approx (1/2 \text{ bis } 2/3)\, d \geq 10$ cm

Balkenachsabstand $e \approx l/4$
(günstig $e \approx 65$ cm bis 100 cm)

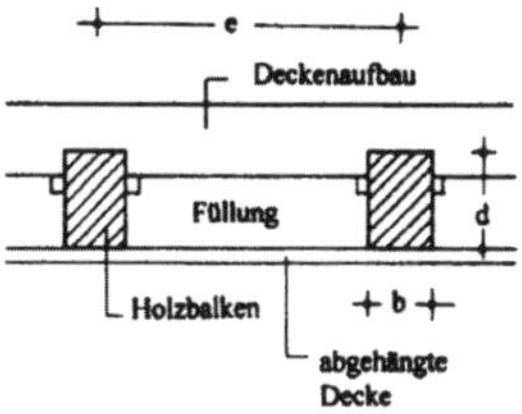

● **Brandschutz**

F 30 B mit Verkleidungen und Abdeckungen und/oder Überdimensionierung möglich

3 Unterzüge/Überzüge

3.1 Unterzüge aus Holz (unter Holzbalkendecken)

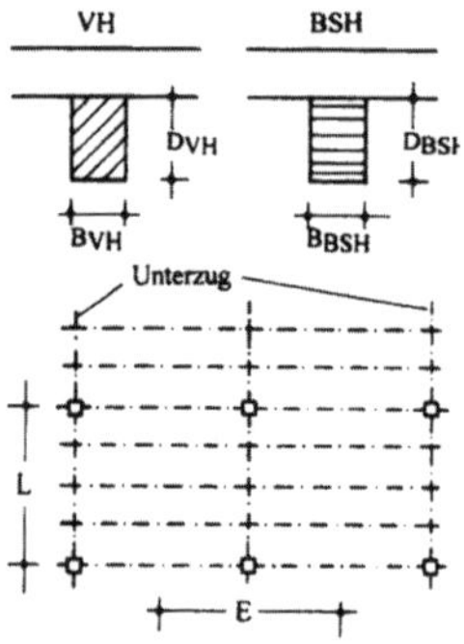

- **Vollholz** (VH)

$$D_{VH} \approx \frac{L}{22} + \frac{E}{33}$$

$$B_{VH} \approx \frac{L}{40} + \frac{E}{50}$$

- **Brettschichtholz** (BSH)

$D_{BSH} = 0{,}95 \cdot D_{VH}$

$B_{BSH} \leq 18$ cm

3.2 Stahlbetonunterzüge/-überzüge

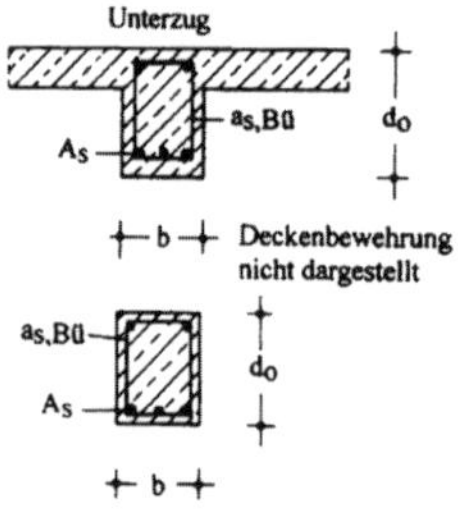

- **Einfeldträger**

$$d_0 \approx \frac{l}{8} \text{ bis } \frac{l}{12} \qquad b \geq 24 \text{ cm}$$

A_s (cm²) ≈ (0,045 bis 0,08) · GL (kN)

$a_{sBü}$ (cm²/m) ≈ (0,03 bis 0,09) · GL (kN)

A_s = Längsbewehrung

$a_{sBü}$ = Bügelquerschnitt je m Balkenlänge

GL (kN) = gesamte Trägerlast eines Feldes

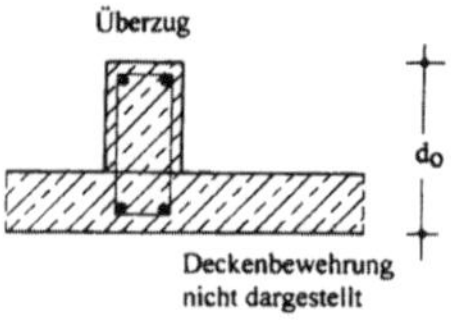

- **Durchlaufträger**

$$d_0 \approx \frac{l}{8} \text{ bis } \frac{l}{12}$$

$A_{s,\,Feld}$ (cm²) ≈ (0,025 bis 0,05) · GL (kN)

$A_{s,Stütze}$ (cm²) ≈ (0,04 bis 0,08) · GL (kN)

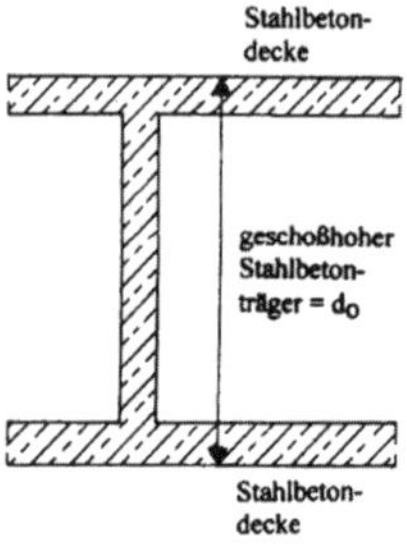

3.3 Deckengleicher Unterzug

Stahlbetonblindbalken:

$L \leq 15 \cdot d_{Platte}$
L = Spannweite

Stahlträger:

HEA: $d \approx \dfrac{L+E}{35}$

L = Spannweite
E = Einzugsbreite

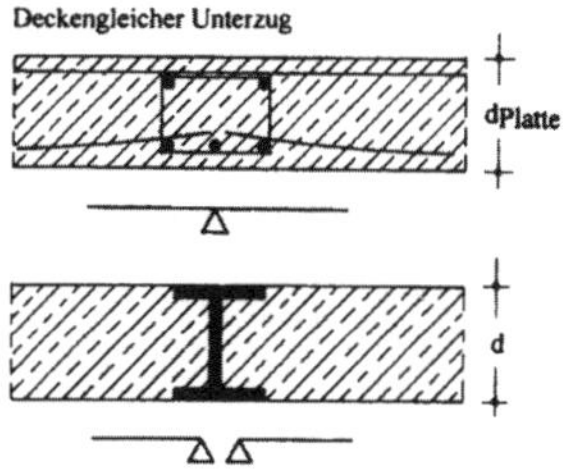

Alternativen:

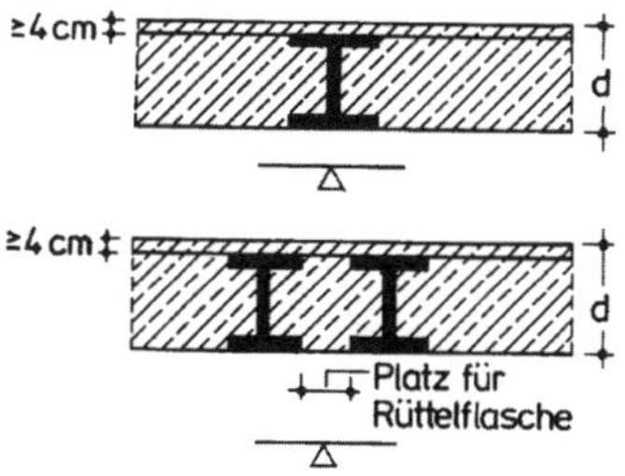

4 Stützen

Voraussetzung für die nachfolgenden Angaben:
Gesamtstabilität des Bauwerks ist durch Decken- und Wandscheiben gewährleistet. Stützen sind oben und unten gehalten.

4.1 Stahlbeton

Für Stockwerkshöhe < 13 d_{min}, Beton B 25 und Bewehrungsprozentsatz $\mu \approx 1$ % gilt:

$A_{Stütze}$ (cm²) ≈ $N_{Stütze}$ (kN)

- bei Steigerung von $\mu = 1$ % auf $\mu = 3$ % gilt:

  $A_{Stütze}$ (cm²) ≈ 0,7 · $N_{Stütze}$ (kN)

- bei Verwendung von B 35 statt B 25 gilt:

  $A_{Stütze}$ (cm²) ≈ 0,77 · $N_{Stütze}$ (kN)

- bei $\mu \approx 3$ % und Verwendung von B 35 gilt:

  $A_{Stütze}$ (cm²) ≈ 0,55 · $N_{Stütze}$ (kN)

$\mu = A_{Stahl}/A_{Beton}$

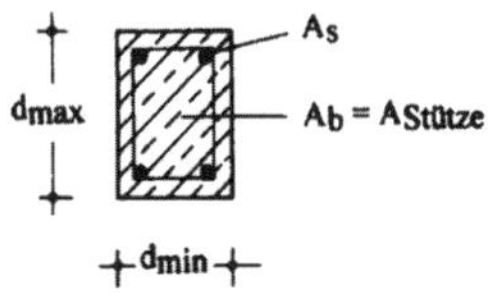

Für dicke, runde Stützen („umschnürte Säule“) mit

$s_K < 5 \cdot \varnothing_{Stütze}$ gilt:

$A_{Stütze}$ (cm²) ≈ 0,5 · $N_{Stütze}$ (kN)

$N_{Stütze}$ = Längskraft in der Stütze in kN

4.2 Stahl

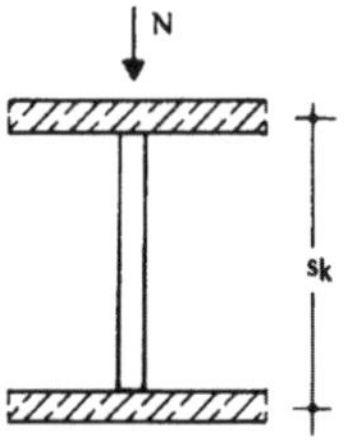

IPBl (HEA): $h\,(\text{mm}) \approx \sqrt{22 \cdot N\,(\text{kN}) \cdot s_K\,(\text{m})}$

IPB (HEB): $h\,(\text{mm}) \approx \sqrt{16 \cdot N\,(\text{kN}) \cdot s_K\,(\text{m})}$

IPBv (HEM): $h\,(\text{mm}) \approx \sqrt{10 \cdot N\,(\text{kN}) \cdot s_K\,(\text{m})}$

Näherung für beliebige Profile und übliche Geschosshöhen:
erf $A\,(\text{cm}^2) \approx 0{,}1 \cdot N\,(\text{kN})$

h Profilhöhe

N Stützenlast

s_K Knicklänge

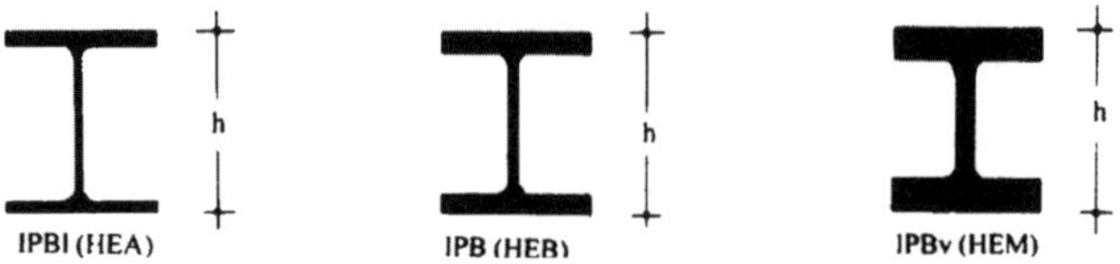

4.3 Holz

Für $s_K < 34\, d_{min}$ (z. B. Stütze 10/10, $s_K \leq 3{,}4$ m) und Krafteinleitung an den Stützenden ⊥ zum Faserverlauf (z. B. Stütze/Schwelle oder Stütze/Unterzug):

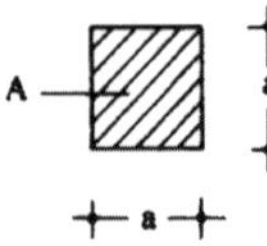

erf $A\,(\text{cm}^2) \approx (5 \text{ bis } 6) \cdot N\,(\text{kN})$

bzw. $a \approx 2{,}3\, \sqrt{N\,(\text{kN})}$

5 Fundamente

Für zul. Bodenpressung zul $\sigma_B \approx 200\ \text{kN/m}^2$ bis $300\ \text{kN/m}^2$ sowie Erdauflast und Fundamenteigenlast ≈ 20 % der Stützenlast N_{St} gilt:

$$\text{erf } A_{Fu} \approx \frac{G_{Fu} + N_{St}}{\text{zul } \sigma_B}$$

N_{St} = Stützenlast OK Fundament aus Summe aller Lasten × Stützeneinzugsflächen

G_{Fu} = Fundamenteigenlast und Erdauflast

- **Quadratische Einzelfundamente**

Seitenlänge $a\ (\mathrm{m}) = \sqrt{\dfrac{1{,}2 \cdot N_{St}\ (\mathrm{kN})}{\mathrm{zul}\ \sigma_B\ (\mathrm{kN/m^2})}}$

Ausführung in B 25 **unbewehrt:**

Fundamentdicke $d\ (\mathrm{m}) \approx \dfrac{a - d_{St}}{2}$

Ausführung in Stahlbeton B 25 **bewehrt:**

Fundamentdicke $d\ (\mathrm{m}) \approx \dfrac{a}{3} > 30\ \mathrm{cm}$

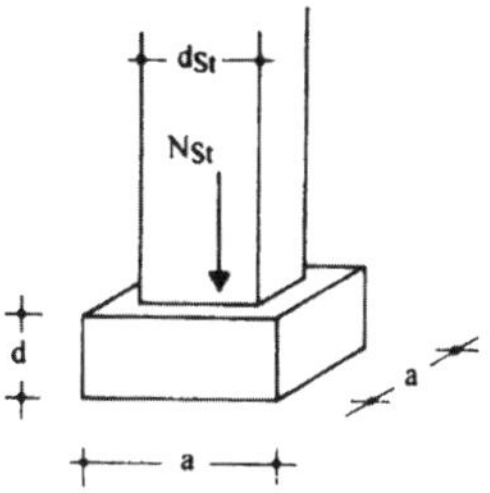

- **Streifenfundamente B 25**

Fundamentbreite $b \approx \dfrac{1{,}2\ N\ (\mathrm{kN/m})}{\mathrm{zul}\ \sigma_B\ (\mathrm{kN/m^2})}$

Fundamentdicke $d \approx \dfrac{b_{Fu} - d_{Wand}}{2}$, jedoch mindestens 30 bis 40 cm

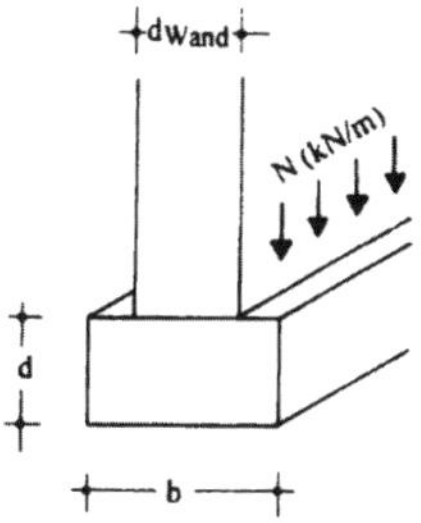

- **Plattenfundamente**

Durchgehende, bewehrte Gründungsplatte unter dem gesamten Bauwerk:

- zur Vermeidung von Schäden bei befürchteter unterschiedlicher Baugrundsetzung
- bei hohen Lasten (Hochhäuser)
- bei drückendem Grundwasser, in Verbindung mit Wannenausbildung (steifer Kellerkasten)
- aus wirtschaftlichen Gründen auch bei kleineren Bauwerken (das Ausschachten von Fundamentgräben entfällt)

Plattendicke $d \approx \dfrac{\text{Gebäudehöhe } H}{30} \geq 25\ \mathrm{cm}$

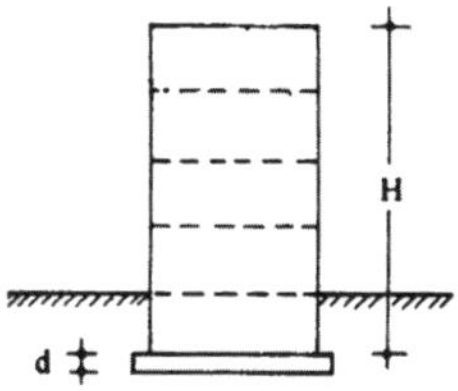

Wannengründung:

bei Eintauchen des Kellers ins Grundwasser

Sohlendicke $d_s \approx \dfrac{2}{3}\,\Delta h \geq 30\ \mathrm{cm}$

Wanddicke $d_w \geq 30\ \mathrm{cm}$

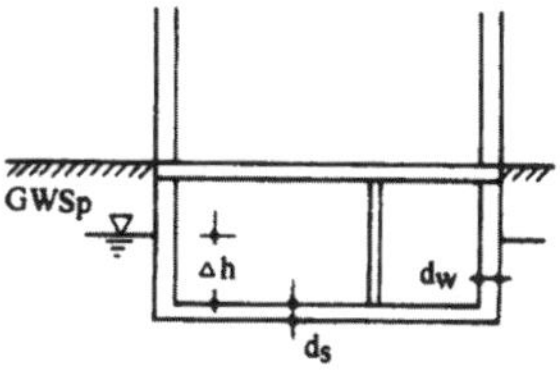

E

6 Vorbemessungsbeispiel

Übersicht mit Darstellung der untersuchten Bauteile und zugehörige Positionsangaben:

Dach

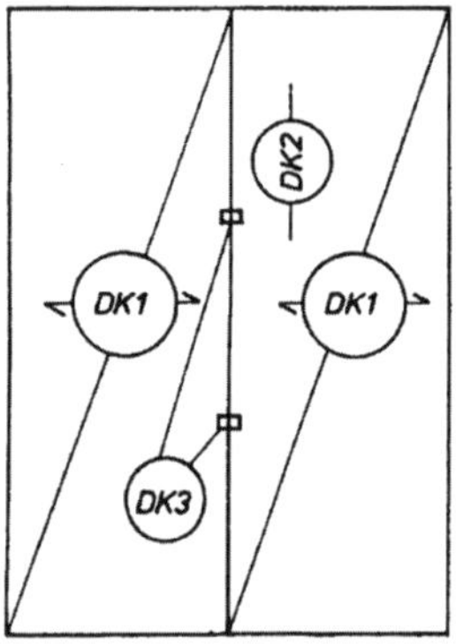

Obergeschoss

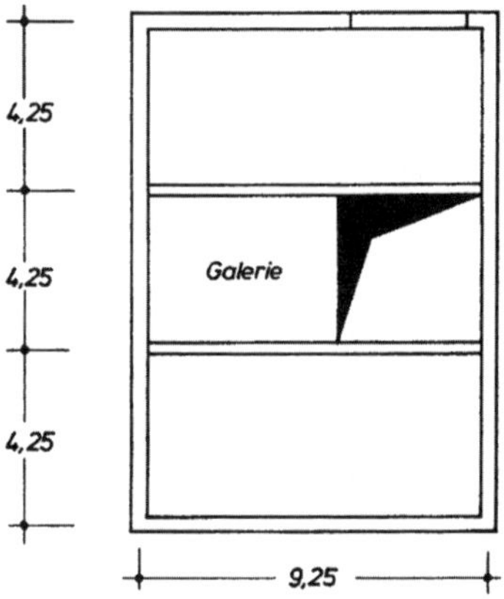

Erdgeschoss

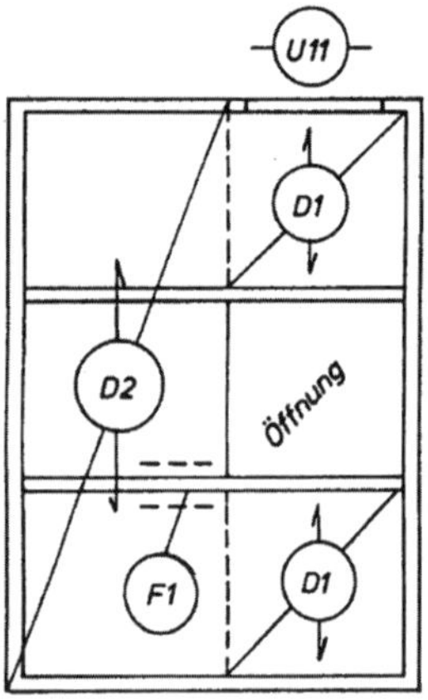

Schnitt

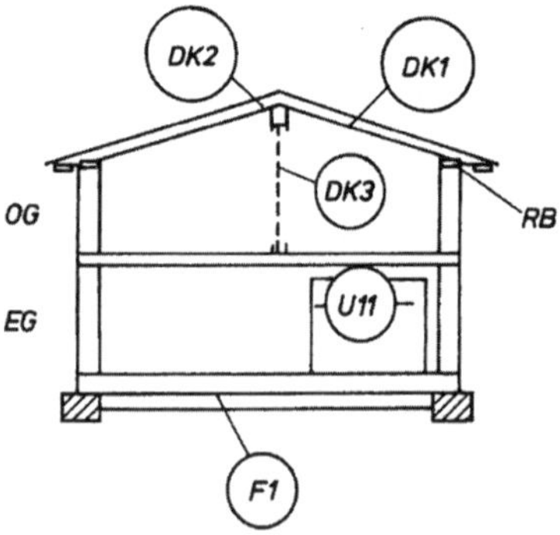

Dachkonstruktion (Holzdach); $\alpha = 15°$

Pos. DK1 Sparren (s. 2.1.6)

$d = \max s/24 = 490/24 = 21$ cm

$b = e/8 \geq 8$ cm; $e = 80$ cm; $b = 80/8 = 10$ cm

gew. $b/d = 10/22$

Pos. DK2 Pfette (s. 2.1.6)

$d = L/24 + E/50 = 425/24 + 462/50 = 27$ cm

$b = L/40 + E/50 = 425/40 + 462/50 = 20$ cm

gew. $b/d = 20/28$

(wegen großer Länge der Pfette Unterteilung nötig)

Pos. DK3 Stiel (bei Ausbildung als Holzständerwand siehe 2.1.6 und 2.4.3)

Stiellast $N = (2{,}5$ bis $3{,}0$ kN/m$^2) \times$ Einzugsfläche $N = 2{,}5 \cdot 4{,}90 \cdot 4{,}25 = 52$ kN

Stielquerschnitt $A = (5$ bis $6) \times N$ $A = 5 \cdot 52 = 260$ m^2

Seitenlänge des Querschnitts: $a = \sqrt{260} = 16$ cm

gew. 16/16 oder 14/18

Decke über Erdgeschoss

Stahlbetondecke
B 25, BST 500 (IV)

E

Wahl der Deckendicke

$d \geq l_i/30$ (s. 2.2.2)

Bei der Wahl einer einheitlichen Deckendicke ist die größte der maßgebenden ideellen Spannweiten zugrunde zu legen.

Einfelddecke: $l_i = 1 \cdot 4{,}25 = 4{,}25$

Dreifelddecke: $l_i = 0{,}9 \cdot 4{,}25 < 4{,}25$ maßgebend: $l_i = 4{,}25$ m

$d = 425/30 = 17$ cm

gew. $d = 18$ cm

Pos. D1 Einfelddecke

a_s (cm^2/m) $= l_i^2$ (m)$/4 = 4{,}25^2/4 = 4{,}5$ cm^2

unten R 513

vorh $a_s = 5{,}13$ cm^2

Pos. D2 Dreifelddecke

Feld 1 und Feld 3

$l_i = 0{,}8 \cdot 4{,}25 = 3{,}8$ m (Endfelder) $a_s = l_i^2/4 = 3{,}8^2/4 = 3{,}6$ cm²/m

unten R 377

vorh $a_s = 3{,}8$ cm²/m

Feld 2

$l_i = 0{,}6 \cdot 4{,}25 = 2{,}6$ m (Innenfeld) $a_s = 2{,}6^2/4 = 1{,}7$ cm²/m

unten R 188

vorh $a_s = 1{,}9$ cm²/m

Stützen

$$a_s = \left(\frac{l_1 + l_2}{2}\right)^2/4 = \left(\frac{4{,}25 + 4{,}25}{2}\right)^2/4 = 4{,}5 \text{ cm}^2/\text{m}$$

oben R 513

vorh $a_s = 5{,}1$ cm²

Alternativ: Holzbalkendecke

Pos. D1 Einfeldbalken

$l = 4{,}25$ m

$d = l/20 = 425/20 = 21$ cm

$b = d/2 = 10$ bis 12 cm

gew. $b/d = 10/22$

Balkenabstand $e = 80$ cm

Pos. D2 wie Pos. D1

Unterzüge

Pos. U11 Stahlbetonunterzug (s. 2.3.2)

$l = 3{,}50 + 0{,}20 = 3{,}70$ m

$d = l/8$ bis $l/12 \rightarrow d = l/9 = 370/9 = 40$ cm

$b > 24$ cm $\rightarrow b = 25$ cm

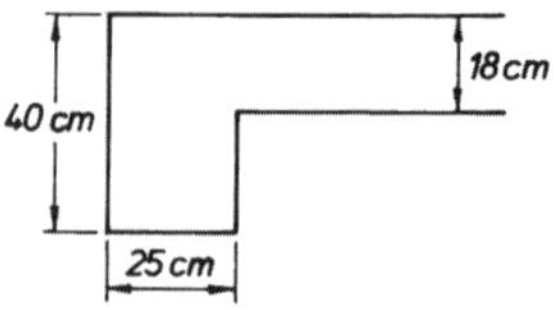

Belastung:

Trägergesamtbelastung G_L = Deckenlast × Einzugsbereich

$$G_L = \text{ca. } 10 \text{ (kN/m}^2) \cdot \frac{4{,}25}{2} \cdot 3{,}70 = 79 \text{ kN}$$

Längsbewehrung:

$A_s = (0{,}045 \text{ bis } 0{,}08) \cdot G_L$

$A_s = 0{,}055 \cdot 79 = 4{,}4 \text{ cm}^2$

$A_s \text{ (cm}^2) = (0{,}045 \text{ bis } 0{,}08) \cdot G_L \text{ (kN)}$
(hoher/niedriger Träger)
$l/8$ $l/12$

| gew. z. B. 2 ∅ 14^{IV} | vorh $A_s = 4{,}6 \text{ cm}^2$

Bügel

$a_{sBü} \text{ (cm}^2\text{/m)} = (0{,}03 \text{ bis } 0{,}09) \cdot G_L$
hoher/niedriger Tr.

$a_{sBü} = 0{,}04 \cdot 79 = 3{,}2 \text{ cm}^2\text{/m}$

| gew. z. B. ∅ 6^{IV}/15 cm | vorh $a_{sBü} = 3{,}8 \text{ cm}^2\text{/m}$

Fundamente

Pos. F1 Streifenfundament unter Mittelwand (s. 2.5)

Fundamentbreite $b = 1{,}2 \cdot N \text{ (kN/m)/zul } \sigma_B \text{ (kN/m}^2)$; zul $\sigma_B = 250 \text{ kN/m}^2$ (Annahme)

Belastung N:

aus Dach 2,5 kN/m² · 4,25 m	= 10,6 kN/m
aus Decke über EG 10 kN/m² · 4,25 m	= 40,3
aus Deckenanteil/Bodenplatte ca. 10 kN/m² · 2,0 m	= 20,0
aus Wänden ($h_{Keller} + h_{EG}$) · Wandlast (2,5 m + 2,75 m) · 4,63 kN/m²	= 24,3
	N = 95,2 kN/m

$b = 1{,}2 \cdot 95{,}2/250 = 0{,}46 \text{ m}$

Mindestbreite $b = 0{,}50 \text{ m}$

$d = (b_{Fu} - d_{Wand})/2 = (0{,}50 - 0{,}24)/2 = 0{,}13 \text{ m}$; konstr. gew. 50 cm

| gew. b/d = 50/50 |

E

F Baubetrieb

F.1 Arbeitsvorbereitung

1 Allgemeines

Qualitativ hochwertige Arbeitsvorbereitung ist der Grundpfeiler für einen wirtschaftlich erfolgreichen Auftrag. Da jeder Bau ein Unikat ist, gilt es, frühzeitig sich Klarheit darüber zu verschaffen, was der Auftraggeber als Bausoll definiert und welche Teilleistungen dafür erbracht werden müssen. Nach Auftragserteilung gilt es, das Bausoll in technisch und fachlicher Sicht einwandfrei mit den geringsten wirtschaftlichen Aufwendungen zu erfüllen. Nach der Ausführung der Arbeiten ist es Aufgabe der Arbeitsvorbereitung hieraus Schlüsse für zukünftige Bearbeitungen zu ziehen und Kenndaten innerhalb der Arbeitsvorbereitung anzupassen. Es gilt damit auch hier im Bauwesen das bekannte Fußballzitat von Sepp Herberger „Nach dem Spiel ist vor dem Spiel", denn für die zukünftigen Aufträge ist der Rückblick eines Auftrages wichtig für die zukünftigen wirtschaftlich erfolgreich zu bearbeitenden Aufträge.

In der Gänze kann daher die Arbeitsvorbereitung in verschiedene Phase aufgeteilt werden:

- Phase 1: Angebotssichtung und -bearbeitung
- Phase 2: Auftragsvorbereitung
- Phase 3: Auftragsausführung
- Phase 4: Nachbetrachtung des Auftrages

In all diesen Phasen sind arbeitsvorbereitende Maßnahmen notwendig. Diese werden dabei von unterschiedlichen Personen erbracht und somit ist Arbeitsvorbereitung eine Teamarbeit, bei der das Gesamtziel nur durch gemeinsame Abstimmung erreicht werden kann.

Entscheidend ist, dass die Kosten einer Baumaßnahme durch gute Arbeitsvorbereitung stark beeinflusst werden können und daher für jeden Auftrag in jedem Fall arbeitsvorbereitenden Maßnahmen in allen vier Phasen durchgeführt werden sollten. Abbildung F.1.1 zeigt den anerkannten Zusammenhang zwischen Kosten einer Baumaßnahme und deren Beeinflussung im Rahmen des Bauablaufes.

Aus der Abbildung F.1.1 ist demnach ersichtlich, dass durch eine gute Qualität der Arbeitsvorbereitung der Erfolg der Baumaßnahme bestimmt wird und es daher in diesem Fachgebiet eine große Vielfalt an Anleitungen zum richtigen Handeln gibt.

Die Frage, wer für die Arbeitsvorbereitung verantwortlich ist, kann nur für den jeweiligen Baubetrieb und auftragsspezifisch beantwortet werden. in kleinere Bauunternehmungen ist diese Aufgabe vielfach „Chefsache", da er auch gegenüber dem Auftraggeber in der ersten Phase der Hauptansprechpartner ist. Er kennt die Ressourcen der eigenen Firma und entscheidet in der Angebotsphase über das „Wie" der Ausführung. Bei größeren Bauunternehmungen mit baustellenbezogenen Bauleitern kann die Arbeitsvorbereitung in der ersten Phase auch schon im Zusammenspiel von Geschäftsführer und Bauleiter geschehen. Sobald die Unternehmungen größer werden, gibt es eine eigene Kalkulationsabteilung, in der alle Angebote bearbeitet werden und die bei Fachfragen auf Experten innerhalb der Firma zurückgreift. Gerade bei öffentlichen Aufträgen und genauen Leistungsverzeichnissen wird durch diese Spezialisten darauf hingearbeitet, den Auftrag durch Nebenangebote mit anderen Ausführungen zu einem günstigeren Preis für das

Unternehmen zu gewinnen. Im Extremfall kann es sogar so weit gehen, dass bei komplexen Bauvorhaben extra Teams, bei Arbeitsgemeinschaften auch aus unterschiedlichen Unternehmen, zusammengestellt werden, die im Rahmen der Angebotsbearbeitung gemeinsam eine technisch und wirtschaftlich umsetzbare Lösung für die Bauaufgabe erarbeiten.

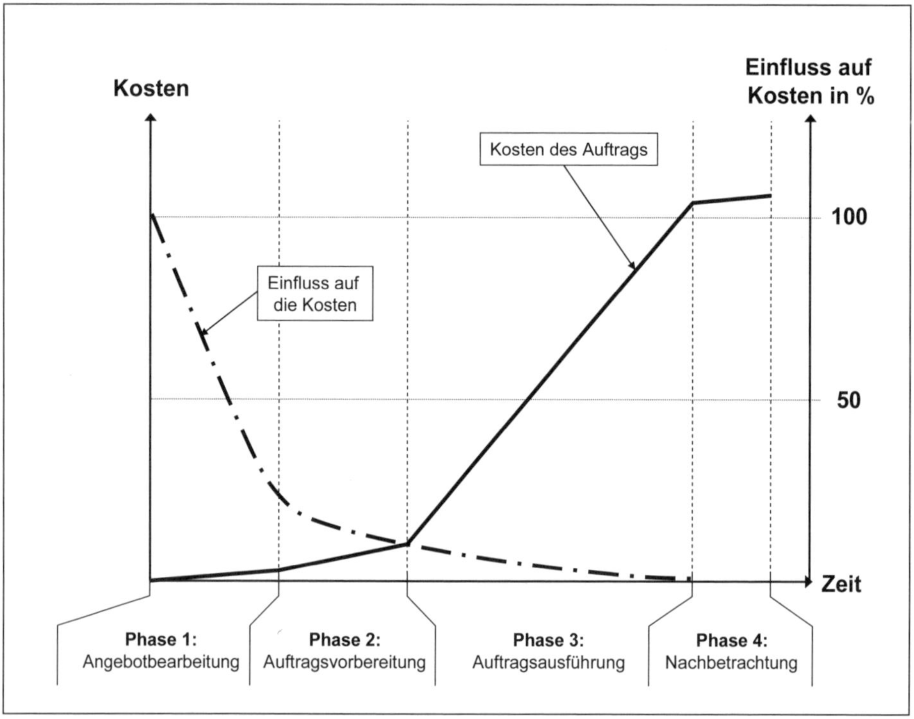

Abb. F.1.1 Kostenbeeinflussung durch Arbeitsvorbereitung

2 Phasen der Arbeitsvorbereitung

Phase 1: Angebotssichtung und -bearbeitung

Eine grobe Gliederung der ersten Phase Arbeitsvorbereitung im Vorfeld des Auftrages kann nach Abbildung F.1.2 erfolgen. Die Zusammenfassung aller Teilleistungen des Bausolls führt in der Summe zu dem Angebot gegenüber dem Auftraggeber. Diese Phase wird, wie oben bereits erwähnt, im Regelfall durch einen erfahrenen Kalkulator bearbeitet.

Da hier ein hohes Maß an Unsicherheiten vorliegt, ist besonders Augenmerk den Vorbemerkungen von Leistungsverzeichnissen zu machen, da hier vielfach Leistungen zu Positionen versteckt angebracht werden und diese korrekt zu bewerten sind. Auf Grund der Pläne oder Beschreibungen gilt es bereits hier, sich für ein geeignetes Bauverfahren im Mauerwerksbau festzulegen. Dies kann sowohl das ausgeschriebene Bauverfahren sein oder im Rahmen eines Alternativangebotes kann dann mit einem, für den Auftragnehmer, rationellerem Bauverfahren eine günstigere Lösung aufgezeigt werden. Ein Unterscheidungsmerkmal ist hier auch die Art der vorliegenden Angebotsaufforderung. Handelt es sich hierbei um eine Funktionalbeschreibung, so ist in dieser Phase aus den Unterlagen die gesamte Massenermittlung in Eigenleistung vorzunehmen und die Wahl des Bauverfahrens kann, sofern nicht an irgendeiner Stelle fest beschrieben, durch den Auftragnehmer frei erfolgen. Bei Funktionalbeschreibungen ist der Aufwand der Angebotskalkulation erhöht, da neben dem reinen Betrachten der Leistungspositionen wie bei einer Detailausschreibung hier die Erfassung des gesamten Bausolls Sache des Auftragnehmers ist. Doch auch bei einem detaillierten Angebotsblankett sollte stets eine Überprüfung der angegebenen Massen erfolgen, da häufig, bzw. bei Einbindung der VOB, Mengenschwankungen im gewissen Maß zu tolerieren sind. Da dies jedoch am Ende die Kalkulation und damit den wirtschaftlichen Erfolg der Auftrages bestimmen kann, sollte dieser Punkt nicht vernachlässigt werden.

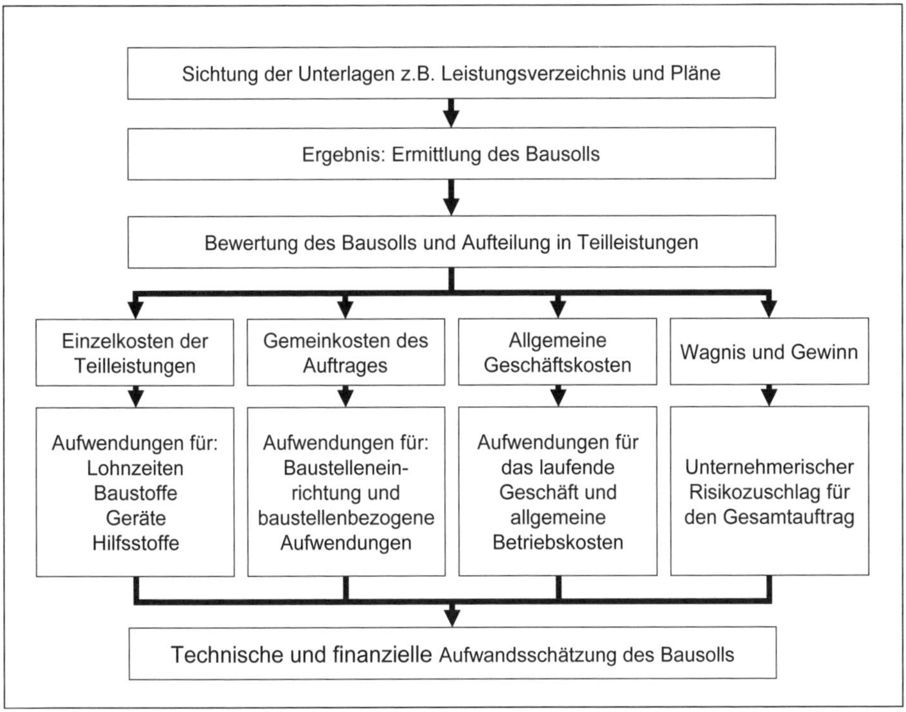

Abb. F.1.2 Angebotsbearbeitung im Vorfeld eines Auftrages

Da eine Vielzahl an Angeboten nicht zum Auftrag kommt, sollte die Arbeitsvorbereitung im Vorfeld eines Auftrages möglichst rationell geschehen. Vielfach kann hierbei auf vergleichbare

Kosten vergangener Ausführungen zurückgegriffen und damit schnell eine erste Abschätzung des Auftragsumfangs vorgenommen werden. Mit moderner Kalkulationssoftware können auch standardisierte Angebotspositionen im Vorfeld für das Unternehmen kalkuliert werden und es wird dann mit Hilfe der Software ein Angebot für die Baumaßnahme erstellt.

Im Bereich der Mauerwerksarbeiten sind die Leistungen meistens ausreichend beschrieben und damit auch gut bewertbar. Wichtig ist hierbei nach der neuen Auslegung der VOB/C, dass Mauerwerksarbeiten nur noch nach m^2-Wandfläche ausgeschrieben werden sollten und dass es hierfür dann fest vorgegebene Abrechnungsregeln gelten. Sofern noch heute Mauerwerk nach der Kubatur in Kubikmeter ausgeschrieben wird, ist dann dabei seitens des Auftragnehmers zu achten, dass hier nur die tatsächlich ausgeführten Mengen abgerechnet werden dürfen. Übermessungen von Öffnungen und streng genommen auch das Übermessen von Stürzen ist dann nicht mehr zulässig.

In dieser Phase ist es auch von Bedeutung, dass für das Bausoll die geeignete Ausführungslösung festgelegt wird. Bauunternehmungen, die sich auf die Ausführung von Mauerwerk als großformatiges Mauerwerk im Dünnbettmörtelverfahren spezialisiert haben, betrachten das Bausoll natürlich aus einer anderen Betrachtungsweise, wie Bauunternehmungen die auf traditionelle Kleinformate ausgerichtet sind. Bei einer großformatigen Bauweise sollte bereits in dieser Phase die Objektpläne genau durchgesehen werden, da nicht jedes Objekt sich vollumfänglich für diese rationelle Bauweise eignet. Bei einem solchen Objekt dann tiefer in die Kalkulation einzusteigen macht nur dann Sinn, wenn die Auftragslage schmal ist und der Auftrag zu einer Auslastung des Unternehmens beitragen kann. Gleiches gilt auch auf der anderen Seite. Wenn ein Objekt bereits auf großformatiges Mauerwerk geplant ist, macht es nur im Einzelfall Sinn, hier kleinformatiges Mauerwerk anzubieten. Auch ist der Einsatz von Mitarbeitern, die es gewohnt sind kleinformatiges Mauerwerk zu verarbeiten, mit aller Macht auf ein ungewohntes Mauerwerkformat einzusetzen, zum Scheitern verurteilt. Hier wird im Regelfall die Leistung durch schlechtere Verarbeitungszeiten bestraft und trägt damit im Endeffekt nicht zu einem erfolgreichen Bauverlauf bei.

Nachdem der Teil der Einzelleistungen des Bausolls bewertet worden ist, werden die Allgemeinkosten der Baustelle bewertet. Hierunter fallen alle Kosten, die nicht direkt einer ausgeschriebenen Teilleistung zuzuordnen sind. Dies können zum Beispiel die Kosten für einen Hochbaukran sein, die Bauleitungskosten oder aber auch die Baustellencontainer als Aufenthaltsräume für den Bauleiter, den Polier und die Baumannschaft, da dieses unternehmensspezifische Einrichtungen sind. Allgemeine Baustelleneinrichtungskosten, wie zum Bespiel der Bauzaun, können sowohl als besondere Leistungsposition ausgeschrieben sein, oder sind aber bei Nichtberücksichtigung als Einzelleistung hier in den Baustellengemeinkosten zu berücksichtigen. Die Umlage der Allgemeinkosten der Baustelle kann nach Belieben erfolgen. Ob eine gleichmäßige Beaufschlagung aller Leistungspositionen des Bausolls erfolgt oder eine frei gewählte Aufteilung ist von vielen Faktoren abhängig. Ein besonderer Faktor dabei ist, dass bei Auftragserteilung das Bausoll noch in Teilen verändert werden kann und somit die Verteilung damit die Kalkulation verfälschen kann. Somit ist es auch hier wieder dem Geschick der kalkulierenden Person zugeordnet, in welchem Maße die Allgemeinkosten der Baustelle auf tatsächlich zu erwartende Leistungspositionen umzulegen sind.

Bei den allgemeinen Geschäftskosten handelt es sich um all die Kosten, die baustellenunabhängig entstehen und für den laufenden Betrieb eines Unternehmens notwendig sind. Dies sind alle Gehaltskosten des Unternehmens, von Mitarbeitern beispielsweise Sekretariat oder Lagerplatzverwaltung, die nicht einer Baustelle zugeordnet werden können. Aber auch alle Aufwendungen für Betriebseinrichtungen oder allgemeine Versicherungen werden in diesem Kalkulationsanteil mit abgedeckt. Vielfach werden hierzu die Aufwendungen des vergangenen Jahres plus einem Zuschlag für die Kostensteigerungen im laufenden Jahr genommen und diese als Prozentsatz auf die geplante Umsatzsumme des Unternehmens umgerechnet. Wichtig bei einem Auftrag ist jedoch, dass diese Kosten in jedem Fall im Jahresverlauf mit eingebracht werden müssen, da ansonsten die laufenden Geschäftskosten eine Unterdeckung haben und diese durch den, geplanten, Unternehmensgewinn ausgeglichen werden müssen.

Nachdem nun alle direkt und indirekt entstehenden Kosten ermittelt worden sind, gilt es, für den Auftrag noch einen Zuschlag für das Risiko der Baumaßnahme festzulegen. Rein finanztechnisch betrachtet ist dies der geplante Unternehmensgewinn, der durch die Ausführung des Bausolls entstehen soll und einen Beitrag für den Ausgleich von fehlerhaften Leistungen enthält. Dies würde bedeuten, dass ein Angebot, das mit null Prozent Zuschlag für Wagnis und Gewinn abgegeben wird, eigentlich nur ein Tauschgeschäft zwischen den Vertragsparteien ist und für den Unternehmer nur bei fachlich korrekter Ausführung zur laufenden Kostendeckung beiträgt. Dies wird aber in schwierigen Zeiten in Kauf genommen, da in der nächsten Phase der Arbeitsvorbereitung, der Auftragsvorbereitung, noch die Chance besteht, durch geschicktes Handeln auf die Kosten des Bausolls positiv Einfluss zu nehmen.

Phase 2: Auftragsvorbereitung

Bei erfolgreicher Auftragsverhandlung und Erhalt des Auftrages beginnt nunmehr die zweite Phase der Arbeitsvorbereitung. Anhand der Unterlagen aus der Angebotsbearbeitung wird in dieser Phase das Bausoll in Abschnitte unterteilt und dafür alle Kenndaten ermittelt. Hierzu ist ein Terminplan für die Ausführung der Teilleistungen zu erstellen, der sich am Terminplan des Auftraggebers anlehnt. Bei kleineren Baumaßnahmen kann dies noch einfach mit Hand oder mit einfachen EDV-Programmen in Form eines Balkenplans wie in Abbildung F.1.3 dargestellt erfolgen.

Der Grad der Detaillierung des Bauablaufsplans hängt von der Komplexität der Baumaßnahme ab. Einfache Baustrukturen, z.B. Einfamilienhäuser können im Rohbau sehr pauschal grob eingeteilt werden, während in der Ausbauphase durch die Abhängigkeiten der Gewerke untereinander schon genauere Abstimmungsprozesse notwendig werden. Auf der Baustelle später wird dann zum Beispiel die Position „Kellerdecke" genauer in Teilleistungen spezifiziert und mit den dazugehörigen Personalressourcen versehen. Die nachfolgende Tabelle F.1.1 stellt diesen Vorgang in Einzelleistungen dar.

Es ist erkennbar, dass aus der einzelnen Position somit 9 Unterpositionen geworden sind. Die Detaildarstellung muss aber nicht zwingend in den Bauzeitenplan, da dieser mehr eine Übersicht über die Gesamtleistung darstellen soll und die Umsetzung im Detail vielfach durch den Bauleiter bzw. Polier vorgenommen wird. Was aber an dieser Stelle auch erkannt werden muss, ist dass die Hilfsmittel auch zeitgerecht zur Verfügung stehen und wie im Beispiel der Filigrandecken diese auch mit einem Fahrzeugkran bestellt werden müssen oder das bei der Betonlieferung auch gleichzeitig eine Betonpumpe bestellt werden muss. Es wird daraus ersichtlich, dass für einen reibungslosen Bauablauf schon eine abgestimmte Vorplanung notwendig ist, die durch die Arbeitsvorbereitung zu leisten ist.

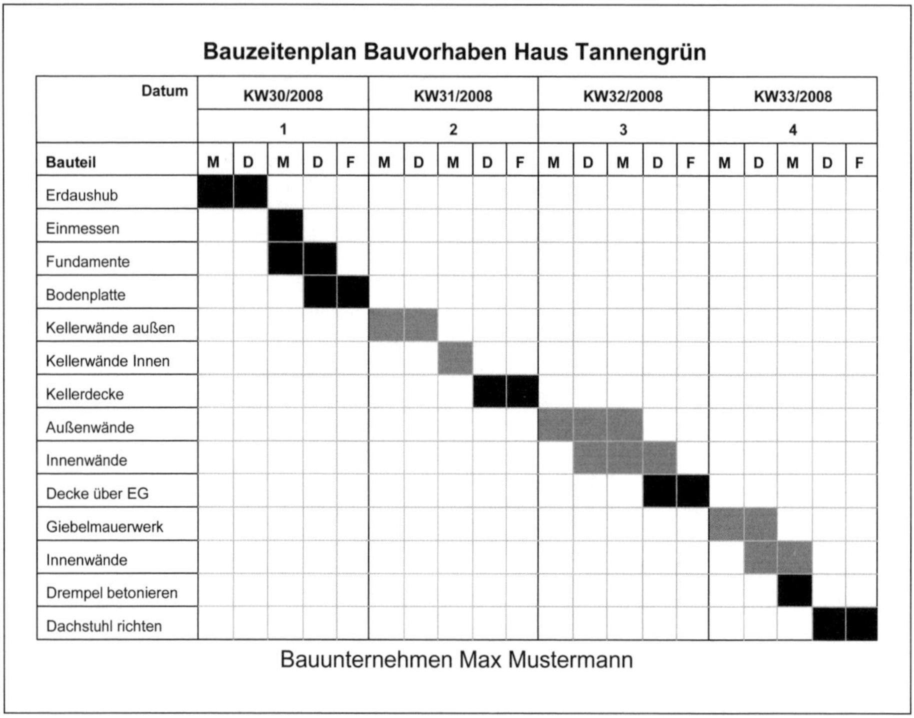

Abb. F.1.3 Balkenplandarstellung

Bei größeren und von Voraussetzungen abhängigen Baumaßnahmen wird die Bauzeitenplanung am besten mit Hilfe eines spezilaisierten EDV-Programms gemacht. Ob dann für die Darstellung der leicht lesbare Balkenplan oder komplizierte Netzplandarstellungen verwendet wird, hängt vom Einzelfall ab. Straßenbaustellen oder Gleisbauarbeiten lassen sich als „Linienbaustellen" auch mit einem Zeit-Weg-Diagramm recht anschaulich darstellen. Für die meisten Personen ist jedoch der Balkenplan die einfachste Darstellungsweise, da man hier einfach anhand des Datums erkennen kann, welche Leistungen planmäßig hätten ausgeführt werden sollen und mit einem Blick (bzw. Rundgang) auf der Baustelle der tatsächliche Leistungsstand verglichen werden kann.

Anhand der Pläne wird ein Baustelleneinrichtungsplan erstellt. Darin sind die notwendigen Stellflächen für die Baustelleneinrichtung festgelegt und alle am Bau beteiligten Personen wissen, wo sich die Materiallager und die Aufenthaltsbereiche befinden. Auch der Standort bzw. die Standorte von Hochbaukränen wird hier sowohl als Grundrissplan als auch als Höhenplan festgelegt. Innerhalb der Schwenkbereiche von Hochbaukränen sollte es aus Sicherheitsgründen vermieden werden, Aufenthaltsräume anzuordnen. Sollte der vorhandene Platz auf dem Baugelände nicht ausreichen, so sind Ausweichflächen zu suchen. Sofern es sich hierbei um Flächen im öffentlichen Bereich handelt, so sind diese bei den zuständigen Ämtern im Vorfeld der Baumaßnahme anzumieten. Doch nicht nur das Baugelände selbst, sondern auch die umliegenden Zufahrtsstraßen müssen im Vorfeld begutachtet werden. Dies ist von besonderer Wichtigkeit, wenn größere Lieferfahrzeuge mit Übermaßen, z.B. für Fertigteile, die Baustelle erreichen müssen.

Tabelle F.1.1 Einzelleistungen Position Kellerdecke

Position Kellerdecke (Dauer: 2 Tage)

Teilleistung	Dauer	Personal	Hilfsmittel
Stellen von Montagestützen und Jochen	4 h	2	keine
Ausrichten der Montageunterstützung	1 h	2	Nivelliergerät
Auflegen von Filigrandecken einschließlich Auflegen der Bewehrung für die obere Lage	1,5 h	2	Fahrzeugkran mit Bedienung
Deckenrandsteine setzen	2 h	2	Dünnbettmörtel
Einbau der oberen Bewehrungslage	4 h	2	
Elektroleerrohre verlegen			Fremdleistung
Betonieren der Decke	1,5 h	3	Betonpumpe vom Lieferanten
Nachbehandlung im Anschluss an Betoniervorgang	1 h	1	Folie zur Abdeckung
Entfernen der Montageunterstützung	2 h	2	Ausschalungsfrist beachten
Gesamtaufwand	**15 h + 2 h**		

Notwendige Rettungs- und Fluchtwege sowie weitere Einrichtungen der Ersten Hilfe und der Baustellensicherheit sind in Abstimmung mit der Bauherrenschaft oder einer von ihm beauftragten Person, dem Sicherheitskoordinator der Baustelle festzulegen. Die notwendigen Aushänge nach dem Sicherheitskonzept und den Anforderungen der Berufsgenossenschaften sind gut sichtbar anzubringen.

Anhand der Ausführungspläne werden die einzelnen Materialpakete für die Teilleistungen zusammengestellt und dem Polier zur Verfügung gestellt. Bei kleineren Baumaßnahmen wird diese Aufgabe meistens jedoch auch schon durch den Polier erledigt und er übernimmt dann in Beobachtung mit dem Baufortschritt den Abruf der Materiallieferungen. In den Materialpaketen liegt noch die Chance den Gewinn eines Auftrages durch kostengünstigen Einkauf der Materialen zu verbessern. Durch das große Angebot an vergleichbaren Produkten unterschiedlicher Anbieter besteht hier die Möglichkeit, unter Beachtung der Gleichwertigkeit, baustellenbezogen das Material günstig einzukaufen. Zu beachten ist dabei jedoch, dass bei einer fest vorgegebenen Herstellerauswahl seitens des Auftraggebers, davon nur dann abgewichen werden darf, wenn das Ersatzprodukt augenscheinlich die gleichen Eigenschaften aufweist. Den Nachweis der Gleichwertigkeit ist im Zweifelfall durch den Auftragnehmer zu erbringen. Somit ist hier, insbesondere bei Detailausschreibungen, der Angebotstext genau zu studieren und alle zum Nachweis der Gleichwertigkeit notwendigen Kenngrößen zu erfassen. Neben den direkt leistungsbezogenen Kenngrößen können auch noch Anforderungen aus anderen Gewerken hier eine Rolle spielen. Am Beispiel des Unterschiedes zwischen Normalmörtelmauerwerk und Dünnbettmörtelmauerwerk kann dies daran verdeutlicht werden, dass in der Regel Dünnbettmörtelmauerwerk durch höhere Maßhaltigkeit mit einem Dünnputz versehen werden kann und Normalmörtelmauwerk eher dickere Putzauftragsschichten benötigt. Somit könnten erzielbare Kosteneinsparungen beim Mauerwerk leicht zu Mehrkosten bei den Putzarbeiten führen und damit ist aus Sicht des Auftraggebers die Gleichwertigkeit in diesem Punkt nicht erfüllt.

Zu den Kenndaten der Auftragsvorbereitung gehört auch die Personalplanung. Die einzelnen Teilleistungen werden arbeitszeittechnisch mit firmenspezifischen Aufwandsschätzungen, den unternehmensinternen Arbeitszeitrichtwerten, bewertet und daraus die notwendige Personalstärke der Baustelle ermittelt. Zu dem Verfahren der Ermittlung der Aufwandswerte, siehe gesondertes Kapitel F.3. Wichtig ist hierbei jedoch, dass die Personalressourcen nicht uneingeschränkt zur Verfügung stehen und daher es hierdurch nochmals zu Verschiebungen des Bauzeitenplans kommen kann. Dies jedoch nur unter der Beachtung, dass der Endtermin der Baumaßnahme eingehalten wird. Sofern für die Arbeitsleistungen auch direkt zuzuordnende Maschinen, z.B. Minkräne, gehören, so sind diese auch unter ressourcentechnischen Belangen zu berücksichtigen. Arbeitstechnologische Abhängigkeiten sind bei dieser Planung ebenso zu berücksichtigen, wie die eingeschränkten Platzverhältnisse bei einer Baumaßnahme. Sofern sich das Personal gegenseitig im Weg steht, kann nicht die geplante Arbeitsleistung erbracht werden und es entstehen unnötige Stillstandsstunden bei der Baumaßnahme, die sich direkt auf den wirtschaftlichen Erfolg auswirken.

Am Ende dieser Phase der Arbeitsvorbereitung steht nur eine Materialsammlung, die es ermöglicht, die Baumaßnahem in dem vorgegebenen Zeitrahmen mit festgelegten Ressourcen und einem hohen Maß an wirtschaftlichen Zielgrößen abzuwickeln. Dieses Planungspaket sollte für alle wichtigen Personen bei der Ausführung klar sein und als Leitfaden für die nachfolgende Phase der Auftragsausführung gelten.

Phase 3: Auftragsausführung

Mit der auftraggeberseitigen Übergabe des Baugrundstückes an den Auftragnehmer kann, nach Vorliegen der öffentlich rechtlichen Genehmigungen, mit der Baumaßnahme begonnen werden. Nun gilt es, die geplanten Leistungsabläufe in die Realität mit den vorgegebenen Ressourcen umzusetzen. Da jedes Bauvorhaben ein Unikat ist, steht am Anfang der Ausführung meistens ein wenig Unordnung, da sich das Baustellenteam in jedem Fall auf dieses Unikat einstellen muss. Die geplante Baustelleneinrichtung wird aufgebaut und an dies Ver- und Entsorgungseinrichtungen angeschlossen. Erste Materiallieferungen sind so auf dem Baugelände abzustellen, das sie später leicht erreicht werden können, aber dennoch nicht für dem Bauablauf im Weg stehen. Ein hohes Maß an Ordnungssinn entscheidet bereits hier über das äußere Erscheindungsbild der Baustelle. Seitens des Auftraggebers wird leicht durch das Erscheinungsbild der Baustelle auch auf die Leistungsqualität der Ausführung geschlossen.

Bei der Ausführung der Arbeiten sind stets die Regelungen der Berufsgenossenschaft zur Vermeidung von Unfällen zu beachten. Dies beginnt bereits bei der Baustelleneinrichtung, geht über notwendige Abstandsflächen und Böschungswinkel bei Erdaushub und die Vielzahl der zu beachtenden Regelungen endet erst mit dem Verlassen der Baustelle nach Abschluss der Arbeiten. Die berufsgenossenschaftlichen Vorschriften und Informationen sind hier zwingend notwendige

Arbeitshilfen, damit die Baumaßnahme möglichst unfallfrei abgeschlossen werden kann. Die Einhaltung der arbeitssicherheitstechnischen Maßnahmen wird sowohl durch den Sicherheitskoordinator (SiGeKo) der Baustelle überwacht, aber auch durch die technischen Aufsichtsbeamten der Berufsgenossenschaften stichprobenartig überprüft. Sicherheit auf der Baustelle ist für jeden Arbeitnehmer im höchsten Maß zu beachten. Dazu gehört in jedem Fall, dass die persönliche Schutzausrüstung (unter anderem Schuhwerk, Bekleidung, Kopf-, Augen- und Gehörschutz) bekannt ist und auch sachgerecht genutzt wird. Der richtige Umgang in Sachen Arbeitssicherheit ist innerbetrieblich durch kontinuierliche Schulung und Einweisung zu gewährleisten. Seitens der zuständigen Berufsgenossenschaften werden hierzu Unterstützungen angeboten. Diese können von betrieblichen Schulungsmaßnahmen bis hin zu überbetrieblichen Ausbildungen reichen.

Die Ausführung der Bauleistung wird im Wesentlichen durch die anerkannten Regeln der Technik, durch Normen und durch allgemeine bauaufsichtliche Zulassungen bestimmt. Ergänzt wird dies noch durch Arbeitshinweise seitens der Materialhersteller, die dazu dienen, das Material in möglichst wirtschaftlicher Weise zu verwenden. Der Abruf des Materials erfolgt durch die Baustelle in einer Weise, dass möglichst nur so viel Material an der Baustelle vorhanden ist, wie in einer Woche verbaut werden kann und dass dieses direkt in der Nähe des Einbauortes gelagert werden kann, um damit unnötige Zwischentransporte innerhalb des Baustellenbereiches zu vermeiden. Das mehrfache Umlagern von Material gehört zu den Randstunden einer Baustelle und wird nicht bei den Arbeitszeitrichtwerten berücksichtigt. Daher verursachen diese unnötige Ressourcenaufwendungen, die für einen erfolgreichen Bauablauf zu vermeiden sind. Eine, dem Verarbeitungsort, nahegelegene Lagerung ist für die strukturierte Ausführung der Leistung eine wesentliche Voraussetzung. Hierbei entsteht dann eine ordentlich erscheinende Baustelle, die ein rationelles Arbeiten erlaubt. Weitere den Bauablauf im Mauerwerksbau betreffende Informationen finden sich zusätzlich im Kapitel F.2 „Ausführung von Mauerwerk".

Die tägliche Arbeitsleistung sollte in einem Bautagebuch erfasst werden. Dieses, meistens vom Polier, geführte Dokument erfasst neben den klimatischen Bedingungen auch alle Besonderheiten, die den Bauablauf in irgendeiner Weise beeinflusst haben. Ergänzt werden sollte das Bautagebuch durch Fotografien (mit Datumsangabe) von wesentlichen Bauabschnitten und später nicht mehr erkennbaren Detailausbildungen bei der Ausführung. Es entsteht damit eine chronologisch geordnete Dokumentation der Baustelle, die im Falle von Streitigkeiten ein nützliches Hilfsmittel ist. Neben dem Bautagebuch wird natürlich auch der Baufortschritt mit dem Bauzeitenplan abgeglichen. In einfachen Fällen kann dies durch farbliche Markierung auf dem Bauzeitenplan erfolgen es kann aber auch eine zusätzliche Zeile unterhalb jeder Position sein, in dem der tatsächliche Bautenstand eingetragen wird.

Anhand des Baustellenfortschrittes und der Dokumentation erfolgt auch die Abrechnung der Bauleistung. Laufende Abschlagszahlungen können entweder vertraglich nach dem Bauzeitenplan vereinbart worden sein oder der Auftragnehmer stellt die Teilleistungen in angemessenen Zeiträumen in Rechnung. Es erfolgt eine Bezahlung Zug um Zug der Baumaßnahme. Am Ende wird die Gesamtleistung erfasst und je nach Vertragsart dann dem Auftraggeber in Rechnung gestellt. Die Zahlungsmodalitäten und auch die Form der Abnahme der Bauleistung werden durch den Bauvertrag zwischen den betroffenen Parteien geregelt. Die gebräuchlichsten Formen sind hier der Einheitspreisvertrag und der Pauschalvertrag. Bei Ersterem wird die Bauleistung genau nach den vertraglich vereinbarten Einzelpositionen mit den tatsächlich ausgeführten Mengen abgerechnet, während beim Pauschalvertrag die Abrechnung in einer Summe unabhängig von den tatsächlich erbrachten Mengen erfolgt. Welche der beiden Vertragsformen weniger Aufwand bedeutet, ist im Einzelfall abzuschätzen. Beim Einheitspreisvertrag ist eine genaue Mengenermittlung am Ende der Baumaßnahme erforderlich, während der Auftragnehmer bei Pauschalvertrag vor Angebotsabgabe den Mengenaufwand genauer ermitteln muss. Für den Auftraggeber gilt dies im gleichen Maße. Entweder wird nach der Erstellung des Bauwerkes genau kontrolliert, ob die vom Auftragnehmer angegebenen Mengen korrekt sind oder es muss vor Auftragsvergabe Klarheit darüber herrschen, ob der angebotene Preis den Leistungsumfang wirtschaftlich abdeckt. Neben diesen beiden Vertragsformen gibt es nahezu noch eine unendliche Zahl an Sondervertragsformen, die zwischen den Parteien frei, mit Ausnahme von sittenwidrigen Verträgen, vereinbart werden können.

Mit Abschluss der Baumaßnahme und der Übergabe des Bauwerkes an den Auftraggeber ist die Phase der eigentlichen Bauausführung abgeschlossen. Die Übergabe an den Auftraggeber kann ebenfalls durch vielfältige Weise erfolgen und sollte daher im Vorfeld vertraglich vereinbart werden. Die Übergabe wird im Regelfall durch eine Abnahme durch den Auftraggeber durchgeführt. Hierbei werden ale Mängel der Ausführung erfasst und dem Auftragnehmer eine Nachfrist zur Mangelbeseitigung eingeräumt. Neben diesen offensichtlichen Mängeln wird auch vertraglich geregelt, wie es mit Mängeln nach Übergabe des Bauwerkes aussieht. In der Gewährleistungsphase hat der Auftragnehmer dann auch die in dieser Zeit entstehenden Mängel auf seine Kosten zu beseitigen. Auch hier erlaubt die Vertragsgestaltung ein breites Spektrum der Regelvereinbarung zwischen den Parteien.

Phase 4: Nachbetrachtung des Auftrages

Mit der Erstellung der Schlussrechnung der Baustelle beginnt nun der letzte Teil der Arbeitsvorbereitung. Die tatsächlichen Aufwendungen für die Teilleistungen werden ressourcenbezogen mit den ursprünglich geplanten Aufwendungen verglichen. Anhand der Abbildung F.1.4 wird der Ablauf der Nachbetrachtung übersichtlich dargestellt.

Aus diesen Kenndaten und den allgemeinen Geschäftskosten kann dann auftragsbezogen nachvollzogen werden, ob der ursprünglich geplante Gewinn erreicht wurde oder ob durch Planungsungenauigkeiten bei der Arbeitsvorbereitung, durch Ausführungsmängel oder durch organisatorische Mängel der Auftrag nicht mit dem geplanten wirtschaftlichen Erfolg abgeschlossen wurde. Die Analyse der Ergebnisse ist in jedem Fall für nachfolgende Angebote von entscheidender Bedeutung, da gleiche Fehler nicht noch einmal gemacht werden sollten. Wie bereits weiter oben erwähnt, gibt es im Auftragsverlauf einige Stellschrauben, mit denen der wirtschaftliche Erfolg auch noch nach Auftragserteilung weiter verbessert werden kann. Daraus ist erkenntlich, dass durch die Arbeitsvorbereitung hier ein wesentlicher Beitrag zur organisatorischen aber auch wirtschaftlichen Ausführung einer Baustelle beigetragen wird. Ebenfalls ist erkennbar, dass neben der eigentlichen Ausführung der Part der betriebswirtschaftlichen Betrachtung immer mehr einen Platz bei Aufträgen einnimmt und für jede Baustelle über Erfolg oder Misserfolg entscheidet. Letztendlich wird auch durch präzise Arbeitsvorbereitung die Bearbeitung zukünftiger Angebote deutlich rationalisiert und dem Unternehmen die Möglichkeit gegeben, mehr Angebote in gleicher Zeit zu erstellen und damit die Chancen auf Aufträge signifikant zu erhöhen.

Wichtig ist an dieser Stelle auch noch zu erwähnen, dass mit der genauen Kenntnis der Kalkulationsgrundlagen auch im Vergabegespräch mit potenziellen Auftraggebern jederzeit für den Unternehmer die Abschätzung der Auswirkung eines Nachlasses auf den Angebotspreis gewährleistet ist.

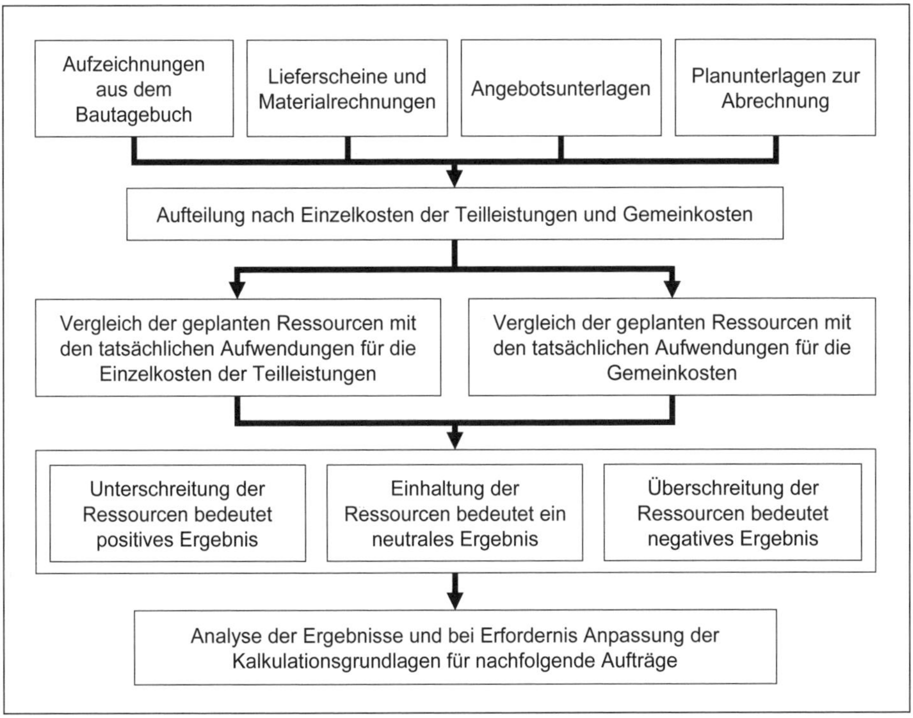

Abb. F.1.4 Nachbetrachtung eines Auftrages

Im Ergebnis ist daher zusammenzufassen, dass Arbeitsvorbereitung einer der wichtigsten Aufgaben im Rahmen einer Bauabwicklung ist und daher einen hohen Stellenwert und das Verständnis aller beteiligten Personen haben sollte. Denn der wirtschaftliche Erfolg der Baumaßnahmen bestimmt zum Jahresende auch den Gesamterfolg einer Unternehmung und damit die Sicherung von Arbeitsplätzen durch das Unternehmen.

F.2 Ausführung von Mauerwerk

1 Allgemeines

Die Ausführung von Mauerwerk ist der Überbegriff für die Errichtung von Bauteilen, im Wesentlichen von Wänden, aus Mauersteinen und Verbindungsmitteln wie zum Beispiel Mörtel. Durch technologische Veränderungen im Laufe der letzten Jahre hat sich der Begriff von dem klassischen Mauern mit Hand bis hin zu großformatigen und kranversetzten Wandelementen aus Mauerwerk hin ausgedehnt. Entscheidend hierbei ist jedoch in jedem Falle, dass die Anforderungen an das Bauteil sowohl in statischer Funktion, aber auch in bauphysikalischer und optischer Form erfüllt werden.

Mit Mauerwerk lassen sich Bauteile im Rahmen der verwendeten Ausführungsart baustellenbezogen leicht erstellen und bei vielen Arten sind auch noch Planänderungen während der Bauzeit ohne besonders hohen Aufwand umsetzbar. Mauerwerk ist somit eine leistungsfähige Alternative zu Fertigteillösungen oder auch Beton, denn nahezu alle Anforderungen an rationelles Bauen lassen sich auch mit Mauerwerk umsetzen.

Kulturell gesehen ist die Ausführung von Bauteilen mit Mauerwerk eine der traditionsreichsten Bauweisen. Angefangen hat es mit dem Versetzen von unbehauenen Natursteinen bis hin zu heutigen Systemlösungen aus Mauersteinen und Mörtelsorten, die von vielen Herstellern angeboten werden. Entscheidend hierbei ist jedoch, dass die Ausführung von Mauerwerk immer die Ausführung eines Unikates bedeutet, da jedes Bauwerk anders ist und die äußeren Bedingungen selbst bei einem Bauwerk sich noch unterscheiden können. Bei fachgerechter Ausführung, die sowohl durch Normen, Zulassungen als auch durch Herstellerangaben geregelt wird, entstehen solide Bauteile die einem Bauwerk die notwendigen Eigenschaften geben.

Die Ausführung von Mauerwerk unterscheidet sich heutzutage im Wesentlichen nach den folgenden Punkten, die im Weiteren näher beschrieben werden:

- Steingeometrien und Steingewichte
- Ausführung von Stoß- und Lagerfugen mit unterschiedlichen Mörtelarten
- Ausführung von Verbänden
- Nachbehandlung von Mauerwerk
- Ausführung unter besonderen Randbedingungen

2 Steingeometrien und Steingewichte

Neben dem seit 1945 eingeführtem oktametrischen Mauerwerksmaß von Ernst Neufert hat sich in der jüngeren Zeit auch das metrische Maß in Mauerwerksbau eingebracht. Die oktametrische Maßordnung ist mit der DIN 4172 im Jahre 1955 verbindlich eingeführt worden. Mauerwerksprodukte die sich an diese Maßordnung halten, ermöglichen im gewissen Maß die Mischung von unterschiedlichen Steinformaten mit den selben Eigenschaften zum Erreichen des gewünschten Ergebnisses. Das Schichtenmaß bleibt dabei immer gleich und orientiert sich an der oktametrischen Maßvorgabe von 12,5 cm. Mit dem Schichtenmaß wird jeweils die Steinhöhe plus dem Anteil aus der dazugehörigen Fuge, wie in Abbildung F.2.1 am Beispiel von Kalksandsteinen dargestellt, bezeichnet. Die Angabe des verwendeten Steinformates leitet sich in der Regel von einem Vielfachen des Dünnformates (DF) mit den Nennmaßen für Länge * Breite * Höhe von

240 mm * 115 mm * 52 mm ab. Die verwendete Mörtelart und die Grenzabmaße der verwendeten Steine geben dann das genaue Steinformat noch vor.

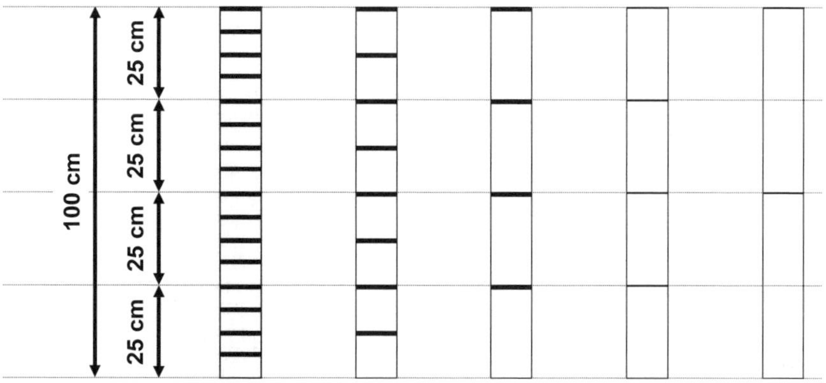

Bezeichnung	DF	2DF	4DF	4DF Plan	KS-XL-Planelemente
Fugenausbildung	Normalmörtel	Normalmörtel	Normalmörtel	Dünnbett-mörtel	Dünnbett-mörtel
Baurichtmaß	62,5 mm	125 mm	250 mm	250 mm	500 mm
Nennmaß Stein	52 mm	115 mm	240 mm	248 mm	498 mm
Fugendicke	10,5 mm	10 mm	10 mm	2 mm	2 mm

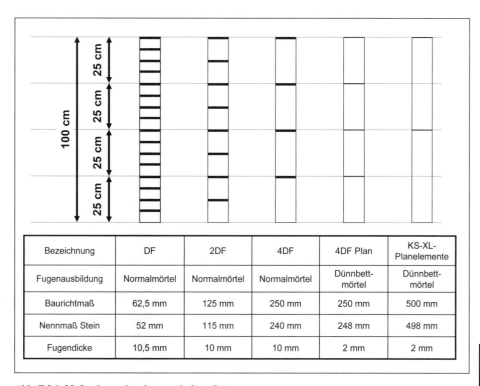

Abb. F.2.1 Maßordnung im oktametrischem System

Aus diesem Maßsystem heraus entwickelten sich die unterschiedlichsten Bausysteme im Mauerwerksbau. Mit einem Vielfachen des Grundmaßes von 25 cm haben sich die Maßanordnungen bewährt. Außerhalb des Mauerwerksbau ist diese Maßordnung in vielen Fällen übernommen worden, so dass bei sorgsamer Planung darauf zurückgegriffen werden kann um damit rationelle Bauweisen zu fördern. Ob dann bei der Ausführung im Mauerwerksbau auf ein Bausystem mit Fuge oder ohne Fuge zurückgegriffen wird, dies ändert nichts an dem Grundmaß von 25 cm.

Neben diesem geometrischen Grundmaß gilt es auch die Gewichte der Steine zu berücksichtigen. Sofern ein bestimmtes Steinformat seitens des Planers nicht vorgegeben wird, bleibt es dem Unternehmer überlassen, mit welchen Mauersteinen er das Bauwerk ausführt. Die Entscheidung hierzu wird sowohl von dem verfügbaren Angebot als auch durch die Gesamtausrichtung des Unternehmens bestimmt. Mittlerweile ist es so, dass nahezu in allen Steingattungen konkurrierend die unterschiedlichen Formate vom Stein für die Handvermauerung bis hin zu Planelementen durchgängig vorhanden sind und somit die Auswahl eher auf die generelle Unternehmensausrichtung liegt. Hinsichtlich der Frage der Effizienz des ausgewählten Bausystems ist zu beachten, dass mit kleinformatigen Steinen die Errichtung eines Quadratmeters Mauerwerks mehr Arbeitsschritte erfordert, dass aber dazu im Gegensatz mit schwereren großformatigen Steinen die Errichtung weniger Schritte bedeutet, jedoch die ausführende Person zu einer höheren körperlichen Belastung zwingt. Dies kann im Extremfall bedeuten, dass trotz des größeren Volumens durch die Ermüdungserscheinungen die Arbeitsleistung im Gesamten am Ende den gleichen Zeitbedarf hat und damit keine Vorteile bedeutet.

Steine, als so genanntes Einhandformat, bis zu einem Gewicht von etwa 8 kg können bei entsprechender geometrischer Ausbildung mit einer Hand gehoben werden. Der Mörtel kann dann mit der anderen Hand aufgetragen werden und es entsteht ein kontinuierlicher Arbeitsfluss zwischen Mörtelauftrag und Steinversetzen. Sobald das Format größer und damit die Steingewichte höher werden, ändert sich der Arbeitsrhythmus. Bis zu einem Gewicht von maximal 25 kg können Steine mittels Griffhilfen mit beiden Händen versetzt werden. Es ist dann erforderlich, dass zuerst der Mörtel aufgetragen wird und im Anschluss daran, der Stein mit beiden Händen in das noch nicht erhärtete Mörtelbett versetzt wird. Hierbei hat sich dann in vielen Fällen auch durchgesetzt, dass der Mörtel für mehrere Steine aufgetragen wird und anschließend die einzelnen Steine ohne Stoßfugenvermörtelung aneinander gesetzt werden. Die Ausbildung der Stoßfugen kann dabei recht unterschiedlich ausgeführt sein, doch gilt es in jedem Fall, dass mit der entsprechenden Ausführung die bauphysikalischen Anforderungen und, insbesondere bei witterungsbeanspruchtem Mauerwerk, die Schlagregendichtheit erfüllt sind. Sobald durch die Steinformate ein Gewicht von über 25 kg gegeben ist, können diese Steine nur noch mit maschinellen Hebehilfen versetzt werden. Dabei ist darauf zu achten, dass die Versetzgeräte auf der Baustelle einfach versetzt bzw. verfahren werden können und dass die Decken bereits ausreichend tragfähig sind, um die zusätzlichen Lasten mit aufzunehmen. Am einfachsten geschieht dies, wenn dann ein Ablaufplan vorhanden ist, in welcher Reihenfolge die Wände errichtet werden und dafür dann, bei Erfordernis, die Verfahrspuren ausreichend gewährleistet werden. Zusätzlich sollten die dazugehörigen Steinpakete so abgestellt werden, dass diese ebenfalls nicht im Wege stehen, dennoch möglichst in Einbaunähe vorhanden sind, damit unnötige Arbeitsschritte zum Umsetzen vermieden werden.

3 Ausführung von Stoß- und Lagerfugen mit unterschiedlichen Mörtelarten

Lagerfugen sind, mit Ausnahme von Trockenmauerwerk, in jedem Fall möglichst vollflächig zu vermörteln. Dies ist daher von hoher Wichtigkeit, da die Tragfähigkeit von Mauerwerk proportional im Verhältnis zu der Lagerfugenfläche steht. Fehlstellen bei den Lagerfugen können durch unterschiedliche Verarbeitungsfehler entstehen. Am häufigsten ist, dass bereits der Mörtelauftrag nicht in herstellergerechter Weise erfolgt. Dabei sollte die Dicke der Lagerfuge 12 mm bei Normalmörtel und 1 mm bis 3 mm bei Dünnbettmörtel betragen.

Der Mörtel sollte mit einem geeigneten Werkzeug aufgetragen werden, das auch zu der vorhandenen Mauerwerkswanddicke passt. Bei klein- und mittelformatigem Mauerwerk aus Kalksandstein wird Normalmörtel mit der dreiecksförmige Mauerkelle der so aufgetragen, dass nach dem Versetzen der Steine die Lagerfuge vollflächig mit Mörtel ausgefüllt ist und dabei die Stärke von etwa 12 mm erreicht. Sofern das Mauerwerk als Sichtmauerwerk ausgeführt werden soll, ist nach VOB/C DIN 18330 der Fugenglattstrich des Mauerwerks die Regelausführung. Aber auch wenn kein Sichtmauerwerk gefordert wird, sollte die Ausführung doch so erfolgen, dass ein optisch ansprechendes Mauerwerk errichtet wird, denn dies ist ein Zeichen für qualitätsvolles Arbeiten.

Anders sieht es aus, wenn Kalksandstein- oder Porenbetonmauerwerk mit Dünnbettmörtel verwendet wird. Hier kann zwischen unterschiedlichen Ausführungsarten unterschieden werden. Als einfache Werkzeugart haben sich Zahnkellen mit unterschiedlichen Zahnungen nach Abbildung F.2.2 durchgesetzt.

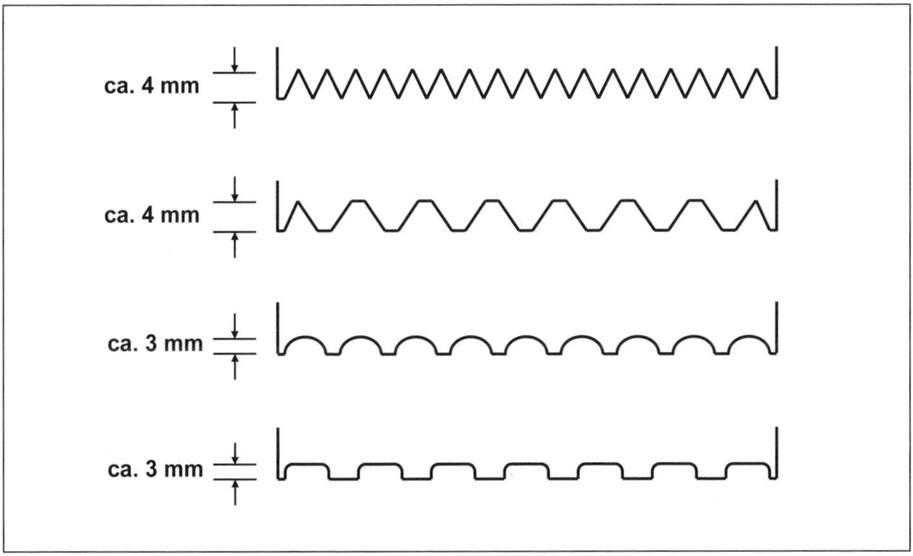

Abb. F.2.2 Querschnitte Zahnung bei Dünnbettmörtel

Diese ermöglichen den Mörtelauftrag in der richtigen Menge auf das vorhandene Mauerwerk und der Stein wird dann in das frische Mörtelbett gesetzt. Durch das Aufsetzen des Steines wird der Dünnbettmörtel so verdrängt, dass eine geschlossene Lagerfugenfläche entsteht. Mit der Zeit nutzen sich jedoch die Zähne der Mörtelkellen ab. Dies hat zur Folge, dass zu wenig Mörtel aufgetragen wird und nicht mehr eine vollflächige Lagerfuge entsteht. Ebenso ist darauf zu achten, dass immer die zu dem Mauerwerk passende Zahnkelle verwendet wird. Nahezu jeder Hersteller hat hier eigene Vorgaben hinsichtlich der Zahnkellen und des dazugehörigen Dünnbettmörtels. Wenn dabei zum Beispiel mit einer Zahnkelle für 15 cm dickes Mauerwerk Mauersteine von 24 cm Dicke verarbeitet werden, kann es dabei zu einer ungleichmäßigen Mörtelverteilung kommen und nach dem Aufsetzen der Steine wird keine gleichmäßige Lagerfugendicke über die gesamte Steinbreite erreicht. Wie schon oben erwähnt verliert das Mauerwerk einen Teil seiner Tragfähigkeit, wenn zum Beispiel bei einer 17,5 cm dicken Wand nur 15 cm der Wanddicke vermörtelt ist. Da dies eine proportionale Größe ist kann der Tragfähigkeitsverlust bezogen auf einen Meter Wandlänge bei diesem Beispiel einfach durch die folgende Formel

(Abbildung F.2.3) durch Abminderung der charkteristischen Werte der Druckfestigkeit f_k nach DIN 1053-100 bzw. Grundwerte der zulässigen Druckspannungen σ_0 nach DIN 1053-1 ermittelt werden.

Nach DIN 1053-100

$$f_{k,vorh}[\text{N/mm}^2] = f_{k,Plan}[\text{N/mm}^2] * \frac{\text{Lagerfugenbreite}_{vorhanden}[\text{cm}]}{\text{Lagerfugenbreite}_{Plan}[\text{cm}]}$$

Nach DIN 1053-1

$$\sigma_{0,vorh}[\text{N/mm}^2] = \sigma_{0,Plan}[\text{N/mm}^2] * \frac{\text{Lagerfugenbreite}_{vorhanden}[\text{cm}]}{\text{Lagerfugenbreite}_{Plan}[\text{cm}]}$$

Abb. F.2.3 Tragfähigkeitsverlust bei falscher Lagerfugenbreite

In diesem Beispiel würde sich der Fehler, neben dem optischen Erscheinungsbild, bei der Ausführung mit einem Verlust von fast 15 Prozent der Tragfähigkeit auswirken.

Für großformatiges Mauerwerk hat sich der Mörtelschlitten als rationelles Verarbeitungsgerät erwiesen. Mit diesem lässt sich schnell die erforderlicher Lagerfugenmörtelmenge auftragen und durch die vielfach vorhandene Wechselmöglichkeit der Zahnung kann dieser auch für die unterschiedlichen Mauerwerksarten gut eingesetzt werden.

Anders sieht es dagegen bei den Stoßfugen aus. Hier ist in den letzten Jahren die Zahl der Mauerwerksausführungen ohne Stoßfugenvermörtelung durch Entwicklung neuer Steinformate stetig gestiegen. So beschränkt sich die Vermörtelung von Stoßfugen mit einer Dicke von etwa 10 mm bis auf die genannten Ausnahmen bei Kalksandsteinmauerwerk nahezu nur noch auf kleinformatige Kalksandvollsteine und natürlich auf die Kalksandsteinverblender. Ausnahmen sind:

- Wandanschlussfugen bei Schallschutzanforderungen
- Übermauerung von Zuggurten als Flachstürze
- Stoßfugenvermörtelung bei Brandwänden
- Nichttragende innere Trennwände mit freiem oberen Rand
- Kelleraußenwände, sofern planerisch gefordert

Bei Porenbetonmauerwerk ist die Stoßfugenvermörtelung bis auf die genannten Ausnahmen im Regelfall nicht erforderlich. Herstellerbezogen wird hier jedoch empfohlen, dass unterhalb von Öffnungen die erste Mauerwerkslage mit Stoßfugenvermörtelung ausgeführt werden soll und dass im Eckbereich von hochdämmenden Mauerwerk die ersten beiden Stoßfugen nach der Ecke mit vermörtelt werden. Hierfür sind am besten handliche Zahnkellen zu verwenden und der Mörtelauftrag ist am einfachsten auf der Nutseite der Porenbetonsteine auszuführen.

Die Kraftübertragung bei unvermörtelten Stoßfugen erfolgt dabei durch die Reibung zwischen den benachbarten Steinen. Daher sind diese möglichst knirsch aneinanderzusetzen und es entsteht hierbei bereits in der Rohbauphase ein optisch dichtes Mauerwerk. Die Maßtoleranzen für die knirsche Verlegung von Mauerwerk sind in DIN 1053-1 Kapitel 9.2 geregelt. Sofern erforderlich, können vereinzelt Stoßfugen, die außerhalb des Toleranzmaßes aus Abbildung F.2.4 liegen, mit Mörtel geschlossen werden. Dabei sind jedoch stets die bauphysikalischen Anforderungen des Mauerwerks und die Anforderungen an den Schlagregenschutz zu berücksichtigen.

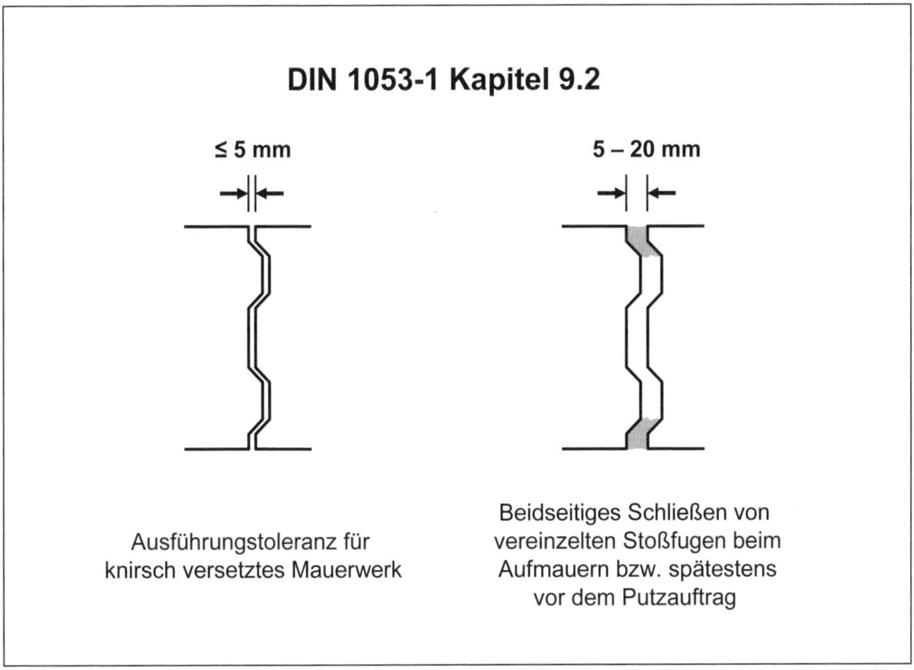

Abb. F.2.4 Stoßfugen bei Mauerwerk ohne Stoßfugenvermörtelung

Da es sich hierbei dann um Einzelfälle innerhalb des Mauerwerks handelt, sind diese durch die Sicherheitsfaktoren bei der Bemessung als Imperfektion des Mauerwerks berücksichtigt. Sofern jedoch die Häufigkeit der Fehlstellen erhöht ist, sollte eine Betrachtung der dort vorliegenden Schubkräfte vorgenommen werden und der Einfluss einer fehlerhaften Kraftübertragung bei der Bemessung des Mauerwerks berücksichtigt werden.

In Ausnahmefällen können Stoßfugen bis 50 mm auch volumenfüllend mit Mörtel geschlossen werden. Besser ist es jedoch hier in jedem Fall auf der Baustelle Passsteine zuzuschneiden und damit ein optisch einwandfreies Erscheinungsbild des Mauerwerks zu erreichen. Somit wird auch die technische Ausführungssicherheit bei diesen Fehlstellen gewährleistet. Der Zuschnitt der Passsteine erfolgt dabei mit einem geeigneten Werkzeug. Bei Kalksandstein ist dies z.B. die Steinsäge bei Porenbeton kann der Zuschnitt sowohl mit Hand (z.B. Porenbetonhandsäge) als auch mit Geräteeinsatz (z.B. Bandsäge) erfolgen.

4 Ausführung von Verbänden

Mauerwerk ist in den allermeisten Fall als Verband herzustellen. Durch den Versatz der Stoßfugen der übereinander liegenden Lagen wird die Tagfähigkeit des Mauerwerks sowohl in vertikaler Richtung als auch in horizontaler Richtung bestimmt. Das Versatzmaß zwischen den Stoßfugen nennt man das Überbindemaß. Porenbetonmauerwerk und Kalksandsteinmauerwerk wird heute nahezu ausschließlich als Einsteinmauerwerk hergestellt. Daher wird bei der Betrachtung des Überbindemaßes auch nur auf die Einhaltung dieses Maßes in der Wandfläche Bezug genommen. Sofern ausnahmsweise das Mauerwerk im Querschnitt aus mehreren Steinen besteht, gelten die Ausführungen sinngemäß.

Das Überbindemaß wird in Abhängigkeit der Steinhöhe bemessen. Aus heutiger Normungssicht gelten die Anforderungen an die Ausführung nach DIN 1053-1 in der das Überbindemaß eindeutig nach Abbildung F.2.5 festgelegt wird.

Daraus ist erkennbar, dass Mauerwerksteine in der Regel stets länger wie hoch zu sein haben. Ausnahmen von dieser Regelung erfolgt durch allgemeine bauaufsichtliche Zulassungen im Bereich Porenbeton und Kalksandstein.

Im Bereich Porenbeton gibt es hierzu zwei Ausnahmen. Die eine gilt für Planelemente die als Hochkantformate nach Zulassung Z-17.1-547 verarbeitet werden. Hier ist mit einem Versetzplan in jedem Fall mindestens der 0,2-fache Wert der größten verwendeten Steinhöhe zu gewährleisten. Die andere Ausnahme gilt für Systemwandelemente aus Porenbeton nach Zulassung Z-17.1-28 bei denen man durch die Ausführung als geschosshohes Bauteil von einer Palisadenbauweise spricht und somit keine Lagerfugen zwischen einzelnen Elementschichten mehr hat. Bei beiden Zulassungen wird dieser Umstand durch eine gesonderte Betrachtung der Schubtragfähigkeit des Mauerwerkes berücksichtigt. Bei Kalksandstein kann das Überbindemaß bei Planelementen verringert werden, jedoch ist hierbei in jedem Fall ein Mindestmaß von dem 0,2-fachen Wert der Steinhöhe bzw. von mindestens 125 mm zu beachten.

Unter Berücksichtigung dieses Maßes lassen sich unterschiedliche Mauerwerksverbände herstellen Bei Hintermauerwerk, welches nicht als Sichtmauerwerk ausgeführt wird, ist die Ausführung nach Abb. F.2.6 als so genannter Läuferverband bei rechteckigen Steinen oder als Binderverband bei quadratischen Steinen die übliche Ausführungsart.

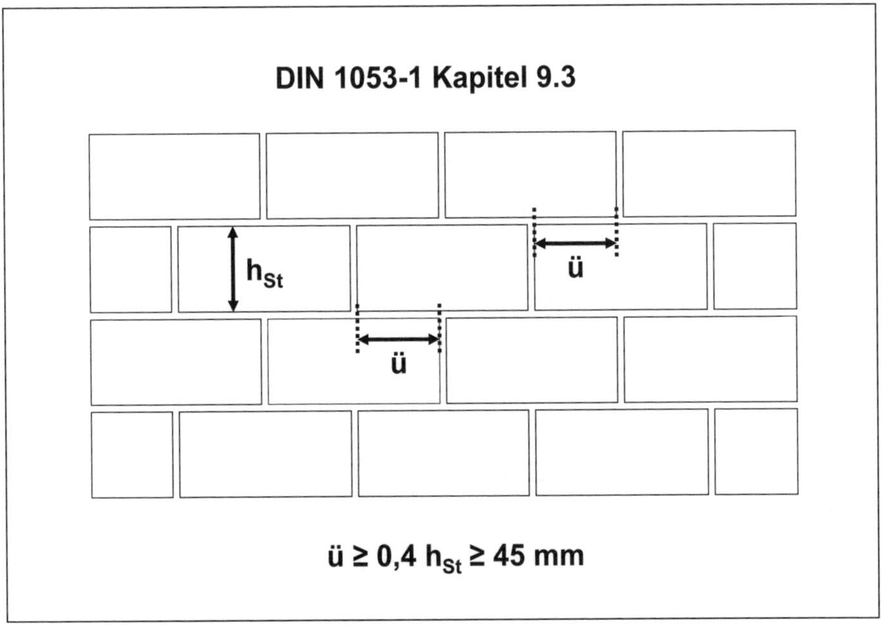

Abb. F.2.5 Notwendiges Überbindemaß

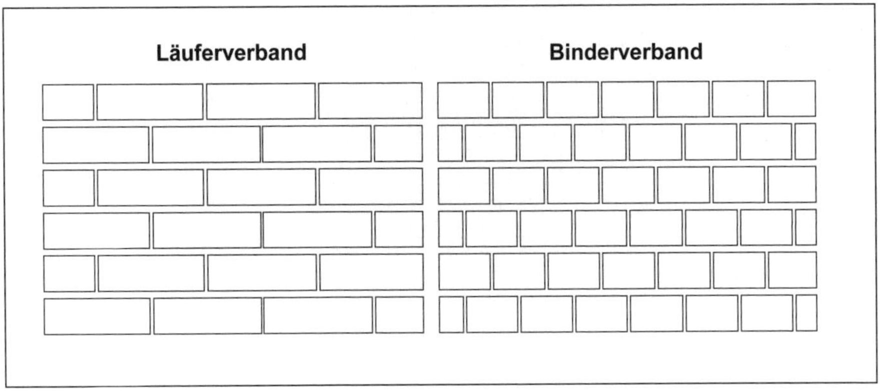

Abb. F.2.6 Verbandsausführung bei Hintermauerwerk

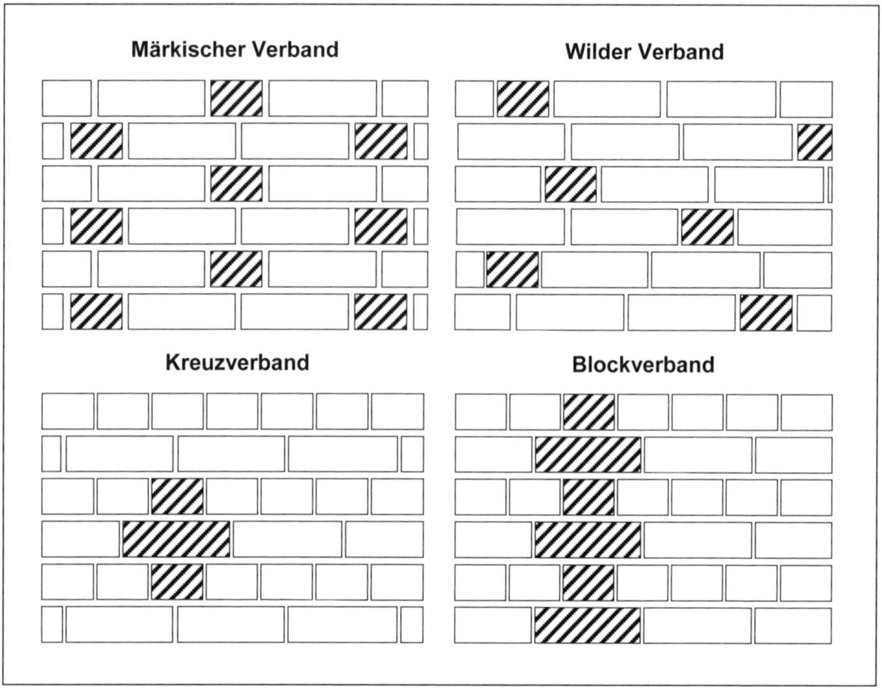

Abb. F.2.7 Zierverbände bei Sichtmauerwerk

Sichtmauerwerk wird vielfach als Zierverbandsmauerwerk (Abbildung F.2.7) in unterschiedlicher Weise erstellt. Diese Ausführung verlangt gesonderte Aufmerksamkeit beim Erstellen des Mauerwerks und ist daher bereits im Vorfeld abzustimmen. Heutzutage hat sich jedoch auch hier der Läuferverband mit einem halbsteinigen Überbindemaß als Standardlösung durchgesetzt.

Funktional gesehen hat das Überbindemaß eine besonders wichtige Funktion im Hinblick auf die Standsicherheit und Gebrauchstauglichkeit eines Mauerwerksbaus (Abbildung F.2.8). Zugspannungskräfte in der Mauerwerksebene werden von den Steinen aufgenommen und über die Lagerfugen in die benachbarten Steine weitergeleitet. Somit werden die Flächentragwirkung und ein ausreichendes Schubtragverhalten des Mauerwerks sichergestellt. Auch für die Risssicherheit von Mauerwerksbauten ist das Überbindemaß von besonderer Bedeutung.

Bei Stürzen ist ebenfalls darauf zu achten, dass das Überbindemaß in jeden Fall eingehalten wird. Somit muss in diesem Bereich neben der notwendigen Auflagerlänge auch Augenmerk auf das höhenabhängige Überbindemaß gelegt werden (Abbildung F.2.9). Bei ausgleichenden Unterfütterungen oder Übermauerungen wird empfohlen, dass hier im Putz ein Gewebe eingelegt wird.

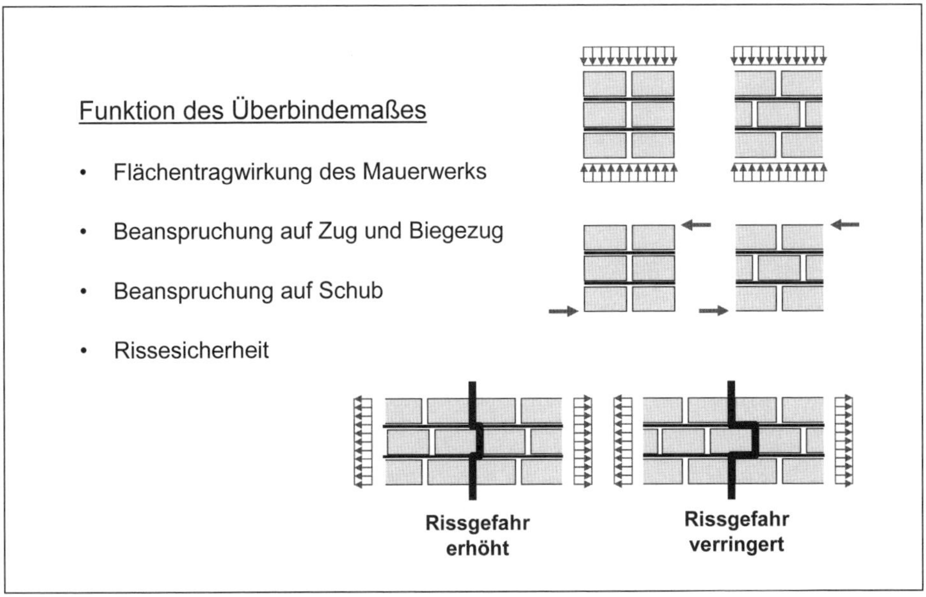

Abb. F.2.8: Funktion des Überbindemaßes

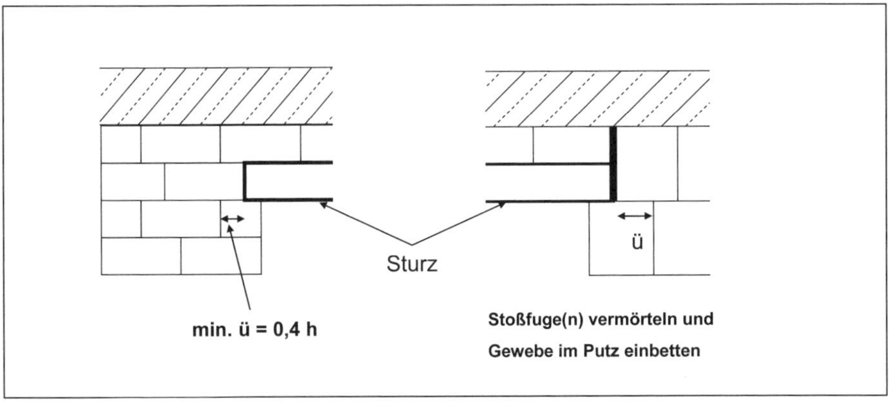

Abb. F.2.9 Ausführung Überbindemaß bei Stürzen

5 Nachbehandlung von Mauerwerk

Die Nachbehandlung von Mauerwerk betrifft sowohl Hintermauerwerk als auch Vormauerschalen.

5.1 Hintermauerwerk

Hintermauerwerk ist gegen Feuchtigkeit im Bereich der Mauerkrone zu schützen. Dies kann einfach durch eine Folienabdeckung erfolgen, die gegen Abheben gesichert ist. Was für die Mauerwerkskrone gilt, ist auch im Bereich von Brüstungen von besonderer Bedeutung. Hier muss das Mauerwerk dauerhaft gegen Eindringen von Feuchtigkeit geschützt werden. Auch hier können gut Folien zur Abdeckung eingesetzt werden.

Fehlstellen im Mauerwerk können mit geeigneten Ausbesserungsmassen mit einem ausreichenden Zeitvorlauf vor den Verputzarbeiten ausgebessert werden. Für kleinere vereinzelte Fehlstellen kann der Baustellenmörtel zw. Dünnbettmörtel verwendet werden. Größere Fehlstellen sind mit Ausbesserungsmassen zu schließen. Die Masse hat dabei ähnliche Eigenschaften wie der verwendete Mauerwerksstein und muss daher bei bauphysikalischen Betrachtungen nicht berücksichtigt werden. Dies gilt insbesondere für Porenbetonausbesserungsmassen, bei denen die Zuschläge aus wärmedämmenden Stoffen bestehen.

Die Fehlstellen sind dabei vor dem Auftrag des Mörtels bzw. der Ausbesserungsmasse zu reinigen und nach Herstellerangaben anzufeuchten. Kleinere Farbunterschiede im Mauerwerk spielen dabei im Hintermauerwerk keine Rolle, da diese durch Putze überdeckt werden. Im Bereich von Sichtmauerwerk sind produktionsbedingte Schwankungen in der Steinfarbe nicht auszuschließen. Es empfiehlt sich hier bei besonderen Anforderungen Musterflächen aus einer gemischten Anzahl an Steinen herzustellen und dieses Ergebnis als zu erwartende Sichtfläche bei dem Hintersichtmauerwerk zu vereinbaren.

5.2 Vormauerschalen

Vormauerschalen sind mit besonderem Augenmerk herzustellen. Die sorgfältige und fachgerechte Ausführung beginnt bei der lotrechten Ausrichtung der Steinköpfe und wird durch die Fugenbearbeitung als Nachbearbeitungsschritt abgeschlossen. Heute ist der Fugenglattstrich die übliche Mauerwerkstechnik für Vormauerschalen und Sichtmauerwerk. Dabei wird das Mauerwerk vollfugig in den Lager- und Stoßfugen erstellt und im frischen Zustand wird herausgequollener Mörtel mit einer Kelle abgeschnitten. Hierbei ist besonders darauf zu achten, dass der Mörtel die Sichtoberflächen der Steine nicht verschmutzt. Im Rahmen der Nachbehandlung wird dann nach dem Ansteifen des Mörtels die Fuge mit einen abriebfreien Schlauch leicht ausgerundet und dabei nochmals verdichtet.

6 Ausführung unter besonderen Randbedingungen

6.1 Mauerwerksarbeiten im Hochsommer

In Zeiten mit hohen Temperaturen sind zusätzliche Maßnahmen bei Mauerarbeiten zu beachten. Durch Hitzeeinwirkung verdunstet das Anmachwasser von Mörtel deutlich schneller und dem

Aushärtungsprozess kann unter Umständen nicht mehr genügend Wasser zugeführt werden. Die Folge ist ein Festigkeitsverlust des Mörtels und eine nicht ausreichende Verbindung der Steine untereinander. Doch nicht nur die Außentemperatur kann zu diesem Phänomen führen, auch Steine deren Oberflächen erwärmt sind, können diesen Prozess beschleunigen. Hier bietet es sich an, dass die Steine vorgenässt werden. Dies kann bei Handformaten durch Eintauchen in einem Wasserbecken geschehen oder bei großformatigen Mauerwerk durch das Benetzen der Lagerfugenoberfläche mit einem Besen und ausreichend Wasser. Frisch erstelltes Mauerwerk ist bei hochsommerlichen Temperaturen durch den Auftragnehmer so zu schützen, dass ein zu schnelles Austrocknen des Mörtels verhindert wird.

6.2 Mauerwerksarbeiten in Wintermonaten

Sowohl die DIN 1053-1 als auch die DIN 18330 regelt die Verarbeitung von Mauerwerk in Perioden mit vorhandenen oder zu erwartendem Frost. Entscheidend hierbei ist, dass hier der Auftraggeber grundsätzlich seine Zustimmung (in schriftlicher Form) zur Ausführung geben muss. Seitens des ausführenden Unternehmens sind dann besondere Maßnahmen zur Sicherung gegen die Frosteinwirkungen zu treffen.

Grundsätzlich ist anzumerken, dass alle Steinsorten sich bei Frosteinwirkung schlecht verarbeiten lassen und dass der Aufwand für die zugehörigen Sicherungsmaßnahmen hoch ist und daher sollte dieses nur in Einzelfällen ausgeführt werden. Eine mögliche, wenn auch recht selten genutzte Variante zur Sicherung ist die Lösung, das gesamte Gebäude unter einem Gerüstzelt einzuhausen und dann auf eine Mindesttemperatur von oberhalb 0° C zu beheizen.

Der Mörtel kann bei niedrigen Temperaturen deutlich schlechter abbinden und erreicht damit auch erst später seine Endfestigkeit. Sofern der Abbindeprozess durch Frosteinwirkungen gestört wird, kann es auch dazu kommen, dass keine Verbindung zwischen Mörtel und den Steinen entsteht. Das Anmachwasser kann bei niedrigen Temperaturen vorgewärmt werden, doch ist in jedem Fall darauf zu achten, dass während des gesamten Aushärteprozesses die Mindesttemperatur für den Mörtel nicht unterschritten wird. Anders als in vielen Nord- und Osteuropäischen Ländern ist der Einsatz von Frostschutzmitteln im Mörtel nicht zulässig ist.

Mauersteine dürfen nur eingesetzt werden, wenn die Oberfläche eisfrei ist und der Baustoff an sich nicht durchgefroren ist. Daraus ergibt sich auch, dass auf gefrorenen Oberflächen nicht gemauert werden darf. Hier ist durch Auftauen mit Wärmestrahlungsquellen im Ausnahmefall Abhilfe zu schaffen. Ein Einsatz von Auftaumitteln, insbesondere Salze, ist bei Kalksandstein und Porenbeton nicht zulässig, da die entstehenden Chloridkonzentrationen sowohl das Steingefüge als auch angrenzende Betonbauteile schädigen können.

Fertiges Mauerwerk ist sowohl gegen Regen als auch Schnee und Frost durch wärmedämmende Schutzhüllen abzudecken. Diese sind so zu dimensionieren dass im Inneren ausreichende positive Temperaturen für den Aushärteprozess des Mörtels vorhanden sind. Sofern Mauerwerk durch Frosteinwirkungen geschädigt wird, ist dieses so weit abzutragen, bis Mauerwerk mit ausreichender Festigkeit und Tragfähigkeit vorhanden ist.

F.3 Kalkulationsrichtwerte

1 Allgemeines

Kalkulationsrichtwerte sind im Baubetrieb eine wichtige Größe, um Aufträge leistungsgerecht zu kalkulieren und die erforderlichen Bauzeiten damit zu planen. Somit dienen sie sowohl Planern als auch den ausführenden Gewerken gleichermaßen als Orientierung, um Baustellenarbeiten so zu ermitteln, bewerten und auch auf Seiten der Lohnermittlung gerecht abzurechnen.

Eine weit verbreitete Grundlage für die unternehmensinternen Kalkulationsrichtwerte sind die Arbeitszeitrichtwerte, die zwischen den Tarifvertragsparteien der Bauwirtschaft als Sammlung in dem Handbuch Arbeitszeit-Richtwerte-Hochbau (ARH) zusammengefasst wurden. Dieses Handbuch basiert auf einer Vielzahl an Baustellenmessungen bundesweit und bildet somit auch einen Querschnitt unterschiedlichster Ausführungsarten. Es sind Mittelwerte die, durch die Vielzahl der Messungen, als gute Grundlage für die Planung von Bauleistungen berücksichtigt werden können. Die Baustellenmessungen werden von unabhängigen Instituten vorgenommen, wobei das Institut für Zeitwirtschaft und Betriebsberatung Bau (izb) hier das maßgebende Institut in Deutschland ist. Neben diesen veröffentlichten Werten aus dem Handbuch ARH führen Mauerwerksbaustoffhersteller auch noch, auch mit Fremdunterstützung, solche Arbeitszeitmessungen durch. Dies ist insbesondere notwendig, wenn neue Steinformate oder neue Verarbeitungslösungen am Markt eingeführt werden und diese noch keine Berücksichtigung in den ARH-Tabellen gefunden haben. Bei Herstellerangaben sollte dabei immer darauf geachtet werden, welche Zeitfaktoren bei den angegebenen Werten berücksichtigt wurden. Wichtig an dieser Stelle ist der Hinweis, dass Unternehmen sich nicht an vorgegebene Arbeitszeit-Richtwerte halten müssen, sondern diese auch für ihr Unternehmen selber festlegen können. Dies erklärt in vielen Fällen die unterschiedlichen Preiskalkulationen einzelner Anbieter.

Bei den ARH-Tabellen wird immer auf ein festes Schema der Zeitermittlung zurückgegriffen. Die dort genannten Zeitwerte setzen aus einzelnen Teilkomponenten zusammen. Diese sind in Abbildung F.3.1 dargestellt und werden im Anschluss im Einzelnen erläutert.

Richtzeit	=	***Tätigkeitszeit***
	+	***Wartezeit***
	=	**Grundzeit**
	+	***Verteilzeit***
	+	***Erholungszeit***
	=	**Zeit je Einheit**

Abb. F.3.1 Teilkomponenten der Arbeitszeit-Richtwerte

Bei der Tätigkeitszeit werden alle direkt einer Leistung verbundenen Arbeitsschritte berücksichtigt. Im Beispiel der Mauerwerksbau sind hierbei neben dem Versetzen der jeweiligen Steinformate auch zuviel die dafür vorbereitenden Arbeiten als auch im Zusammenhang stehende Nachfolgearbeiten zu berücksichtigen. Als vorbereitende Arbeiten werden beispielsweise das Einmessen der Wand, das Anrühren von Mörtel bzw. Dünnbettmörtel, den baustellenbedingten Materialtransport und das Anlegen von Ausgleichs- und Kimmschichten berücksichtigt. Sofern für das Versetzen der Mauersteine oder -elemente Verlegehilfsmittel notwendig sind, sind hierfür erforderliche Zeiten ebenfalls zu berücksichtigen. Auch das Aufstellen und Abbauen notwendiger Maurergerüste wird an dieser Stelle berücksichtigt. Direkt nachgelagerte Arbeiten in dieser Position können zum Beispiel die Beseitigung der Restmaterialen als Baustellenabfall oder zur Widerverwertung sein, aber auch das Aufräumen des Arbeitsplatzes und eine grobe Reinigung sind hier hinzuzurechnen. Wichtig hierbei ist, dass die Zeiten für die Anlieferung von Material und benötigten Arbeitsmitteln auf die Baustelle hier nicht mit erfasst werden. Diese Zeiten sind Baustellenallgemeinstunden und sind daher nicht der betrachteten Position zuzurechnen.

Um von der reinen Tätigkeitszeit zu einer Grundzeit der Leistung zu kommen sind hier noch die Wartzeiten auf der Baustelle für diese Leistung mit einzuplanen. Dies sind in der Regel Zeitanteile, die dafür benötigt werden, dass Arbeitsleistungen geplant in Gruppen aufgeteilt werden. Auch Wartezeiten, die durch planmäßige Abläufe in der Gruppenarbeit entstehen, werden bei den Wartzeiten mit berücksichtigt. Diese Zeiten werden auch arbeitsablaufbedingte Wartezeiten genannt und können nur bei genauerer Detailanalyse der Arbeitsaufgabe reduziert werden.

Aus der Summe von der Tätigkeitszeiten und der Wartezeiten wird die Grundzeit einer Leistungsposition ermittelt. Hinzu kommen jedoch noch die Bestandteile der Verteilzeiten auf der Baustelle, die sich aus sachlichen Verteilzeiten und persönlichen Verteilzeiten zusammensetzen. Die Arbeitsvorbereitung auf der Baustelle mit Plan lesen und Zuordnung der Leistung sowie die Abstimmung mit Vorgesetzten in Bezug auf die auszuführende Leistung werden in den sachlichen Verteilzeiten aufsummiert. Persönliche Belange der betrachten Mitarbeiter wie Abstimmungen zur Urlaubsplanung und der notwendige Gang zur Toilette fallen unter die persönlichen Verteilzeiten.

Baustellenpersonal kann keine durchgängig hohen Leistungswerte am Tag erbringen. Daher wurde noch ein weiterer Zeitanteil zwischen den am Bau beteiligten Parteien vereinbart, die Erholungszeiten. Hierin werden Zeitzuschläge für die ablaufmäßig entstehende Ermüdung von Mitarbeitern berücksichtigt. Meistens wird hierfür ein prozentualer Wert der Tätigkeitszeit angesetzt, der auf den gemachten Zeitmessungen beruht.

Die tatsächlichen Arbeitsaufwendungen (Abbildung F.3.2) sind neben den Steinformaten auch stark von der Art der Verarbeitung abhängig. Daher unterscheiden sich die zu betrachtenden Werte zum Beispiel nach der Ausführung der Lagerfugen mit Dünnbett- oder Dickbettmörtel, der Ausführung der Stoßfugen mit oder ohne der jeweils passende Vermörtelung und dem Einsatz von einem handversetztem Mauerwerk zu einem maschinenversetzten. Von besonderer Bedeutung ist in jedem Fall die Struktur des Mauerwerks. Sofern keine oder nur wenige sehr kleine Öffnungen im Mauerwerk vorhanden spricht man von vollem Mauerwerk. Diese Öffnungen werden im Sinne der Abrechnung des Mauerwerks nach DIN 18330:2006 (Verdingungsordnung im Bauwesen Teil C (VOB/C)) übermessen und damit quasi „versteckt" vergütet. Hier sind die Arbeitsleistungen höher wie bei einem Fassadenmauerwerk mit vielen Öffnungen im Sinne der DIN 18330:2006 und daraus resultierend hohen Stückzahlen von Passsteinen. Bei einer solchen Ausführung spricht man dann von gegliedertem Mauerwerk. Berücksichtigung finden auch Erschwernisse bei der Erstellung von Mauerwerk. So sollen für kleinteilige Abmauerungen von Deckenrändern höhere Zeiten in Ansatz gebracht werden. Zuschläge werden ebenfalls bei

Kleinmengen und besonderen Mauerhöhen Anwendung. Diese richten sich ebenfalls nach der Art der eingesetzten Materialien.

Je nach Art des auszuführenden Mauerwerks können Kalkulationsrichtwerte in Anlehnung an die ARH-Werte nach Kolonnengröße dargestellt werden. Kleinformatiges Mauerwerk wird in vielen Fällen als Wert einer 4 Personen-Arbeitsgruppe angegeben. Darin sind 3 Maurer/innen und 1 Helfer/in bzw. Kranführer/in berücksichtigt. Dies ist im Sinne der Tabellenwerke die Soll-Arbeitsgruppe und dafür sind die Werte ermittelt worden. Wird von dieser Gruppengröße abgewichen, so sind die Werte angepasst neu zu ermitteln. Bei großformatigem Mauerwerk wird die Soll-Arbeitsgruppe auf 2 Personen reduziert. Neben der größeren Fläche je Steinhub werden hierdurch auch weitere wirtschaftliche Vorteile einer großformatigen Bauweise realisiert. Als besonderer Extremfall kann Mauerwerk auch als „Ein-Mann-Mauerwerk" erstellt werden. Hier wird dann bei der Zeitbetrachtung nur eine Person berücksichtigt, die alle notwendigen Arbeitsschritte ausführt. Zu Einsatz kommt diese Betrachtung jedoch nur bei vollständig konfektionierten (werksseitig passend zugeschnittenen) Bauteilen wie z.B. konfektioniertes KS-Quadro-Mauerwerk.

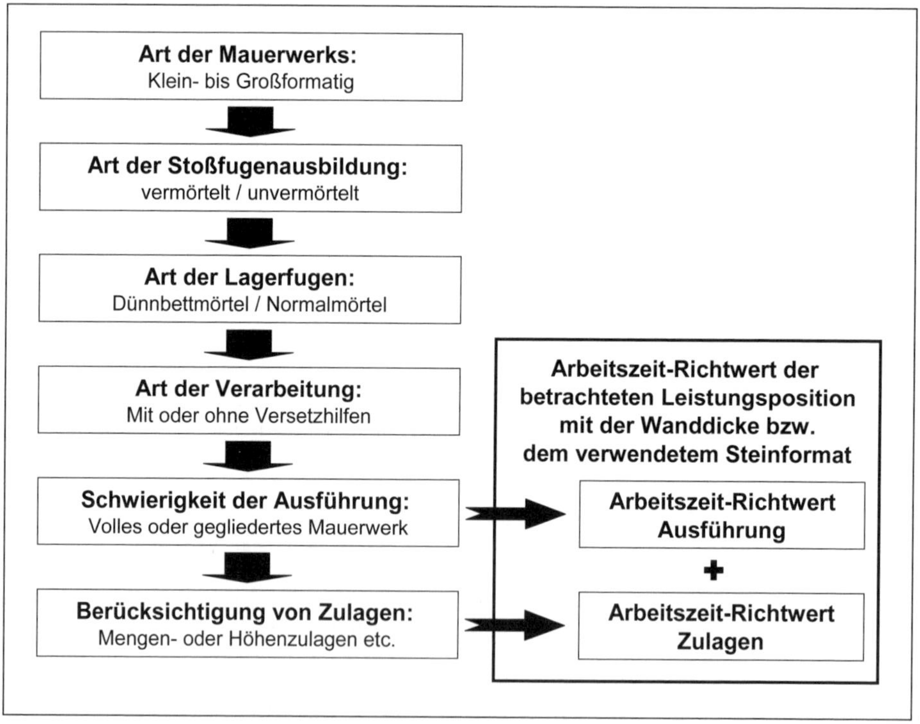

Abb. F.3.2 Ermittlung des Kalkulationsrichtwertes für eine Leistungsposition

Die nachfolgend dargestellten Beispiele als Richtwerte für Kalkulationen von Arbeitszeiten sind Auszüge aus den allgemein anerkannten ARH-Tabellen, aber auch Baustellenmessungen der Hersteller der betrachteten Steinformate. Wichtig ist bei den Beispielen, dass hier die wesentliche Änderung der VOB/C DIN 18330:2006 mit der Mauerwerksabrechnung ausschließlich nach der Fläche (h/m² Mauerwerk) für alle betrachteten Steinabmessungen berücksichtigt worden sind. Die Betrachtung und Ermittlung der speziellen Kalkulationsrichtzeit erfolgt nach dem Schema nach Abbildung F.3.2.

Beispielhaft kann aus Tabelle F.3.1 für ein gegliedertes Porenbetonplansteinmauerwerk (Dünnbettmörtel, unvermörtelte Stoßfugen) der Wanddicke 300 mm bei einer Wandhöhe von 2,75 m und unter Berücksichtigung einer Kranabladung ein Arbeitszeitrichtwert von 0,49 h/m² abgelesen werden. Dieser Wert setzt sich aus den grau hinterlegten Feldern nach dem Ablaufschema von Abbildung F.3.2 zusammen.

Bei einer angenommenen Menge von 120 m² Mauerwerk würde sich mit der in diesem Fall hinterlegten Arbeitsgruppenstärke von 4 Personen ein Zeitaufwand von knapp 59 h (120 m² * 0,49 h/m²) ergeben. Dies bedeutet, dass die Arbeitsgruppe das Mauerwerk in gut 15 Zeitstunden (59 h / 4 Arbeiter/innen) errichten kann. Dieser Wert geht in die Bauzeitenplanung ein. Für die Kalkulation des Baupreises muss aus entweder der Mittellohn der Arbeitsgruppe genommen und mit den 59 h Zeitaufwand multipliziert werden oder es wird für jedes Mitglied die anteiligen Lohnkosten aus dem Einzellohn multipliziert mit ¼ des Gesamtzeitaufwandes genommen.

In den aufgeführten Tabellenwerken für Kalkulationsrichtzeiten sind gängige Steinformate und deren Arbeitszeit-Richtwerte aus verschiedenen Quellen berücksichtigt. Genauere Werte enthalten das Handbuch Arbeitszeit-Richtwerte-Hochbau und die Herstellerangaben der Porenbeton- und Kalksandsteinhersteller.

2 Beispiele für Kalkulationsrichtwerte

Tabelle F.3.1 Beispielhafte Ermittlung der Kalkulationsrichtwerte des Zeitaufwandes für eine Position

Kenndaten	
Mauerwerk	**Porenbeton Plansteinmauerwerk Mauerwerk nach DIN 1053-1**
Stoßfugenausbildung	**unvermörtelt**
Lagerfugenausbildung	**Dünnbettmörtel**
Art der Verarbeitung	**ohne Versetzgerät**
Arbeitsgruppengröße	**4 Personen**

Wand-dicke	Steinmaße l x b x h (mm)	Rohdichteklasse	**Schwierigkeit der Ausführung**	
			volles Mauerwerk	gegliedertes Mauerwerk
11,5	625 x 115 x 249	**≤ 0,55**	**0,50 h/m²**	**0,55 h/m²**
15	625 x 150 x 249	**≤ 0,55**	**0,44 h/m²**	**0,48 h/m²**
17,5	625 x 175 x 249	**≤ 0,55**	**0,39 h/m²**	**0,43 h/m²**
20	625 x 200 x 249	**≤ 0,55**	**0,36 h/m²**	**0,40 /m²**
24	625 x 240 x 249	**≤ 0,4**	**0,40 h/m²**	**0,44 h/m²**
30	625 x 300 x 249	**≤ 0,4**	**0,42 h/m²**	**0,47 h/m²**
36,5	499 x 365 x 249	**≤ 0,4**	**0,49 h/m²**	**0,57 h/m²**

Zulagen	
Mindermengen bis 15 m³	**0,08 h/m²**
Abladen mit Kran	**0,02 h/m²**
Umstapeln auf der Baustelle	**0,06 h/m²**
Mauerhöhen über 3,00 m bis 4,00 m	**0,06 h/m²**
Deckenabmauerung bis Steinhöhe 249 mm	**0,08 h/lfm**

Tabelle F.3.2 Porenbeton – Planbauplatte

Kenndaten				
Mauerwerk	**Porenbeton Planbauplatte Mauerwerk nach DIN 4103-1 und DIN 1053-1**			
Stoßfugenausbildung	**vermörtelt**			
Lagerfugenausbildung	**Dünnbettmörtel**			
Art der Verarbeitung	**ohne Versetzgerät**			
Arbeitsgruppengröße	**4 Personen**			

Wand-dicke	Steinmaße l x b x h (mm)	Rohdichte-klasse	**Schwierigkeit der Ausführung**	
			volles Mauerwerk	gegliedertes Mauerwerk
5	499 x 50 x 249	**≤ 0,5**	**0,50 h/m²**	**0,60 h/m²**
	624 x 50 x 249		**0,45 h/m²**	**0,55 h/m²**
	624 x 50 x 498		**0,28 h/m²**	**0,32 h/m²**
7,5	499 x 75 x 249		**0,50 h/m²**	**0,60 h/m²**
	624 x 75 x 249		**0,45 h/m²**	**0,55 h/m²**
	624 x 75 x 498		**0,28 h/m²**	**0,32 h/m²**
10	499 x 100 x 249		**0,50 h/m²**	**0,60 h/m²**
	624 x 100 x 249		**0,45 h/m²**	**0,55 h/m²**
	624 x 100 x 498		**0,28 h/m²**	**0,32 h/m²**
11,5	499 x 115 x 249		**0,50 h/m²**	**0,60 h/m²**

Zulagen	
Mindermengen bis 15 m³	**0,06 h/m²**
Abladen mit Kran	**0,02 h/m²**
Umstapeln auf der Baustelle	**0,06 h/m²**
Mauerhöhen über 3,00 m bis 4,00 m	**0,06 h/m²**

F

Tabelle F.3.3 Kalksandstein – Planbauplatte

Kenndaten	
Mauerwerk	**Kalksandstein Planbauplatte** **Mauerwerk nach DIN 4103-1 und DIN 1053-1**
Stoßfugenausbildung	**vermörtelt**
Lagerfugenausbildung	**Dünnbettmörtel**
Art der Verarbeitung	**ohne Versetzgerät**
Arbeitsgruppengröße	**4 Personen**

Wand-dicke	Steinmaße l x b x h (mm)	Rohdichte-klasse	**Schwierigkeit der Ausführung**	
			volles Mauerwerk	gegliedertes Mauerwerk
5	P5 498 x 50 x 248	**≤ 2,0**	**0,35 h/m²**	**0,60 h/m²**
7	P7 498 x 70 x 248	**≤ 2,0**	**0,40 h/m²**	**0,65 h/m²**

Zulagen	
Mindermengen bis 15 m³	**0,06h/m²**
Abladen mit Kran	**0,02 h/m²**
Umstapeln auf der Baustelle	**0,06 h/m²**
Mauerhöhen über 3,00 m bis 4,00 m	**0,06 h/m²**

Tabelle F.3.4 Porenbeton Plansteine

Kenndaten	
Mauerwerk	**Porenbeton Plansteinmauerwerk** **Mauerwerk nach DIN 1053-1**
Stoßfugenausbildung	**unvermörtelt**
Lagerfugenausbildung	**Dünnbettmörtel**
Art der Verarbeitung	**ohne Versetzgerät**
Arbeitsgruppengröße	**4 Personen**

Wand-dicke	Steinmaße l x b x h (mm)	Rohdichte-klasse	**Schwierigkeit der Ausführung**	
			volles Mauerwerk	gegliedertes Mauerwerk
11,5	499 x 115 x 249	**≤ 0,55**	**0,50 h/m²**	**0,60 h/m²**
	624 x 115 x 249	**≤ 0,55**	**0,45 h/m²**	**0,55 h/m²**
17,5	499 x 175 x 249	**≤ 0,65**	**0,44 h/m²**	**0,48 h/m²**
	624 x 175 x 249	**≤ 0,65**	**0,39 h/m²**	**0,43 h/m²**
24	499 x 240 x 249	**≤ 0,65**	**0,46 h/m²**	**0,50 h/m²**
	624 x 240 x 249	**≤ 0,5**	**0,41 h/m²**	**0,46 h/m²**
30	499 x 300 x 249	**≤ 0,5**	**0,44 h/m²**	**0,48 h/m²**
	624 x 300 x 249	**≤ 0,4**	**0,42 h/m²**	**0,47 h/m²**
36,5	499 x 365 x 249	**≤ 0,5**	**0,49 h/m²**	**0,57 h/m²**
	624 x 365 x 249	**≤ 0,4**	**0,47h/m²**	**0,55h/m²**

Zulagen	
Mindermengen bis 15 m³	**0,06 h/m²**
Abladen mit Kran	**0,02 h/m²**
Umstapeln auf der Baustelle	**0,06 h/m²**
Mauerhöhen über 3,00 m bis 4,00 m	**0,06 h/m²**
Deckenabmauerung bis Steinhöhe 249 mm	**0,08 h/lfm**

F

Tabelle F.3.5 Kalksandstein Plansteine (1)

Kenndaten	
Mauerwerk	**Kalksandstein Plansteinmauerwerk Mauerwerk nach DIN 1053-1**
Stoßfugenausbildung	**unvermörtelt**
Lagerfugenausbildung	**Dünnbettmörtel**
Art der Verarbeitung	**ohne Versetzgerät**
Arbeitsgruppengröße	**4 Personen**

Wand-dicke	Steinformat bzw. Steinmaße l x b x h (mm)	Rohdichte-klasse	**Schwierigkeit der Ausführung**	
			volles Mauerwerk	gegliedertes Mauerwerk
11,5	**4DF** 248 x 115 x 248	**≤ 2,2**	**0,47 h/m²**	**0,51 h/m²**
	8DF 498 x 115 x 248	**≤ 1,8**	**0,43 h/m²**	**0,47 h/m²**
15	**5DF** 248 x 150 x 248	**≤ 2,2**	**0,53 h/m²**	**0,56 h/m²**
17,5	**6DF** 248 x 175 x 248	**≤ 1,8**	**0,40 h/m²**	**0,46 h/m²**
	12DF 498 x 175 x 248	**≤ 2,0**	**0,42 h/m²**	**0,48 h/m²**
	12DF 498 x 175 x 248	**≤ 2,2**	**0,44 h/m²**	**0,50 h/m²**
24	**4DF** 248 x 240 x 123	**≤ 2,2**	**0,42 h/m²**	**0,50 h/m²**
	8DF 498 x 240 x 248	**≤ 1,6**	**0,48 h/m²**	**0,54 h/m²**
30	**5DF** 248 x 300 x 123	**≤ 2,2**	**0,48 h/m²**	**0,58 h/m²**
	10DF 498 x 300 x 248	**≤ 1,4**	**0,56 h/m²**	**0,63 h/m²**

Zulagen	
Mindermengen bis 15 m³	**0,05 h/m²**
Abladen mit Kran	**0,02 h/m²**
Umstapeln auf der Baustelle	**0,05 h/m²**
Mauerhöhen über 3,00 m bis 4,00 m	**0,07 h/m²**

Tabelle F.3.6 Kalksandstein Plansteine (2)

Kenndaten	
Mauerwerk	**Kalksandstein Plansteinmauerwerk Mauerwerk nach DIN 1053-1**
Stoßfugenausbildung	**vermörtelt**
Lagerfugenausbildung	**Dünnbettmörtel**
Art der Verarbeitung	**ohne Versetzgerät**
Arbeitsgruppengröße	**4 Personen**

Wand-dicke	Steinformat bzw. Steinmaße l x b x h (mm)	Rohdichte-klasse	**Schwierigkeit der Ausführung**	
			volles Mauerwerk	gegliedertes Mauerwerk
11,5	**4DF** 248 x 115 x 248	**≤ 2,2**	**0,52 h/m²**	**0,56 h/m²**
	8DF 498 x 115 x 248	**≤ 1,8**	**0,48 h/m²**	**0,53 h/m²**
15	**5DF** 248 x 150 x 248	**≤ 2,2**	**0,58 h/m²**	**0,61 h/m²**
17,5	**6DF** 248 x 175 x 248	**≤ 1,8**	**0,45 h/m²**	**0,51 h/m²**
	12DF 498 x 175 x 248	**≤ 2,0**	**0,47 h/m²**	**0,53 h/m²**
	12DF 498 x 175 x 248	**≤ 2,2**	**0,49 h/m²**	**0,55 h/m²**
24	**4DF** 248 x 240 x 123	**≤ 2,2**	**0,47 h/m²**	**0,55 h/m²**
	8DF 498 x 240 x 248	**≤ 1,6**	**0,53 h/m²**	**0,59 h/m²**
30	**5DF** 248 x 300 x 123	**≤ 2,2**	**0,53 h/m²**	**0,63 h/m²**
	10DF 498 x 300 x 248	**≤ 1,4**	**0,61 h/m²**	**0,68 h/m²**

Zulagen	
Mindermengen bis 15 m³	**0,05 h/m²**
Abladen mit Kran	**0,02 h/m²**
Umstapeln auf der Baustelle	**0,05 h/m²**
Mauerhöhen über 3,00 m bis 4,00 m	**0,07 h/m²**

F

Tabelle F.3.7 Kalksandstein Blocksteine (1)

Kenndaten	
Mauerwerk	**Kalksandsteinmauerwerk** **Mauerwerk nach DIN 1053-1**
Stoßfugenausbildung	**vermörtelt**
Lagerfugenausbildung	**Normalmörtel**
Art der Verarbeitung	**ohne Versetzgerät**
Arbeitsgruppengröße	**4 Personen**

Wand-dicke	Steinformat bzw. Steinmaße l x b x h (mm)	Rohdichte-klasse	**Schwierigkeit der Ausführung**	
			volles Mauerwerk	gegliedertes Mauerwerk
11,5	**DF** 240 x 115 x 52	≤ 2,2	**0,85 h/m²**	**0,90 h/m²**
	NF 240 x 115 x 71		**0,80 h/m²**	**0,85 h/m²**
	2DF 240 x 115 x 113		**0,54 h/m²**	**0,62 h/m²**
17,5	**3DF** 240 x 175 x 113		**0,54 h/m²**	**0,62 h/m²**
24	**NF** 115 x 240 x 71		**1,06h/m²**	**1,14 h/m²**
	2DF 115 x 240 x 113		**0,93 h/m²**	**1,01 h/m²**
	3DF 175 x 240 x 113		**0,65 h/m²**	**0,73 h/m²**
	4DF 240 x 240 x 113		**0,54 h/m²**	**0,61 h/m²**
	5DF 300 x 240 x 113		**0,50 h/m²**	**0,57 h/m²**
30	**5DF** 240 x 300 x 113		**0,63 h/m²**	**0,72 h/m²**

Zulagen	
Mindermengen bis 15 m³	**0,08 h/m²**
Abladen mit Kran	**0,02 h/m²**
Umstapeln auf der Baustelle	**0,07 h/m²**
Mauerhöhen über 3,00 m bis 4,00 m	**0,04 h/m²**

Tabelle F.3.8 Porenbeton Planelemente

Kenndaten	
Mauerwerk	**Porenbeton Planelementmauerwerk Mauerwerk nach DIN 1053-1**
Stoßfugenausbildung	**unvermörtelt**
Lagerfugenausbildung	**Dünnbettmörtel**
Art der Verarbeitung	**mit Versetzgerät**
Arbeitsgruppengröße	**2 Personen**

Wand-dicke b	Steinformat bzw. Steinmaße l x b x h (mm)	Rohdichte-klasse	**Schwierigkeit der Ausführung**	
			volles Mauerwerk	gegliedertes Mauerwerk
11,5 / 15 / 17,5	624 x **b** x 374	≤ 0,5	**0,40 h/m²**	**0,43 h/m²**
17,5 / 24 / 30 / 36,5	499 x **b** x 499 (doppelt)	≤ 0,7	**0,37 h/m²**	**0,46 h/m²**
	625 x **b** x 499 (doppelt)		**0,37 h/m²**	**0,46 h/m²**
	625 x **b** x 625 (doppelt)		**0,29 h/m²**	**0,37 h/m²**
	999 x **b** x 499		**0,34h/m²**	**0,43 h/m²**

Zulagen	
Mindermengen bis 15 m³	**0,04 h/m²**
Abladen mit Kran	**0,02 h/m²**
Mauerhöhen über 3,00 m bis 4,00 m	**0,06 h/m²**
Deckenabmauerung	**0,08 h/lfm**

F

Tabelle F.3.9 Quadro/Rasterelemente KS

Kenndaten	
Mauerwerk	**Kalksandstein Rasterelementmauerwerk** **Mauerwerk nach DIN 1053-1**
Stoßfugenausbildung	**unvermörtelt**
Lagerfugenausbildung	**Dünnbettmörtel**
Art der Verarbeitung	**mit Versetzgerät 2 Elemente gleichzeitig**
Arbeitsgruppengröße	**1 Person**

Wand-dicke b	Steinformat bzw. Steinmaße l x b x h (mm)	Rohdichte-klasse	**Schwierigkeit der Ausführung**	
			volles Mauerwerk	gegliedertes Mauerwerk
11,5 / 15 / 17,5 / 20 / 24 / 30 / 36,5	498 x **b** x 498 (doppelt)	≤ 2,2	**0,25 h/m²**	**0,28 h/m²**

Zulagen	
Mindermengen bis 15 m³	**0,04 h/m²**
Abladen mit Kran	**0,03 h/m²**
Umstapeln auf der Baustelle / Bereitstellen	**0,03 h/m²**
Mauerhöhen über 3,00 m bis 4,00 m	**0,05 h/m²**

Tabelle F.3.10 Planelemente KS

Kenndaten	
Mauerwerk	**Kalksandstein Planelementemauerwerk** **Mauerwerk nach DIN 1053-1**
Stoßfugenausbildung	**unvermörtelt**
Lagerfugenausbildung	**Dünnbettmörtel**
Art der Verarbeitung	**mit Versetzgerät**
Arbeitsgruppengröße	**2 Personen**

Wand-dicke b	Steinformat bzw. Steinmaße l x b x h (mm)	Rohdichte-klasse	**Schwierigkeit der Ausführung**	
			volles Mauerwerk	gegliedertes Mauerwerk
10 / 11,5 / 15 / 17,5 / 20 / 24 / 30	998 x **b** x 498	**≤ 2,2**	**0,35 h/m²**	**0,44 h/m²**
10 / 11,5 / 15 / 17,5 / 20 / 24 / 30	998 x **b** x 623	**≤ 2,2**	**0,32 h/m²**	**0,40 h/m²**

Zulagen	
Mindermengen bis 15 m³	**0,04 h/m²**
Abladen mit Kran	**0,03 h/m²**
Umstapeln auf der Baustelle / Bereitstellen	**0,03 h/m²**
Mauerhöhen über 3,00 m bis 4,00 m	**0,07 h/m²**

Tabelle F.3.11 Systemwandelemente

Kenndaten	
Mauerwerk	**Mauerwerk aus Ytong Systemwandelementen** **Mauerwerk nach DIN 4223 und Z-17.1-28**
Stoßfugenausbildung	**vermörtelt**
Lagerfugenausbildung	**Dünnbettmörtel**
Art der Verarbeitung	**mit Versetzgerät**
Arbeitsgruppengröße	**2 Personen**

Wand-dicke b	Steinformat bzw. Steinmaße l x b x h (mm)	Rohdichte-klasse	**Schwierigkeit der Ausführung**	
			volles Mauerwerk	gegliedertes Mauerwerk
15 / 17,5 / 20 / 24 / 30 / 36,5	598 x **b** x 2000÷3000	**≤ 0,6**	**0,18 h/m²**	**0,18 h/m²**
15 / 17,5 / 20 / 24 / 30 / 36,5	748 x **b** x 2000÷3000	**≤ 0,6**	**0,16 h/m²**	**0,16 h/m²**

Zulagen	
Mindermengen bis 15 m³	**0,02 h/m²**
Abladen mit Kran	**0,01 h/m²**
Ausgleichsschichten	**0,12 h/lfm**

Tabelle F.3.12 Trennwandelemente

Kenndaten	
Mauerwerk	**Mauerwerk aus Ytong Trennwandelementen Mauerwerk nach DIN 4103-1 und ETA 03/0007**
Stoßfugenausbildung	**vermörtelt**
Lagerfugenausbildung	**Normalmörtel**
Art der Verarbeitung	**mit Versetzgerät**
Arbeitsgruppengröße	**1 Person**

Wand-dicke b	Steinformat bzw. Steinmaße l x b x h (mm)	Rohdichte-klasse	**Schwierigkeit der Ausführung**	
			volles Mauerwerk	gegliedertes Mauerwerk
7,5	598 x 75 x 2200÷3000	**≤ 0,6**	**0,21 h/m²**	**0,21 h/m²**
10	598 x 100 x 2200÷3000	**≤ 0,6**	**0,23 h/m²**	**0,23 h/m²**

Zulagen	
Mindermengen bis 15 m³	**0,02 h/m²**
Abladen mit Kran	**0,01 h/m²**
Krantransport in das Gebäude vor Herstellen der Geschossdecken	**0,04 h/m²**

F

Tabelle F.3.13 KS-Verblender

Kenndaten					
Mauerwerk		**Kalksandstein Verblendmauerwerk** **Mauerwerk nach DIN 1053-1**			
Stoßfugenausbildung		**vermörtelt / Fugenglattstrich**			
Lagerfugenausbildung		**Normalmörtel / Fugenglattstrich**			
Art der Verarbeitung		**ohne Versetzgerät**			
Arbeitsgruppengröße		**4 Personen**			
Wand-dicke	Steinmaße l x b x h (mm)	Rohdichte-klasse	**Schwierigkeit der Ausführung**		
			volles Mauerwerk	gegliedertes Mauerwerk	
11,5	**DF** 240 x 115 x 52	1,8	**1,50 h/m²**	**1,65 h/m²**	
	NF 240 x 115 x 71		**1,25 h/m²**	**1,35 h/m²**	
	2DF 240 x 115 x 113		**0,95 h/m²**	**1,05 h/m²**	
Zulagen					
Mindermengen bis 15 m³			**0,15 h/m²**		
Abladen mit Kran			**0,02 h/m²**		
Umstapeln auf der Baustelle			**0,09 h/m²**		
Auflegen eines Kalksandstein-Sichtmauersturz			**0,96 h/lfm**		
Anlagen einer Rollschicht			**0,25 h/lfm**		

G Bauphysik

Vorwort

Neben Architektur und Statik bildet die Bauphysik die dritte wesentliche Säule für die Planung und Nutzung von Gebäuden.

Der bauliche Brandschutz muss wie die Statik als oberstes Ziel die Sicherheit der Nutzer gewährleisten.

Wärme- und Feuchteschutz leisten einen erheblichen Beitrag für Schadensfreiheit und Dauerhaftigkeit sowie den Energieverbrauch von Gebäuden.

Zusammen mit dem Schallschutz soll eine hohe hygienische Qualität und hoher Komfort für die Gebäudenutzung sichergestellt werden.

Die nachfolgenden Seiten zeigen, wie sich die Xella – Baustoffe Kalksandstein, Porenbeton und Multipor mit ihren durchaus unterschiedlichen bauphysikalischen Eigenschaften in den verschiedenen Teilgebieten verhalten.

Mit Xella – Baustoffen bzw. mit auf die jeweilige Nutzung abgestimmten Kombinationen dieser Baustoffe sind bauphysikalisch optimale Lösungen für Wand, Dach und Decke möglich.

G.1 Wärmeschutz

1 Wärme und Feuchte

1.1 Grundlagen

Wärmeleitfähigkeit

Die Wärmeleitfähigkeit charakterisiert als Stoffeigenschaft die Qualität der Wärmedämmeigenschaften von Materialien. Sie beschreibt die Wärmemenge, die infolge Wärmeleitung durch 1 m^2 einer 1 m dicken Schicht eines Stoffes hindurch geht, wenn der Temperaturunterschied zwischen den beiden Oberflächen 1° K beträgt. Je geringer die Wärmeleitfähigkeit eines Stoffes, desto besser ist seine Wärmedämmung.

Die abgeleitete SI-Einheit ist W/(m · K).

Die Wärmeleitfähigkeit wird im wesentlichen beeinflusst von der Rohdichte sowie dem Feuchtegehalt eines Baustoffes. Der für die Berechnung des Wärmeschutzes von Bauteilen anzusetzende Bemessungswert der Wärmeleitfähigkeit l berücksichtigt den sich klimatisch einstellenden Feuchtegehalt. Als Randbedingung wird dabei die Ausgleichsfeuchte bei 23 °C und 80 % relativer Luftfeuchte zugrunde gelegt.

Die Werte für Xella – Produkte für den Massivbau liegen in folgenden Bereichen:

Silka – Kalksandstein $\lambda = 0{,}70 - 1{,}3$ W/(m · K)

YTONG – Porenbeton $\lambda = 0{,}08 - 0{,}18$ W/(m · K)

Multipor $\lambda = 0{,}045$ W/(m · K)

Wärmedurchlasswiderstand

Der Wärmedurchlasswiderstand wird bestimmt durch das Verhältnis der Schichtdicke eines Baustoffes und dem Bemessungswert der Wärmeleitfähigkeit:

$$R = \frac{d}{\lambda} \text{ in } m^2 \cdot K/W$$

Wärmeübergangskoeffizient und Wärmeübergangswiderstand

Der Wärmeübergangskoeffizient U gibt die Wärmemenge an, die in einer Stunde zwischen 1 m^2 Bauteiloberfläche und der berührenden Luft ausgetauscht wird, wenn die Temperaturdifferenz zwischen Körperoberfläche und Luft 1° K beträgt.

Die abgeleitete SI-Einheit ist $W/(m^2 K)$.

Der Wärmeübergangswiderstand R_{si} bzw. R_{se} ist der Kehrwert des Wärmeübergangskoeffizienten. Für ebene Oberflächen gelten gemäß DIN EN ISO 6946 die in Tabelle 1 aufgeführten Bemessungswerte abhängig von der Richtung des Wärmestromes. Die Werte unter „horizontal" gelten auch für Abweichung der Richtung des Wärmstromes von + 30 °C von der horizontalen Ebene.

Wärmeübergangswiderstände in $m^2 \cdot K/W$ nach DIN EN ISO 6946

	Richtung des Wärmestromes		
	Aufwärts	Horizontal	Abwärts
R_{si}	0,10	0,13	0,17
R_{se}	0,04	0,04	0,04

Wärmedurchlasswiderstand von Luftschichten

Nach DIN EN ISO 6946 wird unterschieden in ruhende, schwach belüftete sowie stark belüftete Luftschichten. Das Unterscheidungskriterium bildet dabei maßgeblich die Größe der Öffnungen der Luftschicht zur Außenumgebung.

Bei zweischaligem Mauerwerk mit Kerndämmung kann die Luftschicht (rd. 1 cm Fingerspalt) zwischen Kerndämmung und Verblendschale als ruhend eingeordnet werden.

Wärmedurchlasswiderstand in $m^2 \cdot K/W$ von ruhenden Luftschichten nach DIN EN ISO 6946

Dicke der Luftschicht mm	Wärmedurchlasswiderstand $m^2 \cdot K/W$ Richtung des Wärmestromes		
	Aufwärts	Horizontal	Abwärts
0	0,00	0,00	0,00
5	0,11	0,11	0,11
7	0,13	0,13	0,13
10	0,15	0,15	0,15
15	0,16	0,17	0,17
25	0,16	0,18	0,19
50	0,16	0,18	0,21
100	0,16	0,18	0,22
300	0,16	0,18	0,23
Anmerkung Zwischenwerte können mittels linearer Interpolation ermittelt werden.			

Für schwach belüftete Luftschichten müssen die Werte nach vorstehender Tabelle halbiert werden. Der maximal ansetzbare Wert beträgt dabei 0,15 $m^2 \cdot K/W$.

Bei stark belüfteten Luftschichten wird der Wärmedurchlasswiderstand dieser Schicht sowie aller Bauteile zwischen Luftschicht und Außenumgebung nicht in die Berechung des Wärmedurchgangskoeffizienten einbezogen. Dies trifft u. a. für zweischaliges Mauerwerk mit Luftschicht nach DIN 1053 zu. Dabei gilt für den äußeren Wärmeübergangswiderstand der Wert des inneren Wärmeübergangswiderstandes ($R_{se} = R_{si}$).

Wärmedurchgangswiderstand

Der Wärmedurchgangswiderstand R_T eines Bauteils aus homogen Schichten wird berechnet aus der Summe der Wärmedurchlasswiderstände der einzelnen Schichten und den Wärmeübergangswiderständen.

Für ein Bauteil mit n homogenen Schichten gilt somit:

$$R_T = R_{si} + \frac{d_1}{\lambda_1} + \frac{d_2}{\lambda_2} + \ldots + \frac{d_n}{\lambda_n} + R_{se} \text{ in m}^2 \cdot \text{K/W}$$

Enthält ein Bauteil inhomogene Schichten, ergibt sich der Wärmedurchgangswiderstand R_T aus dem arithmetischem Mittel aus oberem und unterem Grenzwert des Wärmedurchgangswiderstandes:

$$R_T = \frac{R'_T + R''_T}{2} \quad \text{in m}^2 \cdot \text{K/W}$$

Zur Berechung des oberen Grenzwertes wird das Bauteil derart in Abschnitte unterteilt, dass jeder Abschnitt selbst thermisch homogen ist. Danach wird der Flächenanteil jedes Abschnittes ermittelt (Summe der Teilflächen = 1).

$$\frac{l}{R'_T} = \frac{f_a}{R_{Ta}} + \frac{f_b}{R_{Tb}} + \ldots + \frac{f_q}{R_{Tq}}$$

Dabei ist

$R_{Ta}, R_{Tb} \ldots R_{Tq}$	die Wärmedurchgangswiderstände von Bereich zu Bereich für jeden Abschnitt
$f_a, f_b \ldots f_q$	die Teilflächen jedes Abschnittes.

Die Berechnung des unteren Grenzwertes erfolgt unter der Annahme, dass alle Ebenen parallel zu den Oberflächen des Bauteils isotherm sind.

$$\frac{l}{R_j} = \frac{f_a}{R_{aj}} + \frac{f_b}{R_{bj}} + \ldots + \frac{f_q}{R_{qj}}$$

Der untere Grenzwert wird dann nach folgender Gleichung ermittelt:

$$R''_T = R_{si} + R_1 + R_2 + \ldots R_n + R_{se}$$

Alternativ dazu kann über die äquivalente Wärmeleitfähigkeit der Schicht gerechnet werden:

$$R_j = d_j / \lambda''_j$$

mit

$$\lambda''_j = \lambda_{aj}\, f_a + \lambda_{bj} f_b + \ldots + \lambda_{qj} f_q$$

Zur Verdeutlichung nachfolgend ein Berechnungsbeispiel für ein YTONG – Dach mit Multipor – Dämmung (über äquivalente Wärmeleitfähigkeit):

G

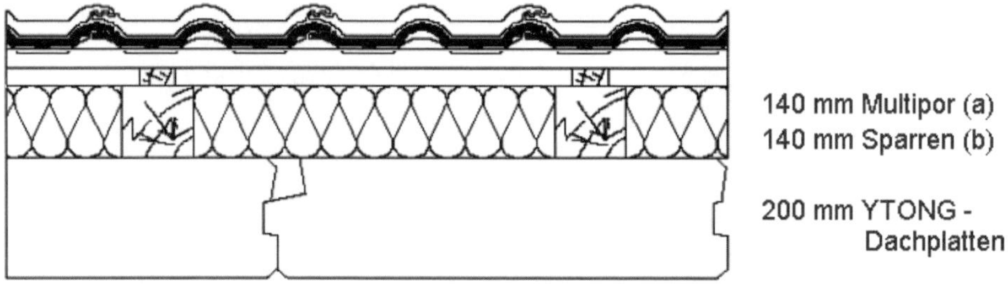

			abschnittsweise Berechnung der Wärmeübergangswiderstände			Wärmeleitfähigkeit/Wärmedurchlasswiderstand der Schichten		
			Abschnitt a mit ta 0,92	Abschnitt b mit tb 0,08				
Schicht	Dicke in mm		Warmeleitfahigkeit/ Warmedurchlasswiderstand		Einheit			Einheit
innere Übergangsschicht		$h_{i,a}$	10,00	10,00	$W/(m^2 \cdot K)$	h_i	10	$W/(m^2 \cdot K)$
		$R_{si,a}$	0,10	0,10	m^2/kW	$R_{si,a}$	0,100	m^2/kW
Schicht 1	200	$\lambda_{a,1}$	0,14	0,14	$W/(m \cdot k)$	λ_1	0,14	$W/(m \cdot k)$
YTONG – Dachplatten		$R_{a,1}$	1,43	1,43	m^2/kW	R_1	1,43	m^2/kW
Schicht 2	140	$\lambda_{a,2}$	0,045	0,13	$W/(m \cdot k)$	λ_2	0,052	$W/(m \cdot k)$
Multipor/Sparren		$R_{a,2}$	3,11	1,08	m^2/kW	R_2	2,70	m^2/kW
äußere Übergangschicht		$h_{e,a}$	25	25	$W/(m^2 \cdot K)$	h_e	25	$W/(m^2 \cdot K)$
		$R_{se,a}$	0,04	0,04	m^2/kW	R_{sea}	0,04	m^2/kW
Summe Teilwiderstände		R_{Ta}	4,68	2,65		Summe der mittleren Wärmedurchlasswi derstände der Schichten		
anteilig			0,20	0,03				
oberer Grenzwert		R_T	4,41	m^2/kW				
unterer Grenzwert		R_1				$4{,}27 \cdot m^2/kW$		
Wärmedurchgangswiderstand R_T in m^2/kW Wärmedurchgangskoeffizient (U-Wert)						4,34 0,23 $W/(m^2 \cdot K)$		

Wärmedurchgangskoeffizient (U-Wert)

Der Wärmedurchgangskoeffizient U wird bestimmt aus dem Kehrwert des Wärmedurchgangswiderstandes:

$$U = \frac{1}{R_T} \text{ in } W/(m^2 \cdot K)$$

Der Wärmedurchgangskoeffizient ist gegebenenfalls nach DIN EN ISO 6946 Anhang D zu korrigieren. Dies jedoch nur, wenn die Gesamtkorrektur 3 % und mehr von U beträgt.

In jedem Fall muss jedoch eine Korrektur für Mauerwerksanker über einer Luftschicht erfolgen, wie bei zweischaligem Mauerwerk mit Luftschicht nach DIN 1053 üblich.

Die Korrektur ist zu ermitteln nach:

$$\Delta U_f = \alpha \lambda_f n_f A_f$$

mit

α Koeffizient Befestigungsmittel (Mauerwerksanker = 6);
λ_f Wärmeleitfähigkeit des Befestigungsmittels
n_f Anzahl der Befestigungsmittel je m^2;
A_f Querschnittsfläche eines Befestigungsteils

Nach DIN 1053-1 ist davon auszugehen, dass 5 Anker pro m^2 mit einem Durchmesser von 4 mm mit einer Wärmeleitfähigkeit von 15 W/(m · K) zur Verankerung der Verblendschale angeordnet werden.

Damit ergibt sich eine Korrekturwert von

$$\Delta U_f = 6 \cdot 15 \cdot 4 \cdot \frac{\pi}{4} \cdot 0{,}004^2 = 0{,}0045$$

Die Wärmedurchgangskoeffizienten (U-Werte) von Xella-Bauteilen

Einschaliges Mauerwerk

Schichtaufbau:
Außenputz d = 15 mm, λ = 0,4 W/(m · K)
YTONG – Außenwand (siehe Tabelle)
Innenputz d = 10 mm, λ = 0,7 W/(m · K)

Wärmedurchgangskoeffizient U [W/(m² · K)]

λ [W/(m · K)]	Wanddicken YTON [mm]			
	300	365	425	480
0,08	0,25	0,21	0,18	0,16
0,09	0,28	0,23	–	–
0,10	0,31	0,26	–	–
0,12	0,37	0,31	–	–
0,13	0,40	0,33	–	–
0,14	0,42	0,35	–	–
0,16	0,48	0,40	–	–
0,18	0,53	0,44	–	–
0,21	0,61	0,51	–	–

$R_{s,i}$ = 0,13 W/(m · K) R_{se} = 0,04 W/(m · K)

G

Silka – Kalksandstein mit Wärmedämmverbundsystem

Schichtaufbau:
Außenputz $d \leq 8$ mm,
Wärmedämmung (siehe Tabelle)
Silka – Außenwand Rohdichteklasse 1,8, $\lambda = 0{,}99$ W/(m · K)
Innenputz $d = 10$ mm, $\lambda = 0{,}7$ W/(m · K)

Wärmedurchgangskoeffizient U [W/m² · K]

Dicke der KS-Wand [mm]	Dämmschichtdicke [mm]	Wärmeleitfähigkeit Dämmschicht W/(m · K)		
		0,035	0,040	Multipor 0,045
150	100	0,31	0,35	0,39
175		0,31	0,35	0,39
200		0,31	0,35	0,38
240		0,30	0,34	0,38
150	140	0,23	0,26	0,29
175		0,23	0,26	0,29
200		0,23	0,26	0,29
240		0,23	0,25	0,28
150	180	0,18	0,21	0,23
175		0,18	0,21	0,23
200		0,18	0,20	0,23
240		0,18	0,20	0,23
150	220	0,15	0,17	0,19
175		0,15	0,17	0,19
200		0,15	0,17	0,19
240		0,15	0,17	0,19
150	240	0,14	0,16	0,18
175		0,14	0,16	0,18
200		0,14	0,16	0,17
240		0,14	0,16	0,17
150	280	0,12	0,14	0,15
175		0,12	0,14	0,15
200		0,12	0,14	0,15
240		0,12	0,13	0,15
150	320	0,11	0,12	0,13
175		0,11	0,12	0,13
200		0,10	0,12	0,13
240		0,10	0,12	0,13

$R_{si} = 0{,}13$ W/(m · K) $R_{se} = 0{,}04$ W/(m · K)

Zweischaliges Mauerwerk mit Luftschicht

Schichtaufbau:
Silka – Verblendschale Rohdichteklasse 1,8 – 2,0, *d* = 115 mm,
Luftschicht belüftet
Wärmedämmung (siehe Tabelle)
Silka – tragende Innenschale Rohdichteklasse 1,8, λ = 0,99 W/(m · K)
Innenputz *d* = 10 mm, λ = 0,7 W/(m · K)

Wärmedurchgangskoeffizient *U* [W/m² · K]

Dicke der KS-Wand [mm]	Dämmschichtdicke [mm]	Wärmeleitfähigkeit Dämmschicht W/(m · K)		
		0,035	0,040	Multipor 0,045
115	100	0,31	0,35	0,38
150		0,30	0,34	0,38
175		0,30	0,34	0,37
200		0,30	0,34	0,37
240		0,30	0,33	0,37
115	140	0,23	0,26	0,29
150		0,23	0,26	0,28
175		0,22	0,25	0,28
200		0,22	0,25	0,28
240		0,22	0,26	0,28
115	180	0,18	0,20	0,23
150		0,18	0,20	0,23
175		0,18	0,20	0,22
200		0,18	0,20	0,22
240		0,18	0,20	0,22
115	220	0,15	0,17	0,19
150		0,15	0,17	0,19
175		0,15	0,17	0,19
200		0,15	0,17	0,19
240		0,15	0,17	0,18
115	260	0,13	0,15	0,16
150		0,13	0,14	0,16
175		0,13	0,14	0,16
200		0,13	0,14	0,16
240		0,13	0,14	0,16
115	300	0,11	0,13	0,14
150		0,11	0,13	0,14
175		0,11	0,13	0,14
200		0,11	0,13	0,14
240		0,11	0,12	0,14

R_{si} = 0,13 W/(m · K) R_{se} = 0,13 W/(m · K)

G

Zweischaliges Mauerwerk mit Luftschicht (Fortsetzung)

Schichtaufbau:
Verblendschale Rohdichteklasse 1,8 – 2,0, d = 115 mm, Luftschicht belüftet
Wärmedämmung (siehe Tabelle)
YTONG – tragende Innenschale d = 175 mm
Innenputz d = 10 mm, λ = 0,7 W/(m · K)

Wärmedurchgangskoeffizient U [W/m^2 · K]

YTONG λ [mm]	Dämmschichtdicke [mm]	Wärmeleitfähigkeit Dämmschicht W/(m · K)		
		0,035	0,040	Multipor 0,045
0,10	60	0,27	0,28	0,30
0,12		0,29	0,31	0,33
0,10	80	0,23	0,25	0,26
0,12		0,25	0,27	0,28
0,10	100	0,20	0,22	0,24
0,12		0,22	0,24	0,25
0,10	120	0,18	0,20	0,21
0,12		0,19	0,21	0,23
0,10	140	0,17	0,18	0,19
0,12		0,17	0,19	0,21
0,10	160	0,15	0,17	0,18
0,12		0,16	0,17	0,19
0,10	130	0,14	0,15	0,17
0,12		0,15	0,16	0,17
0,10	200	0,13	0,14	0,15
0,12		0,13	0,15	0,16
0,10	220	0,12	0,13	0,14
0,1		0,12	0,14	0,15

R_{si} = 0,13 W/(m · K) R_{se} = 0,13 W/(m · K)

Zweischaliges Mauerwerk mit Kerndämmung

Schichtaufbau:
Silka – Verblendschale Rohdichteklasse 1,8 – 2,0, d = 115 mm,
Fingerspalt d = 10 mm, R = 11,15 (m^2 · K)/W
Wärmedämmung (siehe Tabelle)
Silka – tragende Innenschale Rohdichteklasse 1,8, λ = 0,99 W/(m · K)
Innenputz d = 10 mm, λ = 0,7 W/(m · K)

Wärmedurchgangskoeffizient U [W/m^2 · K]

Dicke der KS-Wand [mm]	Dämmschichtdicke [mm]	Wärmeleitfähigkeit Dämmschicht W/(m · K)		
		0,035	0,040	Multipor 0,045
115	100	0,29	0,33	0,36
150		0,29	0,32	0,36
175		0,29	0,32	0,35
200		0,29	0,32	0,35
240		0,28	0,31	0,34
115	140	0,22	0,25	0,27
150		0,22	0,24	0,27
175		0,22	0,24	0,27
200		0,22	0,24	0,27
240		0,21	0,24	0,26
115	180	0,18	0,20	0,22
150		0,17	0,20	0,22
175		0,17	0,20	0,22
200		0,17	0,19	0,22
240		0,17	0,19	0,21
115	220	0,15	0,17	0,18
150		0,15	0,16	0,18
175		0,14	0,16	0,18
200		0,14	0,16	0,18
240		0,14	0,16	0,18
115	260	0,13	0,14	0,16
150		0,12	0,14	0,16
175		0,12	0,14	0,16
200		0,12	0,14	0,16
240		0,12	0,14	0,15
115	300	0,11	0,12	0,14
150		0,11	0,12	0,14
175		0,11	0,12	0,14
200		0,11	0,12	0,14
240		0,11	0,12	0,14

R_{si} = 0,13 W/(m · K) R_{se} = 0,04 W/(m · K)

Zweischaliges Mauerwerk mit Kerndämmung (Fortsetzung)

Schichtaufbau:
Verblendschale Rohdichteklasse 1,8 – 2,0, d = 115 mm,
Fingerspalt d = 10 mm, R = 0,15 $(m^2 \cdot K)/W$
Wärmedämmung (siehe Tabelle)
YTONG – tragende Innenschale d = 175mm
Innenputz d = 10 mm, λ = 0,7 W/(m · K)

Wärmedurchgangskoeffizient U $[W/(m^2 \cdot K)]$

YTONG λ [W/(m · K)]	Dämmschichtdicke [mm]	Wärmeleitfähigkeit Dämmschicht W/(m · K)		
		0,035	0,040	Multipor 0,045
0,10	60	0,26	0,27	0,28
0,12		0,28	0,29	0,31
0,10	80	0,22	0,24	0,25
0,12		0,24	0,26	0,27
0,10	100	0,20	0,21	0,23
0,12		0,21	0,23	0,24
0,10	120	0,18	0,19	0,21
0,12		0,19	0,20	0,22
0,10	140	0,16	0,18	0,19
0,12		0,17	0,19	0,20
0,10	160	0,15	0,16	0,17
0,12		0,15	0,17	0,18
0,10	160	0,14	0,15	0,16
0,12		0,14	0,16	0,17
0,10	200	0,13	0,14	0,15
0,12		0,13	0,14	0,16
0,10	220	0,12	0,13	0,14
0,12		0,12	0,14	0,15

R_{si} = 0,13 W/(m · K) R_{se} = 0,04 W/(m · K)

YTONG – Massivdach

Schichtaufbau:
Dacheindeckung
Wärmedämmung (siehe Tabelle)
YTONG – Dachplatten P 4.4, d = 200 mm, λ = 0,14 W/(m · K)
Innenputz d = 10 mm, λ = 0,7 W/(m · K)

Wärmedurchgangskoeffizient U [W/m² · K]

Dämmschichtdicke [mm]	Wärmeleitfähigkeit Dämmschicht W/(m · K)		
	0,035	0,040	Multipor 0,045
60	0,30	0,32	0,34
80	0,26	0,28	0,30
100	0,23	0,24	0,26
120	0,20	0,22	0,24
140	0,18	0,20	0,21
160	0,16	0,10	0,19
180	0,15	0,16	0,18
200	0,14	0,15	0,17
220	0,13	0,14	0,15
240	0,12	0,13	0,14
280	0,10	0,12	0,13

R_{si} = 0,10 W/(m · K) R_{se} = 0,04 W/(m · K)

G

Stahlbeton – Massivdach mit MULTIPOR

Schichtaufbau:
Dacheindeckung (Kaltdach)
Multipor $\lambda = 0{,}045$ W/(m · K)
Stahlbeton $d = 200$ mm, $\lambda = 2{,}3$ W/(m · K)
Innenputz $d = 10$ mm, $\lambda = 0{,}7$ W/(m · K)

Wärmedurchgangskoeffizient U [W/(m^2 · K)]

Multipor	
Dicke [mm]	
120	0,34
140	0,30
160	0,26
180	0,24
200	0,21
220	0,19
240	0,16
260	0,17
280	0,15
300	0,14

$R_{si} = 0{,}10$ W/(m · K) $R_{se} = 0{,}04$ W/(m · K)

Stahltrapezblechdach mit MULTIPOR

Schichtaufbau:
Dachabdichtungung (Warmdach)
Multipor $\lambda = 0{,}045$ W/(m · K)
Fermacell Gipsfaserplatte $d = 10$ mm,
$\lambda = 0{,}32$ W/(m · K)
Dampfbremse
Stahltrapezblech

Wärmedurchgangskoeffizient U [W/(m^2 · K)]

Multipor	
Dicke [mm]	
120	0,35
140	0,30
160	0,27
180	0,24
200	0,22
220	0,20
240	0,18
260	0,17
280	0,16
300	0,15

$R_{si} = 0{,}10$ W/(m · K) $R_{se} = 0{,}04$ W/(m · K)

YTONG – Decke über unbeheiztem Keller

Schichtaufbau:
Estrich $d = 40$ mm, $\lambda = 1{,}4$ W/(m · K)
Trittschalldämmung $d = 30$ mm, $\lambda = 0{,}040$ W/(m · K)
Multipor (siehe Tabelle, alternativ unter der Decke, andere Dämmstoffe ab 80 mm ganz oder teilweise unter der Decke)
YTONG – Deckenplatten P 4.4, $d = 240$ mm, $\lambda = 0{,}16$ W/(m · K)

Wärmedurchgangskoeffizient U [W/(m² · K)]

Dämmschichtdicke [mm]			Multipor [W/(m · K)]
	0,035	0,040	0,045
60	0,23	0,24	0,25
80	0,20	0,22	0,23
100	0,18	0,20	0,21
120	0,17	0,18	0,19
140	0,15	0,16	0,17
160	0,14	0,15	0,16
180	0,13	0,14	0,15
200	0,12	0,13	0,14

$R_{si} = 0{,}17$ W/(m · K) $R_{se} = 0{,}17$ W/(m · K)

Stahlbeton- Kellerdecke mit Multipor

Schichtaufbau:
Estrich $d = 40$ mm, $\lambda = 1{,}4$ W/(m · K)
Trittschalldämmung $d = 30$ mm, $\lambda = 0{,}040$ W/(m · K)
Multipor (siehe Tabelle, alternativ unter der Decke)
Stahlbeton $d = 200$ mm, $\lambda = 2{,}3$ W/(m · K)

Wärmedurchgangskoeffizient U [W/(m² · K)]

Dämmschichtdicke [mm]	Multipor [W/(m · K)] 0,045
60	0,39
80	0,34
100	0,29
120	0,26
140	0,23
160	0,21
180	0,19
200	0,18
220	0,16
240	0,15
260	0,14

$R_{si} = 0{,}17$ W/(m · K) $R_{se} = 0{,}17$ W/(m · K)

1.2 Die Mindestanforderungen an den Wärmeschutz

Gemäß Energieeinsparverordnung vom 24.07.2007, § 7 ist für Bauteile, die an Außenluft, Erdreich oder Gebäudeteile mit wesentlich geringeren Innentemperaturen grenzen, der Mindestwärmeschutz nach den anerkannten Regeln der Technik zu gewährleisten. Als anerkannte Regel dazu kann DIN 4108-2 angesehen werden.

Der Mindestwärmeschutz soll unter Zugrundelegung üblicher Nutzung die Tauwasserfreiheit und Schimmelpilzfreiheit an Innenoberflächen von o. g. Bauteilen sicherstellen.

Mindestwärmeschutz nach DIN 4108-2 für Bauteile mit einer flächenbezogenen Masse von mindestens 100 kg/m^2

Zeile	Bauteil		Mindestwert des Wärmedurchlasswiderstand R in m^2 · K/W
1	Außenwände; Wände von Aufenthaltsräumen gegen Bodenräume, Durchfahrten, offene Hausflure, Garagen und Erdreich		1,2
2	Wände zwischen fremdgenutzten Räumen; Wohnungstrennwände		0,07
3	Treppenraumwände	zu Treppenräumen mit wesentlich niedrigeren Innentemperaturen zu Treppenräumen mit Innentemperaturen > 10 °C	0,25 0,07
4	Wohnungstrenndecken, Decken unter Räumen zwischen gedämmten Dachschrägen und Abseitenwände hei ausgebauten Dachräumen	allgemein in zentralbeheizten Gebäuden	0,35 0,17
5	Unterer Abschluss nicht unterkellerter Gebäude	unmittelbar an das Erdreich bis zu einer Raumtiefe von 5 m über einen nicht belüfteten Hohlraum an das Erdreich grenzend	0,90
6	Decken unter nicht ausgebauten Dachräumen: Decken unter bekriechbaren oder niedrigen Räumen. Decken unter belüfteten Räumen zwischen Dachschrägen und Abseitenwände bei ausgebautem Dachräumen, wärmegedämmte Dachschräge		
7	Kellerdecken, Decken gegen abgeschlossene, unheheizte Hausflure u. ä.		0,90
8	Decken (auch Dächer), die Aufenthaltsräume gegen die Augenluft abgrenzen	nach unten, gegen Garagen (auch beheizte), Durchfahrten (auch verschließbare) und belüftete Kriechkeller nach oben, z. B. Dächer nach DIN 18 530, Dächer und Decken unter Terrassen, Umkehrdächer Für Umkehrdächer ist der berechnete Wärmedurchgangskoefflzient nach DIN EN ISO 6948 mit den Korrekturwerten nach Tabelle 4 um ΔU zu berechnen.	1,75 1,20

Für Außenwände, Decken unter nicht ausgebauten Dachgeschossen und Dächer mit einer flächenbezogenen Masse unter 100 kg/m^2 ist mindestens ein Wärmedurchlasswiderstand von $R \geq 1{,}75$ m^2 · K/W einzuhalten.

Für Gebäude mit niedrigen Innentemperaturen (12 °C bis < 19 °C) gelten ebenfalls die Werte nach obiger Tabelle, jedoch mit Ausnahme der Zeile 1. Dort gilt ein Mindestwärmedurchlasswiderstand von $R \geq 0{,}55$ m^2 · K/W.

Der Mindestwärmeschutz ist an jeder Stelle einzuhalten, also u. a. auch an Fensterbrüstungen, Fensterstürzen oder ausnahmsweise in Außenwänden angeordneten wasserführenden Leitungen.

Mindestanforderungen an den Wärmeschutz im Bereich von Wärmebrücken

Im Bereich von Wärmebrücken findet gegenüber ungestörten Außenbauteilen ein erhöhter Wärmefluss statt. Dort muss mit entsprechend niedrigeren Oberflächentemperaturen mit höherer Gefahr von Tauwasserbildung und Schimmelpilzbefall an der Innenoberfläche gerechnet werden.

Aus diesem Grund enthält DIN 4108-2 neben dem Mindestwärmeschutz bei Regelschichtaufbauten ebenfalls Mindestanforderungen an den Wärmeschutz an Wärmebrücken.

Alle in DIN 4108-2 aufgeführten Details gelten ohne weiteren Nachweis als ausreichend wärmegedämmt. Gleiches gilt für Ecken von Außenbauteilen mit gleichartigem Aufbau, deren Einzelkomponenten den Mindestwärmeschutz nach oben aufgeführter Tabelle erfüllen.

Für alle davon abweichenden Konstruktionen muss über eine Wärmebrückenberechnung nach DIN EN 10 211 die Mindestanforderung an den Temperaturfaktor von $f_{Rsi} \geq 0{,}70$ erfüllt werden.

Unter den Randbedingungen

- Innenlufttemperatur $\theta_i = 20$ °C
- Außenlufttemperatur $\theta_a = -5$ °C
- Wärmeübergangswiderstand innen, beheizte Räume $R_{si} = 0{,}25$ m^2 · K/W
- Wärmeübergangswiderstand innen, unbeheizte Räume $R_{si} = 0{,}17$ m^2 · K/W
- Wärmeübergangswiderstand Außen $R_{se} = 0{,}04$ m^2 · K/W

bedeutet dies eine Oberflächentemperatur $\theta_{si} \geq 12{,}6$ °C an der Wärmebrücke. Fenster sind davon ausgenommen, sie sind nach DIN EN ISO 13 788 zu betrachten.

Der f_{Rsi} – Wert stellt eine dimensionslose Temperatur dar und wird berechnet nach:

$$f_{Rsi} = \frac{\theta_{si} - \theta_e}{\theta_i - \theta_e}$$

mit θ_{si} als Ergebnis der 2-dimensionalen Wärmebrückenberechnung.

Für Mörtelfugen in Mauerwerk nach DIN 1053-1 ist kein Nachweis der Wärmebrückenwirkung erforderlich. Gleiches gilt für übliche Verbindungsmittel wie Nägel, Schrauben oder Drahtanker.

Ohne zusätzliche Maßnahmen zur Wärmedämmung unzulässig sind auskragende Balkonplatten, Attiken, Stützen sowie Wände mit $\lambda > 0{,}5$ W/(m · K), die in den ungedämmten Dachbereich oder ins Freie ragen.

Für alle Standarddetails mit Xella-Produkten wurde der Nachweis des Mindestwärmeschutzes bzw. der Nachweis der Gleichwertigkeit mit DIN 4108 Beiblatt 2 im Xella-Wärmebrückenkatalog veröffentlicht.

Dieser Katalog mit über 8000 Einzelwerten kann in digitaler Form kostenlos im Xella-Internetauftritt unter www.xella.de heruntergeladen werden. Für alle Details ist dort ebenfalls der Wärmebrückenverlustkoeffizient angegeben.

1.3 Luftdichtheit

Gemäß § 6 der Energieeinsparverordnung sind zu errichtende Gebäude so auszuführen, dass die wärmeübertragende Umfassungsfläche einschließlich der Fugen dauerhaft luftundurchlässig entsprechend den anerkannten Regeln der Technik abgedichtet ist. Neben einer Begrenzung der Lüftungswärmeverluste über Undichtheiten in der Gebäudehülle sollen damit Feuchteschäden durch Tauwasserbildung infolge Wasserdampfkonvektion in Außenbauteilen vermieden werden.

Als anerkannte Regel der Technik kann hier DIN 4108-7 herangezogen werden. Der Nachweis der Luftdichtheit kann über eine entsprechende Messung (Blower-Door-Test) nach DIN EN 13 829, Verfahren A, erfolgen.

Dabei gilt als Anforderung, dass der nach o. g. Verfahren gemessene Luftvolumenstrom bezogen auf das Raumluftvolumen bei einer Druckdifferenz zwischen innen und außen von 50 Pa bei Gebäuden ohne raumlufttechnische Anlagen den Wert 3 h^{-1} bzw. bei Gebäuden mit raumlufttechnischen Anlagen den Wert 1,5 h^{-1} nicht überschreitet.

Wird diese Anforderung über eine Messung erfüllt, dürfen bei der Berechnung nach Energieeinsparverordnung die Lüftungswärmeverluste reduziert werden (siehe dazu auch nachfolgendes Kapitel zur Energieeinsparverordnung).

Die Baustoffe Kalksandstein und Porenbeton können in sich als ausreichend luftdicht angesehen werden. Entsprechende Messungen haben ergeben, das YTONG-Porenbeton sogar luftdichter ist als verschiedene Natursandsteine.

Bei modernem Hintermauerwerk werden jedoch i.d.R. die Stoßfugen nicht vermörtelt. Hier wird die Luftdichtheit des Mauerwerkes durch die Putzschicht gewährleistet. Gemäß DIN 4108-3 bzw. 4108-7 gelten Putze nach DIN 18 550-2 bzw. DIN 18 558 als ausreichend luftdicht.

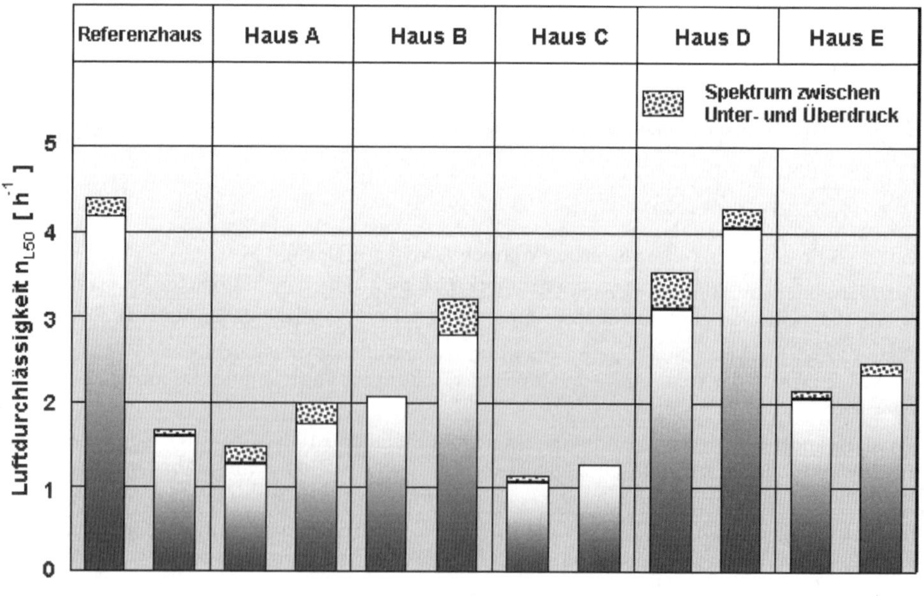

Bei Holzbauteilen, z. B. beim traditionellen Holzsparrendach muss generell eine Luftdichtheitsschicht nach DIN 4108-7 in Form einer luftdichten Bahn aus Kunststoff, Elastomeren o. ä. angebracht werden.

Bei Massivdächern aus YTONG-Dachplatten wird demgegenüber die Luftdichtheit wie beim Mauerwerk ohne zusätzliche Maßnahmen über den Innenputz bzw. den Fugenverguss zwischen den Dachplatten hergestellt.

Untersuchungen zur Luftdichtheit der verschiedenen in Deutschland üblichen Bauweisen wurden bereits 1994 im Rahmen des Forschungsprojektes Niedrigenergiehäuser in Heidenheim unter Federführung des Fraunhofer-Instituts für Bauphysik durchgeführt. Bei den dort untersuchten Gebäuden handelte es sich um Doppelhäuser in Holzständerbauweise, Mauerwerksbauten aus Hochlochziegel bzw. Kalksandstein jeweils mit traditionellem Holzdachstuhl sowie einem Mauerwerksbau aus YTONG-Plansteinen mit YTONG-Massivdach.

Die Ergebnisse der Luftdichtheitsprüfungen sind in nachfolgender Grafik dargestellt. Das beste Ergebnis erreichte dabei das YTONG-Doppelhaus (Haus C). Offensichtlich hat hier vor allem die massive, planmäßig ohne zusätzliche Luftdichtheitsschichten hergestellte Dachkonstruktion zu diesem günstigen Ergebnis geführt.

1.4 Die Energieeinsparverordnung

Die letzte Novellierung der Energieeinsparverordnung (EnEV) vom 24.07.2007 wurde im Bundesgesetzblatt am 26.07.2007 veröffentlicht und trat am 01.10.2007 in Kraft.

Grund für diese Novellierung war die Umsetzung der Richtlinie 2002/91/EG der Europäischen Gemeinschaft über die Gesamtenergieeffizienz von Gebäuden in deutsches Recht. Die Ziele der EG-Richtlinie decken sich weitgehend mit denen der Energiesparverordnung (EnEV) in Deutschland:

- ganzheitliche Betrachtung der Energieeffizienz von Gebäuden
- Verbesserung der Energieeffizienz bei Modernisierung im Gebäudebestand
- transparente Informationen für den Verbraucher über den Energiebedarf
- energetische Verbesserung der technischen Gebäudeausrüstung

Bereits mit der EnEV 2002 wurde eine Großteil der Forderungen der EG-Richtlinie in Deutschland umgesetzt.

Wesentliche Neuerungen der EnEV 2007 sind

- die Einführung von einheitlichen Energieausweisen sowohl im Neubau als auch schrittweise im Gebäudebestand
- die Einführung eines neuen Berechnungsverfahrens für den Primärenergiebedarf von Nichtwohngebäuden mit Einbeziehung des Energiebedarfes für Beleuchtung und Klimaanlagen.

EnEV 2007 – Wohnungsbau

Für den Bereich Wohnungsbau ergeben sich für das Berechnungsverfahren keine grundlegenden Änderungen. Auch das Anforderungsniveau bleibt auf gleicher Höhe wie nach EnEV 2002.

Schwerpunkt bilden die neuen Energieausweise als Weiterentwicklung der bisherigen Energiebedarfsausweise. Die schon nach EnEV 2002 für Neubauten bzw. bei wesentlichen Änderungen im Gebäudebestand anzugebenden Kennwerte werden in den neuen Energieausweisen transparenter und für den Laien verständlicher dargestellt.

ENERGIEAUSWEIS für Wohngebäude

gemäß den §§ 16 ff. Energieeinsparverordnung (EnEV)

Gültig bis: **1**

Gebäude

Gebäudetyp		Gebäudefoto (freiwillig)
Adresse		
Gebäudeteil		
Baujahr Gebäude		
Baujahr Anlagentechnik		
Anzahl Wohnungen		
Gebäudenutzfläche (A_N)		
Anlass der Ausstellung des Energieausweises	□ Neubau □ Vermietung / Verkauf	□ Modernisierung (Änderung / Erweiterung) □ Sonstiges (freiwillig)

Hinweise zu den Angaben über die energetische Qualität des Gebäudes

Die energetische Qualität eines Gebäudes kann durch die Berechnung des **Energiebedarfs** unter standardisierten Randbedingungen oder durch die Auswertung des **Energieverbrauchs** ermittelt werden. Als Bezugsfläche dient die energetische Gebäudenutzfläche nach der EnEV, die sich in der Regel von den allgemeinen Wohnflächenangaben unterscheidet. Die angegebenen Vergleichswerte sollen überschlägige Vergleiche ermöglichen (**Erläuterungen – siehe Seite 4**).

□ Der Energieausweis wurde auf der Grundlage von Berechnungen des **Energiebedarfs** erstellt. Die Ergebnisse sind auf **Seite 2** dargestellt. Zusätzliche Informationen zum Verbrauch sind freiwillig.

□ Der Energieausweis wurde auf der Grundlage von Auswertungen des **Energieverbrauchs** erstellt. Die Ergebnisse sind auf **Seite 3** dargestellt.

Datenerhebung Bedarf/Verbrauch durch □ Eigentümer □ Aussteller

□ Dem Energieausweis sind zusätzliche Informationen zur energetischen Qualität beigefügt (freiwillige Angabe).

Hinweise zur Verwendung des Energieausweises

Der Energieausweis dient lediglich der Information. Die Angaben im Energieausweis beziehen sich auf das gesamte Wohngebäude oder den oben bezeichneten Gebäudeteil. Der Energieausweis ist lediglich dafür gedacht, einen überschlägigen Vergleich von Gebäuden zu ermöglichen.

Aussteller

Datum Unterschrift des Ausstellers

ENERGIEAUSWEIS für Wohngebäude

gemäß den §§ 16 ff. Energieeinsparverordnung (EnEV)

Berechneter Energiebedarf des Gebäudes **2**

Energiebedarf

Endenergiebedarf kWh/(m²·a) CO_2-Emissionen [1] kg/(m²·a)

0 50 100 150 200 250 300 350 400 >400

kWh/(m²·a)

Primärenergiebedarf („Gesamtenergieeffizienz")

Nachweis der Einhaltung des § 3 oder § 9 Abs. 1 EnEV [2]

Primärenergiebedarf			Energetische Qualität der Gebäudehülle		
Gebäude Ist-Wert		kWh/(m²·a)	Gebäude Ist-Wert H'_T		W/(m²·K)
EnEV-Anforderungswert		kWh/(m²·a)	EnEV-Anforderungswert H'_T		W/(m²·K)

Endenergiebedarf

Energieträger	Jährlicher Endenergiebedarf in kWh/(m²·a) für			Gesamt in kWh/(m²·a)
	Heizung	Warmwasser	Hilfsgeräte [3]	

Sonstige Angaben

Einsetzbarkeit alternativer Energieversorgungssysteme

□ nach § 5 EnEV vor Baubeginn geprüft

Alternative Energieversorgungssysteme werden genutzt für:

□ Heizung □ Warmwasser

□ Lüftung □ Kühlung

Lüftungskonzept

Die Lüftung erfolgt durch:

□ Fensterlüftung □ Schachtlüftung

□ Lüftungsanlage ohne Wärmerückgewinnung

□ Lüftungsanlage mit Wärmerückgewinnung

Vergleichswerte Endenergiebedarf

0 50 100 150 200 250 300 350 400 >400

Passivhaus – MFH Neubau – EFH Neubau – EFH energetisch gut modernisiert – Durchschnitt Wohngebäude – MFH energetisch nicht wesentlich modernisiert – EFH energetisch nicht wesentlich modernisiert [4]

Erläuterungen zum Berechnungsverfahren

Das verwendete Berechnungsverfahren ist durch die Energieeinsparverordnung vorgegeben. Insbesondere wegen standardisierter Randbedingungen erlauben die angegebenen Werte keine Rückschlüsse auf den tatsächlichen Energieverbrauch. Die ausgewiesenen Bedarfswerte sind spezifische Werte nach der EnEV pro Quadratmeter Gebäudenutzfläche (A_N).

[1] freiwillige Angabe
[2] nur in den Fällen des Neubaus und der Modernisierung auszufüllen
[3] ggf. einschließlich Kühlung
[4] EFH – Einfamilienhäuser, MFH – Mehrfamilienhäuser

ENERGIEAUSWEIS für Wohngebäude

gemäß den §§ 16 ff. Energieeinsparverordnung (EnEV)

Erfasster Energieverbrauch des Gebäudes **3**

Energieverbrauchskennwert

Dieses Gebäude: kWh/(m²·a)

0 50 100 150 200 250 300 350 400 >400

Energieverbrauch für Warmwasser: □ enthalten □ nicht enthalten

□ Das Gebäude wird auch gekühlt; der typische Energieverbrauch für Kühlung beträgt bei zeitgemäßen Geräten etwa 6 kWh je m² Gebäudenutzfläche und Jahr und ist im Energieverbrauchskennwert nicht enthalten.

Verbrauchserfassung – Heizung und Warmwasser

Energieträger	Zeitraum		Energieverbrauch [kWh]	Anteil Warmwasser [kWh]	Klimafaktor	Energieverbrauchskennwert in kWh/(m²·a) (zeitlich bereinigt, klimabereinigt)		
	von	bis				Heizung	Warmwasser	Kennwert
							Durchschnitt	

Vergleichswerte Endenergiebedarf

0 50 100 150 200 250 300 350 400 >400

Passivhaus – MFH Neubau – EFH Neubau – EFH energetisch gut modernisiert – Durchschnitt Wohngebäude – MFH energetisch nicht wesentlich modernisiert – EFH energetisch nicht wesentlich modernisiert [1]

Die modellhaft ermittelten Vergleichswerte beziehen sich auf Gebäude, in denen die Wärme für Heizung und Warmwasser durch Heizkessel im Gebäude bereitgestellt wird.

Soll ein Energieverbrauchskennwert verglichen werden, der keinen Warmwasseranteil enthält, ist zu beachten, dass auf die Warmwasserbereitung je nach Gebäudegröße 20 – 40 kWh/(m²·a) entfallen können.

Soll ein Energieverbrauchskennwert eines mit Fern- oder Nahwärme beheizten Gebäudes verglichen werden, ist zu beachten, dass hier normalerweise ein um 15 – 30 % geringerer Energieverbrauch als bei vergleichbaren Gebäuden mit Kesselheizung zu erwarten ist.

Erläuterungen zum Verfahren

Das Verfahren zur Ermittlung von Energieverbrauchskennwerten ist durch die Energieeinsparverordnung vorgegeben. Die Werte sind spezifische Werte pro Quadratmeter Gebäudenutzfläche (A_N) nach Energieeinsparverordnung. Der tatsächliche Verbrauch einer Wohnung oder eines Gebäudes weicht insbesondere wegen des Witterungseinflusses und sich ändernden Nutzerverhaltens vom angegebenen Energieverbrauchskennwert ab.

[1] EFH – Einfamilienhäuser, MFH – Mehrfamilienhäuser

Modernisierungsempfehlungen zum Energieausweis

gemäß § 20 Energieeinsparverordnung

Gebäude

Adresse		Hauptnutzung / Gebäudekategorie	

Empfehlungen zur kostengünstigen Modernisierung □ sind möglich □ sind nicht möglich

Empfohlene Modernisierungsmaßnahmen

Nr.	Bau- oder Anlagenteile	Maßnahmenbeschreibung

□ weitere Empfehlungen auf gesondertem Blatt

Hinweis: Modernisierungsempfehlungen für das Gebäude dienen lediglich der Information. Sie sind nur kurz gefasste Hinweise und kein Ersatz für eine Energieberatung.

Beispielhafter Variantenvergleich (Angaben freiwillig)

	Ist-Zustand	Modernisierungsvariante 1	Modernisierungsvariante 2
Modernisierung gemäß Nummern:			
Primärenergiebedarf [kWh/(m²·a)]			
Einsparung gegenüber Ist-Zustand [%]			
Endenergiebedarf [kWh/(m²·a)]			
Einsparung gegenüber Ist-Zustand [%]			
CO_2-Emissionen [kg/(m²·a)]			
Einsparung gegenüber Ist-Zustand [%]			

Aussteller

Datum Unterschrift des Ausstellers

Neu für den Gebäudebestand ist die Pflicht der Erstellung von Energieausweisen spätestens bei Neuvermietung bzw. Verkauf. Dabei kann zunächst bei allen Gebäuden neben einer Bedarfsberechnung unter normierten Annahmen für Klima und Nutzung auch der Weg über eine Verbrauchsmessung gewählt werden. Diese Wahlfreiheit gilt für Wohngebäude bis 4 Wohneinheiten und Baujahr bis 1978 für eine Übergangszeit bis zum 30.09.2008. Danach ist für diese Gebäude ausschließlich ein Bedarfsausweis auszustellen.

Für alle anderen Gebäude bleibt die Wahlfreiheit weiter bestehen.

Seite 1 des Energieausweises enthält die allgemeinen Angaben zum Gebäude sowie Hinweise zu den Angaben.

Seite 2 ist auszufüllen, wenn der Energieausweis auf Grundlage einer Bedarfberechnung erstellt wurde. Neben den Angaben zu Anforderungs- und Ist-Werten von Primärenergie- und Transmissionswärmebedarf sowie der Aufschlüsselung des Endenergiebedarfs auf Energieträger werden in 2 grafischen Darstellungen („Bandtacho“) neben End- und Primärenergiebedarf des spezifischen Gebäudes Vergleichswerte für den Endenergiebedarf aufgeführt.

Seite 3 kann alternativ zu Seite 2 für Bestandsgebäude (siehe o. g. Bedingungen) gewählt werden, wenn der Energieverbrauchswert auf Grundlage einer Verbrauchsmessung angegeben wird. Der Verbrauch wird getrennt nach Energieträgern über Klimafaktoren neutralisiert.

Seite 4 enthält allgemeine Erläuterungen und Begriffbestimmungen.

Unabhängig von der gewählten Variante (Energiebedarf bzw. Verbrauchsmessung) sind Modernisierungsempfehlungen stets beizufügen, wenn diese mit wirtschaftlichen Maßnahmen realisiert werden können.

Ein Berechnungsprogramm für Wohngebäude nach EnEV 2007 kann kostenlos im Xella-Internetauftritt unter www.xella.de heruntergeladen werden.

EnEV 2007 – Nichtwohnbau

Die Forderung der EG-Richtlinie nach ganzheitlicher Betrachtung unter Einbeziehung des Energiebedarfs von Beleuchtung und Klimaanlagen für Nichtwohnbauten wurde mit Schaffung eines neuen Regelwerkes mit DIN V 18599 realisiert.

Die Norm ist wie folgt untergliedert:

Teil 1:	Allgemeines (Definitionen, Vorgehensweise, Zonierung, Primärenergiefaktoren, Umwelteinflüsse)
Teil 2:	Nutzwärme- und Kältebedarf einer Zone
Teil 3:	Nutzwärme- und Kälte für die Luftaufbereitung
Teil 4:	Endenergiebedarf für die Beleuchtung einer Zone
Teil 5:	Endenergiebedarf für die Heizung
Teil 6:	Endenergiebedarf für Wohnungslüftungsanlagen
Teil 7:	Endenergiebedarf für die Kältebereitstellung
Teil 8:	Endenergiebedarf Trinkwarmwasser
Teil 9:	Bewertung multifunktionaler Erzeugungsprozesse
Teil 10:	Randbedingungen (Standardnutzungsprofile)
Teil 11:	Beispiele

Die Berechnungen nach dieser relativ umfangreichen Norm erlauben die Beurteilung aller Energiemengen für die Bereiche Beheizung, Warmwasserbereitung, Klimatisierung und Beleuchtung unter Berücksichtigung der gegenseitigen Beeinflussung.

Gemäß EnEV 2007 ist dieses Berechnungsverfahren für Nichtwohngebäude verbindlich.

Gleichzeitig wurde mit dem „Referenzgebäude – Verfahren" eine neue Methode zur Berechnung der Hauptanforderungsgröße, also des maximal zulässigen Primärenergiebedarfs eingeführt. Diese Größe wird nun nicht mehr allein durch das *A/V*-Verhältnis bestimmt, sondern berücksichtigt in wesentlich stärkerem Maße die Nutzungsart des konkreten Gebäudes. Dazu sind in Anlage 2 der EnEV 2007 Referenzen für die Gebäudehülle, Heizung, Kühlung, Beleuchtung usw. angegeben.

Mit diesen Referenzen wird das zu berechnende Gebäude mit seiner konkreten Geometrie ausgestattet und der für dieses spezielle Gebäude geltende maximal zulässige Primärenergiebedarf berechnet.

Im zweiten Schritt wird danach der tatsächliche Primärenergiebedarf des Gebäudes nach den Vorgaben von DIN V 18599 ermittelt.

Auf eine detaillierte Darstellung dieser Berechnungsvorschrift soll jedoch an dieser Stelle verzichtet werden.

Eine ausführliche Beschreibung des Berechnungsverfahrens nach DIN V 18 599 mit Erläuterungen und Berechnungsbeispielen wird demnächst mit dem überarbeiteten Berichtsheft 22 „Energiesparverordnung 2007 im Nichtwohnbau" vom Bundesverband Porenbeton herausgegeben.

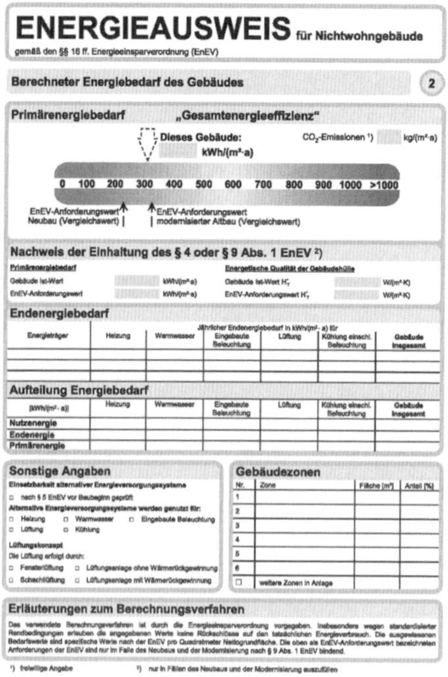

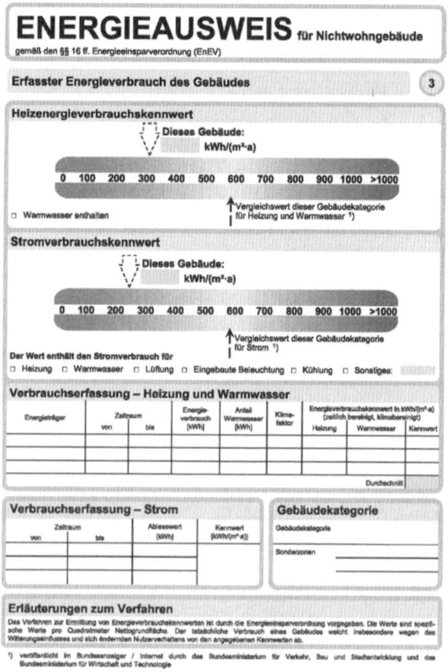

Für neue und bestehende Nichtwohngebäude werden analog zum Wohnbau ebenfalls Energieausweise eingeführt. Für Nichtwohngebäude ist bei der Bedarfsberechnung zusätzlich die Zonierung sowie die Aufteilung von Nutz-, End- und Primärenergie auf Heizung, Warmwasserbereitung, Beleuchtung, Lüftung und Kühlung anzugeben.

Im Gebäudebestand gilt für den Nichtwohnbau grundsätzlich die Wahlfreiheit zwischen einer Bedarfsberechnung oder einer Verbrauchsmessung. Bei Verbrauchsmessung ist zusätzlich der Stromverbrauch anzugeben.

Förderprogramm der Kreditanstalt für Wiederaufbau Passivhäuser, KfW-40 und KfW-60 Häuser

Mit den Anforderungen der EnEV 2002 wurde das Niedrigenergiehausniveau als Standard im Neubau eingeführt.

Danach wurde von der Deutschen Bundesregierung über die Kreditanstalt für Wiederaufbau ein neues Förderprogramm für energiesparende Gebäude aufgelegt und dort der Begriff „Energiesparhäuser" geprägt.

Grundsätzlich sollte bei diesen erhöhten Anforderungen die Gebäudehülle möglichst kompakt geplant werden, um die wärmeübertragende Umfassungsfläche auf das Notwendige zu reduzieren (weitgehender Verzicht auf Erker, Dachgauben u. ä.).

Südorientierung und Verschattungsfreiheit der Fensterflächen sind Voraussetzungen für die optimale Ausnutzung der passiven Solarenergiegewinne, die damit vor allem beim Passivhaus zum entscheidenden Wärmelieferanten werden.

Die Detailausbildungen müssen wärmetechnisch optimiert und die Wärmebrückenverluste auf eine Mindestmaß reduziert werden.
Eine Luftdichtheitsprüfung (Blower – Door – Test) unter Einhaltung der Anforderungen nach EnEV mit entsprechend positiven Einfluss auf die Lüftungswärmeverluste ist praktisch unerlässlich.

Die Vorteile der Energiesparhäuser/Passivhäuser für den Nutzer sind offensichtlich: geringere Heizkosten, geringere Umweltverschmutzung und ein besseres Raumklima.

Die Förderung erfolgt in zwei Stufen:

1. Energiesparhaus 60

Gebäude, die auf der Grundlage des Nachweises nach Energieeinsparverordnung einen maximalen Primärenergiebedarf von maximal 60 kWh/(m^2 · a) haben, werden mit einem zinsgünstigen Darlehn von 30 000 € gefördert (aktuelle Förderbedingungen unter www.kfw.de). Als Nebenanforderung muss der maximal zulässige Transmissionswärmeverlust nach EnEV um mindestens 30 % unterschritten werden.

Praktisch wird der zulässige Primärenergiebedarf eines Gebäudes nach EnEV in Abhängigkeit vom A/V-Verhältnis um ca. 35–50 % gesenkt.

Ein Energiesparhaus 60 sollte mindestens mit Brennwert-Heizungstechnik sowie mit solarer Warmwasserbereitung ausgestattet sein. Zusätzlich sollte eine Lüftungsanlage mit Wärmerückgewinnung eingesetzt werden.

Mit dieser Anlagentechnik können die Außenwände mit U-Werten um 0,25 W/(m^2 · K) (abhängig vom A/V-Verhältnis) durchaus in einschaliger Bauweise mit YTONG-Mauerwerk errichtet werden. Zweischaliges Mauerwerk mit YTONG-Tragschale ist mit Multipor-Dämmstoffdicken ab 100 mm machbar. In zweischaliger Bauweise mit Silka-KS bzw. Wärmedämmverbundsystem auf Silka-KS sind Multipor-Dämmstoffdicken ab 160 mm möglich.

Für das Dach kann ein *U*-Wert von 0,17 W/(m^2 · K) mit 200 mm YTONG-Dachplatten und 200 mm Multipor (als „Aufsparrendämmung" oder alternativ unter den Dachplatten) erreicht werden. Gegenüber traditionellen Holzdachkonstruktionen werden mit dem Massivdach „automatisch" Luftdichtheit, Schallschutz, Brandschutz, sommerlicher Wärmeschutz und besseres Raumklima mitgeliefert.

Für die Kellerdecke ist ein *U*-Wert von 0,21 W/(m^2 · K) möglich mit einer 240 mm YTONG-Decke mit 30 mm Trittschalldämmung WLS 040 sowie 100 mm Multipor unter der Trittschalldämmung oder alternativ unter der YTONG-Decke (siehe dazu auch die *U*-Wert-Tabellen im vorderen Teil dieses Beitrages).

2. Energiesparhaus 40 und Passivhäuser

Beim Energiesparhaus 40 darf bei Berechnung nach Energieeinsparverordnung ein maximaler Primärenergiebedarf von 40 kWh/(m^2 · a) nicht überschritten werden. Sie werden mit einem zinsgünstigen Darlehn von 50 000 € gefördert (aktuelle Förderbedingungen unter www.kfw.de). Als Nebenanforderung muss der maximale Transmissionswärmeverlust mindestens 45 % unter der Forderung nach EnEV liegen.

Um diese angebotene Fördermöglichkeit in Anspruch nehmen zu können, ist der zulässige Primärenergiebedarf des Gebäudes nach EnEV in Abhängigkeit vom *A*/*V*-Verhältnis um 55–70 % zu unterschreiten.

Zusätzlich zu der beim Energiesparhaus 60 genannten Anlagentechnik sind weitere Maßnahmen wie Erdreichwärmetauscher o. ä. erforderlich. Hilfreich beim Nachweis des Primärenergiebedarfs kann der Einsatz von Energieträgern mit niedrigem Primärenergiefaktor sein.

Tabelle G.1.1: Primärenergiefaktoren nach DIN V 4701-10:2003-08

Energieträger		Primärenergiefaktoren
Brennstoffe	Heizöl EL	1,1
	Erdgas H	1,1
	Flüssiggas	1,1
	Steinkohle	1,1
	Braunkohle	1,2
	Holz	0,2
Nah/Fernwärme aus KWK	fossiler Brennstoff	0,7
	erneuerbarer Brennstoff	0,0
Nah/Fernwärme aus Heizwerken	fossiler Brennstoff	1,3
	erneuerbarer Brennstoff	0,1
Strom	Strom-Mix	3,0

Für Passivhäuser gelten die gleichen Fördermaßnahmen wie für Energiesparhäuser 40. Neben einem maximalen Primärenergiebedarf von 40 kWh/(m^2 · a) ist ein Heizwärmebedarf von maximal 15 kWh/(m^2 · a) einzuhalten. Durch diese relativ hohe Anforderung ist eine konventionelle Heizungsanlage grundsätzlich nicht mehr erforderlich, wodurch die Mehrkosten für den sehr hohen Wärmeschutz der Außenbauteile teilweise kompensiert werden. Die Art der Heizung ist für den Nachweis des Energieverbrauches i.d.R. von untergeordneter Bedeutung.

Die Berechnung erfolgt mit einem speziellen, auf Grundlage von DIN EN 832 entwickelten Verfahren (Passivhausprojektierungspaket oder gleichwertig). Im Gegensatz zum Berechnungsverfahren für Wohngebäude nach EnEV gehen dabei die Ergebnisse der Luftdichtheitsprüfung unmittelbar in die Berechnung der Lüftungswärmeverluste ein.

Sowohl für Energiesparhäuser 40 als auch für Passivhäuser gilt:

- Eine Luftdichtheitsprüfung (Blower-Door-Test) sowie die genaue Berechnung der Wärmebrückenverluste sind praktisch unerlässlich!
- Die Fenster müssen *U*-Werte von 0,80 $W/(m^2 \cdot K)$ und besser aufweisen.
- Die *U*-Werte aller anderen Außenbauteile müssen im Bereich von 0,15 $W/(m^2 \cdot K)$ und darunter liegen. Entsprechend geeignete Xella-Konstruktionen können aus den *U*-Wert-Tabellen im vorderen Teil dieses Beitrages entnommen werden.

Die Kombination von Xella-Konstruktionen für Dach, Wand und Decke bringt auch und gerade bei hochenergieeffizienten Gebäuden neben den hervorragenden Wärmedämmeigenschaften Vorteile bei Luftdichtheit, Schallschutz, Brandschutz, sommerlichen Wärmeschutz und Raumklima. Wärmebrückenverluste werden weitestgehend vermieden.

Innendämmung mit Multipor

In Anbetracht der globalen Klimaänderung sind auch im Bereich des Gebäudebestandes Maßnahmen zur Senkung des Energieverbrauches und damit der CO_2-Emission erforderlich. Dabei liegt hier das Einsparungspotenzial höher als im Neubau. Neben der Modernisierung der Heizungstechnik sollte nach Möglichkeit auch der Wärmeschutz der Außenbauteile erhöht werden.

Mit der schrittweisen Einführung von Energiepässen für Altbauten nach Inkrafttreten der EnEV 2007 werden auch hier für Mieter bzw. Käufer der Energieverbrauch und damit die Energiekosten transparent und mit Neubauten bzw. bereits sanierten Gebäuden vergleichbar.

Entsprechend wird der Handlungsdruck auf Vermieter/Verkäufer erhöht, bestehende Gebäude auch energetisch zu sanieren.

Mit der EnEV 2007 werden in Anlage 3 Randbedingungen und Maßgaben für die Bewertung bestehender Wohngebäude vorgegeben. Gleichzeitig sind dort die Anforderungen bei Änderungen von Außenbauteilen im Gebäudebestand geregelt.

Werden in bestehende Außenwände Dämmschichten eingebaut, ist ein maximaler *U*-Wert von 0,35 $W/(m^2 \cdot K)$ einzuhalten.

Der zweite Effekt neben der Heizkostensenkung ist die spürbare Steigerung des energetischen Komforts und der Behaglichkeit. Vor allem mit entsprechend verbesserter Wärmedämmung der Außenbauteile können diesbezüglich Altbauwohnungen auf das Neubauniveau gebracht werden.

Die bauphysikalisch beste Lösung zur Ertüchtigung des Wärmeschutzes von Außenwänden ist natürlich die zusätzliche Außendämmung in Form eines Wärmedämmverbundsystemes. Gegenüber anderen Dämmstoffen sind Wärmedämmverbundsysteme aus Multipor nicht anfällig gegen Algen- bzw. Pilzbefall auf der Außenseite. Grund dafür ist die relativ hohe Wärmespeicherfähigkeit in Verbindung mit einer relativ hohen Masse von Multipor.

Jedoch ist bei vielen Altbauten, beispielsweise aus Gründen des Denkmalschutzes, eine Außendämmung von Fassaden nicht möglich.

Als Alternative bleibt hier nur der Einsatz einer geeigneten Innendämmung. Innendämmsysteme sind bauphysikalisch durchaus kritisch, es besteht grundsätzlich das Risiko der Bildung von Kondensat im Wandquerschnitt. Wird auf der kalten Seite der Dämmung die Taupunkttemperatur unterschritten, fällt dort Tauwasser aus. Durch geeignete Baustoffe (z. B. Multipor) muss nun eine schnelle Austrocknung dieses Tauwassers gewährleistet werden.

Multipor wurde auf der Basis von YTONG-Porenbeton als mineralischer Wärmedämmstoff entwickelt.

Die Produktion von Multipor erfolgt grundsätzlich nach dem für Porenbeton bewährten Verfahren. Zusätzlich bewirkt eine speziell eingestellte Massehydrophobierung eine Optimierung des Materials gerade für den Einsatz als Innendämmung.

Neben dem kapillaren Feuchtetransport im Multipor kann entstehendes Kondensat durch den sehr niedrigen Wasserdampfdiffusionswiderstand des Multipors (μ = 3/5) in einer warmen Witterungsperiode schnell wieder verdunsten. Durch diese Eigenschaften wird das Kondensat von der Kondensationsebene wegbewegt und verteilt. Es erfolgt keine „Aufschaukelung“ des Wassergehaltes im Schichtaufbau – die volle Funktionalität des Multipor Innendämmsystems wird gewährleistet. Eine zusätzliche Dampfsperre auf der Innenseite des Multipors ist nicht erforderlich.

Für den bauphysikalischen Nachweis sind gängige Berechnungsverfahren wie das Glaserverfahren nach DIN 4108 wenig geeignet, da hier nur Wasserdampftransport über Diffusion unter stark vereinfachten klimatischen Randbedingungen betrachtet wird.

Unberücksichtigt bleiben der kapillare Feuchtetransport im Bauteil sowie dessen sorptive Aufnahmefähigkeit für ausfallendes Tauwasser. Wichtige klimatische Randbedingungen wie Schlagregen und Sonneneinstrahlung bleiben unberücksichtigt.

Geeignet sind dagegen leistungsfähige numerische Klimasimulationsprogramme zur Berechnung des gekoppelten Wärme- und Feuchtetransportes in Bauteilen.

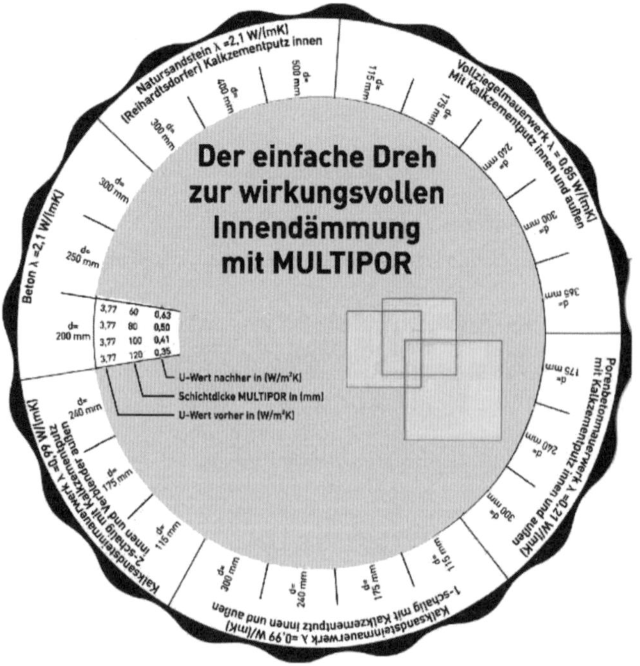

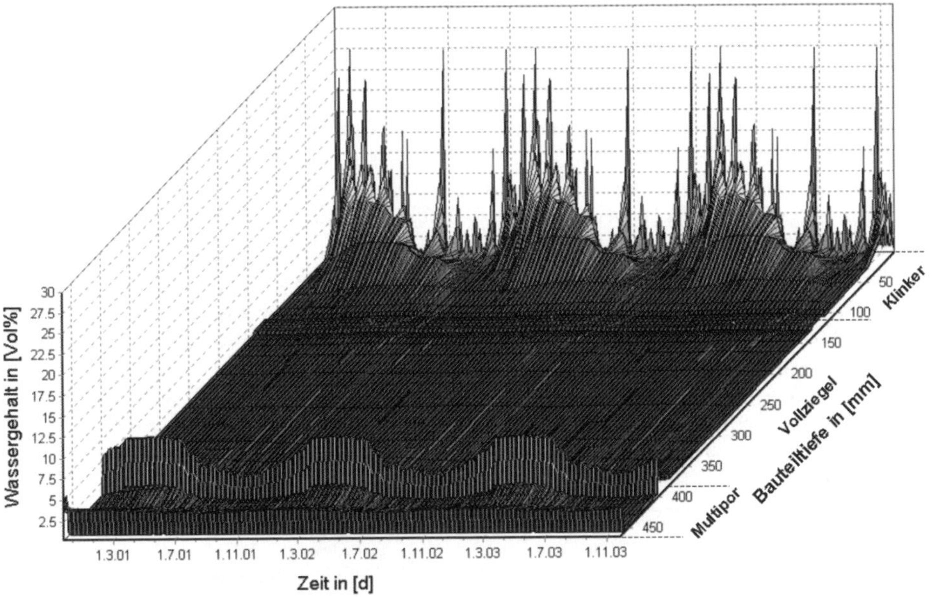

Abb. G.1.1: Beispiel einer Ergebnisgrafik aus einer eindimensionalen Klimasimulationsrechnung für eine Altbau-Außenwand aus Klinker- bzw. Vollziegelmauerwerk mit einer Innendämmung aus Multipor; Die Abbildung zeigt den Verlauf des Wassergehaltes in der Konstruktion über einen Zeitraum von 3 Jahren. Wie daraus ersichtlich, trocknet das in der kalten Jahreshälfte anfallende Tauwasser in der warmen Jahreshälfte vollständig wieder aus. Es erfolgt keine „Aufschaukelung“ des Wassergehaltes.

Für den Nachweis von Bauteilen mit Innendämmung aus Multipor wird das Simulationsprogramm DELPHIN4 genutzt, das am Institut für Bauklimatik der TU Dresden entwickelt wurde. Es ermöglicht die Simulation des thermischen und hygrischen Verhaltens ein- und zweidimensionaler baukonstruktiver Probleme unter realen Klimabedingungen. Die für die Berechnung erforderlichen umfangreichen Materialkenndaten (Feuchtespeicherfunktion, Flüssigwassertransport ...) wurden am Institut für Bauklimatik gemessen und validiert.

Die Ergebnisse der Klimasimulationsrechnungen von Bauteilen aus Vollziegel, Beton, Kalksandstein und Porenbeton mit einer Innendämmung aus Multipor mit üblichen Schichtdicken wurden über Print-Medien („Multipor-Drehscheibe“) bzw. im Xella-Internetauftritt („Multipor-Dämmwertrechner“) veröffentlicht.

Alle dort aufgeführten Schichtaufbauten mit Innendämmung aus Multipor wurden mittels Klimasimulationen rechnerisch überprüft. Für die Simulation wurde an der Außenseite ein mitteldeutsches Klima mit aufgezeichneten Klimadaten zu Temperatur, relativer Luftfeuchte, direkter und indirekter Sonneneinstrahlung und Schlagregen angesetzt. Als Innenklima wurde entsprechend DIN 4108 konstant 20 °C Lufttemperatur und 50 % relative Luftfeuchte angenommen.

Im Ergebnis zeigen die Berechnungen, dass in der kalten Jahreshälfte teilweise entstehendes Kondensat im Schichtaufbau in allen Fällen im Sommerhalbjahr vollständig wieder austrocknet.

Hinweis: Die Berechnungen können nicht auf andere Dämmstoffe, auch nicht auf andere Mineral-schaum-Dämmstoffe übertragen werden, da sich vor allem die für den Feuchtetransport wichtigen Materialfunktionen deutlich von Multiporeigenschaften unterscheiden können.

Für weitere nicht genannte Wandaufbauten können entsprechende feuchtetechnische Berechnungen durchgeführt werden, die dazu notwendige Checkliste ist ebenfalls im Xella-Internetauftritt zu finden.

Der Einsatz von Multipor als Innendämmung im Altbau wurde u. a. auch im Rahmen eines Verbundforschungsvorhabens mit dem Institut für Bauklimatik der TU Dresden untersucht.

Tiefgaragen- und Kellerdecken

Die nachträgliche unterseitige Dämmung von Tiefgaragendecken bzw. Decken über unbeheizten Kellern ist bauphysikalisch unproblematisch, da sie auf der kalten Seite des Bauteils aufgebracht wird.

Multipor hat sich hier bewährt, da mit den hervorragenden Brandschutzeigenschaften von Multipor die Deckenkonstruktion „automatisch" auch brandschutztechnisch ertüchtigt werden können (siehe Abschnitt Brandschutz). Die Verarbeitung erfolgt dabei ausschließlich über Verklebung mit Multipor-Leichtmörtel, eine zusätzliche Verdübelung ist nicht erforderlich.

1.5 Das Raumklima

Das Raumklima stellt sich abhängig von den bauphysikalischen Eigenschaften der Bauteile, die einen Raum umschließen, sowie der äußeren Klimaverhältnisse und der Beheizung ein. Insgesamt ist die Definition des Begriffes technisch exakt nicht möglich, zumal auch die subjektiven Empfindungen der Menschen hinsichtlich der klimatischen Verhältnisse sehr differieren und die Nutzung der Räume unterschiedliche Klimata voraussetzen.

Einfluss auf das Raumklima haben neben der Wärmedämmung der Bauteile hauptsächlich

- die Oberflächentemperatur
- die Wärmespeicherung
- die Wärmeeindringzahl/Temperaturleitfähigkeit
- das Auskühlverhalten
- das Temperaturamplitudenverhältnis (TAV) und die Phasenverschiebung.

Daneben spielt die Luftfeuchtigkeit und das Speichervermögen von Wasser sowie die Diffusionsfähigkeit der umschließenden Bauteile eine bestimmende Rolle.

Bei Bauteilen aus Xella-Baustoffen sind die vorgenannten Einflüsse optimal kombiniert – wie aus nachfolgenden Ausführungen entnommen werden kann. Die Voraussetzungen für ein behagliches Wohnklima sind damit gegeben.

Für den sommerlichen Wärmeschutz muss stets der Zusammenhang von Wärmespeicherung und Auskühlzeit betrachtet werden, der letztlich Temperaturamplitudenverhältnis und Phasenverschiebung an einem Außenbauteil bestimmt (s. unten).

Für die Innenraumtemperatur kann die Speicherfähigkeit, hauptsächlich von Innenwänden, bei täglichen Temperaturschwankungen im Sommer wie im Winter zum Ausgleich von Nutzen sein. Im Sommer kann eine Überhitzung der Innenräume vermieden bzw. verringert werden. In der Heizperiode erfolgt eine geringere Auskühlung bei Nachtabsenkung bzw. Nachtabschaltung der Heizungsanlage und somit ein geringerer Heizwärmeverbrauch. Letzteres ist im Berechnungsverfahren gemäß EnEV 2007 entsprechend berücksichtigt.

Wärmespeicherung

Das Wärmespeichervermögen Q_s beschreibt die gespeicherte Wärmemenge in 1 m² eines Bauteils mit der Rohdichte ρ und der Dicke d bei 1 °K Temperaturdifferenz.

$Q_s = c \cdot \rho \cdot d$ in J/(m² · K)

Da die spezifische Wärmekapazität c für mineralischen Baustoffe rund 1000 J/(kg · K) beträgt, ist die Speicherfähigkeit wesentlich von Rohdichte und Dicke des Bauteils abhängig. Abweichend davon liegt die spezifische Wärmekapazität von Multipor mit c = 1300 J/(kg · K) relativ hoch.

Auskühlzeit

Das Auskühlverhalten eines Bauteiles ist abhängig vom Verhältnis seines Wärmespeichervermögens zum Wärmedurchlasskoeffizienten, also letztlich vom Verhältnis Flächengewicht zu Wärmeleitfähigkeit. Die Auskühlzeit t_A gibt die Zeit an, in der 1 m² eines plattenförmigen Bauteils mit einer bestimmten Dicke bei einem Temperaturunterschied von 1 °K auskühlt. Je länger die Auskühlzeit, desto später machen sich äußere Temperaturschwankungen im Innenraum bemerkbar. Die Dicke des Bauteils geht hier quadratisch ein:

$$t_A = \frac{Q_s}{R} = \frac{c \cdot \rho \cdot d^2}{\lambda} \quad \text{in h}$$

Nachfolgende Tabelle zeigt Wärmespeichervermögen Q_s und Auskühlzeit t_A verschiedener Baustoffe beispielhaft für eine Schichtdicke von je 200 mm.

Tabelle G.1.2 Wärmespeichervermögen Q_s und Auskühlzeit t_A verschiedener Baustoffe beispielhaft für eine Schichtdicke von je 200 mm

	λ W/(m · K)	ρ (kg/m³)	s J/(kg · K)	Q_S J/(m² · K)	t_A h
Multipor	0,045	115	1300	29 900	36,9
YTGNG – PP W	0,08	350	1000	70 000	48,6
YTGNG – PPW4	0,12	500	1000	100 000	46,3
YTGNG – PPW6	0,16	650	1000	130 000	45,1
Silka KS 1.4	0,70	1400	1000	280 000	22,2
Silka KS 1,8	0,99	1800	1000	360 000	20,2
Silka KS 2,0	1,1	2000	1000	400 000	20,2
Beton	2,3	2100	1000	420 000	10,1
Gebrannte Steine	0,24	800	1000	160 000	37,0
Mineralwolle	0,040	80	840	13 440	18,7

G

Temperaturleitfähigkeit

Die Temperaturleitfähigkeit a bestimmt die Ausbreitung einer Temperaturänderung in einem Stoff. Je höher der Wert, desto schneller pflanzt sich eine Temperaturänderung fort. Der Wert sollte vor allem für Baustoffe in Außenbauteilen möglichst niedrig sein.

$a = \lambda/(c \cdot \rho)$ in m²/s

Wärmeeindringkoeffizient

Das Verhalten von Baustoffen bei kurzzeitigen Änderungen der Raumtemperatur wird durch den Wärmeeindringkoeffizient b charakterisiert.

$b = \sqrt{c \cdot \rho \cdot \lambda}$ in $J/(s^{0,5} \cdot m^2 \cdot K)$

Bei Berührung einer Baustoffoberfläche wird dem Menschen um so weniger Wärme entzogen (fühlt sich also wärmer an), je kleiner sein Wärmeeindringkoeffizient ist.

Tabelle G.1.3: Temperaturleitfähigkeit *a* und Wärmeeindringkoeffizient *b* für verschiedene Baustoffe

	λ W/(m · K)	ρ (kg/m³)	c J/(kg · K)	a m²/s	b $J/(s^{0,5}m^2 \cdot K)$
Multipor	0,045	115	1300	3,0E-07	82
Silka KS 1,4	0,700	1400	1000	5,0E-07	990
Silka KS 1,8	0,990	1800	1000	5,5E-07	1335
Silka KS 2,0	1,100	2000	1000	5,5E-07	1483
YTGNG – PPW2	0,090	350	1000	2,6E-07	177
YTGNG – PPW4	0,140	500	1000	2,8E-07	265
YTGNG – PPW6	0,180	650	1000	2,8E-07	342
Beton	2,300	2100	1000	1,1E-06	2198
Gebrannte Steine	0,240	800	1000	3,0E-07	438
Mineralwolle	0,040	80	840	6,0E-07	52

Oberflächentemperatur

Die inneren Oberflächentemperaturen beeinflussen wesentlich das Behaglichkeitsgefühl des Menschen. Je höher und einheitlicher die Temperaturen sämtlicher Umfassungsflächen, um so höher ist die thermische Behaglichkeit. Je besser die Wärmedämmung eines Bauteils, um so höher ist seine innere Oberflächentemperatur. Die innere Oberflächentemperatur kann berechnet werden nach

$$\theta_{si} = \theta_i - \frac{U(\theta_i \cdot \theta_e)}{h_i}$$

mit

θ_{si} = innere Oberflächentemperatur
θ_i = Innenlufttemperatur
θ_e = Außenlufttemperatur
h_i = Wärmeübergangskoeffizient innen
U = Wärmedurchgangskoeffizient

Um die thermische Behaglichkeit nicht negativ zu beeinflussen, soll die innere Oberflächentemperatur eines Bauteils nicht mehr als 3–4 °K unter der Raumtemperatur liegen. Aus nachstehender Grafik kann die Oberflächentemperatur an der Wandinnenseite bei einer Innenlufttemperatur von

20 °C in Abhängigkeit vom *U*-Wert des Außenbauteils und der Außenlufttemperatur abgelesen werden.

In nachfolgender Grafik sind beispielhaft die Verhältnisse bei einer 365 mm dicken YTONG-Außenwand mit $\lambda = 0{,}09$ W/(m · K) bzw. einer Silka-KS-Außenwand mit 180 mm Multipor-WDVS eingezeichnet. Beide Konstruktionen erreichen einen *U*-Wert von 0,23 W/(m^2 · K). Bei –20 °C Außenlufttemperatur liegt die Oberflächentemperatur auf der Innenseite bei 18,8 °C, also nur rund 1 Grad unter der Raumlufttemperatur von 20 °C. Bei 0 °C Außenlufttemperatur ist praktisch kaum noch ein Unterschied zur Raumlufttemperatur spürbar.

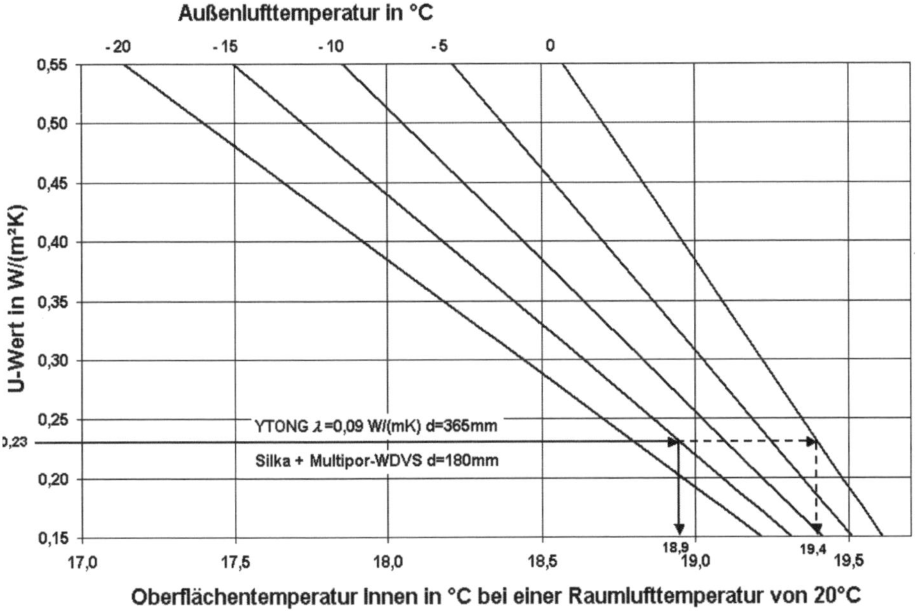

Temperaturamplitudenverhältnis und Phasenverschiebung

In den Sommermonaten bei verhältnismäßig hohen Außentemperaturen und den unter Sonneneinstrahlung stark aufgeheizten äußeren Wandoberflächen können in nichtklimatisierten Räumen die Temperaturen unangenehm ansteigen. Große nichtbeschattete Fensterflächen und dunkle äußere Fassadenflächen sind ein nicht unerheblicher Schwachpunkt für die Raumaufheizung.

Günstige TAV und Phasenverschiebung für massive Wände können einen Beitrag zur Dämpfung der Innentemperatur leisten, wenn auch entsprechende Maßnahmen für die Fensterflächen getroffen werden. Die Temperaturamplituden die auf der Außenoberfläche eines Bauteiles entstehen, werden beim Durchlaufen des Bauteiles als mehr oder weniger gedämpfte Amplituden auf dessen Innenseite mit zeitlicher Verzögerung auftreten. Das Verhältnis der Temperaturamplitude an der äußeren Oberfläche zu der an der inneren Oberfläche ist die Temperaturamplitudendämpfung. Der Kehrwert ist das Temperatur-Amplituden-Verhältnis TAV.

Mit der Dämpfung der Temperaturamplituden ist eine Phasenverschiebung η verbunden.

Die Temperaturspitzen bzw. deren Tiefstwerte treten auf der Innenseite zeitlich verschoben gegenüber denen auf der Außenseite des Bauteils auf. Je kleiner das TAV, um so größer ist die Phasenverschiebung. Sie sollte zwischen 10 und 15 h liegen. Liegt das TAV unter 0,25, so spielt die Phasenverschiebung nur eine untergeordnete Rolle. Für TAV-Werte über 0,40 sind Überlegungen zur Raumklimatisierung angebracht.

Nach Hauser/Gertis wird die Phasenverschiebung nach folgender Formel berechnet

$$\eta = \frac{1}{15}\left(40{,}5 \cdot \Sigma D - \operatorname{arctg} \frac{h_i}{h_i + s\sqrt{2}} + \operatorname{arctg} \frac{s}{s + h_a\sqrt{2}}\right) \quad \text{in h}$$

mit

h_a = Wärmeübergangskoeffizient außen
h_i = Wärmeübergangskoeffizient innen
$s = 0{,}51 \cdot b$ = Wärmespeicherwert
b = Wärmeeindringkoeffizient
$D = s \cdot 1/R$ = Wärmeträgheitswert

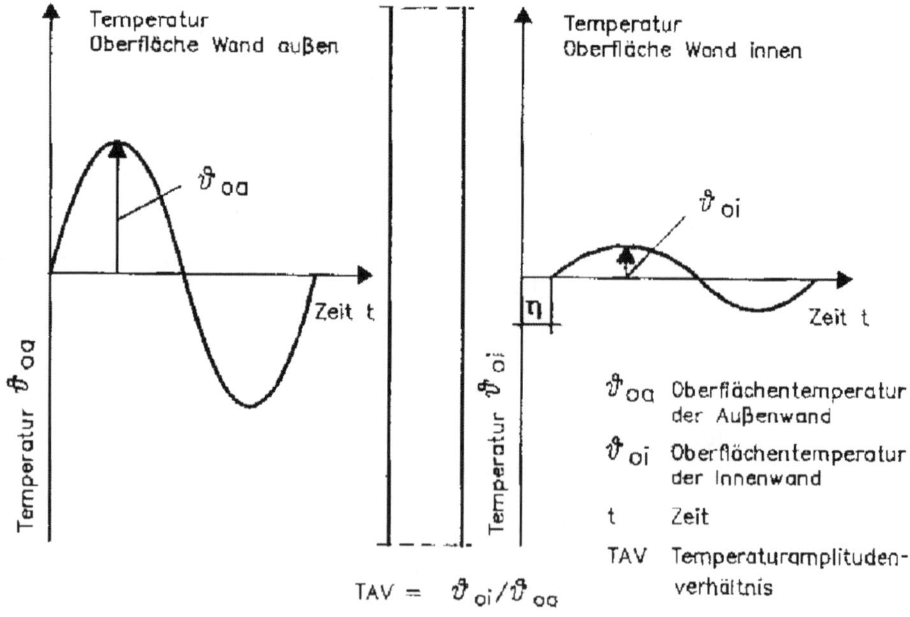

In nachstehender Tabelle sind beispielhaft für typische Schichtaufbauten mit Xella-Produkten Temperaturamplitudenverhältnis und Phasenverschiebung aufgeführt.

Bauteil	Schichtaufbau	TAV	Phasen-verschiebung
Einschalige Außenwand	Außenputz $d = 15$ mm, $\lambda = 0{,}4$ W/(m K) YTONG $d = 300$ mm, $\lambda = 0{,}09$ W/(mK) Innenputz $d = 10$ mm, $\lambda = 0{,}7$ W/(mK)	0,05	13,7 h
Einschalige Außenwand	Außenputz $d = 15$ mm, $\lambda = 0{,}4$ W/(m K) YTONG $d = 365$ mm, $\lambda = 0{,}09$ W/(mK) Innenputz $d = 10$ mm, $\lambda = 0{,}7$ W/(mK)	0,03	14,3 h
Silka – KS mit Multipor-WDVS	Außenputz $d < 8$ mm, Multipor $d = 140$ mm, $\lambda = 0{,}045$ W/(mK) Silka 1,8, $d = 175$ mm, $\lambda = 0{,}99$ W/(mK) Innenputz $d = 10$ mm, $\lambda = 0{,}7$ W/(mK)	0,01	11,6 h
Zweischalige Außenwand	Silka 2,0 – Verblendschale, $d = 115$ mm, Fingerspalt $d = 10$ mm Multipor $d = 140$ mm, $\lambda = 0{,}045$ W/(mK) Silka 1,8, $d = 175$ mm, $\lambda = 0{,}99$ W/(mK) Innenputz $d = 10$ mm, $\lambda = 0{,}7$ W/(mK)	0,01	13,6 h
Zweischalige Außenwand	Silka 2,0 – Verblendschale, $d = 115$ mm, Fingerspalt $d = 10$ mm Multipor $d = 100$ mm, $\lambda = 0{,}045$ W/(m K) YTONG $d = 175$ mm, $\lambda = 0{,}09$ W/(mK) Innenputz $d = 10$ mm, $\lambda = 0{,}7$ W/(mK)	0,01	14,3 h
Massivdach	Dacheindeckung Multipor $d = 200$ mm, $\lambda = 0{,}045$ W/(mK) YTONG-Dach $d = 200$ mm, $\lambda = 0{,}14$ W/(mK) Innenputz $d = 10$ mm, $\lambda = 0{,}7$ W/(mK)	0,01	14,1 h
Kellerdecke	Estrich $d = 40$ mm, $\lambda = 1{,}4$ W/(mK) Trittschalldämmung $d = 30$mm, $\lambda = 0{,}040$ W/(mK) Multipor $d = 100$ mm, $\lambda = 0{,}045$ W/(mK) YTONG – Decke $d = 240$ mm, $\lambda = 0{,}16$ W/(mK)	0,01	13,1 h

1.6 Der klimabedingte Feuchteschutz

Die Anforderungen an Feuchteschutz sind im wesentlichen in DIN 4108 sowie DIN 18 195 für die Bauwerksabdichtung geregelt.

Ein erhöhter Feuchtegehalt in Bauteilen kann deren Wärmedämmeigenschaften erheblich herabsetzen. Ein ausreichender Feuchteschutz ist damit Grundvoraussetzung für die Einhaltung des Mindestwärmeschutzes (Vermeidung von Schimmelpilzbildung) bzw. des nach EnEV berechneten Wärmschutzes der Außenbauteile.

Eine weitere wesentliche Aufgabe des Feuchteschutzes ist die Vermeidung von Bauschäden an feuchteempfindlichen Baustoffen (z. B. Holz) sowie die Vermeidung von Frostschäden an nicht frostbeständigen Baustoffen.

Im Hochbau müssen somit die Bauteile gegen Feuchtigkeitsbeanspruchung von außen und innen geschützt werden.

Einflüsse von außen sind Niederschläge aus Regen und Schnee sowie bei erdberührten Bauteilen die Feuchtigkeit im angrenzenden Erdreich.

Einflüsse von innen sind die Tauwasserbildung auf der Innenoberfläche von Wänden und Decken, Tauwasserbildung innerhalb eines Außenbauteiles infolge Dampfdiffusion sowie die Durchfeuchtung von Außenbauteilen infolge Wasserdampfkonvektion aus dem Innenraum über Luftundichtheiten (z. B. offene Fugen).

Schlagregenschutz

Verblendmauerwerk aus Silka-KS-Verblendern ist frostbeständig und gewährleistet somit den Witterungsschutz ohne zusätzliche Maßnahmen. Voraussetzung ist hier eine fachgerechte, kantenbündig zur Steinoberfläche ausgeführte Verfugung. Diese kann als konkav zurückliegender Fugenglattstrich oder als nachträgliche Verfugung ausgeführt werden. Bei Schlagregen kann somit auftreffendes Wasser auf der Oberfläche ungehindert auftreffen.

Hintermauerwerk aus Silka-KS sowie die Xella Baustoffe YTONG und Multipor sind nicht dauerhaft frostbeständig.

Bei Außenbauteilen aus diesen Baustoffen muss der Schlagregenschutz durch geeignete Beschichtungen bzw. Außenputze, durch Verblendungen oder vorgesetzte Schalen erbracht werden.

Weitere ausführliche Hinweise und Beispiele zum Schlagregenschutz in Abhängigkeit von der Schlagregenbeanspruchung enthält DIN 4108-3, Abschnitt 5.

Tauwasserbildung im Inneren von Bauteilen

Wasserdampfdiffusion ist ein Strömungsvorgang, der durch den Unterschied der Teildrücke des Wasserdampfes zwischen der Innen- und Außenseite eines Bauteiles eintritt. Der Wasserdampfteildruck ist dabei abhängig von Lufttemperatur und Luftfeuchte. Übersteigt in einem Bereich einer Außenkonstruktion der Wasserdampfteildruck den Sättigungsdampfdruck, kondensiert dort ein Teil des Wasserdampfes.

In unseren Klimazonen erfolgt die Wasserdampfwanderung im wesentlichen – entsprechend dem Temperaturgefälle – von innen nach außen, d. h. von der warmen zur kalten Seite. Als Grundregel sollte deshalb in einer mehrschichtigen Konstruktion der Widerstand der Baustoffschichten gegen den Wasserdampfdiffusionsstrom von innen nach außen abnehmen. Der Wasserdampfdiffusionswiderstand (s_D-Wert) einer Schicht ergibt sich dabei aus dem Produkt aus Wasserdampfdiffusionswiderstandszahl (μ-Wert) und Schichtdicke.

Die μ-Werte für Xella-Baustoffe liegen in folgenden Bereichen:

Silka-Kalksandstein ($\rho \leq 1400$ kg/m^3) $\mu = 5/10$

Silka-Kalksandstein ($\rho > 1400$ kg/m^3) $\mu = 15/25$

YTONG $\mu = 5/10$

Multipor $\mu = 3$

In Berechnungen ist jeweils der für die Baukonstruktion ungünstigere μ-Wert anzunehmen.

Zur Beurteilung der Tauwasserbildung im Inneren von Bauteilen infolge Wasserdampfdiffusion hat sich das graphische Verfahren nach Glaser bewährt und wurde in DIN 4108 übernommen. Es wird festgestellt, ob, in welcher Menge und in welchem Bereich sich innerhalb einer Wand- oder Dachkonstruktion in der kalten Jahreszeit Tauwasser niederschlägt (Tauperiode). Danach wird ermittelt, inwieweit dieses Tauwasser im Sommer wieder austrocknet (Verdunstungsperiode).

Das Berechnungsverfahren arbeitet mit stationären Randbedingungen und ist für Außenbauteile gut geeignet, bei denen der Feuchtetransport allein über Wasserdampfdiffusion erfolgt. Dies sind beispielsweise Holzständerkonstruktionen oder traditionelle Dachkonstruktionen aus Holz mit den üblichen Dämmschichten.

Demgegenüber überwiegt bei massiven Baustoffen der Kapillartransport von Feuchte gegenüber der Wasserdampfdiffusion. Der Kapillartransport wird aber im Glaserverfahren *nicht* berücksichtigt. Entsprechend unrealistisch sind die Ergebnisse für massive Konstruktionen wie Mauerwerk oder Massivdächer.

Aus diesem Grund wurden in DIN 4108-3 unter Punkt 4.3 derartige Konstruktionen **ohne** rechnerischen Tauwassernachweis freigegeben.

Darunter fallen u. a. auch Mauerwerkskonstruktionen nach DIN 1053 wie einschaliges Mauerwerk, Mauerwerk mit Außendämmung, zweischaliges Mauerwerk mit Luftschicht und Dämmung bzw. mit Kerndämmung sowie einschalige Massivdächer aus Porenbeton ohne Dampfsperrschicht an der Unterseite. Voraussetzung ist die Einhaltung des Mindestwärmeschutzes sowie ein ausreichender Schlagregenschutz.

Ungeeignet ist das Glaserverfahren für Innenklimata, die von Temperatur- und Luftfeuchteverhältnissen bei üblicher Wohn- oder Büronutzung abweichen sowie für bauphysikalisch kritische Konstruktionen wie Innendämmung von Außenbauteilen.

Hier sollten Klimasimulationsverfahren zur ein- und zweidimensionalen Berechnung des gekoppelten Wärme- und Feuchtetransports in Bauteilen eingesetzt werden. Weitere Ausführungen dazu siehe unter Abschnitt „Innendämmung mit Multipor“.

Tauwasserbildung an Innenoberflächen von Außenbauteilen

Gemäß DIN 4108 können bei Außenbauteilen mit ausreichendem Mindestwärmeschutz nach Teil 2 dieser Norm unter für Wohn- und Büroräume üblichen Raumlufttemperaturen und Raumluftfeuchten Schäden durch Tauwasserausfall mit nachfolgendem Schimmelpilzbefall an Innenoberflächen vermieden werden. Dies setzt ein an die jeweilige Feuchtebelastung angepasstes Heizungs- und Lüftungsverhalten während der Raumnutzung voraus.

Weitere Ausführungen dazu siehe unter Abschnitt „Mindestanforderungen an den Wärmeschutz“.

Wasserdampfkonvektion

Unter Wasserdampfkonvektion wird der Feuchteeintrag in Konstruktionen über Luftströmungen verstanden. Dabei gelangt Raumluft über Undichtheiten (z. B. offene Fugen) auf Grund von Luftdruck- und/oder Temperaturdifferenzen zwischen Innen- und Außenluft in Außenbauteile. Vor allem im Winterhalbjahr kann dann in kälteren Schichten der Konstruktion ein Teil des mitgeführten Wasserdampfes kondensieren und je nach Feuchteempfindlichkeit der Baustoffe erhebliche Schäden hervorrufen. Der Feuchteeintrag bei Wasserdampfkonvektion kann dabei ein Vielfaches der Menge betragen, die durch Diffusion mitgeführt werden kann.

Diesem Sachverhalt trägt DIN 4108-3 mit entsprechenden Hinweisen zur Luftdichtheit Rechnung. Danach gelten Putze nach DIN 18 550-2 bzw. DIN 18 558 als ausreichend luftdicht. Planmäßig offene Stoßfugen in Mauerwerk nach DIN 1053 werden durch die Putzschicht ohne zusätzliche Maßnahmen abgedichtet. Bei Mauerwerk aus Lochsteinen mit hohem Lochanteil muss besonders bei Installationen wie Steckdosen u.ä. auf einen luftdichten Einbau geachtet werden, um Querströmungen im Mauerwerk zu vermeiden.

Bei YTONG-Massivdächern wird die Luftdichtheit wie beim Mauerwerk ohne zusätzliche Maßnahmen über den Innenputz bzw. den Fugenverguss zwischen den Dachplatten gewährleistet.

Bei Holzbauteilen, z. B. beim traditionellen Holzsparrendach, muss generell eine zusätzliche Luftdichtheitsschicht in Form einer luftdichten Bahn aus Kunststoff, Elastomeren o.ä. angeordnet werden.

2 Die Energieeinsparverordnung 2009[1)]

2.1 Einleitung

Die EU hat sich das Ziel gestellt, bis zum Jahre 2012 die so genannten Treibhausgase (z. B. CO_2) um 8 % zu senken. Da Deutschland mit einem jährlichen CO_2-Ausstoß von ca. 980 Mio Tonnen zu den größten Emittenten der EU gehört, stehen hierorts Reduzierungen von ca. 21 % an. Ohne Einbeziehung der Bauwirtschaft kann ein derart anspruchsvolles Ziel nicht erreicht werden.

Dieser Einsicht folgend, hat die EU am 4.1.2003 die Richtlinie „Gesamtenergieeffizienz von Gebäuden" veröffentlicht und mit der Forderung verbunden, sie innerhalb von 3 Jahren in nationales Recht zu überführen. Die Kernpunkte lassen sich wie folgt zusammenfassen:

- Gebäude sind nach einheitlichen Maßstäben energetisch zu beurteilen.
- Werden Gebäude beurteilt, so sind alle eingesetzten Energien zu berücksichtigen. Schließlich werden viele Gebäude nicht nur beheizt, sondern auch gekühlt.
- Wenn gebaut wird, so hat das Bauen unter Beachtung von Mindeststandards zu erfolgen.
- Heizungen, Warmwasserspeicher verlieren an Leistung, sprich: Effizienz. Sie sind daher in überschaubaren Zeiträumen zu inspizieren und zu ertüchtigen.
- Der Nutzer muss wissen, auf was er sich einlässt, wenn er eine Immobilie mietet oder kauft. Amtsprache: Verpflichtung, einen Energiepass auszustellen.
- Der öffentliche Verbraucher muss in die Vorbildrolle, deshalb: Aushang der Pässe, um einen notfalls kritischen Blick der Bevölkerung zu ermöglichen.

In Deutschland führt die Umsetzung der EG-Richtlinie zu einigen Änderungen:

1. Die Energieeinsparverordnungen aus den Jahren 2002/2004/2007 wurden überarbeitet. Für den Nichtwohnbau wird der Energiebedarf für Kühlung und Beleuchtung in die Bilanzierung einbezogen.
2. Um die Vorgaben zur Reduzierung des CO_2-Ausstoßes für Deutschland zu erreichen, werden ab 2009 die Anforderungen um ca. 30 % verschärft. Zusätzlich werden Vorgaben zum obligatorischen Einsatz von erneuerbaren Energien im Neubau wirksam.
3. Ein neues Energieeinspargesetz schafft alle Voraussetzungen, einen Energiepass auch für den Gebäudebestand zu fordern.

2.2 Novelle des Energieeinsparungsgesetzes (EnEG)

Um die Vorgaben der EG-Effizienzrichtlinie in nationales Recht überführen zu können, bedarf es einer nationalen Gesetzgebung. Das Gesetz zur Einsparung von Energie in Gebäuden – Energieeinsparungsgesetz – schafft bereits seit Jahren die gesetzlichen Grundlagen für Energieeinsparmaßnahmen bei Neubauten und im Gebäudebestand. Es stellt insofern auch die Grundlage für die

[1)] Hinweis: Die Aussagen in diesem Abschnitt beziehen sich auf den von der Bundesregierung am 18.06.2008 beschlossenen Entwurf. Es werden die Anforderungen an den Wohnungsneubau erörtert.

bisherigen Wärmeschutz-/Energieeinsparverordnungen dar. Um den Forderungen der EG-Richtlinie nach einem ganzheitlichen Beurteilungsansatz für Gebäude zu entsprechen, wurden Änderungen im EnEG erforderlich. Gleiches gilt für die Forderung, die Pflicht zur Ausstellung eines Energiebedarfsausweises künftig auch auf den Gebäudebestand auszuweiten. Die 2005 beschlossene Novelle beinhaltet daher folgende wesentliche Änderungen:

1. Die Verpflichtung aus dem EnEG, bei Einbau und Aufstellung von Anlagentechnik in Gebäuden stets dafür Sorge zu tragen, dass nicht mehr Energie verbraucht wird als zur bestimmungsgemäßen Nutzung erforderlich ist, wurde auch auf Kühl- und Beleuchtungsanlagen ausgedehnt. Damit können in der künftigen Energieeinsparverordnung notwendige Regelungen zur Beurteilung solcher Anlagen und zur Einbeziehung in die Gesamtbilanzierung erlassen werden.
2. Künftige Rechtsverordnungen der Bundesregierung dürfen sich fortan auch auf die Effizienz von Beleuchtungssystemen beziehen.

Die wichtigsten Änderungen sind im neuen § 5a des EnEG enthalten. Dieser Paragraph bezieht sich ausschließlich auf die Ausstellung von Energieausweisen. Die Bundesregierung wird hierorts ermächtigt, Vorgaben für die nachfolgenden Anforderungen zu definieren und über eine Rechtsverordnung (mit Zustimmung des Bundesrates) einzuführen:

- Zeitpunkt und Anlässe für die Ausstellung und Aktualisierung von Energieausweisen;
- Ermittlung, Dokumentation und Aktualisierung von Angaben und Kennwerten;
- Angabe von Referenzwerten;
- Empfehlungen zur Verbesserung der Energieeffizienz;
- Verpflichtung, Energieausweise bestimmten Behörden und Dritten zugänglich zu machen;
- Aushang der Energieausweise in Gebäuden, in denen Dienstleistungen für die Allgemeinheit erbracht werden;
- Berechtigung zur Ausstellung der Energieausweise einschließlich der Anforderungen an die Qualifikation der Aussteller sowie
- Ausgestaltung der Energieausweise.

Zusätzlich aufgenommen wurden ferner neue Tatbestände für Ordnungswidrigkeiten. So können künftig Geldbußen bis 50 000 € verhängt werden, wenn vorsätzlich oder fahrlässig Rechtverordnungen über Anforderungen an den Wärmeschutz von Gebäuden und über die Ausstellung von Energieausweisen verletzt werden.

Besondere Aufmerksamkeit dürfte auch die in § 5a nunmehr festgeschriebene Ermächtigung für die Bundesregierung hervorrufen, die Qualifikation der Aussteller für Energieausweise künftig selbst festzulegen. Überraschenderweise führte diese Ermächtigung zu keinerlei Widerspruch der Bundesländer, die heute allein über die erforderliche Qualifizierung, zumindest im Rahmen der Landesbauordnung, entscheiden. Inwieweit die nach EnEG berechtigten Aussteller auch künftig im Zuge des öffentlich-rechtlichen Nachweises tätig werden dürfen, bleibt zunächst ungeklärt.

Mit der Novelle des EnEG sind nunmehr alle rechtlichen Grundlagen für eine neue Energieeinsparverordnung gelegt worden.

2.3 Überblick zu den Inhalten der EnEV 2009

2.3.1 Einleitung

Bereits mit der EnEV 2002 ist in Deutschland erstmals ein ganzheitlicher Ansatz für die Beurteilung der Energieeffizienz von Gebäuden „erprobt" worden. Mit der Begrenzung des Primärenergiebedarfs unter Einbeziehung aller Verluste und Gewinne in Gebäuden ist Deutschland der EG-Effizienzrichtlinie schon ein paar Jahre voraus. Nur in den nachfolgend aufgezeigten Schwerpunkten war eine Anpassung des nationalen Rechts erforderlich.

- Die Einbeziehung des Bedarfs an Energie für die Kühlung und Beleuchtung von Nichtwohngebäuden.
- Einführung des Energieausweises für den Gebäudebestand als Pflichtmaßnahmen bei Neuvermietung oder Verkauf des Gebäudes/der Wohnung.
- Aushangpflicht bei öffentlichen Gebäuden.
- Inspektion von Klimaanlagen.
- Besondere Berücksichtigung von regenerativen Energien bei der Planung von Gebäuden ab einer bestimmten Gebäudenutzfläche.

Der sachliche Änderungsbedarf wurde mit der EnEV 2007 umgesetzt, die EnEV 2009 dient vornehmlich der Verschärfung der Anforderungen. Überdies wird das Anforderungsprofil an den Wohnungsbau umgestellt auf ein Referenzgebäudeverfahren.

In Abbildung G.2.1 ist die Gliederung und die wesentlichen Bestandteile der EnEV 2009 als Übersicht dargestellt.

Abb. G.2.1: Aufbau und wesentliche Inhalte der EnEV 2009 für den Wohnungsbau

Abschnitt 1	Abschnitt 6	Abschnitt 7
Allgemeine Vorschriften	Gemeinsame Vorschriften Ordnungswidrigkeiten	Schlussvorschriften
Anwendungsbereich Begriffe	Gemischt genutzte Gebäude Regeln der Technik Ausnahmen Befreiungen Verantwortliche Ordnungswidrigkeiten	Allgemeine Übergangsvorschriften Übergangsvorschriften für Energieausweise und Aussteller Übergangsvorschriften zur Nachrüstung bei Anlagen und Gebäuden Inkrafttreten, Außerkrafttreten

Abschnitt 2	Abschnitt 3	Abschnitt 4	Abschnitt 5
Zu errichtenden Gebäude	Zu errichtende kleine Gebäude und bestehende Gebäude	Anlagen für Heizung, Warmwasser, Kühlung und RLT	Energieausweise
Anforderungen und Berechnungsverfahren für Wohngebäude			
Anlage 1	Anlage 3	Anlage 5	Anlage 6–11

2.3.2 Begriffe und Geltungsbereich der Verordnung

Geltungsbereich der Verordnung (§ 1)

Eine Differenzierung zwischen Gebäuden mit niedrigen und normalen Innentemperaturen wird nicht mehr vorgenommen, da sich das Anforderungsniveau im Nichtwohnbau nicht mehr an dieser starren Unterscheidung ausrichtet. Es kommt folglich nur eine Differenzierung dergestalt in Betracht, dass Räume unter Einsatz von Energie beheizt oder gekühlt werden. Ist dies nicht der Fall, so ist die Verordnung nicht anzuwenden. Da die Verordnung auch Regelungen für die in den Gebäuden vorhandenen bzw. zu installierenden Anlagen enthält, werden diese durch den neuen § 1 der Verordnung auch gegenständlich in den Anwendungsbereich integriert.

Gegenüber der Verordnung von 2004 sind die nachfolgend aufgezeigten Gebäude zusätzlich dem Geltungsbereich der Verordnung entzogen worden. Diese Maßnahme steht im Einklang mit der europäischen Vorgehensweise:

- Provisorische Gebäude mit einer geplanten Nutzungsdauer bis zu zwei Jahren,
- Gebäude, die dem Gottesdienst gewidmet sind sowie nach ihrer Zweckbestimmung eine Innentemperatur von weniger als 12 Grad Celsius oder jährlich weniger als vier Monate beheizt werden,
- Gebäude, die für eine Nutzungsdauer von weniger als vier Monaten jährlich bestimmt sind, und
- Sonstige handwerkliche, gewerbliche und industrielle Betriebsgebäude, die nach ihrer Zweckbestimmung auf eine Innentemperatur von weniger als 12 Grad Celsius oder jährlich weniger als vier Monate beheizt sowie jährlich weniger als zwei Monate gekühlt werden.

Begriffe nach § 2 der Verordnung

§ 2 der Verordnung enthält wichtige grundlegende Begriffe, die zum Verständnis der formulierten der Anforderungen erforderlich sind.

Wohngebäude sind all diejenigen Gebäude, die nach ihrer Zweckbestimmung überwiegend dem Wohnen dienen, einschließlich Wohn-, Alten- und Pflegeheime sowie ähnliche Einrichtungen

Als **kleine Gebäude** werden Gebäude mit nicht mehr als 50 Quadratmetern Nutzfläche bezeichnet.

Baudenkmäler sind die nach Landesrecht geschützten Gebäude oder Gebäudemehrheiten.

Beheizte Räume sind solche Räume, die auf Grund bestimmungsgemäßer Nutzung direkt oder durch Raumverbund beheizt werden.

Gekühlte Räume sind solche Räume, die auf Grund bestimmungsgemäßer Nutzung direkt oder durch Raumverbund gekühlt werden.

Als **erneuerbare Energien** gelten Energien, die zu Zwecken der Heizung, Warmwasserbereitung, Kühlung oder Lüftung von Gebäuden eingesetzte und im räumlichen Zusammenhang dazu gewonnenen werden. Dazu zählen solare Strahlungsenergie, Umweltwärme, Geothermie und Energie aus Biomasse.

Ein **Heizkessel** ist einer aus Kessel und Brenner bestehender Wärmeerzeuger, der zur Übertragung der durch die Verbrennung freigesetzten Wärme an den Wärmeträger Wasser dient.

Als Nennleistung wird eine vom Hersteller festgelegte und im Dauerbetrieb unter Beachtung des vom Hersteller angegebenen Wirkungsgrades als einhaltbar garantierte größte Wärme- oder Kälteleistung in Kilowatt bezeichnet.

Niedertemperatur-Heizkessel sind Heizkessel, die kontinuierlich mit einer Eintrittstemperatur von 35 bis 40 Grad Celsius betrieben werden können und in denen es unter bestimmten Umständen zur Kondensation des in den Abgasen enthaltenen Wasserdampfes kommen kann.

Brennwertkessel sind Heizkessel, die für die Kondensation eines Großteils des in den Abgasen enthaltenen Wasserdampfes konstruiert sind.

Weitere Begriffe, die sich insbesondere aus der Anwendung der DIN V 18 599 ergeben, werden im Rahmen der Beispielberechnungen erläutert.

2.3.3 Anforderungen an Wohngebäude

§ 3 der Verordnung bildet die Grundlage des für Wohngebäude zu verwendende Nachweisverfahrens unter Einbeziehung der DIN V 18 599. Für neu zu errichtende Wohngebäude sind folgende Anforderungen einzuhalten:

1. **Zu errichtende Wohngebäude sind so auszuführen, dass der Jahres-Primärenergiebedarf für Heizung, Warmwasserbereitung, Lüftung und Kühlung den Wert des Jahres-Primärenergiebedarfs eines Referenzgebäudes gleicher Geometrie, Gebäudenutzfläche und Ausrichtung mit der in Anlage 1 Tabelle 1 (hier: Tab. G.2.1) angegebenen technischen Referenzausführung nicht überschreitet.**

Anmerkungen: Die technische Referenzausführung ermöglicht, die Anforderungen an Gebäude auf der Basis der vorgesehenen Nutzung und nicht, wie in den früheren Verordnungen, auf der Basis ihres Flächen/Volumenverhältnisses festzulegen. Die Anforderung selbst entsteht quasi erst mit dem Gebäude und dessen vorgesehener Nutzung. Dies macht es aber auch schwieriger für den Planer, denn Gebäude gleicher Kubatur können erheblich voneinander abweichende Bedarfswerte aufweisen.

Die Ausführung des Referenzgebäudes ist aus Tabelle G.2.1 zu entnehmen. Diese kann als Richtwert für das zu planenden Gebäude herangezogen werden.

Tab. G.2.1: Ausführung des Referenzgebäudes nach EnEV 2009

Zeile	**Bauteil/System**	**Referenzausführung/Wert (Maßeinheit)**	
		Eigenschaft (zu Zeilen 1.1 bis 3)	
1.1	Außenwand, Geschossdecke gegen Außenluft	Wärmedurchgangskoeffizient	$U = 0{,}28\ W/(m^2 \cdot K)$
1.2	Außenwand gegen Erdreich, Bodenplatte, Wände und Decken zu unbeheizten Räumen (außer solche nach Zeile 1.1)	Wärmedurchgangskoeffizient	$U = 0{,}35\ W/(m^2 \cdot K)$
1.3	Dach, oberste Geschossdecke, Wände zu Abseiten	Wärmedurchgangskoeffizient	$U = 0{,}20\ W/(m^2 \cdot K)$
1.4	Fenster, Fenstertüren	Wärmedurchgangskoeffizient	$U_w = 1{,}30\ W/(m^2 \cdot K)$
		Gesamtenergiedurchlassgrad der Verglasung	$g^\perp = 0{,}60$
		Referenzausführung/Wert (Maßeinheit)	
1.5	Dachflächenfenster	Wärmedurchgangskoeffizient	$U_w = 1{,}40\ W/(m^2 \cdot K)$
		Gesamtenergiedurchlassgrad der Verglasung	$g^\perp = 0{,}60$
1.6	Lichtkuppeln	Wärmedurchgangskoeffizient	$U_w = 2{,}70\ W/(m^2 \cdot K)$
		Gesamtenergiedurchlassgrad der Verglasung	$g^\perp = 0{,}64$
1.7	Außentüren	Wärmedurchgangskoeffizient	$U = 1{,}80\ W/(m^2 \cdot K)$
2	Bauteile nach den Zeilen 1.1 bis 1.5	Wärmebrückenzuschlag	$\Delta U_{WB} = 0{,}05\ W/(m^2 \cdot K)$
3	Luftdichtheit der Gebäudehülle	Bemessungswert n_{50}	Bei Berechnung nach DIN V 4108-6:2003-06: mit Dichtheitsprüfung DIN V 18 599-2:2007-02: nach Kategorie I

		Referenzausführung/Wert (Maßeinheit)
4	Sonnenschutzvorrichtung	keine Sonnenschutzvorrichtung
5	Heizungsanlage	Wärmeerzeugung durch Brennwertkessel (verbessert), Heizöl EL, Aufstellung: – für Gebäude bis zu 2 Wohneinheiten innerhalb der thermischen Hülle – für Gebäude mit mehr als 2 Wohneinheiten außerhalb der thermischen Hülle Auslegungstemperatur 55/45 °C, zentrales Verteilsystem innerhalb der wärmeübertragenden Umfassungsfläche, innen liegende Stränge und Anbindeleitungen, Pumpe auf Bedarf ausgelegt (geregelt, Δp konstant), Rohrnetz hydraulisch abgeglichen, Wärmedämmung der Rohrleitungen nach Anlage 5 Wärmeübergabe mit freien statischen Heizflächen, Anordnung an normaler Außenwand, Thermostatventile mit Proportionalbereich 1 K
6	Anlage zur Warmwasserbereitung	zentrale Warmwasserbereitung gemeinsame Wärmebereitung mit Heizungsanlage nach Zeile 5 Solaranlage (Kombisystem mit Flachkollektor) entsprechend den Vorgaben nach DIN V 4701-10 : 2003-08 oder DIN V 18 599-5 : 2007-02 Speicher, indirekt beheizt (stehend), gleiche Aufstellung wie Wärmeerzeuger, Auslegung nach DIN V 4701-10 : 2003-08 oder DIN V 18 599-5 : 2007-02 als – kleine Solaranlage bei A_N kleiner 500 m² (bivalenter Solarspeicher) – große Solaranlage bei A_N größer gleich 500 m² Verteilsystem innerhalb der wärmeübertragenden Umfassungsfläche, innen liegende Stränge, gemeinsame Installationswand, Wärmedämmung der Rohrleitungen nach Anlage 5, mit Zirkulation, Pumpe auf Bedarf ausgelegt (geregelt, Δp konstant)
7	Kühlung	keine Kühlung
8	Lüftung	Zentrale Abluftanlage, bedarfsgeführt mit geregeltem DC-Ventilator

Die zweite Anforderung an Wohngebäude ist auf die Gebäudehülle bezogen:

2. Zu errichtende Wohngebäude sind so auszuführen, dass die Höchstwerte des spezifischen, auf die wärmeübertragende Umfassungsfläche bezogenen Transmissionswärmeverlusts nach Tabelle 2 (hier: Tab. G.2.2) nicht überschritten werden.

Tab. G.2.2: Höchstwerte der Wärmedurchgangskoeffizienten der wärmeübertragenden Umfassungsfläche von Nichtwohngebäuden

Zeile	Gebäudetyp		Höchstwert des spezifischen Transmissionswärmeverlusts
1	Freistehendes Wohngebäude	mit $A_N = 350$ m²	$H'_T = 0{,}40$ W/(m² · K)
		mit $A_N > 350$ m²	$H'_T = 0{,}50$ W/(m² · K)
2	Einseitig angebautes Wohngebäude		$H'_T = 0{,}45$ W/(m² · K)
3	alle anderen Wohngebäude		$H'_T = 0{,}65$ W/(m² · K)
4	Erweiterungen und Ausbauten von Wohngebäuden gemäß § 9 Abs. 5		$H'_T = 0{,}65$ W/(m² · K)

Auf die Gebäudehülle bezogen, dürfte sich mit Einführung der EnEV das in Abbildung G.2.2 dargestellte Wärmedämmniveau für die Außenbauteile durchsetzen.

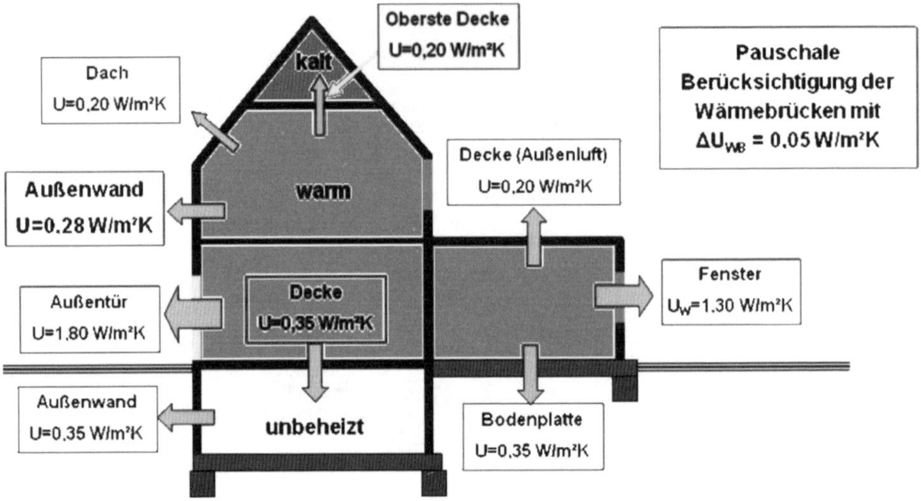

Abb. G.2.2: Wärmedämmniveau der Außenbauteile nach EnEV 2009

Die 3. Anforderung weist auf die zu verwendenden Normen hin.

3. **Für das zu errichtende Wohngebäude und das Referenzgebäude ist der Jahres-Primärenergiebedarf nach einem der in Anlage 1 Nr. 2 genannten Verfahren zu berechnen. Das zu errichtende Wohngebäude und das Referenzgebäude sind mit demselben Verfahren zu berechnen.**

Die EnEV 2009 ermöglicht die Nachweisführung sowohl auf der Grundlage der bisherigen Normen DIN V 4108-6/DIN V 4701-10 als auch nach der Normreihe DIN V 18 599. In Tabelle G.2.3 sind die einzelnen Normteile der DIN V 18 599 enthalten.

Tab. G.2.3: Gliederung der DIN V 18 599 „Energetische Bewertung von Gebäuden Berechnung des Nutz-, End- und Primärenergiebedarfs für Heizung, Kühlung, Lüftung, Trinkwarmwasser und Beleuchtung“

DIN V 18 599-1	Allgemeine Bilanzierungsverfahren, Begriffe, Zonierung und Bewertung der Energieträger
DIN V 18 599-2	Nutzenergiebedarf für Heizen und Kühlen von Gebäudezonen
DIN V 18 599-3	Nutzenergiebedarf für die energetische Luftaufbereitung
DIN V 18 599-4	Nutz- und Endenergiebedarf für Beleuchtung
DIN V 18 599-5	Endenergiebedarf von Heizsystemen
DIN V 18 599-6	Endenergiebedarf von Wohnungslüftungsanlagen und Luftheizungsanlagen für den Wohnungsbau
DIN V 18 599-7	Endenergiebedarf von Raumlufttechnik und Klimakältesystemen für den Nichtwohnungsbau
DIN V 18 599-8	Nutz- und Endenergiebedarf von Warmwasserbereitungssystemen
DIN V 18 599-9	End- und Primärenergiebedarf von Kraft-Wärme-Kopplungsanlagen
DIN V 18 599-10	Nutzungsrandbedingungen, Klimadaten

In den einzelnen Teilen der DIN V 18 599 befinden sich darüber hinaus noch weitere Normbezüge, die aber für das Verständnis der Nachweisführung entbehrlich sind. Wichtiger sind die Bezüge in der EnEV selbst, die neben der DIN V 18 599 noch weitere Normen als Bezugsnorm für die Nachweisführung bekanntgeben. Tabelle G.2.4 enthält die wichtigsten dieser mit der EnEV bekanntgegebenen Normen:

Tab. G.2.4: Bezugsnormen nach EnEV

Norm	Bezeichnung
DIN EN 410	Glas im Bauwesen – Bestimmung der lichttechnischen und strahlungsphysikalischen Kenngrößen von Verglasungen
DIN 5034-3	Tageslicht in Innenräumen – Teil 3: Berechnung 2005-09
DIN EN 12 464-1	Licht und Beleuchtung – Beleuchtung von Arbeitsstätten – Teil 1: Arbeitsstätten in Innenräumen
DIN EN 13 363-2	Sonnenschutzeinrichtungen in Kombination mit Verglasungen – Berechnung der Solarstrahlung und des Lichttransmissionsgrades – Teil 2: Detailliertes Berechnungsverfahren
DIN EN 13 363-1	Sonnenschutzeinrichtungen in Kombination mit Verglasungen – Berechnung der Solarstrahlung und des Lichttransmissionsgrades – Teil 1: Vereinfachtes Verfahren
DIN 277-1	Grundflächen und Rauminhalte von Bauwerken im Hochbau – Teil 1: Begriffe, Ermittlungsgrundlagen

Tab. G.2.4: (Fortsetzung)

Norm	Bezeichnung
VDI 2067 Blatt 10	Wirtschaftlichkeit gebäudetechnischer Anlagen – Energiebedarf beheizter und klimatisierter Gebäude
VDI 2067 Blatt 11	Wirtschaftlichkeit gebäudetechnischer Anlagen – Rechenverfahren zum Energiebedarf beheizter und klimatisierter Gebäude
DIN V 4108-4	Wärmeschutz und Energie-Einsparung in Gebäuden – Teil 4: Wärme- und feuchteschutztechnische Bemessungswerte
DIN 4108-2	Wärmeschutz und Energie-Einsparung in Gebäuden – Teil 2: Mindestanforderungen an den Wärmeschutz
DIN EN ISO 6946	Bauteile – Wärmedurchlasswiderstand und Wärmedurchgangskoeffizient – Berechnungsverfahren
DIN EN ISO 7345	Wärmeschutz – Physikalische Größen und Definitionen
DIN EN ISO 9288	Wärmeschutz – Wärmeübertragung durch Strahlung – Physikalische Größen und Definitionen
DIN EN ISO 10 077-1	Wärmetechnisches Verhalten von Fenstern, Türen und Abschlüssen – Berechnung des Wärmedurchgangskoeffizienten – Teil 1: Allgemeines
DIN EN ISO 10 211-1/2	Wärmebrücken im Hochbau – Berechnung der Wärmeströme und Oberflächentemperaturen – Teil 1: Allgemeine Berechnungsverfahren – Teil 2: Linienförmige Wärmebrücken
DIN EN ISO 12 241	Wärmedämmung an haus- und betriebstechnischen Anlagen – Berechnungsregeln
DIN EN ISO 13 786	Wärmetechnisches Verhalten von Bauteilen – Dynamisch-thermische Kenngrößen – Berechnungsverfahren
DIN EN ISO 13 789	Wärmetechnisches Verhalten von Gebäuden – Spezifischer Transmissionswärmeverlustkoeffizient – Berechnungsverfahren
DIN EN 13 947	Wärmetechnisches Verhalten von Vorhangfassaden – Berechnung des Wärmedurchgangskoeffizienten
DIN EN ISO 13 370	Wärmetechnisches Verhalten von Gebäuden – Wärmeübertragung über das Erdreich – Berechnungsverfahren

4. Zu errichtende Wohngebäude sind so auszuführen, dass die Anforderungen an den sommerlichen Wärmeschutz nach Anlage 1 Nr. 3 (hier: Tab. G.2.5) eingehalten werden.

Der Nachweis des sommerlichen Wärmeschutzes gilt als erbracht wenn entweder

a) der höchstzulässige Sonneneintragskennwerte nach DIN 4108-2:2003-07 Abschnitt 8 nach dem dort beschriebenen Rechenverfahren oder

b) der höchstzulässige Sonneneintragskennwerte nach DIN 4108-2:2003-07 Abschnitt 8 unter Verwendung eines Simulationsverfahrensmit den in DIN 4108-2 vorgegebenen Randbedingungen eingehalten wird.

Im Gegensatz zu früheren Ausgaben der EnEV wird für den Nachweis des sommerlichen Wärmeschutzes keine auf den Fensterflächenanteil des Gebäudes bezogene Begrenzung der Nachweispflicht mehr vorgenommen. Damit wird sichergestellt, dass es keine Widersprüche zwischen den öffentlich-rechtlichen Anforderungen und den allgemein anerkannten Regeln der Technik bestehen. Die Grenze, ab der ein Nachweis erforderlich ist, ergibt sich ausschließlich raumbezogen in Abhängigkeit von dem Verhältnis zwischen Fenster- und Grundfläche. Weitere Grenzfaktoren sind Ausrichtung der Räume und Neigung der Fensterfläche.

Tab. G.2.5: Grenzwerte für den Nachweis des sommerlichen Wärmeschutzes nach DIN 4108-2

Neigung der Fenster gegenüber der Horizontalen	Orientierung der Fenster	$f_{AG,max}$ in %[1) 2)]
über 60° bis 90°	Nord-West über Süd bis Nord-Ost	10
	alle anderen Nordorientierungen	15
0° bis 60°	alle Orientierungen	7

[1)] Verhältnis der gesamten Fläche von Fenstern einer Orientierung zur Grundfläche des Raumes.
[2)] Gehören mehrere Fenster unterschiedlicher Orientierung zu einem Raum, ist der kleinere Wert für $f_{AG,max}$ zu bestimmen

5. **Bei zu errichtenden Gebäuden mit mehr als 50 Quadratmetern Nutzfläche ist die technische, ökologische und wirtschaftliche Einsetzbarkeit alternativer Systeme, insbesondere dezentraler Energieversorgungssysteme auf der Grundlage von erneuerbaren Energieträgern, Kraft-Wärme-Kopplung, Fern- und Blockheizung, Fern- und Blockkühlung oder Wärmepumpen, vor Baubeginn zu prüfen. Dazu kann allgemeiner, fachlich begründeter Wissensstand zugrunde gelegt werden.**

In der Planungsphase ist zu prüfen, ob alternative Energiesysteme eingesetzt werden können. Als alternativ im Sinne der Verordnung gelten Systeme, die erneuerbare Energien, die Prinzipien der Kraft-Wärme-Kopplung, Fern- und Blockheizung, Fern- und Blockkühlung oder Wärmepumpen nutzen.

Diese „Regelanalyse" gilt allerdings erst ab einer Nettogrundfläche von 50 m^2. Zusätzlich gibt der Verordnungsgeber vor, dass der Einsatz der o.g. Systeme dem Grundsatz der Wirtschaftlichkeit zu folgen hat. Mit der 50 m^2-Begrenzung wird sichergestellt, dass kleine Gebäude von dieser Prüfpflicht befreit werden. Da mit dem Erneuerbare-Energie-Wärmegesetz (EEWärmeG) ohnehin ab 2009 eine Pflicht zur Nutzung erneuerbarer Energien in Deutschland eingeführt wird, stellt sich ohnehin die Frage nach der Sinnhaftigkeit dieser Anforderung. Da aber das EEWärmeG eine Möglichkeit enthält, bei besserer Dämmung der Gebäudehülle auf eine Nutzung von erneuerbaren Energien zu verzichten, könnte diese Vorschrift in der EnEV als eine zusätzliche Anforderung betrachtet werden. Im Gegensatz zum EEWärmeG hat der Bauherr grundsätzlich die Machbarkeit eines Einsatzes erneuerbarer Energien zu prüfen und wird gegebenenfalls seine Ergebnisse in geeigneter Form im Bauantragsverfahren zu begründen haben.

6. **Die Gebäude sind so auszuführen, dass die wärmeübertragende Umfassungsfläche einschließlich der Fugen dauerhaft luftundurchlässig entsprechend den anerkannten Regeln der Technik abgedichtet ist. Die Fugendurchlässigkeit außen liegender Fenster, Fenstertüren und Dachflächenfenster muss den Anforderungen nach Anlage 4 Nr. 1 (hier: Tab. G.2.6) der EnEV genügen. Wird die Dichtheit nach den Sätzen 1 und 2 überprüft, kann der Nachweis der Luftdichtheit bei der Berechnung des Primärenergiebedarfs berücksichtigt werden, wenn die Anforderungen nach Anlage 4 Nr. 2 der EnEV eingehalten**

sind. Zu errichtende Gebäude sind so auszuführen, dass der zum Zwecke der Gesundheit und Beheizung erforderliche Mindestluftwechsel sichergestellt ist.

Für die Fugendurchlässigkeit außenliegender Fenster und Fenstertüren sowie Dachflächenfenster ist Tabelle G.2.6 zu beachten.

Tab. G.2.6: Klassen der Fugendurchlässigkeit von außen liegenden Fenstern, Fenstertüren und Dachflächenfenstern nach EnEV 2009

Zeile	Anzahl der Vollgeschosse des Gebäudes	Klasse der Fugendurchlässigkeit nach DIN EN 12 207-1:2000-06
1	bis zu 2	2
2	mehr als 2	3

Wird eine Überprüfung Luftdichtheit des Gebäudes, eines Raumes oder einer Gebäudezone durchgeführt, darf der nach DIN EN 13 829:2001-02 bei einer Druckdifferenz zwischen innen und außen von 50 Pa gemessene Volumenstrom – bezogen auf das beheizte oder gekühlte Luftvolumen – bei Gebäuden

- ohne raumlufttechnische Anlagen 3 h^{-1} und
- mit raumlufttechnischen Anlagen 1,5 h^{-1} nicht überschreiten.

7. **Bei zu errichtenden Gebäuden sind Bauteile, die gegen die Außenluft, das Erdreich oder Gebäudeteile mit wesentlich niedrigeren Innentemperaturen abgrenzen, so auszuführen, dass die Anforderungen des Mindestwärmeschutzes nach den anerkannten Regeln der Technik eingehalten werden. Zu errichtende Gebäude sind so auszuführen, dass der Einfluss konstruktiver Wärmebrücken auf den Jahres-Heizwärmebedarf nach den anerkannten Regeln der Technik und den im jeweiligen Einzelfall wirtschaftlich vertretbaren Maßnahmen so gering wie möglich gehalten wird. Der verbleibende Einfluss der Wärmebrücken bei der Ermittlung des spezifischen, auf die wärmeübertragende Umfassungsfläche bezogenen Transmissionswärmeverlustes oder Transmissionswärmetransferkoeffizienten und des Jahres-Primärenergiebedarfs ist wie folgt zu berücksichtigen:**

- Berücksichtigung durch Erhöhung der Wärmedurchgangskoeffizienten um $\Delta U_{WB} = 0{,}10$ W/(m^2 · K) für die gesamte wärmeübertragende Umfassungsfläche,
- bei Anwendung von Planungsbeispielen nach DIN 4108 Beiblatt 2 : 2006-03 Berücksichtigung durch Erhöhung der Wärmedurchgangskoeffizienten um $\Delta U_{WB} = 0{,}05$ W/(m^2 · K) für die gesamte wärmeübertragende Umfassungsfläche,
- durch genauen Nachweis der Wärmebrücken nach DIN V 18 599-2:2007-02/DIN V 4108-6:2003-06 in Verbindung mit weiteren anerkannten Regeln der Technik.

Sowohl für Mauerwerkbauten mit Xella-Porenbeton als monolithische Konstruktionen (z. B. mit PP2/0.35 mit $\lambda = 0{,}09$ W/(m · K)) als auch mit Silka-Kalksandsteinen und Dämmung lässt sich der Einfluss zusätzlicher Verluste über Wärmebrücken erheblich reduzieren. Die folgende Beispielberechnung soll diese Aussage unterstreichen:

Abb. G.2.3: Einfamilienhaus

Die Verluste über die Wärmebrücken wurden jeweils für drei unterschiedliche Ausführungsarten berechnet:

- Monolithische Bauweise
- Konstruktion mit Wärmedämmverbundsystem,
- Konstruktion mit Kerndämmung und Verblendschale.

In den nachfolgenden Tabellen sind die jeweils nach Beiblatt 2 berücksichtigten Wärmebrücken, die verwendeten ψ-Werte und der auf die gesamte wärmeübertragende Umfassungsfläche bezogene Wärmebrückenverlust dargestellt. Differenziert wurde bei allen Ausführungsarten zwischen einer reinen Verlustrechnung und einer Kalkulation unter Einschluss möglicher Gewinne aus vorhandenen geometrischen Wärmebrücken (Außenecken). Diese sind zwar in Beiblatt 2 nicht enthalten, spielen aber bei der Festlegung des Gesamtverlustes eine wichtige Rolle.

Tab. G.2.7: Berechnung des Gesamtverlustes; Variante A: EFH monolithisch, ohne Berücksichtigung von Außenecken

Bezeichnung der Wärmebrücke	Länge in m	ψ-Wert nach Beiblatt 2	Gesamtverlust in W/K
Bodenplatte	36,8	0,20	7,36
Fensterbrüstungen	9,45	0,07	0,662
Fensterlaibungen	23,34	0,05	1,162
Rollladenkästen	14,25	0,32	4,56
Geschossdecke	22,55	0,06	1,353
Ortgang	14	0,06	0,84
Traufe	20,2	0,08	1,616
Gesamtverlust über alle Wärmebrücken in W/K			17,55
Wärmeübertragende Umfassungsfläche in m^2			349,20
Auf die wärmeübertragende Umfassungsfläche bezogener Verlust in W/m^2 · K (ΔU_{wB})			**0,05**

G

Tab. G.2.8: Berechnung des Gesamtverlustes; Variante A: EFH monolithisch, mit Berücksichtigung von Außenecken

Bezeichnung der Wärmebrücke	Länge in m	ψ-Wert nach Beiblatt 2	Gesamtverlust in W/K
Bodenplatte	36,8	0,20	7,36
Fensterbrüstungen	9,45	0,07	0,662
Fensterlaibungen	23,34	0,05	1,162
Rollladenkästen	14,25	0,32	4,56
Geschossdecke	22,55	0,06	1,353
Ortgang	14	0,06	0,84
Traufe	20,2	0,08	1,616
Außenwandecken	10	–0,12	–1,20
First	10	–0,13	–1,30
Gesamtverlust über alle Wärmebrücken in W/K			15,05
Wärmeübertragende Umfassungsfläche in m^2			349,20
Auf die wärmeübertragende Umfassungsfläche bezogener Verlust in $W/m^2 \cdot K$ (ΔU_{wB})			**0,043**

Tab. G.2.9: Berechnung des Gesamtverlustes; Variante B: EFH mit WDVS, ohne Berücksichtigung von Außenecken

Bezeichnung der Wärmebrücke	Länge in m	ψ-Wert nach Beiblatt 2	Gesamtverlust in W/K
Bodenplatte	36,8	0,34	12,512
Fensterbrüstungen	9,45	0,14	1,323
Fensterlaibungen	23,34	0,08	1,867
Rollladenkästen	14,25	0,23	3,28
Geschossdecke	22,55	0	0
Ortgang (nicht vorhanden)	14	0	0
Traufe (nicht vorhanden)	20,2	0	0
Gesamtverlust über alle Wärmebrücken in W/K			18,98
Wärmeübertragende Umfassungsfläche in m^2			349,20
Auf die wärmeübertragende Umfassungsfläche bezogener Verlust in $W/m^2 \cdot K$ (ΔU_{wB})			**0,054**

Tab. G.2.10: Berechnung des Gesamtverlustes; Variante B: EFH mit WDVS, mit Berücksichtigung von Außenecken

Bezeichnung der Wärmebrücke	Länge in m	ψ-Wert nach Beiblatt 2	Gesamtverlust in W/K
Bodenplatte	36,8	0,34	12,512
Fensterbrüstungen	0,14	0,07	1,323
Fensterlaibungen	23,34	0,08	1,867
Rollladenkästen	14,25	0,23	3,28
Geschossdecke	22,55	0	0
Ortgang	14	0	0
Traufe	20,2	0	0
Außenwandecken	10	–0,07	–0,70
First	10	–0,13	–1,30
Gesamtverlust über alle Wärmebrücken in W/K			16,98
Wärmeübertragende Umfassungsfläche in m^2			349,20
Auf die wärmeübertragende Umfassungsfläche bezogener Verlust in $W/(m^2 \cdot K)$ (ΔU_{wB})			**0,048**

Alle Beispiele dokumentieren, dass es eine gute Übereinstimmung zwischen dem pauschalen Zuschlag nach EnEV und dem berechneten Zuschlagswert unter der Annahme gleicher Detailausbildung nach Beiblatt 2 gibt. Was passiert aber, wenn die heute im Mauerwerksbau üblichen Regeldetails verwendet werden? Ein Beispiel für eine Ermittlung des Zuschlagwertes für eine typische Porenbetonbauweise ist in Tabelle G.2.11 enthalten, wobei die Werte dem Xella-Wärmebrückenkatalog entnommen wurden.

Tab. G.2.11: Berechnung des Gesamtverlustes; Variante A: EFH monolithisch, mit Berücksichtigung von Außenecken, Details gemäß Xella-Wärmebrückenkatalog

Bezeichnung der Wärmebrücke	Länge in m	ψ-Wert nach Beiblatt 2	Gesamtverlust in W/K
Bodenplatte	36,8	–0,12	–5,88
Fensterbrüstungen	9,45	0,03	0,28
Fensterlaibungen	23,34	0,02	0,47
Rollladenkästen	14,25	0,28	3,99
Geschossdecke	22,55	0,06	1,35
Ortgang	14	0,06	0,84
Traufe	20,2	0,08	1,62
Außenwandecken	10	–0,12	–1,20
First	10	–0,13	–1,30
Gesamtverlust über alle Wärmebrücken in W/K			0,17
Wärmeübertragende Umfassungsfläche in m^2			349,20
Auf die wärmeübertragende Umfassungsfläche bezogener Verlust in $W/m^2 \cdot K$ (ΔU_{wB})			**0**

G

Fazit: Mit guter Detailausbildung und Mut zur Berechnung können im Mauerwerksbau ohne Mehrkosten bereits erhebliche Einsparpotenziale bei den Transmissionswärmeverlusten aktiviert werden.

Die allgemein anerkannten Regeln der Technik für den Mindestwärmeschutz von Bauteilen sind z. B. in DIN 4108-2 enthalten. Zu beachten sind für opake Bauteile ferner die Anforderungen nach Tabelle G.2.3. Die Anforderungen an den Mindestwärmeschutz nach DIN 4108-2 sind in Tabelle G.2.12 dargestellt.

Tab. G.2.12: Einzuhaltende Mindestwerte für den Wärmedurchlasswiderstand *R* von nicht transparenten Bauteilen nach DIN 4108-2

Bauteil	R_{min} in $\frac{m^2 \cdot K}{W}$
ein- und mehrschichtige Massivbauteile	
Außenwände; Wände zwischen Aufenthalts- und Bodenräumen, Durchfahrten, offene Hausflure, Garagen, Erdreich	1,2
Wohnungstrennwände, Wände zwischen fremdgenutzten Räumen	0,07
Treppenraumwände zu Treppenräumen mit $\theta_i \leq 10$ °C, aber frostfrei (z. B. indirekt beheizte Treppenräume) mit $\theta_i > 10$ °C (z. B. in Verwaltungsgebäuden, Geschäftshäusern, Unterrichtsgebäuden, Hotels, Gaststätten, Wohngebäuden)	 0,25 0,07
Decken und Dächer, die Aufenthaltsräume gegen die Außenluft abgrenzen nach unten, gegen (auch beheizte) Garagen, (auch verschließbare) Durchfahrten, belüftete Kriechkeller[1)] nach oben, z. B. Dächer nach DIN 18530, Dächer und Decken unter Terrassen, Umkehrdächer	 1,75 1,2
Wohnungstrenndecken, Decken zwischen fremden Arbeitsräumen, Decken unter ausgebauten Dachräumen (zwischen gedämmten Dachschrägen und Abseitenwänden) allgemein in zentralbeheizten Büroräumen	 0,35 0,17
Decken unter nicht ausgebauten Dachräumen, unter bekriechbaren oder noch niedrigeren Räumen, unter ausgebauten Dachräumen (belüftet, zwischen Dachschrägen und Abseitenwänden), wärmegedämmte Dachschrägen	0,90
Kellerdecken, Decken gegen unbeheizte, abgeschlossene Hausflure u. ä.	
unterer Abschluss nicht unterkellerter Aufenthaltsräume, die unmittelbar an das Erdreich grenzen (bis zu Raumtiefe von 5 m) oder über einen nicht belüfteten Hohlraum an das Erdreich grenzen	
Außenwände, Decken unter nicht ausgebauten Dachräumen und Dächer mit $m' < 100$ kg · m^{-2}	1,75
Rahmen und Skelettbauarten: gesamtes Bauteil/Gefach	1,0/1,75
Rollladenkästen/Deckel von Rollladenkästen	1,0/0,55
nichttransparenter Teil der Ausfachungen von Fensterwänden und -türen Flächenanteil mehr als 50 % der gesamten Ausfachungsfläche Flächenanteil weniger als 50 % der gesamten Ausfachungsfläche	 1,0
Gebäude mit niedrigen Innentemperaturen (12 °C $\leq \theta_i \leq$ 19 °C) Außenwände; Wände zwischen Aufenthalts- und Bodenräumen, Durchfahrten, offene Hausflure, Garagen, Erdreich sonstige Bauteile	 0,55 wie oben

8. Werden bei zu errichtenden kleinen Gebäuden die in Anlage 3 (hier: Tab. G.2.13) genannten Werte der Wärmedurchgangskoeffizienten der Außenbauteile eingehalten, gelten die übrigen Anforderungen dieses Abschnitts als erfüllt. Satz 1 ist auf Gebäude entsprechend anzuwenden, die für eine Nutzungsdauer von höchstens fünf Jahren bestimmt und aus Raumzellen von jeweils bis zu 50 Quadratmetern Nutzfläche zusammengesetzt sind.

Die einzuhaltenden Wärmedurchgangskoeffizienten sind in der Tabelle G.2.13 dargestellt. Diese sind auf der Grundlage der nach den Landesbauordnungen bekannt gemachten energetischen Kennwerte für Bauprodukte zu ermitteln oder technischen Produkt-Spezifikationen (z. B. für Dachflächenfenster) zu entnehmen. Hierunter fallen insbesondere energetische Kennwerte aus europäischen technischen Zulassungen sowie energetische Kennwerte der Regelungen nach der Bauregelliste A Teil 1 und auf Grund von Festlegungen in allgemeinen bauaufsichtlichen Zulassungen.

Tab. G.2.13: Höchstwerte der Wärmedurchgangskoeffizienten bei der Errichtung kleiner Nichtwohngebäude sowie von Nichtwohngebäuden, die aus Raumzellen bestehen.

Änderungen an Bauteilen, die beheizte Räume gegen die Außenluft oder gegen unbeheizte Räume abgrenzen	U_{max} in $\frac{W}{m^2 \cdot K}$ 1)	
Wohngebäude und Nichtwohngebäude/sowie Zonen von Nichtwohngebäuden mit Innentemperaturen ≥ 19 °C **(1)**, Nichtwohngebäude und Zonen von Nichtwohngebäuden von 12 bis 19 °C **(2)**	(1)	(2)
Außenwände	0,24	0,35
Außenliegende Fenster, Fenstertüren	1,30	1,90
Dachflächenfenster	1,40	1,90
Vorhangfassaden	1,40	1,90
Glasdächer	2,00	2,70
Außenliegende Fenster, Fenstertüren, Dachflächenfenster mit Sonderverglasungen	2,00	2,80
Vorhangfassaden mit Sonderverglasungen	2,30	3,00
Decken, Dächer und Dachschrägen	0,24	0,34
Flachdächer	0,20	0,35
Decken und Wände gegen unbeheizte Räume oder Erdreich	0,30	Keine Anforderungen
Decken nach unten gegen an Außenluft	0,24	0,35

Weitere Anforderungen an die Errichtung von Wohngebäude ergeben sich insbesondere aus den §§ 11 (Aufrechterhaltung der energetischen Qualität) und 12 (Inspektion von Klimaanlagen) sowie aus dem Abschnitt 4 (Anlagen der Heizungs-, Kühl- und Raumlufttechnik sowie der Warmwasserversorgung). Die nachfolgende Tabelle enthält eine Übersicht der wichtigsten Anforderungen.

Tab. G.2.14: Zusätzliche Anforderungen an die Anlagentechnik und an die Gebäudehülle

Komponente	Anforderungen
Gebäudehülle	Änderungen an der Gebäudehülle dürfen nicht zu einer Verschlechterung der energetischen Qualität führen. **Beispiel:** Der Bauherr entscheidet sich im Nachhinein für einen besseren Sonnenschutz. In diesem Fall ist nachzuweisen, dass die Reduzierung des Kühlbedarfs die Erhöhung des Heizwärmebedarfs kompensiert:
Energiebedarfssenkende Einrichtungen in Anlagen	Diese Einrichtungen sind vom Betreiber betriebsbereit zu halten, im Falle des Abschaltens sind Kompensations-Maßnahmen erforderlich.
Klimaanlagen	Betreiber von in Gebäude eingebauten Klimaanlagen mit einer Nennleistung für den Kältebedarf von mehr als zwölf Kilowatt haben alle zehn Jahre eine energetische Inspektion durch berechtigte Personen im Sinne durchführen zu lassen.
Heizkessel und sonstige Wärmeerzeugersysteme	Heizkessel sind sachgerecht zu bedienen. Komponenten der Heizkessel, die deren Wirkungsgrad wesentlich beeinflussen, sind regelmäßig zu warten. Es sind nur Heizkessel zu verwenden, die das CE-Kennzeichen auf der Grundlage der veröffentlichten Rechtsvorschriften tragen. Ausgenommen sind z. B.einzeln produzierte Heizkessel oder Heizkessel, die für den Betrieb von nicht marktüblichen Brennstoffen ausgelegt sind. Werden Heizkessel in Gebäude eingebaut, deren Primärenergiebedarf nicht nachgewiesen wird oder werden kann (z. B. kleine Gebäude), so gilt folgende Anforderung: Der Einbau und die Aufstellung zum Zwecke der Inbetriebnahme ist nur zulässig, wenn das Produkt aus Erzeugeraufwandszahl e_g und Primärenergiefaktor f_p nicht größer als 1,30 ist. Die Erzeugeraufwandszahl e_g ist nach DIN V 4701-10 : 2003-08, Tabellen C.3-4b bis C.3-4f zu bestimmen. Der Primärenergiefaktor f_p ist für den nicht erneuerbaren Anteil nach DIN V 4701-10:2003-08, geändert durch A1:2006-12, zu bestimmen. Werden Niedertemperatur-Heizkessel oder Brennwertkessel als Wärmeerzeuger in Systemen der Nahwärmeversorgung eingesetzt, gilt die Anforderung des Satzes 1 als erfüllt.
Verteilungseinrichtungen und Warmwasseranlagen	Ausstattungspflicht von Zentralheizungen zur Verringerung und Abschaltung der Wärmezufuhr und der elektrischen Antriebe in Abhängigkeit von der Außentemperatur und der Zeit. Es ist eine Regelung der Raumtemperatur vorzusehen, mehrere Räume können über eine Gruppenregelung zusammengefasst werden. Zentralheizungen mit mehr als 25 kW Nennleistung müssen über eine stufenweise geregelte Umwälzpumpe verfügen. Zirkulationspumpen müssen über eine selbsttätig wirkende Ein- und Ausschaltung verfügen. Die Wärmeabgabe der Rohrleitungen ist wie folgt zu begrenzen.

Tab. G.2.14: Fortsetzung

Komponente	Anforderungen	
Verteilungseinrichtungen und Warmwasseranlagen	Art der Leitungen/Armaturen	Mindestdicke der Dämmschicht, bezogen auf eine Wärmeleitfähigkeit von 0,035 W/(m · K)
	Innendurchmesser bis 22 mm	20 mm
	Innendurchmesser über 22 mm bis 35 mm	30 mm
	Innendurchmesser über 35 mm bis 100 mm	gleich Innendurchmesser
	Art der Leitungen/Armaturen	Mindestdicke der Dämmschicht, bezogen auf eine Wärmeleitfähigkeit von 0,035 W/(m · K)
	Innendurchmesser über 100 mm	100 mm
	Leitungen und Armaturen in Wand- und Deckendurchbrüchen, im Kreuzungsbereich von Leitungen, an Leitungsverbindungsstellen, bei zentralen Leitungsnetzverteilern	1/2 der Anforderungen der o.g. Anforderungen
	Leitungen im Fußbodenaufbau	6 mm

2.3.4 Berechnung des Primärenergiebedarfs

Der Jahres-Primärenergiebedarf Q_p ist nach DIN V 18 599:2007-02 für Wohngebäude zu ermitteln. Als Primärenergiefaktoren sind die Werte für den nicht erneuerbaren Anteil nach DIN V 18 599-1 : 2007-02 zu verwenden. Bei der Berechnung des Jahres-Primärenergiebedarfs des Referenzwohngebäudes und des Wohngebäudes sind die in Tabelle G.2.15 genannten Randbedingungen zu verwenden.

Tab. G.2.15: Randbedingungen für die Berechnung des Jahres-Primärenergiebedarfs

Zeile	Kenngröße	Randbedingungen
1	Verschattungsfaktor F_S	$F_S = 0{,}9$ soweit die baulichen Bedingungen nicht detailliert berücksichtigt werden.
2	Solare Wärmegewinne über opake Bauteile	– Emissionsgrad der Außenfläche für Wärmestrahlung: $\varepsilon = 0{,}8$ – Strahlungsabsorptionsgrad an opaken Oberflächen: $\alpha = 0{,}5$; für dunkle Dächer kann abweichend $\alpha = 0{,}8$ angenommen werden.

Alternativ zu Nr. 2.1.1 kann der Jahres-Primärenergiebedarf Q_p für Wohngebäude nach DIN EN 832:2003-06 in Verbindung mit DIN V 4108-6:2003-06 und DIN V 4701-10:2003-08, geändert durch A1:2006-12, ermittelt werden; § 23 Abs. 3 bleibt unberührt. Als Primärenergiefaktoren sind die Werte für den nicht erneuerbaren Anteil nach DIN V 4701-10, geändert durch A1:2006-12, zu verwenden. Der in diesem Rechengang zu bestimmende Jahres-Heizwärmebedarf Q_h ist nach dem Monatsbilanzverfahren nach DIN EN 832:2003-06 mit den in DIN V 4108-6:2003-06 Anhang D.3 genannten Randbedingungen zu ermitteln. In DIN V 4108-6:2003-06 angegebene Vereinfachungen für den Berechnungsgang nach DIN EN 832:2003-06 dürfen angewendet werden. Zur Berücksich-

G

tigung von Lüftungsanlagen mit Wärmerückgewinnung sind die methodischen Hinweise unter Nr. 4.1 der DIN V 4701-10 : 2003-08, geändert durch A1 : 2006-12, zu beachten.

Werden in Wohngebäude bauliche oder anlagentechnische Komponenten eingesetzt, für deren energetische Bewertung keine anerkannten Regeln der Technik oder keine Erfahrungswerte vorliegen, so sind hierfür Komponenten anzusetzen, die ähnliche energetische Eigenschaften aufweisen.

Berücksichtigung der Warmwasserbereitung

Bei Wohngebäuden ist der Energiebedarf für Warmwasser in der Berechnung des Jahres-Primärenergiebedarfs wie folgt zu berücksichtigen:

a) Bei der Berechnung gemäß Nr. 2.1.1 ist der Nutzenergiebedarf für Warmwasser nach Tabelle 3 der DIN V 18 599-10 : 2007-02 anzusetzen.

b) Bei der Berechnung gemäß Nr. 2.1.2 ist der Nutzwärmebedarf für die Warmwasserbereitung Q_W im Sinne von DIN V 4701-10 : 2003-08, geändert durch A1 : 2006-12, mit 12,5 kWh/(m^2 · a) anzusetzen.

Berechnung des spezifischen Transmissionswärmeverlusts

Der spezifische, auf die wärmeübertragende Umfassungsfläche bezogene Transmissionswärmeverlust H'_T in W/(m^2 · K) ist wie folgt zu ermitteln:

$$H_T = \frac{H_T}{A}$$

mit

H_T nach DIN EN 832 : 2003-06 mit den in DIN V 4108-6 : 2003-06*) Anhang D genannten Randbedingungen berechneter Transmissionswärmeverlust in W/K.

In DIN V 4108-6 : 2003-06*) angegebene Vereinfachungen für den Berechnungsgang nach DIN EN 832 : 2003-06 dürfen angewendet werden.

A wärmeübertragende Umfassungsfläche in m^2.

Die wärmeübertragende Umfassungsfläche für das Gebäude ist nach Abb. G.2.4 über die Außenmaße des Gebäudes zu ermitteln.

Beheiztes Luftvolumen

Bei der Berechnung des Jahres-Primärenergiebedarfs nach Nr. 2.1.1 ist das beheizte Luftvolumen V in m^3 gemäß DIN V 18 599-1:2007-02, bei der Berechnung nach Nr. 2.1.2 gemäß DIN EN 832:2003-06 zu ermitteln. Vereinfacht darf es wie folgt berechnet werden:

- $V = 0{,}76 \cdot V_e$ in m^3 bei Wohngebäuden bis zu drei Vollgeschossen
- $V = 0{,}80 \cdot V_e$ in m^3 in den übrigen Fällen

mit

V_e = beheiztes Gebäudevolumen (über die Außenmaße des Gebäudes ermittelt)

Ermittlung der solaren Wärmegewinne bei Fertighäusern und vergleichbaren Gebäuden

Werden Gebäude nach Plänen errichtet, die für mehrere Gebäude an verschiedenen Standorten erstellt worden sind, dürfen bei der Berechnung die solaren Gewinne so ermittelt werden, als wären alle Fenster dieser Gebäude nach Osten oder Westen orientiert.

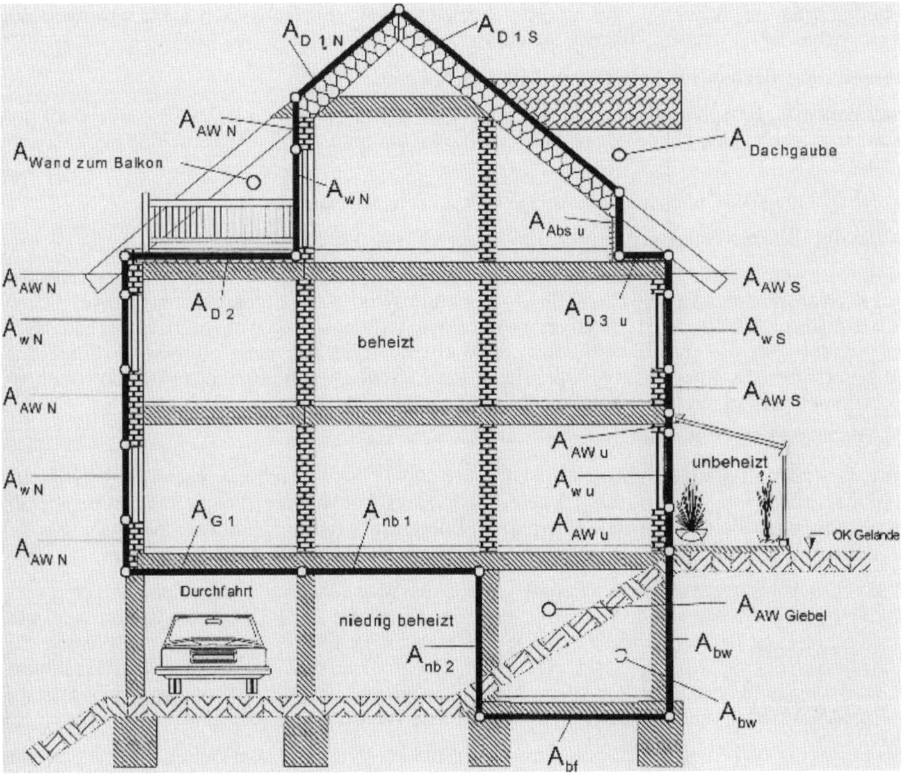

Abb. G.2.4: Ermittlung der wärmeübertragende Umfassungsfläche über Außenmaße

Aneinandergereihte Bebauung

Bei der Berechnung von aneinandergereihten Gebäuden werden Gebäudetrennwände

a) zwischen Gebäuden, die nach ihrem Verwendungszweck auf Innentemperaturen von mindestens 19 Grad Celsius beheizt werden, als nicht wärmedurchlässig angenommen und bei der Ermittlung der wärmeübertragenden Umfassungsfläche A nicht berücksichtigt,

b) zwischen Wohngebäuden und Gebäuden, die nach ihrem Verwendungszweck auf Innentemperaturen von mindestens 12 Grad Celsius und weniger als 19 Grad Celsius beheizt werden, bei der Berechnung des Wärmedurchgangskoeffizienten mit einem Temperatur-Korrekturfaktor F_{nb} nach DIN V 18 599-2 : 2007-2 oder nach DIN V 4108-6 : 2003-06[*)] gewichtet und

c) zwischen Wohngebäuden und Gebäuden mit wesentlich niedrigeren Innentemperaturen im Sinne von DIN 4108-2 : 2003-07 bei der Berechnung des Wärmedurchgangskoeffizienten mit einem Temperatur-Korrekturfaktor $F_u = 0{,}5$ gewichtet.

Werden beheizte Teile eines Gebäudes getrennt berechnet, gilt Satz 1 Buchstabe a sinngemäß für die Trennflächen zwischen den Gebäudeteilen. Werden aneinandergereihte Wohngebäude gleichzeitig erstellt, dürfen sie hinsichtlich der Anforderungen des § 3 wie ein Gebäude behandelt werden. Die Vorschriften des Abschnitts 5 bleiben unberührt.

Anrechnung mechanisch betriebener Lüftungsanlagen

Im Rahmen der Berechnung nach Nr. 2 ist bei mechanischen Lüftungsanlagen die Anrechnung der Wärmerückgewinnung oder einer regelungstechnisch verminderten Luftwechselrate nur zulässig, wenn

a) die Dichtheit des Gebäudes nach Anlage 4 Nr. 2 nachgewiesen wird und

b) der mit Hilfe der Anlage erreichte Luftwechsel § 6 Abs. 2 genügt.

Die bei der Anrechnung der Wärmerückgewinnung anzusetzenden Kennwerte der Lüftungsanlagen sind nach anerkannten Regeln der Technik zu bestimmen oder den allgemeinen bauaufsichtlichen Zulassungen der verwendeten Produkte zu entnehmen. Lüftungsanlagen müssen mit Einrichtungen ausgestattet sein, die eine Beeinflussung der Luftvolumenströme jeder Nutzeinheit durch den Nutzer erlauben. Es muss sichergestellt sein, dass die aus der Abluft gewonnene Wärme vorrangig vor der vom Heizsystem bereitgestellten Wärme genutzt wird.

Energiebedarf der Kühlung

Wird die Raumluft gekühlt, sind der nach DIN V 18 599-1 : 2007-02 oder der nach DIN V 4701-10 : 2003-08, geändert durch A1 : 2006-12, berechnete Jahres-Primärenergiebedarf und die Angabe für den Endenergiebedarf (elektrische Energie) im Energieausweis nach § 18 nach Maßgabe der zur Kühlung eingesetzten Technik je m^2 gekühlter Gebäudenutzfläche wie folgt zu erhöhen:

a) bei Einsatz von fest installierten Raumklimageräten (Split-, Multisplit- oder Kompaktgeräte) der Energieeffizienzklassen A, B oder C nach der Richtlinie 2002/31/EG der Kommission zur Durchführung der Richtlinie 92/75/EWG des Rates betreffend die Energieetikettierung für Raumklimageräte vom 22. März 2002 (ABl. EG Nr. L 86 S. 26) sowie bei Kühlung mittels Wohnungslüftungsanlagen mit reversibler Wärmepumpe der Jahres-Primärenergiebedarf um 16,2 kWh/($m^2 \cdot$ a) und der Endenergiebedarf um 6 kWh/($m^2 \cdot$ a),

b) bei Einsatz von Kühlflächen im Raum in Verbindung mit Kaltwasserkreisen und elektrischer Kälteerzeugung, z. B. über reversible Wärmepumpe, der Jahres-Primärenergiebedarf um 10,8 kWh/($m^2 \cdot$ a) und der Endenergiebedarf um 4 kWh/($m^2 \cdot$ a),

c) bei Deckung des Energiebedarfs für Kühlung aus erneuerbaren Wärmesenken (wie Erdsonden, Erdkollektoren, Zisternen) der Jahres-Primärenergiebedarf um 2,7 kWh/($m^2 \cdot$ a) und der Endenergiebedarf um 1 kWh/($m^2 \cdot$ a),

d) bei Einsatz von Geräten, die nicht unter Buchstabe a bis c aufgeführt sind, der Jahres-Primärenergiebedarf um 18,9 kWh/($m^2 \cdot$ a) und der Endenergiebedarf um 7 kWh/($m^2 \cdot$ a).

2.3.5 Beispielberechnung

Verwendete Bauteilaufbauten

Konstruktion	Aufbau
Außenwand $U = 0{,}28$ W/(m^2 · K) 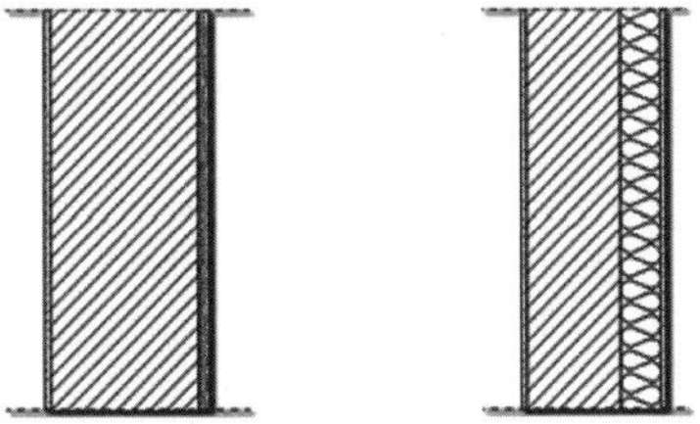	Innenputz 30 cm Ytong mit $\lambda = 0{,}09$ W/(m · K) Außenputz oder Innenputz 17,5 cm Silka-KS mit $\lambda = 1{,}1$ W/(m · K) 12 cm Dämmung mit $\lambda = 0{,}035$ W/(m · K)
Massivdach $U = 0{,}20$ W/(m^2 · K) 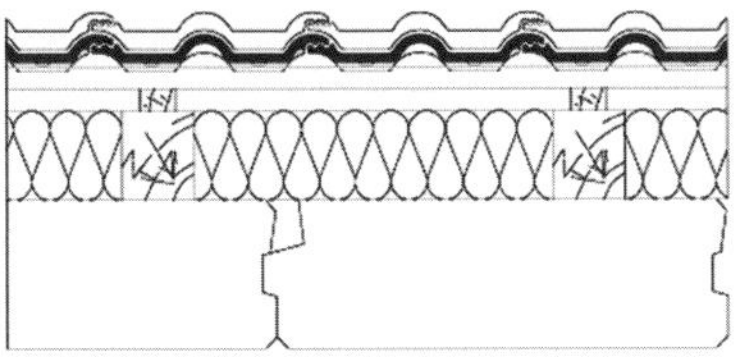	24 cm Porenbeton mit $\lambda = 0{,}14$ W/(m · K) 14 cm Dämmung mit $\lambda = 0{,}035$ W/(m · K) als Zwischensparrendämmung Sparrenhöhe 14 cm
Bodenplatte. $U = 0{,}35$ W/(m^2 · K) 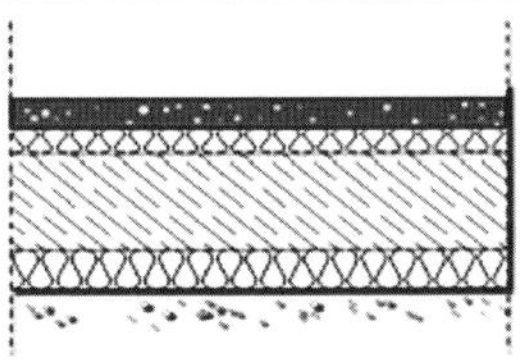	5 cm schwimmender Estrich 3,5 cm Dämmung mit $\lambda = 0{,}035$ W/(m · K) Abdichtung Bodenplatte 8 cm Perimeterdämmung $\lambda = 0{,}045$ W/(m · K)

Anlagentechnik

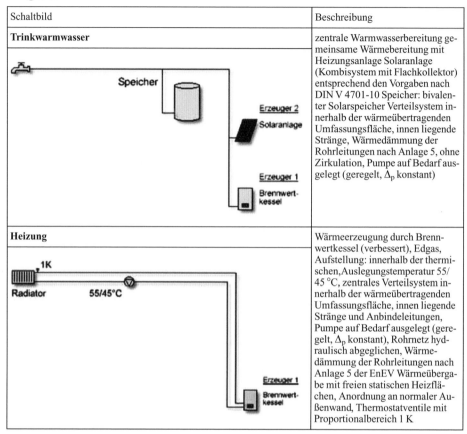

Schaltbild	Beschreibung
Trinkwarmwasser 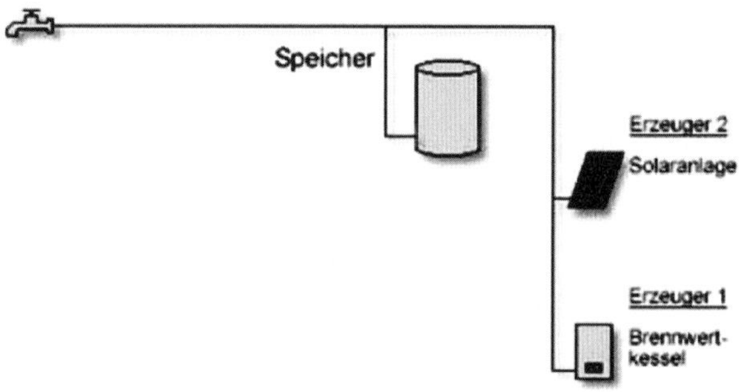 	zentrale Warmwasserbereitung gemeinsame Wärmebereitung mit Heizungsanlage Solaranlage (Kombisystem mit Flachkollektor) entsprechend den Vorgaben nach DIN V 4701-10 Speicher: bivalenter Solarspeicher Verteilsystem innerhalb der wärmeübertragenden Umfassungsfläche, innen liegende Stränge, Wärmedämmung der Rohrleitungen nach Anlage 5, ohne Zirkulation, Pumpe auf Bedarf ausgelegt (geregelt, Δ_p konstant)
Heizung 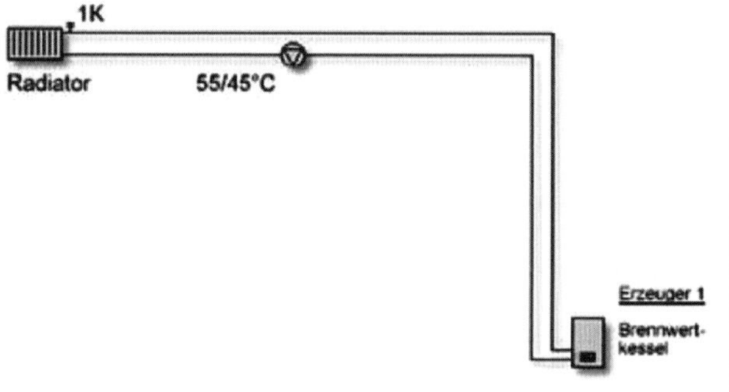 	Wärmeerzeugung durch Brennwertkessel (verbessert), Edgas, Aufstellung: innerhalb der thermischen,Auslegungstemperatur 55/ 45 °C, zentrales Verteilsystem innerhalb der wärmeübertragenden Umfassungsfläche, innen liegende Stränge und Anbindeleitungen, Pumpe auf Bedarf ausgelegt (geregelt, Δ_p konstant), Rohrnetz hydraulisch abgeglichen, Wärmedämmung der Rohrleitungen nach Anlage 5 der EnEV Wärmeübergabe mit freien statischen Heizflächen, Anordnung an normaler Außenwand, Thermostatventile mit Proportionalbereich 1 K

Zusammenstellung der Ergebnisse:

Projekt		
Primärenergie	**80,93**	kWh/m²a
	10.595,57	kWh/a
Endenergie	**69,50**	kWh/m²a
	9.098,54	kWh/a
Heizwärmebedarf	**59,88**	kWh/m²a
	7.839,82	kWh/a
H'T vorhanden	**0,367**	W/(m²K)
Anlagenaufwandszahl	**1,118**	
CO2-Emissionen	**17,52**	kg/(m²a)
Referenzgebäude		
Primärenergie	**86,99**	kWh/m²a
	11.388,29	kWh/a
Endenergie	**72,03**	kWh/m²a
	9.429,42	kWh/a
Heizwärmebedarf	**57,38**	kWh/m²a
	7.511,77	kWh/a
H'T vorhanden	**0,372**	W/(m²K)
Anlagenaufwandszahl	**1,245**	
CO2-Emissionen	**25,55**	kg/(m²a)
Bewertung		
Primärenergie vorhanden	**80,93**	kWh/m²a
Primärenergie zulässig - [Neubau]	**86,99**	kWh/m²a
Die Anforderungen werden erfüllt.		
H'T vorhanden	**0,367**	W/(m²K)
H'T zulässig	**0,400**	W/(m²K)
Die Anforderungen werden erfüllt.		
Randbedingungen		
Fläche	**130,92**	m²
Bruttovolumen	**409,12**	m³
Umfassungsfläche	**326,76**	m²
Außenwandfläche	**153,87**	m²
Fensterfläche	**29,69**	m²
A/Ve	**0,799**	m⁻¹
Fensterflächenanteil	**16**	%

Die Anforderungen gemäß EnEV 2009 sind sowohl hinsichtlich der Begrenzung des Primärenergiebedarfs als auch hinsichtlich der Begrenzung des spezifischen Transmissionswärmeverlustes erfüllt.

G.2 Schallschutz

1 Allgemeines

Immissionsschutz bedeutet nicht nur Schutz des Menschen vor Abgasen, Chemikalien, elektromagnetischen Wellen oder gar Radioaktivität. Auch vor Geräuschen muss der Mensch in dem Maße geschützt werden, dass keine unzumutbar hohe Belästigung auf ihn einwirkt, denn „Lärm macht krank!“. Wie auch in anderen Bereichen des Bauwesens ist man bestrebt, einen bestmöglichen Schallschutz mit möglichst einfachen Konstruktionen zu erreichen. Dieses Maß der erforderlichen Schalldämmung der umgebenden Bauteile von Räumen und Gebäuden möchte man idealerweise bereits in der Planungsphase durch Berechnung ermitteln. Zahlreiche Formeln und Tabellenwerke in Normen und anderen Bemessungshilfen sollen dabei behilflich sein.

Auf den Nutzer eines Gebäudes wirken unterschiedliche Geräuscharten ein. Die verschiedenartigen Lärmquellen liegen sowohl innerhalb des Gebäudes – z. B. durch Nachbarn – als auch außerhalb, beispielsweise durch Verkehrs- oder Gewerbelärm. Die Bauakustik bezeichnet man als den Bereich der Akustik, der sich mit den Mechanismen der Schallübertragung und des Schallschutzes von und in Gebäuden befasst.

Um die Schallübertragungen innerhalb eines Gebäudes zwischen fremden Nachbarwohnungen auf ein erträgliches Maß zu reduzieren, sind in der baurechtlich eingeführten DIN 4109 (Ausgabe 1989) Anforderungen an den Schallschutz von Wänden und Decken sowie anderen Gebäudeteilen und haustechnische Anlagen festgelegt.

Grundbegriffe

Ein Geräusch oder ein Klang besteht immer aus mehreren Tönen. Ein Ton ist einer bestimmten Frequenz zugeordnet. Eine Frequenz „f“ beschreibet die Anzahl der Schwingungen eines Teilchens pro Sekunde und wird in der Einheit Hertz („Hz“) angegeben. Ein Geräusch ist aus unterschiedlichen Frequenzen mit jeweils verschiedenen Lautstärken zusammengesetzt.

Das physikalische Prinzip der Schallübertragung ist bei allen Geräuscharten gleich. Sowohl in der Luft, als auch in Festkörpern (z. B. Massivwänden) oder Flüssigkeiten, bewegen sich Schallwellen durch Verdichtung und Entspannung der jeweiligen Medien fort.

In der Bauakustik unterscheidet man die zwei großen Bereiche Luft- und Körperschallübertragung. Als ein gesondertes Kapitel innerhalb der Körperschallübertragung ist der Trittschall zu betrachten. Luftschall ist der sich in der Luft ausbreitende Schall. Dieser regt seine umgebenden Bauteile zu Schwingungen an, welche diese wiederum in Nachbarräume abstrahlen und dort wieder als Luftschall wahrnehmbar sind.

Werden Gebäudeteile durch direkten massiven Kontakt zu Schwingungen angeregt, wie z. B. durch das Begehen einer Decke oder Treppe, so spricht man von Körperschallanregung.

Ebenso wie sich ein Geräusch aus unterschiedlichen Frequenzen zusammensetzt, ist auch die Schalldämmung eines Bauteils in den verschiedenen Tonhöhen nicht gleich hoch. So ist in der Regel die Schalldämmung beispielsweise einer Wand bei den tiefen Tönen schlechter, als bei den hohen Tönen.

Für den Schallschutz zwischen zwei Räumen ist nicht nur das trennende Bauteil direkt maßgebend, auch die so genannten flankierenden Gebäudekomponenten bestimmen den resultierenden Schallschutz. Flankierende Bauteile mit einer schlechten Schall-Längsdämmung können das Gesamtschalldämm-Maß beispielsweise einer Wohnungstrennwand erheblich reduzieren.

Die folgende Abb. G.2.1 verdeutlicht diese Flankenübertragung.

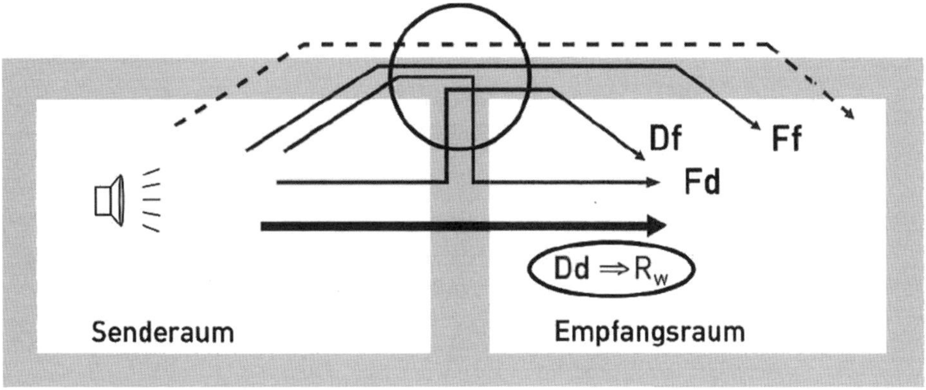

Abb. G.2.1: Skizze Flankenübertragung

dB	Einheit für das Schalldämm-Maß und den Norm-Trittschallpegel
R'_{w}	bewertetes Schalldämm-Maß in dB mit Flankenübertragung
$R'_{w,res}$	das aus mehreren Schalldämm-Maßen der Teilflächen resultierende bewertete Schalldämm-Maß in dB
R_{w}	bewertetes Schalldämm-Maß in dB ohne Flankenübertragung
$L'_{n,w}$	bewerteter Norm-Trittschallpegel in dB mit Flankenübertragung

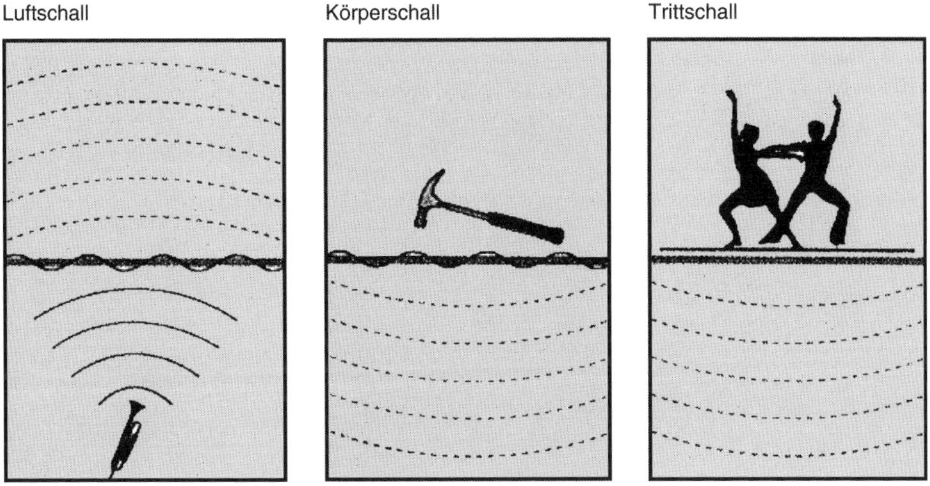

Abb. G.2.2: Arten der Schallübertragung

Stand der Normung

In Deutschland erfolgt (Stand: Herbst 2007) die Festlegung der Anforderungen an den baulichen Schallschutz, sowie die bauakustische Bemessung nach DIN 4109 (Ausgabe 1989) zusammen mit Beiblatt 1 zu DIN 4109 (Ausgabe 1989). Die DIN 4109 wird gegenwärtig überarbeitet und umstrukturiert. Nach derzeitigem Kenntnisstand werden sich zukünftig einige Parameter und Verfahrensweisen ändern.

Die in diesem Kapitel dargestellten Rechenhilfen und Tabellenwerke entsprechen der im Jahr 2007 gültigen DIN 4109 (Ausgabe 1989). Eine neue Fassung der DIN 4109 wird nicht vor Ende 2008 gültig werden.

Rechengrundlagen zur Bestimmung des Schalldämm-Maßes – Allgemein

Entscheidend für die Schalldämmung einschaliger homogener Massivwandbaustoffe ist im Wesentlichen die flächenbezogene Masse m'[kg/m²] einer Konstruktion. Diese berechnet sich aus der Wanddicke d[m] multipliziert mit der Rohdichte ρ[kg/m³] des Materials:

$\Rightarrow m'[\text{kg/m}^2] = d[\text{m}] \cdot \rho[\text{kg/m}^3]$

Bei verputzten Materialien darf die flächenbezogene Masse der Putzschicht(en) addiert werden.

Auch bei mehrschaligen Massivbauteilen bestimmt die Masse das Schalldämm-Maß mit. Die Besonderheiten werden in einem weiteren Kapitel erläutert.

Tabelle G.2.1: Flächenbezogene Masse von Putzen

Putzdicke	Flächenbezogene Masse des Putzes		
	z. B. Gipsputz	z. B. Kalkputz, Kalkzementputz, Zementputz	z. B. YTONG-Außenputz
mm	kg/m²	kg/m²	kg/m²
10	10	18	8
15	15	25	–
13	–	–	10

Die folgende Tabelle G.2.2 ist dem Beiblatt 1 zu DIN 4109 entnommen und stellt die Flächenmasse dem zugehörigen Rechenwert des bewerteten Schalldämm-Maßes gegenüber.

Tabelle G.2.2: Rechenwert bewertetes Schalldämm-Maß von einschaligen, biegesteifen Wänden und Decken

Bewertetes Schalldämm-Maß R'_W, $R^{1)\,2)}$ von einschaligen. biegesteifen Wänden und Decken (Rechenwerte). Tabelle 1 DIN 4109 Beiblatt 1

Spalte	1	2	Spalte	1	2
Zeile	Flächen-bezogene Masse kg/m²	Bewertetes Schalldämm-Maß R'_W, $R^{1)\,2)}$ dB	Zeile	Flächen-bezogene Masse kg/m²	Bewertetes Schalldämm-Maß R'_W, $R^{1)\,2)}$ dB
1	85[2)]	34	17	320	50
2	90[2)]	35	18	350	51
3	95[2)]	36	19	380	52
4	100[2)]	37	20	410	53
5	115[2)]	38	21	450	54
6	125[2)]	39	22	490	55
7	135	40	23	530	56
8	150	41	24	580	57
9	160	42	25[4)]	630	58
10	175	43	26[4)]	680	59
11	190	44	27[4)]	740	60
12	210	45	28[4)]	810	51
13	230	46	29[4)]	880	62
14	250	47	30[4)]	960	63
15	270	48	31[4)]	1040	64
16	294	49			

1) Gültig für flankierende Bauteile mit einer mittleren flächenbezogenen Masse *m'L,* Mittel von etwa 300 kg/m². Weitere Bedingungen für die Gültigkeit der Tabelle 1 siehe Abschnitt 3.1.

2) Messergebnisse haben gezeigt. dass bei verputzten Wänden aus dampfgeharteten Gasbeton und Leichtbeton mit Blähhtonzuschlag mit Steinrohrdichte % 0,8 kg/dm³ bei einer flächenbezogenen Masse bis 250 kg/m² das bewertete Schalldamm-Maß R'_w,*R* um 2 dB höher angesetzt werden kann. Das gilt auch für zweischaliges Mauerwerk, sofern die flächenbezogene Masse der Einzelschale % 250 kg/m² beträgt.

3) Sofern die Wände aus Gips-Wandbauplatten nach DIN 4103-2 ausgeführt und am Rand ringsum mit 2 mm bis 4 mm dicken Streifen aus Bitumenfilz eingebaut werden, darf das bewertete Schalldämm-Maß R'_W,*R* um 2 dB höher angesetzt werden.

4) Diese Werte gelten nur für die Ermittlung des Schalldämm-Maßes zweischaliger Wände aus biegesteifen Schalen.

Massivbaustoffe werden u. a. nach ihrer Materialrohdichte klassifiziert. Die Kategorisierung von Xella-Porenbeton erfolgt in Rohdichteklassen, die jeweils einen Bereich für die Materialrohdichte umfassen (Beispiel: Rohdichteklasse 0,4 bedeutet $\rho = 351$ bis 400 kg/m³). Um diesem Umstand Rechnung zu tragen, wird der Rechenwert der Rohdichte zur sicheren Seite hin korrigiert.

Tabelle G.2.3: Rechenwert der Rohdichten gemäß Rohdichteklasse für Xella-Porenbeton

Rechenwerte der Masse (m′) für schalltechnische Berechnungen von Bauteilen aus YTONG-Planblöcken, – Modulblöcken, – Großblöcken. – System-Wandelementen sowie YTONG-Dach- und Deckenplatten

Rohdichteklasse	0,35	0,4	0,45	0,5	0,55	0,6	0,65	0,7	0,8
Rechenwert (m′) kg/m³	300	350	400	450	500	550	600	650	750

Tabelle G.2.4: Ermittlung des Rechenwertes für verschiedene Wandrohdichten

Spalte	1	2	3
Zeile	Stein-/Plattenrohdichte[2] ϱ_N kg/m³	Wandrohdichte[2) 3)] ϱ_W Normalmörtel kg/m³	Leichtmörtel (Rohdichte ≤ 1000 kg/m³⁾) kg/m³
1	2200	2080	1940
2	2000	1900	1770
3	1800	1720	1600
4	1600	1540	1420
5	1400	1360	1260
6	1200	1180	1090
7	1000	1000	950
8	900	910	860
9	800	820	770
10	700	730	680
11	600	640	590
12	500	550	600
13	400	460	410

[1] Werden Hohlblocksteine nach DIN 106-1, DIN 18 151 und DIN 18 152 umgekehrt vermauert und die Hohlräume satt mit Sand oder mit Normalmörtel gefüllt, so sind die Werte der Wandrohdichte um 400 kg/m³ zu erhöhen.

[2] Die angegebenen Werte sind für alle Formate der in DIN 14 153-1 (z. Z. Entwurf) und DIN 4103-1 für die Herstellung von Wänden aufgeführten Steine bzw. Platten zu verwenden.

[3] Dicke der Mörtelfugen von Wänden nach DIN 1053-1 (z. Z. Entwurf) bzw. DIN 4103-1 bei Wänden aus dünnfugig zu verlegenden Plansteinen und -platten siehe Abschnitt 2.2.2.1.

Anmerkung: Die in Tabelle G.2.4 zahlenmaßig angegebenen Wandrohdichten können auch nach folgender Gleichung berechnet werden

$$\varrho_W = \varrho_N - \frac{\varrho_N - K}{10}$$

mit

ϱ_W = Wasserrohdichte in kg/dm³

ϱ_N = Nennrohdichte der Steine und Platten in kg/dm³

K = Konstante mit

K = 1000 für Normalmörtel und Steinrohdichte ϱ_N 400 bis 2200 kg/m³

K = 500 für Leichtmörtel und Steinrohdichte ϱ_N 400 bis 1000 kg/m³

Besonderheiten der Schalldämmung bei Lochsteinen

Mehrere Untersuchungen unabhängiger Institute haben gezeigt, dass Lochsteine mit einem filigranen Lochbild – wie sie beispielsweise bei hochwärmedämmenden Lochziegeln verwendet werden – die Schalldämmung deutlich reduzieren kann. Abb. G.2.3 zeigt, dass die Schalldämmung von massiven Bauteilen aus homogenen Materialien – wie z. B. Porenbeton oder Kalksandstein – eindeutig aus der flächenbezogenen Masse des Massivbauteils ermittelt werden kann. Bei Lochsteinen können die Ergebnisse sehr streuen, obwohl gleiche flächenbezogene Massen verglichen werden.

Die Abbildung zeigt des Weiteren, dass die im Prüfstand ermittelten Schalldämm-Maße deutlich höher sind, als die Rechenwerte nach DIN 4109 bzw. deren Beiblätter. Die berechnete Schalldämmung liegt somit grundsätzlich auf der sicheren Seite.

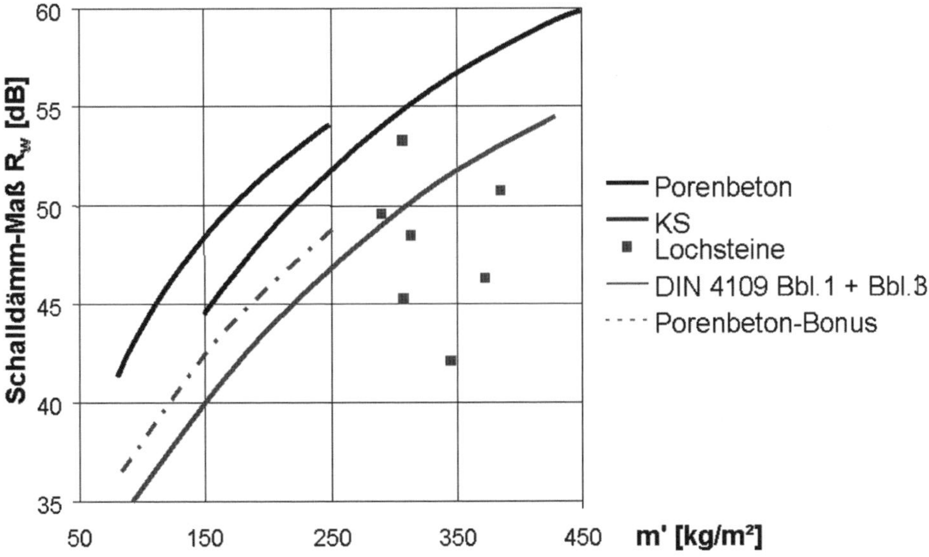

Abb. G.2.3: Schalldämmung bei homogenen Baustoffen und bei Lochsteinen

2 Allgemeine Anforderungen an den baulichen Schallschutz

Um die Schallübertragungen innerhalb eines Gebäudes zwischen fremden Nachbarwohnungen auf ein erträgliches Maß zu reduzieren, sind in der baurechtlich eingeführten DIN 4109 (Ausgabe 1989) Anforderungen an den Schallschutz von Wänden und Decken sowie anderen Gebäudeteilen und haustechnische Anlagen festgelegt.

Tabelle G.2.5: Anforderungen an den baulichen Schallschutz nach DIN 4109 (Ausgabe 1989)

Erforderliche Luft- und Trittschalldämmung zum Schutz gegen Schallübertragung aus einem fremden Wohn- oder Arbeitsbereich (Auszug aus DIN 4109 Tab. 8)

Spalte	1	2	3	4	5
Zeile		Bauteile	Anforderungen		Bemerkungen
			erf. R'_{w} dB	erf. $L'_{n,w}$ (erf. TSM)[1)] dB	
1 Geschosshäuser mit Wohnungen und Arbeitsräumen					
1	Decken	Decken unter allgemein nutzbaren Dachräumen, z. B. Trockenböden, Abstellräumen und ihren Zugängen	53	53 (10)	Bei Gebäuden mit nicht mehr als 2 Wohnungen betragen die Anforderungen erf. R'_{w} = 52 dB und erf. $L'_{a,w}$ = 63 dB (erf. TSM = 0 dB).
2		Wohnungstrenndecken sind (auch -treppen) und Decken zwischen fremden Arbeitsräumen bzw. vergleichbaren Nutzungseinheiten	54	53 (10)	Wohnungstrenndecken sind Bauteile, die Wohnungen voneinander oder von fremden Arbeitsräumen trennen. Bei Gebäuden mit nicht mehr als 2 Wohnungen beträgt die Anforderung erf R'_{w} = 52 dB. Weichfedernde Bodenbeläge dürfen bei dem Nachweis der Anforderungen an den Trittschutz nicht angerechnet werden; in Gebäuden mit nicht mehr als 2 Wohnungen dürfen weichfedernde Bodenbeläge, z. B. nach Beiblatt 1 zu DIN 4109/11.89, Tabelle 18, berücksichtigt werden, wenn die Beläge auf dem Produkt oder auf der Verpackung mit dem entsprechenden ΔL_{w} (VM) nach Beiblatt 1 zu DIN 4109/11.89, Tabelle 18, bzw. nach Eignungsprüfung gekennzeichnet sind und mit der Werksbescheinigung nach DIN 50 049 ausgeliefert werden.
3		Decken über Kellern, Hausfluren, Treppenhäusern unter Aufenthaltsräumen	52	53 (10)	Die Anforderungen an die Trittschalldämmung gilt nur für die Trittschallübertragung in fremde Aufenthaltsräume, ganz gleich, ob sie in waagrechter, schräger oder senkrechter (nach oben) Richtung erfolgt. Weichfedernde Bodenbeläge dürfen bei dem Nachweis der Anforderungen an den Trittschallschutz nicht angerechnet werden.
4		Decken über Durchfahrten, Einfahrten von Sammelgaragen und ähnliches unter Aufenthaltsräumen	55	53 (10)	

1) Zur Berechnung der bisher benutzten Größen TSM, TSM_{eq} und VM aus den Werten von $L'_{n,w}$, und $L'_{n,w,eq}$ und ΔL_{w} gelten folgende Beziehungen: TSM = 63 dB * $L'_{n,w}$, TSMeq = 63 dB – $L_{a,w,eq}$, VM = ΔL_{w}.

Spalte	1	2	3	4	5
Zeile		Bauteile	Anforderungen		Bemerkungen
			erf. R'_{w} dB	erf. $L'_{n,w}$ (erf. TSM)[1] dB	
5	Decken	Decken unter/über Spiel- und ähnlichen Gemeinschaftsräumen	55	46 (17)	Wegen der verstärkten Übertragung tiefer Frequenzen können zusätzliche Maßnahmen zur Körperschalldämmung erforderlich sein.
6		Decken und Terrassen und Loggien über Aufenthaltsräumen	–	53 (10)	Bezüglich der Luftschalldämmung gegen Außenlärm.
7		Decken unter Laubengängen	–	53 (10)	Die Anforderung an die Trittschalldämmung gilt nur für die Trittschallübertragung in fremde Aufenthaltsräume, ganz gleich, ob sie in waagrechter, schräger oder senkrechter (nach oben) Richtung erfolgt.
8		Decken und Treppen innerhalb von Wohnungen, die sich über zwei Geschosse erstrecken.	–	53 (10)	Die Anforderung an die Trittschalldämmung gilt nur für die Trittschallübertragung in fremde Aufenthaltsräume, ganz gleich, ob sie in waagrechter. schräger oder senkrechter (nach oben) Richtung erfolgt. Weichfedernde Bodenbeläge dürfen bei dem Nachweis der Anforderungen an den Trittschallschutz nicht angerechnet werden. Die Prüfung der Anforderungen an das Trittschallschutzmaß nach DIN 52 210-3 erfolgt bei einer gegebenenfalls vorhandenen Bodenentwässerung nicht in einem Umkreis von r = 60 cm. Bei Gebäuden mit nicht mehr als 2 Wohnungen beträgt die Anforderung erf. R'_{w} = 52 dB und erf. $L'_{n,w}$ = 63 dB (erf. TSM = 0 dB].
9		Decken unter Bad und WC ohne/mit Bodenentwässerung	54	53 (10)	
10	Decken	Decken unter Hausfluren	–	53 (10)	Die Anforderungen an dieTrittschalldämmung gilt nur für die Trittschallübertragung in fremde Aufenthaltsräume, ganz gleich, ob sie in waagrechter, schräger oder senkrechter (nach oben) Richtung erfolgt. Weichfedernde Bodenbeläge dürfen bei dein Nachweis der Anforderungen an den Trittschallschutz nicht angerechnet werden.

[1] Zur Berechnung der bisher benutzten Größen TSM, TSM_{eq} und VM aus den Werten von $L'_{n,w}$, und $L'_{n,w,eq}$ und ΔL_{w} gelten folgende Beziehungen: TSM = 63 dB * $L'_{n,w}$, TSM_{eq} = 63 dB – $L_{a,w,eq}$, VM = ΔL_{w}.

G

Spalte	1	2	3	4	5
Zeile		Bauteile	Anforderungen		Bemerkungen
			erf. R'_w dB	erf. $L'_{n,w}$ (erf. TSM)[1)] dB	
12	Wände	Wohnungstrennwände und Wände zwischen fremden Arbeitsräumen	53		Wohnungstrennwände sind Bauteile, die Wohnungen voneinander oder von fremden Arbeitsräumen trennen.
13		Treppenraumwände und Wände neben Hausfluren	52		Für Wände mit Türen gilt die Anforderung erf. R'_w (Wand) = erf: R_w (Tür) + 15 dB. Darin bedeutet erf. R_w (Tür) die erforderliche Schalldämmung der Tür nach Zeile 16 oder Zeile 17. Wandbreiten ≤ 30 cm bleiben dabei unberücksichtigt.
14		Wände neben Durchfahrten, Einfahrten von Sammelgaragen u. ä.	55		
15		Wände von Spiel- oder ähnlichen Gemeinschaftsräumen	55		
2 Einfamilien-Doppelhäuser und Einfamilien-Reihenhäuser					
18	Decken	Decken	–	48 (15)	Die Anforderung an die Trittschalldämmung gilt nur für die Trittschallübertragung in fremde Aufenthaltsräume, ganz gleich, ob sie in waagrechter, schräger oder senkrechter (nach oben) Richtung erfolgt.
20	Wände	Korktrennwände	57		

1) Zur Berechnung der bisher benutzten Größen TSM, TSM_{eq} und VM aus den Werten von $L'_{n,w}$, und $L'_{n,w,eq}$ und ΔL_w gelten folgende Beziehungen: TSM = 63 dB * $L'_{n,w}$, TSM_{eq} = 63 dB – $L_{a,w,eq}$, VM = ΔL_w.

3 Einschalige Wände

Schalldämmung einschaliger Bauteile aus Xella-Porenbeton

Xella-Porenbeton hat auch hinsichtlich der Schalldämmung bessere bauphysikalische Eigenschaften als andere Materialien. Bei gleicher flächenbezogener Masse ist die Schalldämmung von Porenbeton, verglichen mit Konstruktionen anderer Materialien, besser. Diese positive Eigenschaft, die auf die Materialstruktur und die Homogenität von Xella-Porenbeton zurückzuführen ist, wird durch einen Bonus von $\Delta R_w = +2$ dB auf den Rechenwert des bewerteten Schalldämm-Maßes R'_w berücksichtigt. In Tabelle G.2.6 und Tabelle G.2.7 ist dieser Bonus bereits berücksichtigt.

Tabelle G.2.6: Schalldämm-Maß von einschaligen Porenbetonbauteilen (ohne Putz)

Zeichen	Dimension	Rohdichteklasse	Wanddicke in mm								
			100	115	125	150	175	200	240	300	365
R'_w	dB	0,35	24	26	27	29	31	32	34	37	39
R'_w	dB	0,40	26	28	29	31	32	34	36	39	41
R'_w	dB	0,45	27	29	30	32	34	36	38	40	43
R'_w	dB	0,50	29	30	31	34	35	37	39	42	44
R'_w	dB	0,55	30	32	33	35	37	88	40	43	45
R'_w	dB	0,60	31	33	34	36	38	39	42	44	47
R'_w	dB	0,65	32	34	35	37	39	40	43	45	48
R'_w	dB	0,70	33	36	36	38	40	41	44	46	48
R'_w	dB	0,75	34	36	37	39	41	42	44	47	47
R'_w	dB	0,80	35	37	38	40	41	43	45	48	48

1) Die lieferbaren Abmessungen und Qualitäten sind bei den zustandigen YTONG-Vertriebsstandorten zu erfragen.
2) Mit beidseitigen Putzen siehe nachfolgende Tabelle.

Tabelle G.2.7: Schalldämm-Maß von einschaligen Porenbetonbauteilen (mit Putz)

Zeichen/ Dimension	Rohdichteklasse[1)]	Wanddicken in [mm]								
		100	115	125	150	175	200	240	300	365
R'_w/dB	0,35	34	31	32	33	34	35	37	39	41
R'_w/dB	0,40	31	32	33	34	36	37	39	41	43
R'_w/dB	0,45	32	33	34	35	37	38	40	42	44
R'_w/dB	0,50	33	34	35	37	38	39	41	43	45
R'_w/dB	0,55	34	36	36	38	39	40	42	44	46
R'_w/dB	0,60	35	36	37	39	40	41	43	46	47
R'_w/dB	0,65	36	37	38	39	41	42	44	46	48
R'_w/dB	0,70	36	38	38	40	42	43	45	47	49
R'_w/dB	0,75	37	38	39	41	42	44	46	48	48
R'_w/dB	0,80	38	39	40	42	43	45	46	49	49

1) Bis Wanddicke 150 mm: YTONG-Innenputz $m' = 2 \times 10\ kg/m^3 = 20\ kg/m^2 \geq 175$ mm: 1 × YTONG-Innenputz + 1 × YTONG-Außenputz $m' = 18\ kg/m^2$.

Die Tabellenwerte gelten für die jeweils dargestellten Trennbauteile, sofern die flankierenden Bauteile eine mittlere flächenbezogene Masse $m'_{L,mittel} = 300\ kg/m^2$ haben. Weicht $m'_{L,mittel}$ von diesem Mittelwert ab, ist der Rechenwert des bewerteten Schalldämm-Maßes ggf. nach oben bzw. unten zu korrigieren.

Rechenwerte nach Beiblatt 1 zu DIN 4109 (Ausgabe 1989) für Porenbetonbauteile liegen auf der sicheren Seite. Die folgende Tabelle zeigt Prüfwerte aus dem Schallprüfstand mit Flankenwegen mit $m'_{L,mittel} = 300$ kg/m². Es zeigt sich, dass die Werte zum Teil weit über den Rechenwerten nach Beiblatt 1 zu DIN 4109 (Ausgabe 1989) liegen.

Hinweis: Für den planerischen Entwurf sind jedoch gegenwärtig grundsätzlich die Rechenwerte $R'_{w,R}$ [dB] aus dem Beiblatt 1 zu DIN 4109 maßgebend (vgl. Tabelle G.2.2, Tabelle G.2.6 und Tabelle G.2.7).

Tabelle G.2.8: Prüfergebnisse einschaliger Wände aus Porenbeton aus dem Schallprüfstand mit Schallnebenwegen

Beispiele einschaliger YTONG-Wände im Prüfstand mit Schallnebenwegen gemessen[1)]

Konstruktionen		Messwerte R'_w (dB)	$R'_{w,R}$ [2)]
Einschalige Wände	100 mm YTONG-Planbauplatten PPpl 4/0,6 mit 10 mm YTONG-Innenputz	38	< 36 dB
	125 mm YTONG-Planbauplatten PPpl 4/0,6 mit 8 mm YTONG-Innenputz	39	36 dB
	175 mm YTONG-PLANBLOCK PP 4/0,7	43	40 dB
	240 mm YTONG-Block PP 20,5 mit LM	47	39 dB
	365 mm YTONG-Block PP 2.0, 5 mit LM	49	44 dB

1) 2 dB Sicherheitsabschlag nach DIN 4109 ist berücksichtigt.
2) Rechenwert nach Beiblatt 1 DIN 4109 ($m'_{L,mittel} = 300$ kg/m²); inkl. Porenbetonbonus

Tabelle G.2.9: Prüfergebnisse einschaliger Wände aus Porenbeton aus dem Schallprüfstand ohne Schallnebenwege am IBP Fraunhofer Institut für Bauphysik gemessen

		Messwerte R_w (C, C_B)	Prüfbericht
115 mm YTONG-PLANBLOCK	PPW 4/0,6 unverputzt	37 dB (–1;–4)	P-BA 199/1999
115 mm YTONG-PLANBLOCK	PPW 4/0,6 beidseitig mit 6 mm Kalk-Gipsputz	38 dB (–1;–4)	P-BA 199/1999
175 mm YTONG-PLANBLOCK	PPW 4/0,6 beidseitig mit 5 mm Kalk-Gipsputz	44 dB (–2;–5)	P-BA 201/1999
240 mm YTONG-PLANBLOCK	PPW 4/0,6 mit 10 mm Leichtputz außen und 5 mm Kalk-Gipsputz innen	49 dB (–1;–5)	P-BA 4/1998
300 mm YTONG-PLANBLOCK	PPW 2/0,4 mit 10 mm Leichtputz außen und 5 mm Kalk-Gipsputz innen	48 dB (–1;–4)	P-BA 200/1999
365 mm YTONG-PLANBLOCK	PPW 4/0,5 unverputzt	54 dB (–2;–5)	P-BA 198/1999
365 mm YTONG-PLANBLOCK	PPW 4/0,5 mit 10 mm Leichtputz außen und 5 mm Kalk-Gipsputz innen	54 dB (–1;–4)	P-BA 198/1999

Schalldämmung einschaliger Wände aus SILKA-Kalksandstein

In den folgenden Tabellen sind Rechenwerte des bewerteten Schalldämm-Maßes für unverputzte und verputzte Konstruktionen sowie mit unterschiedlichen Fugenausbildungen zusammengefasst.

Tabelle G.2.10: Rechenwerte Schalldämm-Maß von einschaligen SILKA-KS-Konstruktionen

Schalldämm-Maße R'_{wR} [dB] und flächenbezogene Masse [kg/m^3] einschaliger KS-Wände mit Normalmörtel, beidseitig Dünnlagenputz oder Sichtmauerwerk mit Stoßfugenvermörtelung

Steinrohdichteklasse (Wandrohdichte-klasse [kg/m^3])	KS-Wände in Normalmörtel, beidseitig geputzt je 5 mm[1]; bewertetes Schalldämm-Maß R'_{wR} [dB] und Wandgewicht [kg/m^3] bei Wanddicke [cm]								
	7	10	11,5	15[2]	17,5	20[2]	24	30	36,5
1,0[1] (1000)	– –	**36** 100	**38** 115	– –	**43** 175	– –	**46** 240	**49** 300	**51** 365
1,2[2] (1180)	– –	**38** 118	**40** 136	– –	**45** 207	– –	**48** 283	**51** 354	**53** 431
1,4 (1360)	– –	**40** 136	**41** 156	– –	**46** 238	– –	**50** 326	**53** 408	**55** 496
1,6 (1560)	– –	**41** 164	**43** 177	– –	**48** 270	– –	**51** 370	**54** 462	**56** 562
1,8 (1720)	**38** 120	**42** 172	**44** 198	**47** 258	**49** 301	**51** 344	**53** 413	**55** 516	**57** 628
2,0 (1900)	**40** 133	**44** 190	**45** 219	**48** 235	**50** 333	**52** 390	**54** 456	**57** 570	**57** 694
2,2[2] (2090)	– –	**45** 208	**46** 239	**49** 312	**51** 364	**53** 416	**55** 499	**57** 624	**57** 759

[1] Die regionalen Lieferprogramme sind zu beachten.

[2] Putzdicken < 10 mm werden nicht beim Wandflächengewicht berücksichtigt.

Schalldämm-Maße R'_{wR} [dB] und flächenbezogene Masse [kg/m³] einschaliger KS-Wände mit Normalmörtel, beidseitig geputzt je 10 mm dick

Steinrohdichteklasse (Wandrohdichte-klasse [kg/m³])	KS-Wände in Normalmörtel, beidseitig geputzt je 10 mm; (je Seite 10 kg/m³); bewertetes Schalldämm-Maß R'_{wR} [dB] und Wandgewicht [kg/m³] bei Wanddicke [cm]								
	7	10	11,5	15[2)]	17,5	20[2)]	24	30	36,5
1,0[1)] (1000)	– –	**38** 120	**40** 135	– –	**44** 195	– –	**47** 260	**50** 320	**52** 385
1,2[2)] (1180)	– –	**40** 138	**41** 156	– –	**46** 227	– –	**49** 227	**51** 374	**54** 451
1,4 /1360)	– –	**41** 156	**43** 176	– –	**47** 258	– –	**51** 346	**53** 428	**55** 516
1,6 (1560)	– –	**43** 174	**44** 197	– –	**49** 290	– –	**52** 390	**55** 482	**57** 582
1,8 (1720)	**40** 140	**44** 192	**45** 218	**48** 278	**50** 321	**51** 364	**53** 433	**56** 536	**57** 648
2,0 (1900)	**41** 153	**45** 210	**46** 289	**49** 305	**52** 353	**53** 400	**55** 476	**57** 590	**57** 714
2,2[2)] (2090)	– –	**46** 228	**47** 259	**50** 332	**52** 384	**53** 436	**55** 519	**57** 644	**57** 779

[1)] Die regionalen Lieferprogramme sind zu beachten.

Schalldämm-Maße R'_{wR} [dB] und flächenbezogene Masse [kg/m³] einschaliger KS-Wände mit Normalmörtel, beidseitig geputzt je 15 mm dick

Steinrohdichteklasse (Wandrohdichte-klasse [kg/m³])	KS-Wände in Normalmörtel, beidseitig geputzt je 10 mm; (je Seite 25 kg/m³); bewertetes Schalldämm-Maß R'_{wR} [dB] und Wandgewicht [kg/m³] bei Wanddicke [cm]								
	7	10	11,5	15[2)]	17,5	20[2)]	24	30	36,5
1,0[1)] (1000)	– –	**41** 150	**42** 165	– –	**45** 225	– –	**49** 290	**51** 350	**53** 415
1,2[2)] (1180)	– –	**42** 168	**44** 186	– –	**47** 267	– –	**50** 333	**53** 404	**54** 481
1,4 /1360)	– –	**44** 186	**45** 208	– –	**48** 288	– –	**52** 376	**54** 458	**56** 546
1,6 (1560)	– –	**45** 204	**48** 227	– –	**50** 320	– –	**53** 420	**55** 512	**57** 612
1,8 (1720)	**42** 170	**45** 222	**47** 248	**49** 308	**51** 381	**51** 394	**54** 463	**56** 566	**57** 678
2,0 (1900)	**43** 183	**46** 240	**48** 269	**50** 335	**52** 383	**53** 480	**55** 508	**57** 620	**57** 744
2,2[2)] (2090)	– –	**47** 263	**49** 289	**51** 362	**53** 414	**54** 466	**56** 549	**57** 674	**57** 809

[1)] Die regionalen Lieferprogramme sind zu beachten.

Tabelle G.2.11: Rechenwerte Schalldämm-Maß von einschaligen SILKA-KS-Konstruktionen

Schalldämm-Maße R'_{wR} [dB] und flächenbezogene Masse [kg/m³] einschaliger KS-Wände mit Dünnbettmörtel und beidseitigen Dünnlagenputz

Steinrohdichteklasse (Wandrohdichteklasse [kg/m³])	KS-Wände in Dünnbettmörtel, beidseitig geputzt je 5 mm[1]; bewertetes Schalldämm-Maß R'_{wR} [dB] und Wandgewicht [kg/m³] bei Wanddicke [cm]								
	7	10	11,5	15[2]	17,5	20[2]	24	30	36,5
1,0[1]	–	**36**	**37**	–	**42**	–	**46**	**48**	**51**
(950)	–	95	109	–	105	–	228	295	347
1,2[2]	–	**37**	**39**	–	**44**	–	**47**	**50**	**52f3**
(1100)	–	110	110	–	193	–	264	330	**402**
1,4	–	**39**	**41**	–	**46**	–	**49**	**52**	**54**
(1360)	–	130	150	–	228	–	312	390	475
1,6	–	**41**	**43**	–	**47**	–	**51**	**54**	**56**
(1500)	–	150	173	–	268	–	360	450	548
1,8	**38**	**42**	**44**	**47**	**49**	**51**	**53**	**55**	**57**
(1700)	119	170	196	255	298	340	408	510	621
2,0	**40**	**44**	**45**	**48**	**50**	**52**[2]	**54**	**57**	**57**
(1900)	139	190	219	285	338	380	456	570	694
2,2[2]	–	**46**	**48**	**50**	**51**	**53**	**55**	**57**	**57**
(2100)	–	210	242	315	368	420	504	630	767

[1] Die regionalen Lieferprogramme sind zu beachten.
[2] Putzdicken < 10 mm werden nicht beim Wandflächengewicht berücksichtigt.

Schalldämm-Maße R'_{wR} [dB] und flächenbezogene Masse [kg/m³] einschaliger KS-Wände mit Dünnbettmörtel beidseitig geputzt je 10 mm dick

Steinrohdichteklasse (Wandrohdichteklasse [kg/m³])	KS-Wände in Dünnbettmörtel, beidseitig geputzt je 10 mm (je Seite 10 kg/m³); bewertetes Schalldämm-Maß R'_{wR} [dB] und Wandgewicht [kg/m³] bei Wanddicke [cm]								
	7	10	11,5	15[2]	17,5	20[2]	24	30	36,5
1,0[1]	–	**38**	**39**	–	**44**	–	**47**	**49**	**51**
(950)	–	115	129	–	186	–	248	305	367
1,2[2]	–	**39**	**41**	–	**46**	–	**48**	**51**	**53f3**
(1100)	–	130	147	–	213	–	284	350	**422**
1,4	–	**41**	**42**	–	**47**	–	**50**	**53**	**55**
(1360)	–	150	170	–	248	–	332	410	495
1,6	–	**43**	**44**	–	**49**	–	**52**	**54**	**56**
(1500)	–	170	193	–	283	–	380	470	568
1,8	**40**	**44**	**45**	**48**	**50**	**51**	**53**	**56**	**57**
(1700)	139	190	216	275	318	360	428	530	641
2,0	**41**	**45**	**46**	**49**	**51**	**53**	**55**	**57**	**57**
(1900)	153	210	239	305	353	400	476	590	714
2,2[2]	–	**46**	**48**	**50**	**51**	**53**	**55**	**57**	**57**
(2100)	–	210	242	315	368	420	504	630	767

[1] Die regionalen Lieferprogramme sind zu beachten.

Schalldämm-Maße R'_{wR} [dB] und flächenbezogene Masse [kg/m³] einschaliger KS-Wände mit Dünnbettmörtel beidseitig geputzt je 15 mm dick

Steinrohdichteklasse (Wandrohdichteklasse [kg/m³])	KS-Wände in Dünnbettmörtel, beidseitig geputzt je 15 mm (je Seite 10 kg/m³); bewertetes Schalldämm-Maß R'_{wR} [dB] und Wandgewicht [kg/m³] bei Wanddicke [cm]								
	7	10	11,5	15[2)]	17,5	20[2)]	24	30	36,5
1,0[1)] (950)	– –	**41** 145	**42** 150	– –	**45** 216	– –	**48** 278	**50** 335	**52** 397
1,2[2)] (1100)	– –	**42** 160	**43** 177	– –	**46** 243	– –	**49** 314	**52** 380	**54f3** **452**
1,4 (1360)	– –	**43** 180	**44** 200	– –	**48** 278	– –	**51** 362	**53** 440	**56** 525
1,6 (1500)	– –	**44** 200	**45** 223	– –	**49** 313	– –	**53** 410	**55** 500	**57** 598
1,8 (1700)	**42** 169	**45** 220	**47** 246	**49** 305	**51** 348	**52** 390	**54** 458	**56** 560	**57** 671
2,0 (1900)	**43** 183	**46** 240	**48** 269	**50** 335	**52** 383	**53** 430	**55** 506	**57** 620	**57** 744
2,2[2)] (2100)	– –	**47** 260	**49** 292	**51** 365	**53** 418	**54** 470	**56** 554	**57** 680	**57** 817

[1)] Die regionalen Lieferprogramme sind zu beachten.

Einschalige massive Wände mit biegeweichen Vorsatzschalen

Die Luftschalldämmung einschaliger biegesteifer Wände kann mit biegeweichen Vorsatzschalen verbessert werden. Die folgende Tabelle G.2.15 zeigt verschiedene Varianten. Gemäß Beiblatt 1 zu DIN 4109 sind diese Varianten in die Gruppen A und B unterteilt. Die Höhe der Verbesserung des Rechenwertes des bewerteten Schalldämm-Maßes hängt von der Gruppe ab. Wichtig ist allerdings auch bei dieser Konstruktion, dass der Einfluss der flankierenden Bauteile erheblich sein kann und bei der Bewertung der Konstruktion nicht vernachlässigt werden darf.

Tabelle G.2.12: Eingruppierung von biegeweichen Vorsatzschalen von einschaligen, biegesteifen Wänden nach ihrem schalltechnischen Verhalten (Beiblatt 1 zu DIN 4109, Tabelle 7)

Ziele	Gruppe	Wandausbildung	Beschreibung
1	A	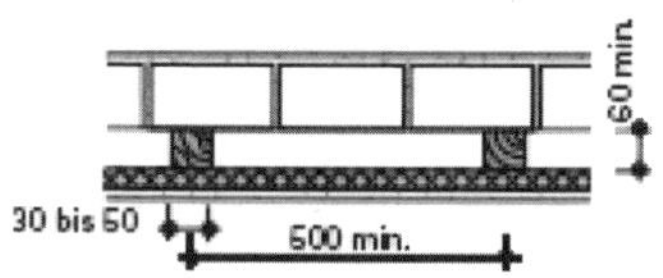	Vorsatzschale aus Holzwolle-Leichtbauplatten nach DIN 1101; Dicke ≥ 25 mm, verputzt, Holzstiele (Ständer) an schwerer Schale befestigt; Ausführung nach DIN 1102.
2		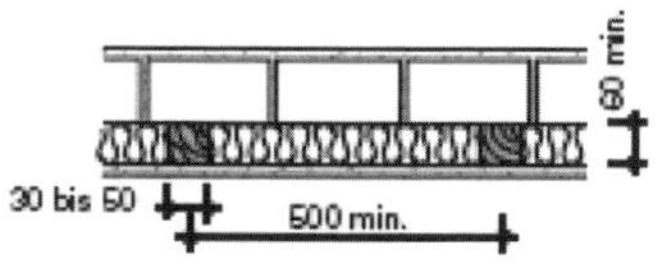	Vorsatzschale aus Gipskartonplatten nach DIN 18 190. Dicke 12,5 oder 15 mm Ausführung nach DIN 18 181 oder aus Spanplatten nach DIN 68 763, Dicke 10 bis 16 mm; mit Hohlraumfüllung[1]; Unterkonstruktion an schwerer Schale befestigt[2].
3	B	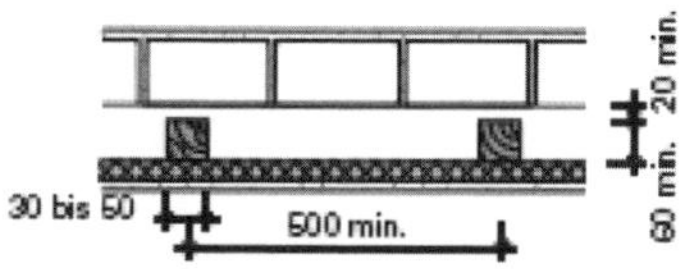	Ausführung wie 1A, jedoch Holzstiele (Ständer) mit Abstand ≥ 20 mm vor schwerer Schale freistehend.
4		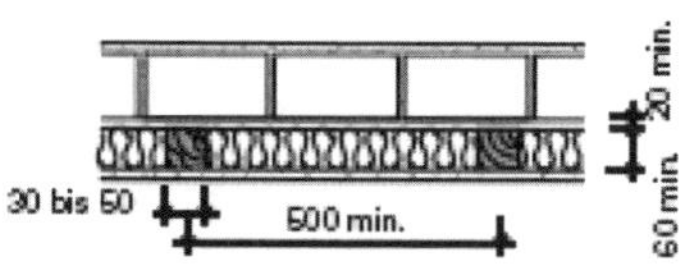	Ausführung wie 2A, jedoch Holzstiele (Ständer) mit Abstand ≥ 20 mm vor schwerer Schale freistehend.
5		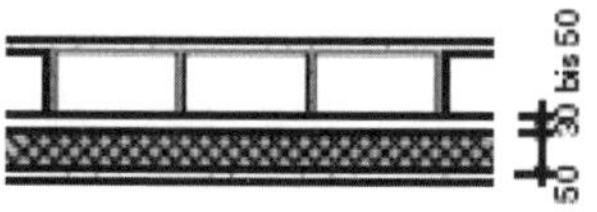	Vorsatzschale aus Holzwolle-Leichtbauplatten nach DIN 1101; Dicke 50 mm, verputzt, freistehend mit Abstand von 30 bis 50 mm vor schwerer Schale, Ausführung nach DIN 1102, bei Ausführung des Hohlraums nach Fußnote 1 ist ein Abstand von 20 mm ausreichend.
6		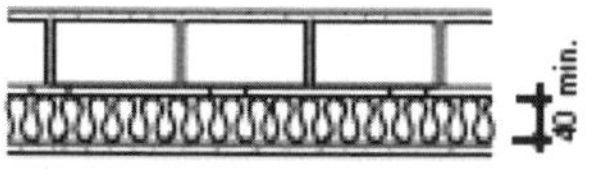	Vorsatzschale aus Gipskartonplatten nach DIN 18 180, Dicke 12,5 oder 15 mm und Fassadendämmplatten[3]. Ausführung nach DIN 18 181, an schwerer Schale streifenförmig angesetzt.

[1] Fassadendämmstoff nach DIN 18 165-1. Typ WZ-w oder W-w. Nenndicke 40 bis 60 mm, längsbezogener Strömungswiderstand $\Xi \geq 5\ \text{kN} \cdot \text{s/m}^2$.

[2] Bei den Beispielen nach 2A und 4B können auch Ständer aus Blech-C-Profilen nach DIN 18 183-1 verwendet werden.

[3] Fasserdämmstoffe nach DIN 18 165-1. Typ WV-s. Nenndicke ≥ 4,0 mm, s' ≤ 5 mm^3.

Tabelle G.2.13: Bewertetes Schalldämm-Maß $R'_{W,R}$ von einschaligen, biegesteifen Wänden mit eine biegeweichen Vorsatzschale nach Tabelle 14 (Beiblatt 1 zu DIN 4109, Tabelle 8 (Rechenwerte))

Flächenbezogene Masse der trennenden Massivwand kg/m²	Bewehrtes Schalldämm-Maß R'w,R		
	ohne Vorsatzschale dB	mit Vorsatzschale Gruppe A dB	mit Vorsatzschale Gruppe B dB
100	37	48	49
200	45	49	50
300	49	53	54
400	52	55	56
500	55	57	58

Beispiel: Einschalige Wand aus KS, RDK 1,8; einseitig verputzt
Vorsatzschale nach Tabelle G.2.12, Gruppe B, Zeile 6
Masse der Massivwand = 217 kg/m²
R'_{wR} nach dieser Tafel = 50 dB
Korrekturwert KL,1 für flankierende Bauteile mit $m'_{L,M}$ = 244 kg/m² = –2 dB (Tafel siehe [2])
anzurechnendes Schalldämm-Maß R'_w = 48 dB

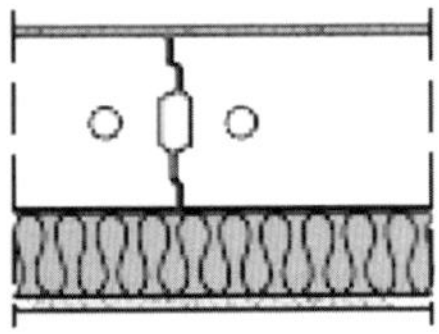

Anmerkung: Werden dagegen zum Beispiel aus Gründen der Wärmedämmung an einschalige, biegesteife Wände Dämmplatten hoher dynamischer Steifigkeit, z. B. nicht elastifizierte Hartdschaumplatten, vollmächtig oder punktweise angesetzt, so kann sich die Schalldämmung verschlechtern, wenn die Dämmplatten durch Putz oder Fliesen abgedeckt werden.

Voraussetzung: mittlere flächenbezogene Masse der flankierenden Bauteile von m' = 300 kg/m².

4 Zweischalige Wände

Anforderungen an den baulichen Schallschutz zweischaliger Haustrennwände von Doppel- und Reihenhäusern.

Ist zwischen den Vertragsparteien kein konkretes Schallschutzziel festgelegt, so ist der Schallschutz gefordert, der in vergleichbaren Gebäuden erreicht wird. Man unterscheidet zunächst, in welchem Maße eine bauliche Trennung der Gebäudeabschnitte der Doppel- bzw. Reihenhäuser vorhanden ist. Verläuft die Haustrennfuge eines unterkellerten Gebäudes bis einschließlich der Bodenplatte über die gesamte Gebäudebreite, wird von einer so genannten vollständigen Trennung gesprochen. In diesem Fall ist im Erdgeschoss eines unterkellerten Doppel- bzw. Reihenhauses ein bewertetes Schalldämm-Maß von $R'_w \geq 62$ dB geschuldet.

Beurteilt man den zu erwartenden Schallschutz für das Erdgeschoss eines nicht unterkellerten Doppel- bzw. Reihenhauses, so spricht man in diesem Sinne von so genannter unvollständiger Trennung der Gebäudeabschnitte. Gleiches gilt für ein unterkellertes Gebäude, wenn die Kellerau-ßenwand im Bereich der Haustrennfuge nicht getrennt ist. Bei derartigen Konstruktionen liegt das geschuldete Schalldämm-Maß im Erdgeschoss bei $R'_w \geq 59$ dB.

Wichtig ist in jedem Fall die zweischalige Ausführung der Haustrennwand, denn dies ist die Mindestvoraussetzung zur Einhaltung der allgemein anerkannten Regeln der Technik.

Ein Schallschutz nach DIN 4109 (Ausgabe 1989) von $R'_w \geq 57$ dB ist nur dann ausreichend, wenn der Bauherr/Nutzer/Auftraggeber ausdrücklich darauf hingewiesen wurde, dass die allgemein anerkannten Regeln der Technik mit dieser Konstruktion unterschritten werden.

Ein höheres Schallschutzziel ist immer frei vereinbar. Unabhängig vom angestrebten Schallschutzziel sollte stets ein konkreter Zahlenwert für das bewertete Schalldämm-Maß R'_w [dB] festgelegt werden. Umschreibungen des Schallschutzstandards z. B. durch Begriffe wie „Komfortwohnung" oder „Erhöhter Schallschutzstandard" führen häufig zu Verwirrung.

Tabelle G.2.14: Prüfungsschema zur Einstufung der Anforderungen bei zweischaliger Haustrennwand

Prüfungsstufe	Grundlage	Geschuldeter Schallschutz			Anmerkung
1	Öffentlich-rechtliche Anforderung gemäß DIN 4109 (Ausgabe 1989)	Haustrennwand	in allen Geschossen	$R'_w \geq 57$ dB	„Mindestschallschutz"
		Decken		$L'_{n,w} \leq 48$ dB	
		Treppen		$L'_{n,w} \leq 53$ dB	
2	Allgemein anerkannte Regeln der Technik	Bei vollständiger Trennung für unterkellerte Gebäude	ab EG und höher	$R'_w \geq 62$ dB	vgl. auch DGfM-Merkblatt[1)]
		Bei unvollständiger Trennung im EG	ab EG und höher	$R'_w \geq 59$ dB	
		Bei vollständiger und unvollständiger Trennung für Decken und Treppen	ab EG und höher	$L'_{n,w} \leq 46$ dB	
3	Frei vereinbarer höherer Schallschutz	z. B. $R'_w \geq 63$ dB, $L'_{n,w} \leq 45$ dB oder: $R'_w \geq 67$ dB (gemäß Vorschlag für einen erhöhten Schallschutz nach Beiblatt 2 zu DIN 4109) möglicherweise auch geschossweise unterschiedlich			Erhöhter Schallschutz muss nicht automatisch den Wert nach Beiblatt 2 bedeuten.

1) DGfM-Merkblatt „Schallschutz nach DIN 4109", 1. Ausgabe 2006

Bemessung des Schalldämm-Maßes einer zweischaligen Haustrennwand

Es wurde erläutert, dass bei einschaligen biegesteifen Bauteilen die Schalldämmung im Wesentlichen von der flächenbezogenen Masse abhängt. Bei Wänden aus zwei biegesteifen Schalen sind bereits bei geringeren Flächenmassen hohe Schalldämm-Maße erreichbar, sofern auch die flankierenden Bauteile voneinander getrennt sind. Die Verbesserung der Schalldämmung aufgrund der Zweischaligkeit hängt erheblich vom Umfang der Trennung der Gebäudeteile ab.

Rechnerisch wirkt sich die Zweischaligkeit nach Beiblatt 1 zu DIN 4109 durch einen „Fugenbonus" von $\Delta R'_w = +12$ dB auf den Rechenwert des bewerteten Schalldämm-Maßes aus. Die Darstellung der zweischaligen Haustrennwand nach diesem Bemessungsverfahren ist allerdings nicht eindeutig und führt häufig zu unterschiedlichen Auslegungen.

Die Fugenbreite muss nach Beiblatt 1 zu DIN 4109 Abschnitt 2.3 mindestens $d_{Fuge} = 30$ mm wenn die flächenbezogene Masse der Einzelschale (inkl. Putz) $m' \geq 150$ kg/m^2 beträgt. Bei einer Dicke der Trennfuge (Schalenabstand) ≥ 50 mm darf das Gewicht der Einzelschale $m' = 100\,\mathrm{kg/m^2}$ betragen.

Der Fugenhohlraum ist mit dicht gestoßenen und vollflächig verlegten mineralischen Faserdämmplatten auszufüllen. Die Faserdämmplatten müssen vom Typ WTH nach DIN EN 13 162 sein (vormals DIN 18165 Typ T).

Bei einer flächenbezogenen Masse der Einzelschale $m' \geq 200\,\mathrm{kg/m^2}$ und einer Trennfugendicke ≥ 30 mm darf auf das Einlegen von Dämmschichten in den Fugenhohlraum verzichtet werden. In diesem Fall muss durch geeignete Maßnahmen sichergestellt werden, dass die Mindestbreite des Fugenhohlraumes dauerhaft eingehalten wird.

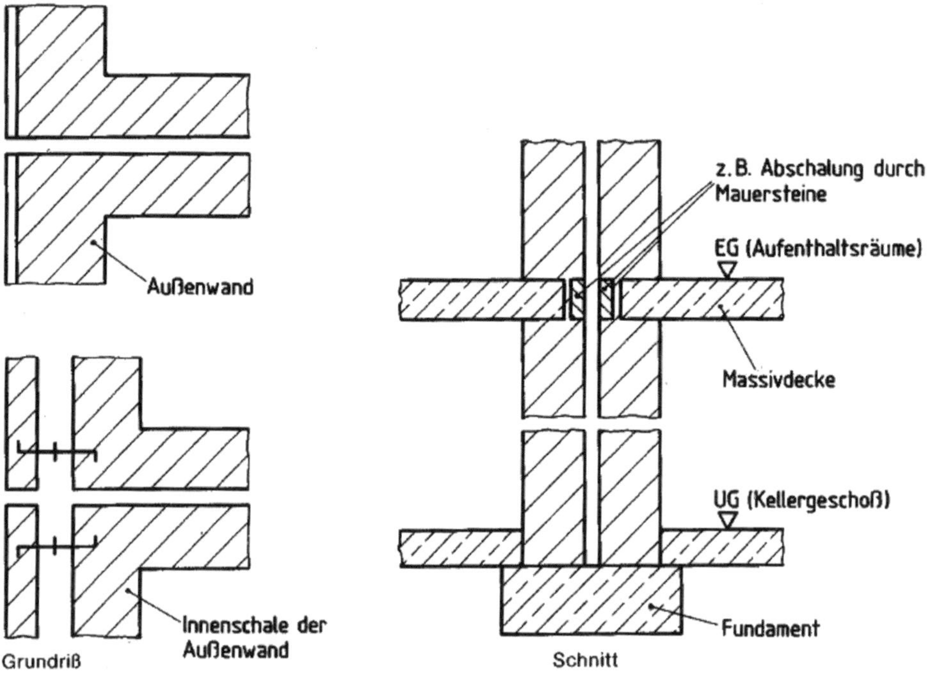

Abb. G.2.4: Zweischalige Haustrennwand aus zwei biegesteifen Schalen (Auszug aus Beiblatt 1 zu DIN 4109)

Bei strenger Anwendung des Abschnittes 2.3 (des Beiblattes 1 zu DIN 4109; vgl. auch Abb. G.2.4) darf der Zuschlag von 12 dB nur für die Etagen über einem Keller angesetzt werden. Sind jedoch bei einem Doppelhaus die Kelleraußenwände im Bereich der Haustrennfuge nicht getrennt (z. B. „weiße Wanne“), ist eine Berechnung nicht zweifelsfrei möglich.

In einem Rechenansatz von Prof. Gösele wird die Trennfugendicke stärker gewichtet. Mit der Formel:

$$R'_w = 50 \cdot \log \frac{m'(\mathrm{kg/m^2})}{} + 20 \cdot \log \frac{d(\mathrm{mm})}{} + 56\,(\mathrm{dB})$$

300 (kg/m²) 10 (mm)

wird über die flächenbezogene Masse m'[kg/m²] beider Wandschalen und die Fugendicke d[mm] der Rechenwert des bewerteten Schalldämm-Maßes ermittelt. Diese Formel darf allerdings nicht für den baurechtlichen rechnerischen Nachweis nach DIN 4109 herangezogen werden.

Bewertetes Schalldämm-Maß von zweischaligen biegesteifen Wänden aus Porenbeton

Tabelle G.2.15: Bewertetes Schalldämm-Maß $R'_{w,R}$ von zweischaligen biegesteifen Wänden aus Porenbeton nach Beiblatt 1 zu DIN 4109

Zeichen	Dimension	Festigkeit-/Rohdichte-klasse	Produkt	Wandkonstante 2-schalig mit 50 mm Fuge mit Mineralwolle		
				2 × 115 mm	2 × 150 mm	2 × 175 mm
R'_w	dB	2/0,5	YTONG-PLAN-BLOCK, Modulblock und Großblock mit Putz[1)]	53	56	57
R'_w	dB	4/0,6		55	58	59
R'_w	dB	6/0,7		57	59	61

1) $m' = 2 \times 10 = 20$ kg/m³.

Erfahrungsgemäß erreicht eine zweischalige Konstruktion aus 2 · 17,5 cm Porenbeton Ytong PPW4/0,60 mit einer 5 cm Luftschicht (inkl. mineralischer Dämmung) in einem nicht unterkellerten Gebäude im Erdgeschoss auch bei einer durchlaufenden Bodenplatte (mit schwimmendem Nassestrich) ein bewertetes Schalldämm-Maß von $R'_w \geq 59$ dB, sofern die weiteren aufgehenden Bauteile (insbesondere Wändc und Decken) schallbrückenfrei ausgeführt sind. In den Geschossen darüber sind Werte $R'_w \geq 62$ dB bis zu 67 dB erreichbar.

G

Tabelle G.2.16: Rechen- und Prüfwerte Schalldämm-Maß von zweischaligen Porenbetonwänden

Bauteil	Konstruktion		Schall-dämm-Maß R'_w dB	Bemerkungen
	Dicke mm			
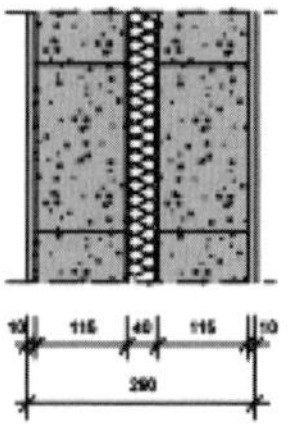	10 115 40 115 10	Innenputz YTONG-PLANBLOCK PPW 6/0,8 Trittschalldämmung YTONG-PLAN BLOCK PPW 6/0,8 Innenputz	60	nach Prof. Gösele $R'_w = 50 \cdot kg \frac{m'}{m'_o} + 20 \cdot \lg \frac{d}{d_o} + 58$
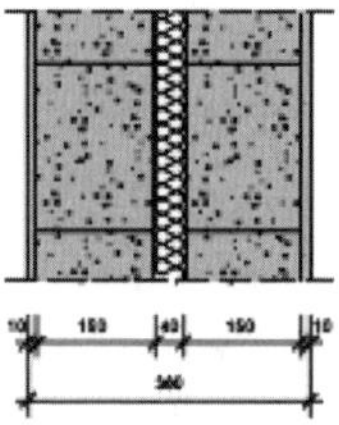	10 150 40 150 10	Innenputz YTONG-PLANBLOCK PPW 4/0,7 Trittschalldämmung YTONG-PLAN BLOCK PPW 4/0,7 Innenputz	63	
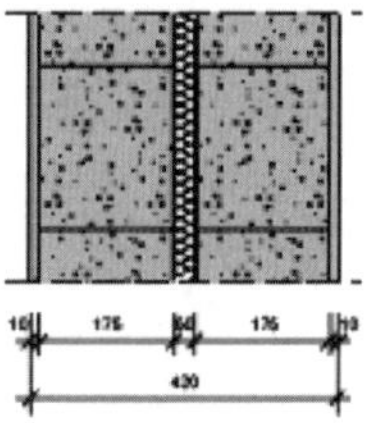	0 175 50 175 10	Gipsputz YTONG-PLANBLOCK PPW 4/0,6 Trennfuge vollflächig mit 40 mm Estrichdämmplatte EP 35 YTONG-PLANBLOCK PPW 4/0,6 Gipsputz	≥ 68	Eignungsprüfung III Prüfzeugnis 2217/843 MPA der TU Braunschweig
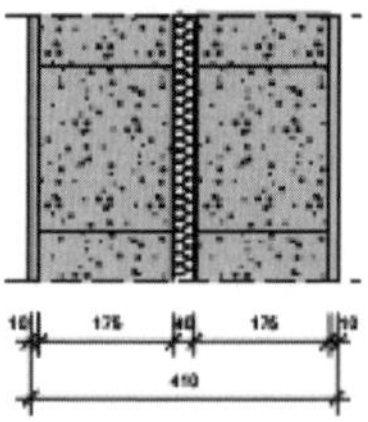	0 175 40 175 10	Gipsputz YTONG-PLANBLOCK PPW 4/0,7 Trennfuge vollflächig mit 40 mm Estrichdämmplatte EP 35 YTONG-PLANBLOCK PPW 4/0,7 Gipsputz	≥ 69	Einzelmessung am Bau Prüfzeugnis 2304/070-3 MPA der TU Braunschweig

Bewertetes Schalldämm-Maß von zweischaligen biegesteifen Wänden aus SILKA-Kalksandstein

Tabelle G.2.17: Zweischalige Wänden aus SILKA-Kalksandstein mit Normalmörtel und beidseitigem Putz

Schalendicke cm	Stein-Rohdichteklasse kg/dm^2	Wandgewicht einschließlich beidseitigem Putz[1)] kg/m^2-	Bewertetes SchalldämmMaß $R'_{w,R}$ dB
2 × 11,5	2,0 1,8 1,6	458 416 374	66[2)] 65[2)] 63
2 × 15	2,0 1,8	590 536	69 68
2 × 17,5	2,0 1,8 1,6	686 622 560	71 70 68
2 × 24	2,0 1,8 1,6	932 846 760	74 73 72

1) mit 2 × 10 mm Putz (≙ 20 kg/m^2)

2) 67 dB bei 5 cm dicker Trennfge oder 2 × 15 mm dickem Putz (≙ 50 kg/m^2)

Tabelle G.2.18:
Zweischalige Wänden aus SILKA-Kalksandstein mit Dünnbettmörtel und beidseitigem Dünnlagenputz

cm	kg/dm^3	kg/m^2	dB
2 × 11,5	2,0 1,8	437 391	66[1)] 64
2 × 15	2,0 1,8	570 510	69 67
2 × 17,5	2,0 1,8	665 595	70 69
2 × 20	2,0 1,8	760 680	72 71

1) 67 dB bei 5 cm dicker Trennfuge oder 2 × 15 mm dickem Putz (≙ 50 kg/m^2)

Tabelle G.2.19:
Einfluss des Schalenabstandes auf das Schalldämm-Maß schlanker zweischaliger KS-Haustrennwände ohne Putz

Zeile	Konstruktion	Bewertetes Schall-dämm-Maß R'_w dB
1	 1 = 11,5 cm KS 1,8 2 = 3 cm Luftschicht	65
2	 1 = 11,5 cm KS 1,8 2 = 3 cm Min-F.-Platten	66
3	 1 = 11,5 cm KS 1,8 2 = 7 cm Luftschicht	67
4	 1 = 11,5 cm KS 1,8 2 = 7 cm Min-F.-Platten	68

Prüfzeugnis-Nr. 348/2311 (22.03.88)

G

Asymmetrische zweischalige Haustrennwand

Neuere Untersuchungen haben mehrfach beweisen, dass eine asymmetrisch ausgebildete zweischalige Haustrennwand ein bis zu +5 dB höheres bewertetes Schalldämm-Maß erreicht. Eine Konstruktion beispielsweise aus einer 15 cm dicken und einer 20 cm dicken Wandschale aus Porenbeton kann die Schallübertragung mehr mindern, als 2 · 17,5 cm Porenbeton gleicher Rohdichte, obwohl die Dicke der Gesamtkonstruktion konstant bleibt. Die Haustrennfuge muss bei beiden Konstruktionen 5 cm dick sein und mit Mineralfaserdämmung verfüllt sein.

Eine asymmetrische Haustrennwand ergibt sich auch bei versetzten Grundrissen (z. B. bei unterschiedlichen Wandlängen) oder bei deutlich unterschiedlichen Rohdichten der Wandschalen.

5 Außenbauteile (Schutz gegen Außenlärm)

Für viele Wohnbereiche ist der Verkehrslärm, neben der Lärmbelastung aus Industrie- und Gewerbebetrieben, die störendste menschliche Belastung geworden. Die DIN 4109 hat der Forderung nach schallgeschützten Aufenthaltsräumen entsprochen und Anforderungen für Außenbauteile festgelegt.

Außenbauteile im Sinne der Norm sind Außenwände mit u. a. Fenstern und Türen, sowie Dächer über ausgebauten Räumen. Mit zu berücksichtigen sind ferner Einbauteile wie Rollladenkästen oder Lüftungsbauteile. Für Decken unter nicht ausgebauten Dachräumen gelten besondere Bestimmungen (siehe DIN 4109, Abschnitt 5.3).

Die Schallschutzanforderungen zum Schutz gegen Außenlärm richten sich nach dem maßgeblichen Außenlärmpegel und der Raumart.

Tabelle G.2.20: DIN 4109, Tabelle 8; Anforderungen an die Luftschalldämmung von Außenbauteilen

Spalte	1	2	3	4	5
Zeile	Lärmpegelbereich	Maßgeblicher Außenlärmpegel[1] dB (A)	Raumarten		
			Bettenräume in Krankenanstalten und Sanatorien	Aufenthaltsräume in Wohnungen, Übernachtungsräume in Beherbergungsstätten, Unterrichtsräume und ähnliches	Büroräume[1] und ähnliches
			erf. $R'_{w,nes}$ des Außenbauteils in dB		
1	I	bis 55	35	30	–
2	II	56 bis 60	35	30	30
3	III	61 bis 65	40	35	30
4	hl	66 bis 70	45	40	35
5	V	71 bis 75	50	45	40
6	VI	76 bis 80	2}	50	45
7	VII	> 80	2}	2}	50

[1] An Außenbauteile von Räumen, bei denen der eindringende Außenlärm der darin ausgeübten Tätigkeiten nur einen untergeordneten Beitrag zum Innenraumpegel leisten, werden keine Anforderungen gestellt.

[2] Die Anforderungen sind hier aufgrund der örtlichen Gegebenheiten festzulegen.

[3] Tabelle 8 gilt nicht far Fluglärm, soweit er im „Gesetz zum Schutz gegen Fluglärm" (siehe Abschnitt 5.5.5) geregelt ist. In diesem Fall sind die Anforderungen an die Luftschalldämmung von Außenbauteilten gegen Fluglärm in der „Verordnung der Bundesregierung über bauliche Schallschutzanforderungen nach dem Gesetz zum Schutz gegen Fluglärm (Schallschutzverordnung-SchallschutzV)" geregelt.

Die in Tab. G.2.20 abgebildeten Schalldämm-Maße sind in Abhängigkeit vom Verhältnis der gesamten Außenfläche eines Raumes $S_{(W+F)}$ (also Wand zzgl. Fensterfläche) zur Grundfläche $S_{(G)}$ des betreffenden Raumes nach DIN 4109, Tabelle 9 zu erhöhen oder zu mindern. Für Wohngebäude mit üblichen Raumhöhen von etwa 2,5 m und Raumtiefen von etwa 4,5 m oder mehr darf ohne besonderen Nachweis ein Korrekturwert von –2 dB herangezogen werden.

Tabelle G.2.21: DIN 4109, Tabelle 9; Korrekturwerte für das erforderliche resultierende Schalldämm-Maß nach DIN 4109, Tabelle 8 in Abhängigkeit vom Verhältnis $S_{(W+F)}/S_{(G)}$

Spalte/Zeile	1	2	3	4	5	6	7	8	9	10
1	$S_{(W+F)}/S_{(G)}$	2,5	2.0	1.6	1,3	1,0	0,8	0,6	0,5	0,4
2	Korrektur	+5	+4	+3	+2	+1	0	–1	–2	–3

$S_{(W+F)}$ Gesamtfläche des Außenbauteils eines Aufenthaltsraumes in m².
$S_{(G)}$ Grundfläche eines Aufenthaltsraumes in m².

Für Räume in Wohngebäuden mit

- üblicher Raumhöhe von etwa 2,5 m
- Raumtiefe von etwa 4,5 m oder mehr
- 10 % bis 60 % Fensterflächenanteil

gelten die Anforderungen an das resultierende Schalldämm-Maß erf. $R'_{w,res}$ als erfüllt, wenn die in DIN 4109, Tabelle 10 angegebenen Schalldämm-Maße $R'_{w,R}$ für die Wand und $R'_{w,R}$ für das Fenster erf. $R'_{w,res}$ jeweils einzeln eingehalten werden.

Tabelle G.2.22: DIN 4109, Tabelle 10; Erforderliches resultierendes Schalldämm-Maß $R'_{w,res}$ von Kombinationen aus Außenwänden und Fenstern

Spalte	1	2	3	4	5	6	7
Zeile	$R'_{w,res}$ in dB nach Tabelle 9	Schalldämm-Maße für Wand/Fenster in in dB/dB bei folgenden Fensterflächenanteilen in %					
		10 %	20 %	30 %	40 %	50 %	60 %
1	30	30/25	30/25	35/25	35/25	50/25	30/30
		35/30		35/32		40/32	
2	35	40/25	35/30	40/30	40/35	50/30	45/32
		40/32				40/37	
3	40		40/356	45/35	45/35		40/37
		45/30				60/35	
		45/37				50/42	
4	45		45/40	50/40	50/40		60/42
		50/35	50/37			60/40	
5	50	55/40	55/42	55/45	55/45	60/45	–

Diese Tabelle gilt nur für Wohngebäude mit üblicher Raumhöhe von etwa 2,5 m und Raumtiefe von etwa 4,5 m oder mehr, unter Berücksichtigung der Anforderungen an das resultierende Schalldämm-Maß erf. $R'_{w,res}$ des Außenbauteiles nach DIN 4109, Tabelle 8 und der Korrektur von –2 dB nach DIN 4109, Tabelle 9, Zeile 2.

Außenwände mit Wärmedämmung

Außenwände können – sofern es die wärmetechnischen Eigenschaften des Baustoffs hergeben – monolithisch erstellt werden. Beim Neubau und auch bei der Sanierung kann es erforderlich sein die Wärmedämmung der Außenwand zu verbessern. Dies geschieht durch das Anbringen eines Wärmedämm-Verbundsystems (WDVS) an der Außenseite. Eine weitere Möglichkeit ist der Bau einer Verblendschale vor der Außenseite des tragenden Mauerwerks. In den entstehenden Raum zwischen der Verblendschale und dem Hintermauerwerk wird eine Wärmedämmung eingebaut. Die dritte Variante ist der Einbau einer Wärmedämmung auf der Wandinnenseite.

Diese Konstruktionen können sich allerdings auch auf die Schalldämmung der Außenwand auswirken. Während Verblendschalen (mit Wärmedämmung zwischen Hintermauerwerk und Verblendern) in der Regel unkritisch sind, können ein WDVS oder eine Innendämmung zur deutlichen Verschlechterung der gesamten Schalldämmung oder aber auch nur in bestimmten Frequenzbereichen führen. Grund dafür ist die Veränderung des akustischen Systems, denn eine Wärmedämmschicht wirkt als Feder und der darauf aufgebrachte Putz ist als Masse über die Federwirkung an die Tragwand gekoppelt. Bei ungünstigem Zusammenwirken besteht die Möglichkeit, dass Resonanzen die Schalldämmung verschlechtern.

Einfluss von Multipor auf die Schalldämmung eines Außenbauteiles

In Abschnitt „Außenwände mit Vordämmung“ wird der mögliche Einfluss einer Dämmschicht auf einem Außenbauteil auf die Schalldämmung beschrieben. Der Effekt des Resonanzeinbruchs liegt bei einer Wärmedämmung aus der Mineraldämmplatte Multipor im höheren Frequenzbereich und ist daher weniger kritisch, als bei anderen Dämm-Materialien. In höheren Frequenzbereichen ist in der Regel ohnehin bereits ein hohes Schallschutzniveau vorhanden.

Tabelle G.2.23 zeigt die Resonanzfrequenzen verschiedener Dämmmaterialien von Wärmedämm-Verbundsystemen, die durch Messungen und Berechnungen ermittelt wurden. Es zeigt sich, dass die Resonanzfrequenz der Mineraldämmplatte Multipor bei hohen Frequenzen liegt. Bei anderen Systemen liegt diese im tieffrequenten Bereich. Dies wirkt sich negativ auf den Schallschutz gegenüber Geräuschen wie z. B. Verkehrslärm aus, da tiefe Töne noch besser in das Gebäudeinnere übertragen werden.

Tabelle G.2.23: Resonanzfrequenzen verschiedener Wärmedämmsysteme

Material	Dicke der Dämmung [mm]	Dynamische Steifigkeit [MN/m³]	Resonanzfrequenz [Hz]
EPS	50–100	50–86	~ 250–500
EEPS[1]	100	13	~ 100–150
Mineralfaser	50–120	17–27	~ 100–250
Mineralfaser[2]	120	53	350
Multipor	100–200	1500–5000	~ 2200–1600[3]

[1] elastifiziertes Polystyrol
[2] Mineralfaser mit stehenden Lamellen
[3] Rechnerisch ermittelt, durch eigene Messungen bestätigt

In Abb. G.2.5 ist der Frequenzverlauf der Schalldämmung einer Massivwand aus Porenbeton ohne und mit einem WDVS aus der Mineraldämmplatte Multipor dargestellt. Die Schalldämmung im tieffrequenten Bereich wird sogar verbessert, was sehr günstig beispielsweise bei tieffrequentem Verkehrslärm ist.

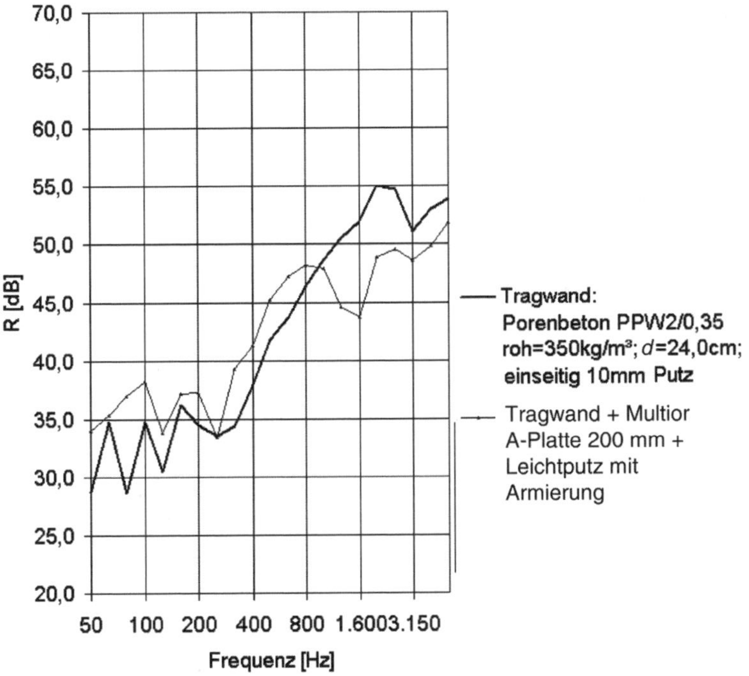

Abb. G.2.5: Einfluss von Multipor auf die Schalldämmung einer Porenbetonwand

In Abb. G.2.6 ist der Frequenzverlauf der Schalldämmung einer Massivwand aus Kalksandstein ohne und mit einem WDVS aus der Mineraldämmplatte Multipor dargestellt. Eine Veränderung der Schalldämmung im tieffrequenten Bereich ist nur geringfügig. Auch hier sind die Resonanzeinbrüche im höheren Frequenzbereich erkennbar.

Das positive Verhalten der Dämmschicht aus Multipor wird in dem schalltechnischen Nachweis gemäß Zulassung rechnerisch berücksichtigt.

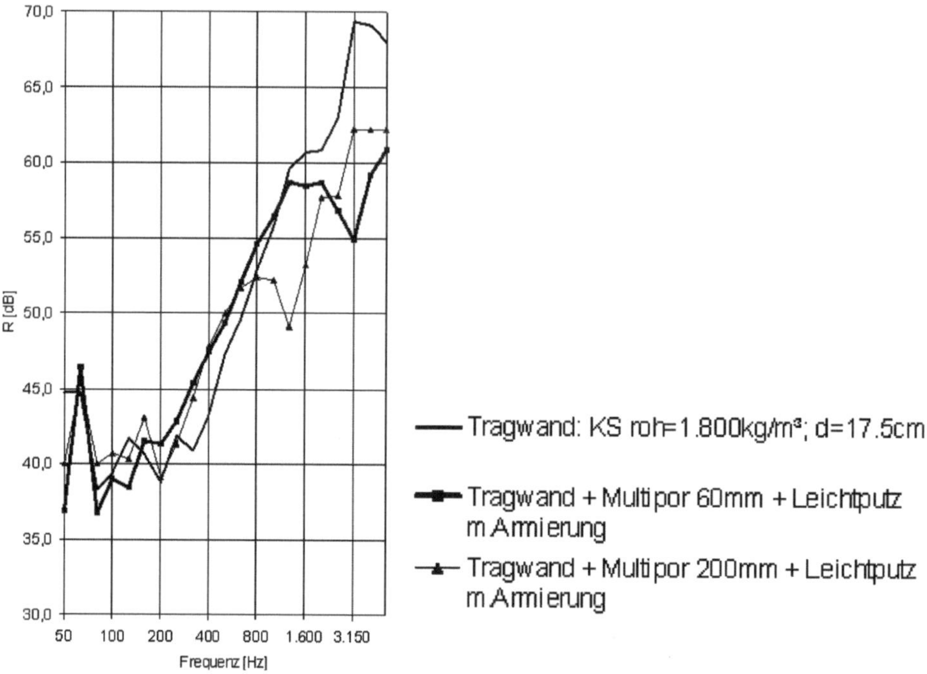

Abb. G.2.6: Einfluss von Multipor auf die Schalldämmung einer Kalksandsteinwand

Tabelle G.2.24: Korrekturwert des bewerteten Schalldämm-Maßes für WDVS aus Multipor

$R'_{w,R,0}$ [dB]	Rechenwert des bewerteten Schalldämm-Maßes der Massivwand ohne Wärmedämm-Verbundsystem, ermittelt nach Beiblatt 1 zu DIN 4109 (Ausgabe 1989)	
$\Delta R_{w,R}$ [dB]	Korrekturwert wie folgt:	
	$\Delta R_{w,R} = 0$ dB	Bei Trägerwänden mit einer flächenbezogenen Masse $m'_{Wand} \geq 300$ kg/m², einer Dämmstoffdicke von 60 mm und einem Putzsystem mit einer flächenbezogenen Masse $m'_{Putz} \leq 10$ kg/m²
	$\Delta R_{w,R} = -2$ dB	Bei allen anderen Konstruktionsvarianten

Für den Nachweis des Schallschutzes ist der Rechenwert des bewerteten (Direkt)-Schalldämm-Maßes $R'_{w,R}$ der Wandkonstruktion (Massivwand mit Wärmedämm-Verbundsystem) nach der Gleichung $R'_{w,R} = R'_{w,R,0} + \Delta R^* f_{w,R}$ [dB] zu ermitteln.

Multipor ist faserfrei und entspricht der Baustoffklasse A1. Zusammen mit den positiven wärme- und schalltechnischen Eigenschaften eignet sich Multipor daher besonders zur Wärmedämmung von Tiefgaragendecken. In Tiefgaragen treten besonders stark tieffrequente Verkehrsgeräusche auf. Die gute Schalldämmung durch die Kombination von Multipor und der Massivdecke der Tiefgarage trägt zum Schutz der darüber liegenden Aufenthaltsräume bei.

Einfluss von Multipor auf die Schall-Längsdämmung eines Außenbauteiles

In weiteren Untersuchungen wurde festgestellt, dass beim Einsatz von Multipor als Wärmedämm-Verbundsystem auf einer massiven flankierenden Außenwand das bewertete Schalldämm-Maß einer massiven Trennwand nicht negativ beeinträchtigt.

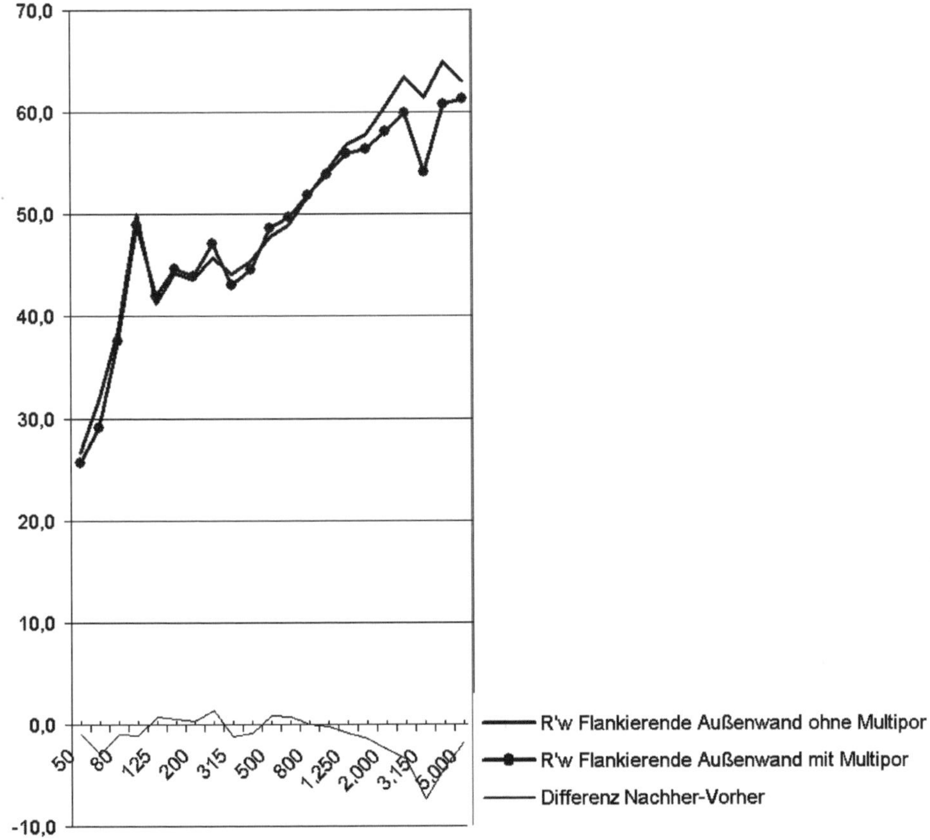

Abb. G.2.7: Veränderung der Schalldämmung durch Multipor auf flankierendem Bauteil

Die Abb. G.2.7 zeigt, dass gegenüber der Bestands-Außenwand (ohne Multipor) wiederum nur im hohen Frequenzbereich eine geringfügige Verschlechterung der Schalldämmung messbar ist (Kurve mit Punkten).

Schallabsorption von Multipor

Wird die Mineraldämmplatte Multipor unverputzt eingebaut, dann wirkt sich auch die gute Schallabsorption des Materials aus. Dort wo Multipor unverputzt eingesetzt werden kann – beispielsweise an Tiefgaragendecken – führt dies zu einer Reduzierung der Schalldruckpegel im Raum und somit zur Verbesserung der schalltechnischen Situation. In Abb. G.2.8 sind die frequenzabhängigen Schallabsorptionswerte dargestellt.

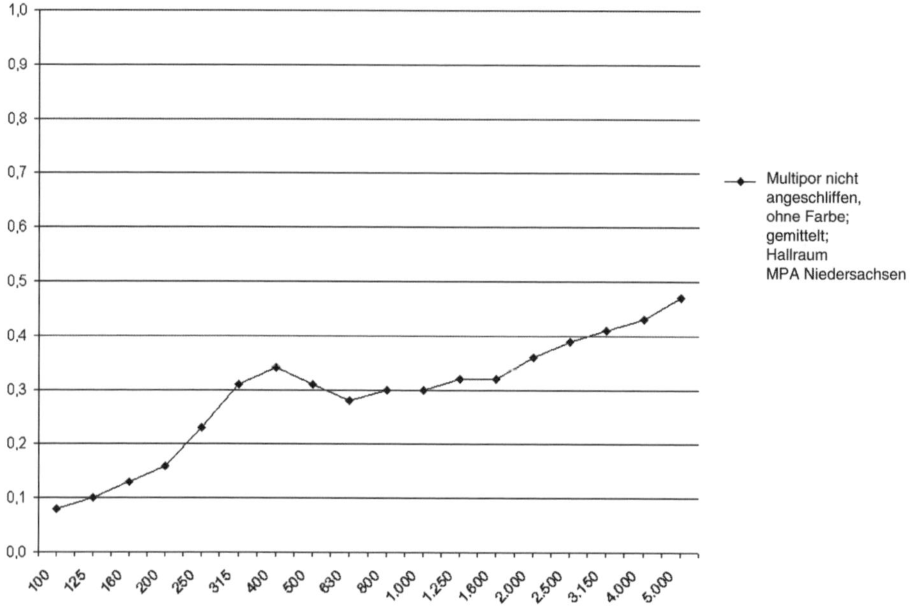

Abb. G.2.8: Schallabsorption von unverputztem Multipor

Nach DIN EN ISO 11 654 (Ausgabe 1997) ergibt sich eine bewertete Schallabsorption von $\alpha_w = 0{,}35$ und entspricht der Absorberklasse D.

Zweischalige Außenwände

In der folgenden Tabelle G.2.25 sind einige Beispiele zur Ausführung zweischaliger Außenwände mit Porenbeton abgebildet.

Tabelle G.2.25: Zweischalige Außenwände

Konstruktionen		R_w [1] dB
10 mm Gipsputz 175 mm YTONG-Planblöcke PP 2/0,5 60 mm Luftschicht 115 mm VHLZ 1,8/NF	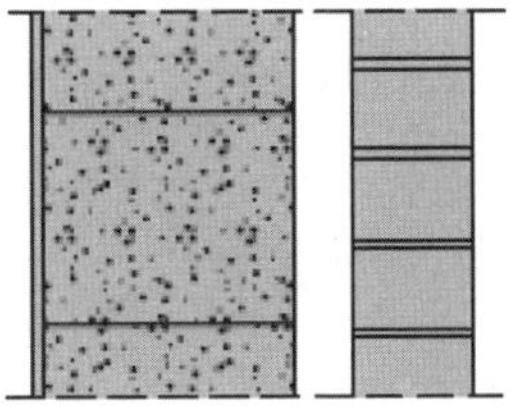	59
10 mm Gipsputz 175 mm YTONG-Planblöcke PP 2/0,5 60 mm Mineralfaserplatten 115 mm VHLZ 1,8 NF		61
10 mm Gipsputz 240 mm YTONG-Planblöcke PP 2/0,5 60 mm Luftschicht 115 mm VHLZ 1,8 NF		61
10 mm Gipsputz 175 mm YTONG-Planblöcke PP 2/0,5 60 mm Mineralfaserplatten 115 mm VHLZ 1,8 NF	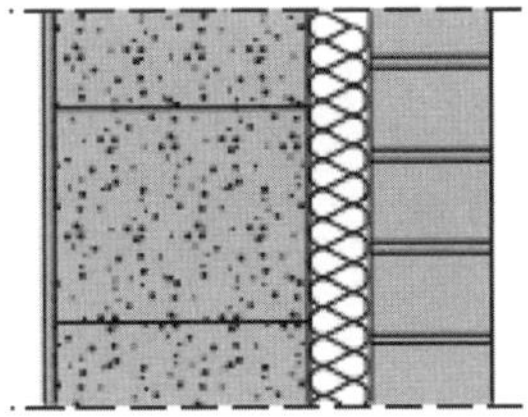	61
10 mm Gipsputz 175 mm YTONG-Planblöcke PP 4/0,7 60 mm Mineralfaserplatten 115 mm VHLZ 1,8 NF		63
10 mm Gipsputz 240 mm YTONG-Planblöcke PP 2/0,5 60 mm Mineralfaserplatten 115 mm VHLZ 1,8 NF		68

[1] In Prüfstand mit untandrückter Schalllängsleitung ohne Berücksichtigung eines Vorhaltemaßes.

Außenwände mit hinterlüfteter Fassadenbekleidung auf Porenbetonwand

Die in der folgenden Tabelle G.2.26 aufgeführten Schalldämm-Maße für die verschiedenen Fassadenbekleidungen mit einer Hintermauerung aus YTONG-Mauerwerk PPW 4/0,60; $d = 200$ mm wurden in einem Prüfstand gemessen. Die Werte gelten auch für Porenbeton Systemwandelemente gleicher Rohdichte.

Tabelle G.2.26: Außenwände mit hinterlüfteter Fassadenbekleidung auf Porenbetonwand

Fassadenhersteller	Vorgehängte Fassaden-Auswahl[1)]		R_w, R (dB)
Wanit Universal GmbH + Co. KG	5 mm 60 mm 7,5 mm 60 mm	Wanit Fassadenelement Typ Glasal Mineralfaserglasplatten auf Holz-Unterkonstruktion Wanit Fassadenelement Typ Glasal Mineralfaserplatten auf Leichtmetallkonstruktion	50 52
Techno Ceram GmbH	8 mm 120 mm	Techno-Ceram-Fassadenelemente Typ Ceralon – FB 8 Mineralfaserplatten auf Alu-Unterkonstruktion	55
Vinylit Fassaden GmbH	6,2 mm 60 mm	Vnylit-Fassade Dekor, Toscana Mineralfaserplatten auf Holz-Unterkonstruktion	52
Eternit AG	8 mm 60 mm 12 mm 120 mm	Eternit Fassadenelement Typ Pelicolor Mineralfaserplatten auf Leichtmetallunterkonstruktion System BWM Eternit Fassadenelement horizontale Fugen offen Mineralfaserplatten auf LeichtmetallUnterkonstruktion System BWM	51 56
FEFA Fenster und Fassaden	0,8 mm 120 mm	Fefa-Fassadenelement Typ A 200 Mineralfaserplatten auf Leichtmetall-Unterkonstruktion System BWM	52

[1] Prüfzeugnisse und weitere Konstruktionen können bei YTONG angefordert werden.

Außenwände mit hinterlüfteter Fassadenbekleidung auf KS-Wand

Die in der folgenden Tabelle G.2.27 aufgeführten Schalldämm-Maße für die verschiedenen Fassadenbekleidungen mit einer Hintermauerung aus SILKA-Kalksandstein-Mauerwerk RDK 2,0; $d = 240$ mm wurden in einem Prüfstand gemessen.

Tabelle G.2.27: Außenwände mit hinterlüfteter Fassadenbekleidung auf KS-Wand

Nr.	Fassadenbekleidung		Fugen		Unterkonstruktion	Mineralwolledämmung		$R_{w,P}$	
	Material	Formate in mm	offen	geschl.	Alu	Holz	6 cm	12 cm	in dB
1	Faserzement, 4,5 m	600 × 300	•		•		•		62
2			•		•			•	64
3	Faserzement, 8 mm	2500 × 1110	•		•		•		62
4				•	•			•	62
5	Aluminium-Sandwich, 4 mm	2513 × 1120	•		•		•		62
6			•		•			•	62
7	Keramik, 8 mm	592 × 592	•		•		•		60
8			•		•			•	63
9	Tonstrangplatten	200 × 390		•	•		•[1)]		64
10	Aluminium, bandbeschichtet, 2 mm	630 × 4480		•	•			•	66
11		1228 × 4480		•	•			•	64

[1)] 8 cm Dämmstoffdicke

Massivdächer

Als Außenbauteile sind Dächer über Wohnräumen schalltechnisch wie Außenwände zu beurteilen. In folgender Tabelle G.2.28 sind die Schalldämm-Maße verschiedener Dachkonstruktionen beispielhaft dargestellt. Es sind bei einigen Konstruktionen die gerechneten und gemessenen Werte gegenübergestellt. Alle gemessenen Werte sind besser als die durch Rechnung ermittelten. Dies beweist, dass der Rechengang nach Beiblatt 1 zu DIN 4109 auf der sicheren Seite liegt. Der Porenbeton-Bonus von +2 dB nach Beiblatt 1 zu DIN 4109, Tabelle 1 wird abermals bestätigt und kann daher auch für Dächer angewendet werden.

Tabelle G.2.28: Schalldämmung von Massivdächern

Bauteil	Dicke [mm]	Konstruktiver Aufbau	Wärmeschutz k [W/m² · K]	Schalldämm-Maß R'_w (gemessen)[1)] [dB]	Bemerkungen
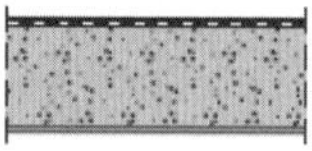	200 10	Dachhaut HEBEL Dachplatte W P3,3/0,5 Gipsputz	0,63	39	
	200 10	Dachhaut HEBEL Dachplatte W P4,4/0,7 Gipsputz	0,89	42 (46)[*)]	*) Prüfzeugnis TU Braunschweig 83254-4
	240 10	Dachhaut HEBEL Dachplatte W P3,3/0,5 Gipsputz	0,53	40	
	240 10	Dachhaut HEBEL Dachplatte W P4,4/0,7 Gipsputz	0,76	44	
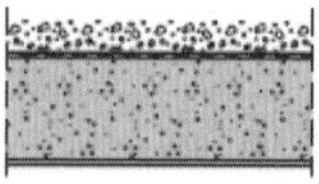	50 200 10	Kiesschüttung 16/32 Dachhaut HEBEL Dachplatte W P4,4/0,7 Gipsputz	0,88	48 (53)[*)]	*) Prüfzeugnis TU Braunschweig 83254-4
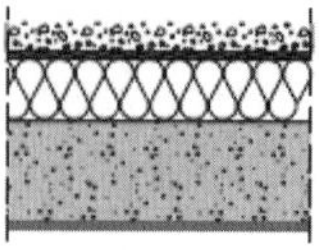	50 60 200 10	Kiesschüttung Dachhaut Dämmung aus extrudierten Polystyrolplatten HEBEL Dachplatte W P3,3/0,5 Gipsputz	0,30	46	
	50 60 200 10	Kiesschüttung Dachhaut Dämmung aus extrudierten Polystyrolplatten HEBEL Dachplatte W P4,4/0,7 Gipsputz	0,42	49 (54)[*)]	*) Prüfzeugnis TU Braunschweig 83254-4
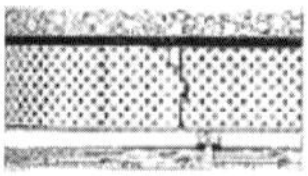	50 8 5 200 30 30 20	Kiesschüttung Dachabdichtung 2 Lagen Bitumenschweißbahn 2 Lagen Bitumenkleber HEBEL Dachplatten 4,4/0,70 Grundlattung Konterlattung Gipsfaserplatten		47 (57)[*)]	*) Prüfzeugnis TU Braunschweig 83254-4
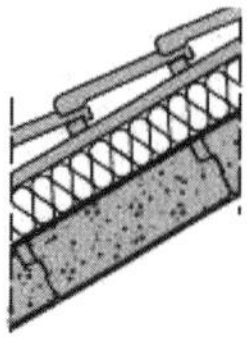	 120 50 200 10	Dachpfannen (Beton oder Ziegel) Konterlattung + Lattung Mineralfaserplatten Ww-AI/0,4 HEBEL Dachplatte W P3,3/0,6 YTONG Innenputz	0,37	(58)	

Tabelle G.2.28: Fortsetzung

Bauteil	Dicke [mm]	Konstruktiver Aufbau	Wärmeschutz k [W/m² · K]	Schalldämm-Maß R'_w (gemessen)[1)] [dB]	Bemerkungen
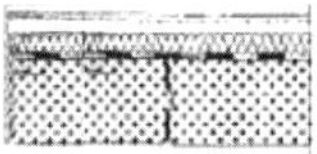	ca. 1 50 200	Profilblecheindeckung Mineralfaserdämmung Bitumendachbahn V13 HEBEL Dachplatten 4,4/0,60		48	
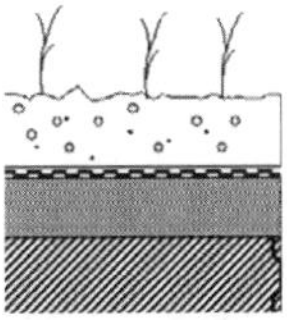	25 140 200	Gründach (System xeroflor) Dachhaut 2 Lagen Bitumenabdichtung Multipor A-Platte HEBEL Dachplatten 4,4/0,55		41 (49)[*)]	Prüfbericht ita Wiesbaden 0013.07-P 145/04
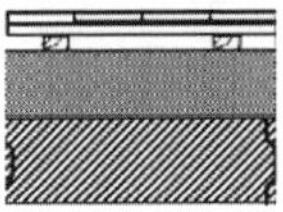	 140 200	Dacheindeckung Ziegel Lattung auf Konterlattung Multipor A-Platte HEBEL Dachplatten 4,4/0,55		42 (50)[*)]	Prüfbericht ita Wiesbaden 0013.07-P 145/04

[1)] Ohne Berücksichtigung eines Vorhaltemaßes von 2 dB

In der folgenden Tabelle G.2.29 sind mehrere Konstruktionen schalltechnisch bewertet. Aus Prüfwerten mit bzw. ohne flankierende Schallübertragung wurden die jeweils fehlenden Angaben durch Umrechnung beispielsweise nach Beiblatt 3 zu DIN 4109 durchgeführt. Die Werte $R'_{w,R}$ in den Spalten 6 bzw. 7 theoretisch beide angesetzt werden. Dies liegt im Ermessen des Planers.

Tabelle G.2.29: Schalldämmung Massivdächer – Übersicht Rechen- bzw. Prüfwerte (Fortsetzung)

Spalte 1	2	3	4	5	6	7
		Dicke [cm]	$R_{W,P}$ [dB]	$R_{W,R}$ [dB]	$R'_{W,R}$ nach DIN 4109 [dB]	$R'_{W,R}$ abgeleitet aus Prüfergebnissen bzw. umgerechnet $R_{w,P} \Rightarrow R'_{w,R}$ nach Beibl. 3 zu DIN 4109 [dB]
	Abdichtung P4,4/0,55	–1 20	43[1)]	41	39	40
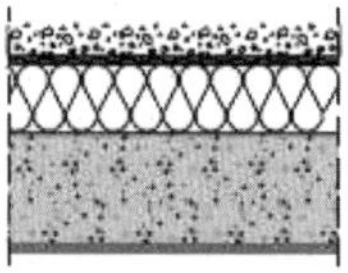	Kies Abdichtung Miwo P4,4/0,55	–5 –1 14 20	– nicht gemessen	–	47[2)]	nicht gemessen
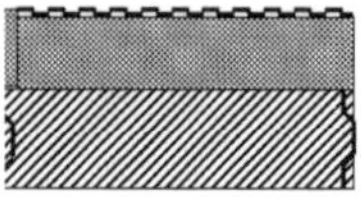	Abdichtung Multipor P4,4/0,55	–1 14 20	45[1)]	43	40	42
	Kies Abdichtung Multipor P4,4/0,55	–5 –1 14 20	45[1)] + 6[3)] = 51	49	44	42 + 6 = 48

1) Prüfwert aus Labormessung in 2006 am ita Wiesbaden
2) linear extrapoliert aus Beiblatt 1 zu DIN 4109, Tabelle 12
3) ΔR = 6 dB aus Differenz Prüfungen aus 1982. Porenbetonplatte mit und ohne Kiesschicht

6 Detaillösungen

Entkopplung Flankierender Wände

In Abschnitt „Grundbegriffe" wurde die flankierende Schallübertragung im Massivbau erläutert. Die Schallübertragung über diese Flankenwege lässt sich vermindern, wenn die flankierenden Massivbauteile vom trennenden Baukörper getrennt werden. Hierfür wurde das Xella-Entkopplungsprofil entwickelt. Es kann unter nichttragenden Innenwänden aus Xella-Porenbeton eingesetzt werden oder zur vertikalen Entkopplung einer Innenwand von einer Wohnungs- oder Haustrennwand. Die Treppenform gewährleistet, dass beim vertikalen Anschluss Wand-Wand, auch die Putzschichten sicher voneinander getrennt werden, denn jede massive Verbindung bedeutet, dass Schwingungen übertragen werden können.

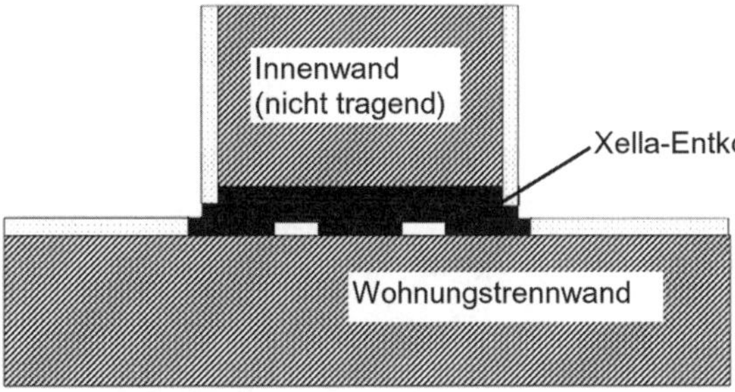

Abb. G.2.9: Prinzipskizze vertikal eingebautes Entkopplungsprofil (Anschluss Wand-Wand)

Anschluss-Details

Der zu erreichende Schallschutz in einem Massivbau ist neben der Art der trennenden und flankierenden Bauteile auch von der Art der Anschlüsse abhängig. Je kraftschlüssiger der Anschluss eines Trennbauteiles an seinen benachbarten Baukörper ist, desto größer ist die Ableitung der Schallenergie und somit der Schalldämmung. Nicht zu verwechseln ist diese Aussage jedoch mit der positiven Auswirkung einer Schallentkopplung flankierender Bauteile auf die Schalldämmung beispielsweise einer Wohnungstrennwand- oder decke.

Für den Anschluss der Wohnungstrennwand an eine Außenwand werden die folgenden Varianten empfohlen.

Schalltechnisch optimal sind die durchstoßende Wohnungstrennwand und die stumpf angeschlossene Wohnungstrennwand mit Fuge in der Außenwand. Letztere erfordert jedoch eine sorgfältige Bauausführung. Die zu einem Drittel eingebundene Wohnungstrennwand ist ausführungssicherer als der in Abb. G.2.10 dargestellte Stumpfstoß (ohne Fuge in der Außenwand). Die Erfahrung zeigt aber, dass der Stumpfstoß aus Abb. G.2.10 bei sorgfältiger Ausführung einen kraftschlüssigen Anschluss gewährleistet.

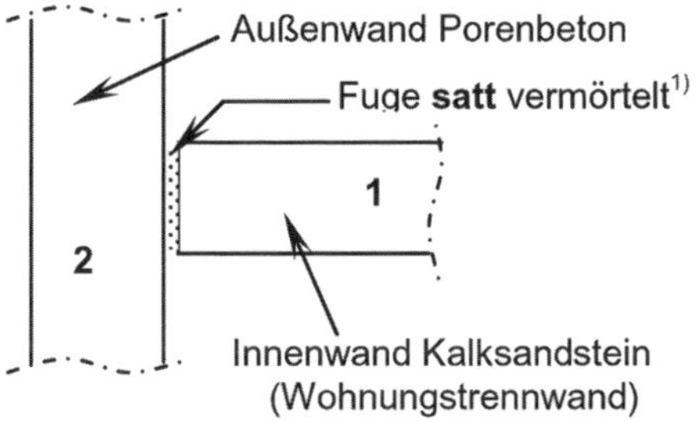

1: Trennende Innenwand:
Mauerwerk Kalksandstein, $\rho \geq 1.800$ kg/m³, $d = 24$ cm; beidseitig Putz

2: Flankierende Außenwand:
z. B. Mauerwerk Porenbeton, $\rho = 400$ kg/m³, $d = 30$ cm; beidseitig Putz

1) mit Quellmörtel

Abb. G.2.10: Empfohlener Stumpfstoß-Anschluss Wohnungstrennwand an Außenwand

Auch für die vertikale Schalldämmung ist ein kraftschlüssiger Anschluss der Wohnungstrenndecke an die Außenwand erforderlich, welcher beispielsweise mit den Konstruktionen der Abb. G.2.11 erreichbar ist.

mit Stahlbetondecke und YTONG-Vorblendung

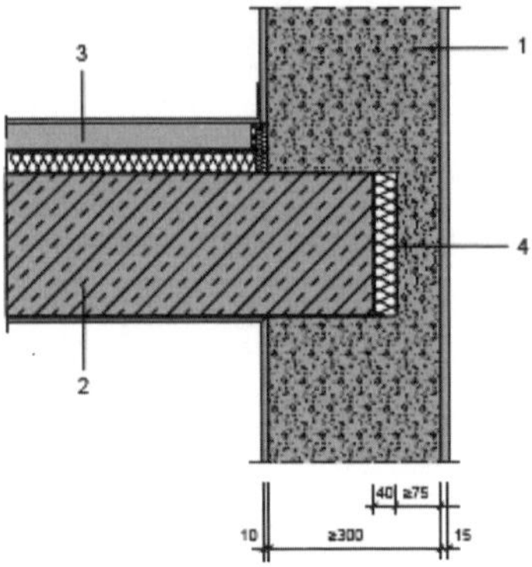

1. YTONG-Außenwand
   PP 2 (W) 0,4 – 0,7 mit YTONG-Putzen
2. Geschoßdecke, Stahlbeton
   $R'_w \geq 54$ dB; $L'_{n,w} \leq 53$ dB
3. schwimmender Estrich
4. Mineralwolle

mit Stahlbetondecke und Mehrschichten-Platte

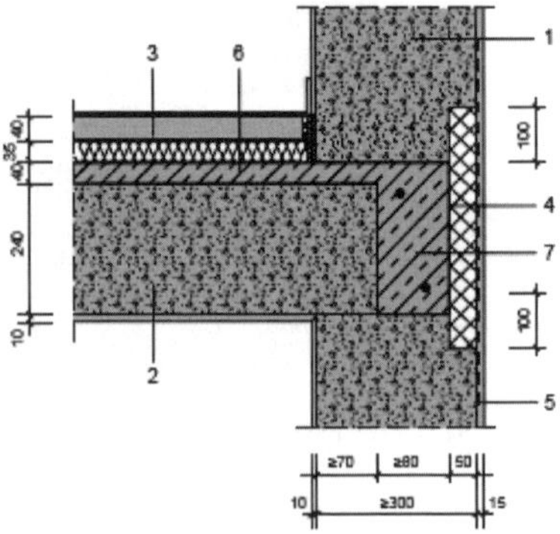

1. YTONG-Außenwand
   PP 2 (W) 0,4 – 0,7 mit YTONG-Putzen
2. Geschoßdecke, Stahlbeton
   $R'_w \geq 54$ dB; $L'_{n,w} \leq 53$ dB
3. schwimmender Estrich
4. Mehrschichten-Platte*
5. Außenputz mit Gewebeeinlage über 4
   ca. 100 mm übergreifend

mit YTONG-Decke, Ringanker und Mehrschichtenplatte*

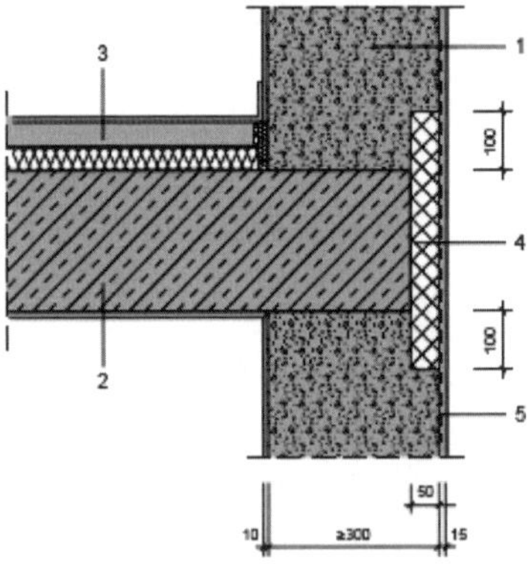

1. YTONG-Außenwand
   PP 2 (W) 6/0,4 – 0,7 mit YTONG-Putzen
2. YTONG-Deckenplatten
3. schwimmender Estrich
4. Mehrschichten-Platte*
5. Außenputz mit Gewebeeinlage über 4
   ca. 100 mm übergreifend
6. Verbund-Estrich mit Q-Matte
7. Ringanker

* Eine Vorblendung mit YTONG-Deckenrandsteinen ist ebenfalls möglich.

Abb. G.2.11: Beispiele von Anschlüssen Wohnungstrenndecke an Außenwand (Vertikalschnitt)

eingebundene Wohnungstrennwand

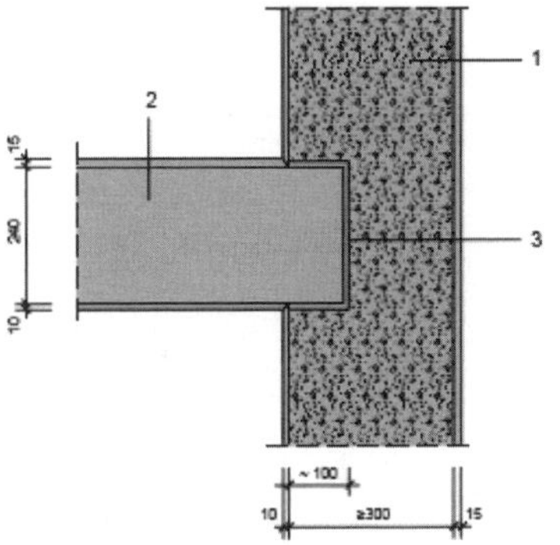

1. YTONG-Außenwand
   PP 2 (W) 6/0,4 – 0,7 mit YTONG-Putzen
2. Wohnungstrennwand
   m' ≥ 410 kg/m², R'$_w$ > 53 dB,
   z.B. r ≥ 1600 kg/m³
   mit Gipsputz (YTONG-Innenputz)
3. Anschluss mit YTONG-Wand satt vermörteln

stumpf angeschlossene Wohnungstrennwand

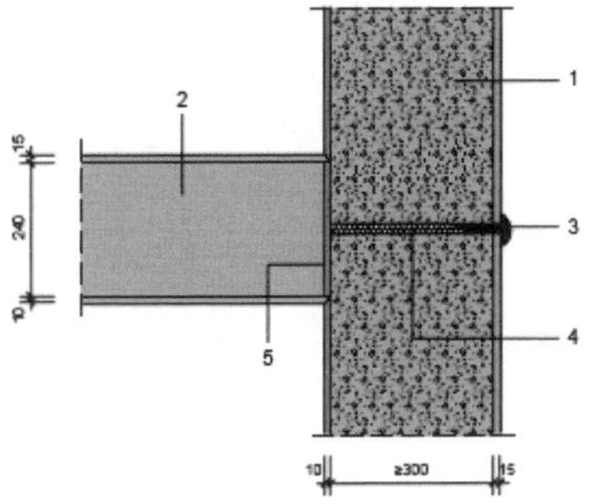

1. YTONG-Außenwand
   PP 2 (W) 6/0,4 – 0,7 mit YTONG-Putzen
2. Wohnungstrennwand
   m' ≥ 410 kg/m², R'$_w$ > 53 dB,
   z.B. r ≥ 1600 kg/m³
   mit Gipsputz (YTONG-Innenputz)
3. Fugendeckleiste
4. 20 mm Mineralwolle
5. Anschluss mit YTONG-Wand satt vermörteln

durchstoßende Wohnungstrennwamd

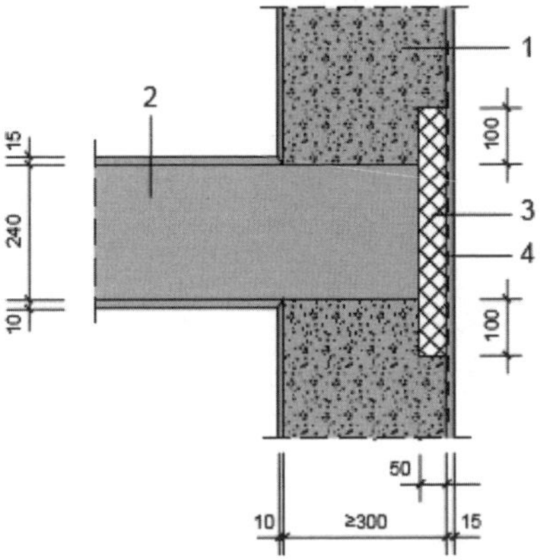

1. YTONG-Außenwand
   PP 2 (W) 6/0,4 – 0,7 mit YTONG-Putzen
2. Wohnungstrennwand
   m' ≥ 410 kg/m², R'$_w$ > 53 dB,
   z.B. ρ ≥ 1600 kg/m³
   mit Gipsputz (YTONG-Innenputz)
3. Mehrschichtenplatte
4. YTONG-Außenputz mit Gewebeeinlage
   über 3 ca. 100 mm übergreifend

Abb. G.2.12: Beispiele von Anschlüssen Wohnungstrennwand an Außenwand (Horizontalschnitt)

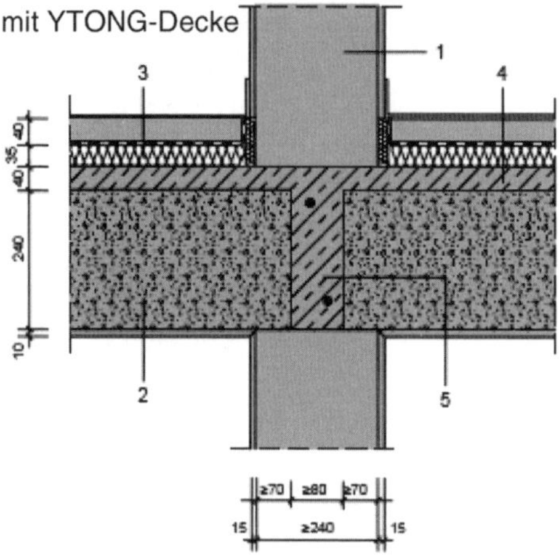

1. Trennwand
2. YTONG-Deckenplatte P 4,4
3. schwimmender Estrich
4. Verbund-Estrich
5. Ringanker

Abb. G.2.13: Anschluss Decken-Zwischenauflager (Vertikalschnitt)

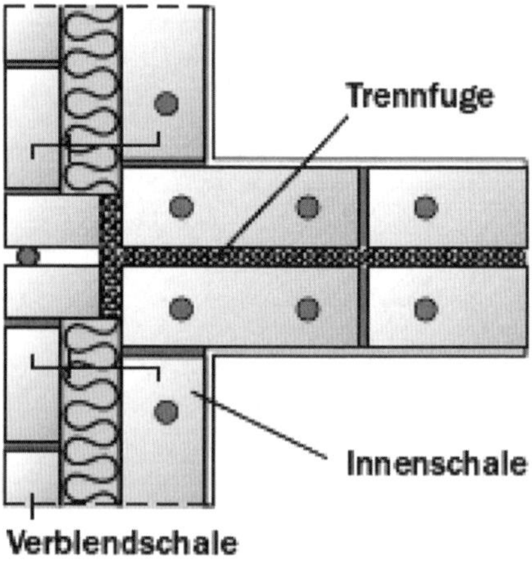

Abb. G.2.14: Detail zweischalige Haustrennwand mit Verblendschale (Horizontalschnitt)

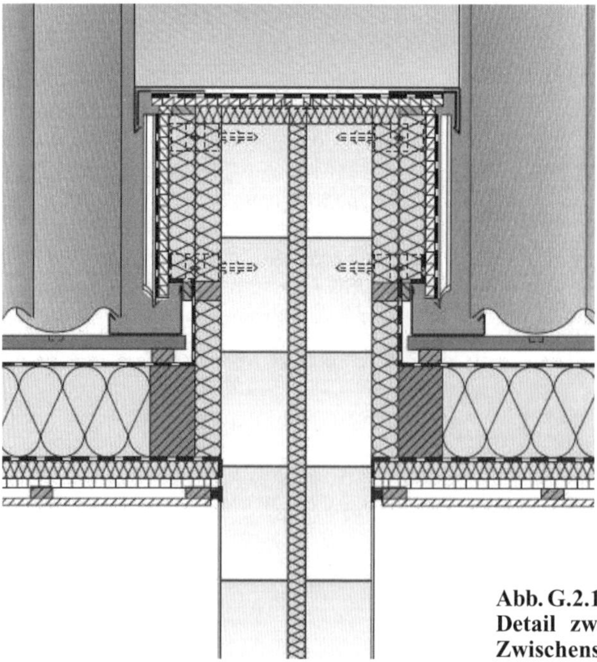

Abb. G.2.15: Detail zweischalige Haustrennwand mit Zwischensparrendämmung

7 Verschiedenes

Porenbeton-Deckenplatten

Wohnungstrenndecken können in der Regel nicht aus Porenbeton erstellt werden. Mit einem entsprechendem Aufbeton lässt sich der Schallschutz unter bestimmten Umständen ausreichend erhöhen.

Die Güte des Trittschallschutzes ist von der Höhe des Estrichs und der dynamischen Steifigkeit der Trittschalldämmung abhängig. In Tabelle G.2.30 sind einige mögliche Werte dargestellt.

Tabelle G.2.30: Schalldämm-Maß und Norm-Trittschallpegel von Porenbeton-Deckenplatten

Konstruktion	Dicke [mm]	Beschreibung	R'_{w} [dB]	$L'_{n,w}$ [dB]	Prüfzeugnis
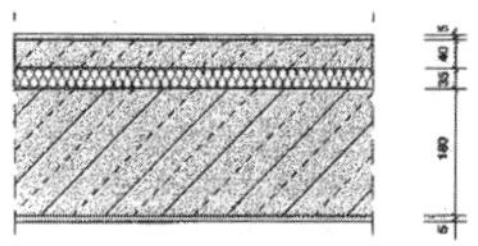	5 40 35 180 5	Belag Anhydrit-Estrich Trittschalldämmplatte Stahlbetondecke Spachtelputz	47	52 bis 38	–
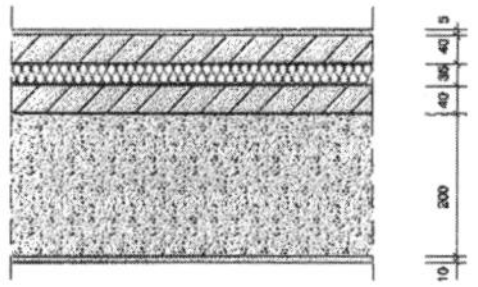	5 40 35 40 200 10	Belag Anhydrit-Estrich Trittschalldämmplatte Aufbeton HEBEL Deckenplatte P4,4/0,60 Gipsputz mit Gewebe	53	63 bis 49	–
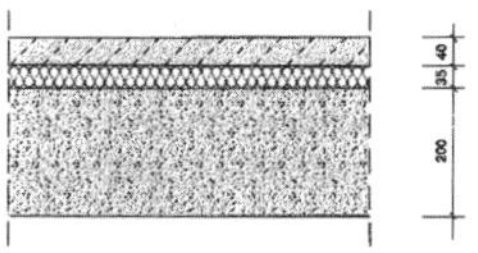	40 35/30 200	Zement-Estrich Mineralfaser-Trittschalldämmplatte HEBEL Deckenplatte P4,4/0,70	51[1)]	49	MPA TU Braunschweig 83 1173-2

1) 2 dB Sicherheitsabschlag nach DIN 4109 ist berücksichtigt

Die Porenbeton Decke mit Aufbeton kann bei Gebäuden mit nicht mehr als zwei Wohnungen eingesetzt werden (z. B. Einliegerwohnungen), vorausgesetzt der Einfluss der flankierenden Schallnebenwege wurde berücksichtigt. Ohne Aufbeton kann die Porenbeton-Decke nur im Einfamilienhaus ohne besondere Anforderungen an den Schallschutz Anwendung finden.

Schallabsorption von Porenbeton

Unverputzter Xella-Porenbeton weist einen in der Graphik dargestellten Schallabsorptionsgrad auf. Sobald die Oberfläche verputzt oder beschichtet wird, verändert sich dieser Effekt.

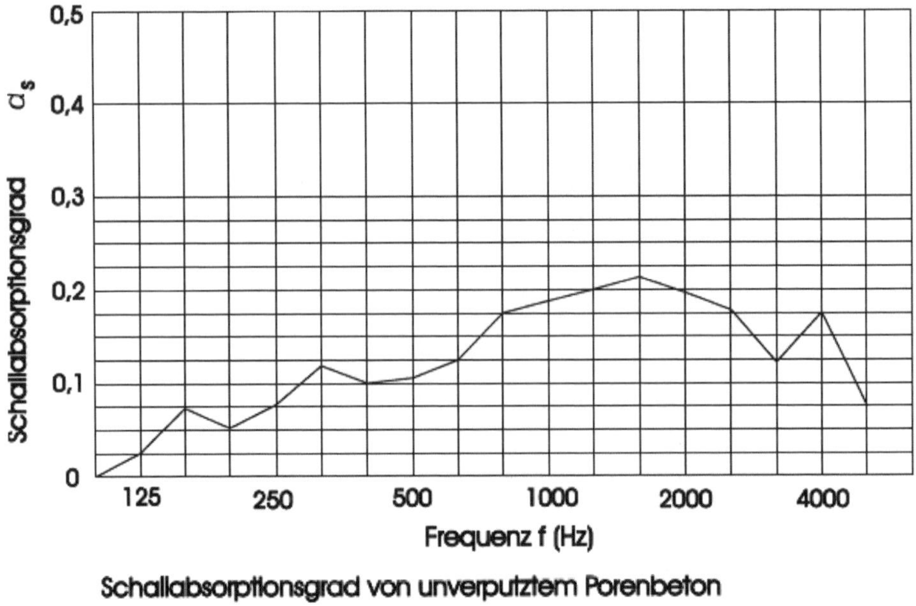

Abb. G.2.16: Schallabsorption von unverputztem Porenbeton

Ausblick nächste Ausgabe der DIN 4109

Die aktuelle Ausgabe der DIN 4109 (Ausgabe 1989) wird zur Zeit überarbeitet – ist aber baurechtlich zum Stand der Erstellung dieser Xella-Bauphysik-Broschüre (Herbst 2007) noch baurechtlich gültig. Ein Entwurf wurde bereits als E DIN 4109 (Ausgabe 2006) veröffentlicht. Mit einer baurechtlichen Einführung der neuen Fassung ist nicht vor Ende 2008 zu rechnen.

Während die aktuelle Ausgabe der DIN 4109 (Ausgabe 1989) im rechnerischen Nachweis von vielen pauschalen Annahmen und Vereinfachungen ausgeht, wird zukünftig präziser auf die einzelnen Bauteile und deren Zusammenwirken hinsichtlich des Schallschutzes eingegangen. Insbesondere erlangen die flankierenden Bauteile und ihre Eigenschaften hinsichtlich der Schall-Längsleitung mehr Gewicht. Genau an diesen Punkten wird der Zweck von Sonderlösungen deutlich, wie z. B. der Einsatz eines Xella-Entkopplungsprofils (vgl. Abschnitt „Detaillösungen“).

Der rechnerische Nachweis wird allerdings wesentlich umfangreicher, als bislang gewohnt. Selbst das so genannte „Vereinfachte Berechnungsverfahren“ nach E DIN 4109 erfordert tiefere Kenntnisse der bauakustischen Planung.

Anmerkung

Aufgrund der parallelen schalltechnischen Untersuchungen in den Unternehmen Ytong und Hebel vor der Zusammenführung im Unternehmen Xella sind teilweise in den Prüfzeugnissen die jeweiligen Produktnamen genannt. Die in dieser Broschüre dargestellten Ergebnisse gelten aufgrund der gleichen Produktqualität für die Xella-Porenbetonprodukte Ytong und Hebel gleichermaßen.

Technische Normen und Richtlinien/Literatur

[1] DIN 4109 „Schallschutz im Hochbau, Anforderungen und Nachweise“, Ausgabe November 1989

[2] DIN 4109 Beiblatt 1, „Schallschutz im Hochbau, Ausführungsbeispiele und Rechenverfahren“, Ausgabe November 1989

[3] DIN 4109 Beiblatt 2, „Schallschutz im Hochbau, Hinweise für Planung und Ausführung; Vorschläge für einen erhöhten Schallschutz, Empfehlungen für den Schallschutz im eigenen Wohn- oder Arbeitsbereich“, Ausgabe November 1989

[4] DIN EN ISO 140-4, „Akustik; Messung der Schalldämmung in Gebäuden und von Bauteilen, Teil 4: Messung der Luftschalldämmung zwischen Räumen in Gebäuden“, Ausgabe Dezember 1998

[5] DIN EN ISO 717-1 „Akustik; Bewertung der Schalldämmung in Gebäuden und von Bauteilen“. Teil 1: Luftschalldämmung (ISO 717-1:2006), Ausgabe November 2006

[6] DGfM-Merkblatt „Schallschutz nach DIN 4109“; Deutsche Gesellschaft für Mauerwerksbau, Ausgabe 2006

G.3 Brandschutz

Der bauliche Brandschutz als wesentlicher Bestandteil des vorbeugenden Brandschutzes behandelt u. a. auch das Brandverhalten von Baustoffen und Bauteilen.

Durch die Vermeidung brennbarer Baustoffe kann die Brandhäufigkeit sowie die Brandlast reduziert werden. Durch Anordnung brandschutztechnisch entsprechend dimensionierter Bauteile kann die Brandausbreitung und damit das Schadensausmaß begrenzt werden. Die Flucht und Rettung von Personen aus dem Brandbereich wird ermöglicht.

In Deutschland fällt der vorbeugende bauliche Brandschutz in die Kompetenz der Bundesländer. Er ist Bestandteil der Landesbauordnungen in Anlehnung an die Musterbauordnung.

Die brandschutztechnischen Eigenschaften von Baustoffen und Bauteilen werden nach deutscher Normung in DIN 4102 geregelt. Diese kann für eine Übergangszeit alternativ zum europäischen Klassifizierungssystem nach DIN EN 13 501 angewandt werden. Da derzeit noch nicht endgültig absehbar ist, wann diese Übergangszeit endet und erst danach die deutschen Normen zurückgezogen werden, wird im folgenden hauptsächlich auf DIN 4102 eingegangen.

Baustoffklassen nach DIN 4102

In den Bauordnungen erfolgt eine Einteilung in brennbare und nichtbrennbare Baustoffe. Brennbare Baustoffe werden nochmals unterschieden in leicht-, normal- und schwerentflammbar.

Tabelle 3.1: Baustoffklassen nach DIN 4102-1 mit Beispielen

Baustoffklasse	Bauaufsichtliche Benennung	Beispiele
A A 1	nichtbrennbar	Beton, Stahl, Porenbeton, Kalksandstein, **Multipor**
A 2	nichtbrennbar mit brennbaren Bestandteilen	Gipskarton-, Gipsfaserplatten
B	brennbar	
B 1	schwerentflammbar	HWL-Platten DIN 1101
B 2	normalentflammbar	Holz $\rho/d \geq 400/2$ oder $\geq 230/5$
B 3	leichtentflammbar	Holz $\rho/d < 400/2$, Papier

In den Bauordnungen werden nichtbrennbare Baustoffe nicht weiter differenziert, wahlweise dürfen hier A 1 oder A 2 eingesetzt werden.

Die Xella – Baustoffe YTONG, Silka-KS sowie Multipor sind in Baustoffklasse A 1 nach DIN 4102-1 eingestuft!

Leichtentflammbare Baustoffe dürfen nach § 26 der Musterbauordnung nicht eingesetzt werden.

Feuerwiderstandsklassen nach DIN 4102

Bauteile werden nach den Bauordnungen brandschutztechnisch eingeteilt in feuerhemmend, hochfeuerhemmend und feuerbeständig.

In DIN 4102-2 wird diesen Begriffen eine Feuerwiderstandsdauer zugeordnet:

Feuerwiderstandsdauer	Bauaufsichtliche Benennung	Kurzbezeichnung
≥ 30 Minuten	feuerhemmend	F 30
≥ 60 Minuten	hochfeuerhemmend	F 60
≥ 90 Minuten	feuerbeständig	F 90

Zusätzlich wird die Feuerwiderstandsdauer mit den o. g. Baustoffklassen verknüpft, woraus sich folgende 3 Zusatzbezeichnungen ergeben:

- -A Bauteil besteht aus nichtbrennbaren Baustoffen (z. B. F 60-A)
- -AB Bauteil besteht in seinen tragenden bzw. aussteifenden Teilen aus nichtbrennbaren Baustoffen (z. B. F 90-AB)
- -B Bauteil besteht im wesentlichen aus brennbaren Baustoffen (z. B. F 30-B)

Brandwände nach DIN 4102

Brandwände nach DIN 4102-3 sind Bauteile zur Abgrenzung oder Trennung von Brandabschnitten. Sie müssen der Feuerwiderstandsklasse F 90-A entsprechen und zusätzlich einer Stoßenergie von 3000 Nm standhalten.

Komplextrennwände

Der Begriff Komplextrennwand ist nicht in den Bauordnungen enthalten, sondern wurde von den Sachversicherern eingeführt. Sie dienen wie Brandwände zur Abgrenzung von Brandabschnitten, jedoch werden an sie wegen ihrer brandschutz- und versicherungstechnischen Bedeutung höhere Anforderungen als an Brandwände nach DIN 4102-3 gestellt.

Komplextrennwände müssen einer Feuerwiderstandsklasse F 180-A entsprechen und werden einer Stoßbeanspruchung von 3 × 4000 Nm ausgesetzt.

Die Feuerwiderstandsklassen von Xella-Bauteilen

Feuerwiderstandsklassen nach DIN 4102-4:1994-04 sowie der Änderung DIN 4102-4/A1:2004-11 oder allgemeiner bauaufsichtlicher Zulassung

Tabelle 3.2: nichttragende, raumabschließende Wände (1-seitige Brandbeanspruchung), die ( )-Werte gelten für Wände mit beidseitigem Putz

Konstruktionsmerkmale	Mindestdicke *d* [mm] für die Feuerwiderstandsklassen-Benennung				
	F 30-A	F 60-A	F 90-A	F 120-A	F 180-A
YTONG-Planblock W YTONG-Planbauplatten YTONG-Jumbo W nach allgemeiner bauaufsichtlicher Zulassung mit Dünnbettmörtel	50 (50)	75 (75)	75 (75)	115 (75)	150 (115)
Kalksandsteine nach DIN 106 mit Normalmörtel/Dünnbettmörtel	70 (50)	115/70[1)] (70)	115 (90)	115 (100)	175 (140)
KS XL nach allgemeiner bauaufsichtlicher Zulassung mit Dünnbettmörtel	100 (100)	100 (100)	100 (100)	115 (100)	175 (150)

[1)] KS P7 mit Dünnbettmörtel

Tabelle 3.3: YTONG – Dach- und Deckenplatten

Konstruktionsmerkmale	Feuerwiderstandklasse-Benennung				
	F 30-A	F 60-A	F 90-A	F 120-A	F 180-A
Mindestdicke *d* in mm **unbekleideter Porenbetonplatten** unabhängig von der Anordnung eines Estrichs bei Fugen 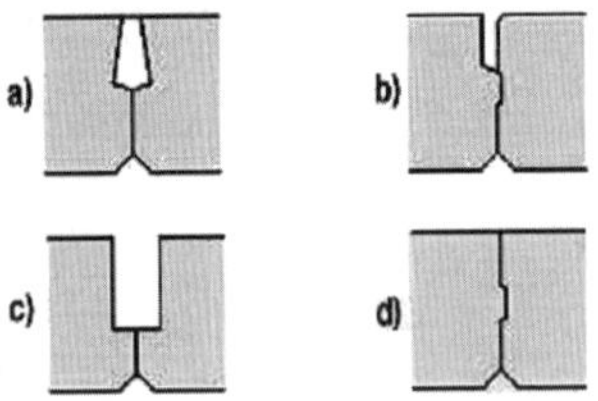					
a), b)	75	75	75	100	125
c), d)	75	75	100	125	150
Mindestabstand *u* in mm	10	20	30	40	66[1)]

[1)] Bei einer Betondeckung > 50 mm ist eine Rücksprache mit dem Lieferwerk erforderlich

Tabelle 3.4: tragende, raumabschließende Wände (1-seitige Brandbeanspruchung), die ( )-Werte gelten für Wände mit beidseitigem Putz

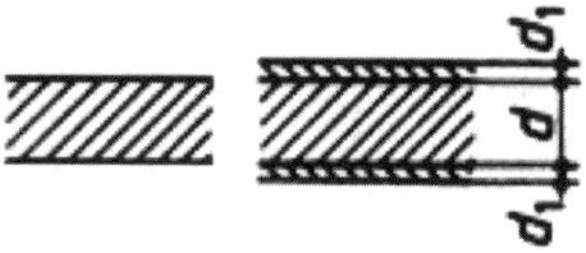

Konstruktionsmerkmale Ausnutzungsfaktor α_2 = vorh σ/zul σ (nach DIN 1053-1)	Mindestdicke d [mm] für die Feuerwiderstandsklassen-Benennung F 30-A	F 60-A	F 90-A	F 120-A	F 180-A
YTONG-Planblock W Rohdichteklasse ≥ 0,4 mit Dünnbettmörtel YTONG-Jumbo W Rohdichteklasse ≥ 0,4 nach allgemeiner bauaufsichtlicher Zulassung mit Dünnbettmörtel YTONG System-Wandelement W Rohdichteklasse ≥ 0,4 nach allgemeiner bauaufsichtlicher Zulassung mit Dünnbettmörtel YTONG Mauertafel W Rohdichteklasse ≥ 0,4 nach allgemeiner bauaufsichtlicher Zulassung mit Dünnbettmörtel					
Ausnutzungsfaktor $\alpha_2 = 0{,}2$	115 (115)	115 (115)	115 (115)	115 (115)	150 (115)
Ausnutzungsfaktor $\alpha_2 = 0{,}6$	115 (115)	115 (115)	150 (115)	150 (115)	175 (175)
Ausnutzungsfaktor $\alpha_2 = 1{,}0$	115 (115)	150 (115)	175 (150)	175[1)] (175)	200 (200)
Kalksandsteine nach DIN 106 mit Normalmörtel/Dünnbettmörtel					
Ausnutzungsfaktor $\alpha_2 = 0{,}2$	115 (115)	115 (115)	115 (115)	115 (115)	175 (140)
Ausnutzungsfaktor $\alpha_2 = 0{,}6$				140 (115)	200 (140)
Ausnutzungsfaktor $\alpha_2 = 1{,}0$[2)]				200 (140)	240 (175)
KS XL nach allgemeiner bauaufsichtlicher Zulassung mit Dünnbettmörtel					
Ausnutzungsfaktor $\alpha_2 = 0{,}2$	115 (115)	115 (115)	115 (115)	115 (115)	175 (150)
Ausnutzungsfaktor $\alpha_2 = 0{,}6$				150 (115)	200 (150)
Ausnutzungsfaktor $\alpha_2 = 1{,}0$				200 (140)	240 (175)

[1)] Rohdichteklasse = 0,35
[2)] Bei $3{,}0\ N/mm^2 < \sigma \leq 4{,}5\ N/mm^2$ gelten die Werte nur für KS-Mauerwerk aus Voll- oder Blocksteinen

G

Tabelle 3.5: Zulässige Schlankheit und Mindestdicke von ein- und zweischaligen Brandwänden
Die ( )-Werte gelten für Wände mit beidseitigem Putz nach DIN 18 550-2 MG PIV oder DIN 18 550-4 Leichtmörtel.

Produkt	Rohdichteklasse	Stoßfugenausbildung	Mindestdicke d [mm]		Zulässige Schlankheit h_s/d [–]
			Einschalige Ausführung	Zweischalige Ausführung	
YTONG-Planblock W	≥ 0,55	Alle gemäß DIN 1053	300	2 × 240	Bemessung gemäß DIN 1053-1[3]) bzw. allgemeiner bauaufsichtlicher Zulassung
	≥ 0,55	Vermörtelt, auch bei Nut und Feder	240	2 × 175	
	≥ 0,40	Nut und Feder unvermörtelt[1])	300	2 × 240	
	≥ 0,40	Glatt vermörtelt[2])	240	2 × 175	
YTONG-Jumbo W nach allgemeiner bauaufsichtlicher Zulassung mit Dünnbettmörtel	≥ 0,55 (P4)	Vermörtelt, auch bei Nut und Feder	240[2)]	2 × 175[2)]	
YTONG – Mauertafeln gemäß allgemeiner bauaufsichtlicher Zulassung	≥ 0,40 (P2)	Unvermörtelt	300	2 × 240	
YTONG System-Wandelement W nach allgemeiner bauaufsichtlicher Zulassung	≥ 0,55 (P4) ≥ 0,40 (P2)	Vermörtelt	240[2)] 300	2 × 175[2)] 2 × 300	
Kalksandsteine nach DIN 106 mit Normalmörtel MGII, MGIIa, MGIII, MGIIIa oder Dünnbettmörtel	≥ 0,90	Unvermörtelt	300 (300)	2 × 200 (2 × 175)	
	≥ 1,4		240	2 × 175	
Kalksandsteine nach DIN 106 mit Dünnbettmörtel	≥ 1,8		175	2 × 150	
KS XL mit Dünnbettmörtel	≥ 1,8		175[2)] 200	2 × 150[2)] 2 × 175	
	≥ 2,0		175[2)] 200	2 × 150	

[1]) Bei Verwendung von Dünnbettmörtel und Plansteinen ohne Stoßfugenvermörtelung.
[2]) Mit aufliegender Geschossdecke und mindestens F90 als konstruktive obere Halterung
[3]) Exzentrizität $e \leq d/3$

Tabelle 3.6: Zulässige Schlankheit und Mindestdicke von ein- und zweischaligen Komplextrennwänden

Produkt	Mindestdicke d [mm]		Zulässige Schlankheit h_s/d [–]
	Einschalige Ausführung	Zweischalige Ausführung	
YTONG-Planblock W YTONG-Jumbo W Steinfestigkeitsklassen 4 und 6, Rohdichteklasse ≥ 0,55 Dünnbettmörtel in Stoß- und Lagerfugen	365[1)]	2 × 240[1)]	Bemessung gemäß DIN 1053-1 bzw. allgemeiner bauaufsichtlicher Zulassung
Kalksandsteine nach DIN 106 mit Normalmörtel MGII, MGIIa, MGIII, MGIIIa	365	2 × 240	
KS – Mauertafeln Z-17.1-338 mit Normalmörtel MGIII	240	–	
Kalksandsteine nach DIN 106 Steinfestigkeitsklasse 12, Rohdichteklasse 1,8 mit Dünnbettmörtel	240	–	

[1)] Mit konstruktiver oberer Halterung

Klassifizierung von Multipor

Der Dämmstoff Multipor wird gemäß Zulassung sowohl nach deutscher als auch nach europäischer Klassifizierung in die brandschutztechnisch beste Baustoffklasse A1 eingestuft. Der für Multipor entwickelte Leichtmörtel weist Baustoffklasse A2 auf. Damit wird die Anforderung der Bauordnungen für nichtbrennbare Baustoffe (Baustoffklasse A) erfüllt.

Die Feuerwiderstandsklasse ist jeweils abhängig vom gesamten Schichtaufbau des Bauteils, also Wandbaustoff + Multipor bzw. Deckenbaustoff + Multipor. Multipor kann dabei zur Verbesserung der Klassifizierung beitragen.

Bei Stahlbetonbauteilen kann gemäß Prüfbericht 3059/3554 eine Bekleidung von 10 mm Multipor brandschutztechnisch eine Betonüberdeckung von 15 mm ersetzen. Im Altbau können somit z. B. bei Tiefgaragen- oder Kellerdecken mit einer Maßnahme sowohl die Wärmedämmung als auch der Brandschutz verbessert werden. Im Neubau kann darüber hinaus gerade bei hohen Brandschutzanforderungen durch den Einsatz von Multipor das Deckengewicht reduziert und Beton eingespart werden.

Die Anschlüsse

Wandanschlüsse werden nach DIN 4102 unterschieden in statisch erforderliche und statisch nicht erforderliche Anschlüsse.

Statisch **nicht erforderliche Anschlüsse** haben nur konstruktive, dekorative, wärme- oder schalltechnische Aufgaben zu erfüllen.

Nichttragende Wände können als Verbandsmauerwerk nach DIN 1053-1 oder als Stumpfstoß mit/ohne Anker mit Mörtelfuge ausgeführt werden. Weitere Möglichkeiten entsprechend DIN 4102-4 sind nachfolgend dargestellt.

Anschluß Wand an Stahlbetondecke

1. KS- oder YTONG- Wand
2. Stahlprofile
3. ⊏⊐ 65 × 6, $a \geq 600$
4. Dämmschicht nach DIN 18165-2, Abschnitt 2.2 Baustoffklasse A, Schmelzpunkt ≥ 1000 °C, Rohdichte ≥ 30 kg/m³
5. Putz
6. Kellenschnitt

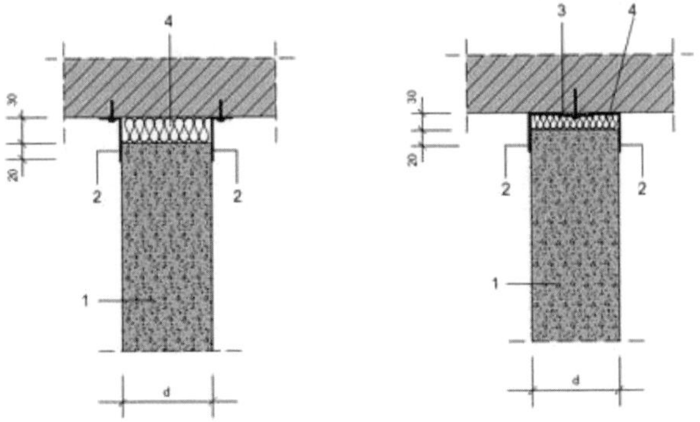

Anschluß durch Einputzen
(nur im Einbaubereich I nach DIN 4103-1)

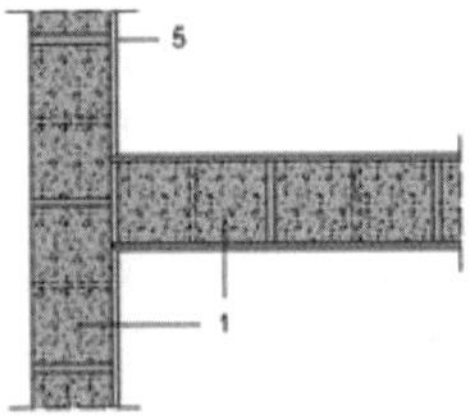

Anker aus nichtrostendem Flachstahl
Höhenabstand nach statischen Erfordernissen

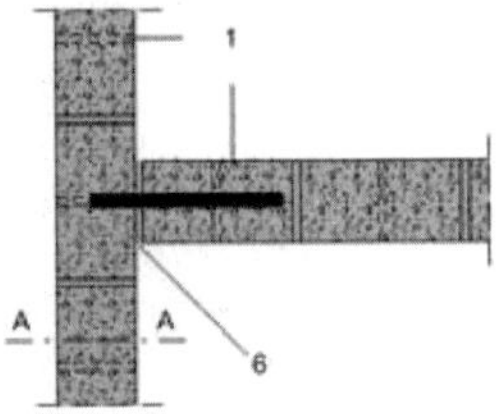

Anschluß durch Nut

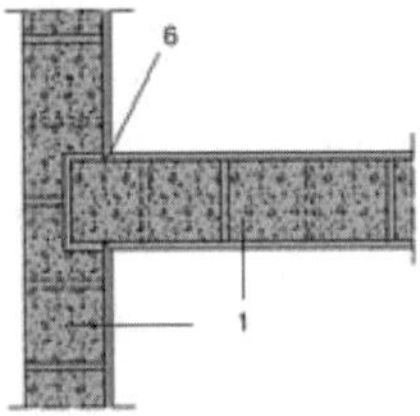

Schnitt A – A

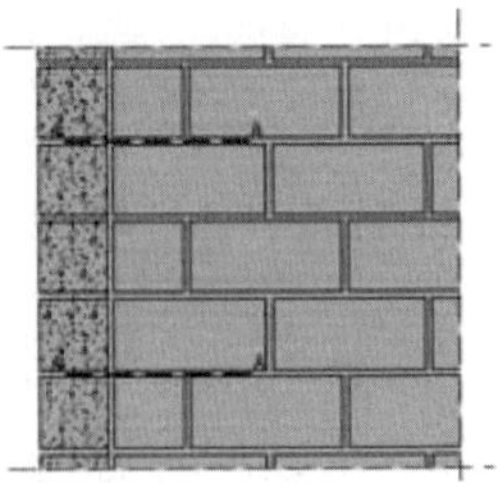

Für nichttragende, 3-seitig gehaltene Wände aus Kalksandsteinmauerwerk ist nach gutachterlicher Stellungnahme 21121-Hn auch folgende Ausführung möglich:

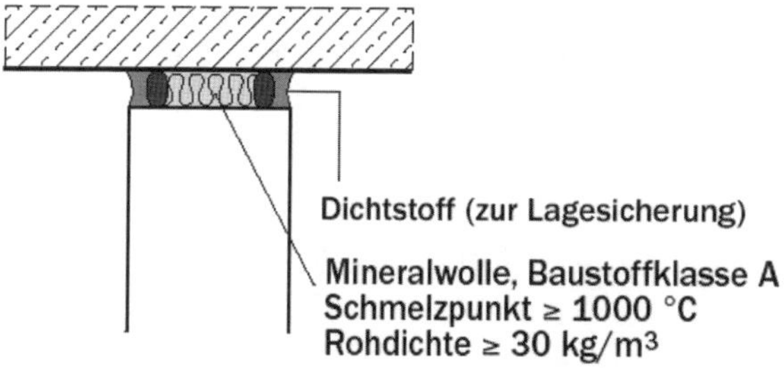

Anschlüsse von nichttragenden YTONG-Trennwandelementen bzw. stehenden Wandplatten werden entsprechend DIN 4102-4, Abschnitt 4.8.5 bis 4.8.7 hergestellt.

Tragende Wände können als Verbandsmauerwerk nach DIN 1053-1 oder als Stumpfstoß mit/ohne Anker mit Mörtelfuge oder wie nachfolgend entsprechend DIN 4102-4 dargestellt, angeschlossen werden.

Stumpfstoß Wand – Wand, tragender Wände

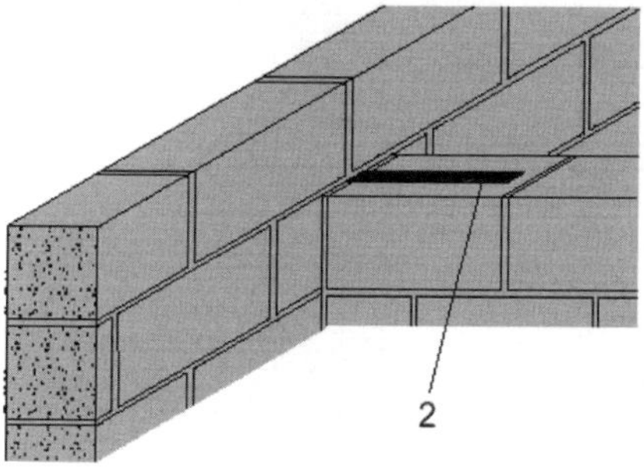

Gleitender Stoß Wand (Stütze) – Wand, tragender Wände

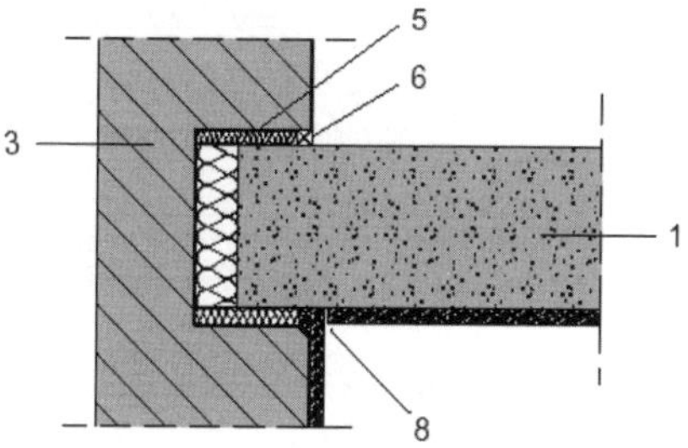

1. KS- oder YTONG- Wand
2. Anker aus nichtrostendem Flachstahl
3. Beton oder Mauerwerk
4. Einbetonierte Ankerschiene
5. Dämmschicht nach DIN 18165-2, Abschn. 2.2, Baustoffklasse A, Schmelzpunkt ≥1000 °C Rohdichte ≥30 kg/m³
6. Fugendichtung
7. Senkrecht verschiebbarer Anschlußanker
8. Kellenschnitt oder Putzschiene

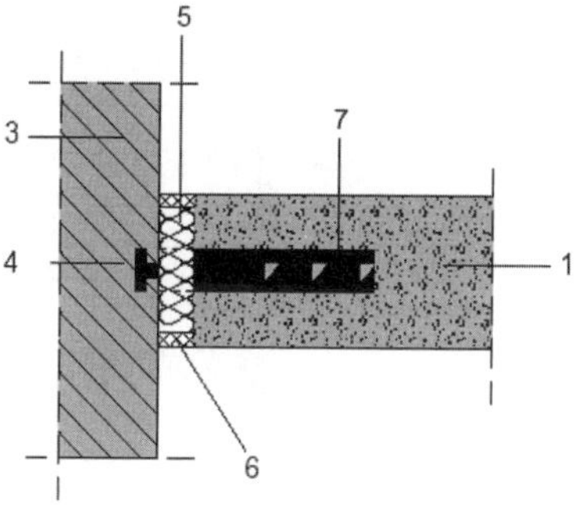

Die Anschlüsse von Wänden aus YTONG-System-Wandelementen oder Wandtafeln erfolgen entsprechend der Zulassung. Dabei ist zu beachten, dass die verbleibende Restdicke der Platten an Ausnehmungen für die Halterungen der erforderlichen Feuerwiderstandsklasse entspricht.

Die **statisch erforderlichen Anschlüsse** widerstehen den genormten Stoßbeanspruchungen nach DIN 4102-3 (Brandwände).

Derartige Anschlüsse von KS- und YTONG- Wänden an angrenzende Massivbauteile müssen vollfugig mit Mörtel nach DIN 1053-1 oder Beton nach DIN 1045 bzw. DIN 4232 oder wie unten dargestellt, ausgeführt werden.

Statisch erforderliche Anschlüsse von Brandwänden aus Mauerwerk oder Stahlbeton an angrenzende Stahlbetonbauteile

(Beispiele)

Wand – Decke oder Wand –

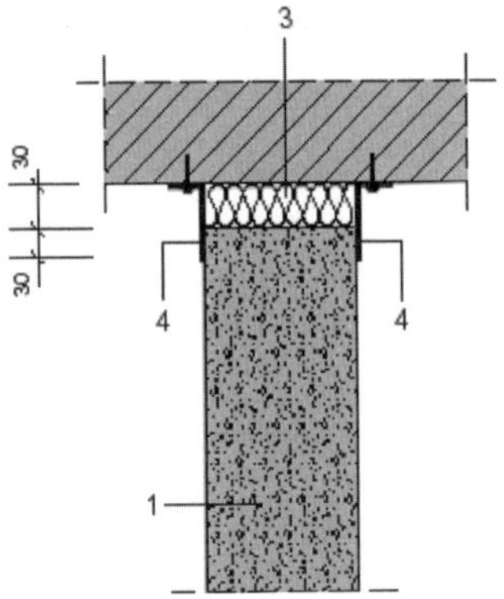

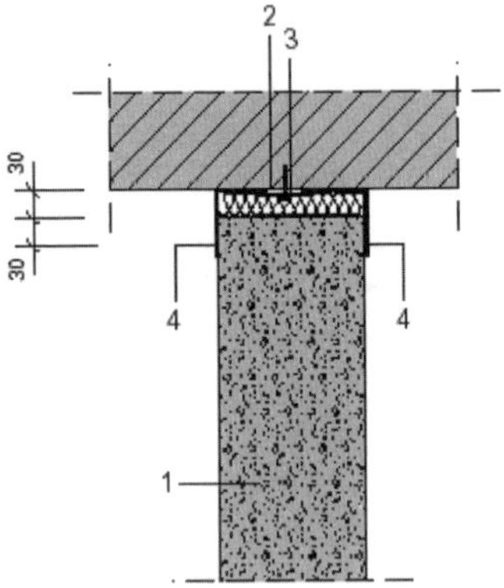

Wand – Wand

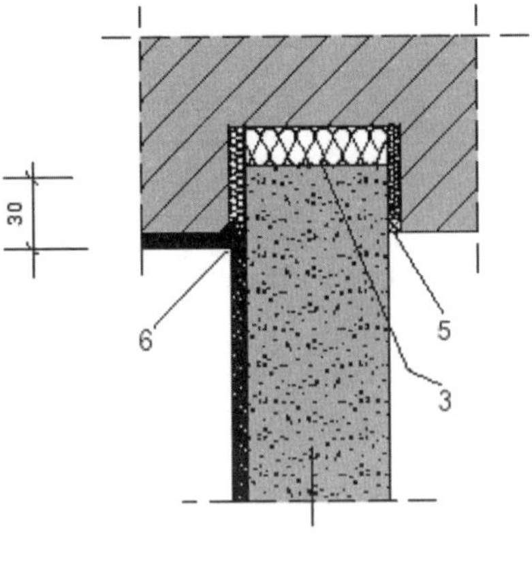

1. KS- oder YTONG- Wand
2. ⌶ 65 x 6, $a \geq 600$
3. Dämmschicht nach DIN 18165-2, Abschnitt 2.2 Baustoffklasse A, Schmelzpunkt ≥1000° C, Rohdichte ≥30 kg/m³
4. Stahlprofile
5. Fugendichtung
6. Kellenschnitt oder Putzschiene

Für nichttragende, 4-seitig gehaltene Wände aus Kalksandsteinmauerwerk sind nach gutachterlicher Stellungnahme 21121-Hn auch folgende Ausführungen möglich:

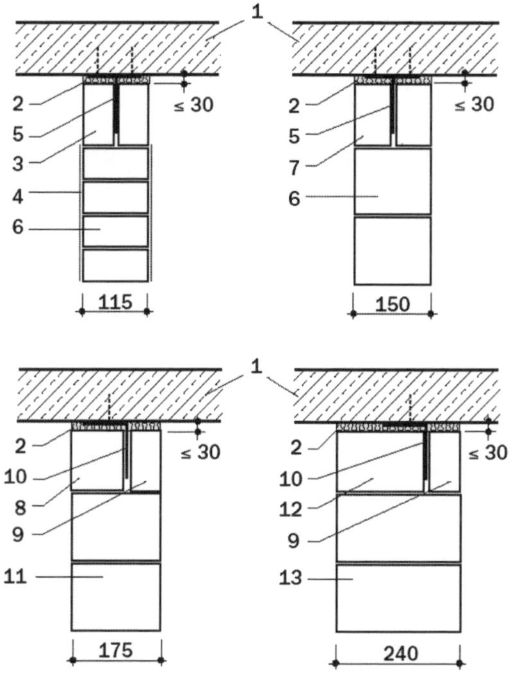

1 Betondecke

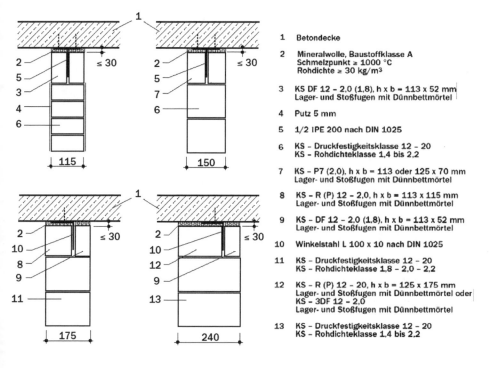

2 Mineralwolle, Baustoffklasse A
Schmelzpunkt ≥ 1000 °C
Rohdichte ≥ 30 kg/m³

3 KS DF 12 - 2,0 (1,8), h x b = 113 x 52 mm
Lager- und Stoßfugen mit Dünnbettmörtel

4 Putz 5 mm

5 1/2 IPE 200 nach DIN 1025

6 KS - Druckfestigkeitsklasse 12 - 20
KS - Rohdichteklasse 1,4 bis 2,2

7 KS - P7 (2,0), h x b = 113 oder 125 x 70 mm
Lager- und Stoßfugen mit Dünnbettmörtel

8 KS - R (P) 12 - 2,0, h x b = 113 x 115 mm
Lager- und Stoßfugen mit Dünnbettmörtel

9 KS - DF 12 - 2,0 (1,8), h x b = 113 x 52 mm
Lager- und Stoßfugen mit Dünnbettmörtel

10 Winkelstahl L 100 x 10 nach DIN 1025

11 KS - Druckfestigkeitsklasse 12 - 20
KS - Rohdichteklasse 1,8 - 2,0 - 2,2

12 KS - R (P) 12 - 20, h x b = 125 x 175 mm
Lager- und Stoßfugen mit Dünnbettmörtel oder
KS - 3DF 12 - 2,0
Lager- und Stoßfugen mit Dünnbettmörtel

13 KS - Druckfestigkeitsklasse 12 - 20
KS - Rohdichteklasse 1,4 bis 2,2

Die Bedachung

Gegen Flugfeuer und strahlende Wärme sind folgende Produkte bzw. Materialien auf YTONG-Dachplatten ausreichend widerstandsfähig (siehe DIN 4102-4, Abschn. 8.7):

- Dachpfannen aus Beton oder Ziegel der Baustoffklasse A
- Metallblech mindestens 0,5 mm stark, auch mit sichtseitiger Kunststoffbeschichtung
- Bitumen-Dachbahnen DIN 52 128
  Bitumen-Dachdichtungsbahnen DIN 52 130
  Bitumen-Schweißbahnen DIN 52 131
  Glasvlies-Bitumen-Dachbahnen DIN 52 143
- Die Bahnen müssen 2-lagig verlegt sein. Auch auf Wärmedämmstoffen mindestens der Baustoffklasse B2.
- Beliebige Bedachungen mit Kiesschüttung ≥ 50 mm Korngröße 16/32 oder Bedeckung aus Betonplatten $d \geq 40$ mm.

Der Einsatz von Multipor als Wärmedämmung in Stahltrapezprofildächern ist möglich, da die Brennbarkeit und das Brandverhalten gegenüber den in DIN 18234-2 aufgeführten Wärmedämmstoffen als gleichwertig oder besser eingestuft werden kann (Gutachterliche Stellungnahme 3096/9026 der MPA Braunschweig).

G

Für die Klassifizierung von Bedachungen mit Dach- und Abdichtungsbahnen auf Multipor in Bezug auf ihr Brandverhalten bei Beanspruchung durch Feuer von außen wurden in Zusammenarbeit mit der jeweiligen Herstellern Systemprüfungen durchgeführt.

Feuerschutztüren und Brandschutzverglasungen

Feuerschutztüren in feuerbeständigen Wänden oder Brandwänden bedürfen in der Regel einer bauaufsichtlichen Zulassung, in der auch der Einbau geregelt ist.

Die entsprechenden Anschlüsse und Detailausbildungen sind den Zulassungen zu entnehmen. Im Besitz von Zulassungen für Feuerschutztüren zum Einbau in Kalksandstein- und Porenbetonwänden sind neben der Fa. Riexinger u. a.:

- Hörmann KG
- Novoferm Riexinger Türenwerke GmbH
- Schörghuber GmbH + CO. KG
- Teckentrup, tekla technik, Tor- und Tür GmbH + CO. KG

Alle wesentlichen Faktoren sind nachfolgend beispielhaft für Feuerschutztüren der Firma Riexinger aufgeführt:

Gemäß Z-6.11-1342 (T90-1-Tür, Typ KN – einflügelig, auch mit Brandschutzverglasung – sowie Z-6.13.389 (zweiflügelig) sind folgende Einbaubedingungen zu beachten:

Brandwände F 90-Wände

Wände aus YTONG-Plansteinen	PP 4; $d \geq 24$ cm
Wände aus YTONG Wandplatten	P 4.4; $d = 17{,}5$ cm

F 30-Wände

Wände aus YTONG-Plansteinen	PP 4; $d \geq 17{,}5$ cm
Wände aus YTONG Wandplatten	P 4.4; $d = 15$ cm

Brandschutzverglasungen aus Glasbausteinen und Drahtglas sind in der DIN 4102-4 Abschnitt 8.4 ausführlich behandelt.

Die Klassifizierung nach EU – Normung

Die europäischen Brandschutz – Prüfnormen sind bereits seit einigen Jahren verabschiedet. Grundlegend ist hier DIN EN 1363-1, Feuerwiderstandprüfungen – Allgemeine Anforderungen.

Prüfungen für nichttragende Wände erfolgen nach DIN EN 1364-1, für tragende Wände nach DIN EN 1365-1. Die europäische Klassifizierung erfolgt nach DIN EN 13 501-1 und -2 (s. unten).

Für Porenbeton mit Steinfestigkeitsklasse 2 und Rohdichteklasse 0,35 wurde eine 175 mm dicke, tragende und raumabschließende Wand nach DIN EN 1365-1 geprüft (Prüfbericht 3872/1162 der MPA Braunschweig). Im Ergebnis kann diese Wand nach DIN EN 13 501-2 in die Feuerwiderstandsklasse REI 120 eingestuft werden. Gemäß nationalem Anhang zum Prüfbericht ist diese Wand nach DIN 4102-2 in F120-A klassifiziert.

Baustoffklassifizierung

Nach DIN EN 13 501-1 wird es künftig 7 Baustoffklassen geben. Zusätzlich werden bei der Klassifizierung die Kriterien brennendes Abtropfen und Rauchentwicklung berücksichtigt. Damit ergeben sich weit mehr Möglichkeiten als nach nationaler Klasseneinteilung gemäß DIN 4102.

Die Xella – Baustoffe YTONG, Silka-KS sowie Multipor sind in die EN-Klasse A1 nach DIN EN 13501-1 eingestuft!

Eine Zuordnung der europäischen Baustoffklassen ist in Bauregelliste A Teil 1 – Ausgabe 2007/1 veröffentlicht worden und ist verkürzt in nachfolgender Tabelle dargestellt (ohne Bodenbeläge):

Bauaufsichtliche Anforderung	Zusatzanforderungen		EN-Klasse nach DIN EN 13 501-1[1]	Klasse nach DIN 4102-1
	kein Rauch	kein brennendes Abtropfen		
Nichtbrennbar	X	X	A1	A1
	X	X	A2 – s1 d0	A2
Schwerentflammbar	X	X	B, C – s1 d0	B1[2]
		X	B, C – s3 d0	
	X		B, C – s1 d2	
			B, C – s3 d2	
Normalentflammbar		X	D – s3 d0 E	B2[2]
			D – s3 d2	
			E – d2	
Leichtentflammbar			F	B3

1) Kurzzeichen s (Smoke) für Rauchentwicklung:
s3 – Keine Beschränkung der Rauchentwicklung
s2 – Die gesamte freigesetzte Rauchmenge sowie das Verhältnis des Anstiegs der Rauchentwicklung sind beschränkt
s1 – Strengere Kriterien an freigesetzte Rauchmenge sowie das Verhältnis des Anstiegs der Rauchentwicklung als für s2
Kurzzeichen *d* (Droplets) für brennendes Abtropfen/Abfallen:
d2 – Keine Beschränkungen
d1 – Kein brennendes Abtropfen/Abfallen, das länger als eine vorgegebene Zeit andauert
d0 – Kein brennendes Abtropfen/Abfallen

2) Angaben über hohe Rauchentwicklung und brennendes Abtropfen/Abfallen im Verwendbarkeitsnachweis und in der Kennzeichnung

Bauteilklassifizierung

Mit den Festlegungen in DIN EN 13 501-2 werden u. a. folgende „leistungsorientierte" Feuerwiderstandsklassen unterschieden:

R Feuerwiderstandsklasse, während der die Tragfähigkeit erhalten bleibt (R für Résistance).

RE Feuerwiderstandsklasse, während der die Tragfähigkeit und der Raumabschluss erhalten bleiben (E für Etanchéité).

REI Feuerwiderstandsklasse, während der neben R und E auch die zulässige Temperaturerhöhung von ΔT bzw. $\Delta\theta = 140$ K im Mittel (max. 180 K – gemessen nur auf Flächen $\varnothing > 12$ mm) auf der dem Feuer abgekehrten Seite bei raumabschließenden Bauteilen eingehalten wird (*I* für Isolation).

Für nichttragende Bauteile sind die Klassifizierungen „E" und „EI" möglich. Bei nichttragenden Außenwänden wird zusätzlich die Richtung der klassifizierten Feuerwiderstandsdauer angegeben: i→o, i←o, io (in – out).

Ein Rückschluss von EU-Klassen auf F-Klassen ist möglich und wird von den Bauaufsichtsbehörden anerkannt, umgekehrt jedoch nicht!

Ein Zuordnung der nationalen Anforderungen zu den nationalen bzw. europäischen Feuerwiderstandsklassen ist ebenfalls in Bauregelliste A Teil 1 enthalten.

Nachfolgend dazu einige Beispiele:

Bauaufsichtliche Benennung	Tragende Bauteile		Nichttragende Trennwände	Nichttragende Außenwände
	ohne Raumabschluss	mit Raumabschluss		
Feuerhemmend	R 30	REI 30	EI 30	E 30 (i→o) und E 30 (i←o)
Hochfeuerhemmend	R 60	REI 60	EI 60	E 60 (i→o) und E 60 (i←o)
Feuerbeständig	R 90	REI 90	EI 90	E 90 (i→o) und E 90 (i←o)
Feuerwiderstandsfähigkeit 120 min	R 120	REI 120	–	–
Brandwand	–	REI 90-M	EI 90-M	–

Die vorgenannten Klassifizierungen können durch weitere Kennzeichnungen ergänzt werden:

W Bei einer Kontrolle auf der Basis der Messung der Strahlungsdurchlässigkeit (*W* für Radiation)

M Bei der Widerstandsfähigkeit gegen zusätzliche Stoßbeanspruchung (*M* für mechanical)

C Beim Selbstschließen von Feuerschutzabschlüssen (*C* für closing).

S_m Bei Begrenzung der Leckrate für den Rauchdurchtritt durch das raumabschließende Bauteil (*S* für smoke)

P Aufrechterhaltung der Energieversorgung

Beispiele für Klassifizierungen für ein tragendes Bauteil:

R 240 tragfähig ≥ 240 min

RE 180 tragfähig und raumabschließend ≥ 180 min

REI 120 tragfähig, raumabschließend und isolierend (≤ 140 °K im Mittel und ≤ 180 °K maximal) ≥ 120 min

REI-M90 tragfähig, raumabschließend und isolierend sowie widerstandsfähig gegen mechanische Beanspruchung ≥ 90 min, was der jetzigen Definition Brandwand entspricht.

H Normen

H

H.2

Mauerwerk
Teil 1: Berechnung und Ausführung
DIN 1053-1 (11.96)

1 **Anwendungsbereich und normative Verweisungen** H.6
1.1 Anwendungsbereich H.6
1.2 Normative Verweisungen H.6

2 **Begriffe** H.8
2.1 Rezeptmauerwerk (RM) H.8
2.2 Mauerwerk nach Eignungsprüfung (EM) H.8
2.3 Tragende Wände H.8
2.4 Aussteifende Wände H.8
2.5 Nichttragende Wände H.8
2.6 Ringanker H.8
2.7 Ringbalken H.8

3 **Bautechnische Unterlagen** H.8

4 **Druckfestigkeit des Mauerwerks** H.8

5 **Baustoffe** H.9
5.1 Mauersteine H.9
5.2 Mauermörtel H.9
5.2.1 Anforderungen H.9
5.2.2 Verarbeitung H.9
5.2.3 Anwendung H.9
5.2.3.1 Allgemeines H.9
5.2.3.2 Normalmörtel (NM) H.9
5.2.3.3 Leichtmörtel (LM) . H.9
5.2.3.4 Dünnbettmörtel (DM) H.9

6 **Vereinfachtes Berechnungsverfahren** H.9
6.1 Allgemeines H.9
6.2 Ermittlung der Schnittgrößen infolge von Lasten H.10
6.2.1 Auflagerkräfte aus Decken H.10
6.2.2 Knotenmomente H.10
6.3 Wind H.10
6.4 Räumliche Steifigkeit H.11
6.5 Zwängungen H.11
6.6 Grundlagen für die Berechnung der Formänderung H.11
6.7 Aussteifung und Knicklänge von Wänden H.12
6.7.1 Allgemeine Annahmen für aussteifende Wände H.12
6.7.2 Knicklängen H.11
6.7.3 Öffnungen in Wänden H.14
6.8 Mitwirkende Breite von zusammengesetzten Querschnitten H.14
6.9 Bemessung mit dem vereinfachten Verfahren H.14
6.9.1 Spannungsnachweis bei zentrischer und exzentrischer Druckbeanspruchung H.14
6.9.2 Nachweis der Knicksicherheit H.15
6.9.3 Auflagerpressung H.15
6.9.4 Zug- und Biegezugspannungen H.16
6.9.5 Schubnachweis H.16

7 **Genaueres Berechnungsverfahren** .. H.17
7.1 Allgemeines H.17
7.2 Ermittlung der Schnittgrößen infolge von Lasten H.17
7.2.1 Auflagerkräfte aus Decken H.17
7.2.2 Knotenmomente H.17
7.2.3 Vereinfachte Berechnung der Knotenmomente H.17
7.2.4 Begrenzung der Knotenmomente H.18
7.2.5 Wandmomente H.18
7.3 Wind H.18
7.4 Räumliche Steifigkeit H.18
7.5 Zwängungen H.18
7.6 Grundlagen für die Berechnung der Formänderungen H.18
7.7 Aussteifung und Knicklänge von Wänden H.19
7.7.1 Allgemeine Annahmen für aussteifende Wände H.19
7.7.2 Knicklängen H.19
7.7.3 Öffnungen in Wänden H.20
7.8 Mittragende Breite von zusammengesetzten Querschnitten H.20
7.9 Bemessung mit dem genaueren Verfahren H.20
7.9.1 Tragfähigkeit bei zentrischer und exzentrischer Druckbeanspruchung H.20
7.9.2 Nachweis der Knicksicherheit H.20
7.9.3 Einzellasten, Lastausbreitung und Teilflächenpressung H.21
7.9.4 Zug- und Biegezugspannungen H.21
7.9.5 Schubnachweis H.21

8 **Bauteile und Konstruktionsdetails** ... H.22
8.1 Wandarten, Wanddicken ... H.22
8.1.1 Allgemeines ... H.22
8.1.2 Tragende Wände ... H.22
8.1.2.1 Allgemeines ... H.22
8.1.2.2 Aussteifende Wände ... H.22
8.1.2.3 Kellerwände ... H.23
8.1.3 Nichttragende Wände ... H.23
8.1.3.1 Allgemeines ... H.23
8.1.3.2 Nichttragende Außenwände ... H.23
8.1.3.3 Nichttragende innere Trennwände ... H.24
8.1.4 Anschluß der Wände an die Decken und den Dachstuhl ... H.24
8.1.4.1 Allgemeines ... H.24
8.1.4.2 Anschluß durch Zuganker ... H.24
8.1.4.3 Anschluß durch Haftung und Reibung ... H.24
8.2 Ringanker und Ringbalken ... H.24
8.2.1 Ringanker ... H.24
8.2.2 Ringbalken ... H.25
8.3 Schlitze und Aussparungen ... H.25
8.4 Außenwände ... H.26
8.4.1 Allgemeines ... H.26
8.4.2 Einschalige Außenwände ... H.26
8.4.2.1 Verputzte einschalige Außenwände ... H.26
8.4.2.2 Unverputzte einschalige Außenwände (einschaliges Verblendmauerwerk) ... H.26
8.4.3 Zweischalige Außenwände ... H.26
8.4.3.1 Konstruktionsarten und allgemeine Bestimmungen für die Ausführung ... H.26
8.4.3.2 Zweischalige Außenwände mit Luftschicht ... H.28
8.4.3.3 Zweischalige Außenwände mit Luftschicht und Wärmedämmung ... H.28
8.4.3.4 Zweischalige Außenwände mit Kerndämmung ... H.28
8.4.3.5 Zweischalige Außenwände mit Putzschicht ... H.29
8.5 Gewölbe, Bogen und Gewölbewirkung ... H.29
8.5.1 Gewölbe und Bogen ... H.29
8.5.2 Gewölbte Kappen zwischen Trägern ... H.29
8.5.3 Gewölbewirkung über Wandöffnungen ... H.30

9 **Ausführung** ... H.30
9.1 Allgemeines ... H.30
9.2 Lager-, Stoß- und Längsfugen ... H.30
9.2.1 Vermauerung mit Stoßfugenvermörtelung ... H.30
9.2.2 Vermauerung ohne Stoßfugenvermörtelung ... H.31
9.2.3 Fugen in Gewölben ... H.31
9.3 Verband ... H.31
9.4 Mauern bei Frost ... H.32

10 **Eignungsprüfungen** ... H.32

11 **Kontrollen und Güteprüfungen auf der Baustelle** ... H.32
11.1 Rezeptmauerwerk (RM) ... H.32
11.1.1 Mauersteine ... H.32
11.1.2 Mauermörtel ... H.32
11.2 Mauerwerk nach Eignungsprüfung (EM) ... H.33
11.2.1 Einstufungsschein, Eignungsnachweis des Mörtels ... H.33
11.2.2 Mauersteine ... H.33
11.2.3 Mörtel ... H.33

12 **Natursteinmauerwerk** ... H.33
12.1 Allgemeines ... H.33
12.2 Verband ... H.33
12.2.1 Allgemeines ... H.33
12.2.2 Trockenmauerwerk ... H.34
12.2.3 Zyklopenmauerwerk und Bruchsteinmauerwerk ... H.34
12.2.4 Hammerrechtes Schichtenmauerwerk ... H.34
12.2.5 Unregelmäßiges Schichtenmauerwerk ... H.35
12.2.6 Regelmäßiges Schichtenmauerwerk ... H.35
12.2.7 Quadermauerwerk ... H.35
12.2.8 Verblendmauerwerk (Mischmauerwerk) ... H.35
12.3 Zulässige Beanspruchung ... H.36
12.3.1 Allgemeines ... H.36
12.3.2 Spannungsnachweis bei zentrischer und exzentrischer Druckbeanspruchung ... H.37

12.3.3 Zug- und Biegezugspannungen H.37
12.3.4 Schubspannungen H.37

Anhang A Mauermörtel H.37

A.1 Mörtelarten H.37

A.2 Bestandteile und Anforderungen H.38
A.2.1 Sand H.38
A.2.2 Bindemittel H.38
A.2.3 Zusatzstoffe H.38
A.2.4 Zusatzmittel H.38

A.3 Mörtelzusammensetzung und Anforderungen H.39
A.3.1 Normalmörtel (NM) H.39
A.3.2 Leichtmörtel (LM) H.40
A.3.3 Dünnbettmörtel (DM) H.41
A.3.4 Verarbeitbarkeit H.41

A.4 Herstellung des Mörtels H.41
A.4.1 Baustellenmörtel H.41
A.4.2 Werkmörtel H.41

A.5 Eignungsprüfungen H.41
A.5.1 Allgemeines H.41
A.5.2 Normalmörtel H.41
A.5.3 Leichtmörtel H.41
A.5.4 Dünnbettmörtel H.42

H

Vorwort

Diese Norm wurde vom Normenausschuß Bauwesen (NABau), Fachbereich 06 „Mauerwerksbau", Arbeitsausschuß 06.30.00 „Rezept- und Ingenieurmauerwerk", erarbeitet. DIN 1053 „Mauerwerk" besteht aus folgenden Teilen:

Teil 1: Berechnung und Ausführung

Teil 2: Mauerwerksfestigkeitsklassen aufgrund von Eignungsprüfungen

Teil 3: Bewehrtes Mauerwerk – Berechnung und Ausführung

Teil 4: Bauten aus Ziegelfertigbauteilen

Änderungen

Gegenüber der Ausgabe Februar 1990 und DIN 1053-2 : 1984-07 wurden folgende Änderungen vorgenommen:

a) Haupttitel „Rezeptmauerwerk" gestrichen.

b) Inhalt sachlich und redaktionell neueren Erkenntnissen angepaßt.

c) Genaueres Berechnungsverfahren, bisher in DIN 1053-2, eingearbeitet.

Frühere Ausgaben

DIN 4156 : 05.43; DIN 1053 : 02.37x, 12.52, 11.62; DIN 1053-1 : 1974-11, 1990-02

1 Anwendungsbereich und normative Verweisungen

1.1 Anwendungsbereich

Diese Norm gilt für die Berechnung und Ausführung von Mauerwerk aus künstlichen und natürlichen Steinen.

Mauerwerk nach dieser Norm darf entweder nach dem vereinfachten Verfahren (Voraussetzungen siehe 6.1) oder nach dem genaueren Verfahren (siehe Abschnitt 7) berechnet werden.

Innerhalb eines Bauwerkes, das nach dem vereinfachten Verfahren berechnet wird, dürfen einzelne Bauteile nach dem genaueren Verfahren bemessen werden.

Bei der Wahl der Bauteile sind auch die Funktionen der Wände hinsichtlich des Wärme-, Schall-, Brand- und Feuchteschutzes zu beachten. Bezüglich der Vermauerung mit und ohne Stoßfugenvermörtelung siehe 9.2.1 und 9.2.2.

Es dürfen nur Baustoffe verwendet werden, die den in dieser Norm genannten Normen entsprechen.

ANMERKUNG: Die Verwendung anderer Baustoffe bedarf nach den bauaufsichtlichen Vorschriften eines besonderen Nachweises der Verwendbarkeit, z. B. durch eine allgemeine bauaufsichtliche Zulassung.

1.2 Normative Verweisungen

Diese Norm enthält durch datierte oder undatierte Verweisungen Festlegungen aus anderen Publikationen. Diese normativen Verweisungen sind an den jeweiligen Stellen im Text zitiert, und die Publikationen sind nachstehend aufgeführt. Bei datierten Verweisungen gehören spätere Änderungen oder Überarbeitungen dieser Publikationen nur zu dieser Norm, falls sie durch Änderung oder Überarbeitung eingearbeitet sind. Bei undatierten Verweisungen gilt die letzte Ausgabe der in Bezug genommenen Publikation.

DIN 105-1
Mauerziegel – Vollziegel und Hochlochziegel

DIN 105-2
Mauerziegel – Leichthochlochziegel

DIN 105-3
Mauerziegel – Hochfeste Ziegel und hochfeste Klinker

DIN 105-4
Mauerziegel – Keramikklinker

DIN 105-5
Mauerziegel – Leichtlanglochziegel und Leichtlangloch-Ziegelplatten

DIN 106-1
Kalksandsteine – Vollsteine, Lochsteine, Blocksteine, Hohlblocksteine

DIN 106-2
Kalksandsteine – Vormauersteine und Verblender

DIN 398
Hüttensteine – Vollsteine, Lochsteine, Hohlblocksteine

DIN 1045
Beton und Stahlbeton – Bemessung und Ausführung

DIN 1053-2
Mauerwerk – Teil 2: Mauerwerksfestigkeitsklassen aufgrund von Eignungsprüfungen

DIN 1053-3
Mauerwerk – Bewehrtes Mauerwerk – Berechnung und Ausführung

DIN 1055-3
Lastannahmen für Bauten – Verkehrslasten

DIN 1057-1
Baustoffe für frei stehende Schornsteine – Radialziegel – Anforderungen, Prüfung, Überwachung

DIN 1060-1
Baukalk – Teil 1: Definitionen, Anforderungen, Überwachung

DIN 1164-1
Zement – Teil 1: Zusammensetzung, Anforderungen

DIN 4103-1
Nichttragende innere Trennwände – Anforderungen, Nachweise

DIN 4108-3
Wärmeschutz im Hochbau – Klimabedingter Feuchteschutz – Anforderungen und Hinweise für Planung und Ausführung

DIN 4108-4
Wärmeschutz im Hochbau – Wärme- und feuchteschutztechnische Kennwerte

DIN 4165
Porenbeton-Blocksteine und Porenbeton-Plansteine

DIN 4211
Putz- und Mauerbinder – Anforderungen, Überwachung

DIN 4226-1
Zuschlag für Beton – Zuschlag mit dichtem Gefüge – Begriffe, Bezeichnung und Anforderungen

DIN 4226-2
Zuschlag für Beton – Zuschlag mit porigem Gefüge (Leichtzuschlag) – Begriffe, Bezeichnung und Anforderungen

DIN 4226-3
Zuschlag für Beton – Prüfung von Zuschlag mit dichtem oder porigem Gefüge

DIN 17 440
Nichtrostende Stähle – Technische Lieferbedingungen für Blech, Warmband, Walzdraht, gezogenen Draht, Stabstahl, Schmiedestücke und Halbzeug

DIN 18 151
Hohlblöcke aus Leichtbeton

DIN 18 152
Vollsteine und Vollblöcke aus Leichtbeton

DIN 18 153
Mauersteine aus Beton (Normalbeton)

DIN 18 195-4
Bauwerksabdichtungen – Abdichtungen gegen Bodenfeuchtigkeit – Bemessung und Ausführung

DIN 18 200
Überwachung (Güteüberwachung) von Baustoffen, Bauteilen und Bauarten – Allgemeine Grundsätze

DIN 18 515-1
Außenwandbekleidungen – Angemörtelte Fliesen oder Platten – Grundsätze für Planung und Ausführung

DIN 18 515-2
Außenwandbekleidungen – Anmauerung auf Aufstandsflächen – Grundsätze für Planung und Ausführung

DIN 18 550-1
Putz – Begriffe und Anforderungen

DIN 18 555-2
Prüfung von Mörteln mit mineralischen Bindemitteln – Frischmörtel mit dichten Zuschlägen – Bestimmung der Konsistenz, der Rohdichte und des Luftgehalts

DIN 18 555-3
Prüfung von Mörteln mit mineralischen Bindemitteln – Festmörtel – Bestimmung der Biegezugfestigkeit, Druckfestigkeit und Rohdichte

DIN 18 555-4
Prüfung von Mörteln mit mineralischen Bindemitteln – Festmörtel – Bestimmung der Längs- und Querdehnung sowie von Verformungskenngrößen von Mauermörteln im statischen Druckversuch

DIN 18 555-5
Prüfung von Mörteln mit mineralischen Bindemitteln – Festmörtel – Bestimmung der Haftscherfestigkeit von Mauermörteln

DIN 18 555-8
Prüfung von Mörteln mit mineralischen Bindemitteln – Frischmörtel – Bestimmung der Verarbeitbarkeitszeit und der Korrigierbarkeitszeit von Dünnbettmörteln für Mauerwerk

DIN 18 557
Werkmörtel – Herstellung, Überwachung und Lieferung

DIN 50 014
Klimate und ihre technische Anwendung – Normalklimate

DIN 51 043
Traß – Anforderungen, Prüfung

DIN 52 105
Prüfung von Naturstein – Druckversuch

DIN 52 612-1
Wärmeschutztechnische Prüfungen – Bestimmung der Wärmeleitfähigkeit mit dem Plattengerät – Durchführung und Auswertung

DIN 53237
Prüfung von Pigmenten – Pigmente zum Einfärben von zement- und kalkgebundenen Baustoffen

Richtlinien für die Erteilung von Zulassungen für Betonzusatzmittel (Zulassungsrichtlinien), Fassung Juni 1993, abgedruckt in den Mitteilungen des Deutschen Instituts für Bautechnik, 1993, Heft 5.

Vorläufige Richtlinie zur Ergänzung der Eignungsprüfung von Mauermörtel – Druckfestigkeit in der Lagerfuge – Anforderungen, Prüfung
Zu beziehen über
Deutsche Gesellschaft für
Mauerwerksbau e. V. (DGfM),
53179 Bonn, Schloßallee 10.

2 Begriffe

2.1 Rezeptmauerwerk (RM)

Rezeptmauerwerk ist Mauerwerk, dessen Grundwerte der zulässigen Druckspannungen σ_0 in Abhängigkeit von Steinfestigkeitsklassen, Mörtelarten und Mörtelgruppen nach den Tabellen 4a und 4b festgelegt wird.

2.2 Mauerwerk nach Eignungsprüfung (EM)

Mauerwerk nach Eignungsprüfung ist Mauerwerk, dessen Grundwerte der zulässigen Druckspannungen σ_0 aufgrund von Eignungsprüfungen nach DIN 1053-2 und nach Tabelle 4c bestimmt werden.

2.3 Tragende Wände

Tragende Wände sind überwiegend auf Druck beanspruchte, scheibenartige Bauteile zur Aufnahme vertikaler Lasten, z. B. Deckenlasten, sowie horizontaler Lasten, z. B. Windlasten. Als „Kurze Wände“ gelten Wände oder Pfeiler, deren Querschnittsflächen kleiner als 1000 cm^2 sind. Gemauerte Querschnitte kleiner als 400 cm^2 sind als tragende Teile unzulässig.

2.4 Aussteifende Wände

Aussteifende Wände sind scheibenartige Bauteile zur Aussteifung des Gebäudes oder zur Knickaussteifung tragender Wände. Sie gelten stets auch als tragende Wände.

2.5 Nichttragende Wände

Nichttragende Wände sind scheibenartige Bauteile, die überwiegend nur durch ihre Eigenlast beansprucht werden und auch nicht zum Nachweis der Gebäudeaussteifung oder der Knickaussteifung tragender Wände herangezogen werden.

2.6 Ringanker

Ringanker sind in Wandebene liegende horizontale Bauteile zur Aufnahme von Zugkräften, die in den Wänden infolge von äußeren Lasten oder von Verformungsunterschieden entstehen können.

2.7 Ringbalken

Ringbalken sind in Wandebene liegende horizontale Bauteile, die außer Zugkräften auch Biegemomente infolge von rechtwinklig zur Wandebene wirkenden Lasten aufnehmen können.

3 Bautechnische Unterlagen

Als bautechnische Unterlagen gelten insbesondere die Bauzeichnungen, der Nachweis der Standsicherheit und eine Baubeschreibung sowie etwaige Zulassungs- und Prüfbescheide.

Für die Beurteilung und Ausführung des Mauerwerks sind in den bautechnischen Unterlagen mindestens Angaben über

a) Wandaufbau und Mauerwerksart (RM oder EM),
b) Art, Rohdichteklasse und Druckfestigkeitsklasse der zu verwendenden Steine,
c) Mörtelart, Mörtelgruppe,
d) Aussteifende Bauteile, Ringanker und Ringbalken,
e) Schlitze und Aussparungen,
f) Verankerungen der Wände,
g) Bewehrungen des Mauerwerks,
h) verschiebliche Auflagerungen

erforderlich.

4 Druckfestigkeit des Mauerwerks

Die Druckfestigkeit des Mauerwerks wird bei Berechnung nach dem vereinfachten Verfahren nach 6.9 charakterisiert durch die Grundwerte σ_0 der zulässigen Druckspannungen. Sie sind in Tabelle 4a und 4b in Abhängigkeit von den Steinfestigkeitsklassen, den Mörtelarten und Mörtelgruppen, in Tabelle 4c in Abhängigkeit von der Nennfestigkeit des Mauerwerks nach DIN 1053-2 festgelegt.

Wird nach dem genaueren Verfahren nach Abschnitt 7 gerechnet, so sind die Rechenwerte β_R der Druckfestigkeit von Mauerwerk nach Gleichung (10) zu berechnen.

Für Mauerwerk aus Natursteinen ergeben sich die Grundwerte σ_0 der zulässigen Druckspannungen in Abhängigkeit von der Güteklasse des Mauerwerks, der Steinfestigkeit und der Mörtelgruppe aus Tabelle 14.

5 Baustoffe

5.1 Mauersteine

Es dürfen nur Steine verwendet werden, die DIN 105-1 bis DIN 105-5, DIN 106-1 und DIN 106-2, DIN 398, DIN 1057-1, DIN 4165, DIN 18 151, DIN 18 152 und DIN 18 153 entsprechen.

Für die Verwendung von Natursteinen gilt Abschnitt 12.

5.2 Mauermörtel

5.2.1 Anforderungen

Es dürfen nur Mauermörtel verwendet werden, die den Bedingungen des Anhanges A entsprechen.

5.2.2 Verarbeitung

Zusammensetzung und Konsistenz des Mörtels müssen vollfugiges Vermauern ermöglichen. Dies gilt besonders für Mörtel der Gruppen III und IIIa. Werkmörteln dürfen auf der Baustelle keine Zuschläge und Zusätze (Zusatzstoffe und Zusatzmittel) zugegeben werden. Bei ungünstigen Witterungsbedingungen (Nässe, niedrige Temperaturen) ist ein Mörtel mindestens der Gruppe II zu verwenden.

Der Mörtel muß vor Beginn des Erstarrens verarbeitet sein.

5.2.3 Anwendung

5.2.3.1 Allgemeines

Mörtel unterschiedlicher Arten und Gruppen dürfen auf einer Baustelle nur dann gemeinsam verwendet werden, wenn sichergestellt ist, daß keine Verwechslung möglich ist.

5.2.3.2 Normalmörtel (NM)

Es gelten folgende Einschränkungen:

a) Mörtelgruppe I:
   - Nicht zulässig für Gewölbe und Kellermauerwerk, mit Ausnahme bei der Instandsetzung von altem Mauerwerk, das mit Mörtel der Gruppe I gemauert ist.
   - Nicht zulässig bei mehr als zwei Vollgeschossen und bei Wanddicken kleiner als 240 mm; dabei ist als Wanddicke bei zweischaligen Außenwänden die Dicke der Innenschale maßgebend.
   - Nicht zulässig für Vermauern der Außenschale nach 8.4.3.
   - Nicht zulässig für Mauerwerk EM.

b) Mörtelgruppen II und IIa:
   - Keine Einschränkung.

c) Mörtelgruppen III und IIIa:
   - Nicht zulässig für Vermauern der Außenschale nach 8.4.3.
     Abweichend davon darf MG III zum nachträglichen Verfugen und für diejenigen Bereiche von Außenschalen verwendet werden, die als bewehrtes Mauerwerk nach DIN 1053-3 ausgeführt werden.

5.2.3.3 Leichtmörtel (LM)

Es gelten folgende Einschränkungen:
- Nicht zulässig für Gewölbe und der Witterung ausgesetztes Sichtmauerwerk (siehe auch 8.4.2.2 und 8.4.3).

5.2.3.4 Dünnbettmörtel (DM)

Es gelten folgende Einschränkungen:
- Nicht zulässig für Gewölbe und für Mauersteine mit Maßabweichungen der Höhe von mehr als 1,0 mm (Anforderungen an Plansteine).

6 Vereinfachtes Berechnungsverfahren

6.1 Allgemeines

Der Nachweis der Standsicherheit darf mit dem gegenüber Abschnitt 7 vereinfachten Verfahren geführt werden, wenn die folgenden und die in Tabelle 1 enthaltenen Voraussetzungen erfüllt sind:

- Gebäudehöhe über Gelände nicht mehr als 20 m.

  Als Gebäudehöhe darf bei geneigten Dächern das Mittel von First- und Traufhöhe gelten.

- Stützweite der aufliegenden Decken $l \leq 6{,}0$ m, sofern nicht die Biegemomente aus dem De kendrehwinkel durch konstruktive Maßnahmen, z. B. Zentrierleisten, begrenzt werden; bei zweiachsig gespannten Decken ist für l die kürzere der beiden Stützweiten einzusetzen.

Tabelle 1: Voraussetzungen für die Anwendung des vereinfachten Verfahrens

	Bauteil	Voraussetzungen		
		Wand-dicke d mm	lichte Wand-höhe h_s	Ver-kehrslast p kN/m²
1	Innenwände	≥ 115 < 240	≤ 2,75 m	< 5
2		≥ 240	–	
3	einschalige Außenwände	≥ 175[1] < 240	≤ 2,75 m	
4		≥ 240	≤ 12 · d	
5	Tragschale zweischaliger Außenwände und zweischalige Haustrennwände	≥ 115[2] < 175[2]	≤ 2,75 m	≤ 3[3]
6		≥ 175 < 240		≤ 5
7		≥ 240	≤ 12 · d	

[1] Bei eingeschossigen Garagen und vergleichbaren Bauwerken, die nicht zum dauernden Aufenthalt von Menschen vorgesehen sind, auch d ≥ 115 mm zulässig.

[2] Geschoßanzahl maximal zwei Vollgeschosse zuzüglich ausgebautes Dachgeschoß; aussteifende Querwände im Abstand ≤ 4,50 m bzw. Randabstand von einer Öffnung ≤ 2,0 m.

[3] Einschließlich Zuschlag für nichttragende innere Trennwände.

Beim vereinfachten Verfahren brauchen bestimmte Beanspruchungen, z. B. Biegemomente aus Deckeneinspannung, ungewollte Exzentrizitäten beim Knicknachweis, Wind auf Außenwände usw., nicht nachgewiesen zu werden, da sie im Sicherheitsabstand, der den zulässigen Spannungen zugrunde liegt, oder durch konstruktive Regeln und Grenzen berücksichtigt sind.

Ist die Gebäudehöhe größer als 20 m oder treffen die in diesem Abschnitt enthaltenen Voraussetzungen nicht zu oder soll die Standsicherheit des Bauwerkes oder einzelner Bauteile genauer nachgewiesen werden, ist der Standsicherheitsnachweis nach Abschnitt 7 zu führen.

6.2 Ermittlung der Schnittgrößen infolge von Lasten

6.2.1 Auflagerkräfte aus Decken

Die Schnittgrößen sind für die während des Errichtens und im Gebrauch auftretenden maßgebenden Lastfälle zu berechnen. Bei der Ermittlung der Stützkräfte, die von einachsig gespannten Platten und Rippendecken sowie von Balken und Plattenbalken auf das Mauerwerk übertragen werden, ist die Durchlaufwirkung bei der ersten Innenstütze stets, bei den übrigen Innenstützen dann zu berücksichtigen, wenn das Verhältnis benachbarter Stützweiten kleiner als 0,7 ist. Alle übrigen Stützkräfte dürfen ohne Berücksichtigung einer Durchlaufwirkung unter der Annahme berechnet werden, daß die Tragwerke über allen Innenstützen gestoßen und frei drehbar gelagert sind. Tragende Wände unter einachsig gespannten Decken, die parallel zur Deckenspannrichtung verlaufen, sind mit einem Deckenstreifen angemessener Breite zu belasten, so daß eine mögliche Lastabtragung in Querrichtung berücksichtigt ist. Die Ermittlung der Auflagerkräfte aus zweiachsig gespannten Decken darf nach DIN 1045 erfolgen.

6.2.2 Knotenmomente

In Wänden, die als Zwischenauflager von Decken dienen, brauchen die Biegemomente infolge des Auflagerdrehwinkels der Decken unter den Voraussetzungen des vereinfachten Verfahrens nicht nachgewiesen zu werden. Als Zwischenauflager in diesem Sinne gelten:

a) Innenauflager durchlaufender Decken

b) beidseitige Endauflager von Decken

c) Innenauflager von Massivdecken mit oberer konstruktiver Bewehrung im Auflagerbereich, auch wenn sie rechnerisch auf einer oder auf beiden Seiten der Wand parallel zur Wand gespannt sind.

In Wänden, die als einseitiges Endauflager von Decken dienen, brauchen die Biegemomente infolge des Auflagerdrehwinkels der Decken unter den Voraussetzungen des vereinfachten Verfahrens nicht nachgewiesen zu werden, da dieser Einfluß im Faktor k_3 nach 6.9.1 berücksichtigt ist.

6.3 Wind

Der Einfluß der Windlast rechtwinklig zur Wandebene darf beim Spannungsnachweis unter den Voraussetzungen des vereinfachten Verfahrens in der Regel vernachlässigt werden, wenn ausreichende horizontale Halterungen der Wände vorhanden sind. Als solche gelten z. B. Decken mit Scheibenwirkung oder statisch nachgewiesene Ringbalken im Abstand der zulässigen Geschoßhöhen nach Tabelle 1.

Unabhängig davon ist die räumliche Steifigkeit des Gebäudes sicherzustellen.

6.4 Räumliche Steifigkeit

Alle horizontalen Kräfte, z. B. Windlasten, Lasten aus Schrägstellung des Gebäudes, müssen sicher in den Baugrund weitergeleitet werden können.

Auf einen rechnerischen Nachweis der räumlichen Steifigkeit darf verzichtet werden, wenn die Geschoßdecken als steife Scheiben ausgebildet sind bzw. statisch nachgewiesene, ausreichend steife Ringbalken vorliegen und wenn in Längs- und Querrichtung des Gebäudes eine offensichtlich ausreichende Anzahl von genügend langen aussteifenden Wänden vorhanden ist, die ohne größere Schwächungen und ohne Versprünge bis auf die Fundamente geführt sind.

Ist bei einem Bauwerk nicht von vornherein erkennbar, daß Steifigkeit und Stabilität gesichert sind, so ist ein rechnerischer Nachweis der Standsicherheit der waagerechten und lotrechten Bauteile erforderlich. Dabei sind auch Lotabweichungen des Systems durch den Ansatz horizontaler Kräfte zu berücksichtigen, die sich durch eine rechnerische Schrägstellung des Gebäudes um den im Bogenmaß gemessenen Winkel

$$\varphi = \pm \frac{1}{100\sqrt{h_G}} \qquad (1)$$

ergeben. Für h_G ist die Gebäudehöhe in m über OK Fundament einzusetzen.

Bei Bauwerken, die aufgrund ihres statischen Systems eine Umlagerung der Kräfte erlauben, dürfen bis zu 15 % des ermittelten horizontalen Kraftanteils einer Wand auf andere Wände umverteilt werden.

Bei großer Nachgiebigkeit der aussteifenden Bauteile müssen darüber hinaus die Formänderungen bei der Ermittlung der Schnittgrößen berücksichtigt werden. Dieser Nachweis darf entfallen, wenn die lotrechten aussteifenden Bauteile in der betrachteten Richtung die Bedingungen der folgenden Gleichung erfüllen:

$$h_G \sqrt{\frac{N}{EI}} \leq 0{,}6 \qquad \text{für } n \geq 4 \qquad (2)$$

$$\leq 0{,}2 + 0{,}1 \cdot n \qquad \text{für } 1 \leq n < 4$$

Hierin bedeuten:

h_G Gebäudehöhe über OK Fundament

N Summe aller lotrechten Lasten des Gebäudes

EI Summe der Biegesteifigkeit aller lotrechten aussteifenden Bauteile im Zustand I nach der Elastizitätstheorie in der betrachteten Richtung (für E siehe 6.6)

n Anzahl der Geschosse

6.5 Zwängungen

Aus der starren Verbindung von Baustoffen unterschiedlichen Verformungsverhaltens können erhebliche Zwängungen infolge von Schwinden, Kriechen und Temperaturänderungen entstehen, die Spannungsumlagerungen und Schäden im Mauerwerk bewirken können. Das gleiche gilt bei unterschiedlichen Setzungen. Durch konstruktive Maßnahmen (z. B. ausreichende Wärmedämmung, geeignete Baustoffwahl, zwängungsfreie Anschlüsse, Fugen usw.) ist unter Beachtung von 6.6 sicherzustellen, daß die vorgenannten Einwirkungen die Standsicherheit und Gebrauchsfähigkeit der baulichen Anlage nicht unzulässig beeinträchtigen.

6.6 Grundlagen für die Berechnung der Formänderung

Als Rechenwerte für die Verformungseigenschaften der Mauerwerksarten aus künstlichen Steinen dürfen die in der Tabelle 2 angegebenen Werte angenommen werden.

Die Verformungseigenschaften der Mauerwerksarten können stark streuen. Der Streubereich ist in Tabelle 2 als Wertebereich angegeben; er kann in Ausnahmefällen noch größer sein. Sofern in den Steinnormen der Nachweis anderer Grenzwerte des Wertebereichs gefordert wird, gelten diese. Müssen Verformungen berücksichtigt werden, so sind die der Berechnung zugrunde liegende Art und Festigkeitsklasse der Steine, die Mörtelart und die Mörtelgruppe anzugeben.

Für die Berechnung der Randdehnung ε_R nach Bild 3 sowie der Knotenmomente nach 7.2.2 und zum Nachweis der Knicksicherheit nach 7.9.2 dürfen vereinfachend die dort angegebenen Verformungswerte angenommen werden.

Tabelle 2: Verformungskennwerte für Kriechen, Schwinden, Temperaturänderung sowie Elastizitätsmoduln

Mauersteinart	Endwert der Feuchtedehnung (Schwinden, chemisches Quellen)[1]		Endkriechzahl		Wärmedehnungskoeffizient		Elastizitätsmodul	
	$\varepsilon_{f\infty}$ [1]		φ_{∞} [2]		α_T		E [3]	
	Rechenwert	Wertebereich	Rechenwert	Wertebereich	Rechenwert	Wertebereich	Rechenwert	Wertebereich
	mm/m				10^{-6}/K		MN/m²	
1	2	3	4	5	6	7	8	9
Mauerziegel	0	+ 0,3 bis – 0,2	1,0	0,5 bis 1,5	6	5 bis 7	$3500 \cdot \sigma_0$	3000 bis $4000 \cdot \sigma_0$
Kalksandsteine[4]	– 0,2	– 0,1 bis – 0,3	1,5	1,0 bis 2,0	8	7 bis 9	$3000 \cdot \sigma_0$	2500 bis $4000 \cdot \sigma_0$
Leichtbetonsteine	– 0,4	– 0,2 bis – 0,5	2,0	1,5 bis 2,5	10[5]	8 bis 12	$5000 \cdot \sigma_0$	4000 bis $5000 \cdot \sigma_0$
Betonsteine	– 0,2	– 0,1 bis – 0,3	1,0	–	10	8 bis 12	$7500 . \sigma_0$	6500 bis $8500 \cdot \sigma_0$
Porenbetonsteine	– 0,2	+ 0,1 bis – 0,3	1,5	1,0 bis 2,5	8	7 bis 9	$2500 \cdot \sigma_0$	2000 bis $3000 \cdot \sigma_0$

[1] Verkürzung (Schwinden): Vorzeichen minus; Verlängerung (chemisches Quellen): Vorzeichen plus.
[2] $\varphi_{\infty} = \varepsilon_{k\infty} / \varepsilon_{el}$; $\varepsilon_{k\infty}$ Endkriechdehnung; $\varepsilon_{el} = \sigma / E$.
[3] E Sekantenmodul aus Gesamtdehnung bei etwa $^1/_3$ der Mauerwerksdruckfestigkeit; σ_0 Grundwert nach Tabellen 4a, 4b und 4c.
[4] Gilt auch für Hüttensteine.
[5] Für Leichtbeton mit überwiegend Blähton als Zuschlag.

6.7 Aussteifung und Knicklänge von Wänden

6.7.1 Allgemeine Annahmen für aussteifende Wände

Je nach Anzahl der rechtwinklig zur Wandebene unverschieblich gehaltenen Ränder werden zwei-, drei- und vierseitig gehaltene sowie frei stehende Wände unterschieden. Als unverschiebliche Halterung dürfen horizontal gehaltene Deckenscheiben und aussteifende Querwände oder andere ausreichend steife Bauteile angesehen werden. Unabhängig davon ist das Bauwerk als Ganzes nach 6.4 auszusteifen.

Bei einseitig angeordneten Querwänden darf unverschiebliche Halterung der auszusteifenden Wand nur angenommen werden, wenn Wand und Querwand aus Baustoffen annähernd gleichen Verformungsverhaltens gleichzeitig im Verband hochgeführt werden und wenn ein Abreißen der Wände infolge stark unterschiedlicher Verformung nicht zu erwarten ist, oder wenn die zug- und druckfeste Verbindung durch andere Maßnahmen gesichert ist. Beidseitig angeordnete Querwände, deren Mittelebenen gegeneinander um mehr als die dreifache Dicke der auszusteifenden Wand versetzt sind, sind wie einseitig angeordnete Querwände zu behandeln.

Aussteifende Wände müssen mindestens eine wirksame Länge von $^1/_5$ der lichten Geschoßhöhe h_s und eine Dicke von $^1/_3$ der Dicke der auszusteifenden Wand, jedoch mindestens 115 mm haben.

Ist die aussteifende Wand durch Öffnungen unterbrochen, muß die Länge der Wand zwischen den Öffnungen mindestens so groß wie nach Bild 1 sein. Bei Fenstern gilt die lichte Fensterhöhe als h_1 bzw. h_2.

Bei beidseitig angeordneten, nicht versetzten Querwänden darf auf das gleichzeitige Hochführen der beiden Wände im Verband verzichtet werden, wenn jede der beiden Querwände den vorstehend genannten Bedingungen für aussteifende Wände genügt. Auf Konsequenzen aus unterschiedlichen Verformungen und aus bauphysikalischen Anforderungen ist in diesem Fall besonders zu achten.

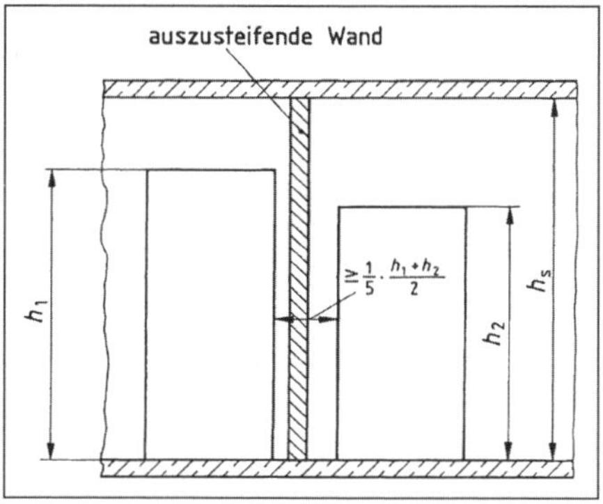

Bild 1. Mindestlänge der aussteifenden Wand

6.7.2 Knicklängen

Die Knicklänge h_K von Wänden ist in Abhängigkeit von der lichten Geschoßhöhe h_s wie folgt in Rechnung zu stellen:

a) Zweiseitig gehaltene Wände:

Im allgemeinen gilt

$$h_K = h_s \tag{1}$$

Bei Plattendecken und anderen flächig aufgelagerten Massivdecken darf die Einspannung der Wand in den Decken durch Abminderung der Knicklänge auf

$$h_K = \beta \cdot h_s \tag{2}$$

berücksichtigt werden.

Sofern kein genauerer Nachweis für β nach 7.7.2 erfolgt, gilt vereinfacht:

$\beta = 0{,}75$ für Wanddicke $d \leq 175$ mm
$\beta = 0{,}90$ für Wanddicke 175 mm $\leq d < 250$ mm
$\beta = 1{,}00$ für Wanddicke $d > 250$ mm

Als flächig aufgelagerte Massivdecken in diesem Sinn gelten auch Stahlbetonbalken- und -rippendecken nach DIN 1045 mit Zwischenbauteilen, bei denen die Auflagerung durch Randbalken erfolgt.

Die so vereinfacht ermittelte Abminderung der Knicklänge ist jedoch nur zulässig, wenn keine größeren horizontalen Lasten als die planmäßigen Windlasten rechtwinklig auf die Wände wirken und folgende Mindestauflagertiefen a auf den Wänden der Dicke d gegeben sind:

$d \geq 240$ mm $\quad a \geq 175$ mm
$d < 240$ mm $\quad a = d$

b) Drei- und vierseitig gehaltene Wände:

Für die Knicklänge gilt $h_K = \beta \cdot h_s$. Bei Wänden der Dicke d mit lichter Geschoßhöhe $h_s \leq 3{,}50$ m darf β in Abhängigkeit von b und b' nach Tabelle 3 angenommen werden, falls kein genauerer Nachweis für β nach 7.7.2 erfolgt. Ein Faktor β ungünstiger als bei einer zweiseitig gehaltenen Wand braucht nicht angesetzt zu werden. Die Größe b bedeutet bei vierseitiger Halterung den Mittenabstand der aussteifenden Wände, b' bei dreiseitiger Halterung den Abstand zwischen der Mitte der aussteifenden Wand und dem freien Rand (siehe Bild 2). Ist $b > 30 \cdot d$ bei vierseitiger Halterung bzw. $b' > 15 \cdot d$ bei dreiseitiger Halterung, so sind die Wände wie zweiseitig gehaltene zu behandeln. Ist die Wand in der Höhe des mittleren Drittels durch vertikale

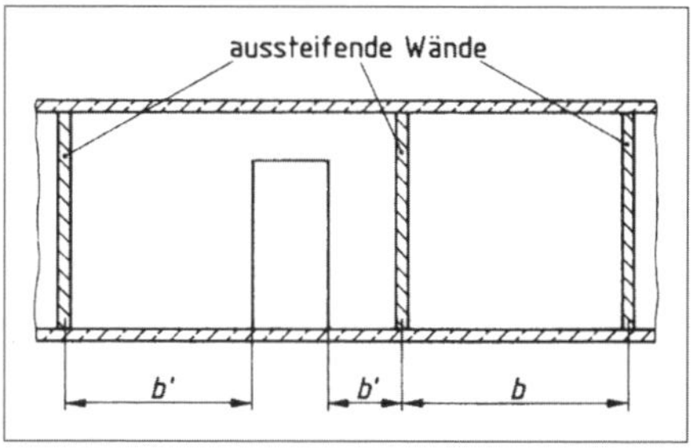

Bild 2. Darstellung der Größen b und b'

Tabelle 3: Faktor β zur Bestimmung der Knicklänge $h_K = \beta \cdot h_s$ von drei- und vierseitig gehaltenen Wänden in Abhängigkeit vom Abstand b der aussteifenden Wände bzw. vom Randabstand b' und der Dicke d der auszusteifenden Wand

Dreiseitig gehaltene Wand						Vierseitig gehaltene Wand			
Wanddicke in mm			b'	β	b	Wanddicke in mm			
240	175	115	m		m	115	175	240	300
			0,65	0,35	2,00				
			0,75	0,40	2,25				
			0,85	0,45	2,50				
			0,95	0,50	2,80				
			1,05	0,55	3,10	$b \leq$ 3,45 m			
			1,15	0,60	3,40				
			1,25	0,65	3,80				
		$b' \leq$ 1,75 m	1,40	0,70	4,30		$b \leq$ 5,25 m		
			1,60	0,75	4,80				
			1,85	0,80	5,60				
	$b' \leq$ 2,60 m		2,20	0,85	6,60				
$b' \leq$ 3,60 m			2,80	0,90	8,40			$b \leq$ 7,20 m	$b \leq$ 9,00 m

H

Schlitze oder Nischen geschwächt, so ist für *d* die Restwanddicke einzusetzen oder ein freier Rand anzunehmen. Unabhängig von der Lage eines vertikalen Schlitzes oder einer Nische ist an ihrer Stelle eine Öffnung anzunehmen, wenn die Restwanddicke kleiner als die halbe Wanddicke oder kleiner als 115 mm ist.

6.7.3 Öffnungen in Wänden

Haben Wände Öffnungen, deren lichte Höhe größer als $^1/_4$ der Geschoßhöhe oder deren lichte Breite größer als $^1/_4$ der Wandbreite oder deren Gesamtfläche größer als $^1/_{10}$ der Wandfläche ist, so sind die Wandteile zwischen Wandöffnung und aussteifender Wand als dreiseitig gehalten, die Wandteile zwischen Wandöffnungen als zweiseitig gehalten anzusehen.

6.8 Mitwirkende Breite von zusammengesetzten Querschnitten

Als zusammengesetzt gelten nur Querschnitte, deren Teile aus Steinen gleicher Art, Höhe und Festigkeitsklasse bestehen, die gleichzeitig im Verband mit gleichem Mörtel gemauert werden und bei denen ein Abreißen von Querschnittsteilen infolge stark unterschiedlicher Verformung nicht zu erwarten ist. Querschnittsschwächungen durch Schlitze sind zu berücksichtigen. Brüstungs- und Sturzmauerwerk dürfen nicht in die mitwirkende Breite einbezogen werden. Die mitwirkende Breite darf nach der Elastizitätstheorie ermittelt werden. Falls kein genauer Nachweis geführt wird, darf die mitwirkende Breite beidseits zu je $^1/_4$ der über dem betrachteten Schnitt liegenden Höhe des zusammengesetzten Querschnitts, jedoch nicht mehr als die vorhandene Querschnittsbreite, angenommen werden.

Die Schubtragfähigkeit des zusammengesetzten Querschnitts ist nach 7.9.5 nachzuweisen.

6.9 Bemessung mit dem vereinfachten Verfahren

6.9.1 Spannungsnachweis bei zentrischer und exzentrischer Druckbeanspruchung

Für den Gebrauchszustand ist auf der Grundlage einer linearen Spannungsverteilung unter Ausschluß von Zugspannungen nachzuweisen, daß die zulässigen Druckspannungen

$$\text{zul}\,\sigma_D = k \cdot \sigma_0 \tag{3}$$

nicht überschritten werden.

Hierin bedeuten:

σ_0 Grundwerte nach Tabellen 4a, 4b oder 4c

k Abminderungsfaktor:

- Wände als Zwischenauflager: $k = k_1 \cdot k_2$
- Wände als einseitiges Endauflager: $k = k_1 \cdot k_2$ oder $k = k_1 \cdot k_3$, der kleinere Wert ist maßgebend.

k_1 Faktor zur Berücksichtigung unterschiedlicher Sicherheitsbeiwerte bei Wänden und „kurzen Wänden“:

$k_1 = 1{,}0$ für Wände

$k_1 = 1{,}0$ für „kurze Wände“ nach 2.3, die aus einem oder mehreren ungetrennten Steinen oder aus getrennten Steinen mit einem Lochanteil von weniger als 35 % bestehen und nicht durch Schlitze oder Aussparungen geschwächt sind

$k_1 = 0{,}8$ für alle anderen „kurzen Wände“

Gemauerte Querschnitte, deren Flächen kleiner als 400 cm² sind, sind als tragende Teile unzulässig. Schlitze und Aussparungen sind hierbei zu berücksichtigen.

k_2 Faktor zur Berücksichtigung der Traglastminderung bei Knickgefahr nach 6.9.2

$k_2 = 1{,}0$ für $h_K/d \leq 10$

$$k_2 = \frac{25 - h_K/d}{15} \quad \text{für } 10 < h_K/d \leq 25$$

mit h_K als Knicklänge nach 6.7.2. Schlankheiten $h_K/d > 25$ sind unzulässig.

k_3 Faktor zur Berücksichtigung der Traglastminderung durch den Deckendrehwinkel bei Endauflagerung auf Innen- oder Außenwänden.

Bei Decken zwischen Geschossen:

$k_3 = 1$ für $l \leq 4{,}20$ m
$k_3 = 1{,}7 - l/6$ für $4{,}20\text{ m} < l \leq 6{,}00$ m

mit l als Deckenstützweite in m nach 6.1.

Bei Decken über dem obersten Geschoß, insbesondere bei Dachdecken:

$k_3 = 0{,}5$ für alle Werte von l. Hierbei sind rechnerisch klaffende Lagerfugen vorausgesetzt.

Wird die Traglastminderung infolge Deckendrehwinkel durch konstruktive Maßnahmen, z. B. Zentrierleisten, vermieden, so gilt unabhängig von der Deckenstützweite $k_3 = 1$.

Falls ein Nachweis für ausmittige Last zu führen ist, dürfen sich die Fugen sowohl bei Ausmitte in Richtung der Wandebene (Scheibenbeanspruchung) als auch rechtwinklig dazu (Plattenbeanspruchung) rechnerisch höchstens bis zum Schwerpunkt des Querschnitts öffnen. Sind Wände als Windscheiben rechnerisch nachzuweisen, so ist bei Querschnitten mit klaffender Fuge infolge Scheibenbeanspruchung zusätzlich nachzuweisen, daß die rechnerische Randdehnung aus der Scheibenbeanspruchung auf der Seite der Klaffung den Wert $\varepsilon_R = 10^{-4}$ nicht überschreitet (siehe Bild 3). Der Elastizitätsmodul für Mauerwerk darf hierfür zu $E = 3000 \cdot \sigma_0$ angenommen werden.

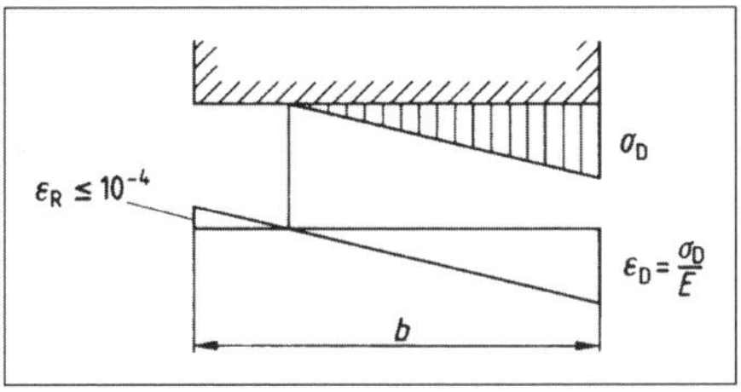

b Länge der Windscheibe

σ_D Kantenpressung

ε_D rechnerische Randstauchung im maßgebenden Gebrauchs-Lastfall

Bild 3. Zulässige rechnerische Randdehnung bei Scheiben

Bei zweiseitig gehaltenen Wänden mit $d < 175$ mm und mit Schlankheiten $\frac{h_K}{d} > 12$ und Wandbreiten $< 2{,}0$ m ist der Einfluß einer ungewollten horizontalen Einzellast $H = 0{,}5$ kN, die in halber Geschoßhöhe angreift und die über die Wandbreite gleichmäßig verteilt werden darf, nachzuweisen. Für diesen Lastfall dürfen die zulässigen Spannungen um den Faktor 1,33 vergrößert werden. Dieser Nachweis darf entfallen, wenn Gleichung (12) eingehalten ist.

6.9.2 Nachweis der Knicksicherheit

Der Faktor k_2 nach 6.9.1 berücksichtigt im vereinfachten Verfahren die ungewollte Ausmitte und die Verformung nach Theorie II. Ordnung. Dabei ist vorausgesetzt, daß in halber Geschoßhöhe nur Biegemomente aus Knotenmomenten nach 6.2.2 und aus Windlasten auftreten. Greifen größere horizontale Lasten an oder werden vertikale Lasten mit größerer planmäßiger Exzentrizität eingeleitet, so ist der Knicksicherheitsnachweis nach 7.9.2 zu führen. Ein Versatz der Wandachsen infolge einer Änderung der Wanddicken gilt dann nicht als größere Exzentrizität, wenn der Querschnitt der dickeren tragenden Wand den Querschnitt der dünneren tragenden Wand umschreibt.

6.9.3 Auflagerpressung

Werden Wände von Einzellasten belastet, so muß die Aufnahme der Spaltzugkräfte sichergestellt sein. Dies kann bei sorgfältig ausgeführtem Mauerwerksverband als gegeben angenommen werden. Die Druckverteilung unter Einzellasten darf dann innerhalb des Mauerwerks unter 60 ° angesetzt werden. Der höher beanspruchte Wandbereich darf in höherer Mauerwerksfestigkeit ausgeführt werden. Es ist 6.5 zu beachten.

Unter Einzellasten, z. B. unter Balken, Unterzügen, Stützen usw., darf eine gleichmäßig verteilte Auflagerpressung von $1{,}3 \cdot \sigma_0$ mit σ_0 nach Tabellen 4a, 4b oder 4c angenommen werden, wenn zusätzlich nachgewiesen wird, daß die Mauerwerksspannung in halber Wandhöhe den Wert zul σ_D nach Gleichung (3) nicht überschreitet.

Teilflächenpressungen rechtwinklig zur Wandebene dürfen den Wert $1{,}3 \cdot \sigma_0$ nach Tabellen 4a, 4b oder 4c nicht überschreiten. Bei Einzellasten $F \geq 3$ kN ist zusätzlich die Schubspannung in den Lagerfugen der belasteten Steine nach 6.9.5, Gleichung (6), nachzuweisen. Bei Loch- und Kammersteinen ist z. B. durch Unterlagsplatten sicherzustellen, daß die Druckkraft auf mindestens zwei Stege übertragen wird.

Tabelle 4a: Grundwerte σ_0 der zulässigen Druckspannungen für Mauerwerk mit Normalmörtel

Steinfestigkeitsklasse	Grundwerte σ_0 für Normalmörtel Mörtelgruppe				
	I MN/m²	II MN/m²	IIa MN/m²	III MN/m²	IIIa MN/m²
2	0,3	0,5	0,5[1)]	–	–
4	0,4	0,7	0,8	0,9	–
6	0,5	0,9	1,0	1,2	–
8	0,6	1,0	1,2	1,4	–
12	0,8	1,2	1,6	1,8	1,9
20	1,0	1,6	1,9	2,4	3,0
28	–	1,8	2,3	3,0	3,5
36	–	–	–	3,5	4,0
48	–	–	–	4,0	4,5
60	–	–	–	4,5	5,0

1) $\sigma_0 = 0{,}6\,MN/m^2$ bei Außenwänden mit Dicken ≥ 300 mm. Diese Erhöhung gilt jedoch nicht für den Nachweis der Auflagerpressung nach 6.9.3.

Tabelle 4b: Grundwerte σ_0 der zulässigen Druckspannungen für Mauerwerk mit Dünnbett- und Leichtmörtel

Steinfestigkeitsklasse	Grundwerte σ_0 für		
	Dünnbettmörtel[1)] MN/m²	Leichtmörtel	
		LM 21 MN/m²	LM 36 MN/m²
2	0,6	0,5[2)]	0,5[2), 3)]
4	1,1	0,7[4)]	0,8[5)]
6	1,5	0,7	0,9
8	2,0	0,8	1,0
12	2,2	0,9	1,1
20	3,2	0,9	1,1
28	3,7	0,9	1,1

[1)] Anwendung nur bei Porenbeton-Plansteinen nach DIN 4165 und bei Kalksand-Plansteinen. Die Werte gelten für Vollsteine. Für Kalksand-Lochsteine und Kalksand-Hohlblocksteine nach DIN 106-1 gelten die entsprechenden Werte der Tabelle 4a bei Mörtelgruppe III bis Steinfestigkeitsklasse 20.

[2)] Für Mauerwerk mit Mauerziegeln nach DIN 105-1 bis DIN 105-4 gilt $\sigma_0 = 0{,}4$ MN/m².

[3)] $\sigma_0 = 0{,}6$ MN/m² bei Außenwänden mit Dicken ≥ 300 mm. Diese Erhöhung gilt jedoch nicht für den Fall der Fußnote[2)] und nicht für den Nachweis der Auflagerpressung nach 6.9.3.

[4)] Für Kalksandsteine nach DIN 106-1 der Rohdichteklasse ≥ 0,9 und für Mauerziegel nach DIN 105-1 bis DIN 105-4 gilt $\sigma_0 = 0{,}5$ MN/m².

[5)] Für Mauerwerk mit den in Fußnote[4)] genannten Mauersteinen gilt $\sigma_0 = 0{,}7$ MN/m².

Tabelle 4c: Grundwerte σ_0 der zulässigen Druckspannungen für Mauerwerk nach Eignungsprüfung (EM)

Nennfestigkeit β_M[1)] in N/mm²	1,0 bis 9,0	11,0 und 13,0	16,0 bis 25,0
σ in MN/m²[2)]	0,35 β_M	0,32 β_M	0,30 β_M

[1)] β_M nach DIN 1053-2.
[2)] σ_0 ist auf 0,01 MN/m² abzurunden.

6.9.4 Zug- und Biegezugspannungen

Zug- und Biegezugspannungen rechtwinklig zur Lagerfuge dürfen in tragenden Wänden nicht in Rechnung gestellt werden.

Zug- und Biegezugspannungen σ_Z parallel zur Lagerfuge in Wandrichtung dürfen bis zu folgenden Höchstwerten in Rechnung gestellt werden:

$$\text{zul}\,\sigma_Z = 0{,}4 \cdot \sigma_{0HS} + 0{,}12 \cdot \sigma_D \leq \max \sigma_Z \qquad (4)$$

Hierin bedeuten:

- zul σ_Z zulässige Zug- und Biegezugspannung parallel zur Lagerfuge
- σ_D zugehörige Druckspannung rechtwinklig zur Lagerfuge
- σ_{0HS} zulässige abgeminderte Haftscherfestigkeit nach Tabelle 5
- max σ_Z Maximalwert der zulässigen Zug- und Biegezugspannung nach Tabelle 6

Tabelle 5: Zulässige abgeminderte Haftscherfestigkeit σ_{0HS} in MN/m²

Mörtelart, Mörtelgruppe	NM I	NM II	NM IIa LM 21 LM 36	NM III DM	NM IIIa
σ_{0HS}[1)]	0,01	0,04	0,09	0,11	0,13

[1)] Für Mauerwerk mit unvermörtelten Stoßfugen sind die Werte σ_{0HS} zu halbieren. Als vermörtelt in diesem Sinn gilt eine Stoßfuge, bei der etwa die halbe Wanddicke oder mehr vermörtelt ist.

Tabelle 6: Maximale Werte max σ_Z der zulässigen Biegezugspannungen in MN/m²

Steinfestigkeitsklasse	2	4	6	8	12	20	≥ 28
max σ_Z	0,01	0,02	0,04	0,05	0,10	0,15	0,20

6.9.5 Schubnachweis

Ist ein Nachweis der räumlichen Steifigkeit nach 6.4 nicht erforderlich, darf im Regelfall auch der Schubnachweis für die aussteifenden Wände entfallen.

Ist ein Schubnachweis erforderlich, darf für Rechteckquerschnitte (keine zusammengesetzten Querschnitte) das folgende vereinfachte Verfahren angewendet werden:

$$\tau = \frac{c \cdot Q}{A} \leq \text{zul}\,\tau \qquad (5)$$

Scheibenschub:

$$\text{zul}\,\tau = \sigma_{0HS} + 0{,}2 \cdot \sigma_{Dm} \leq \max \tau \qquad (6a)$$

Plattenschub:

$$\text{zul}\,\tau = \sigma_{0HS} + 0{,}3\,\sigma_{Dm} \qquad (6b)$$

Hierin bedeuten:

Q Querkraft

A überdrückte Querschnittsfläche

c Faktor zur Berücksichtigung der Verteilung von τ über den Querschnitt.

Für hohe Wände mit $H/L \geq 2$ gilt $c = 1{,}5$; für Wände mit $H/L \leq 1{,}0$ gilt $c = 1{,}0$; dazwischen darf linear interpoliert werden. H bedeutet die Gesamthöhe,

L die Länge der Wand.

Bei Plattenschub gilt $c = 1{,}5$.

σ_{0HS} siehe Tabelle 5

σ_{Dm} mittlere zugehörige Druckspannung rechtwinklig zur Lagerfuge im ungerissenen Querschnitt A

$\max \tau = 0{,}010 \cdot \beta_{Nst}$ für Hohlblocksteine

$= 0{,}012 \cdot \beta_{Nst}$ für Hochlochsteine und Steine mit Grifföffnungen oder -löchern

$= 0{,}014 \cdot \beta_{Nst}$ für Vollsteine ohne Grifföffnungen oder -löcher

β_{Nst} Nennwert der Steindruckfestigkeit (Steinfestigkeitsklasse)

7 Genaueres Berechnungsverfahren

7.1 Allgemeines

Das genauere Berechnungsverfahren darf auf einzelne Bauteile, einzelne Geschosse oder ganze Bauwerke angewendet werden.

7.2 Ermittlung der Schnittgrößen infolge von Lasten

7.2.1 Auflagerkräfte aus Decken

Es gilt 6.2.1.

7.2.2 Knotenmomente

Der Einfluß der Decken-Auflagerdrehwinkel auf die Ausmitte der Lasteintragung in die Wände ist zu berücksichtigen. Dies darf durch eine Berechnung des Wand-Decken-Knotens erfolgen, bei der vereinfachend ungerissene Querschnitte und elastisches Materialverhalten zugrunde gelegt werden können. Die so ermittelten Knotenmomente dürfen auf $^2/_3$ ihres Wertes ermäßigt werden.

Die Berechnung des Wand-Decken-Knotens darf an einem Ersatzsystem unter Abschätzung der Momenten-Nullpunkte in den Wänden, im Regelfall in halber Geschoßhöhe, erfolgen. Hierbei darf die halbe Verkehrslast wie ständige Last angesetzt und der Elastizitätsmodul für Mauerwerk zu $E = 3000\,\sigma_0$ angenommen werden.

7.2.3 Vereinfachte Berechnung der Knotenmomente

Die Berechnung des Wand-Decken-Knotens darf durch folgende Näherungsrechnung ersetzt werden, wenn die Verkehrslast nicht größer als 5 kN/m^2 ist:

Der Auflagerdrehwinkel der Decken bewirkt, daß die Deckenauflagerkraft A mit einer Ausmitte e angreift, wobei e zu 5 % der Differenz der benachbarten Deckenspannweiten, bei Außenwänden zu 5 % der angrenzenden Deckenspannweite angesetzt werden darf.

Bei Dachdecken ist das Moment $M_D = A_D \cdot e_D$ voll in den Wandkopf, bei Zwischendecken ist das Moment $M_Z = A_Z \cdot e_Z$ je zur Hälfte in den angrenzenden Wandkopf und Wandfuß einzuleiten. Längskräfte N_0 infolge Lasten aus darüberbefindlichen Geschossen dürfen zentrisch angesetzt werden (siehe auch Bild 4).

Bei zweiachsig gespannten Decken mit Spannweitenverhältnissen bis 1 : 2 darf als Spannweite zur Ermittlung der Lastexzentrizität $^2/_3$ der kürzeren Seite eingesetzt werden.

H

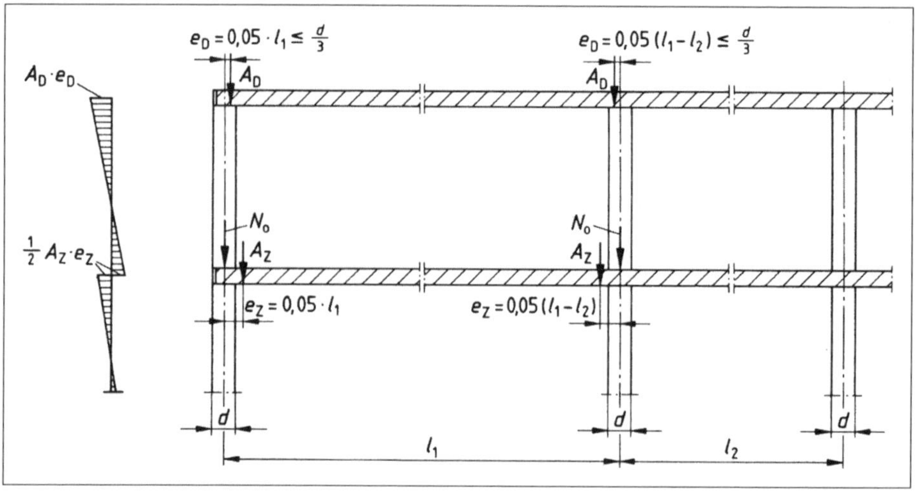

Bild 4. Vereinfachende Annahmen zur Berechnung von Knoten- und Wandmomenten

7.2.4 Begrenzung der Knotenmomente

Ist die rechnerische Exzentrizität der resultierenden Last aus Decken und darüberbefindlichen Geschossen infolge der Knotenmomente am Kopf bzw. Fuß der Wand größer als $^1/_3$ der Wanddicke d, so darf sie zu $^1/_3\,d$ angenommen werden. In diesem Fall ist Schäden infolge von Rissen in Mauerwerk und Putz durch konstruktive Maßnahmen, z. B. Fugenausbildung, Zentrierleisten, Kantennut usw., mit entsprechender Ausbildung der Außenhaut entgegenzuwirken.

7.2.5 Wandmomente

Der Momentenverlauf über die Wandhöhe infolge Vertikallasten ergibt sich aus den anteiligen Wandmomenten der Knotenberechnung (siehe Bild 4). Momente infolge Horizontallasten, z. B. Wind oder Erddruck, dürfen unter Einhaltung des Gleichgewichts zwischen den Grenzfällen Volleinspannung und gelenkige Lagerung umgelagert werden; dabei ist die Begrenzung der klaffenden Fuge nach 7.9.1 zu beachten.

7.3 Wind

Momente aus Windlast rechtwinklig zur Wandebene dürfen im Regelfall bis zu einer Höhe von 20 m über Gelände vernachlässigt werden, wenn die Wanddicken $d \geq 240$ mm und die lichten Geschoßhöhen $h_s \leq 3{,}0$ m sind. In Wandebene sind die Windlasten jedoch zu berücksichtigen (siehe 7.4).

7.4 Räumliche Steifigkeit

Es gilt 6.4.

7.5 Zwängungen

Es gilt 6.5.

7.6 Grundlagen für die Berechnung der Formänderungen

Es gilt 6.6. Für die Berechnung der Knotenmomente darf vereinfachend der E-Modul $E = 3000 \cdot \sigma_0$ angenommen werden. Beim Nachweis der Knicksicherheit gilt der ideelle Sekantenmodul $E_i = 1100 \cdot \sigma_0$.

7.7 Aussteifung und Knicklänge von Wänden

7.7.1 Allgemeine Annahmen für aussteifende Wände

Es gilt 6.7.1.

7.7.2 Knicklängen

Die Knicklänge h_K von Wänden ist in Abhängigkeit von der lichten Geschoßhöhe h_s wie folgt in Rechnung zu stellen:

a) Frei stehende Wände:

$$h_K = 2 \cdot h_s \sqrt{\frac{1 + 2N_o/N_u}{3}} \qquad (7)$$

Hierin bedeuten:

N_o Längskraft am Wandkopf
N_u Längskraft am Wandfuß

b) Zweiseitig gehaltene Wände:
Im allgemeinen gilt

$$h_K = h_s \qquad (8a)$$

Bei flächig aufgelagerten Decken, z. B. Massivdecken, darf die Knicklänge wegen der Einspannung der Wände in den Decken nach Tabelle 7 reduziert werden, wenn die Bedingungen dieser Tabelle eingehalten sind. Hierbei darf der Wert β nach Gleichung (8b) angenommen werden, falls er nicht durch Rahmenrechnung nach Theorie II. Ordnung bestimmt wird:

$$\beta = 1 - 0{,}15 \cdot \frac{E_b I_b}{E_{mw} I_{mw}} \cdot h_s \cdot \left(\frac{1}{l_1} + \frac{1}{l_2}\right) \geq 0{,}75 \qquad (8b)$$

Hierin bedeuten:

E_{mw}, E_b — E-Modul des Mauerwerks nach 6.6 bzw. des Betons nach DIN 1045

I_{mw}, I_b — Flächenmoment 2. Grades der Mauerwerkswand bzw. der Betondecke

l_1, l_2 — Angrenzende Deckenstützweiten; bei Außenwänden gilt $\frac{1}{l_2} = 0$

Bei Wanddicken ≤ 175 mm darf ohne Nachweis $\beta = 0{,}75$ gesetzt werden. Ist die rechnerische Exzentrizität der Last im Knotenanschnitt nach 7.2.4 größer als $^1/_3$ der Wanddicke, so ist stets $\beta = 1$ zu setzen.

Tabelle 7: Reduzierung der Knicklänge zweiseitig gehaltener Wände mit flächig aufgelagerten Massivdecken

Wanddicke d in mm	Erforderliche Auflagertiefe a der Decke auf der Wand
< 240	d
≥ 240 ≤ 300	$\geq \frac{3}{4}\,d$
> 300	$\geq \frac{2}{3}\,d$
Planmäßige Ausmitte e[1] der Last in halber Geschoßhöhe (für alle Wanddicken)	Reduzierte Knicklänge h_K[2]
$\leq \frac{d}{6}$	$\beta \cdot h_s$
$\frac{d}{3}$	$1{,}00\,h_s$

[1] Das heißt Ausmitte ohne Berücksichtigung von f_1 und f_2 nach 7.9.2, jedoch gegebenenfalls auch infolge Wind.

[2] Zwischenwerte dürfen geradlinig eingeschaltet werden.

c) Dreiseitig gehaltene Wände (mit einem freien vertikalen Rand):

$$h_K = \frac{1}{1 + \left(\frac{\beta \cdot h_s}{3b}\right)^2} \cdot \beta \cdot h_s \geq 0{,}3 \cdot h_s \qquad (9a)$$

d) Vierseitig gehaltene Wände:

für $h_s \leq b$:

$$h_K = \frac{1}{1 + \left(\frac{\beta \cdot h_s}{b}\right)^2} \cdot \beta \cdot h_s \qquad (9b)$$

für $h_s > b$:

$$h_K = \frac{b}{2} \qquad (9c)$$

Hierin bedeuten:

b — Abstand des freien Randes von der Mitte der aussteifenden Wand bzw. Mittenabstand der aussteifenden Wände

β — wie bei zweiseitig gehaltenen Wänden

H

Ist $b > 30\,d$ bei vierseitig gehaltenen Wänden bzw. $b > 15\,d$ bei dreiseitig gehaltenen Wänden, so sind diese wie zweiseitig gehaltene zu behandeln. Hierin ist d die Dicke der gehaltenen Wand. Ist die Wand im Bereich des mittleren Drittels durch vertikale Schlitze oder Nischen geschwächt, so ist für d die Restwanddicke einzusetzen oder ein freier Rand anzunehmen. Unabhängig von der Lage eines vertikalen Schlitzes oder einer Nische ist an ihrer Stelle ein freier Rand anzunehmen, wenn die Restwanddicke kleiner als die halbe Wanddicke oder kleiner als 115 mm ist.

7.7.3 Öffnungen in Wänden

Es gilt 6.7.3.

7.8 Mittragende Breite von zusammengesetzten Querschnitten

Es gilt 6.8.

7.9 Bemessung mit dem genaueren Verfahren

7.9.1 Tragfähigkeit bei zentrischer und exzentrischer Druckbeanspruchung

Auf der Grundlage einer linearen Spannungsverteilung und ebenbleibender Querschnitte ist nachzuweisen, daß die γ-fache Gebrauchslast ohne Mitwirkung des Mauerwerks auf Zug im Bruchzustand aufgenommen werden kann. Hierbei ist β_R der Rechenwert der Druckfestigkeit des Mauerwerks mit der theoretischen Schlankheit Null. β_R ergibt sich aus

$$\beta_R = 2{,}67 \cdot \sigma_0 \qquad (10)$$

Hierin bedeutet:

σ_0 Grundwert der zulässigen Druckspannung nach Tabelle 4a, 4b oder 4c

Der Sicherheitsbeiwert ist $\gamma_W = 2{,}0$ für Wände und für „kurze Wände" (Pfeiler) nach 2.3, die aus einem oder mehreren ungetrennten Steinen oder aus getrennten Steinen mit einem Lochanteil von weniger als 35 % bestehen und keine Aussparungen oder Schlitze enthalten. Für alle anderen „kurzen Wände" gilt $\gamma_P = 2{,}5$. Gemauerte Querschnitte mit Flächen kleiner als $400\,\text{cm}^2$ sind als tragende Teile unzulässig.

Im Gebrauchszustand dürfen klaffende Fugen infolge der planmäßigen Exzentrizität e (ohne f_1 und f_2 nach 7.9.2) rechnerisch höchstens bis zum Schwerpunkt des Gesamtquerschnitts entstehen. Bei Querschnitten, die vom Rechteck abweichen, ist außerdem eine mindestens 1,5fache Kippsicherheit nachzuweisen. Bei Querschnitten mit Scheibenbeanspruchung und klaffender Fuge ist zusätzlich nachzuweisen, daß die rechnerische Randdehnung aus der Scheibenbeanspruchung auf der Seite der Klaffung unter Gebrauchslast den Wert $\varepsilon_R = 10^{-4}$ nicht überschreitet (siehe Bild 3).

Bei exzentrischer Beanspruchung darf im Bruchzustand die Kantenpressung den Wert $1{,}33\,\beta_R$, die mittlere Spannung den Wert β_R nicht überschreiten.

7.9.2 Nachweis der Knicksicherheit

Bei der Ermittlung der Spannungen sind außer der planmäßigen Exzentrizität e die ungewollte Ausmitte f_1 und die Stabauslenkung f_2 nach Theorie II. Ordnung zu berücksichtigen. Die ungewollte Ausmitte darf bei zweiseitig gehaltenen Wänden sinusförmig über die Geschoßhöhe mit dem Maximalwert

$$f_1 = \frac{h_K}{300} \quad (h_K = \text{Knicklänge nach 7.7.2})$$

angenommen werden.

Die Spannungs-Dehnungs-Beziehung ist durch einen ideellen Sekantenmodul E_i zu erfassen. Abweichend von Tabelle 2, gilt für alle Mauerwerksarten

$$E_i = 1100 \cdot \sigma_0$$

An Stelle einer genaueren Rechnung darf die Knicksicherheit durch Bemessung der Wand in halber Geschoßhöhe nachgewiesen werden, wobei außer der planmäßigen Exzentrizität e an dieser Stelle folgende zusätzliche Exzentrizität $f = f_1 = f_2$ anzusetzen ist:

$$f = \bar{\lambda} \cdot \frac{1+m}{1800} \cdot h_K \qquad (11)$$

Hierin bedeuten:

$\bar{\lambda} = \dfrac{h_K}{d}$ Schlankheit der Wand

h_K Knicklänge der Wand

$m = \dfrac{6 \cdot e}{d}$ bezogene planmäßige Exzentrizität in halber Geschoßhöhe

In Gleichung (11) ist der Einfluß des Kriechens in angenäherter Form erfaßt.

Wandmomente nach 7.2.5 sind mit ihren Werten in halber Geschoßhöhe als planmäßige Exzentrizitäten zu berücksichtigen.

Schlankheiten $\bar{\lambda} > 25$ sind nicht zulässig.

Bei zweiseitig gehaltenen Wänden nach 6.4 mit Schlankheiten $\bar{\lambda} > 12$ und Wandbreiten $< 2{,}0$ m ist zusätzlich nachzuweisen, daß unter dem Einfluß einer ungewollten horizontalen Einzellast H = 0,5 kN die Sicherheit γ mindestens 1,5 beträgt. Die Horizontalkraft H ist in halber Wandhöhe anzusetzen und darf auf die vorhandene Wandbreite b gleichmäßig verteilt werden.

Dieser Nachweis darf entfallen, wenn

$$\bar{\lambda} \leq 20 - 1000 \cdot \frac{H}{A \cdot \beta_R} \tag{12}$$

Hierin bedeutet:

A Wandquerschnitt $b \cdot d$

7.9.3 Einzellasten, Lastausbreitung und Teilflächenpressung

Werden Wände von Einzellasten belastet, so ist die Aufnahme der Spaltzugkräfte konstruktiv sicherzustellen. Die Spaltzugkräfte können durch die Zugfestigkeit des Mauerwerksverbandes, durch Bewehrung oder durch Stahlbetonkonstruktionen aufgenommen werden.

Ist die Aufnahme der Spaltzugkräfte konstruktiv gesichert, so darf die Druckverteilung unter konzentrierten Lasten innerhalb des Mauerwerks unter 60 ° angesetzt werden. Der höher beanspruchte Wandbereich darf in höherer Mauerwerksfestigkeit ausgeführt werden. 7.5 ist zu beachten.

Wird nur die Teilfläche A_1 (Übertragungsfläche) eines Mauerwerksquerschnittes durch eine Druckkraft mittig oder ausmittig belastet, dann darf A_1 mit folgender Teilflächenpressung σ_1 beansprucht werden, sofern die Teilfläche $A_1 \leq 2\,d^2$ und die Exzentrizität des Schwerpunkts der Teilfläche

$e < \frac{d}{6}$ ist:

$$\sigma_1 = \frac{\beta_R}{\gamma}\left(1 + 0{,}1 \cdot \frac{a_1}{l_1}\right) \leq 1{,}5 \cdot \frac{\beta_R}{\gamma} \tag{13}$$

Hierin bedeuten:

- a_1 Abstand der Teilfläche vom nächsten Rand der Wand in Längsrichtung
- l_1 Länge der Teifläche in Längsrichtung
- d Dicke der Wand
- γ Sicherheitsbeiwert nach 7.9.1

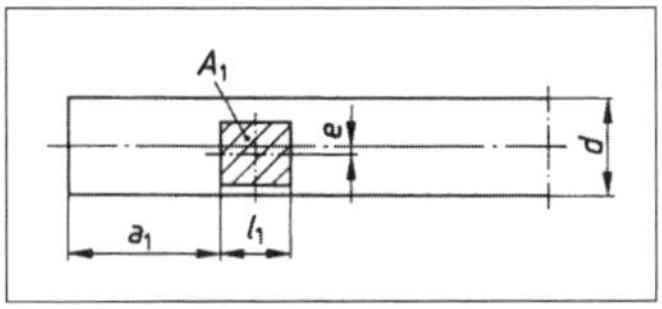

Bild 5. Teilflächenpressungen

Teilflächenpressungen rechtwinklig zur Wandebene dürfen den Wert 0,5 β_R nicht überschreiten.

Bei Einzellasten $F \geq 3$ kN ist zusätzlich die Schubspannung in den Lagerfugen der belasteten Einzelsteine nach 7.9.5 nachzuweisen. Bei Loch- und Kammersteinen ist z. B. durch Unterlagsplatten sicherzustellen, daß die Druckkraft auf mindestens 2 Stege übertragen wird.

7.9.4 Zug- und Biegezugspannungen

Zug- und Biegezugspannungen rechtwinklig zur Lagerfuge dürfen in tragenden Wänden nicht in Rechnung gestellt werden.

Zug- und Biegezugspannungen σ_Z parallel zur Lagerfuge in Wandrichtung dürfen bis zu folgenden Höchstwerten im Gebrauchszustand in Rechnung gestellt werden:

$$\text{zul}\,\sigma_Z \leq \frac{1}{\gamma}\,(\beta_{RHS} + \mu \cdot \sigma_D)\,\frac{ü}{h} \tag{14}$$

$$\text{zul}\,\sigma_Z \leq \frac{\beta_{RZ}}{2\gamma} \leq 0{,}3\ \text{MN/m}^2 \tag{15}$$

Der kleinere Wert ist maßgebend.

Hierin bedeuten:

- zul σ_Z zulässige Zug- und Biegezugspannung parallel zur Lagerfuge
- σ_D Druckspannung rechtwinklig zur Lagerfuge
- β_{RHS} Rechenwert der abgeminderten Haftscherfestigkeit nach 7.9.5
- β_{RZ} Rechenwert der Steinzugfestigkeit nach 7.9.5
- μ Reibungsbeiwert = 0,6
- $ü$ Überbindemaß nach 9.3
- h Steinhöhe
- γ Sicherheitsbeiwert nach 7.9.1

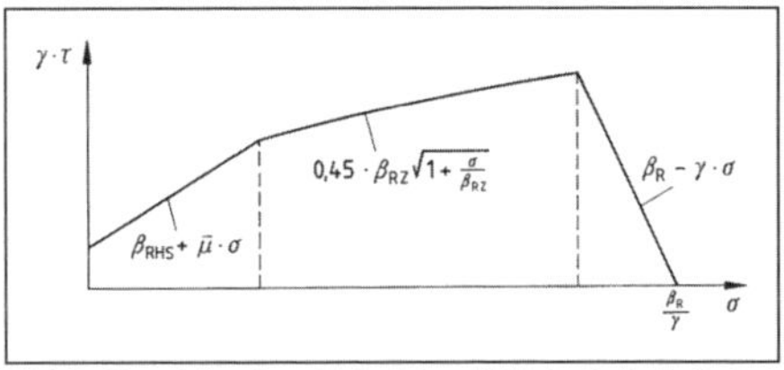

Bild 6. Bereich der Schubtragfähigkeit bei Scheibenschub

7.9.5 Schubnachweis

Die Schubspannungen sind nach der technischen Biegelehre bzw. nach der Scheibentheorie für homogenes Material zu ermitteln, wobei Quer-

H

schnittsbereiche, in denen die Fugen rechnerisch klaffen, nicht in Rechnung gestellt werden dürfen.

Die unter Gebrauchslast vorhandenen Schubspannungen τ und die zugehörige Normalspannung σ in der Lagerfuge müssen folgenden Bedingungen genügen:

Scheibenschub:

$$\gamma \cdot \tau \leq \beta_{RHS} + \bar{\mu} \cdot \sigma \qquad (16a)$$

$$\leq 0{,}45 \cdot \beta_{RHS} \cdot \sqrt{1 + \sigma/\beta_{RZ}} \qquad (16b)$$

Plattenschub:

$$\gamma \cdot \tau \leq \beta_{RHS} + \mu \cdot \sigma \qquad (16c)$$

Hierin bedeuten:

β_{RHS} Rechenwert der abgeminderten Haftscherfestigkeit. Es gilt $\beta_{RHS} = 2\ \sigma_{0HS}$ mit σ_{0HS} nach Tabelle 5. Auf die erforderliche Vorbehandlung von Steinen und Arbeitsfugen entsprechend 9.1 wird besonders hingewiesen.

μ Rechenwert des Reibungsbeiwertes. Für alle Mörtelarten darf $\mu = 0{,}6$ angenommen werden.

$\bar{\mu}$ Rechenwert des abgeminderten Reibungsbeiwertes. Mit der Abminderung wird die Spannungsverteilung in der Lagerfuge längs eines Steins berücksichtigt. Für alle Mörtelgruppen darf $\bar{\mu} = 0{,}4$ gesetzt werden.

β_{RZ} Rechenwert der Steinzugfestigkeit. Es gilt:

β_{RZ} = $0{,}025 \cdot \beta_{Nst}$ für Hohlblocksteine

= $0{,}033 \cdot \beta_{Nst}$ für Hochlochsteine und Steine mit Grifföffnungen oder Grifflöchern

= $0{,}040 \cdot \beta_{Nst}$ für Vollsteine ohne Grifföffnungen oder Grifflöcher

β_{Nst} Nennwert der Steindruckfestigkeit (Steindruckfestigkeitsklasse)

γ Sicherheitsbeiwert nach 7.9.1

Bei Rechteckquerschnitten genügt es, den Schubnachweis für die Stelle der maximalen Schubspannung zu führen. Bei zusammengesetzten Querschnitten ist außerdem der Nachweis am Anschnitt der Teilquerschnitte zu führen.

8 Bauteile und Konstruktionsdetails

8.1 Wandarten, Wanddicken

8.1.1 Allgemeines

Die statisch erforderliche Wanddicke ist nachzuweisen. Hierauf darf verzichtet werden, wenn die gewählte Wanddicke offensichtlich ausreicht. Die in den folgenden Abschnitten festgelegten Mindestwanddicken sind einzuhalten.

Innerhalb eines Geschosses soll zur Vereinfachung von Ausführung und Überwachung das Wechseln von Steinarten und Mörtelgruppen möglichst eingeschränkt werden (siehe auch Abschnitt 5.2.3).

Steine, die unmittelbar der Witterung ausgesetzt bleiben, müssen frostwiderstandsfähig sein. Sieht die Stoffnorm hinsichtlich der Frostwiderstandsfähigkeit unterschiedliche Klassen vor, so sind bei Schornsteinköpfen, Kellereingangs-, Stütz- und Gartenmauern, stark strukturiertem Mauerwerk und ähnlichen Anwendungsbereichen Steine mit der höchsten Frostwiderstandsfähigkeit zu verwenden.

Unmittelbar der Witterung ausgesetzte, horizontale und leicht geneigte Sichtmauerwerksflächen, wie z. B. Mauerkronen, Schornsteinköpfe, Brüstungen, sind durch geeignete Maßnahmen (z. B. Abdeckung) so auszubilden, daß Wasser nicht eindringen kann.

8.1.2 Tragende Wände

8.1.2.1 Allgemeines

Wände, die mehr als ihre Eigenlast aus einem Geschoß zu tragen haben, sind stets als tragende Wände anzusehen. Wände, die der Aufnahme von horizontalen Kräften rechtwinklig zur Wandebene dienen, dürfen auch als nichttragende Wände nach Abschnitt 8.1.3 ausgebildet sein.

Tragende Innen- und Außenwände sind mit einer Dicke von mindestens 115 mm auszuführen, sofern aus Gründen der Standsicherheit, der Bauphysik oder des Brandschutzes nicht größere Dicken erforderlich sind.

Die Mindestmaße tragender Pfeiler betragen 115 mm × 365 mm bzw. 175 mm × 240 mm.

Tragende Wände sollen unmittelbar auf Fundamente gegründet werden. Ist dies in Sonderfällen nicht möglich, so ist auf ausreichende Steifigkeit der Abfangkonstruktion zu achten.

8.1.2.2 Aussteifende Wände

Es ist Abschnitt 8.1.2.1, zweiter und letzter Absatz, zu beachten.

8.1.2.3 Kellerwände

Bei Kellerwänden darf der Nachweis auf Erddruck entfallen, wenn die folgenden Bedingungen erfüllt sind:

a) Lichte Höhe der Kellerwand $h_s \leq 2{,}60$ m, Wanddicke $d \geq 240$ mm.

b) Die Kellerdecke wirkt als Scheibe und kann die aus dem Erddruck entstehenden Kräfte aufnehmen.

c) Im Einflußbereich des Erddrucks auf die Kellerwände beträgt die Verkehrslast auf der Geländeoberfläche nicht mehr als 5 kN/m^2, die Geländeoberfläche steigt nicht an, und die Anschütthöhe h_e ist nicht größer als die Wandhöhe h_s.

d) Die Wandlängskraft N_1 aus ständiger Last in halber Höhe der Ausschüttung liegt innerhalb folgender Grenzen:

$$\frac{d \cdot \beta_R}{3\gamma} \geq N_1 \geq \min N \qquad (17)$$

$$\text{mit } \min N = \frac{\varrho_e \cdot h_s \cdot h_e^2}{20\,d}$$

Hierin und in Bild 7 bedeuten:

h_s	lichte Höhe der Kellerwand
h_e	Höhe der Anschüttung
d	Wanddicke
ϱ_e	Rohdichte der Anschüttung
β_R, γ	nach 7.9.1

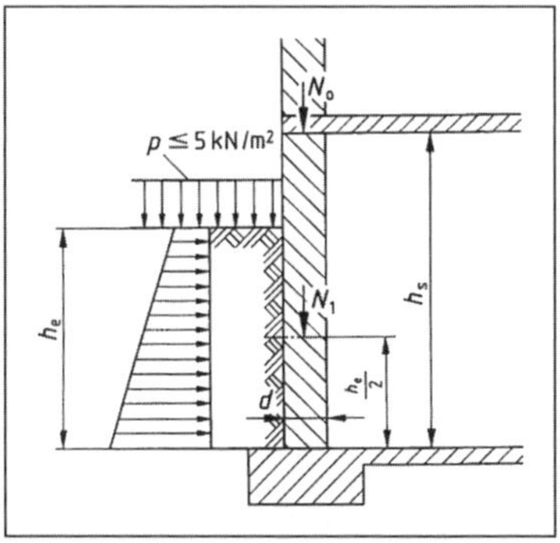

Bild 7. Lastannahmen für Kellerwände

Anstelle von Gleichung (17) darf nachgewiesen werden, daß die ständige Auflast N_0 der Kellerwand unterhalb der Kellerdecke innerhalb folgender Grenzen liegt:

$$\max N_0 \geq N_0 \geq \min N_0 \qquad (18)$$

mit

$\max N_0 = 0{,}45 \cdot d \cdot \sigma_0$

$\min N_0$ nach Tabelle 8

σ_0 siehe Tabellen 4a, 4b oder 4c

Tabelle 8: min N_0 für Kellerwände ohne rechnerischen Nachweis

Wanddicke d mm	min N_0 in kN/m bei einer Höhe der Anschüttung h_e von			
	1,0 m	1,5 m	2,0 m	2,5 m
240	6	20	45	75
300	3	15	30	50
365	0	10	25	40
490	0	5	15	30
Zwischenwerte sind geradlinig zu interpolieren.				

Ist die dem Erddruck ausgesetzte Kellerwand durch Querwände oder statisch nachgewiesene Bauteile im Abstand b ausgesteift, so daß eine zweiachsige Lastabtragung in der Wand stattfinden kann, dürfen die unteren Grenzwerte N_0 und N_1 wie folgt abgemindert werden:

$$b \leq h_s : N_1 \geq \frac{1}{2} \min N;\ N_0 \geq \frac{1}{2} \min N_0 \qquad (19)$$

$$b \geq 2\,h_s : N_1 \geq \min N;\ N_0 \geq \min N_0 \qquad (20)$$

Zwischenwerte sind geradlinig zu interpolieren.

Die Gleichungen (17) bis (20) setzen rechnerisch klaffende Fugen voraus.

Bei allen Wänden, die Erddruck ausgesetzt sind, soll eine Sperrschicht gegen aufsteigende Feuchtigkeit aus besandeter Pappe oder aus Material mit entsprechendem Reibungsverhalten bestehen.

8.1.3 Nichttragende Wände

8.1.3.1 Allgemeines

Nichttragende Wände müssen auf ihre Fläche wirkende Lasten auf tragende Bauteile, z. B. Wand- oder Deckenscheiben, abtragen.

8.1.3.2 Nichttragende Außenwände

Bei Ausfachungswänden von Fachwerk-, Skelett- und Schottensystemen darf auf einen statischen Nachweis verzichtet werden, wenn

a) die Wände vierseitig gehalten sind (z. B. durch Verzahnung, Versatz oder Anker),

b) die Bedingungen nach Tabelle 9 erfüllt sind und

c) Normalmörtel mindestens der Mörtelgruppe IIa oder Dünnbettmörtel oder Leichtmörtel LM 36 verwendet wird.

In Tabelle 9 ist ε das Verhältnis der größeren zur kleineren Seite der Ausfachungsfläche.

H

Tabelle 9: Größte zulässige Werte der Ausfachungsfläche von nichttragenden Außenwänden ohne rechnerischen Nachweis

1	2	3	4	5	6	7
Wanddicke d mm	Größte zulässige Werte[1)] der Ausfachungsfläche in m^2 bei einer Höhe über Gelände von					
	0 bis 8 m		8 bis 20 m		20 bis 100 m	
	$\varepsilon = 1{,}0$	$\varepsilon \geq 2{,}0$	$\varepsilon = 1{,}0$	$\varepsilon \geq 2{,}0$	$\varepsilon = 1{,}0$	$\varepsilon \geq 2{,}0$
115[2)]	12	8	8	5	6	4
175	20	14	13	9	9	6
240	36	25	23	16	16	12
≥300	50	33	35	23	25	17

1) Bei Seitenverhältnissen $1{,}0 < \varepsilon < 2{,}0$ dürfen die größten zulässigen Werte der Ausfachungsflächen geradlinig interpoliert werden.

2) Bei Verwendung von Steinen der Festigkeitsklassen ≥ 12 dürfen die Werte dieser Zeile um $^1/_3$ vergrößert werden.

Bei Verwendung von Steinen der Festigkeitsklassen ≥20 und gleichzeitig bei einem Seitenverhältnis $\varepsilon = h/l \geq 2{,}0$ dürfen die Werte der Tabelle 9, Spalten 3, 5 und 7, verdoppelt werden (h, l Höhe bzw. Länge der Ausfachungsfläche).

8.1.3.3 Nichttragende innere Trennwände

Für nichttragende innere Trennwände, die nicht durch auf ihre Fläche wirkende Windlasten beansprucht werden, siehe DIN 4103-1.

8.1.4 Anschluß der Wände an die Decken und den Dachstuhl

8.1.4.1 Allgemeines

Umfassungswände müssen an die Decken entweder durch Zuganker oder durch Reibung angeschlossen werden.

8.1.4.2 Anschluß durch Zuganker

Zuganker (bei Holzbalkendecken Anker mit Splinten) sind in belasteten Wandbereichen, nicht in Brüstungsbereichen, anzuordnen. Bei fehlender Auflast sind erforderlichenfalls Ringanker vorzusehen. Der Abstand der Zuganker soll im allgemeinen 2 m, darf jedoch in Ausnahmefällen 4 m nicht überschreiten. Bei Wänden, die parallel zur Deckenspannrichtung verlaufen, müssen die Maueranker mindestens einen 1 m breiten Deckenstreifen und mindestens zwei Deckenrippen oder zwei Balken, bei Holzbalkendecken drei Balken, erfassen oder in Querrippen eingreifen.

Werden mit den Umfassungswänden verankerte Balken über einer Innenwand gestoßen, so sind sie hier zugfest miteinander zu verbinden.

Giebelwände sind durch Querwände oder Pfeilervorlagen ausreichend auszusteifen, falls sie nicht kraftschlüssig mit dem Dachstuhl verbunden werden.

8.1.4.3 Anschluß durch Haftung und Reibung

Bei Massivdecken sind keine besonderen Zuganker erforderlich, wenn die Auflagertiefe der Decke mindestens 100 mm beträgt.

8.2 Ringanker und Ringbalken

8.2.1 Ringanker

In alle Außenwände und in die Querwände, die als vertikale Scheiben der Abtragung horizontaler Lasten (z. B. Wind) dienen, sind Ringanker zu legen, wenn mindestens eines der folgenden Kriterien zutrifft:

a) bei Bauten, die mehr als zwei Vollgeschosse haben oder länger als 18 m sind,

b) bei Wänden mit vielen oder besonders großen Öffnungen, besonders dann, wenn die Summe der Öffnungsbreiten 60 % der Wandlänge oder bei Fensterbreiten von mehr als $^2/_3$ der Geschoßhöhe 40 % der Wandlänge übersteigt,

c) wenn die Baugrundverhältnisse es erfordern.

Die Ringanker sind in jeder Deckenlage oder unmittelbar darunter anzubringen. Sie dürfen aus Stahlbeton, bewehrtem Mauerwerk, Stahl oder Holz ausgebildet werden und müssen unter Gebrauchslast eine Zugkraft von 30 kN aufnehmen können.

In Gebäuden, in denen der Ringanker nicht durchgehend ausgebildet werden kann, ist die Ringankerwirkung auf andere Weise sicherzustellen.

Ringanker aus Stahlbeton sind mit mindestens zwei durchlaufenden Rundstäben zu bewehren (z. B. zwei Stäbe mit mindestens 10 mm Durchmesser). Stöße sind nach DIN 1045 auszubilden und möglichst gegeneinander zu versetzen. Ringanker aus bewehrtem Mauerwerk sind gleichwertig zu bewehren. Auf diese Ringanker dürfen dazu parallel liegende durchlaufende Bewehrungen mit vollem Querschnitt angerechnet werden, wenn sie in Decken oder in Fensterstürzen im Abstand von höchstens 0,5 m von der Mittelebene der Wand bzw. der Decke liegen.

8.2.2 Ringbalken

Werden Decken ohne Scheibenwirkung verwendet oder werden aus Gründen der Formänderung der Dachdecke Gleitschichten unter den Deckenauflagern angeordnet, so ist die horizontale Aussteifung der Wände durch Ringbalken oder statisch gleichwertige Maßnahmen sicherzustellen. Die Ringbalken und ihre Anschlüsse an die aussteifenden Wände sind für eine horizontale Last von $^1/_{100}$ der vertikalen Last der Wände und gegebenenfalls aus Wind zu bemessen. Bei der Bemessung von Ringbalken unter Gleitschichten sind außerdem Zugkräfte zu berücksichtigen, die den verbleibenden Reibungskräften entsprechen.

8.3 Schlitze und Aussparungen

Schlitze und Aussparungen, bei denen die Grenzwerte nach Tabelle 10 eingehalten werden, dürfen ohne Berücksichtigung der Bemessung des Mauerwerks ausgeführt werden.

Vertikale Schlitze und Aussparungen sind auch dann ohne Nachweis zulässig, wenn die Querschnittsschwächung, bezogen auf 1 m Wandlänge, nicht mehr als 6 % beträgt und die Wand nicht drei- oder vierseitig gehalten gerechnet ist. Hierbei müssen eine Restwanddicke nach Tabelle 10, Spalte 8, und ein Mindestabstand nach Spalte 9 eingehalten werden.

Alle übrigen Schlitze und Aussparungen sind bei der Bemessung des Mauerwerks zu berücksichtigen.

Tabelle 10: Ohne Nachweis zulässige Schlitze und Aussparungen in tragenden Wänden

1	2	3	4	5	6
Wanddicke	Horizontale und schräge Schlichte,[1] nachträglich hergestellt		Vertikale Schlitze und Aussparungen, nachträglich hergestellt		
	Schlitzlänge		Schlitztiefe[4]	Einzelschlitzbreite[5]	Abstand der Schlitze und Aussparungen von Öffnungen
	unbeschränkt	≤ 1,25 m[2]			
	Schlitztiefe[3]	Schlitztiefe			
≥ 115	–	–	≤ 10	≤ 100	≥ 115
≥ 175	0	≤ 25	≤ 30	≤ 100	
≥ 240	≤ 15	≤ 25	≤ 30	≤ 150	
≥ 300	≤ 20	≤ 30	≤ 30	≤ 200	
≥ 365	≤ 20	≤ 30	≤ 30	≤ 200	

1	7	8	9	10	
Wanddicke	Vertikale Schlitze und Aussparungen in gemauertem Verband				Maße in mm
	Schlitzbreite[5]	Restwanddicke	Mindestabstand der Schlitze und Aussparungen		
			von Öffnungen	untereinander	
≥ 115	–	–	≥ 2fache Schlitzbreite bzw. ≥ 240	≥ Schlitzbreite	
≥ 175	≤ 260	≥ 115			
≥ 240	≤ 385	≥ 115			
≥ 300	≤ 385	≥ 175			
≥ 365	≤ 385	≥ 240			

1) Horizontale und schräge Schlitze sind nur zulässig in einem Bereich ≤ 0,4 m ober- oder unterhalb der Rohdecke sowie jeweils an einer Wandseite. Sie sind nicht zulässig bei Langlochziegeln.

2) Mindestabstand in Längsrichtung von Öffnungen ≥ 490 mm, vom nächsten Horizontalschlitz zweifache Schlitzlänge.

3) Die Tiefe darf um 10 mm erhöht werden, wenn Werkzeuge verwendet werden, mit denen die Tiefe genau eingehalten werden kann. Bei Verwendung solcher Werkzeuge dürfen auch in Wänden ≥ 240 mm gegenüberliegende Schlitze mit jeweils 10 mm Tiefe ausgeführt werden.

4) Schlitze, die bis maximal 1 m über den Fußboden reichen, dürfen bei Wanddicken ≥ 240 mm bis 80 mm Tiefe und 120 mm Breite ausgeführt werden.

5) Die Gesamtbreite von Schlitzen nach Spalte 5 und Spalte 7 darf je 2 m Wandlänge die Maße in Spalte 7 nicht überschreiten. Bei geringeren Wandlängen als 2 m sind die Werte in Spalte 7 proportional zur Wandlänge zu verringern.

H

8.4 Außenwände

8.4.1 Allgemeines

Außenwände sollen so beschaffen sein, daß sie Schlagregenbeanspruchungen standhalten. DIN 4108-3 gibt dafür Hinweise.

8.4.2 Einschalige Außenwände

8.4.2.1 Verputzte einschalige Außenwände
Bei Außenwänden aus nicht frostwiderstandsfähigen Steinen ist ein Außenputz, der die Anforderungen nach DIN 18 550-1 erfüllt, anzubringen oder ein anderer Witterungsschutz vorzusehen.

8.4.2.2 Unverputzte einschalige Außenwände (einschaliges Verblendmauerwerk)
Bleibt bei einschaligen Außenwänden das Mauerwerk an der Außenseite sichtbar, so muß jede Mauerschicht mindestens zwei Steinreihen gleicher Höhe aufweisen, zwischen denen eine durchgehende, schichtweise versetzte, hohlraumfrei vermörtelte, 20 mm dicke Längsfuge verläuft (siehe Bild 8). Die Mindestwanddicke beträgt 310 mm. Alle Fugen müssen vollfugig und haftschlüssig vermörtelt werden.

Bei einschaligem Verblendmauerwerk gehört die Verblendung zum tragenden Querschnitt. Für die zulässige Beanspruchung ist die im Querschnitt verwendete niedrigste Steinfestigkeitsklasse maßgebend.

Soweit kein Fugenglattstrich ausgeführt wird, sollen die Fugen der Sichtflächen mindestens 15 mm tief flankensauber ausgekratzt und anschließend handwerksgerecht ausgefugt werden.

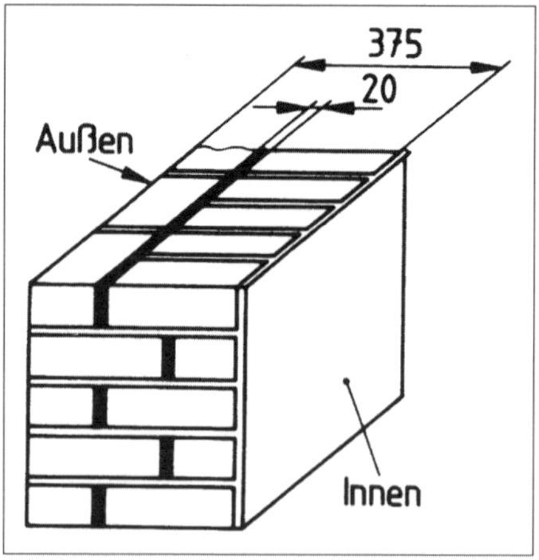

Bild 8. Schnitt durch 375 mm dickes einschaliges Verblendmauerwerk (Prinzipskizze)

8.4.3 Zweischalige Außenwände

8.4.3.1. Konstruktionsarten und allgemeine Bestimmungen für die Ausführung
Nach dem Wandaufbau wird unterschieden nach zweischaligen Außenwänden

- mit Luftschicht
- mit Luftschicht und Wärmedämmung
- mit Kerndämmung
- mit Putzschicht.

Bei Anordnung einer nichttragenden Außenschale (Verblendschale oder geputzte Vormauerschale) vor einer tragenden Innenschale (Hintermauerschale) ist folgendes zu beachten:

a) Bei der Bemessung ist als Wanddicke nur die Dicke der tragenden Innenschale anzunehmen. Wegen der Mindestdicke der Innenschale siehe Abschnitt 8.1.2.1. Bei Anwendung des vereinfachten Verfahrens ist Abschnitt 6.1 zu beachten.

b) Die Mindestdicke der Außenschale beträgt 90 mm. Dünnere Außenschalen sind Bekleidungen, deren Ausführung in DIN 18 515 geregelt ist.

   Die Mindestlänge von gemauerten Pfeilern in der Außenschale, die nur Lasten aus der Außenschale zu tragen haben, beträgt 240 mm.

   Die Außenschale soll über ihre ganze Länge und vollflächig aufgelagert sein. Bei unterbrochener Auflagerung (z. B. auf Konsolen) müssen in der Abfangebene alle Steine beidseitig aufgelagert sein.

c) Außenschalen von 115 mm Dicke sollen in Höhenabständen von etwa 12 m abgefangen werden. Sie dürfen bis zu 25 mm über ihr Auflager vorstehen. Ist die 115 mm dicke Außenschale nicht höher als zwei Geschosse oder wird sie alle zwei Geschosse abgefangen, dann darf sie bis zu einem Drittel ihrer Dicke über ihr Auflager vorstehen. Diese Überstände sind beim Nachweis der Auflagerpressung zu berücksichtigen. Für die Ausführung der Fugen der Sichtflächen von Verblendschalen siehe 8.4.2.2.

d) Außenschalen von weniger als 115 mm Dicke dürfen nicht höher als 20 m über Gelände geführt werden und sind in Höhenabständen von etwa 6 m abzufangen. Bei Gebäuden bis zwei Vollgeschossen darf ein Giebeldreieck bis 4 m Höhe ohne zusätzliche Abfangung ausgeführt werden. Diese Außenschalen dürfen maximal 15 mm über ihr Auflager vorstehen. Die Fugen der Sichtflächen von diesen Verblendschalen sollen in Glattstrich ausgeführt werden.

e) Die Mauerwerksschalen sind durch Drahtanker aus nichtrostendem Stahl mit den Werkstoffnummern 1.4401 oder 1.4571 nach DIN 17 440 zu verbinden (siehe Tabelle 11). Die Drahtanker müssen in Form und Maßen Bild 9 entsprechen. Der vertikale Abstand der Drahtanker soll höchstens 500 mm, der horizontale Abstand höchstens 750 mm betragen.

Tabelle 11: Mindestanzahl und Durchmesser von Drahtankern je m² Wandfläche

		Drahtanker	
		Mindestanzahl	Durchmesser mm
1	mindestens, sofern nicht Zeilen 2 und 3 maßgebend	5	3
2	Wandbereich höher als 12 m über Gelände oder Abstand der Mauerwerksschalen über 70 bis 120 mm	5	4
3	Abstand der Mauerwerksschalen über 120 bis 150 mm	7 oder 5	4 5

An allen freien Rändern (von Öffnungen, an Gebäudeecken, entlang von Dehnungsfugen und an den oberen Enden der Außenschalen) sind zusätzlich zu Tabelle 11 drei Drahtanker je m Randlänge anzuordnen.

Werden die Drahtanker nach Bild 9 in Leichtmörtel eingebettet, so ist dafür LM 36 erforderlich. Drahtanker in Leichtmörtel LM 21 bedürfen einer anderen Verankerungsart.

Andere Verankerungsarten der Drahtanker sind zulässig, wenn durch Prüfzeugnis nachgewiesen wird, daß diese Verankerungsart eine Zug- und Druckkraft von mindestens 1 kN bei 1,0 mm Schlupf je Drahtanker aufnehmen kann. Wird einer dieser Werte nicht erreicht, so ist die Anzahl der Drahtanker entsprechend zu erhöhen.

Die Drahtanker sind unter Beachtung ihrer statischen Wirksamkeit so auszuführen, daß sie keine Feuchte von der Außen- zur Innenschale leiten können (z. B. Aufschieben einer Kunststoffscheibe, siehe Bild 9).

Andere Ankerformen (z. B. Flachstahlanker) und Dübel im Mauerwerk sind zulässig, wenn deren Brauchbarkeit nach den bauaufsichtlichen Vorschriften nachgewiesen ist, z. B. durch eine allgemeine bauaufsichtliche Zulassung.

Bei nichtflächiger Verankerung der Außenschale, z. B. linienförmig oder nur in Höhe der Decken, ist ihre Standsicherheit nachzuweisen.

Bei gekrümmten Mauerwerksschalen sind Art, Anordnung und Anzahl der Anker unter Berücksichtigung der Verformung festzulegen.

f) Die Innenschalen und die Geschoßdecken sind an den Fußpunkten der Zwischenräume der Wandschalen gegen Feuchtigkeit zu schützen (siehe Bild 10). Die Abdichtung ist im Bereich des Zwischenraumes im Gefälle nach außen, im Bereich der Außenschale horizontal zu verlegen. Dieses gilt auch bei Fenster- und Türstürzen sowie im Bereich von Sohlbänken.

Die Aufstandsfläche muß so beschaffen sein, daß ein Abrutschen der Außenschale auf ihr nicht eintritt. Die erste Ankerlage ist so tief wie möglich anzuordnen. Die Dichtungsbahn für die

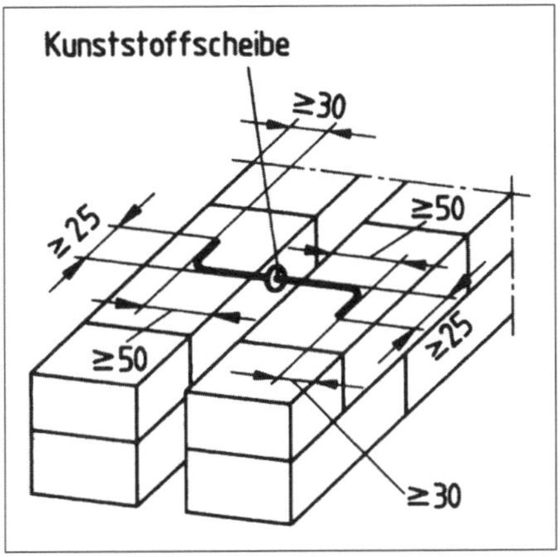

Bild 9. Drahtanker für zweischaliges Mauerwerk für Außenwände

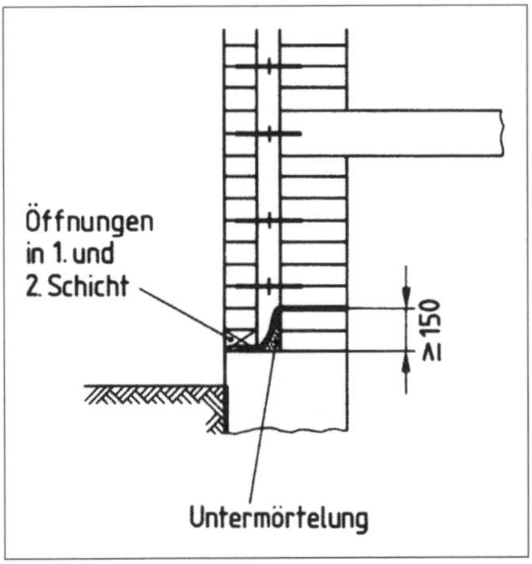

Bild 10. Fußpunktausführung bei zweischaligem Verblendmauerwerk (Prinzipskizze)

untere Sperrschicht muß DIN 18 195-4 entsprechen. Sie ist bis zur Vorderkante der Außenschale zu verlegen, an der Innenschale hochzuführen und zu befestigen.

g) Abfangekonstruktionen, die nach dem Einbau nicht mehr kontrollierbar sind, sollen dauerhaft gegen Korrosion geschützt sein.

h) In der Außenschale sollen vertikale Dehnungsfugen angeordnet werden. Ihre Abstände richten sich nach der klimatischen Beanspruchung (Temperatur, Feuchte usw.), der Art der Baustoffe und der Farbe der äußeren Wandfläche. Darüber hinaus muß die freie Beweglichkeit der Außenschale auch in vertikaler Richtung sichergestellt sein.

   Die unterschiedlichen Verformungen der Außen- und Innenschale sind insbesondere bei Gebäuden mit über mehrere Geschosse durchgehender Außenschale auch bei der Ausführung der Türen und Fenster zu beachten. Die Mauerwerksschalen sind an ihren Berührungspunkten (z. B. Fenster- und Türanschlägen) durch eine wasserundurchlässige Sperrschicht zu trennen.

   Die Dehnungsfugen sind mit einem geeigneten Material dauerhaft und dicht zu schließen.

8.4.3.2 Zweischalige Außenwände mit Luftschicht

Bei zweischaligen Außenwänden mit Luftschicht ist folgendes zu beachten:

a) Die Luftschicht soll mindestens 60 mm und darf bei Verwendung von Drahtankern nach Tabelle 11 höchstens 150 mm dick sein. Die Dicke der Luftschicht darf bis auf 40 mm vermindert werden, wenn der Fugenmörtel mindestens an einer Hohlraumseite abgestrichen wird. Die Luftschicht darf nicht durch Mörtelbrücken unterbrochen werden. Sie ist beim Hochmauern durch Abdecken oder andere geeignete Maßnahmen gegen herabfallenden Mörtel zu schützen.

b) Die Außenschalen sollen unten und oben mit Lüftungsöffnungen (z. B. offene Stoßfugen) versehen werden, wobei die unteren Öffnungen auch zur Entwässerung dienen. Das gilt auch für die Brüstungsbereiche der Außenschale. Die Lüftungsöffnungen sollen auf 20 m^2 Wandfläche (Fenster und Türen eingerechnet) eine Fläche von jeweils etwa 7500 mm^2 haben.

c) Die Luftschicht darf erst 100 mm über Erdgleiche beginnen und muß von dort bzw. von der Oberkante Abfangkonstruktion (siehe 8.4.3.1, Aufzählung c) bis zum Dach bzw. bis Unterkante Abfangkonstruktion ohne Unterbrechung hochgeführt werden.

8.4.3.3 Zweischalige Außenwände mit Luftschicht und Wärmedämmung

Bei Anordnung einer zusätzlichen matten- oder plattenförmigen Wärmedämmschicht auf der Außenseite der Innenschale ist zusätzlich zu 8.4.3.2 zu beachten:

a) Bei Verwendung von Drahtankern nach Tabelle 11 darf der lichte Abstand der Mauerwerksschalen 150 mm nicht überschreiten.

   Bei größerem Abstand ist die Verankerung durch andere Verankerungsarten gemäß 8.4.3.1, Aufzählung e, 4. Absatz, nachzuweisen.

b) Die Luftschichtdicke von mindestens 40 mm darf nicht durch Unebenheit der Wärmedämmschicht eingeengt werden. Wird diese Luftschichtdicke unterschritten, gilt 8.4.3.4.

c) Hinsichtlich der Eigenschaften und Ausführung der Wärmedämmschicht ist 8.4.3.4, Aufzählung a, sinngemäß zu beachten.

8.4.3.4 Zweischalige Außenwände mit Kerndämmung

Zusätzlich zu 8.4.3.2 gilt:

Der lichte Abstand der Mauerwerksschalen darf 150 mm nicht überschreiten. Der Hohlraum zwischen den Mauerwerksschalen darf ohne verbleibende Luftschicht verfüllt werden, wenn Wärmedämmstoffe verwendet werden, die für diesen Anwendungsbereich genormt sind oder deren Brauchbarkeit nach den bauaufsichtlichen Vorschriften nachgewiesen ist, z. B. durch eine allgemeine bauaufsichtliche Zulassung.

In Außenschalen dürfen glasierte Steine oder Steine mit Oberflächenbeschichtungen nur verwendet werden, wenn deren Frostwiderstandsfähigkeit unter erhöhter Beanspruchung geprüft wurde.[1)]

Auf die vollfugige Vermauerung der Verblendschale und die sachgemäße Verfugung der Sichtflächen ist besonders zu achten.

Entwässerungsöffnungen in der Außenschale sollen auf 20 m^2 Wandfläche (Fenster und Türen eingerechnet) eine Fläche von mindestens 5000 mm^2 im Fußpunktbereich haben.

Als Baustoff für die Wärmedämmung dürfen z. B. Platten, Matten, Granulate und Schüttungen aus Dämmstoffen, die dauerhaft wasserabweisend sind, sowie Ortschäume verwendet werden.

Bei der Ausführung gilt insbesondere:

a) Platten- und mattenförmige Mineralfaserdämmstoffe sowie Platten aus Schaumkunst-

[1)] Mauerziegel nach DIN 52 252-1, Kalksandsteine nach DIN 106-2.

stoffen und Schaumglas als Kerndämmung sind an der Innenschale so zu befestigen, daß eine gleichmäßige Schichtdicke sichergestellt ist.

Platten- und mattenförmige Mineralfaserdämmstoffe sind so dicht zu stoßen, Platten aus Schaumkunststoffen so auszubilden und zu verlegen (Stufenfalz, Nut und Feder oder versetzte Lagen), daß ein Wasserdurchtritt an den Stoßstellen dauerhaft verhindert wird.

Materialausbruchstellen bei Hartschaumplatten (z. B. beim Durchstoßen der Drahtanker) sind mit einer lösungsmittelfreien Dichtungsmasse zu schließen.

Die Außenschale soll so dicht, wie es das Vermauern erlaubt (Fingerspalt), vor der Wärmedämmschicht errichtet werden.

b) Bei lose eingebrachten Wärmedämmstoffen (z. B. Mineralfasergranulat, Polystyrolschaumstoff-Partikeln, Blähperlit) ist darauf zu achten, daß der Dämmstoff den Hohlraum zwischen Außen- und Innenschale vollständig ausfüllt. Die Entwässerungsöffnungen am Fußpunkt der Wand müssen funktionsfähig bleiben. Das Ausrieseln des Dämmstoffes ist in geeigneter Weise zu verhindern (z. B. durch nichtrostende Lochgitter).

c) Ortschaum als Kerndämmung muß beim Ausschäumen den Hohlraum zwischen Außen- und Innenschale vollständig ausfüllen. Die Ausschäumung muß auf Dauer in ihrer Wirkung erhalten bleiben.

Für die Entwässerung gilt Aufzählung b sinngemäß.

8.4.3.5 Zweischalige Außenwände mit Putzschicht

Auf der Außenseite der Innenschale ist eine zusammenhängende Putzschicht aufzubringen. Davor ist die Außenschale (Verblendschale) so dicht, wie es das Vermauern erlaubt (Fingerspalt), vollfugig zu errichten.

Wird statt der Verblendschale eine geputzte Außenschale angeordnet, darf auf die Putzschicht auf der Außenseite der Innenschale verzichtet werden.

Für die Drahtanker nach 8.4.3.1, Aufzählung e, genügt eine Dicke von 3 mm.

Bezüglich der Entwässerungsöffnungen gilt 8.4.3.2, Aufzählung b, sinngemäß. Auf obere Entlüftungsöffnungen darf verzichtet werden.

Bezüglich der Dehnungsfugen gilt 8.4.3.1, Aufzählung h.

8.5 Gewölbe, Bogen und Gewölbewirkung

8.5.1 Gewölbe und Bogen

Gewölbe und Bogen sollen nach der Stützlinie für ständige Last geformt werden. Der Gewölbeschub ist durch geeignete Maßnahmen aufzunehmen. Gewölbe und Bogen größerer Stützweite und stark wechselnder Last sind nach der Elastizitätstheorie zu berechnen. Gewölbe und Bogen mit günstigem Stichverhältnis, voller Hintermauerung oder reichlicher Überschüttungshöhe und mit überwiegender ständiger Last dürfen nach dem Stützlinienverfahren untersucht werden, ebenso andere Gewölbe und Bogen mit kleineren Stützweiten.

8.5.2 Gewölbte Kappen zwischen Trägern

Bei vorwiegend ruhender Verkehrslast nach DIN 1055-3 ist für Kappen, deren Dicke erfahrungsgemäß ausreicht (Trägerabstand bis etwa 2,50 m), ein statischer Nachweis nicht erforderlich.

Die Mindestdicke der Kappen beträgt 115 mm.

Es muß im Verband gemauert werden (Kuff oder Schwalbenschwanz).

Die Stichhöhe muß mindestens $^1/_{10}$ der Kappenstützweite sein.

Die Endfelder benachbarter Kappengewölbe müssen Zuganker erhalten, deren Abstände höchstens gleich dem Trägerabstand des Endfeldes sind. Sie sind mindestens in den Drittelpunkten und an den Trägerenden anzuordnen. Das Endfeld darf nur dann als ausreichendes Widerlager (starre Scheibe) für die Aufnahme des Horizontalschubes der Mittelfelder angesehen werden, wenn seine Breite mindestens ein Drittel seiner Länge ist. Bei schlankeren Endfeldern sind die Anker über mindestens zwei Felder zu führen. Die Endfelder als Ganzes müssen seitliche Auflager erhalten, die in der Lage sind, den Horizontalschub der Mittelfelder auch dann aufzunehmen, wenn die Endfelder unbelastet sind. Die Auflager dürfen durch Vormauerung, dauernde Auflast, Verankerung oder andere geeignete Maßnahmen gesichert werden.

Über den Kellern von Gebäuden mit vorwiegend ruhender Verkehrslast von maximal 2 kN/m^2 darf ohne statischen Nachweis davon ausgegangen werden, daß der Horizontalschub von Kappen bis 1,3 m Stützweite durch mindestens 2 m lange, 240 mm dicke und höchstens 6 m voneinander entfernte Querwände aufgenommen wird, wobei diese gleichzeitig mit den Auflagerwänden der Endfelder (in der Regel Außenwände) im Verband zu mauern sind oder, wenn Loch- bzw. stehende Verzahnung angewendet wird, durch statisch gleichwertige Maßnahmen zu verbinden sind.

8.5.3 Gewölbewirkung über Wandöffnungen

Voraussetzung für die Anwendung dieses Abschnittes ist, daß sich neben und oberhalb des Trägers und der Lastflächen eine Gewölbewirkung ausbilden kann, dort also keine störenden Öffnungen liegen, und der Gewölbeschub aufgenommen werden kann.

Bei Sturz- oder Abfangträgern unter Wänden braucht als Last nur die Eigenlast des Teils der Wände eingesetzt zu werden, der durch ein gleichseitiges Dreieck über dem Träger umschlossen wird.

Gleichmäßig verteilte Deckenlasten oberhalb des Belastungsdreiecks bleiben bei der Bemessung der Träger unberücksichtigt. Deckenlasten, die innerhalb des Belastungsdreiecks als gleichmäßig verteilte Last auf das Mauerwerk wirken (z. B. bei Deckenplatten und Balkendecken mit Balkenabständen ≤ 1,25 m), sind nur auf der Strecke, in der sie innerhalb des Dreiecks liegen, einzusetzen (siehe Bild 11a).

Für Einzellasten, z. B. von Unterzügen, die innerhalb oder in der Nähe des Lastdreiecks liegen, darf eine Lastverteilung von 60 ° angenommen werden. Liegen Einzellasten außerhalb des Lastdreiecks, so brauchen sie nur berücksichtigt zu werden, wenn sie noch innerhalb der Stützweite des Trägers und unterhalb einer Horizontalen angreifen, die 250 mm über der Dreieckspitze liegt.

Solchen Einzellasten ist die Eigenlast des in Bild 11b horizontal schraffierten Mauerwerks zuzuschlagen.

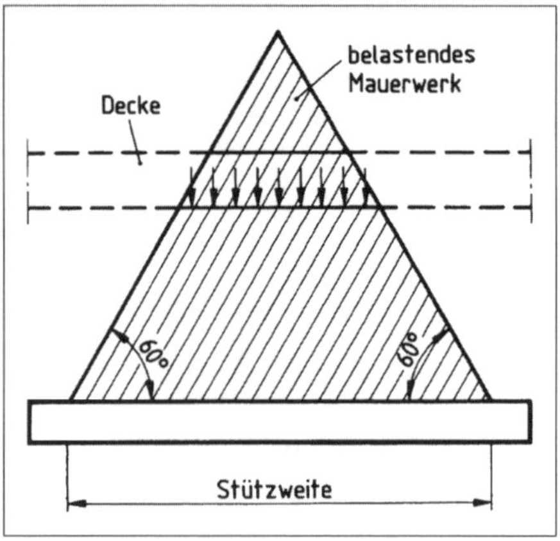

Bild 11a. Deckenlast über Wandöffnungen bei Gewölbewirkung

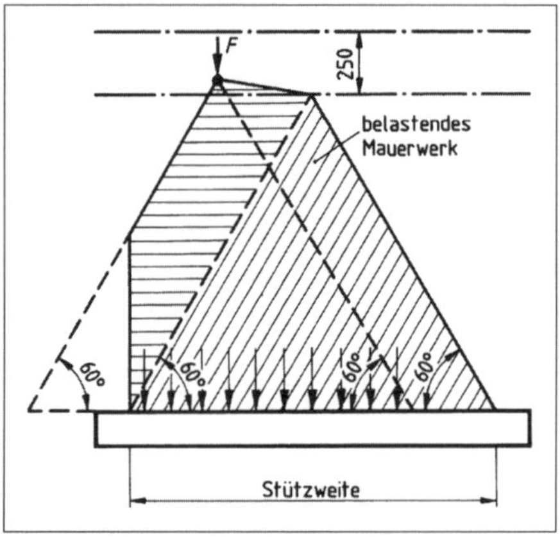

Bild 11b. Einzellast über Wandöffnungen bei Gewölbewirkung

9 Ausführung

9.1 Allgemeines

Bei stark saugfähigen Steinen und/oder ungünstigen Umgebungsbedingungen ist ein vorzeitiger und zu hoher Wasserentzug aus dem Mörtel durch Vornässen der Steine oder andere geeignete Maßnahmen einzuschränken, wie z. B.

a) durch Verwendung von Mörtel mit verbessertem Wasserrückhaltevermögen,

b) durch Nachbehandlung des Mauerwerks.

9.2 Lager-, Stoß- und Längsfugen

9.2.1 Vermauerung mit Stoßfugenvermörtelung

Bei der Vermauerung sind die Lagerfugen stets vollflächig zu vermauern und die Längsfugen satt zu verfüllen bzw. bei Dünnbettmörtel der Mörtel vollflächig aufzutragen. Stoßfugen sind in Abhängigkeit von der Steinform und vom Steinformat so zu verfüllen bzw. bei Dünnbettmörtel der Mörtel vollflächig aufzutragen, daß die Anforderungen an die Wand hinsichtlich des Schlagregenschutzes,

Wärmeschutzes, Schallschutzes sowie des Brandschutzes erfüllt werden können. Beispiele für Vermauerungsarten und Fugenausbildung sind in den Bildern 12a bis 12c angegeben.

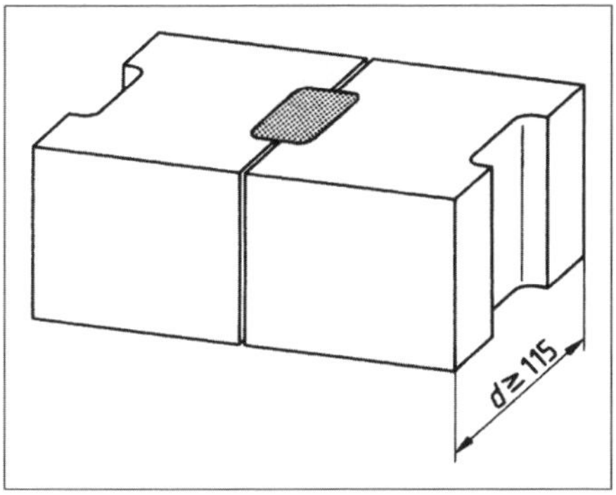

Bild 12a. Vermauerung von Steinen mit Mörteltaschen bei Knirschverlegung (Prinzipskizze)

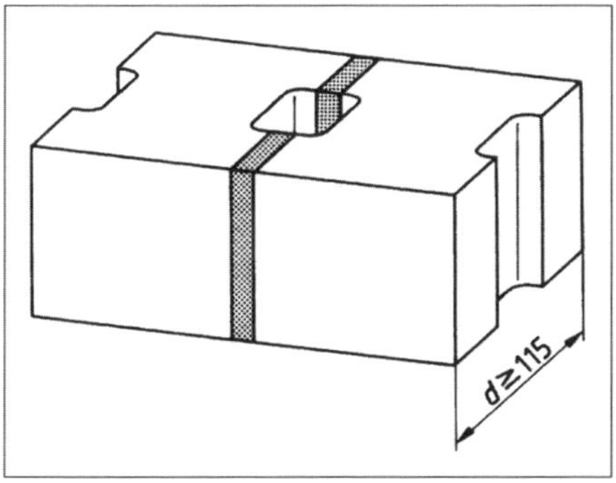

Bild 12b. Vermauerung von Steinen mit Mörteltaschen durch Auftragen von Mörtel auf die Steinflanken (Prinzipskizze)

Die Dicke der Fugen soll so gewählt werden, daß das Maß von Stein und Fuge dem Baurichtmaß bzw. dem Koordinierungsmaß entspricht. In der Regel sollen die Stoßfugen 10 mm und die Lagerfugen 12 mm dick sein. Bei Vermauerung der Steine mit Dünnbettmörtel muß die Dicke der Stoß- und Lagerfuge 1 bis 3 mm betragen.

Wenn Steine und Mörteltaschen vermauert werden, sollen die Steine entweder knirsch verlegt und die Mörteltaschen verfüllt werden (siehe Bild 12a) oder durch Auftragen von Mörtel auf die Steinflanken vermauert werden (siehe Bild 12b). Steine gelten dann als knirsch verlegt, wenn sie ohne Mörtel so dicht aneinander verlegt werden, wie dies wegen der herstellungsbedingten Unebenheiten der Stoßfugenflächen möglich ist. Der Abstand der Steine soll im allgemeinen nicht größer als 5 mm sein. Bei Stoßfugenbreiten > 5 mm müssen die Fugen beim Mauern beidseitig an der Wandoberfläche mit Mörtel verschlossen werden.

9.2.2 Vermauerung ohne Stoßfugenvermörtelung

Soll bei Verwendung von Normal-, Leicht- oder Dünnbettmörtel auf die Vermörtelung der Stoßfugen verzichtet werden, müssen hierzu die Steine hinsichtlich ihrer Form und Maße geeignet sein. Die Steine sind stumpf oder mit Verzahnung durch ein Nut- und Federsystem ohne Stoßfugenvermörtelung knirsch zu verlegen bzw. ineinander verzahnt zu versetzen (siehe Bild 12c).

Bei Stoßfugenbreiten > 5 mm müssen die Fugen beim Mauern beidseitig an der Wandoberfläche mit Mörtel verschlossen werden.

Die erforderlichen Maßnahmen zur Erfüllung der Anforderungen an die Bauteile hinsichtlich des Schlagregenschutzes, Wärmeschutzes, Schallschutzes sowie des Brandschutzes sind bei dieser Vermauerung besonders zu beachten.

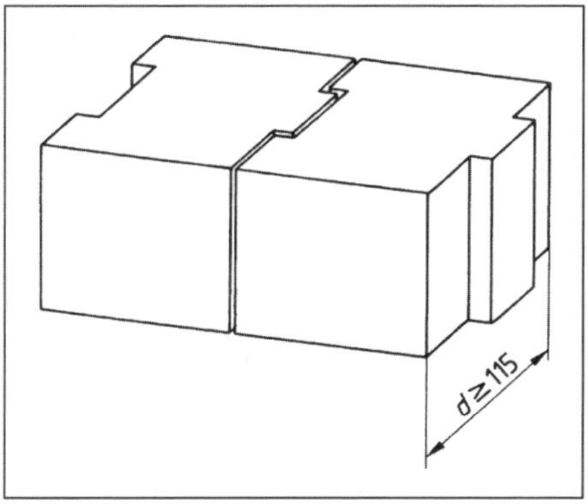

Bild 12c. Vermauerung von Steinen ohne Stoßfugenvermörtelung (Prinzipskizze)

9.2.3 Fugen in Gewölben

Bei Gewölben sind die Fugen so dünn wie möglich zu halten. Am Gewölberücken dürfen sie nicht dicker als 20 mm werden.

9.3 Verband

Es muß im Verband gemauert werden, d. h., die Stoß- und Längsfugen übereinanderliegender Schichten müssen versetzt sein.

Das Überbindemaß *ü* (siehe Bild 13) muß ≥ 0,4 *h* bzw. ≥ 45 mm sein, wobei *h* die Steinhöhe (Sollmaß) ist. Der größere Wert ist maßgebend.

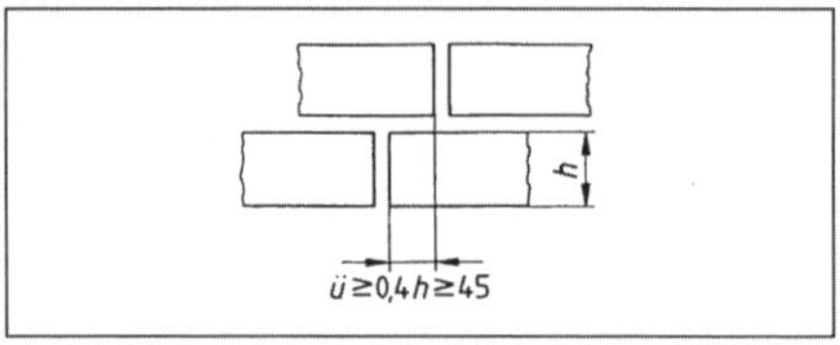

a) Stoßfugen (Wandansicht)

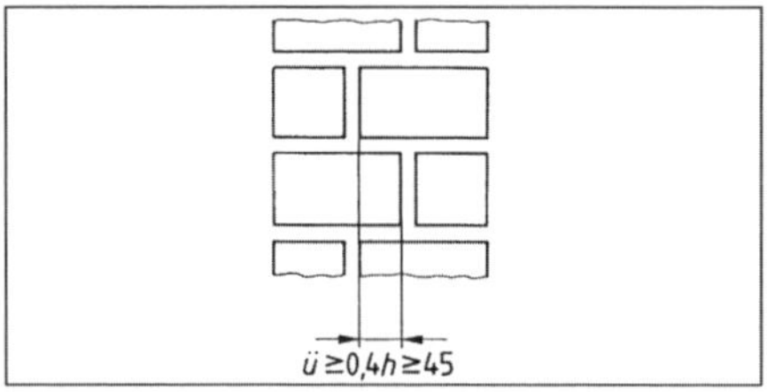

b) Längsfugen (Wandquerschnitt)

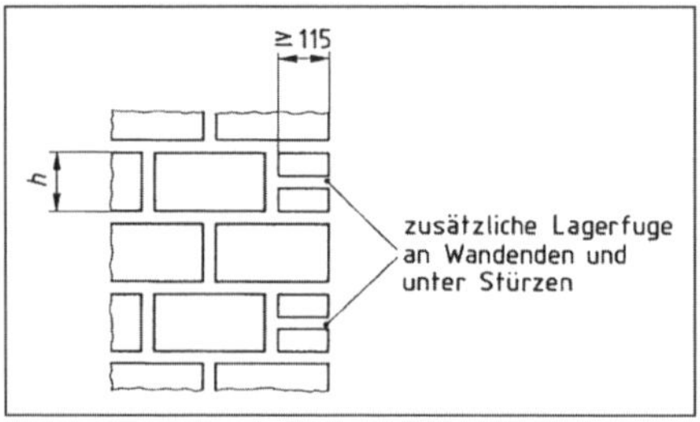

c) Höhenausgleich an Wandenden und Stürzen

Bild 13. Überbindemaß und zusätzliche Lagerfugen

Die Steine einer Schicht sollen gleiche Höhe haben. An Wandenden und unter Stürzen ist eine zusätzliche Lagerfuge in jeder zweiten Schicht zum Längen- und Höhenausgleich gemäß Bild 13c zulässig, sofern die Aufstandsfläche der Steine mindestens 115 mm lang ist und Steine und Mörtel mindestens gleiche Festigkeit wie im übrigen Mauerwerk haben. In Schichten mit Längsfugen darf die Steinhöhe nicht größer als die Steinbreite sein. Abweichend davon muß die Aufstandsbreite von Steinen der Höhe 175 und 240 mm mindestens 115 mm betragen. Für das Überbindemaß gilt Absatz 2. Die Absätze 1 und 3 gelten sinngemäß auch für Pfeiler und kurze Wände.

9.4 Mauern bei Frost

Bei Frost darf Mauerwerk nur unter besonderen Schutzmaßnahmen ausgeführt werden. Frostschutzmittel sind nicht zulässig; gefrorene Baustoffe dürfen nicht verwendet werden.

Frisches Mauerwerk ist vor Frost rechtzeitig zu schützen, z. B. durch Abdecken. Auf gefrorenem Mauerwerk darf nicht weitergemauert werden. Der Einsatz von Salzen zum Auftauen ist nicht zulässig. Teile von Mauerwerk, die durch Frost oder andere Einflüsse beschädigt sind, sind vor dem Weiterbau abzutragen.

10 Eignungsprüfungen

Eignungsprüfungen sind nur für Mörtel notwendig, wenn dies nach Anhang A, Abschnitt A.5, gefordert wird.

11 Kontrollen und Güteprüfungen auf der Baustelle

11.1 Rezeptmauerwerk (RM)

11.1.1 Mauersteine

Der bauausführende Unternehmer hat zu kontrollieren, ob die Angaben auf dem Lieferschein oder dem Beipackzettel mit den bautechnischen Unterlagen übereinstimmen. Im übrigen gilt DIN 18 200 in Verbindung mit den entsprechenden Normen für die Steine.

11.1.2 Mauermörtel

Bei Verwendung von Baustellenmörtel ist während der Bauausführung regelmäßig zu überprüfen, daß das Mischungsverhältnis nach Anhang A, Tabelle A.1, oder nach Eignungsprüfung eingehalten ist.

Bei Werkmörteln ist der Lieferschein oder der Verpackungsaufdruck daraufhin zu kontrollieren, ob die Angaben über Mörtelart und Mörtelgruppe mit den bautechnischen Unterlagen sowie die Sortennummer und das Lieferwerk mit der Bestellung übereinstimmen und das Überwachungszeichen ausgewiesen ist.

Bei allen Mörteln der Gruppe IIIa ist an jeweils drei Prismen aus drei verschiedenen Mischungen je Geschoß, aber mindestens je 10 m^3 Mörtel, die Mörteldruckfestigkeit nach DIN 18 555-3 nachzuweisen; sie muß dabei die Anforderungen an die Druckfestigkeit nach Anhang A, Tabelle A.2, Spalte 3, erfüllen.

Bei Gebäuden mit mehr als sechs gemauerten Vollgeschossen ist die geschoßweise Prüfung, mindestens aber je 20 m^3 Mörtel, auch bei Normalmörteln der Gruppen II, IIa und III sowie bei

Leicht- und Dünnbettmörteln durchzuführen, wobei bei den obersten drei Geschossen darauf verzichtet werden darf.

11.2 Mauerwerk nach Eignungsprüfung (EM)

11.2.1 Einstufungsschein, Eignungsnachweis des Mörtels

Vor Beginn jeder Baumaßnahme muß der Baustelle der Einstufungsschein und gegebenenfalls der Eignungsnachweis des Mörtels (siehe DIN 1053-2, 6.4, letzter Absatz) zur Verfügung stehen.

11.2.2 Mauersteine

Jeder Mauersteinlieferung ist ein Beipackzettel beizufügen, aus dem neben der Norm-Bezeichnung des Steines einschließlich der EM-Kennzeichnung die Steindruckfestigkeit nach Einstufungsschein, die Mörtelart und -gruppe, die Mauerwerksfestigkeitsklasse, die Einstufungsschein-Nr. und die ausstellende Prüfstelle ersichtlich sind. Das bauausführende Unternehmen hat zu kontrollieren, ob die Angaben auf dem Lieferschein und dem Beipackzettel mit den bautechnischen Unterlagen übereinstimmen und den Angaben auf dem Einstufungsschein entsprechen.

Im übrigen gilt DIN 18200 in Verbindung mit den entsprechenden Normen für die Steine.

11.2.3 Mörtel

Bei Verwendung von Baustellenmörtel ist während der Bauausführung regelmäßig zu überprüfen, daß das Mischungsverhältnis nach dem Einstufungsschein eingehalten wird.

Bei Werkmörtel ist der Lieferschein daraufhin zu kontrollieren, ob die Angaben über die Mörtelart und -gruppe, das Herstellwerk und die Sorten-Nr. den Angaben im Einstufungsschein entsprechen.

Bei Verwendung von Austauschmörteln nach DIN 1053-2, 6.4, letzter Absatz, ist entsprechend zu verfahren.

Bei allen Mörteln ist an jeweils 3 Prismen aus 3 verschiedenen Mischungen die Mörteldruckfestigkeit nach DIN 18555-3 nachzuweisen. Sie muß dabei die Anforderungen an die Druckfestigkeit nach Tabellen A.2, A.3 und A.4 bei Güteprüfung erfüllen. Diese Kontrollen sind für jeweils 10 m^3 verarbeiteten Mörtels, mindestens aber je Geschoß, vorzunehmen.

12 Natursteinmauerwerk

12.1 Allgemeines

Natursteine für Mauerwerk dürfen nur aus gesundem Gestein gewonnen werden. Ungeschützt dem Witterungswechsel ausgesetztes Mauerwerk muß ausreichend witterungswiderstandsfähig gegen diese Einflüsse sein.
Geschichtete (lagerhafte) Steine sind im Bauwerk so zu verwenden, wie es ihrer natürlichen Schichtung entspricht. Die Lagerfugen sollen rechtwinklig zum Kraftangriff liegen. Die Steinlängen sollen das Vier- bis Fünffache der Steinhöhen nicht über- und die Steinhöhe nicht unterschreiten.

12.2 Verband

12.2.1 Allgemeines

Der Verband bei reinem Natursteinmauerwerk muß im ganzen Querschnitt handwerksgerecht sein, d. h., daß

a) an der Vorder- und Rückfläche nirgends mehr als drei Fugen zusammenstoßen,
b) keine Stoßfuge durch mehr als zwei Schichten durchgeht,
c) auf zwei Läufer mindestens ein Binder kommt oder Binder- und Läuferschichten miteinander abwechseln,
d) die Dicke (Tiefe) der Binder etwa das $1^1/_2$fache der Schichthöhe, mindestens aber 300 mm, beträgt,
e) die Dicke (Tiefe) der Läufer etwa gleich der Schichthöhe ist,
f) die Überdeckung der Stoßfugen bei Schichtenmauerwerk mindestens 100 mm und bei Quadermauerwerk mindestens 150 mm beträgt und
g) an den Ecken die größten Steine (gegebenenfalls in Höhe von zwei Schichten) nach Bild 17 und Bild 18 eingebaut werden.

Lassen sich Zwischenräume im Innern des Mauerwerks nicht vermeiden, so sind sie mit geeigneten, allseits von Mörtel umhüllten Steinstücken so auszuzwickeln, daß keine unvermörtelten Hohlräume entstehen. In ähnlicher Weise sind auch weite Fugen auf der Vorder- und Rückseite von Zyklopenmauerwerk, Bruchsteinmauerwerk und hammerrechtem Schichtenmauerwerk zu behandeln. Sofern kein Fugenglattstrich ausgeführt wird, sind die Sichtflächen nachträglich zu verfugen. Sind die Flächen der Witterung ausgesetzt, so muß die Verfugung lückenlos sein und eine Tiefe mindestens gleich der Fugendicke haben. Die Art der Bearbeitung der Steine in der Sichtfläche ist nicht maßgebend für die zulässige Druckbeanspruchung und deshalb hier nicht behandelt.

12.2.2 Trockenmauerwerk (siehe Bild 14)

Bruchsteine sind ohne Verwendung von Mörtel unter geringer Bearbeitung in richtigem Verband so aneinanderzufügen, daß möglichst enge Fugen und kleine Hohlräume verbleiben. Die Hohlräume zwischen den Steinen müssen durch kleinere Steine so ausgefüllt werden, daß durch Einkeilen Spannung zwischen den Mauersteinen entsteht.

Trockenmauerwerk darf nur für Schwergewichtsmauern (Stützmauern) verwendet werden. Als Berechnungsgewicht dieses Mauerwerkes ist die Hälfte der Rohdichte des verwendeten Steines anzunehmen.

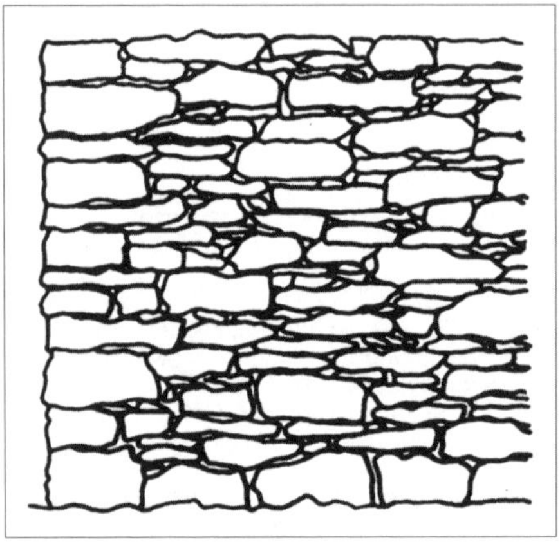

Bild 14. Trockenmauerwerk

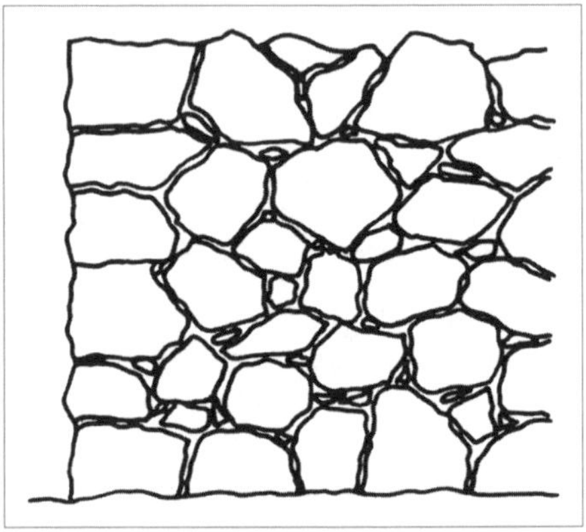

Bild 15. Zyklopenmauerwerk

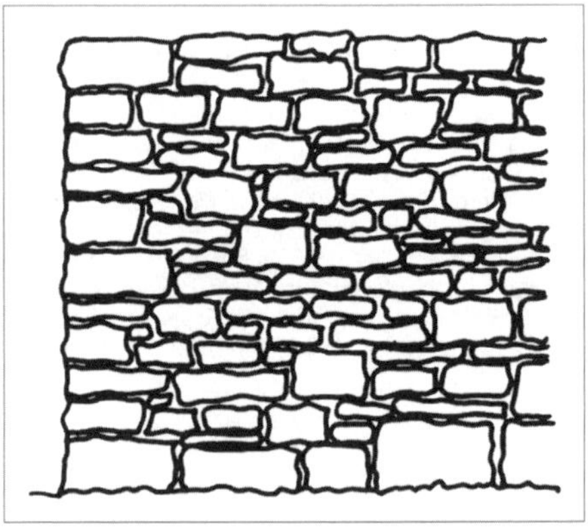

Bild 16. Bruchsteinmauerwerk

12.2.3 Zyklopenmauerwerk und Bruchsteinmauerwerk (siehe Bilder 15 und 16)

Wenig bearbeitete Bruchsteine sind im ganzen Mauerwerk im Verband und in Mörtel zu verlegen.

Das Bruchsteinmauerwerk ist in seiner ganzen Dicke und in Abständen von höchstens 1,50 m rechtwinklig zur Kraftrichtung auszugleichen.

12.2.4 Hammerrechtes Schichtenmauerwerk (siehe Bild 17)

Die Steine der Sichtfläche erhalten auf mindestens 120 mm Tiefe bearbeitete Lager- und Stoßfugen, die ungefähr rechtwinklig zueinander stehen.

Die Schichtdicke darf innerhalb einer Schicht und in den verschiedenen Schichten wechseln, jedoch

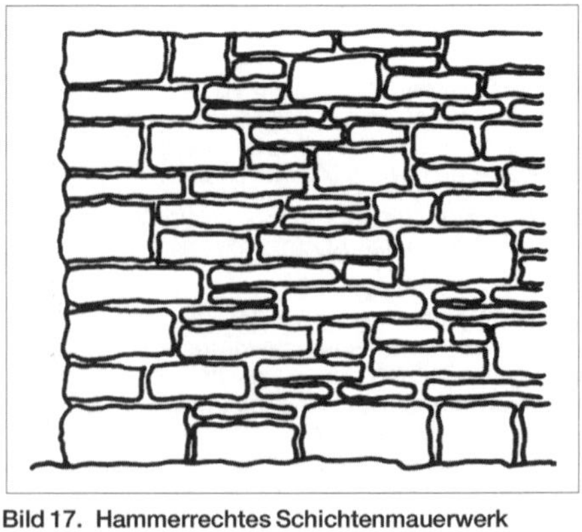

Bild 17. Hammerrechtes Schichtenmauerwerk

ist das Mauerwerk in seiner ganzen Dicke in Abständen von höchstens 1,50 m rechtwinklig zur Kraftrichtung auszugleichen.

12.2.5 Unregelmäßiges Schichtenmauerwerk (siehe Bild 18)

Die Steine der Sichtfläche erhalten auf mindestens 150 mm Tiefe bearbeitete Lager- und Stoßfugen, die zueinander und zur Oberfläche rechtwinklig stehen.

Die Fugen der Sichtfläche dürfen nicht dicker als 30 mm sein. Die Schichthöhe darf innerhalb einer Schicht und in den verschiedenen Schichten in mäßigen Grenzen wechseln, jedoch ist das Mauerwerk in seiner ganzen Dicke in Abständen von höchstens 1,50 m rechtwinklig zur Kraftrichtung auszugleichen.

12.2.6 Regelmäßiges Schichtenmauerwerk (siehe Bild 19)

Es gelten die Festlegungen nach Abschnitt 12.2.5. Darüber hinaus darf innerhalb einer Schicht die Höhe der Steine nicht wechseln; jede Schicht ist rechtwinklig zur Kraftrichtung auszugleichen. Bei Gewölben, Kuppeln und dergleichen müssen die Lagerfugen über die ganze Gewölbedicke hindurchgehen. Die Schichtsteine sind daher auf ihrer ganzen Tiefe in den Lagerfugen zu bearbeiten, während bei den Stoßfugen eine Bearbeitung auf 150 mm Tiefe genügt.

12.2.7 Quadermauerwerk (siehe Bild 20)

Die Steine sind nach den angegebenen Maßen zu bearbeiten. Lager- und Stoßfugen müssen in ganzer Tiefe bearbeitet sein.

12.2.8 Verblendmauerwerk (Mischmauerwerk)

Verblendmauerwerk darf unter den folgenden Bedingungen zum tragenden Querschnitt gerechnet werden:

a) Das Verblendmauerwerk muß gleichzeitig mit der Hintermauerung im Verband gemauert werden,

b) es muß mit der Hintermauerung durch mindestens 30 % Bindersteine verzahnt werden,

c) die Bindersteine müssen mindestens 240 mm dick (tief) sein und mindestens 100 mm in die Hintermauerung eingreifen,

d) die Dicke von Platten muß gleich oder größer als $^1/_3$ ihrer Höhe und mindestens 115 mm sein,

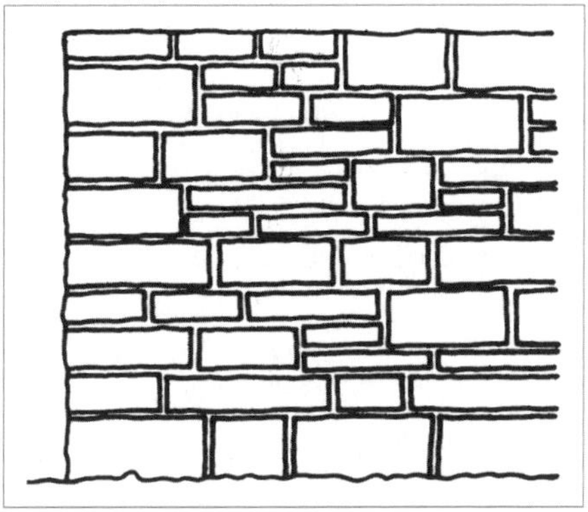

Bild 18. Unregelmäßiges Schichtenmauerwerk

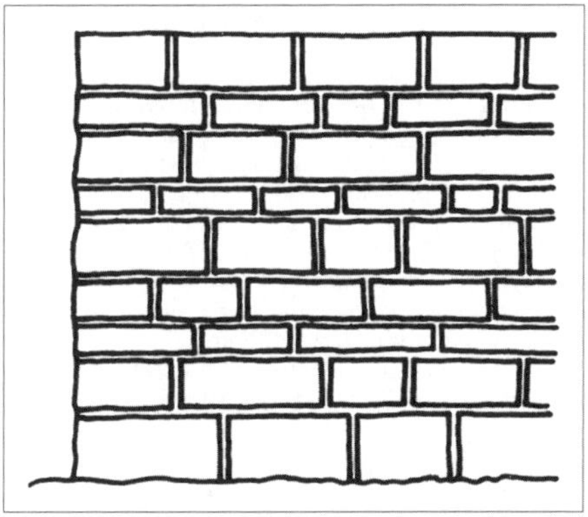

Bild 19. Regelmäßiges Schichtenmauerwerk

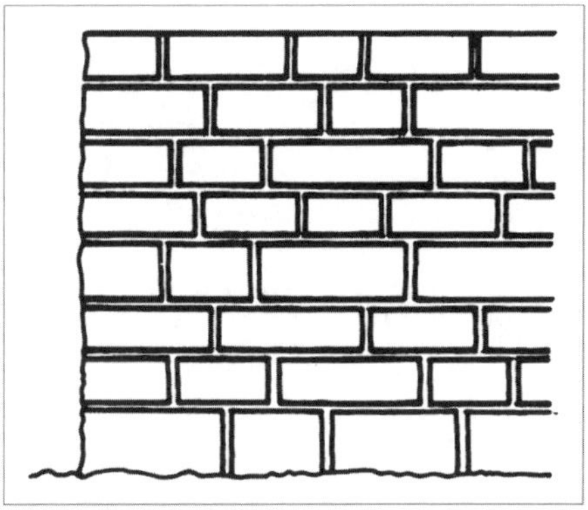

Bild 20. Quadermauerwerk

e) bei Hintermauerungen aus künstlichen Steinen (Mischmauerwerk) darf außerdem jede dritte Natursteinschicht nur aus Bindern bestehen.

Besteht der hintere Wandteil aus Beton, so gelten die vorstehenden Bedingungen sinngemäß.
Bei Pfeilern dürfen Plattenverkleidungen nicht zum tragenden Querschnitt gerechnet werden.
Für die Ermittlung der zulässigen Beanspruchung des Bauteils ist das Material (Mauerwerk, Beton) mit der niedrigsten zulässigen Beanspruchung maßgebend.
Verblendmauerwerk, das nicht die Bedingungen der Aufzählungen a bis e erfüllt, darf nicht zum tragenden Querschnitt gerechnet werden. Geschichtete Steine dürfen dann auch gegen ihr Lager vermauert werden, wenn sie parallel zur Schichtung eine Mindestdruckfestigkeit von 20 MN/m² besitzen. Nichttragendes Verblendmauerwerk ist nach 8.4.3.1, Aufzählung e, zu verankern und nach Aufzählung d desselben Abschnittes abzufangen.

12.3 Zulässige Beanspruchung

12.3.1 Allgemeines

Die Druckfestigkeit von Gestein, das für tragende Bauteile verwendet wird, muß mindestens 20 N/mm² betragen. Abweichend davon ist Mauerwerk der Güteklasse N 4 aus Gestein mit der Mindestdruckfestigkeit von 5 N/mm² zulässig, wenn die Grundwerte σ_0 nach Tabelle 14 für die Steinfestigkeit β_{St} = 20 N/mm² nur zu einem Drittel angesetzt werden. Bei einer Steinfestigkeit von 10 N/mm² sind die Grundwerte σ_0 zu halbieren.
Erfahrungswerte für die Mindestdruckfestigkeit einiger Gesteinsarten sind in Tabelle 12 angegeben.

Tabelle 12: Mindestdruckfestigkeit der Gesteinsarten

Gesteinsarten	Mindestdruckfestigkeit N/mm²
Kalkstein, Travertin, vulkanische Tuffsteine	20
Weiche Sandsteine (mit tonigem Bindemittel) und dergleichen	30
Dichte (feste) Kalksteine und Dolomite (einschließlich Marmor), Basaltlava und dergleichen	50
Quarzitische Sandsteine (mit kieseligem Bindemittel), Grauwacke und dergleichen	80
Granit, Syenit, Diorit, Quarzporphyr, Melaphyr, Diabas und dergleichen	120

Als Mörtel darf nur Normalmörtel verwendet werden.

Das Natursteinmauerwerk ist nach seiner Ausführung (insbesondere Steinform, Verband und Fugenausbildung) in die Güteklassen N 1 bis N 4 einzustufen. Tabelle 13 und Bild 21 geben einen Anhalt für die Einstufung. Die darin aufgeführten Anhaltswerte Fugenhöhe/Steinlänge, Neigung der Lagerfuge und Übertragungsfaktor sind als Mittelwerte anzusehen. Der Übertragungsfaktor ist das Verhältnis von Überlappungsflächen der Steine zu Wandquerschnitt im Grundriß. Die Grundeinstufung nach Tabelle 13 beruht auf üblichen Ausführungen.

Tabelle 13: Anhaltswerte zur Güteklasseneinstufung von Natursteinmauerwerk

Güteklasse	Grundeinstufung	Fugenhöhe/Steinlänge h/l	Neigung der Lagerfuge $\tan \alpha$	Übertragungsfaktor η
N 1	Bruchsteinmauerwerk	≤ 0,25	≤ 0,30	≥ 0,5
N 2	Hammerrechtes Schichtenmauerwerk	≤ 0,20	≤ 0,15	≥ 0,65
N 3	Schichtenmauerwerk	≤ 0,13	≤ 0,10	≥ 0,75
N 4	Quadermauerwerk	≤ 0,07	≤ 0,05	≥ 0,85

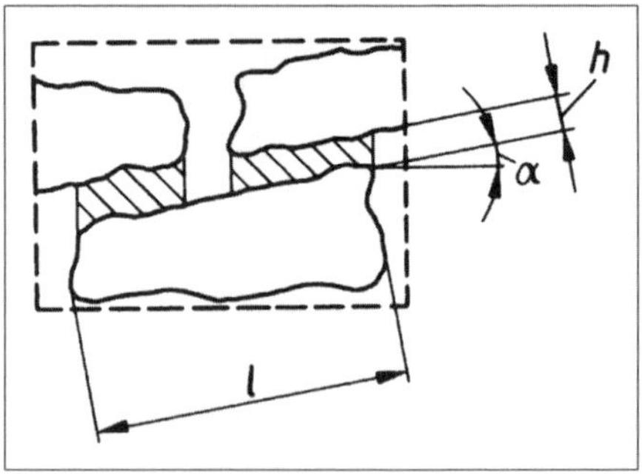

a) Ansicht

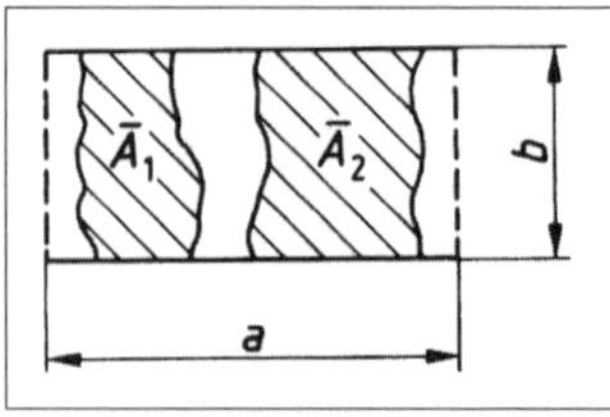

$$\eta = \frac{\sum \bar{A}_i}{a \cdot b}$$

b) Grundriß des Wandquerschnittes

Bild 21. Darstellung der Anhaltswerte nach Tabelle 13

Die Mindestdicke von tragendem Natursteinmauerwerk beträgt 240 mm, der Mindestquerschnitt 0,1 m².

12.3.2 Spannungsnachweis bei zentrischer und exzentrischer Druckbeanspruchung

Die Grundwerte σ_0 der zulässigen Spannungen von Natursteinmauerwerk ergeben sich in Abhängigkeit von der Güteklasse, der Steinfestigkeit und der Mörtelgruppe nach Tabelle 14.

In Tabelle 14 bedeutet β_{st} die charakteristische Druckfestigkeit der Natursteine (5%-Quantil bei 90% Aussagewahrscheinlichkeit), geprüft nach DIN 52105.

Wände der Schlankheit $h_K/d > 10$ sind nur in den Güteklassen N 3 und N 4 zulässig. Schlankheiten $h_K/d > 14$ sind nur bei mittiger Belastung zulässig, Schlankheiten $h_K/d > 20$ sind unzulässig.

Bei Schlankheiten $h_K/d \leq 10$ sind als zulässige Spannungen die Grundwerte σ_0 nach Tabelle 14 anzusetzen. Bei Schlankheiten $h_K/d > 10$ sind die Grundwerte σ_0 nach Tabelle 14 mit dem Faktor

$$\frac{25 - h_K/d}{15}$$ abzumindern.

Tabelle 14: Grundwerte σ_0 der zulässigen Druckspannungen für Natursteinmauerwerk mit Normalmörtel

Güteklasse	Steinfestigkeit β_{st} N/mm²	Grundwerte σ_0 [1] Mörtelgruppe I MN/m²	II MN/m²	IIa MN/m²	III MN/m²
N 1	≥ 20	0,2	0,5	0,8	1,2
	≥ 50	0,3	0,6	0,9	1,4
N 2	≥ 20	0,4	0,9	1,4	1,8
	≥ 50	0,6	1,1	1,6	2,0
N 3	≥ 20	0,5	1,5	2,0	2,5
	≥ 50	0,7	2,0	2,5	3,5
	≥ 100	1,0	2,5	3,0	4,0
N 4	≥ 20	1,2	2,0	2,5	3,0
	≥ 50	2,0	3,5	4,0	5,0
	≥ 100	3,0	4,5	5,5	7,0

[1] Bei Fugendicken über 40 mm sind die Grundwerte σ_0 um 20 % zu vermindern.

12.3.3 Zug- und Biegezugspannungen

Zugspannungen sind im Regelfall in Natursteinmauerwerk der Güteklassen N 1, N 2 und N 3 unzulässig.

Bei Güteklasse N 4 gilt 6.9.4 sinngemäß mit max σ_Z = 0,20 MN/m².

12.3.4 Schubspannungen

Für den Nachweis der Schubspannungen gilt 6.9.5 mit dem Höchstwert max τ = 0,3 MN/m².

Anhang A Mauermörtel

A.1 Mörtelarten

Mauermörtel ist ein Gemisch von Sand, Bindemittel und Wasser, gegebenenfalls auch Zusatzstoff und Zusatzmittel.

Es werden unterschieden:

a) Normalmörtel (NM),

b) Leichtmörtel (LM) und

c) Dünnbettmörtel (DM).

Normalmörtel sind baustellengefertigte Mörtel oder Werkmörtel mit Zuschlagarten nach DIN 4226-1 mit einer Trockenrohdichte von mindestens 1,5 kg/dm³. Diese Eigenschaft ist für Mörtel nach Tabelle A.1 gegeben; für Mörtel nach Eignungsprüfung ist sie nachzuweisen.

Leichtmörtel[1] sind Werk-Trocken- oder Werk-Frischmörtel mit einer Trockenrohdichte < 1,5 kg/dm³ mit Zuschlagarten nach DIN 4226-1 und 4226-2 sowie Leichtzuschlag, dessen Brauchbarkeit nach den bauaufsichtlichen Vorschriften nachgewiesen ist (siehe Abschnitt 1, Anmerkung).

Dünnbettmörtel sind Werk-Trockenmörtel aus Zuschlagarten nach DIN 4226-1 mit einem Größtkorn von 1,0 mm, Zement nach DIN 1164-1 sowie Zusätzen (Zusatzmittel, Zusatzstoffe). Die organischen Bestandteile dürfen einen Massenanteil von 2 % nicht überschreiten.

Normalmörtel werden in die Mörtelgruppen I, II, IIa, III und IIIa eingeteilt; Leichtmörtel in die Gruppen LM 21 und LM 36; Dünnbettmörtel wird der Gruppe III zugeordnet.

[1] DIN 4108-4 ist zu beachten.

A.2 Bestandteile und Anforderungen

A.2.1 Sand

Sand muß aus Zuschlagarten nach DIN 4226-1, Abschnitt 4, und/oder DIN 4226-2 oder aus Zuschlag, dessen Brauchbarkeit nach den bauaufsichtlichen Vorschriften nachgewiesen ist (siehe Abschnitt 1, Anmerkung), bestehen.

Er soll gemischtkörnig sein und darf keine Bestandteile enthalten, die zu Schäden an Mörtel oder Mauerwerk führen.

Solche Bestandteile können z. B. sein: größere Mengen Abschlämmbares, sofern dieses aus Ton oder Stoffen organischen Ursprungs besteht (z. B. pflanzliche, humusartige oder Kohlen-, insbesondere Braunkohlenanteile).

Als abschlämmbare Bestandteile werden Kornanteile unter 0,063 mm bezeichnet (siehe DIN 4226-1). Die Prüfung erfolgt nach DIN 4226-3. Ist der Masseanteil an abschlämmbaren Bestandteilen größer als 8 %, so muß die Brauchbarkeit des Zuschlages bei der Herstellung von Mörtel durch eine Eignungsprüfung nach A.5 nachgewiesen werden. Eine Eignungsprüfung ist auch erforderlich, wenn bei der Prüfung mit Natronlauge nachDIN 4226-3 eine tiefgelbe, bräunliche oder rötliche Verfärbung festgestellt wird.

Der Leichtzuschlag muß die Anforderungen an den Glühverlust, die Raumbeständigkeit und an die Schüttdichte nach DIN 4226-2 erfüllen, jedoch darf bei Leichtzuschlag mit einer Schüttdichte < 0,3 kg/dm^3 die geprüfte Schüttdichte von dem aufgrund der Eignungsprüfung festgelegten Sollwert um nicht mehr als 20 % abweichen.

A.2.2 Bindemittel

Es dürfen nur Bindemittel nach DIN 1060-1, DIN 1164-1 sowie DIN 4211 verwendet werden.

A.2.3 Zusatzstoffe

Zusatzstoffe sind fein aufgeteilte Zusätze, die die Mörteleigenschaften beeinflussen und im Gegensatz zu den Zusatzmitteln in größerer Menge zugegeben werden. Sie dürfen das Erhärten des Bindemittels, die Festigkeit und die Beständigkeit des Mörtels sowie den Korrosionsschutz der Bewehrung im Mörtel bzw. von stählernen Verankerungskonstruktionen nicht unzulässig beeinträchtigen.

Als Zusatzstoffe dürfen nur Baukalke nach DIN 1060-1, Gesteinsmehle nach DIN 4226-1, Traß nach DIN 51 043 und Betonzusatzstoffe mit Prüfzeichen sowie geeignete Pigmente (z. B. nach DIN 53 237) verwendet werden.

Zusatzstoffe dürfen nicht auf den Bindemittelgehalt angerechnet werden, wenn die Mörtelzusammensetzung nach Tabelle A.1 festgelegt wird; für diese Mörtel darf der Volumenanteil höchstens 15 % vom Sandgehalt betragen. Eine Eignungsprüfung ist in diesem Fall nicht erforderlich.

A.2.4 Zusatzmittel

Zusatzmittel sind Zusätze, die die Mörteleigenschaften durch chemische oder physikalische Wirkung ändern und in geringer Menge zugegeben werden, wie z. B. Luftporenbildner, Verflüssiger, Dichtungsmittel, Erstarrungsbeschleuniger und Verzögerer, sowie solche, die den Haftverbund zwischen Mörtel und Stein günstig beeinflussen. Luftporenbildner dürfen nur in der Menge zugeführt werden, daß bei Normalmörtel und Leichtmörtel die Trockenrohdichte um höchstens 0,3 kg/dm^3 vermindert wird.

Zusatzmittel dürfen nicht zu Schäden am Mörtel oder am Mauerwerk führen. Sie dürfen auch die Korrosion der Bewehrung oder der stählernen Verankerungen nicht fördern. Diese Anforderung gilt für Betonzusatzmittel mit allgemeiner bauaufsichtlicher Zulassung als erfüllt.

Für andere Zusatzmittel ist die Unschädlichkeit nach den Zulassungsrichtlinien[2)] für Betonzusatzmittel durch Prüfung des Halogengehaltes und durch die elektrochemische Prüfung nachzuweisen.

Da Zusatzmittel einige Eigenschaften positiv und unter Umständen gleichzeitig andere aber auch negativ beeinflussen können, ist vor Verwendung eines Zusatzmittels stets eine Mörtel-Eignungsprüfung nach A.5 durchzuführen.

---

2) Richtlinien für die Erteilung von Zulassungen für Betonzusatzmittel (Zulassungsrichtlinien), Fassung Juni 1993, abgedruckt in den Mitteilungen des Deutschen Instituts für Bautechnik, 1993, Heft 5.

A.3 Mörtelzusammensetzung und Anforderungen

A.3.1 Normalmörtel (NM)

Die Zusammensetzung der Mörtelgruppen für Normalmörtel ergibt sich ohne besonderen Nachweis aus Tabelle A.1. Mörtel der Gruppe IIIa soll wie Mörtel der Gruppe III nach Tabelle A.1 zusammengesetzt sein. Die größere Festigkeit soll vorzugsweise durch Auswahl geeigneter Sande erreicht werden.

Für Mörtel der Gruppen II, IIa und III, die in ihrer Zusammensetzung nicht Tabelle A.1 entsprechen, sowie stets für Mörtel der Gruppe IIIa sind Eignungsprüfungen nach A.5.2 durchzuführen; dabei müssen die Anforderungen nach Tabelle A.2 erfüllt werden.

Tabelle A.1: Mörtelzusammensetzung, Mischungsverhältnisse für Normalmörtel in Raumteilen

	1	2	3	4	5	6	7
	Mörtelgruppe	Luftkalk		Hydraulischer Kalk	Hydraulischer Kalk (HL 5), Putz- und Mauerbinder	Zement	Sand[1] aus natürlichem Gestein
	MG	Kalkteig	Kalkhydrat	(HL 2)	(MC 5)		
1	I	1	–	–	–	–	4
2		–	1	–	–	–	3
3		–	–	1	–	–	3
4		–	–	–	1	–	4,5
5	II	1,5	–	–	–	1	8
6		–	2	–	–	1	8
7		–	–	2	–	1	8
8		–	–	–	1	–	3
9	IIa	–	1	–	–	1	6
10		–	–	–	2	1	8
11	III	–	–	–	–	1	4
12	IIIa[2]	–	–	–	–	1	4

[1] Die Werte des Sandanteils beziehen sich auf den lagerfeuchten Zustand.
[2] Siehe auch A.3.1.

Tabelle A.2: Anforderungen an Normalmörtel

1	2	3	4
Mörtelgruppe	Mindestdruckfestigkeit[1] im Alter von 28 Tagen Mittelwert		Mindesthaftscherfestigkeit im alter von 28 tagen[4] bei Eignungsprüfung
	bei Eignungsprüfung[2)3)]	bei Güteprüfung	
MG	N/mm²	N/mm²	N/mm²
I	–	–	–
II	3,5	2,5	0,10
IIa	7	5	0,20
III	14	10	0,25
IIIa	25	20	0,30

[1] Mittelwert der Druckfestigkeit von sechs Proben (aus drei Prismen). Die Einzelwerte dürfen nicht mehr als 10 % vom arithmetischen Mittel abweichen.
[2] Zusätzlich ist die Druckfestigkeit des Mörtels in der Fuge zu prüfen. Diese Prüfung wird z. Z. nach der „Vorläufigen Richtlinie zur Ergänzung der Eignungsprüfung von Mauermörtel; Druckfestigkeit in der Lagerfuge; Anforderungen, Prüfung" durchgeführt. Die dort festgelegten Anforderungen sind zu erfüllen.
[3] Richtwert bei Werkmörtel.
[4] Als Referenzstein ist Kalksandstein DIN 106 – KS 12 – 2,0 – NF (ohne Lochung bzw. Grifföffnung) mit einer Eigenfeuchte von 3 bis 5 % (Masseanteil) zu verwenden, dessen Eignung für diese Prüfung von der Amtlichen Materialprüfanstalt für das Bauwesen beim Institut für Baustoffkunde und Materialprüfung der Universität Hannover, Nienburger Straße 3, 30617 Hannover, bescheinigt worden ist.
Die maßgebende Haftscherfestigkeit ergibt sich aus dem Prüfwert, multipliziert mit dem Prüffaktor 1,2.

H

A.3.2 Leichtmörtel (LM)

Für Leichtmörtel ist die Zusammensetzung aufgrund einer Eignungsprüfung (siehe A.5.3) festzulegen.

Leichtmörtel müssen die Anforderungen nach Tabelle A.3 erfüllen.

Zusätzlich müssen Zuschlagarten nach DIN 4226-1 und DIN 4226-2 sowie Zuschlag, dessen Brauchbarkeit nach den bauaufsichtlichen Vorschriften nachgewiesen ist (siehe Abschnitt 1, Anmerkung), den Anforderungen nach A.2.1, letzter Absatz, genügen.

Tabelle A.3: Anforderungen an Leichtmörtel

		Anforderungen bei				Prüfung nach
		Eignungsprüfung		Güteprüfung		
		LM 21	LM 36	LM 21	LM 36	
1	Druckfestigkeit im Alter von 28 Tagen, in N/mm^2	≥ 7[2)1)]	≥ 7[1)]	≥ 5	≥ 5	DIN 18 555-3
2	Querdehnungsmodul E_q im Alter von 28 Tagen, in N/mm^2	$> 7{,}5 \cdot 10^3$	$> 15 \cdot 10^3$	[3)]	[3)]	DIN 18 555-4
3	Längsdehnungsmodul E_l im Alter von 28 Tagen, in N/mm^2	$> 2 \cdot 10^3$	$> 3 \cdot 10^3$	–	–	DIN 18 555-4
4	Haftscherfestigkeit[4)] im Alter von 28 Tagen, in N/mm^2	≥ 0,20	≥ 0,20	–	–	DIN 18 555-5
5	Trockenrohdichte[6)] im Alter von 28 Tagen, in kg/dm^3	≤ 0,7	≤ 1,0	[5)]	[5)]	DIN 18 555-3
6	Wärmeleitfähigkeit[6)] λ_{10tr} in W/(m · K)	≤ 0,18	≤ 0,27	–	–	DIN 52 612-1

1) Siehe Fußnote 2) in Tabelle A.2.
2) Richtwert.
3) Trockenrohdichte als Ersatzprüfung, bestimmt nach DIN 18 555-3.
4) Siehe Fußnote 4) in Tabelle A.2.
5) Grenzabweichung höchstens ± 10 % von dem bei der Eignungsprüfung ermittelten Wert.
6) Bei Einhaltung der Trockenrohdichte nach Zeile 5 gelten die Anforderungen an die Wärmeleitfähigkeit ohne Nachweis als erfüllt. Bei einer Trockenrohdichte größer als 0,7 kg/dm^3 für LM 21 sowie größer als 1,0 kg/dm^3 für LM 36 oder bei Verwendung von Quarzsandzuschlag sind die Anforderungen nachzuweisen.

Tabelle A.4: Anforderungen an Dünnbettmörtel

		Anforderungen bei		Prüfung nach
		Eignungsprüfung	Güteprüfung	
1	Druckfestigkeit[1)] im Alter von 28 Tagen, in N/mm^2	≥ 14[4)]	≥ 10	DIN 18 555-3
2	Druckfestigkeit[1)] im Alter von 28 Tagen bei Feuchtlagerung, in N/mm^2	≥ 70 % vom Istwert der Zeile 1		DIN 18 555-3, jedoch Feuchtlagerung[2)]
3	Haftscherfestigkeit[3)] im Alter von 28 Tagen in N/mm^2	≥ 0,5	–	DIN 18 555-5
4	Verarbeitbarkeitszeit, in h	≥ 4	–	DIN 18 555-8
5	Korrigierbarkeitszeit, in min	≥ 7	–	DIN 18 555-8

1) Siehe Fußnote 1) in Tabelle A.2.
2) Bis zum Alter von 7 Tagen im Klima 20/95 nach DIN 18 555-3, danach 7 Tage im Normalklima DIN 50 014-20/65-2 und 14 Tage unter Wasser bei +20 °C.
3) Siehe Fußnote 4) in Tabelle A.2.
4) Richtwert.

Bei der Bestimmung der Längs- und Querdehnungsmoduln gilt in Zweifelsfällen der Querdehnungsmodul als Referenzgröße.

A.3.3 Dünnbettmörtel (DM)

Für Dünnbettmörtel ist die Zusammensetzung aufgrund einer Eignungsprüfung (siehe A.5.4) festzulegen. Dünnbettmörtel müssen die Anforderungen nach Tabelle A.4 erfüllen.

A.3.4 Verarbeitbarkeit

Alle Mörtel müssen eine verarbeitungsgerechte Konsistenz aufweisen. Aus diesem Grunde dürfen Zusätze zur Verbesserung der Verarbeitbarkeit und des Wasserrückhaltevermögens zugegeben werden (siehe A.2.4). In diesem Fall sind Eignungsprüfungen erforderlich (siehe aber A.2.3).

A.4 Herstellung des Mörtels

A.4.1 Baustellenmörtel

Bei der Herstellung des Mörtels auf der Baustelle müssen Maßnahmen für die trockene und witterungsgeschützte Lagerung der Bindemittel, Zusatzstoffe und Zusatzmittel und eine saubere Lagerung des Zuschlages getroffen werden.

Für das Abmessen der Bindemittel und des Zuschlages, gegebenenfalls auch der Zusatzstoffe und der Zusatzmittel, sind Waagen oder Zumeßbehälter (z. B. Behälter oder Mischkästen mit volumetrischer Einteilung, jedoch keine Schaufeln) zu verwenden, die eine gleichmäßige Mörtelzusammensetzung erlauben. Die Stoffe müssen im Mischer so lange gemischt werden, bis ein gleichmäßiges Gemisch entstanden ist. Eine Mischanweisung ist deutlich sichtbar am Mischer anzubringen.

A.4.2 Werkmörtel

Werkmörtel sind nach DIN 18 557 herzustellen, zu liefern und zu überwachen. Es werden folgende Lieferformen unterschieden:

a) Werk-Trockenmörtel

b) Werk-Vormörtel und

c) Werk-Frischmörtel (einschließlich Mehrkammer-Silomörtel).

Bei der Weiterbehandlung dürfen dem Werk-Trockenmörtel nur die erforderlichen Wassermengen und dem Werk-Vormörtel außer der erforderlichen Wassermenge die erforderliche Zementmenge zugegeben werden. Werkmörteln dürfen jedoch auf der Baustelle keine Zuschläge und Zusätze (Zusatzstoffe und Zusatzmittel) zugegeben werden. Mehrkammer-Silomörtel dürfen nur mit dem vom Werk fest eingestellten Mischungsverhältnis unter Zugabe der erforderlichen Wassermenge erstellt werden.

Werk-Vormörtel und Werk-Trockenmörtel müssen auf der Baustelle in einem Mischer aufbereitet werden. Werk-Frischmörtel ist gebrauchsfertig in verarbeitbarer Konsistenz zu liefern.

A.5 Eignungsprüfungen

A.5.1 Allgemeines

Eignungsprüfungen sind für Mörtel erforderlich,

a) wenn die Brauchbarkeit des Zuschlages nach A.2.1 nachzuweisen ist,

b) wenn Zusatzstoffe (siehe aber A.2.3) oder Zusatzmittel verwendet werden,

c) bei Baustellenmörtel, wenn dieser nicht nach Tabelle A.1 zusammengesetzt ist oder Mörtel der Gruppe IIIa verwendet wird,

d) bei Werkmörtel einschließlich Leicht- und Dünnbettmörtel,

e) bei Bauwerken mit mehr als sechs gemauerten Vollgeschossen.

Die Eignungsprüfung ist zu wiederholen, wenn sich die Ausgangsstoffe oder die Zusammensetzung des Mörtels wesentlich ändert.

Bei Mörteln, die zur Beeinflussung der Verarbeitungszeit Zusatzmittel enthalten, sind die Probekörper am Beginn und am Ende der vom Hersteller anzugebenden Verarbeitungszeit herzustellen. Die Prüfung erfolgt stets im Alter von 28 Tagen, gerechnet vom Beginn der Verarbeitungszeit. Die Anforderungen sind von Proben beider Entnahmetermine zu erfüllen.

A.5.2 Normalmörtel

Es sind die Konsistenz und die Rohdichte des Frischmörtels nach DIN 18 555-2 zu ermitteln. Außerdem sind die Druckfestigkeit nach DIN 18 555-3 und zusätzlich nach der vorläufigen Richtlinie zur Ergänzung der Eignungsprüfung von Mauermörtel und die Haftscherfestigkeit nach DIN 18 555-5[3] nachzuweisen. Dabei sind die Anforderungen nach Tabelle A.2 zu erfüllen.

A.5.3 Leichtmörtel

Es sind zu ermitteln:

a) Druckfestigkeit im Alter von 28 Tagen nach DIN 18 555-3 und Druckfestigkeit des Mörtels in

H

der Fuge nach der vorläufigen Richtlinie zur Ergänzung der Eignungsprüfung von Mauermörtel,

b) Querdehnungs- und Längsdehnungsmodul E_q und E_l im Alter von 28 Tagen nach DIN 18 555-4,

c) Haftscherfestigkeit nach DIN 18 555-5[3],

d) Trockenrohdichte nach DIN 18 555-3,

e) Schüttdichte des Leichtzuschlags nach DIN 4226-3.

Dabei sind die Anforderungen nach Tabelle A.3 zu erfüllen. Die Werte für die Trockenrohdichte und die Leichtmörtelgruppen LM 21 oder LM 36 sind auf dem Sack oder Lieferschein anzugeben.

A.5.4 Dünnbettmörtel

Es sind zu ermitteln:

a) Druckfestigkeit im Alter von 28 Tagen nach DIN 18 555-3 sowie der Druckfestigkeitsabfall infolge Feuchtlagerung (siehe Tabelle A.4),

b) Haftscherfestigkeit im Alter von 28 Tagen nach DIN 18 555-5[3],

c) Verarbeitbarkeitszeit und Korrigierbarkeitszeit nach DIN 18 555-8.

Die Anforderungen nach Tabelle A.4 sind zu erfüllen.

[3] Siehe Fußnote[4] In Tabelle A.2.

Mauerwerk – Teil 100: Berechnung auf der Grundlage des semiprobabilistischen Sicherheitskonzepts

Inhalt

	Seite
Vorwort	H.45
1 Anwendungsbereich	H.45
2 Normative Verweisungen	H.45
3 Begriffe	H.46
4 Bautechnische Unterlagen	H.46
5 Sicherheitskonzept	H.46
5.1 Allgemeines	H.46
5.2 Einwirkungen	H.46
5.3 Tragwiderstand	H.46
5.4 Begrenzung der planmäßigen Exzentrizitäten	H.47
6 Mauerwerksfestigkeiten	H.47
6.1 Allgemeines	H.47
6.2 Charakteristische Druckfestigkeit	H.47
7 Baustoffe	H.47
8 Vereinfachtes Berechnungsverfahren	H.47
8.1 Allgemeines	H.47
8.2 Ermittlung der Schnittgrößen infolge von Lasten	H.47
8.2.1 Auflagerkräfte aus Decken	H.47
8.2.2 Knotenmomente	H.48
8.3 Wind	H.48
8.4 Räumliche Steifigkeit	H.48
8.5 Zwängungen	H.49
8.6 Grundlagen für die Berechnung der Formänderung	H.49
8.7 Aussteifung und Knicklänge von Wänden	H.50
8.7.1 Allgemeine Annahmen für aussteifende Wände	H.50
8.7.2 Knicklängen	H.51
8.7.3 Schlitze und Öffnungen in Wänden	H.52
8.8 Mitwirkende Breite von zusammengesetzten Querschnitten	H.52
8.9 Bemessung mit dem vereinfachten Verfahren – Nachweise in den Grenzzuständen der Tragfähigkeit	H.52
8.9.1 Nachweis bei zentrischer und exzentrischer Druckbeanspruchung	H.52
8.9.2 Nachweis der Knicksicherheit bei größeren Exzentrizitäten	H.55
8.9.3 Einzellasten und Teilflächenpressung	H.55
8.9.4 Zug- und Biegezugbeanspruchung	H.56
8.9.5 Schubbeanspruchung	H.57
9 Genaueres Berechnungsverfahren – Nachweis im Grenzzustand der Tragfähigkeit	H.58
9.1 Allgemeines	H.58
9.2 Ermittlung der Schnittgrößen infolge von Lasten	H.58
9.2.1 Auflagerkräfte aus Decken	H.58
9.2.2 Knotenmomente	H.58
9.2.3 Vereinfachte Berechnung der Knotenmomente	H.58
9.2.4 Begrenzung der Knotenmomente	H.59
9.2.5 Wandmomente	H.59
9.3 Wind	H.59
9.4 Räumliche Steifigkeit	H.59
9.5 Zwängungen	H.59
9.6 Grundlagen für die Berechnung der Formänderungen	H.59
9.7 Aussteifung und Knicklänge von Wänden	H.59
9.7.1 Allgemeine Annahmen für aussteifende Wände	H.59
9.7.2 Knicklängen	H.59
9.7.3 Schlitze und Öffnungen in Wänden	H.59
9.8 Mittragende Breite von zusammengesetzten Querschnitten	H.59
9.9 Bemessung mit dem genaueren Verfahren – Nachweis im Grenzzustand der Tragfähigkeit	H.60
9.9.1 Nachweis bei zentrischer und exzentrischer Druckbeanspruchung	H.60
9.9.2 Nachweis der Knicksicherheit	H.60
9.9.3 Einzellasten und Teilflächenpressung	H.60
9.9.4 Zug- und Biegezugbeanspruchung	H.61
9.9.5 Schubbeanspruchung	H.61
10 Kellerwände ohne Nachweis auf Erddruck	H.62

H

Seite

Anhang A (normativ) Sicherheitskonzept . H.64

A.1 Allgemeines H.64
A.2 Einwirkungen H.64
A.3 Tragwiderstand H.64
A.4 Grenzzustände der Tragfähigkeit H.64

Anhang B (normativ) Bemessung von Natursteinmauerwerk H.66

B.1 Allgemeines H.66
B.2 Nachweis bei zentrischer und exzentrischer Druckbeanspruchung . H.67
B.3 Zug- und Biegezugfestigkeit H.68
B.4 Schubfestigkeit H.68

Tabellen

Tabelle 1 – Teilsicherheitsbeiwerte γ_M für Baustoffeigenschaften H.46
Tabelle 2 – Voraussetzungen für die Anwendung des vereinfachten Verfahrens H.48
Tabelle 3 – Verformungskennwerte für Kriechen, Schwinden, Temperaturänderung sowie Elastizitätsmoduln H.50
Tabelle 4 – Charakteristische Werte f_k der Druckfestigkeit von Mauerwerk mit Normalmörtel H.53
Tabelle 5 – Charakteristische Werte f_k der Druckfestigkeit von Mauerwerk mit Dünnbett- und Leichtmörtel H.54
Tabelle 6 – Abgeminderte Haftscherfestigkeit f_{vk0} in N/mm^2 . . . . H.56
Tabelle 7 – Höchstwerte der Zugfestigkeit max. f_{x2} parallel zur Lagerfuge in N/mm^2 . . . . H.56
Tabelle 8 – Höchstwerte der Schubfestigkeit max. f_{vk} im vereinfachten Nachweisverfahren in N/mm^2. H.56

Seite

Tabelle 9 – Reduzierung der Knicklänge bei Wänden mit flächig aufgelagerten Massivdecken H.59
Tabelle 10 – $N_{o,\,lim,\,d}$ für Kellerwände ohne rechnerischen Nachweis . . . H.62
Tabelle A.1 – Teilsicherheitsbeiwerte γ_F für Einwirkungen in Tragwerken für ständige und vorübergehende Bemessungssituationen H.64
Tabelle A.2 – Kombinationsbeiwerte ψ_0, ψ_1, ψ_2 . . . . H.65
Tabelle B.1 – Charakteristische Druckfestigkeit f_{bk} der Gesteinsarten . . . H.66
Tabelle B.2 – Anhaltswerte zur Güteklasseneinstufung von Natursteinmauerwerk H.66
Tabelle B.3 – Charakteristische Werte f_k der Druckfestigkeit von Natursteinmauerwerk mit Normalmörtel H.67

Bilder

Bild 1 – Mindestlänge der aussteifenden Wand H.51
Bild 2 – Darstellung der Größen b und b' für drei- und vierseitig gehaltene Wände H.52
Bild 3 – Zulässige rechnerische Randdehnung bei Windscheiben H.54
Bild 4 – Vereinfachende Annahmen zur Berechnung von Knoten- und Wandmomenten H.58
Bild 5 – Teilflächenpressungen H.61
Bild 6 – Bereich der Schubtragfähigkeit bei Scheibenschub H.61
Bild 7 – Lastannahmen für Kellerwände H.62
Bild B.1 – Darstellung der Anhaltswerte nach Tabelle B.2 . . . . H.67

Vorwort

Diese Norm wurde vom Normenausschuss Bauwesen (NABau), Fachbereich 06 „Mauerwerksbau“, Arbeitsausschuss NA 005-06-30 AA „Rezept- und Ingenieurmauerwerk“ erarbeitet.

DIN 1053 Mauerwerk besteht aus:

- *Teil 1: Berechnung und Ausführung*
- *Teil 2: Mauerwerksfestigkeitsklassen aufgrund von Eignungsprüfungen*
- *Teil 3: Bewehrtes Mauerwerk – Berechnung und Ausführung*
- *Teil 4: Fertigbauteile*
- *Teil 100: Berechnung auf der Grundlage des semiprobabilistischen Sicherheitskonzepts*

Mit DIN 1053-100 wird ein Bemessungsverfahren für Mauerwerk nach dem semiprobabilistischen Sicherheitskonzept bereitgestellt. Die in DIN 1053-1 enthaltenen Bemessungsgleichungen sind auf das semiprobabilistische Konzept umgestellt worden. Zusätzlich wurde der rechteckige Spannungsblock anstelle einer linearen Spannungsverteilung im Querschnitt eingeführt.

Änderungen

Gegenüber DIN 1053-100:2006-08 wurden folgende Änderungen vorgenommen:

a) in 8.9.1.2 Absatz vor Bild 3 geändert;

b) Symbole in Bild 3 und in der Legende zu Bild 3 geändert;

c) in Tabelle 7 Steinfestigkeitsklassen 10 und 16 ergänzt;

d) in 8.9.5.2 und 9.9.5.2 Erläuterung von f_{vk0} ergänzt;

e) in Gleichung (35) Grenzwert für die charakteristische Zug- und Biegezugfestigkeit korrigiert.

Frühere Ausgaben

DIN 1053-100: 2004-08, 2006-08

1 Anwendungsbereich

Diese Norm gilt für die Berechnung von Mauerwerk aus künstlichen und natürlichen Steinen nach dem semiprobabilistischen Sicherheitskonzept. Mauerwerk nach dieser Norm darf entweder nach dem vereinfachten Verfahren (Voraussetzungen siehe 8.1) oder nach dem genaueren Verfahren (siehe Abschnitt 9) berechnet werden.

Innerhalb eines Bauwerkes, das nach dem vereinfachten Verfahren berechnet wird, dürfen einzelne Bauteile nach dem genaueren Verfahren bemessen werden.

Bei der Wahl der Bauteile sind auch die Funktionen der Wände hinsichtlich des Wärme-, Schall-, Brand- und Feuchteschutzes zu beachten.

Für Bauteile, Konstruktionsdetails, Ausführung und Eignungsprüfungen sowie Kontrollen und Güteprüfungen auf der Baustelle gilt DIN 1053-1.

2 Normative Verweisungen

Die folgenden zitierten Dokumente sind für die Anwendung dieses Dokuments erforderlich. Bei datierten Verweisungen gilt nur die zitierte Ausgabe. Bei undatierten Verweisungen gilt die letzte Ausgabe des in Bezug genommenen Dokuments (einschließlich aller Änderungen).

DIN 105-5, *Mauerziegel – Leichtlanglochziegel und Leichtlangloch-Ziegelplatten*

DIN 1045-1, *Tragwerke aus Beton, Stahlbeton und Spannbeton – Teil 1: Bemessung und Konstruktion*

DIN 1053-1:1996-11, *Mauerwerk – Teil 1: Berechnung und Ausführung*

Reihe DIN 1055, *Lastannahmen für Bauten*

DIN 1055-100:2001-03, *Einwirkungen auf Tragwerke – Teil 100: Grundlagen der Tragwerksplanung, Sicherheitskonzept und Bemessungsregeln*

DIN 1057-1, *Baustoffe für freistehende Schornsteine – Radialziegel – Anforderungen, Prüfung, Überwachung*

DIN 18554-1, *Prüfung von Mauerwerk – Ermittlung der Druckfestigkeit und des Elastizitätsmoduls*

DIN V 105-100, *Mauerziegel – Teil 100: Mauerziegel mit besonderen Eigenschaften*

DIN V 106, *Kalksandsteine mit besonderen Eigenschaften*

DIN V 4165-100, *Porenbetonsteine – Teil 100: Plansteine und Planelemente mit besonderen Eigenschaften*

DIN V 18151-100, *Hohlblöcke aus Leichtbeton – Teil 100: Hohlblöcke mit besonderen Eigenschaften*

DIN V 18152-100, *Vollsteine und Vollblöcke aus Leichtbeton – Teil 100: Vollsteine und Vollböcke mit besonderen Eigenschaften*

DIN V 18153-100, *Mauersteine aus Beton (Normalbeton) – Teil 100: Mauersteine mit besonderen Eigenschaften*

H

DIN V 20000-401, *Anwendung von Bauprodukten in Bauwerken – Teil 401: Regeln für die Verwendung von Mauerziegeln nach DIN EN 771-1:2005-05*

DIN V 20000-402, *Anwendung von Bauprodukten in Bauwerken – Teil 402: Regeln für die Verwendung von Kalksandsteinen nach DIN EN 771-2:2005-05*

DIN V 20000-403, *Anwendung von Bauprodukten in Bauwerken – Teil 403: Regeln für die Verwendung von Mauersteinen aus Beton nach DIN EN 771-3:2005-05*

DIN V 20000-404, *Anwendung von Bauprodukten in Bauwerken – Teil 404: Regeln für die Verwendung von Porenbetonsteinen nach DIN EN 771-4:2005-05*

DIN EN 771-1, *Festlegungen für Mauersteine – Teil 1: Mauerziegel*

DIN EN 771-2, *Festlegungen für Mauersteine – Teil 2: Kalksandsteine*

DIN EN 771-3, *Festlegungen für Mauersteine – Teil 3: Mauersteine aus Beton (mit dichten und porigen Zuschlägen)*

DIN EN 771-4, *Festlegungen für Mauersteine – Teil 4: Porenbetonsteine*

DIN EN 1926, *Prüfverfahren von Naturstein – Bestimmung der Druckfestigkeit*

3 Begriffe

Für die Anwendung dieses Dokuments gelten die Begriffe nach DIN 1053-1.

4 Bautechnische Unterlagen

Es gilt DIN 1053-1:1996-11, Abschnitt 3.

5 Sicherheitskonzept

5.1 Allgemeines

Mauerwerk ist in der Regel im Grenzzustand der Tragfähigkeit nachzuweisen. In diesem Zustand muss sichergestellt sein, dass der Bemessungswert der Beanspruchungen E_d in einem Querschnitt den Bemessungswert des Tragwiderstandes R_d dieses Querschnittes nicht überschreitet. Die Bemessungswerte des Tragwiderstandes R_d sind die durch den Teilsicherheitsbeiwert γ_M dividierten und gegebenenfalls mit einem Abminderungsbeiwert zur Berücksichtigung der Lastdauer und weiterer Einflüsse multiplizierten charakteristischen Festigkeitswerte. Die Bemessungswerte der Beanspruchungen E_d ergeben sich aus den charakteristischen Werten E_k multipliziert mit dem Teilsicherheitsbeiwert γ_F. Einzelheiten zum Teilsicherheitsbeiwert γ_F enthalten Anhang A und DIN 1055-100.

Die wesentlichen Grundlagen des für alle Baustoffe einheitlich geltenden Teilsicherheitskonzeptes enthält DIN 1055-100. Die für Mauerwerk wichtigen Teile werden im Anhang A wiedergegeben.

5.2 Einwirkungen

Die charakteristischen Werte der Einwirkungen sowie die zugehörigen Teilsicherheitsbeiwerte sind DIN 1055 und gegebenenfalls bauaufsichtlichen Ergänzungen und Richtlinien zu entnehmen.

5.3 Tragwiderstand

Grundlage des Tragwiderstandes sind die charakteristischen Werte f_k der Baustoff-Festigkeiten als 5%-Quantilwerte nach 8.9 und 9.9. Die Teilsicherheitsbeiwerte γ_M zur Bestimmung des Bemessungswertes des Tragwiderstandes sind Tabelle 1 zu entnehmen.

Tabelle 1 – Teilsicherheitsbeiwerte γ_M für Baustoffeigenschaften

	γ_M	
	Normale Einwirkungen	Außergewöhnliche Einwirkungen
Mauerwerk	$1{,}5 \cdot k_0$	$1{,}3 \cdot k_0$
Verbund-, Zug- und Druckwiderstand von Wandankern und Bändern	2,5	2,5

Dabei ist in Tabelle 1:

k_0 ein Faktor zur Berücksichtigung unterschiedlicher Teilsicherheitsbeiwerte γ_M bei Wänden und „kurzen Wänden" nach DIN 1053-1:1996-11, 2.3. Es gilt:
$k_0 = 1{,}0$ für Wände;
$k_0 = 1{,}0$ für „kurze Wände", die aus einem oder mehreren ungetrennten Steinen oder aus getrennten Steinen mit einem Lochanteil von weniger als 35 % bestehen und nicht durch Schlitze oder Aussparungen geschwächt sind;
$k_0 = 1{,}25$ für alle anderen „kurzen Wände".

5.4 Begrenzung der planmäßigen Exzentrizitäten

Grundsätzlich dürfen klaffende Fugen infolge der planmäßigen Exzentrizität der einwirkenden charakteristischen Lasten (ohne Berücksichtigung der ungewollten Ausmitte und der Stabauslenkung nach Theorie II. Ordnung) rechnerisch höchstens bis zum Schwerpunkt des Gesamtquerschnittes entstehen.

6 Mauerwerksfestigkeiten

6.1 Allgemeines

Die charakteristischen Zug-, Druck- und Schubfestigkeiten von Mauerwerk werden als 5%-Quantilwerte angegeben.

6.2 Charakteristische Druckfestigkeit

Die charakteristische Druckfestigkeit f_k von Mauerwerk ist definiert als Festigkeit, die im Kurzzeitversuch an Prüfkörpern nach DIN 18554-1 gewonnen, als 5%-Quantile ausgewertet und auf die theoretische Schlankheit null bezogen ist.

Für Rezeptmauerwerk (RM) sind die charakteristischen Festigkeiten f_k aus den Tabellen 4 und 5 in Abhängigkeit von den Steinfestigkeitsklassen und den Mörtelgruppen zu entnehmen.

Für Mauerwerk aus Natursteinen gelten die charakteristischen Festigkeiten f_k nach Anhang B.

7 Baustoffe

Es dürfen nur Steine verwendet werden, die DIN V 105-100, DIN 105-5, DIN V 106, DIN 398, DIN 1057-1, DIN V 4165-100, DIN V 18151-100, DIN V 18152-100 und DIN V 18153-100 bzw. DIN EN 771-1 in Verbindung mit DIN V 20000-401, DIN EN 771-2 in Verbindung mit DIN V 20000-402, DIN EN 771-3 in Verbindung mit DIN V 20000-403 und DIN EN 771-4 in Verbindung mit DIN V 20000-404 entsprechen.

Für die Verwendung von Natursteinen gilt Anhang B.

8 Vereinfachtes Berechnungsverfahren

8.1 Allgemeines

Der Nachweis der Standsicherheit darf mit dem gegenüber Abschnitt 9 vereinfachten Verfahren geführt werden, wenn die folgenden und die in Tabelle 2 enthaltenen Voraussetzungen erfüllt sind:

- Gebäudehöhe über Gelände nicht mehr als 20 m. Als Gebäudehöhe darf bei geneigten Dächern das Mittel von First- und Traufhöhe gelten.
- Stützweite der aufliegenden Decken $l \leq 6{,}0$ m, sofern nicht die Biegemomente aus dem Deckendrehwinkel durch konstruktive Maßnahmen, z. B. Zentrierleisten, begrenzt werden; bei zweiachsig gespannten Decken ist für l die kürzere der beiden Stützweiten einzusetzen.

Beim vereinfachten Verfahren brauchen bestimmte Beanspruchungen, z. B. Biegemomente aus Deckeneinspannung, ungewollte Exzentrizitäten beim Knicknachweis, Wind auf Außenwände usw., nicht nachgewiesen zu werden, da sie im Sicherheitsabstand, der dem Nachweisverfahren zugrunde liegt, oder durch konstruktive Regeln und Grenzen berücksichtigt sind.

Falls keine größeren planmäßigen Exzentrizitäten auftreten, darf der Nachweis nach 5.4 entfallen.

Ist die Gebäudehöhe größer als 20 m, oder treffen die in diesem Abschnitt enthaltenen Voraussetzungen nicht zu, oder soll die Standsicherheit des Bauwerkes oder einzelner Bauteile genauer nachgewiesen werden, ist der Standsicherheitsnachweis nach Abschnitt 9 zu führen.

8.2 Ermittlung der Schnittgrößen infolge von Lasten

8.2.1 Auflagerkräfte aus Decken

Die Schnittgrößen sind für die während des Errichtens und im Gebrauch auftretenden, maßgebenden Lastfälle zu berechnen. Bei der Ermittlung der Stützkräfte, die von einachsig gespannten Platten und Rippendecken sowie von Balken und Plattenbalken auf das Mauerwerk übertragen werden, ist die Durchlaufwirkung bei der ersten Innenstütze stets, bei den übrigen Innenstützen dann zu berücksichtigen, wenn das Verhältnis benachbarter Stützweiten kleiner als 0,7 ist. Alle übrigen Stützkräfte dürfen ohne Berücksichtigung einer Durchlaufwirkung unter der Annahme berechnet werden, dass die Tragwerke über allen Innenstützen gestoßen und frei drehbar gelagert sind. Tragende Wän-

Tabelle 2 – Voraussetzungen für die Anwendung des vereinfachten Verfahrens

	Bauteil	Voraussetzungen		
		Wanddicke d mm	lichte Wandhöhe h_s	Nutzlast q_k kN/m²
1	Innenwände	≥ 115 < 240	≤ 2,75 m	≤ 5
2		≥ 240	–	
3	einschalige Außenwände	≥ 175[a] < 240	≤ 2,75 m	
4		≥ 240	≤ 12 · d	
5	Tragschale zweischaliger Außenwände und zweischalige Haustrennwände	≥ 115[b] < 175[b]	≤ 2,75 m	≤ 3[c]
6		≥ 175 < 240		≤ 5
7		≥ 240	≤ 12 · d	

[a] Bei eingeschossigen Garagen und vergleichbaren Bauwerken, die nicht zum dauernden Aufenthalt von Menschen vorgesehen sind, auch $d \geq 115$ mm zulässig.
[b] Geschossanzahl maximal zwei Vollgeschosse zuzüglich ausgebautes Dachgeschoss; aussteifende Querwände im Abstand ≤ 4,50 m bzw. Randabstand von einer Öffnung ≤ 2,0 m.
[c] Einschließlich Zuschlag für nichttragende innere Trennwände.

de unter einachsig gespannten Decken, die parallel zur Deckenspannrichtung verlaufen, sind mit einem Deckenstreifen angemessener Breite zu belasten, so dass eine mögliche Lastabtragung in Querrichtung berücksichtigt ist. Die Auflagerkräfte aus zweiachsig gespannten Decken sind der Deckenberechnung zu entnehmen.

8.2.2 Knotenmomente

In Wänden, die als Zwischenauflager von Decken dienen, brauchen die Biegemomente infolge des Auflagerdrehwinkels der Decken unter den Voraussetzungen des vereinfachten Verfahrens nicht nachgewiesen zu werden. Als Zwischenauflager in diesem Sinne gelten:

a) Innenauflager durchlaufender Decken;

b) beidseitige Endauflager von Decken;

c) Innenauflager von Massivdecken mit oberer konstruktiver Bewehrung im Auflagerbereich, auch wenn sie rechnerisch auf einer oder auf beiden Seiten der Wand parallel zur Wand gespannt sind.

In Wänden, die als einseitiges Endauflager von Decken dienen, brauchen die Biegemomente infolge des Auflagerdrehwinkels der Decken unter den Voraussetzungen des vereinfachten Verfahrens nicht nachgewiesen zu werden, da dieser Einfluss im Faktor Φ_3 nach 8.9.1.3 berücksichtigt ist.

8.3 Wind

Der Einfluss der Windlast rechtwinklig zur Wandebene darf beim Nachweis unter den Voraussetzungen des vereinfachten Verfahrens in der Regel vernachlässigt werden, wenn ausreichende horizontale Halterungen der Wände vorhanden sind. Als solche gelten z. B. Decken mit Scheibenwirkung oder statisch nachgewiesene Ringbalken im Abstand der zulässigen Geschosshöhen nach Tabelle 2.

Unabhängig davon ist die räumliche Steifigkeit des Gebäudes sicherzustellen.

8.4 Räumliche Steifigkeit

Alle horizontalen Kräfte, z. B. Windlasten oder Lasten aus Schrägstellung des Gebäudes, müssen sicher in den Baugrund weitergeleitet werden können. Auf einen rechnerischen Nachweis der räumlichen Steifigkeit darf verzichtet werden, wenn die Geschossdecken als steife Scheiben ausgebildet sind bzw. statisch nachgewiesene, ausreichend steife Ringbalken vorliegen und wenn in Längs- und Querrichtung des Gebäudes eine offensichtlich ausreichende Anzahl von genügend langen aussteifenden Wänden vorhanden ist, die ohne größere Schwächungen und ohne Versprünge bis auf die Fundamente geführt sind.

Ist bei einem Bauwerk nicht von vornherein erkennbar, dass Steifigkeit und Stabilität gesichert sind, so ist ein rechnerischer Nachweis der Standsicherheit der waagerechten und lotrechten Bauteile erforderlich. Dabei sind auch Lotabweichungen des Systems durch den Ansatz horizontaler Kräfte zu berücksichtigen, die sich durch eine rechnerische Schrägstellung des Gebäudes um den im Bogenmaß gemessenen Winkel

$$\alpha_{a1} = \pm \frac{1}{100\sqrt{h_{ges}}} \tag{1}$$

ergeben. Für h_{ges} ist die Gebäudehöhe in m über OK Fundament einzusetzen.

Bei Bauwerken, die aufgrund ihres statischen Systems eine Umlagerung der Kräfte erlauben, dürfen bis zu 15 % des ermittelten horizontalen Kraftanteils einer Wand auf andere Wände umverteilt werden.

Bei großer Nachgiebigkeit der aussteifenden Bauteile müssen darüber hinaus die Formänderungen bei der Ermittlung der Schnittgrößen berücksichtigt werden. Dieser Nachweis darf entfallen, wenn die lotrechten aussteifenden Bauteile in der betrachteten Richtung die Bedingungen der folgenden Gleichung erfüllen:

$$h_{ges}\sqrt{\frac{N_k}{EI}} \le 0{,}6 \quad \text{für } n \ge 4 \tag{2}$$

$$\le 0{,}2 + 0{,}1 \cdot n \quad \text{für } 1 \le n < 4$$

Dabei ist

- h_{ges} die Gebäudehöhe über OK Fundament;
- N_k die Summe der charakteristischen Werte aller lotrechten Lasten des Gebäudes;
- EI die Summe der Biegesteifigkeit aller lotrechten aussteifenden Bauteile im Zustand *I* nach der Elastizitätstheorie in der betrachteten Richtung (für *E* siehe 8.6);
- n die Anzahl der Geschosse.

8.5 Zwängungen

Aus der starren Verbindung von Baustoffen unterschiedlichen Verformungsverhaltens können erhebliche Zwängungen infolge von Schwinden, Kriechen und Temperaturänderungen entstehen, die Spannungsumlagerungen und Schäden im Mauerwerk bewirken können. Das Gleiche gilt bei unterschiedlichen Setzungen. Durch konstruktive Maßnahmen (z. B. ausreichende Wärmedämmung, geeignete Baustoffwahl, zwängungsfreie Anschlüsse, Fugen usw.) ist unter Beachtung von 8.6 sicherzustellen, dass die vorgenannten Einwirkungen die Standsicherheit und Gebrauchsfähigkeit der baulichen Anlage nicht unzulässig beeinträchtigen.

8.6 Grundlagen für die Berechnung der Formänderung

Als Bemessungswerte für die Verformungseigenschaften der Mauerwerksarten aus künstlichen Steinen dürfen die in der Tabelle 3 angegebenen Rechenwerte angenommen werden.

Die Verformungseigenschaften der Mauerwerksarten können stark streuen. Der Streubereich ist in Tabelle 3 als Wertebereich angegeben; er kann in Ausnahmefällen noch größer sein. Sofern in den Steinnormen der Nachweis anderer Grenzwerte des Wertebereichs gefordert wird, gelten diese. Müssen Verformungen berücksichtigt werden, so sind die der Berechnung zugrunde liegende Art und Festigkeitsklasse der Steine, die Mörtelart und die Mörtelgruppe anzugeben.

Für die Berechnung der Randdehnung ε_R nach Bild 3 sowie der Knotenmomente nach 9.2.2 dürfen vereinfachend die dort angegebenen Verformungswerte angenommen werden.

H

Tabelle 3 – Verformungskennwerte für Kriechen, Schwinden, Temperaturänderung sowie Elastizitätsmoduln

Mauersteinart	Endwert der Feuchtedehnung (Schwinden, chemisches Quellen)[a]		Endkriechzahl		Wärmedehnungskoeffizient		Elastizitätsmodul	
	$\varepsilon_{f\infty}$[a] mm/m		φ_∞[b]		α_T 10^{-6}/K		E[c] MN/m²	
	Rechenwert	Wertebereich	Rechenwert	Wertebereich	Rechenwert	Wertebereich	Rechenwert	Wertebereich
1	2	3	4	5	6	7	8	9
Mauerziegel	0	+0,3 bis –0,2	1,0	0,5 bis 1,5	6	5 bis 7	1100 f_k	950 bis 1300 f_k
Kalksandsteine[d]	–0,2	–0,1 bis –0,3	1,5	1,0 bis 2,0	8	7 bis 9	950 f_k	800 bis 1300 f_k
Leichtbetonsteine	–0,4	–0,2 bis –0,5	2,0	1,5 bis 2,5	10 8[e]	8 bis 12	1600 f_k	1300 bis 1750 f_k
Betonsteine	–0,2	–0,1 bis –0,3	1,0	–	10	8 bis 12	2400 f_k	2000 bis 2700 f_k
Porenbetonsteine	–0,2	+0,1 bis –0,3	1,5	1,0 bis 2,5	8	7 bis 9	800 f_k	650 bis 950 f_k

[a] Verkürzung (Schwinden): Vorzeichen minus; Verlängerung (chemisches Quellen): Vorzeichen plus
[b] $\varphi_\infty = \varepsilon_{k\infty}/\varepsilon_{el}$; $\varepsilon_{k\infty}$ Endkriechdehnung; $\varepsilon_{el} = \sigma/E$
[c] E Sekantenmodul aus Gesamtdehnung bei etwa 1/3 der Mauerwerksdruckfestigkeit; charakteristische Druckfestigkeit f_k nach Tabellen 5, 6 und 7
[d] Gilt auch für Hüttensteine
[e] Für Leichtbeton mit überwiegend Blähton als Zuschlag

8.7 Aussteifung und Knicklänge von Wänden

8.7.1 Allgemeine Annahmen für aussteifende Wände

Je nach Anzahl der rechtwinklig zur Wandebene unverschieblich gehaltenen Ränder werden zwei-, drei- und vierseitig gehaltene sowie frei stehende Wände unterschieden. Als unverschiebliche Halterung dürfen horizontal gehaltene Deckenscheiben und aussteifende Querwände oder andere ausreichend steife Bauteile angesehen werden. Unabhängig davon ist das Bauwerk als Ganzes nach 8.4 auszusteifen.

Bei einseitig angeordneten Querwänden darf unverschiebliche Halterung der auszusteifenden Wand nur angenommen werden, wenn Wand und Querwand aus Baustoffen annähernd gleichen Verformungsverhaltens gleichzeitig im Verband hochgeführt werden und wenn ein Abreißen der Wände infolge stark unterschiedlicher Verformung nicht zu erwarten ist, oder wenn die zug- und druckfeste Verbindung durch andere Maßnahmen gesichert ist. Beidseitig angeordnete Querwände, deren Mittelebenen gegeneinander um mehr als die dreifache Dicke der auszusteifenden Wand versetzt sind, sind wie einseitig angeordnete Querwände zu behandeln.

Aussteifende Wände müssen mindestens eine wirksame Länge von 1/5 der lichten Geschosshöhe h_s und eine Dicke von 1/3 der Dicke der auszusteifenden Wand, jedoch mindestens 115 mm, haben.

Ist die aussteifende Wand durch Öffnungen unterbrochen, muss die Länge der Wand zwischen den Öffnungen mindestens so groß wie nach Bild 1 sein. Bei Fenstern gilt die lichte Fensterhöhe als h_1 bzw. h_2.

Bei beidseitig angeordneten, nicht versetzten Querwänden darf auf das gleichzeitige Hochführen der beiden Wände im Verband verzichtet werden, wenn jede der beiden Querwände den vorstehend genannten Bedingungen für aussteifende Wände genügt. Auf Konsequenzen aus unterschiedlichen Verformungen und aus bauphysikalischen Anforderungen ist in diesem Fall besonders zu achten.

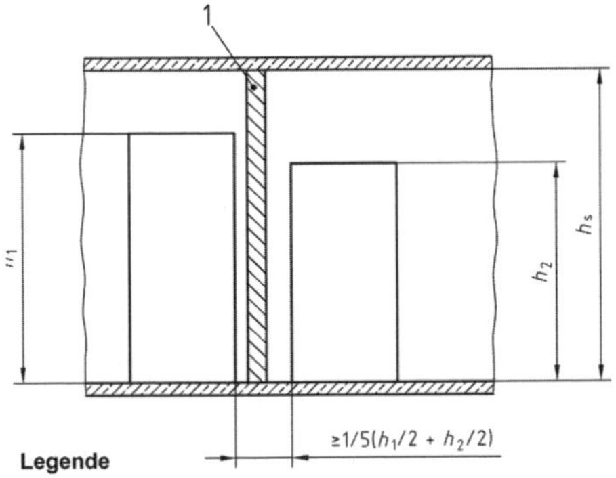

Legende

1 auszusteifende Wand

Bild 1 – Mindestlänge der aussteifenden Wand

8.7.2 Knicklängen

Die Knicklänge h_K von Wänden ist in Abhängigkeit von der lichten Geschosshöhe h_s wie folgt in Rechnung zu stellen:

a) Frei stehende Wände:

$$h_K = 2 \cdot h_s \sqrt{\frac{1 + 2\, N_{od}/N_{ud}}{3}} \tag{3}$$

Dabei ist

N_{od} der Bemessungswert der Längskraft am Wandkopf;

N_{ud} der Bemessungswert der Längskraft am Wandfuß.

b) Zweiseitig gehaltene Wände:

Im Allgemeinen gilt:

$$h_K = h_s \tag{4}$$

Bei flächig aufgelagerten Decken, z. B. massiven Plattendecken oder Rippendecken nach DIN 1045-1 mit lastverteilenden Auflagerbalken, darf die Einspannung der Wand in den Decken durch Abminderung der Knicklänge auf

$$h_K = \beta \cdot h_s \tag{5}$$

berücksichtigt werden.

Es gilt vereinfacht:

$\beta = 0{,}75$ für Wanddicke $d \leq 175$ mm;

$\beta = 0{,}90$ für Wanddicke 175 mm $< d \leq 250$ mm;

$\beta = 1{,}00$ für Wanddicke $d > 250$ mm.

Als flächig aufgelagerte Massivdecken in diesem Sinn gelten auch Stahlbetonbalken- und Rippendecken nach DIN 1045-1 mit Zwischenbauteilen, bei denen die Auflagerung durch Randbalken erfolgt.

Die so vereinfacht ermittelte Abminderung der Knicklänge ist jedoch nur zulässig, wenn keine größeren horizontalen Lasten als die planmäßigen Windlasten rechtwinklig auf die Wände wirken und folgende Mindestauflagertiefen a auf den Wänden der Dicke d gegeben sind:

$d \geq 240$ mm: $a \geq 175$ mm

$d < 240$ mm: $a = d$

c) Dreiseitig gehaltene Wände (mit einem freien vertikalen Rand):

$$h_K = \frac{1}{1 + \left(\frac{\beta \cdot h_s}{3b'}\right)^2} \cdot \beta \cdot h_s \geq 0{,}3 \cdot h_s \tag{6}$$

d) Vierseitig gehaltene Wände:

für $h_s \leq b$:

$$h_K = \frac{1}{1 + \left(\frac{\beta \cdot h_s}{b}\right)^2} \cdot \beta \cdot h_s \tag{6}$$

für $h_s > b$:

$$h_K = \frac{b}{2} \tag{8}$$

Dabei ist

b', b der Abstand des freien Randes von der Mitte der aussteifenden Wand, bzw. Mittenabstand der aussteifenden Wände nach Bild 2;

β der Abminderungsfaktor der Knicklänge wie bei zweiseitig gehaltenen Wänden.

Ist $b > 30\,d$ bei vierseitig gehaltenen Wänden, bzw. $b' > 15\,d$ bei dreiseitig gehaltenen Wänden, so darf keine seitliche Festhaltung angesetzt werden. Diese Wände sind wie zweiseitig gehaltene Wände zu behandeln. Hierin ist d die Dicke der gehaltenen Wand. Ist die Wand im Bereich des mittleren Drittels der Wandhöhe durch vertikale Schlitze oder Aussparungen geschwächt, so ist für d die Restwanddicke einzusetzen oder ein freier Rand anzunehmen. Unabhängig von der Lage eines vertikalen

H

Schlitzes oder einer Aussparung ist an ihrer Stelle ein freier Rand anzunehmen, wenn die Restwanddicke kleiner als die halbe Wanddicke oder kleiner als 115 mm ist.

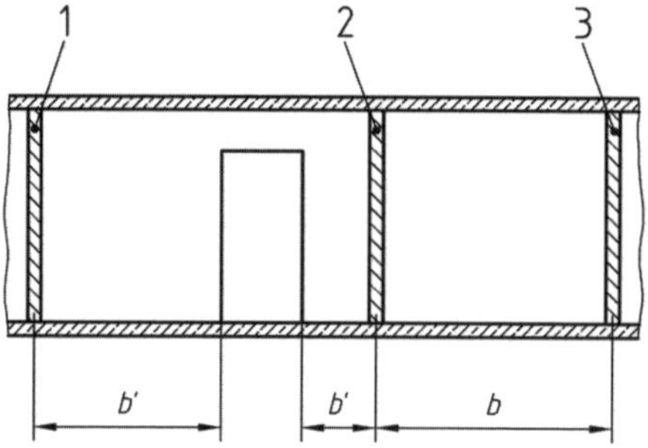

Legende

1 auszusteifende Wand

2 auszusteifende Wand

3 auszusteifende Wand

Bild 2 – Darstellung der Größen *b* und *b′* für drei- und vierseitig gehaltene Wände

8.7.3 Schlitze und Öffnungen in Wänden

Für die Bemessung gilt DIN 1053-1:1996-11, 8.3. Werden die Bedingungen für ohne Nachweis zulässige Schlitze und Aussparungen nach DIN 1053-1:1996-11, Tabelle 10 im mittleren Drittel der Wandhöhe nicht eingehalten, so ist für die Wanddicke die Restwanddicke anzusetzen oder ein freier Rand anzunehmen.

Haben Wände Öffnungen, deren lichte Höhe größer als 1/4 der Geschosshöhe oder deren lichte Breite größer als 1/4 der Wandbreite oder deren Gesamtfläche größer als 1/10 der Wandfläche ist, so sind die Wandteile zwischen Wandöffnung und aussteifender Wand als dreiseitig gehalten, die Wandteile zwischen Wandöffnungen als zweiseitig gehalten anzusehen.

8.8 Mitwirkende Breite von zusammengesetzten Querschnitten

Als zusammengesetzt gelten nur Querschnitte, deren Teile aus Steinen gleicher Art, Höhe und Festigkeitsklasse bestehen, die gleichzeitig im Verband mit gleichem Mörtel gemauert werden und bei denen ein Abreißen von Querschnittsteilen infolge stark unterschiedlicher Verformung nicht zu erwarten ist. Querschnittsschwächungen durch Schlitze sind zu berücksichtigen. Brüstungs- und Sturzmauerwerk dürfen nicht in die mitwirkende Breite einbezogen werden. Die mitwirkende Breite darf nach der Elastizitätstheorie ermittelt werden. Falls kein genauer Nachweis geführt wird, darf die mitwirkende Breite beidseits zu je 1/4 der über dem betrachteten Schnitt liegenden Höhe des zusammengesetzten Querschnitts, jedoch nicht mehr als die vorhandene Querschnittsbreite, angenommen werden.

Die Schubtragfähigkeit des zusammengesetzten Querschnitts ist nach 9.9.5 nachzuweisen.

8.9 Bemessung mit dem vereinfachten Verfahren – Nachweise in den Grenzzuständen der Tragfähigkeit

8.9.1 Nachweis bei zentrischer und exzentrischer Druckbeanspruchung

8.9.1.1 Grundlagen der Bemessung

Im Grenzzustand der Tragfähigkeit ist nachzuweisen:

$$N_{Ed} \leq N_{Rd} \quad (9)$$

Dabei ist

N_{Ed} der Bemessungswert der einwirkenden Normalkraft. Hierfür gelten die Gleichungen nach A.3.2.

Im Allgemeinen genügt der Ansatz:

$$N_{Ed} = 1{,}35\, N_{Gk} + 1{,}5\, N_{Qk} \quad (10)$$

In Hochbauten mit Decken aus Stahlbeton, die mit charakteristischen Nutzlasten von maximal 2,5 kN/m^2 belastet sind, darf vereinfachend angesetzt werden:

$$N_{Ed} = 1{,}4\, (N_{Gk} + N_{Qk}) \quad (11)$$

Im Fall größerer Biegemomente M, z. B. bei Windscheiben, ist auch der Lastfall max M + min N zu berücksichtigen. Dabei gilt:

$$\min N_{Ed} = 1{,}0\, N_{Gk} \quad (12)$$

N_{Rd} der Bemessungswert der aufnehmbaren Normalkraft. Grundlage ist ein rechteckiger Spannungsblock, dessen Schwerpunkt mit dem Angriffspunkt der Lastresultierenden übereinstimmt. Für Rechteckquerschnitte gilt:

$$N_{Rd} = \Phi \cdot A \cdot f_d \quad (13)$$

Dabei ist

A die Gesamtfläche des Querschnitts. Gemauerte Querschnitte, deren Flächen kleiner als 400 cm^2 sind, sind als tragende Teile unzulässig. Beim Nachweis, dass dieser Mindestquerschnitt eingehalten ist, sind alle Schlitze und Aussparungen zu berücksichtigen;

f_d der Bemessungswert der Druckfestigkeit des Mauerwerks;

$f_d = \eta \cdot f_k/\gamma_M$

η der Abminderungsbeiwert zur Berücksichtigung von Langzeitwirkung und weiterer Einflüsse; η ist im Allgemeinen mit 0,85 anzunehmen; in begründeten Fällen, z. B. Kurzzeitbelastung, dürfen auch größere Werte für η (mit $\eta \leq 1$) eingesetzt werden; bei außergewöhnlichen Einwirkungen gilt generell $\eta = 1$;

f_k die charakteristische Druckfestigkeit des Mauerwerks nach den Tabellen 4 und 5;

γ_M der Teilsicherheitsbeiwert nach Tabelle 1;

Φ der Abminderungsfaktor nach 8.9.1.2 und 8.9.1.3 zur Berücksichtigung der Schlankheit der Wand und von Lastexzentrizitäten.

Tabelle 4 – Charakteristische Werte f_k der Druckfestigkeit von Mauerwerk mit Normalmörtel

Steinfestigkeitsklasse	Druckfestigkeit f_k in N/mm² von Mauerwerk mit Normalmörtel der Mörtelgruppe				
	I	II	IIa	III	IIIa
2	0,9	1,5	1,5[a]	–	–
4	1,2	2,2	2,5	2,8	–
6	1,5	2,8	3,1	3,7	–
8	1,8	3,1	3,7	4,4	–
10	2,2	3,4	4,4	5,0	–
12	2,5	3,7	5,0	5,6	6,0
16	2,8	4,4	5,5	6,6	7,7
20	3,1	5,0	6,0	7,5	9,4
28	–	5,6	7,2	9,4	11,0
36	–	–	–	11,0	12,5
48	–	–	–	12,5[b]	14,0[b]
60	–	–	–	14,0[b]	15,5[b]

[a] f_k = 1,8 N/mm² bei Außenwänden mit Dicken ≥ 300 mm. Diese Erhöhung gilt jedoch nicht für den Nachweis der Auflagerpressung nach 8.9.3.

[b] Die Werte $f_k \geq$ 11,0 N/mm² enthalten einen zusätzlichen Sicherheitsbeiwert zwischen 1,0 und 1,17 wegen Gefahr von Sprödbruch.

H

Tabelle 5 – Charakteristische Werte f_k der Druckfestigkeit von Mauerwerk mit Dünnbett- und Leichtmörtel

Steinfestigkeitsklasse	Druckfestigkeit f_k in N/mm² von Mauerwerk mit		
	Dünnbettmörtel[a]	Leichtmörtel	
		LM 21	LM 36
2	1,8	1,5 (1,2)[b]	1,5 (1,2)[b] (1,8)[c]
4	3,4	2,2 (1,5)[d]	2,5 (2,2)[e]
6	4,7	2,2	2,8
8	6,2	2,5	3,1
10	6,6	2,7	3,3
12	6,9	2,8	3,4
16	8,5	2,8	3,4
20	10,0	2,8	3,4
28	11,6	2,8	3,4

[a] Anwendung nur bei Porenbeton-Plansteinen nach DIN V 4165-100 bzw. DIN EN 771-4 in Verbindung mit DIN V 20000-404 und bei Kalksand-Plansteinen. Die Werte gelten für Vollsteine. Für Kalksand-Lochsteine und Kalksand-Hohlblocksteine nach DIN V 106 bzw. DIN EN 771-2 in Verbindung mit DIN V 20000-402 gelten die entsprechenden Werte der Tabelle 4 bei Mörtelgruppe III bis Steinfestigkeitsklasse 20.

[b] Für Mauerwerk mit Mauerziegeln nach DIN V 105-100 bzw. DIN EN 771-1 in Verbindung mit DIN V 20000-401 gilt $f_k = 1{,}2$ N/mm².

[c] $f_k = 1{,}8$ N/mm² bei Außenwänden mit Dicken ≥ 300 mm. Diese Erhöhung gilt jedoch nicht für den Fall der Fußnote b und nicht für den Nachweis der Auflagerpressung nach 8.9.3.

[d] Für Kalksandsteine nach DIN V 106 bzw. DIN EN 771-2 in Verbindung mit DIN V 20000-402 der Rohdichteklasse ≥ 0,9 und Mauerziegel nach DIN V 105-100 bzw. DIN EN 771-1 in Verbindung mit DIN V 20000-401 gilt $f_k = 1{,}5$ N/mm².

[e] Für Mauerwerk mit den in Fußnote d genannten Mauersteinen gilt $f_k = 2{,}2$ N/mm².

8.9.1.2 Abminderungsfaktor Φ_1 bei vorwiegend biegebeanspruchten Querschnitten

Bei vorwiegend biegebeanspruchten Querschnitten, insbesondere bei Windscheiben, gilt

$$\Phi = \Phi_1 = 1 - 2e/b \qquad (14)$$

Dabei ist

- b die Länge der Windscheibe bei Scheibenbeanspruchung bzw. $b = d$ bei Plattenbeanspruchung, wobei d die Wanddicke ist;
- e die Exzentrizität der Last; $e = M_{Ed}/N_{Ed}$;

  zum Lastfall max. M + min. N siehe auch 8.9.1.1, Gleichung (12);
- M_{Ed} der Bemessungswert des Biegemomentes; $M_{Ed} = \gamma_F \cdot M_{Ek}$;

  bei Windscheiben gilt $M_{Ed} = 1{,}5 \cdot H_{Wk} \cdot h_W$;

  eventuell vorhandene Exzentrizitäten der Normalkraft sind zusätzlich zu berücksichtigen;
- H_{Wk} der charakteristische Wert der resultierenden Windlast, bezogen auf den nachzuweisenden Querschnitt;
- h_W der Hebelarm von H_{Wk}, bezogen auf den nachzuweisenden Querschnitt;
- N_{Ed} der Bemessungswert der Normalkraft im nachzuweisenden Querschnitt nach Gleichung (10), (11) oder (12).

Bei Exzentrizitäten $e > b/6$ bzw. $e > d/6$ sind rechnerisch klaffende Fugen vorausgesetzt. Für seltene Bemessungssituationen nach DIN 1055-100:2001-03, 10.4, (1)a ist bei Windscheiben mit $e > b/6$ zusätzlich nachzuweisen, dass die rechnerische Randdehnung aus der Scheibenbeanspruchung auf der Seite der Klaffung $\varepsilon_R = \varepsilon_D \cdot a/l_c$ den Wert $\varepsilon_{Rk} = 10^{-4}$ nicht überschreitet (siehe Bild 3). Der Elastizitätsmodul für Mauerwerk darf hierfür zu $E = 1000\, f_k$ angenommen werden. Der Nachweis darf für häufige Bemessungssituationen nach DIN 1055-100:2001-03, 10.4, (1)b geführt werden, wenn auf den Ansatz der Haftscherfestigkeit f_{vk0} bei der Ermittlung der Schubfestigkeit im Grenzzustand der Tragfähigkeit verzichtet wird.

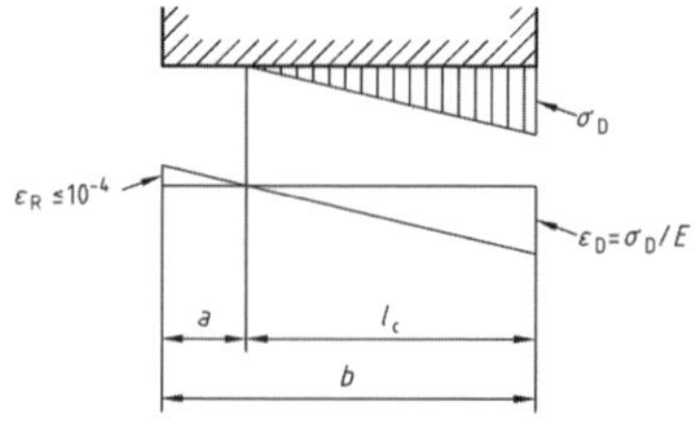

Legende

- b Länge der Windscheibe
- σ_D Kantenpressung auf Basis eines linear-elastischen Stoffgesetzes
- ε_D rechnerische Randstauchung
- ε_R rechnerische Randdehnung

Bild 3 – Zulässige rechnerische Randdehnung bei Windscheiben

8.9.1.3 Abminderungsfaktoren Φ_2 und Φ_3 bei geschosshohen Wänden

Zur Berücksichtigung der Traglastminderung bei Knickgefahr nach 8.9.1.1 gilt

$$\Phi = \Phi_2 = 0{,}85 - 0{,}0011 \cdot (h_K/d)^2 \qquad (15)$$

Dabei ist

h_K die Knicklänge nach 8.7.2;
d die Dicke des Querschnitts.

Schlankheiten $h_K/d > 25$ sind unzulässig.

Zur Berücksichtigung der Traglastminderung durch den Deckendrehwinkel bei Endauflagern auf Außen- oder Innenwänden gilt:

Für Deckenstützweiten $l \leq 4{,}20$ m:

$$\Phi = \Phi_3 = 0{,}9$$

Für $4{,}20 \text{ m} < l \leq 6{,}0$ m:

$$\Phi = \Phi_3 = 1{,}6 - l/6 \leq 0{,}9 \text{ für } f_k \geq 1{,}8 \text{ N/mm}^2 \qquad (16)$$

$$\Phi = \Phi_3 = 1{,}6 - l/5 \leq 0{,}9 \text{ für } f_k < 1{,}8 \text{ N/mm}^2 \qquad (17)$$

Dabei ist

l die Deckenstützweite nach 8.1, in m.

Bei Decken über dem obersten Geschoss, insbesondere bei Dachdecken, gilt

$\Phi = \Phi_3 = 1/3$ für alle Werte von l.

Hierbei sind rechnerisch klaffende Fugen vorausgesetzt.

Wird die Traglastminderung infolge Deckendrehwinkel durch konstruktive Maßnahmen, z. B. Zentrierleisten, vermieden, so gilt unabhängig von der Deckenstützweite $\Phi_3 = 1{,}0$.

Für die Bemessung maßgebend ist der kleinere der Werte Φ_2 und Φ_3.

8.9.1.4 Außergewöhnliche Einwirkung auf Wände

Bei zweiseitig gehaltenen Wänden mit Wanddicken $d < 175$ mm und mit Schlankheiten $h_K/d > 12$ und mit Wandbreiten $< 2{,}0$ m ist der Einfluss einer ungewollten horizontalen Einzellast $H = 0{,}5$ kN, die als außergewöhnliche Einwirkung A_d in halber Geschosshöhe angreift, nachzuweisen. Sie darf als Linienlast über die Wandbreite gleichmäßig verteilt werden. Der Bemessungswert der Einwirkungen für die außergewöhnliche Bemessungssituation ist nach Anhang A, Gleichung (A.3) zu ermitteln. Der Nachweis darf jedoch entfallen, wenn Gleichung (32) eingehalten ist.

8.9.2 Nachweis der Knicksicherheit bei größeren Exzentrizitäten

Der Faktor Φ_2 nach 8.9.1.3 berücksichtigt im vereinfachten Verfahren die ungewollte Ausmitte und die Verformung nach Theorie II. Ordnung. Dabei ist vorausgesetzt, dass in halber Geschosshöhe nur Biegemomente aus Knotenmomenten nach 8.2.2 und aus Windlasten auftreten. Greifen größere horizontale Lasten an oder werden vertikale Lasten mit größerer planmäßiger Exzentrizität eingeleitet, so ist der Knicksicherheitsnachweis nach 9.9.2 zu führen. Ein Versatz der Wandachsen infolge einer Änderung der Wanddicken gilt dann nicht als größere Exzentrizität, wenn der Querschnitt der dickeren tragenden Wand den Querschnitt der dünneren tragenden Wand umschreibt.

8.9.3 Einzellasten und Teilflächenpressung

8.9.3.1 Einzellasten auf Mauerwerk

Werden Wände durch Einzellasten belastet, so ist die Aufnahme der Spaltzugkräfte konstruktiv sicherzustellen. Dies kann bei sorgfältig ausgeführtem Mauerwerksverband als gegeben angenommen werden. Die Spaltzugkräfte können auch durch Bewehrung oder Stahlbetonkonstruktionen aufgenommen werden.

Ist die Aufnahme der Spaltzugkräfte konstruktiv gesichert, so darf die Druckverteilung unter den konzentrierten Lasten innerhalb des Mauerwerks unter 60° angesetzt werden. Der höher beanspruchte Wandbereich darf in höherer Mauerwerksfestigkeit ausgeführt werden. 8.5 ist dabei zu beachten.

Wird nur die Teilfläche A_1 (Übertragungsfläche, siehe Bild 5) eines Mauerwerksquerschnittes durch eine Einzellast F_d, z. B. unter Balken, Unterzügen, Stützen usw., mittig oder ausmittig belastet, dann darf A_1 mit folgender Teilflächenpressung σ_{1d} belastet werden:

$$\sigma_{1d} = F_d/A_1 \leq \alpha \cdot \eta \cdot f_k/\gamma_M \qquad (18)$$

Im Allgemeinen gilt $\alpha = 1{,}0$. Vergrößerte Werte α siehe 8.9.3.2. Zur Größe von η siehe 8.9.1.1.

f_k folgt aus Tabellen 4 oder 5, γ_M aus Tabelle 1.

Dieser Nachweis ersetzt nicht den Nachweis der gesamten Wand und ihrer Knicksicherheit.

8.9.3.2 Vergrößerter Wert der Teilflächenpressung

Der Wert α nach Gleichung (18) darf auf $\alpha = 1{,}3$ vergrößert werden, wenn folgende Voraussetzungen nach Bild 5 eingehalten sind:

- Teilfläche $A_1 \leq 2d^2$, wobei d die Wanddicke ist.
- Exzentrizität e des Schwerpunktes der Teilfläche: $e < d/6$.

- Abstand a_1 der Teilfläche vom Rand der Wand größer als die dreifache Länge l_1 der Übertragungsfläche in Wandlängsrichtung: $a_1 > 3\,l_1$.

Ein genauerer Nachweis nach 9.9.3.2 ist zulässig.

8.9.3.3 Teilflächenpressung rechtwinklig zur Wandebene

Für Teilflächenpressung rechtwinklig zur Wandebene gilt Gleichung (18) mit $\alpha = 1{,}3$. Bei horizontalen Lasten $F_d > 4{,}0$ kN ist zusätzlich die Schubspannung in den Lagerfugen der belasteten Steine nach Gleichung (25) nachzuweisen. Bei Loch- und Kammersteinen ist z. B. durch Unterlagsplatten sicherzustellen, dass die Druckkraft auf mindestens 2 Stege übertragen wird.

8.9.4 Zug- und Biegezugbeanspruchung

8.9.4.1 Nachweis der Zug- und Biegezugbeanspruchung

Zug- und Biegezugfestigkeiten rechtwinklig zur Lagerfuge dürfen in tragenden Wänden nicht in Rechnung gestellt werden.

Zugbeanspruchungen parallel zur Lagerfuge sind wie folgt nachzuweisen:

$$n_{Ed} \leq n_{Rd} = d \cdot f_{x2}/\gamma_M \qquad (19)$$

Für Biegezugbeanspruchungen parallel zur Lagerfuge gilt:

$$m_{Ed} \leq m_{Rd} = d^2 \cdot f_{x2}/6\,\gamma_M \qquad (20)$$

Dabei ist

d die Wanddicke;

n_{Ed} der Bemessungswert der wirkenden Zugkraft;

n_{Rd} der Bemessungswert der aufnehmbaren Zugkraft;

m_{Ed} der Bemessungswert des wirkenden Biegemomentes;

m_{Rd} der Bemessungswert des aufnehmbaren Biegemomentes;

f_{x2} die charakteristische Zug- und Biegezugfestigkeit parallel zur Lagerfuge;

γ_M der Teilsicherheitsbeiwert nach Tabelle 1.

ANMERKUNG n und m gelten je Längeneinheit.

8.9.4.2 Charakteristische Zug- und Biegezugfestigkeit

Die charakteristische Zug- und Biegezugfestigkeit f_{x2} parallel zur Lagerfuge ergibt sich aus

$$f_{x2} = 0{,}4\,f_{vk0} + 0{,}24\,\sigma_{Dd} \leq \max.\,f_{x2} \qquad (21)$$

Dabei ist

f_{vk0} die abgeminderte Haftscherfestigkeit nach Tabelle 6;

σ_{Dd} der Bemessungswert der zugehörigen Druckspannung rechtwinklig zur Lagerfuge; er ist i. d. R. mit dem geringsten zugehörigen Wert einzusetzen;

max. f_{x2} der Höchstwert der ansetzbaren Zugfestigkeit parallel zur Lagerfuge nach Tabelle 7.

Tabelle 6 – Abgeminderte Haftscherfestigkeit f_{vk0} in N/mm²

Mörtelart, Mörtelgruppe	NM I	NM II	NM IIa LM 21 LM 36	NM III DM	NM IIIa
f_{vk0} [a]	0,02	0,08	0,18	0,22	0,26

[a] Für Mauerwerk mit unvermörtelten Stoßfugen sind die Werte f_{vk0} zu halbieren. Als vermörtelt in diesem Sinn gilt eine Stoßfuge, bei der etwa die halbe Wanddicke oder mehr vermörtelt ist.

Tabelle 7 – Höchstwerte der Zugfestigkeit max. f_{x2} parallel zur Lagerfuge in N/mm²

Steinfestigkeitsklasse	2	4	6	8	10	12	16	20	≥ 28
max. f_{x2}	0,02	0,04	0,08	0,10	0,15	0,20	0,25	0,30	0,40

Tabelle 8 – Höchstwerte der Schubfestigkeit max. f_{vk} im vereinfachten Nachweisverfahren in N/mm²

Steinart	max. f_{vk} [a]
Hohlblocksteine	$0{,}012 \cdot f_{bk}$
Hochlochsteine und Steine mit Grifflöchern oder mit Grifföffnungen	$0{,}016 \cdot f_{bk}$
Vollsteine ohne Grifflöcher und ohne Grifföffnungen	$0{,}020 \cdot f_{bk}$
[a] f_{bk} ist der charakteristische Wert der Steindruckfestigkeit (Steinfestigkeitsklasse).	

8.9.5 Schubbeanspruchung

8.9.5.1 Schubnachweis

Je nach Kraftrichtung ist zu unterscheiden zwischen Scheibenschub infolge von Kräften parallel zur Wandebene und Plattenschub infolge von Kräften senkrecht dazu. Ist ein Nachweis der räumlichen Steifigkeit nach 8.4 nicht erforderlich, darf auch der Schubnachweis für die aussteifenden Wände entfallen. Ist ein Schubnachweis erforderlich, so ist die Querkraft-Tragfähigkeit nach der technischen Biegelehre bzw. nach der Scheibentheorie für homogenes Material zu ermitteln. Querschnittsbereiche, in denen die Fugen rechnerisch klaffen, dürfen beim Schubnachweis nicht in Rechnung gestellt werden. Hierbei darf die Länge l_c der überdrückten Fläche A unter Annahme eines linear-elastischen Werkstoffgesetzes bestimmt werden. Im Grenzzustand der Tragfähigkeit ist nachzuweisen:

$$V_{Ed} \leq V_{Rd} \qquad (22)$$

Dabei ist

V_{Ed} der Bemessungswert der Querkraft;

V_{Rd} der Bemessungswert des Bauteilwiderstandes bei Querkraftbeanspruchung;

Für Rechteckquerschnitte gilt bei Scheibenschub:

$$V_{Rd} = \alpha_s \cdot f_{vd} \cdot d/c \qquad (23)$$

Dabei ist

f_{vd} der Bemessungswert der Schubfestigkeit mit f_{vk} nach 8.9.5.2; $f_{vd} = f_{vk}/\gamma_M$*);

γ_M der Teilsicherheitsbeiwert nach Tabelle 1;

α_s der Schubtragfähigkeitsbeiwert. Für den Nachweis von Wandscheiben unter Windbeanspruchung gilt $\alpha_s = 1{,}125\ l$ bzw. $\alpha_s = 1{,}333\ l_c$, wobei der kleinere der beiden Werte maßgebend ist. In allen anderen Fällen gilt $\alpha_s = l$ bzw. $\alpha_s = l_c$;

l die Länge der nachzuweisenden Wand;

l_c die Länge des überdrückten Wandquerschnitts; $l_c = 1{,}5 \cdot (l - 2e) \leq l$;

d die Dicke der nachzuweisenden Wand;

c der Faktor zur Berücksichtigung der Verteilung der Schubspannungen über den Querschnitt. Für hohe Wände $h_W/l \geq 2$ gilt $c = 1{,}5$; für Wände mit $h_W/l \leq 1$ gilt $c = 1{,}0$; dazwischen darf linear interpoliert werden. h_W bedeutet die Gesamthöhe, l die Länge der Wand. Bei Plattenschub gilt stets $c = 1{,}5$.

Bei Plattenschub ist analog zu verfahren.

8.9.5.2 Schubfestigkeit

Für die charakteristische Schubfestigkeit gilt:

a) Scheibenschub: Der kleinere Wert aus den Gleichungen (24) und (25) ist maßgebend.

$$f_{vk} = f_{vk0} + 0{,}4 \cdot \sigma_{Dd} \qquad (24)$$

$$f_{vk} = \max.\ f_{vk} \qquad (25)$$

b) Plattenschub:

$$f_{vk} = f_{vk0} + 0{,}6 \cdot \sigma_{Dd} \qquad (26)$$

Dabei ist

f_{vk0} die abgeminderte Haftscherfestigkeit nach Tabelle 6; bei Windscheiben ist 8.9.1.2 zu beachten;

σ_{Dd} der Bemessungswert der zugehörigen Druckspannung im untersuchten Lastfall an der Stelle der maximalen Schubspannung. Für Rechteckquerschnitte gilt $\sigma_{Dd} = N_{Ed}/A$, dabei ist A der überdrückte Querschnitt. Im Regelfall ist die minimale Einwirkung $N_{Ed} = 1{,}0\ N_G$ maßgebend;

max. f_{vk} der Höchstwert der Schubfestigkeit nach Tabelle 8.

Ein genauerer Nachweis darf nach 9.9.5.2 geführt werden.

*) *In der Norm steht der Wert λ_v. Es muss jedoch γ_M heißen.*

9 Genaueres Berechnungsverfahren – Nachweis im Grenzzustand der Tragfähigkeit

9.1 Allgemeines

Das genauere Berechnungsverfahren darf auf einzelne Bauteile, einzelne Geschosse oder ganze Bauwerke angewendet werden.

9.2 Ermittlung der Schnittgrößen infolge von Lasten

9.2.1 Auflagerkräfte aus Decken

Es gilt 8.2.1.

9.2.2 Knotenmomente

Der Einfluss der Decken-Auflagerdrehwinkel auf die Ausmitte der Lasteintragung in die Wände ist zu berücksichtigen. Dies darf durch eine Berechnung des Wand-Decken-Knotens erfolgen, bei der vereinfachend ungerissene Querschnitte und elastisches Materialverhalten zugrunde gelegt werden können. Die ständigen Lasten (G) dürfen hierbei in allen Deckenfeldern und allen Geschossen mit dem gleichen Teilsicherheitsbeiwert γ_G multipliziert werden. Die so ermittelten Knotenmomente dürfen auf 2/3 ihres Wertes ermäßigt werden.

Die Berechnung des Wand-Decken-Knotens darf an einem Ersatzsystem unter Abschätzung der Momenten-Nullpunkte in den Wänden, im Regelfall in halber Geschosshöhe, erfolgen. Hierbei darf die halbe Nutzlast wie ständige Last angesetzt und der Elastizitätsmodul für Mauerwerk zu $E = 1000\,f_k$ angenommen werden.

9.2.3 Vereinfachte Berechnung der Knotenmomente

Die Berechnung des Wand-Decken-Knotens darf durch folgende Näherungsrechnung ersetzt werden, wenn die Nutzlast nicht größer als 5 kN/m² ist:

Der Auflagerdrehwinkel der Decken bewirkt, dass die Deckenauflagerkraft A mit einer Ausmitte e angreift, wobei e zu 5 % der Differenz der benachbarten Deckenspannweiten, bei Außenwänden zu 5 % der angrenzenden Deckenspannweite angesetzt werden darf.

Bei Dachdecken ist das Moment $M_D = A_D \cdot e_D$ voll in den Wandkopf, bei Zwischendecken ist das Moment $M_Z = A_Z \cdot e_Z$ je zur Hälfte in den angrenzenden Wandkopf und Wandfuß einzuleiten. Längskräfte N_o infolge Lasten aus darüber befindlichen Geschossen dürfen zentrisch angesetzt werden (siehe auch Bild 4).

Bei zweiachsig gespannten Decken mit Spannweitenverhältnissen bis 1 : 2 darf als Spannweite zur Ermittlung der Lastexzentrizität 2/3 der kürzeren Seite eingesetzt werden.

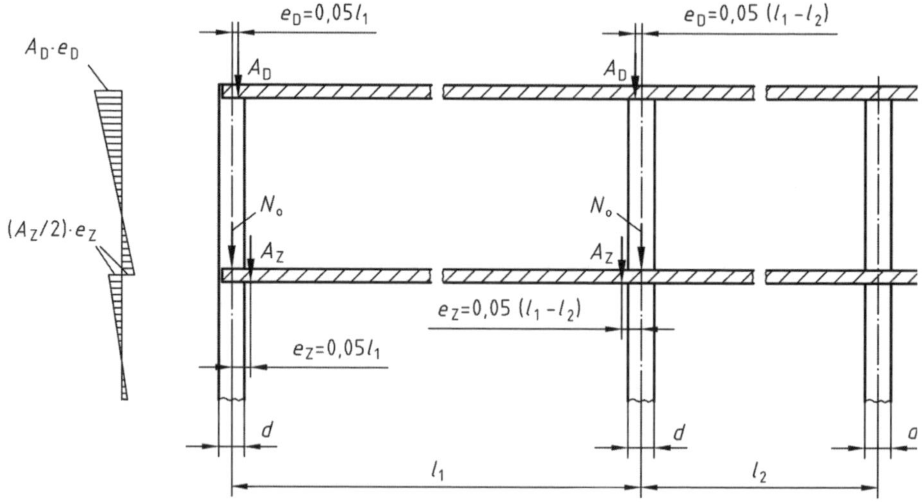

Bild 4 – Vereinfachende Annahmen zur Berechnung von Knoten- und Wandmomenten

9.2.4 Begrenzung der Knotenmomente

Ist die rechnerische Exzentrizität der resultierenden Last aus Decken und darüber befindlichen Geschossen infolge der Knotenmomente am Kopf bzw. Fuß der Wand im Grenzzustand der Tragfähigkeit größer als 1/3 der Wanddicke *d*, so darf die resultierende Last über einen am Rand des Querschnitts angeordneten Spannungsblock der Länge $\leq d/3$ und der Ordinate f_d abgetragen werden. In diesem Fall ist Schäden infolge von Rissen in Mauerwerk und Putz durch konstruktive Maßnahmen, z. B. Fugenausbildung, Kantennut o. Ä., mit entsprechender Ausbildung der Außenhaut entgegenzuwirken.

9.2.5 Wandmomente

Der Momentenverlauf über die Wandhöhe infolge Vertikallasten ergibt sich aus den anteiligen Wandmomenten der Knotenberechnung (siehe Bild 4). Momente infolge Horizontallasten, z. B. Wind oder Erddruck, dürfen unter Einhaltung des Gleichgewichts zwischen den Grenzfällen Volleinspannung und gelenkige Lagerung umgelagert werden.

9.3 Wind

Momente aus Windlast rechtwinklig zur Wandebene dürfen im Regelfall bis zu einer Höhe von 20 m über Gelände vernachlässigt werden, wenn die Wanddicken $d \geq 240$ mm und die lichten Geschosshöhen $h_s \leq 3{,}0$ m sind. In Wandebene sind die Windlasten jedoch zu berücksichtigen (siehe 9.4).

9.4 Räumliche Steifigkeit

Es gilt 8.4.

9.5 Zwängungen

Es gilt 8.5.

9.6 Grundlagen für die Berechnung der Formänderungen

Es gilt 8.6. Für die Berechnung der Knotenmomente darf vereinfachend der E-Modul $E = 1000\, f_k$ angenommen werden.

9.7 Aussteifung und Knicklänge von Wänden

9.7.1 Allgemeine Annahmen für aussteifende Wände

Es gilt 8.7.1.

9.7.2 Knicklängen

Es gilt 8.7.2 mit folgender Änderung für die Abminderung der Knicklänge von Wänden:

Bei flächig aufgelagerten Decken, z. B. Plattendecken oder Rippendecken nach DIN 1045-1 mit lastverteilenden Auflagerbalken, darf bei 2-, 3- und 4-seitig gehaltenen Wänden die Einspannung der Wand in den Decken durch Abminderung der Knicklänge nach Tabelle 9 auf

$h_K = \beta \cdot h_s$

berücksichtigt werden, wenn die Bedingungen der Tabelle 9 eingehalten sind.

Tabelle 9 – Reduzierung der Knicklänge bei Wänden mit flächig aufgelagerten Massivdecken

Erforderliche Auflagertiefe *a* der Decke auf der Wand: Wanddicke $d \geq 125$ mm: $a \geq 2/3\, d$ $d < 125$ mm: $a \geq 85$ mm	
Planmäßige Ausmitte e [a] des Bemessungswertes der Längskraft am Wandkopf (für alle Wanddicken)	Reduzierte Knicklänge $h_K = \beta \cdot h_s$ [b]
$\leq \frac{d}{6}$	$0{,}75\, h_s$
$\frac{d}{3}$	$1{,}00\, h_s$

[a] Das heißt Ausmitte ohne Berücksichtigung von e_a nach 9.9.2, jedoch gegebenenfalls auch infolge Wind.
[b] Zwischenwerte dürfen geradlinig eingeschaltet werden.

9.7.3 Schlitze und Öffnungen in Wänden

Es gilt 8.7.3.

9.8 Mittragende Breite von zusammengesetzten Querschnitten

Es gilt 8.8.

H

9.9 Bemessung mit dem genaueren Verfahren – Nachweis im Grenzzustand der Tragfähigkeit

9.9.1 Nachweis bei zentrischer und exzentrischer Druckbeanspruchung

9.9.1.1 Grundlagen der Bemessung

Es gilt 8.9.1.1.

9.9.1.2 Abminderungsfaktor Φ_1 bei vorwiegend biegebeanspruchten Querschnitten

Es gilt 8.9.1.2

9.9.1.3 Abminderungsfaktoren Φ bei geschosshohen Wänden

Die Wände sind am Wandkopf, am Wandfuß und in halber Geschosshöhe nachzuweisen. Die im Grenzzustand der Tragfähigkeit aufnehmbare Normalkraft beträgt:

Am Wandkopf und Wandfuß:

$$N_{Rd} = \Phi_{o,u} \cdot A \cdot f_d \quad (27)$$

$$\text{mit } \Phi_{o,u} = 1 - 2 \cdot e_{o,u}/d \quad (28)$$

In halber Geschosshöhe:

$$N_{Rd} = \Phi_m \cdot A \cdot f_d \quad (29)$$

$$\Phi_m = 1{,}14\,(1 - 2e_m/d) - 0{,}024 \cdot h_k/d \leq 1 - 2e_m/d \quad (30)$$

Dabei ist

h_k/d die Schlankheit der Wand (Verhältnis der Knicklänge nach 9.7.2 zu Wanddicke); Schlankheiten $h_k/d > 25$ sind nicht zulässig;

$e_{o,u}$ die Exzentrizität der einwirkenden Last $N_{Eo,u,d}$ infolge des Biegemomentes $M_{Eo,u,d}$ insbesondere aus Deckeneinspannung und Wind. Es gilt:

$e_{o,u} = M_{Eo,u,d}/N_{Eo,u,d} \geq 0{,}05\,d$;

e_m die Exzentrizität der einwirkenden Last $N_{m,d}$ in halber Geschosshöhe. Es gilt:

$e_m = e_{m0} + e_{mk} = M_{Emd}/N_{Emd} + e_a + e_{mk}$;

e_{m0} die Exzentrizität infolge der planmäßigen Biegemomente M_{Emd} in halber Geschosshöhe, insbesondere aus Deckeneinspannung und Wind nach 9.2.5 sowie aus ungewollter Ausmitte e_a;

e_a die ungewollte Ausmitte, $e_a = h_k/450$. Sie kann über die Wandhöhe parabolisch angenommen werden;

e_{mk} die Exzentrizität in halber Geschosshöhe infolge Kriechen. Falls kein genauerer Nachweis erfolgt, ist folgende Abschätzung zulässig:

für $h_k/d > 10$;

$$e_{mk} = 0{,}002 \cdot \varphi_\infty \cdot h_k \cdot \sqrt{e_{m0}/d} \quad (31)$$

für $h_k/d \leq 10$: $e_{mk} = 0$;

φ_∞ der Rechenwert der Endkriechzahl nach Tabelle 3.

9.9.1.4 Außergewöhnliche Einwirkungen auf Wände

Es gilt 8.9.1.4. Der Nachweis der außergewöhnlichen Einwirkung darf entfallen, wenn Gleichung (32) eingehalten ist:

$$h_k/d \leq 20 - 1000 \cdot H/(A \cdot f_k) \quad (32)$$

Dabei ist

H die horizontale Einzellast, $H = 0{,}5$ kN;

A der Wandquerschnitt $b \cdot d$ für Wände mit Wandbreite $b < 2{,}0$ m.

9.9.2 Nachweis der Knicksicherheit

Der Knicksicherheitsnachweis schlanker gemauerter Wände wird nach 9.9.1.3, Gleichung (29) erbracht. Mit dem Faktor Φ_m nach Gleichung (30) ist neben der planmäßigen und der ungewollten Ausmitte in halber Wandhöhe auch der Einfluss des Kriechens zu erfassen. Der Einfluss der Verformungen aus Theorie II. Ordnung ist in Gleichung (30) implizit berücksichtigt. Der Gleichung (30) liegt ein ideeller Sekantenmodul $E_i = 350\,f_k$ zugrunde.

9.9.3 Einzellasten und Teilflächenpressung

9.9.3.1 Einzellasten auf Mauerwerk

Es gilt 8.9.3.1.

9.9.3.2 Vergrößerter Wert der Teilflächenpressung

Der Wert α nach Gleichung (18) darf auf

$$\alpha = 1 + 0{,}1 \cdot a_1/l_1 \leq 1{,}5 \quad (33)$$

vergrößert werden, wenn folgende Voraussetzungen nach Bild 5 eingehalten sind:

Teilfläche $A_1 \leq 2\,d^2$ mit d = Wanddicke.

Exzentrizität e des Schwerpunkts der Teilfläche: $e \leq d/6$.

Dabei ist

a_1 der Abstand der Teilfläche vom nächsten Rand der Wand in Längsrichtung;

l_1 die Länge der Teilfläche in Längsrichtung.

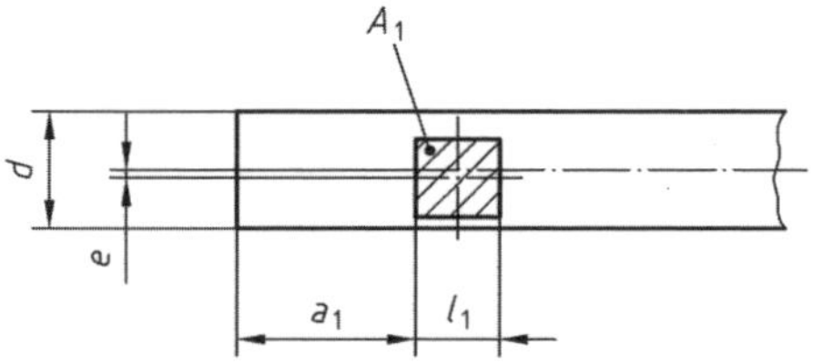

Bild 5 – Teilflächenpressungen

9.9.3.3 Teilflächenpressung rechtwinklig zur Wandebene

Es gilt 8.9.3.3.

9.9.4 Zug- und Biegezugbeanspruchung

9.9.4.1 Nachweis der Zug- und Biegezugbeanspruchung

Es gilt 8.9.4.1.

9.9.4.2 Charakteristische Zug- und Biegezugfestigkeit

Für die charakteristische Zug- und Biegezugfestigkeit f_{x2} parallel zur Lagerfuge ist der kleinere der Werte nach Gleichung (34) und Gleichung (35) maßgebend:

$$f_{x2} = (f_{vk0} + m \cdot \sigma_{Dd}) \cdot ü/h \quad (34)$$

$$f_{x2} = 0{,}5 \cdot f_{bz} \leq 0{,}70 \text{ N/mm}^2 \quad (35)$$

Dabei ist

- f_{vko} die abgeminderte Haftscherfestigkeit nach Tabelle 6;
- m der Reibungsbeiwert; es darf m = 0,6 angenommen werden;
- σ_{Dd} der Bemessungswert der zugehörigen Druckspannung rechtwinklig zur Lagerfuge im untersuchten Lastfall; er ist im Regelfall mit dem geringsten zugehörigen Wert einzusetzen;
- $ü/h$ das Verhältnis Überbindemaß nach DIN 1053-1:1996-11, 9.3 zur Steinhöhe;
- f_{bz} der Rechenwert der Steinzugfestigkeit nach 9.9.5.2.

9.9.5 Schubbeanspruchung

9.9.5.1 Schubnachweis

Es gilt 8.9.5.1.

9.9.5.2 Schubfestigkeit

Für die charakteristische Schubfestigkeit f_{vk} gilt (siehe auch Bild 6):

a) Scheibenschub: Der kleinere Wert aus Gleichung (36) und Gleichung (37) ist maßgebend.

$$f_{vk} = f_{vk0} + \bar{\mu} \cdot \sigma_{Dd} \quad (36)$$

$$f_{vk} = 0{,}45 \cdot f_{bz} \cdot \sqrt{1 + \frac{\sigma_{Dd}}{f_{bz}}} \quad (37)$$

b) Plattenschub:

$$f_{vk} = f_{vk0} + \mu \cdot \sigma_{Dd} \quad (38)$$

Dabei ist

- f_{vk0} die abgeminderte Haftscherfestigkeit nach Tabelle 6; bei Windscheiben ist 8.9.1.2 zu beachten;
- μ der Reibungsbeiwert. Für alle Mörtelarten darf $\mu = 0{,}6$ angenommen werden;
- $\bar{\mu}$ der abgeminderte Reibungsbeiwert. Mit der Abminderung wird die Spannungsverteilung in der Lagerfuge längs eines Steins berücksichtigt. Für alle Mörtelgruppen darf $\bar{\mu} = 0{,}4$ angenommen werden;
- f_{bz} die Steinzugfestigkeit. Es darf angenommen werden:

  $f_{bz} = 0{,}025 \cdot f_{bk}$ für Hohlblocksteine;

  $f_{bz} = 0{,}033 \cdot f_{bk}$ für Hochlochsteine und Steine mit Grifflöchern oder Grifföffnungen;

  $f_{bz} = 0{,}040 \cdot f_{bk}$ für Vollsteine ohne Grifflöcher oder Grifföffnungen;
- f_{bk} der charakteristische Wert der Steindruckfestigkeit (Steinfestigkeitsklasse);
- σ_{Dd} der Bemessungswert der zugehörigen Druckspannung an der Stelle der maximalen Schubspannung. Für Rechteckquerschnitte gilt $\sigma_{Dd} = N_{Ed}/A$, dabei ist A der überdrückte Querschnitt. Im Regelfall ist die minimale Einwirkung $N_{Ed} = 1{,}0\, N_G$ maßgebend.

Bei Rechteckquerschnitten genügt es, den Schubnachweis für die Stelle der maximalen Schubspannung zu führen. Bei zusammengesetzten Querschnitten ist außerdem der Nachweis am Anschnitt der Teilquerschnitte zu führen.

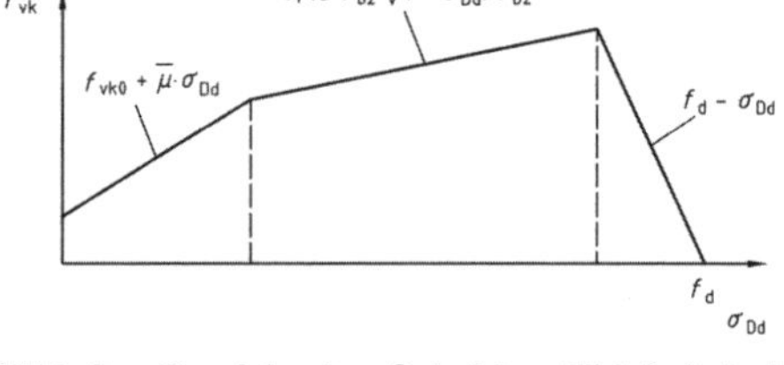

Bild 6 – Bereich der Schubtragfähigkeit bei Scheibenschub

10 Kellerwände ohne Nachweis auf Erddruck

Bei Kellerwänden darf der Nachweis auf Erddruck entfallen, wenn die folgenden Bedingungen erfüllt sind:

a) Lichte Höhe der Kellerwand $h_s \leq 2{,}60$ m, Wanddicke $d \geq 240$ mm.

b) Die Kellerdecke wirkt als Scheibe und kann die aus dem Erddruck entstehenden Kräfte aufnehmen.

c) Im Einflussbereich des Erddrucks auf Kellerwände beträgt die charakteristische Nutzlast q_k auf der Geländeoberfläche nicht mehr als 5 kN/m², die Geländeoberfläche steigt nicht an, und die Anschütthöhe h_e ist nicht größer als die Wandhöhe h_s.

d) Der jeweils maßgebende Bemessungswert der Wandnormalkraft $N_{1,\,Ed}$ je Einheit der Wandlänge in halber Höhe der Anschüttung liegt innerhalb folgender Grenzen:

$$N_{1,\,Ed,\,inf} \geq N_{1,\,lim,d} = \frac{\gamma_e \cdot h_s \cdot h_e^2}{20 \cdot d} \tag{39}$$

$$N_{1,\,Ed,\,sup} \leq N_{1,\,Rd} = 0{,}33 \cdot f_d \cdot d \tag{40}$$

Dabei ist (siehe auch Bild 7)

$N_{1,\,Ed,\,inf}$ der untere Bemessungswert der Wandnormalkraft;

$N_{1,\,Ed,\,sup}$ der obere Bemessungswert der Wandnormalkraft;

$N_{1,\,Rd}$ der Bemessungswert des Tragwiderstands des Querschnitts;

$N_{1,\,lim,\,d}$ der Grenzwert der Normalkraft als Voraussetzung für die Gültigkeit des Bogenmodells;

h_s die lichte Höhe der Kellerwand;

h_e die Höhe der Anschüttung;

d die Wanddicke;

γ_e die Wichte der Anschüttung;

f_d der Bemessungswert der Druckfestigkeit in Lastrichtung.

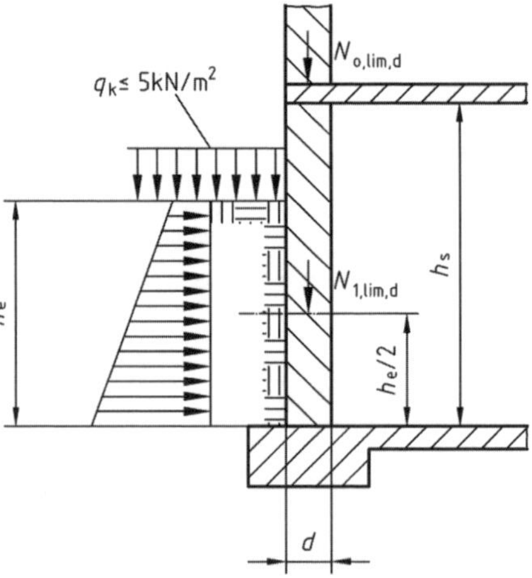

Bild 7 – Lastannahmen für Kellerwände

Anstelle der Gleichungen (39) und (40) darf nachgewiesen werden, dass der jeweils maßgebende Bemessungswert der Wandnormalkraft $N_{o,\,Ed}$ je Einheit der Wandlänge unterhalb der Kellerdecke innerhalb folgender Grenzen liegt:

$$N_{o,\,Ed,\,inf} \geq N_{o,\,lim,\,d} \tag{41}$$

$$N_{o,\,Ed,\,sup} \leq N_{1,\,Rd} = 0{,}33 \cdot f_d \cdot d \tag{42}$$

mit $N_{o,\,lim,\,d}$ nach Tabelle 10.

Tabelle 10 – $N_{o,\,lim,\,d}$ für Kellerwände ohne rechnerischen Nachweis

Wanddicke d mm	$N_{o,\,lim,\,d}$ in kN/m min. bei einer Höhe der Anschüttung h_e von			
	1,0 m	1,5 m	2,0 m	2,5 m
240	6	20	45	75
300	3	15	30	50
365	0	10	25	40
490	0	5	15	30
Zwischenwerte sind geradlinig zu interpolieren.				

Ist die dem Erddruck ausgesetzte Kellerwand durch Querwände oder statisch nachgewiesene Bauteile im Abstand b ausgesteift, so dass eine zweiachsige Lastabtragung in der Wand stattfinden kann, dürfen die unteren Grenzwerte $N_{o,\,lim,\,d}$ und $N_{1,\,lim,\,d}$ wie folgt abgemindert werden:

$b \leq h_s$:

$$N_{1,\,Ed,\,inf} \geq \frac{1}{2}\,N_{1,\,lim,\,d} \quad N_{o,\,Ed,\,inf} \geq \frac{1}{2}\,N_{o,\,lim,\,d} \qquad (43)$$

$b \geq 2 \cdot h_s$:

$$N_{1,\,Ed,\,inf} \geq N_{1,\,lim,\,d} \qquad N_{o,\,Ed,\,inf} \geq N_{o,\,lim,\,d} \qquad (44)$$

Zwischenwerte sind geradlinig einzuschalten.

Die Gleichungen (39) bis (44) setzen rechnerisch klaffende Fugen voraus.

Bei allen Wänden, die Erddruck ausgesetzt sind, soll eine Sperrschicht gegen aufsteigende Feuchte aus besandeter Pappe oder aus Material mit entsprechendem Reibungsverhalten bestehen.

H

Anhang A

(normativ)

Sicherheitskonzept

A.1 Allgemeines

Dieser Anhang enthält die für Mauerwerk wichtigen Teile des für alle Baustoffe geltenden Sicherheitskonzepts nach DIN 1055-100 sowie bestimmte Vereinfachungen für Mauerwerk.

A.2 Einwirkungen

Bei den Einwirkungen wird unterschieden:

- ständige Einwirkungen (G), z. B. Eigenlast und Ausbau;
- veränderliche Einwirkungen (Q), z. B. Nutz-, Schnee-, Windlast;
- außergewöhnliche Einwirkungen (A), z. B. Explosion, Fahrzeuganprall;
- Erdbeben.

Als charakteristische Werte der Einwirkungen F_k gelten grundsätzlich die Werte der DIN-Normen, insbesondere die Werte der Normenreihe DIN 1055 und gegebenenfalls der bauaufsichtlichen Ergänzungen und Richtlinien.

Für Einwirkungen, die nicht oder nicht vollständig in Normen oder anderen bauaufsichtlichen Bestimmungen angegeben sind, müssen die charakteristischen Werte in Absprache mit der zuständigen Bauaufsichtsbehörde festgelegt werden.

Der Bemessungswert der Einwirkungen F_d ist der charakteristische Wert F_k, multipliziert mit den Teilsicherheitsbeiwerten γ_F:

nämlich γ_G bzw. γ_Q nach Tabelle A.1.

Tabelle A.1 – Teilsicherheitsbeiwerte γ_F für Einwirkungen in Tragwerken für ständige und vorübergehende Bemessungssituationen

Auswirkung	Ständige Einwirkungen (γ_G)	Veränderliche Einwirkungen (γ_Q)
günstige	1,0	0
ungünstige	1,35	1,5
ANMERKUNG Siehe auch Gleichungen (A.4) und (A.5).		

A.3 Tragwiderstand

Als charakteristischer Wert der Baustoff-Festigkeit gilt der 5%-Quantilwert. Die charakteristischen Werte der Druckfestigkeit von Mauerwerk f_k sind in den Tabellen 4 und 5 angegeben.

Der Bemessungswert des Tragwiderstandes R_d ist der charakteristische Widerstandswert R_k, geteilt durch den Teilsicherheitsbeiwert γ_M nach Tabelle 1.

A.4 Grenzzustände der Tragfähigkeit

A.4.1 Nachweisbedingung

Es ist nachzuweisen, dass

$$E_d \leq R_d \tag{A.1}$$

Dabei ist

E_d der Bemessungswert einer Schnittgröße infolge von Einwirkungen;

R_d der zugehörige Bemessungswert des Tragwiderstandes.

A.4.2 Kombination der Bemessungswerte der Einwirkungen

Die Bemessungswerte E_d ergeben sich aus den folgenden Kombinationen:

- ständige und vorübergehende Bemessungssituationen:

$$\sum_{j \geq 1} \gamma_{G,j} \cdot G_{k,j} + \gamma_{Q,1} \cdot Q_{k,1} + \sum_{i > 1} \gamma_{Q,i} \cdot \psi_{0,i} \cdot Q_{k,i} \tag{A.2}$$

- außergewöhnliche Bemessungssituationen

$$\sum_{j \geq 1} \gamma_{GA,j} \cdot G_{k,j} + A_d + \psi_{1,1} \cdot Q_{k,1} + \sum_{i > 1} \psi_{2,i} \cdot Q_{k,i} \tag{A.3}$$

Dabei ist

$G_{k,j}$ der charakteristische Wert der ständigen Einwirkung j;

$Q_{k,i}$ der charakteristische Wert der veränderlichen Einwirkung i;

A_d der Bemessungswert der außergewöhnlichen Einwirkungen;

$\gamma_{G,j}$ der Teilsicherheitsbeiwert für ständige Einwirkung j;

$\gamma_{Q,i}$ der Teilsicherheitsbeiwert für veränderliche Einwirkung i;

ψ_0, ψ_1, ψ_2 die Kombinationsbeiwerte nach DIN 1055-100:2001-03, Tabelle A.2; Beispiele siehe Tabelle A.2.

Tabelle A.2 – Kombinationsbeiwerte ψ_0, ψ_1, ψ_2

Einwirkung	Kombinationsbeiwert		
	ψ_0	ψ_1	ψ_2
1	2	3	4
Nutzlasten auf Decken – Wohnräume; Büroräume	0,7	0,5	0,3
– Versammlungsräume; Verkaufsräume	0,7	0,7	0,6
– Lagerräume	1,0	0,9	0,8
Windlasten	0,6	0,5	0
Schneelast bis 1000 m ü. NN	0,5	0,2	0
über 1 000 m ü. NN	0,7	0,5	0,2

In Gebäuden darf Gleichung (A.2) wie folgt ersetzt werden:

– Für Bemessungssituationen mit einer veränderlichen Einwirkung $Q_{k,1}$:

$$\sum_{j \geq 1} \gamma_{G,j} \cdot G_{k,j} + 1{,}5\, Q_{k,1} \qquad \text{(A.4)}$$

– Für Bemessungssituationen mit mehr als einer veränderlichen Einwirkung $Q_{k,i}$:

$$\sum_{j \geq 1} \gamma_{G,j} \cdot G_{k,j} + 1{,}5 \left(Q_{k,1} + \psi_{0,i} \cdot \sum_{i > 1} Q_{k,i} \right) \qquad \text{(A.5)}$$

Der ungünstigere Wert ist maßgebend.

H

Anhang B

(normativ)

Bemessung von Natursteinmauerwerk

B.1 Allgemeines

Die charakteristische Druckfestigkeit von Gestein, das für tragende Bauteile verwendet wird, muss in den Güteklassen N1 bis N3 mindestens 20 N/mm², in der Güteklasse N4 mindestens 5 N/mm² betragen. Erfahrungswerte für die charakteristische Druckfestigkeit einiger Gesteinsarten sind in Tabelle B.1 angegeben. Genauere Werte sind durch Versuche nach DIN EN 1926 zu bestimmen, falls eine Zuordnung nach Tabelle B.1 nicht möglich ist. Dies gilt insbesondere auch für Gesteinsarten mit $f_{bk} < 20$ N/mm².

Als Mörtel darf nur Normalmörtel verwendet werden.

Das Natursteinmauerwerk ist nach seiner Ausführung (insbesondere Steinform, Verband und Fugenausbildung) in die Güteklassen N1 bis N4 einzustufen. Tabelle B.2 und Bild B.1 geben einen Anhalt für die Einstufung. Die darin aufgeführten Anhaltswerte Fugenhöhe/Steinlänge, Neigung der Lagerfuge und Übertragungsfaktor sind als Mittelwerte anzusehen. Der Übertragungsfaktor ist das Verhältnis von Überlappungsflächen der Steine zum Wandquerschnitt im Grundriss. Die Grundeinstufung nach Tabelle B.2 beruht auf üblichen Ausführungen.

Die Mindestdicke von tragendem Natursteinmauerwerk beträgt 240 mm, der Mindestquerschnitt 0,1 m².

Tabelle B.1 – Charakteristische Druckfestigkeit f_{bk} der Gesteinsarten

Gesteinsarten	Druckfestigkeit f_{bk} N/mm²
Weicher Kalkstein, Travertin, vulkanische Tuffsteine	20
Weiche Sandsteine (mit tonhaltigen Anteilen) und dergleichen	30
Quarzitische Sandsteine mit kieseligem oder karbonitischem Bindemittel	40
Dichte (feste) Kalksteine und Dolomite (einschließlich Marmor), Basaltlava und dergleichen	50
Quarzit, Grauwacke und dergleichen	80
Granit, Syenit, Diorit, Basalt, Quarzporphyr, Melaphyr, Diabas und dergleichen	120
Metamorphe Gesteine, Gneis und dergleichen	140

Tabelle B.2 – Anhaltswerte zur Güteklasseneinstufung von Natursteinmauerwerk

Güteklasse	Grundeinstufung	Fugenhöhe/ Steinlänge h/l	Neigung der Lagerfuge $\tan \alpha$	Übertragungsfaktor η
N1	Bruchsteinmauerwerk	$\leq 0{,}25$	$\leq 0{,}30$	$\geq 0{,}5$
N2	Hammerrechtes Schichtenmauerwerk	$\leq 0{,}20$	$\leq 0{,}15$	$\geq 0{,}65$
N3	Schichtenmauerwerk	$\leq 0{,}13$	$\leq 0{,}10$	$\geq 0{,}75$
N4	Quadermauerwerk	$\leq 0{,}07$	$\leq 0{,}05$	$\geq 0{,}85$

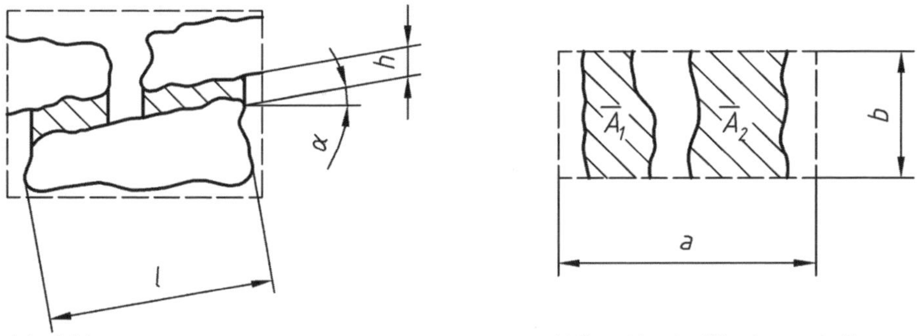

a) Ansicht b) Grundriss des Wandquerschnittes

Bild B.1 – Darstellung der Anhaltswerte nach Tabelle B.2

B.2 Nachweis bei zentrischer und exzentrischer Druckbeanspruchung

Die charakteristischen Werte f_k der Druckfestigkeit von Natursteinmauerwerk ergeben sich in Abhängigkeit von der Güteklasse, der Steinfestigkeit und der Mörtelgruppen nach Tabelle B.3.

Die Bemessung ist nach dem vereinfachten Verfahren nach 8.9.1 und 8.9.2 oder nach dem genaueren Verfahren nach 9.9.1 und 9.9.2 unter Verwendung der f_k-Werte der Tabelle B.3 durchzuführen.

Wände der Schlankheit $h_k/d > 10$ sind nur in den Güteklassen N3 und N4 zulässig. Schlankheiten $h_k/d > 14$ sind nur bei mittiger Belastung zulässig, Schlankheiten $h_k/d > 20$ sind unzulässig.

Der Kriecheinfluss darf beim Knicknachweis von Natursteinmauerwerk vernachlässigt werden.

Tabelle B.3 – Charakteristische Werte f_k der Druckfestigkeit von Natursteinmauerwerk mit Normalmörtel

Güteklasse	Gesteinsfestigkeit f_{bk}	Werte der Druckfestigkeit f_k[a] in N/mm² in Abhängigkeit von der Mörtelgruppe			
		I	II	IIa	III
N1	≥ 20	0,6	1,5	2,4	3,6
	≥ 50	0,9	1,8	2,7	4,2
N2	≥ 20	1,2	2,7	4,2	5,4
	≥ 50	1,8	3,3	4,8	6,0
N3	≥ 20	1,5	4,5	6,0	7,5
	≥ 50	2,1	6,0	7,5	10,5
	≥ 100	3,0	7,5	9,0	12,0
N4	≥ 5	1,2	2,0	2,5	3,0
	≥ 10	1,8	3,0	3,6	4,5
	≥ 20	3,6	6,0	7,5	9,0
	≥ 50	6,0	10,5	12,0	15,0
	≥ 100	9,0	13,5	16,5	21,0

[a] Bei Fugendicken über 40 mm sind die Werte f_k um 20 % zu vermindern.

H

B.3 Zug- und Biegezugfestigkeit

Zugspannungen sind im Regelfall in Natursteinmauerwerk der Güteklassen N1, N2 und N3 unzulässig.

Bei Güteklasse N4 gilt 8.9.4 sinngemäß mit max. $f_{x2} = 0{,}012\, f_{bk} \leq 0{,}4\ \text{N/mm}^2$.

B.4 Schubfestigkeit

Für den Nachweis der Schubspannungen gilt 8.9.5 mit dem Höchstwert max. $f_{vk} = 0{,}025\, f_{bk} \leq 0{,}6\ \text{N/mm}^2$.

I Stichwortverzeichnis

Abminderungsfaktoren D.36, D.59
Aerodynamische Beiwerte C.24
Angebotsbearbeitung F.2
Angebotssichtung F.2
Anpralllasten (Hinweis) C.22
Arbeitsräume D.80
Arbeitsvorbereitung F.1
Auflagerkräfte D.1, D.28
Auftragsausführung F.8
Auftragsvorbereitung F.1

Baubetrieb F.1
Baugruben D.80
Bauphysik G.1
Baustoffklassen nach DIN 4102 G.100
Baustoffklassifizierung G.110
Bauteilklassifizierung G.111
Bemessungswerte D.57
Biegezugspannungen D.45, D.61
Blattformate A.1
Blockschrift A.2
Böschungen D.80
Brandschutz G.100
Brandwände nach DIN 4102 G.101

Charakteristische Werte D.57

Deckenabstellelemente B.8
Deckenabstellsteine B.8
Deutsche Buchstaben A.2
Durchbiegungen D.8
Durchlaufträger D.7

Eigenlasten C.1
Einfeldträger D.1
Einheitenbeispiele A.4
Energieeinsparverordnung 2009 G.34
Energieeinsparverordnung 2007
– Nichtwohnbau G.19
– Wohnbau G.17

Faustformeln E.45
– Dächer E.45
– Fundamente E.58
– Geschossdecken E.50
– Stützen E.57
– Unterzüge/Überzüge E.56
– Vorbemessungsbeispiel E.60
Feuerwiderstandsklassen nach DIN 4102 G.100
Flächeninhalte A.7

Gelenkträger D.5
Genaueres Verfahren D.10, D.65 (Hinweise)
Gerberträger D.5
Geschwindigkeitsdruck C.23, C.25
Gewölbe D.18
Gewölbte Kappen d.19
Griechisches Alphabet A.2

Höhenausgleichssteine B.9
Holzbau-Bemessung D.70

Innendruck (Wind) C.31
Innere Trennwände D.22

Kalksandstein
– Ergänzungsprodukte B.18
– Herstellung und Produkte B.11
– Normen und Zulassungen B.13
– Riemchen B.23
– Verblender B.22
– Vormauersteine B.22
Kalksandsteinmauerwerk B.21
Kalkulationsrichtwerte F.24 ff
– Kalksandstein-Blocksteine F.34
– Kalksandstein-Planbauplatte F.30
– Kalksandstein-Plansteine F.32
– Kalksandstein-Verblender F.40

– Planelemente Kalksandstein F.37
– Porenbeton-Planbauplatte F.29
– Porenbeton-Plansteine F.31
– Quadro/Rasterelemente KS F.36
– Systemwandelemente F.38
– Trennwandelemente F.39
Kalksandstein-Flachstürze B.20
Kalksandsteinstürze B.19
Kelleraußenwände D.49
Klaffende Fuge D.39
Knicklängen D.32
Körper A.8
Kraftträger D.3, D.4
Kuff-Verband D.19

Lagerfugen F.14
Lastannahmen C.1, D.27
Lastermittlung D.28
Lastverteilung D.40
Leichte Trennwände C.17
Lotabweichung D.12

Materialkennwerte D.82
Mauerwerk
– Ausführung F.12
– Nachbehandlung F.22
Mauerwerksbemessung
– nach DIN 1053-1 D.10, D.34
– nach DIN 1053-100 D.56
Mörtel B.24

Nichttragende Wände D.21
Nutzlasten C.14
– horizontale C.21
– lotrechte C.14

Pfeiler D.21
Plattenschub D.48, D.63
Porenbeton
– Normen und Zulassungen B.3
– Herstellung und Produkte B.1
Porenbetonprodukte
– Produktmaße B.5, B.7
– Eigenschaftskennwerte B.4, B.6

Rauminhalte A.8
Raumklima G.26
Reibungsbeiwerte D.82
Ringanker D.15
Ringbalken D.13
Römische Zahlen A.2
Rolladenkästen B.9

Schallschutz G.58
– allgemeine Anforderungen G.63
– Außenbauteile G.80
– Einschalige Wände G.66
– Massivdächer G.90
– zweischalige Wände G.44
Scheibenschub D.46, D.63
Schneeanhäufungen C.35
Schneelasten C.33
– Anbauten C.37
Schneeüberhang C.37
Schneeverwehungen C.36
Schnittgrößen D.1
Schubnachweis D.46, D.62
Schwalbenschwanz-Verband D.19
Sicherheitsbeiwerte D.58
Sicherheitskonzept, neues D.56
Silka G.6
Spannungsnachweis D.35
Stahlbau-Bemessung D.76
Stahlbetonbau-Bemessung D.66
Standsicherheit D.11
Statische Formeln D.1
Steinkennzeichnung B.17
Stoßfugen F.14

Teilflächenpressung D.41, D.61
Teilsicherheitsbeiwerte D.58
Temperaturdehnzahlen D.82
Toleranzen A.10
Tragfähigkeitstafeln E.1

- Holzbalken E.19
- Holzbalkendecke E.21
- Holzstützen E.26
- Kehlbalkendächer E.25
- Mauerwerkswände E.1
- Pfettendächer E.22
- Pfetten E.23
- Sparrendächer E.24
- Stahlbetonbalken E.42
- Stahlbetonplatten E.41
- Stahlbetonstützen E.43
- Stahlträger E.28
- Stahlstützen E.39

Tragende Wände D.21
Trennwände, innere D.22

U-Schalen B.8
U-Steine B.8
U-Werte von Xella-Bauteilen G.5

Verbände, Ausführung von F.18
Vereinfachtes Berechnungsverfahren D.10, D.30, D.56
Vordimensionierung E.45
- Dächer E.45
- Fundamente E.58
- Geschossdecken E.50
- Stützen E.57
- Unterzüge/Überzüge E.56
- Vorbemessungsbeispiel E.60

Wände
- tragende D.21
- nichttragende D.21

Wärmedurchgangswiderstand G.3
Wärmedurchlasswiderstand G.1
Wärmeleitfähigkeit G.1
Wärmeübergangskoeffizient G.2
Winddruck C.23
Windkraft, resultierende C.32
Windlasten C.23
- Flachdächer C.28
- frei stehende Dächer C.29
- Satteldächer C.26
- vertikale Wände C.26

Windnachweis D.12
Windsog C.24

Xella-Bauteile, U-Werte G.5

YTONG, Massivdach G.11

Zweifeldträger D.6
Zugspannungen D.45, D.61
Zul. Spannungen, Grundwerte D.35
Zweischalige Wände D.25

www. silka.de

silka